지적측량실무와 지적기술 자격시험 준비서

개정판

지적측량 계산실무

오이균 · 심우섭 · 김홍진 · 심정민 · 곽인선 공저

형설출판사
www.hyungseul.co.kr

머리말

Preface

한 국가를 구성하는 데 근간이 되는 국토를 정확히 등록하여 관리하는 지적 분야에 있어서 지적측량은 없어서는 안 될 가장 기본적이고 중요한 요소라고 할 수 있다.

우리나라에 근대적 지적제도가 탄생된 이래 100여 년이란 세월이 흘렀고, 그동안 많은 분야에서 발전과 변화가 있었다. 특히, 지적측량은 일반측량과는 달리 매우 전통적인 국가교유의 업무이며 등록 당시와 같은 방법으로 영속적으로 측량이 이루어져야 하며, 한 번 지적측량을 통하여 등록 공시된 내용은 물권공시의 효력을 갖추고 있어 토지소유자의 동의 없이는 수정하거나 변경할 수 없다.

그러나 많은 세월이 흐르는 동안 전쟁과 급격한 산업발전에 따른 도시화 등으로 등록 당시의 사정경계선이 대부분 훼손되고, 도해세부측량의 한계로 전국에 지적불부합지가 산재해 있다. 이러한 시점에서 지적재조사측량이 시작된 것은 시의적절한 것으로 사료되며, 기존의 도해측량지역에 대하여는 지적기준점과 지상경계를 기초로 한 세부측량의 원칙을 준수하여 국민의 토지소유권과 재산권을 보호하여야 할 것이다. 본서는 이러한 지적측량의 기속적 특성을 고려하고 관련 규정을 적용하여 각종 예제 및 해설을 담아 실무에 도움을 주고자 노력하였다.

그동안 지적학문 분야는 질적·양적으로 괄목할 만한 성장을 해왔으며, 대학에서 지적교육이 이루어진지도 어언 40여 년이 흘러 현재 많은 대학에 지적 관련 학과가 설치되고 관련 교과목이 개설되어 학문으로서의 열매를 맺고 있다.

10여 년 전 지적측량을 수학하는 데 있어 지적측량계산 분야의 참고도서가 부족하다는 생각이 들어 다년간에 걸친 강의 경험과 실무경험을 토대로 하여 틈틈이 모아 두었던 자료를 체계적으로 정리하여 「지적측량계산실무」를 출간하게 된 지 어언 10여 년이 되었다. 이번에 새롭게 출간되는 본서의 특징은 대학과 실무 분야에서 필요로 하는 지적측량계산 전 분야에 걸쳐 상세한 풀이와 해설을 붙여, 초보자라도 계산 풀이과정을 살펴보면 누구나 손쉽게 이해가 가게끔 구성하였다.

본서의 내용은 지적기준점측량과 관련해 제1장 지적삼각측량, 제2장 지적삼각보조측량, 제3장 지적도근측량을 기술하고, 세부측량과 관련해 제4장 수치지적측량, 5장 도해지적측량을 상세히 기술하였으며, 제6장에서는 실기시험 예상문제와 계산 서식을 싣는 등 미흡한 부분을 수정·보완하여 새로 발간하게 되었다.

아무쪼록 본서가 지적측량실무 분야뿐만 아니라 지적기사 및 지적산업기사를 준비하는 학생과 이 책을 필요로 하는 분들에게 많은 도움이 되기를 바라며, 좋은 결실이 있기를 바란다.

2019년 8월
대표 저자

차 례

Contents

제1장 지적삼각측량

1. 관련 규정

(1) 지적삼각측량

① 지적삼각측량을 할 때에는 미리 지적삼각점표지를 설치하여야 한다.

② 지적삼각점의 명칭은 측량지역이 소재하고 있는 시 · 도의 명칭 중 두 글자를 선택하고 시 · 도단위로 일련번호를 붙여서 정한다.

③ 지적삼각점은 유심다각망 · 삽입망 · 사각망 · 삼각쇄 또는 삼변 이상의 망으로 구성하여야 한다.

④ 삼각형의 각 내각은 30도 이상 120도 이하로 한다. 다만, 망평균계산법과 삼변측량에 따르는 경우에는 그러하지 아니하다.

⑤ 지적삼각점성과결정을 위한 관측 및 계산의 과정은 이를 지적삼각측량부에 적어야 한다.

(2) 지적삼각점의 관측 및 계산

① 경위의측량방법에 따른 지적삼각점의 관측과 계산은 다음 각호의 기준에 따른다

1. 관측은 10초독 이상의 경위의를 사용할 것
2. 수평각 관측은 3대회(윤곽도는 도, 60도, 120도로 한다)의 방향관측법에 따를 것
3. 수평각의 측각공차는 다음 표에 의할 것

종 별	1방향각	1측회의 폐색	삼각형내각관측치의 합과 180도와의 차	기지각과의 차
공 차	30초 이내	±30초 이내	±30초 이내	±40초 이내

② 전파기 또는 광파기측량방법에 의한 지적삼각점의 관측과 계산은 다음 각호의 기준에 따른다.

1. 전파 또는 광파측거기는 표준편차가 ±(5mm+5ppm) 이상인 정밀측거기를 사용할 것
2. 점 간 거리는 5회 측정하여 그 측정치의 최대치와 최소치의 교차가 평균치의 10만분의 1 이하인 때에는 그 평균치를 측정거리로 하고, 원점에 투영된 평면거리에 따라 할 것
3. 삼각형의 내각은 세 변의 평면거리에 따라 계산하며, 기지각과의 차에 관하여는 제1항 제3호를 준용할 것

③ 제1항 및 제2항의 규정에 의하여 지적삼각점을 관측하는 경우 연직각의 관측과 계산은 다음 각호의 기준에 의한다.

1. 각 측점에서 정반으로 각 2회 관측할 것
2. 관측치의 최대치와 최소치의 교차가 30초 이내인 때에는 그 평균치를 연직각으로 할 것
3. 2개의 기지점에서 소구점의 표고를 계산한 결과 그 교차가 0.05미터+0.05($S1+S2$)미터 이하인 때에는 그 평균치를 표고로 할 것. 이 경우 $S1$과 $S2$는 기지점에서 소구점까지의 평면거리로서 킬로미터 단위로 표시한 수를 말한다.

④ 지적삼각점의 계산은 진수를 사용하여 각규약과 변규약에 따른 평균계산법 또는 망평균계산법에 따르되, 계산단위는 다음 표에 의한다.

종 별	각	변의 길이	진수	좌표 또는 표고	경위도	자오선수차
단 위	초	cm	6자리 이상	cm	초아래 3자리	초아래 1자리

(3) 지적삼각점의 명칭

시·도별 지적삼각점의 명칭은 다음과 같다.

기관명	명 칭	기관명	명 칭	기관명	명 칭
서울특별시	서 울	울산광역시	울 산	전라북도	전 북
부산광역시	부 산	경 기 도	경 기	전라남도	전 남
대구광역시	대 구	강 원 도	강 원	경상북도	경 북
인천광역시	인 천	충청북도	충 북	경상남도	경 남
광주광역시	광 주	충청남도	충 남	제 주 도	제 주
대전광역시	대 전				

2. 기지점방위각 및 거리계산

(1) 방위각계산

그림 1-1 방위각 계산

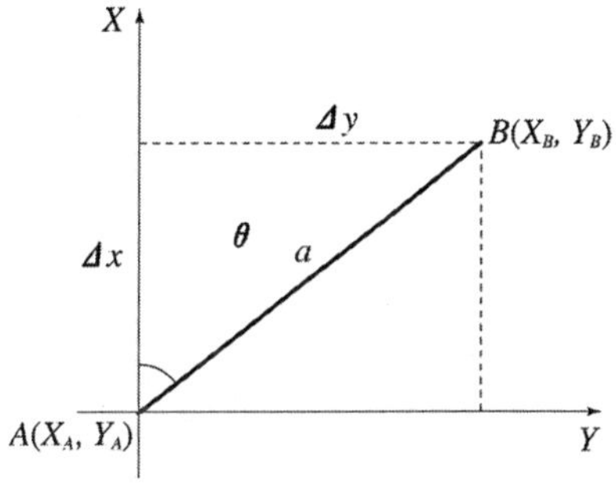

가. 종선차 : $\Delta x = X_B - X_A$

나. 횡선차 : $\Delta y = Y_B - Y_A$

다. 방위(θ) : $\tan\theta = \dfrac{\Delta y}{\Delta x}$

$$\theta = \tan^{-1}\frac{\Delta y}{\Delta x}$$

라. 방위각(V_a^b)계산

1상한 : $V = \theta$

2상한 : $V = 180 - \theta$

3상한 : $V = 180 + \theta$

4상한 : $V = 360 - \theta$

그림 1-2 상 한

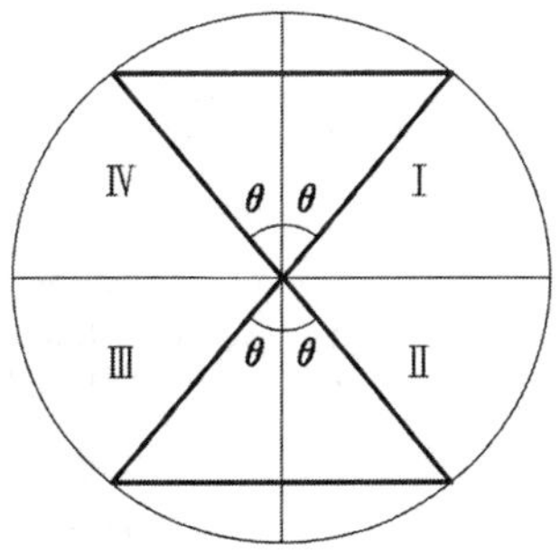

(2) 거리계산

$a = \sqrt{\Delta x^2 + \Delta y^2}$

$a = \frac{\Delta y}{\sin V}$ 또는 $\frac{\Delta x}{\cos V}$

(※ 이 공식을 사용할 때에는 종선차 또는 횡선차 중 큰 것을 사용한다.)

예제 1-1 **다음의 지적삼각점성과에 의하여 두 점 간의 방위각과 거리를 계산하시오.**

(단, 거리는 0.01m, 방위각은 0.1초 단위까지만 계산함)

점 명	X 좌 표	Y 좌 표
경기1(A)	474,314.78 m	207,087.66 m
경기2(B)	474,673.34 m	203,956.74 m

풀이 및 정답 (1) 방위각계산

$$\Delta x = X_B - X_A = 474{,}673.34 - 474{,}314.78 = +358.56$$

$$\Delta y = Y_B - Y_A = 203{,}956.74 - 207{,}087.66 = -3{,}130.92 \text{ (※4상한)}$$

$$\text{방위}(\theta) = \tan^{-1}\frac{\Delta y}{\Delta x} = \tan^{-1}\frac{3130.92}{358.56} = 83° \ 28' \ 00.6''$$

$$\text{방위각}(V_A^B) = 360° - 83° \ 28' \ 00.6'' = 276° \ 31' \ 59.4''$$

(2) 거리계산

$$AB = \sqrt{\Delta x^2 + \Delta y^2}$$

$$= \sqrt{(+358.56)^2 + (-3{,}130.92)^2} = 3151.38 \text{ m}$$

또는

$$AB = \frac{\Delta y}{\sin V} = \frac{-3{,}130.92}{\sin 276° \ 31' \ 59.4''} = 3151.38 \text{ m}$$

예제 1-2 **다음의 지적삼각점성과에 의하여 두 점($A \rightarrow B$, $B \rightarrow C$) 간의 거리와 방위각 및 기지내각을 계산하시오.**

(단, 거리는 0.01m, 방위각은 0.1초 단위까지만 계산함)

점 명	X 좌 표	Y 좌 표
서울1(A)	476,341.02 m	220,825.25 m
서울2(B)	474,427.64 m	218,820.01 m
서울3(C)	471,389.72 m	220,029.84 m

풀이 및 정답 (1) 방위각계산

A(서울1)에서 B(서울2)방향에 대한 방위각을 구하기 위해서는 B(서울2)의 좌표에서 A(서울1)의 좌표를 빼고, B(서울2)에서 C(서울3) 방향에 대한 방위각을 구하기 위해서는 C(서울3)의 좌표에서 B(서울2)의 좌표를 뺀 수치의 부호에 따라 상한별 방위각을 계산하여 기지내각을 구한다.

가. A(서울1)에서 B(서울2) 방향에 대한 방위각계산

$$\Delta x = X_B - X_A = 474{,}427.64 - 476{,}341.02 = -1{,}913.38$$

$$\Delta y = Y_B - Y_A = 218{,}820.01 - 220{,}825.25 = -2{,}005.24(3\text{상한})$$

$$\text{방위}(\theta) = \tan^{-1}\frac{\Delta y}{\Delta x}$$

$$= \tan^{-1}\frac{2{,}005.24}{1{,}913.38} = 46^\circ\ 20'\ 34.4''$$

$$\text{방위각}(V_A^B) = 180^\circ + 46^\circ\ 20'\ 34.4''$$

$$= 226^\circ\ 20'\ 34.4''$$

나. B(서울2)에서 C(서울3) 방향에 대한 방위각계산

$$\Delta x = X_C - X_B = 471{,}389.72 - 474{,}427.64 = -3{,}037.92$$

$$\Delta y = Y_C - Y_B = 220{,}029.84 - 218{,}820.01 = +1{,}209.83(2\text{상한})$$

$$\text{방위}(\theta) = \tan^{-1}\frac{\Delta y}{\Delta x}$$

$$= \tan^{-1}\frac{1{,}209.83}{3{,}037.92} = 21^\circ\ 42'\ 52.4''$$

$$\text{방위각}(V_B^C) = 180^\circ - 21^\circ\ 42'\ 52.4''$$

$$= 158^\circ\ 17'\ 07.6''$$

다. 기지내각의 계산

$$\angle ABC = V_B^C - (V_A^B \pm 180)$$

$$= 158^\circ\ 17'\ 07.6'' - (226^\circ\ 20'\ 34.4'' - 180^\circ)$$

$$= 111^\circ\ 56'\ 33.2''$$

(2) 거리계산

가. A(서울1)에서 B(서울2)의 거리

$$AB = \sqrt{\Delta x^2 + \Delta y^2}$$
$$= \sqrt{1{,}913.38^2 + 2{,}005.24^2} = 2{,}771.64 \text{ m}$$

또는

$$AB = \frac{\Delta y}{\sin V}$$
$$= \frac{-2{,}005.24}{\sin 226^\circ\ 20'\ 34.3''} = 2{,}771.64 \text{ m}$$

나. B(서울2)에서 C(서울3)의 거리

$$BC = \sqrt{\Delta x^2 + \Delta y^2}$$
$$= \sqrt{3{,}037.92^2 + 1{,}209.83} = 3{,}269.96 \text{ m}$$

또는

$$BC = \frac{\Delta x}{\cos V}$$
$$= \frac{-3{,}037.92}{\cos 158^\circ\ 17'\ 07.6''} = 3{,}269.96 \text{ m}$$

예제 1-3 **다음의 지적삼각점성과를 이용하여 두 점 간의 거리와 방위각 및 기지내각을 계산하시오.** (단, 서식을 이용하되 거리는 0.01m, 방위각은 0.1초 단위까지만 계산함)

점 명	X 좌 표	Y 좌 표
예11	6,253.26 m	−1,129.71 m
예12	7,563.48 m	−2,482.02 m
예13	9,111.05 m	−4,015.38 m

예제 1-3 정답

기지점방위각 및 거리계산부

[약 도]

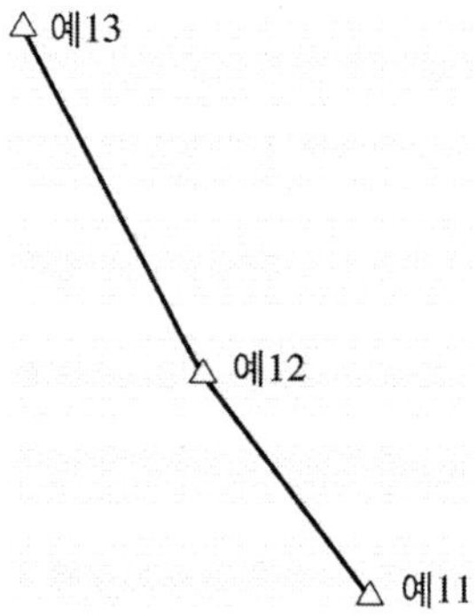

[공 식]

1. 방위(Θ)계산

$\tan\theta = \frac{\Delta y}{\Delta x}$

2. 방위각 계산

Ⅰ상한 : V=Θ

Ⅱ상한 : V=180°-Θ

Ⅲ상한 : V=Θ+180°

Ⅳ상한 : V=360°-Θ

3. 거리(a 또는 b)계산

$\frac{\Delta y}{\sin V}$ 또는 $\frac{\Delta x}{\cos V}$

4. 거리검산

$\sqrt{\Delta x^2 + \Delta y^2}$

점 명	X(m)	Y(m)	방 향	Δx(m)	Δy(m)
예11	6,253.26	-1,129.71	예11→예12	+1,310.22	-1,352.31
예12	7,563.48	-2,482.02	예12→예13	+1,547.57	-1,533.36
예13	9,111.05	-4,015.38	예11→예13	+2,857.79	-2,885.67
			→		

방 위 각 계 산

방향	예11 → 예12	방향	예12 → 예13
$\tan\theta = \frac{\Delta y}{\Delta x}$	1.0321244	$\tan\theta = \frac{\Delta y}{\Delta x}$	0.9908179
Θ	45° 54′ 20.4″	Θ	44° 44′ 08.7″
V	314° 05′ 39.6″	V	315° 15′ 51.3″

거 리 계 산

a	$\frac{\Delta y}{\sin V}$ 또는 $\frac{\Delta x}{\cos V}$	1,882.93m	b	$\frac{\Delta y}{\sin V}$ 또는 $\frac{\Delta x}{\cos V}$	2,178.57m
	$\sqrt{\Delta x^2 + \Delta y^2}$	1,882.93m		$\sqrt{\Delta x^2 + \Delta y^2}$	2,178.57m

기지내각 = 315° 15′ 51.3″- (314° 05′ 39.6″-180°)

= 181° 10′ 11.7″

3. 수평각관측

(1) 수평각의 관측

지적측량에서 지적삼각측량은 3대회, 지적삼각보조측량은 2대회의 방향관측법에 의하며 [그림 1-3]을 참고로 방향관측법의 야장기입방법을 설명하면 다음과 같다.

그림 1-3 방향관측법

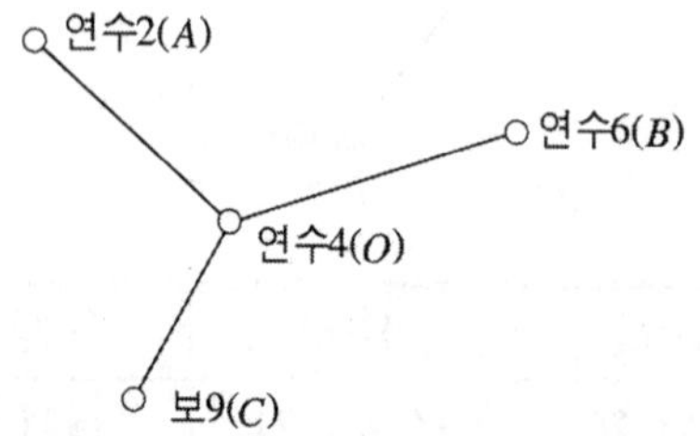

가. 정측회 관측

㉠ O점에 T/S(Total Station) 또는 경위의를 세우고 정준한 후 망원경을 정위로 하여 수평각을 0°에 맞추어 고정하고 원방향점 A점을 표정한 후 각도를 읽어 기록한다.

㉡ 망원경을 시계방향으로 회전하여 B점을 시준하여 고정한 후 각도를 읽어 기록한다.

㉢ 다시 망원경을 시계방향으로 회전하여 C점을 시준하고 고정한 후 각도를 읽어 기록한다.

㉣ C점의 관측이 끝나면 계속 시계방향으로 회전하여 원방향 A점을 시준하여 고정한 후 각도를 읽어 기록한다.

나. 반측회 관측

㉠ 정측회의 수평각을 고정한 채 망원경을 반전한 후 원방향인 A점을 다시 시준하여 각도를 읽어 기록한다.

㉡ 다음은 망원경을 반대 방향인 반시계 방향으로 회전하여 C점을 시준하여 고정한 후 각도를 읽어 기록한다.

㉢ 다시 망원경을 반시계 방향으로 회전하여 B점을 시준하고 고정한 후 각도를 읽어 기록한다.

㉣ B점의 관측이 끝나면 반시계 방향으로 회전하여 원방향 A점을 시준하여 고정한 후 각도를 읽어 기록한다.

이상과 같이 정측회와 반측회를 합쳐서 1대회라 하고, n대회일 때는 $\frac{180}{n}$로 하여 윤곽도를 결정한다. 예를 들면 2대회 관측은 0°, 90°에서 위와 똑같은 방법으로 실시하고, 3대회 관측은 0°, 60°, 120°에서 실시하는 것 이외에는 측정순서와 방법은 같다.

이와 같이 정·반관측을 하는 것은 경위의의 정비 불비로 인한 오차를 소거하는 뜻이 있고 또 각 대회에서 정측회에는 망원경을 시계방향으로, 반측회에서는 반시계 방향으로 하는 것은 경위의가 한쪽으로 편위하는 것을 방지하기 위한 것이다. 방향관측법은 각관측법보다 그 정밀도는 낮지만 주의를 기울여 작업을 실시하면 매우 좋은 결과를 얻을 수 있다.

지적삼각측량 및 지적삼각보조측량에 대한 수평각의 측각공차는 지적측량시행규칙 제9조 및 제11조에 따라 측각공차를 초과할 때에는 재관측을 하여야 한다.

다. 관측부기재 및 조정계산

방향관측법에 의하여 수평각을 3대회 관측하였을 때에는 [예시 1]과 같이 지적법에서 규정한 서식에 기입하고 각 측회마다 측점규약에 따라 출발차와 폐색차를 배부하여 결과각을 산출하는데, 결과각은 원방향을 0°로 한 값을 기입하여야 한다.

㉠ 측점란에는 경위의를 세운 점의 명칭과 번호를 기입한다.

㉡ 시준점은 보9를 원방향으로 하여 차례로 연수4, 보9 등으로 하여 기입한다.

㉢ 시간은 관측시간을 기입하되 24시간 통산제로 각 대회의 시작시간과 종료시간을 분단위까지 기입한다.

㉣ 윤곽도, 경위, 순번 등을 [예시 1]과 같이 기입하고 시준점은 정측회에만 기입하며 나머지는 1, 2, 3 등의 순번만 기입한다.

㉤ 각 대회의 윤곽도는 3대회일 경우 0°, 60°, 120°, 2대회일 경우에는 0°, 90°로 한다.

㉥ 출발차는 각 시준점마다 [예시 1]과 같이 배부한다.

㉦ 폐색차는 제1각에는 $\frac{E}{n}$, 제2각에는 $2\times\frac{E}{n}$, 제3각에는 $3\times\frac{E}{n}\cdots$ 등으로 배부한다(E=폐색차, n=측각수).

㉧ 결과란에는 원방향을 0°로 한 각도를 기입한다. 다만 정측회일 때에는 출발은 0°, 도착은 360°로 기입하고 반측회일 때에는 출발은 360°, 도착은 0°로 기입하고, 결과각은 측점조정을 마친 각도이다.

㉨ 정측회에서 반측회로 넘어갈 때에는 윤곽도란에서 결과란에 이르기까지 격선을 긋고 대회를 달리할 때에는 시간란에서 결과란에 이르기까지 격선을 긋는다. 또는 격선에 갈음하여 1칸씩 띄어도 된다.

㉩ 관측일자, 사용기계, 날씨, 풍력 등은 [예시 1]과 같이 기입한다.

(2) 수평각의 개정계산

수평각관측부를 근거로 하여 수평각개정계산부를 작성하며, 현장에서 관측한 수평각을 측점조정한 후에는 관측방향각을 평균하여 평균각을 구한다. 수평각개정계산은 지적법규에서 정한 서식을 사용하며 기입방법은 다음과 같다.

① 측점과 시준점은 [예시 3]과 같이 기입한다.

② 방향각란의 모든 각도는 조정을 마친 수평각관측부 결과란의 각을 기입한다.

③ 0°의 정측회란에는 도, 분, 초의 평균값을 기입하고 나머지는 분, 초단위만 기입하여 평균각을 구하고, 중심각은 도, 분, 초자리 이하 소수점 1자리까지 계산하여 기입한다.

[예시 1]

수 평 각 관 측 부

측점명 : 경기6 점								
시 간	윤곽도	경위	순번	시준점	방 향 각	조 정		
						출발차	폐색차	결 과
09:50	0°	정	1	보9	0° 00′ 00″		0	0° 00′ 00″
		정	2	경기4	35 00 12		-3	35 00 09
		정	1	보9	360 00 06		-6	360 00 00
	180	반	1		180 00 10	-10	0	360 00 00
		반	2		215 00 25	-10	-2	35 00 13
		반	1		180 00 15	-10	-5	0 00 00
	60	정	1		60 00 00		0	0 00 00
		정	2		95 00 20		+1	35 00 21
		정	1		59 59 58		+2	360 00 00
	240	반	1		240 00 03	-3	0	360 00 00
		반	2		275 00 18	-3	-2	35 00 13
		반	1		240 00 08	-3	-5	0 00 00
	120	정	1		120 00 00		0	0 00 00
		정	2		155 00 15		-2	35 00 13
		정	1		120 00 05		-5	360 00 00
	300	반	1		300 00 10	-10	0	360 00 00
		반	2		335 00 18	-10	+2	35 00 10
10:15		반	1		300 00 05	-10	+5	0 00 00
2011. 07. 01 관측			관측자 : ○○○		사용기계 : DT		날씨 : 맑음	풍력 : 화풍

[예시 2]

수 평 각 관 측 부

측점명 : 경기4 점								
시 간	윤곽도	경위	순번	시준점	방 향 각	조 정		
						출발차	폐색차	결 과
10:50	0°	정	1	경기2	0° 00′ 00″		0	0° 00′ 00″
		정	2	경기6	146 22 12		+1	146 22 13
		정	3	보9	252 11 15		+2	252 11 17
		정	1	경기2	359 59 57		+3	360 00 00
	180	반	1		180 00 05	-5	0	360 00 00
		반	3		72 11 18	-5	-2	252 11 11
		반	2		326 22 15	-5	-3	146 22 07
		반	1		180 00 10	-5	-5	0 00 00
	60	정	1		60 00 00		0	0 00 00
		정	2		206 22 20		-2	146 22 18
		정	3		312 11 17		-3	252 11 14
		정	1		60 00 05		-5	360 00 00
	240	반	1		240 00 05	-5	0	360 00 00
		반	3		132 11 20	-5	+3	252 11 18
		반	2		26 22 10	-5	+7	146 22 12
		반	1		239 59 55	-5	+10	0 00 00
	120	정	1		120 00 00		0	0 00 00
		정	2		266 22 23		-2	146 22 21
		정	3		12 11 20		-5	252 11 15
		정	1		120 00 07		-7	360 00 00
	300	반	1		300 00 10	-10	0	360 00 00
		반	3		192 11 25	-10	-1	252 11 14
		반	2		86 22 13	-10	-2	146 22 01
11:20		반	1		300 00 13	-10	-3	0 00 00
2011. 07. 01 관측			관측자 : ○○○		사용기계 : DT		날씨 : 맑음	풍력 : 화풍

[예시 3]

수 평 각 개 정 계 산 부

측점명	시준점	방향각							중심각
		0°		60°		120°		평 균	
		정	반	정	반	정	반		
경기6	보9	0° 00′ 00″	00′ 00″	00′ 00″	00′ 00″	00′ 00″	00′ 00″	*0° 00′ 00.0″*	
	경기4	35 00 09	00 13	00 21	00 13	00 13	00 10	*35 00 13.2*	*35° 00′ 13.2″*
	보9	360 00 00	00 00	00 00	00 00	00 00	00 00	*360 00 00.0*	*324 59 46.8*

[예시 4]

수 평 각 개 정 계 산 부

측점명	시준점	방향각							중심각
		0°		60°		120°		평 균	
		정	반	정	반	정	반		
경기4	경기2	0° 00′ 00″	00′ 00″	00′ 00″	00′ 00″	00′ 00″	00′ 00″	0° 00′ 00.0″	
	경기6	146 22 13	22 07	22 18	22 12	22 21	22 01	146 22 12.0	146° 22′ 12.0″
	보9	252 11 17	11 11	11 14	11 18	11 15	11 14	252 11 14.8	105 49 02.8
	경기2	360 00 00	00 00	00 00	00 00	00 00	00 00	360 00 00.0	107 48 45.2

4. 편심보정계산

(1) 수평각측점귀심계산

[그림 1-4]와 같이 편심점이 중심삼각점 전, 후, 좌, 우 4가지 경우가 있으나 편심점이 좌측 및 우측에 있는 경우를 설명하면 C를 중심삼각점, E를 편심측점, K를 편심거리 O와 P를 시준점, D_1과 D_2를 시준점과 중심삼각점 간 거리, 시준점 방향에 대한 중심삼각점 방향각을 θ라 하면 $\alpha = 360^\circ - \theta$로서 편심거리 K와 중심점의 방향각 θ(편심측점(E)에서의 관측각)는 직접 측정하여야 하며, D는 점 간 거리, ρ''는 206,264.8″, γ''는 귀심각을 말한다.

그림 1-4 측점귀심

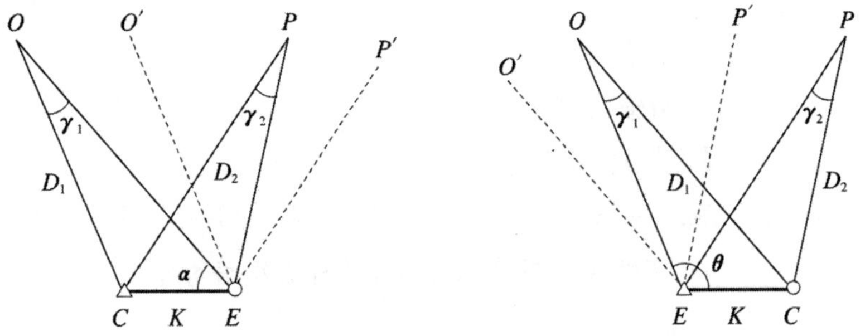

관측된 EO방향을 진방향 CO에 평행한 EO'로 환산할 때 필요한 경정량 γ_1과 γ_2는 다음과 같다.

$\triangle OEC$에서

$$\frac{\sin\gamma_1}{K} = \frac{\sin\alpha}{D} \text{에서 } \sin\gamma = \frac{K \times \sin\alpha}{D}$$

여기서 $\sin\gamma$ 의 값을 각도로 고치면

$$\gamma = \sin^{-1}\left(\frac{K \times \sin\alpha}{D}\right)$$

또는 γ 는 아주 작은 각이기 때문에 $\sin = \gamma \times \sin1''$로 할 수 있으므로

$$\gamma'' = \frac{K \times \sin\alpha}{D \times \sin 1''}$$

여기서 $\frac{1}{\sin 1''} = \rho''$라 놓으면

$$\gamma'' = \frac{K \times \sin\alpha}{D}\rho''$$가 된다.

삼각점 간 거리 D는 삼각망에서 근사치에 의하여 계산하고 또는 K가 아주 작을 때에는 1/50,000 지형도상에서 측정한 개략값를 사용하며 이 공식은 α에 대한 sin값의 정(+)·부(−)의 부호대로 외심각에 더하여 중심각을 얻게 된다.

시준점이 여러 개 있을 때에는 각 점에 관한 θ각을 일일이 관측할 필요가 없고 어떤 1점(방향관측법에서는 원방향점)에 대한 θ각을 관측하고 여기에 대한 α각을 산출하여 순차적으로 모든 방향각에 더하여 각 점에 대한 α각을 구한다.

θ각을 관측하기 위해서는 중심삼각점에 추를 내리고 그 실을 시준하던가 혹은 가는철사 등을 세워서 시준한다. 만일 K가 아주 작아서 망원경으로 시준할 수 없을 때에는 망원경에 붙어 있는 조준사를 이용하여 시준하여도 된다. 또한 편심거리 K는 mm까지 2회 측정하여 평균한다.

예제 1-4 **그림에서 K=3.560 m, D_1=3,462.28 m, D_2 = 3,911.66 m, θ=286° 36′ 20″ $\angle OEP$=57° 31′ 08″일 때 $\angle OCP$를 구하시오.**

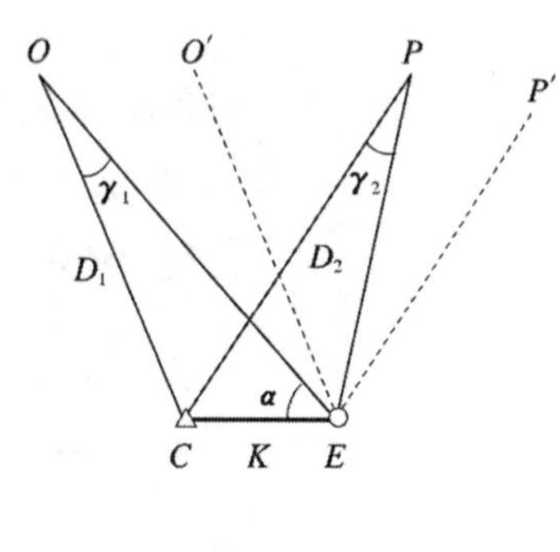

풀이 및 정답 (1) 일반공식에 의한 계산방법

E점에서 CO에 나란히 $EOCP$에 나란한 $\angle OCP = \angle O'EP'$

그러므로 $\angle O'EP' = \angle OEP - \gamma_1 + \gamma_2$ 가 된다.

여기서 γ_1, γ_2 값을 구하면

$$\frac{\sin\gamma_1}{K} = \frac{\sin\alpha}{D_1} \text{ 에서 } \sin\gamma_1 = \frac{K \times \sin\alpha}{D_1}$$

$\alpha = 360° - 286°\ 36'\ 20'' = 73°\ 23'\ 40''$이므로

$\gamma_1 = \sin^{-1}\left(\frac{3.560 \times \sin 73°\ 23'\ 40''}{3,462.28}\right) = 0°\ 03'\ 23.2''$가 된다.

또는

$$\gamma_1'' = \frac{K \times \sin\alpha}{D_1}\rho'' = \frac{3.560 \times \sin 73°\ 23'\ 40''}{3,462.28} \times 206,264.8$$

$$= 203.2''$$

$$= 0°\ 03'\ 23.2''$$

$$\frac{\sin\gamma_2}{K} = \frac{\sin\alpha}{D_2} \text{ 에서 } \sin\gamma_2 = \frac{K \times \sin\alpha}{D_2}$$

$\alpha = 73°\ 23'\ 40'' + 57°\ 31'\ 08'' = 130°\ 54'\ 48''$

$\gamma_2 = \sin^{-1}\left(\frac{3.560 \times \sin 130°\ 54'\ 48''}{3,911.66}\right) = 0°\ 02'\ 21.9''$

또는

$$\gamma_2'' = \frac{K \times \sin\alpha}{D_2}\rho'' = \frac{3.560 \times \sin 130°\ 54'\ 48''}{3,911.66} \times 206,264.8$$

$$= 141.9''$$

$$= 0°\ 02'\ 21.9''$$

그러므로 $\angle OCP = \angle O'EP' = \angle OEP - \gamma_1 + \gamma_2$

$= 57°\ 31'\ 08'' - 0°\ 03'\ 23.2'' + 0°\ 02'\ 21.9''$

$= 57°\ 30'\ 06.7''$가 된다.

예제 1-5 **남산에서 측점귀심방법으로 수평각을 측정하여 편심거리(K) = 4.123 m, θ = 242° 15′ 45.3″를 얻었다. 주어진 서식에 의하여 중심각을 산출하시오.**

시준점	천7	천8	천6	천5
관측방향각	0° 00′ 00.0″	81° 56′ 34.6″	187° 11′ 15.7″	240° 37′ 46.1″
거 리	4,514.87 m	3,511.54 m	3,871.21 m	3,999.69 m

풀이 및 정답 ① 관측방향각은 수평각개정계산부의 평균각이다.

② $360° - \theta = 360° - 242° \ 15' \ 45.3'' = 117° \ 44' \ 14.7''$

③ α각은 관측방향각과 $(360° - \theta)$각을 합친 각으로

α = 관측방향각 + $(360° - \theta)$ 이다.

천7	천8	천6	천5
0° 00′ 00.0″	81° 56′ 34.6″	187° 11′ 15.7″	240° 37′ 46.1″
+117° 44′ 14.7″	+117° 44′ 14.7″	+117° 44′ 14.7″	+117° 44′ 14.7″
α =117° 44′ 14.7″	199° 40′ 49.3″	304° 55′ 30.4″	358° 22′ 00.8″

④ $\frac{1}{D}$은 각 점 간의 거리로서 곱셈형태로 바꾸기 위한 값이다.

측 점	남산 - 천7	남산 - 천8	남산 - 천6	남산 - 천5
거리(D)	4,514.87 m	3,511.54 m	3,871.21 m	3,999.69 m
$\frac{1}{D}$	0.000221	0.000285	0.000258	0.000250

⑤ $\frac{1}{\sin 1''}$은 곱셈형태로 바꾸기 위한 값으로 206,264.8″이다.

⑥ $\sin\alpha$는 위 α각의 sin값을 기입한 것으로 부호는 $\sin\alpha$ 값의 부호에 의한다.

⑦ γ''는 공식에 의하여 $\frac{1}{D} \times \frac{1}{\sin 1''} \times K \times \sin\alpha$로 계산된 초 단위의 수치이다.

남산 − 천7 = 0.000221 × 206,264.8 × 4.123 ×(+0.885090) = +166.3″

남산 − 천8 = 0.000285 × 206,264.8 × 4.123 ×(−0.336773) = −81.6″

남산 − 천6 = 0.000258 × 206,264.8 × 4.123 ×(−0.819901) = −179.9″

남산 − 천5 = 0.000250 × 206,264.8 × 4.123 ×(−0.028499) = −6.1″

⑧ γ는 분 단위로 환산한 값이다.

남산 − 천7 = +166.3″ = +2′ 46.3″

남산 − 천8 = −81.6″ = −1′ 21.6″

남산 − 천6 = −179.9″ = −2′ 59.9″

남산 − 천5 = −6.1″ = −0′ 06.1″

⑨ 중심방향각은 관측방향각에 γ각을 더한 각이다.

남산 − 천7 = 0° 00′ 00.0″ + 2′ 46.3″ = 0° 02′ 46.3″

남산 − 천8 = 81° 56′ 34.6″ − 1′ 21.6″ = 81° 55′ 13.0″

남산 − 천6 = 187° 11′ 15.7″ − 2′ 59.9″ = 187° 08′ 15.8″

남산 − 천5 = 240° 37′ 46.1″ − 0′ 06.1″ = 240° 37′ 40.0″

⑩ C점에서 O점을 0°로 한 중심방향각은 중심방향각에서 원방향에 대한 γ각(−2′ 46.3″)의 반대 부호로 전부 똑같이 −2′ 46.3″를 더한 각이다.

남산 − = 0° 02′ 46.3″ − 2′ 46.3″ = 0° 00′ 00.0″

남산 − 천8 = 81° 55′ 13.0″ − 2′ 46.3″ = 81° 52′ 26.7″

남산 − 천6 = 187° 08′ 15.8″ − 2′ 46.3″ = 187° 05′ 29.5″

남산 − 천5 = 240° 37′ 40.0″ − 2′ 46.3″ = 240° 34′ 53.7″

⑪ 중심각은 앞 점의 방향각에서 뒷 점의 방향각을 뺀 값이다.

∠천7, 남산, 천8 = 81° 52′ 26.7″ − 0° 00′ 00.0″
= 81° 52′ 26.7″

∠천8, 남산, 천6 = 187° 05′ 29.5″ − 81° 52′ 26.7″
= 105° 13′ 02.8″

∠천6, 남산, 천5 = 240° 34′ 53.7″ − 187° 05′ 29.5″
= 53° 29′ 24.2″

∠천5, 남산, 천7 = 360° 00′ 00.0″ − 240° 34′ 53.7″
= 119° 25′ 06.3″

(검산)계 = 81° 52′ 26.7″ + 105° 13′ 02.8″ + 53° 29′ 24.2″
+ 119° 25′ 06.3″ = 360° 00′ 00.0″

예제 1 - 6 **서울21에서 측점귀심방법으로 수평각을 측정하여 편심거리 K = 3.540 m, θ = 125° 13′ 10″를 얻었다. 다음의 관측성과에 의하여 주어진 서식으로 중심각을 산출하시오.**

시준점	서울17	서울23	서울24	서울25
관측방향각	0° 00′ 00.0″	13° 12′ 42.5″	41° 25′ 17.3″	93° 34′ 29.2″
거 리	3,012.70 m	2,172.44 m	3,589.62 m	1,333.39 m

예제 1-5 정답

수평각측점귀심계산부 (진수)

측 점 명 : 남 산

$$\gamma'' = \frac{K \cdot \sin\alpha}{D \cdot \sin 1''}$$

α : 관측방향각+(360°-Θ)　　K = 4.123 m　　360° 00′ 00.0″

K : 편심거리(5m이내)　　Θ= 242 15 45.3

D : 삼각점 간 거리(약치도 가능함)　　360°-Θ= 117 44 14.7

시준점	O = 천7	P = 천8	Q = 천6	R = 천5	S =
관측방향각	0° 00′ 00.0″	81° 56′ 34.6″	187° 11′ 15.7″	240° 37′ 46.1″	° ′ ″
360°-Θ	117 44 14.7	117 44 14.7	117 44 14.7	117 44 14.7	
α	117 44 14.7	199 40 49.3	304 55 30.4	358 22 00.8	
(거리)	(4514.87)	(3511.54)	(3871.21)	(3999.69)	
$\frac{1}{D}$	0.000221	0.000285	0.000258	0.000250	
$\frac{1}{\sin 1''}$	206,264.8	206,264.8	206,264.8	206,264.8	
K	4.123	4.123	4.123	4.123	
sinα	0.885090	-0.336773	-0.819901	-0.028499	
γ″	×) +166.3	×) -81.6	×) -179.9	×) -6.1	
γ	+2′ 46.3″	-1′ 21.6″	-2′ 59.9″	-0′ 06.1″	
중심방향각	0 02 46.3	81 55 13.0	187 08 15.8	240 37 40.0	
C점에서 O점을 0°로한 중심방향각	0 00 00.0	81 52 26.7	187 05 29.5	240 34 53.7	360 00 00.0
중 심 각	81° 52′ 26.7″	105° 13′ 02.8″	53° 29′ 24.2″	119° 25′ 06.3″	

비 고
- D : 중심삼각점과 시준점간 거리
- γ″: 초를 단위로 한 귀심화수(부호는 sinα의 부호에 따라 붙임)
- γ : 분을 초로 환산한 귀심화수

약 도

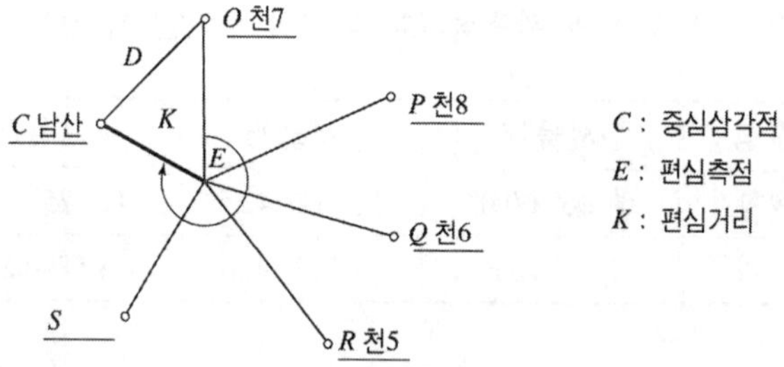

예제 1-6 정답

수평각측점귀심계산부 (진수)

측 점 명 : 서울21

$$\gamma'' = \frac{K \cdot \sin\alpha}{D \cdot \sin 1''}$$

α : 관측방향각+(360°-Θ)　　　K = 3.540 m　　　360° 00′ 00.0″

K : 편심거리(5m이내)　　　Θ= 125 13 10.0

D : 삼각점 간 거리(약치도 가능함)　　　360°-Θ= 234 46 50.0

시준점	O = 서울17	P = 서울23	Q = 서울24	R = 서울25	S =
관측방향각	0° 00′ 00.0″	13° 12′ 42.5″	41° 25′ 17.3″	93° 34′ 29.2″	° ′ ″
360°-Θ	234 46 50.0	234 46 50.0	234 46 50.0	234 46 50.0	
α	234 46 50.0	247 59 32.5	276 12 07.3	328 21 19.2	
(거리)	(3012.70)	(2172.44)	(3589.62)	(1333.39)	
$\frac{1}{D}$	0.0003319	0.0004603	0.0002786	0.0007500	
$\frac{1}{\sin 1''}$	206,264.8	206,264.8	206,264.8	206,264.8	
K	3.540	3.540	3.540	3.540	
sinα	-0.8169492	-0.9271339	-0.9941471	-0.5246497	
γ''	×) -198.0	×) -311.6	×) -202.2	×) -287.3	
γ	-3′ 18.0″	-5′ 11.6″	-3′ 22.2″	-4′ 47.3″	
중심방향각	359 56 42.0	13 07 30.9	41 21 55.1	93 29 41.9	
C점에서 O점을 0°로한 중심방향각	0 00 00.0	13 10 48.9	41 25 13.1	93 32 59.9	360 00 00.0
중 심 각	13° 10′ 48.9″	28° 14′ 24.2″	52° 07′ 46.8″	266° 27′ 00.1″	

비 고
D : 중심삼각점과 시준점간 거리
γ'' : 초를 단위로 한 귀심화수(부호는 sinα의 부호에 따라 붙임)
γ : 분을 초로 환산한 귀심화수

약 도

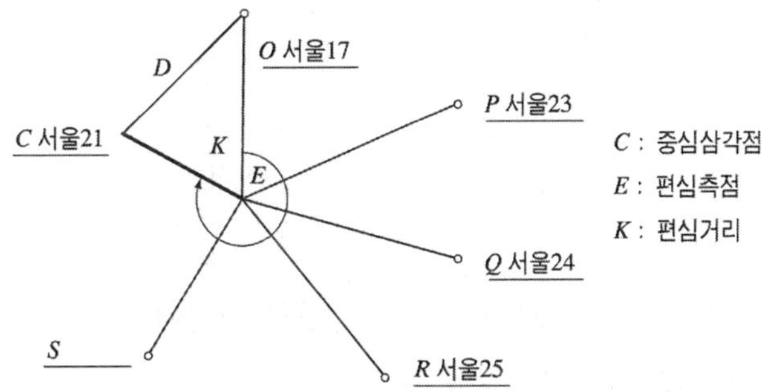

(2) 수평각점표귀심계산

수평각의 관측시 점표가 중심에서 벗어난 경우 또는 점표가 있다고 하더라도 점의 중심에서 벗어났기 때문에 그 옆의 가까운 거리에 명확히 보이는 지물을 시준한 때에는 계산에 의하여 시준점의 중심을 관측한 값에 의하여 계산할 필요가 있는데 이를 수평각의 점표귀심이라고 한다.

[그림 1-5]에서 $\angle ACB$를 측정함에 있어서 B점의 중심을 시준하지 못하고 그 옆에 있는 B'점을 시준한 때에는 관측각 ACB'를 계산하여 $\angle ACB$를 알아내야 한다.

BC의 거리 D는 앞에서 설명한 수평각측점귀심에서처럼 구하면 되고 또 BB'가 작을 때에는 선점 약도상에서 구한 길이를 사용하여도 무방하다.

B에서 $B'C$에 그은 수선 BE의 길이를 지상에서 mm까지 재거나 혹은 BB'거리로서 $\angle BB'C$의 각으로 산출하여($BEB' \times \sin\angle BB'E$) 구할 수 있다.

$$\frac{\sin\gamma}{BE} = \frac{\sin 90^\circ}{D}$$

$\sin 90^\circ = 1$ 이므로

$$\sin\gamma = \frac{BE}{D} \qquad \gamma = \sin^{-1}\left(\frac{BE}{D}\right)$$

또는 $\gamma'' = \dfrac{BE}{D \times \sin 1''}$

그림 1-5 점표귀심

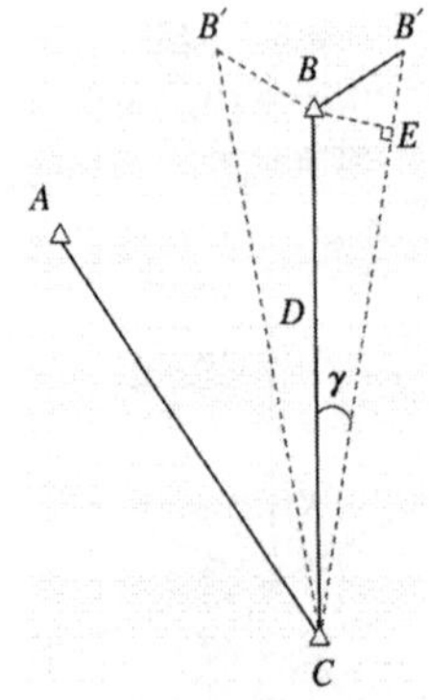

여기서 γ각이 계산되면 중심방향선의 방향에 따라서 우측에 있을 때는 $-$, 좌측에 있을 때는 $+$부호를 붙인다.

예제 1-7 **그림에서 P_1, P_2, C를 삼각점으로 하고 P_1, P_2에서 C점을 관측하지 못해 측표의 편심 P점을 관측하였다. 관측결과 편심거리 K= 5.00m, Φ = 230° 30′, P_1P_2 = 2,000 m, t_1 = 60° 30′ 30″, t_2 = 70° 30′ 30″, θ = 80° 20′일 때 $\angle CP_1P_2 = T_1$과 $\angle P_1P_2C = T_2$를 구하시오.**

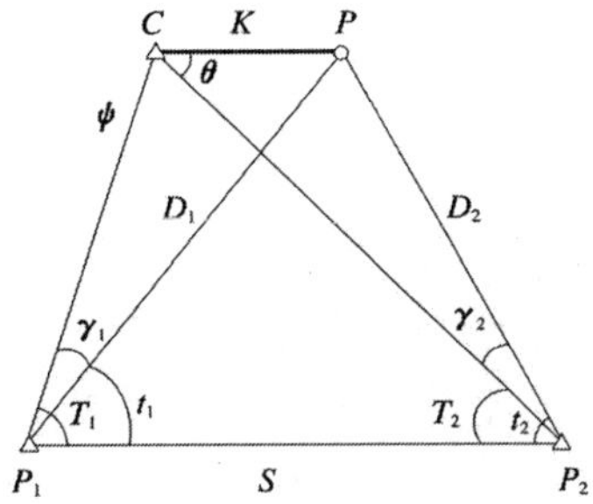

풀이 및 정답

$\triangle P_1PP_2$에서

$$\angle P_1PP_2 = 180° - (t_1 + t_2)$$

$$= 180° - (60°\ 30'\ 30'' + 70°\ 30'\ 30'') = 48°\ 59'\ 00''$$

P_1P거리 D_1과 P_2P 거리 D_2를 구하면

$$D_1 = \frac{2{,}000 \times \sin 70°\ 30'\ 30''}{\sin 48°\ 59'\ 00''} = 2{,}498.79\,\text{m}$$

$$D_2 = \frac{2{,}000 \times \sin 60°\ 30'\ 30''}{\sin 48°\ 59'\ 00''} = 2{,}307.24\,\text{m}$$

$$\gamma_1 = \frac{K}{D_1} sin(360° - \Phi)\rho''\text{에서}$$

$$= \frac{5.00}{2{,}498.79} sin(360° - 230°\ 30') \times 206{,}264.8$$

$$= 318.5'' = 0°\ 05'\ 18.5''$$

$$\gamma_2 = \frac{K}{D_2} sin\theta \cdot \rho''\text{에서}$$

$$= \frac{5.00}{2{,}307.24} sin 80°\ 20' \times 206{,}264.8$$

$$= 440.6'' = 0°\ 07'\ 20.6''$$

$$T_1 = t_1 + \gamma_1 = 60°\ 30'\ 30'' + 0°\ 05'\ 18.5'' = 60°\ 35'\ 48.5''$$

$$T_2 = t_2 - \gamma_2 = 70°\ 30'\ 30'' - 0°\ 07'\ 20.6'' = 70°\ 23'\ 09.4''$$

예제 1 - 8 **경기10을 측정한 점표귀심 결과에 의하여 주어진 서식으로 중심방향각을 산출하시오.** (단, 편심관측방향은 중심방향선의 좌측에 있음)

편심시준점	경기17(O′)	경기18(P′)	경기19(Q′)
관측방향각	12° 34′ 56.7″	53° 28′ 30.0″	85° 43′ 37.0″
편심거리(K)	2.340 m	3.542 m	0.125 m
점 간 거리(D)	1,234.56 m	3,012.70 m	3,839.69 m

□ **수평각관측(水平角觀測)**

수평각 관측에서 중요한 것은 망원경의 정위와 반위로 각각 두 개의 평균값을 얻는 것으로 대부분의 기계오차를 소거시킬 수 있으나 연직축 오차는 소거되지 않으므로 연직축이 언제나 바르게 연직으로 되어 있는지 확인하여야 한다.

□ **수평각점표귀심(水平角點標歸心)**

수평각의 측참귀심과 반대로 점표가 중심에서 벗어난 경우 또는 점표가 없거나 점표가 있다고 하더라도 점의 중심에서 벗어난 경우 그 옆의 5m 이내의 가까운 거리에 똑같이 보이는 지물을 시준한 후 계산에 의하여 시준점의 중심을 관측한 값으로 수평각을 계산하는 것을 말한다.

□ **수평각측점귀심(水平角測點歸心)**

높은 탑의 꼭대기 또는 높은 굴뚝의 피뢰침 등을 삼각점으로 하였다가 여러 가지 사정으로 삼각점의 중심에 경위의를 세울 수 없거나 세울 수가 있더라도 다른 점을 시준 하는데 많은 수목을 베어내야 할 경우 중심삼각점으로부터 5m 이내에 편심측점을 설치하고 여기에 기계를 세워 보통 때와 같이 각도를 관측하고 별도로 중심점과 편심점과의 관계에 따라 중심삼각점에서 관측한 것으로 수평각을 산출하는 것을 말한다.

예제 1-8 정답

수평각점표귀심계산부 (진수)

측 점 명 : 경기10

$$\gamma'' = \frac{K}{D \cdot \sin 1''}$$

K : 편심거리(5m이내) $K = 2.340$ m $D = 1234.56$ m
$= 3.542$ $= 3012.70$
D : 삼각점 간 거리(약치도 가능함) $= 0.125$ $= 3839.69$

편심시준점	O' = 경기17	P' = 경기18	Q' = 경기19
관측방향각	12° 34′ 56.7″	53° 28′ 30.0″	85° 43′ 37.0″
K	2.340	3.542	0.125
$\frac{1}{D}$	0.000810	0.000332	0.000260
$\frac{1}{\sin 1''}$	206,264.8	206,264.8	206,264.8
γ''	×) +391.0″	×) +242.5″	×) +6.7″
γ	+ 6′ 31.0″	+ 4′ 02.5″	+ 0′ 06.7″
중심방향각	12° 41′ 27.7″	53° 32′ 32.5″	85° 43′ 43.7″

비 고
γ : γ''를 분초로 환산 기입하고 편심관측방향이 중심방향선의 좌측에 있는 때에는 (+), 우측에 있는 때에는 (-)부호를 붙인다.
K : 5m 이내일 것
D : 중심삼각점과 시준점 간 거리(약치도 가능함)

약 도

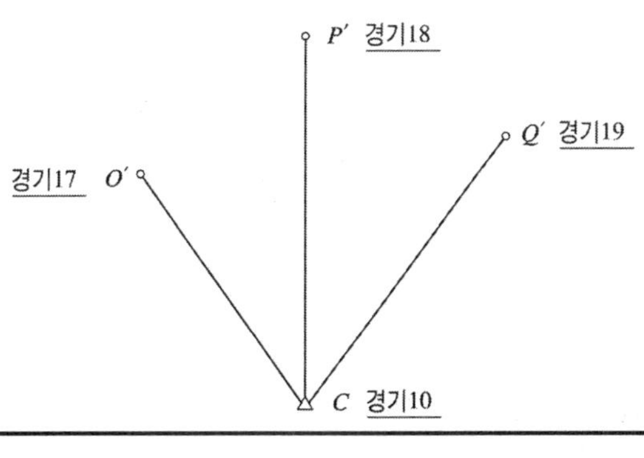

※ 중심방향선은 실지와 부합하도록 기입할 것

C = 측정
O′, P′, Q′ = 편심시준점

5. 거리측정(광파측거기)

측량에서 두 점 사이의 거리는 일반적으로 수평거리를 말하며, [그림 1-6]에서 두 점 AB사이에는 BB'가 있으므로 AB를 경사거리, BB'를 수직거리 또는 고저차라고 부른다.

또한 AB'는 기준수평면 A_0B_0와 평행선이며, A_0B_0는 AB'의 길이, 즉 지구의 기준면상, 다시 말해서 타원체상에 투영한 길이다. 보통 우리가 일반적으로 측정한 거리는 경사거리이며 이는 수평거리 AB'로 보정하여야 한다.

그림 1-6 거리의 비교

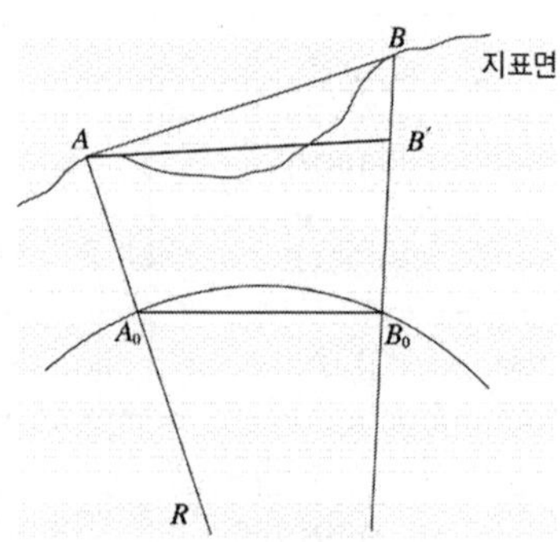

[그림 1-6]에서 AA_0와 BB_0의 방향은 지구중심 방향으로 중력방향이며, 일반적으로 기준면상거리와 구면거리와의 차이는 기준면상거리가 1km에서 약 1mm, 10km에서는 약 1cm 정도임으로 보통 이것들을 구별하지 않고 사용하고 있다.

거리측정부(광파측거기)

구 분 \ 방 향		강원19 → 강원11	강원11 → 강원12
기 계 명		GTS-201D	GTS-201D
기 계 번 호		1045	1045
기계정수(E)		-0.03 m	-0.03 m
반사프리즘정수(R)		-0.30	-0.30
기 계 고(i)		1.28	1.48
시 준 고(f)		1.52	1.60
온도(t°)	측정점	21.0 ℃	22.0 ℃
	시준점	21.0	21.0
	평 균	21.0	22.0
기압(mmHg)	측정점	730.0 mmHg	750.0 mmHg
	시준점	730.0	740.0
	평 균	730.0	745.0
거리측정	1 회	894.814 m	756.256 m
	2 회	894.814	756.256
	3 회	894.814	756.257
	4 회	894.814	756.256
	5 회	894.814	756.257
	평 균	894.814	756.256
기상보정(C)		4.0 ppm	4.0 ppm
거리보정(d) E+R+C		0.0	0.0
경사거리(D)		894.815 m	756.256 m
측 정 일 시		2011. 07. 01. 10시 30분	2011. 07. 01. 14시 10분
측 정 자		지적기사 ○○○	

6. 연직각관측

연직각의 관측은 주로 삼각점의 표고차를 구하기 위하여 행하여지며 연직각에는 고저각, 천정각, 천저각 등이 있다.

그림 1-7 연직각과 천정각

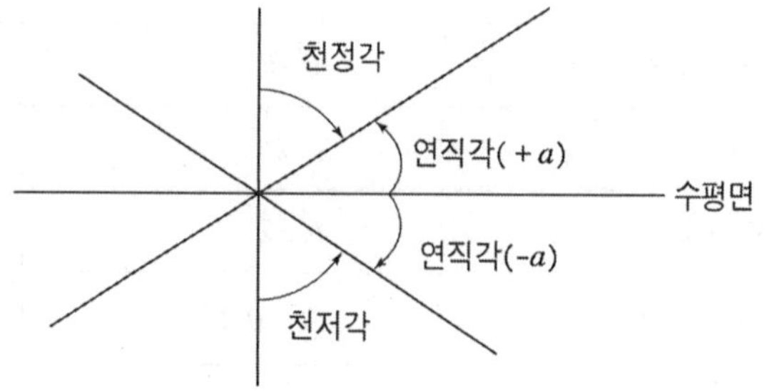

연직각은 고저각이라고도 하며 [그림 1-7]과 같이 시준선과 수평선보다 위에 있으면 올려다 본 각, 아래쪽에 있으면 내려다 본 각이라고 한다.

망원경이 수평일 때 눈금이 90° 또는 270°를 표시하는 것과 0°로 되어서 그 상하에 270°~90°로 표시되는 것도 있다.

따라서 천정을 기준으로 하여 나타낸 각을 천정각이라 하고 천저를 기준으로 하여 나타낸 각을 천저각이라 한다. 그러므로 천정각과 연직각(α)과는 여각의 관계로서 $\alpha = 90° - Z$이다. 연직각관측은 수평각관측과 마찬가지로 망원경을 정·반 관측하여 기계오차를 소거하며 기계의 정치 및 관측 준비는 수평각관측과 같으며 지적법에 규정된 사항을 살펴보면 다음과 같다.

① 각 측점에서 정·반으로 2회 관측한다.

② 정·반관측치의 최대치와 최소치의 교차가 30초 이내인 때에는 그 평균치를 연직각으로 한다.

③ 2개의 기지점에서 소구점의 표고를 계산한 결과 그 교차가 0.05미터+0.05(S_1+S_2)미터 이하인 때에는 그 평균치를 표고로 한다. 여기서 S_1, S_2는 기지점에서 소구점까지의 평면거리로서 km단위로 표시한 값이다.

연 직 각 관 측 부

측점명 : 원11						
시 분	시준점	윤곽도	경위	관측각	연직각	평균
10:50	원3	90°	정	92° 15′ 52″	2° 15′ 52″	
		270	반	267 44 05	2 15 55	
		90	정	92 15 51	2 15 51	
11:05		270	반	267 44 06	2 15 54	+ 2 15 53

기계고 i = 1.82 m
시준고 f = 2.54 m

측점명 : 원3						
시 분	시준점	윤곽도	경위	관측각	연직각	평균
14:20	원11	90°	정	87° 43′ 46″	2° 16′ 14″	
		270	반	272 16 17	2 16 17	
		90	정	87 43 46	2 16 14	
14:30		270	반	272 16 15	2 16 15	−2 16 15

기계고 i = 1.65 m
시준고 f = 2.50 m

약 도

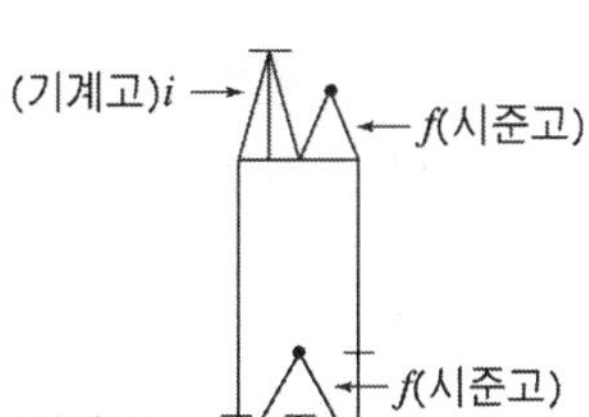

기재상의 주의

1. 관측시간은 시작과 끝시간을 기입한다.
2. 윤곽은 정측회 또는 반측회에서 수평에 해당하는 각도를 기입한다.
3. 천저를 0°로한 기계를 사용하는 때에는 측정한 그대로의 각치를 기입하고 연직각은 다음식에 의하여 산출한다.
   정측회 = 관측치 - 90°
   반측회 = 270°- 관측치
4. 올려본 각 또는 내려본 각의 부호는 최종평균란에만 기입한다.

2011. 07. 01. 관측	관측자 : ○○○	사용기계 : GTS313	날씨 : 맑음	풍력: 연풍

7. 표고계산

지적삼각점을 설치할 때에는 표고를 산출하여 통지하도록 되어 있으며 광파기 또는 전파기측량방법으로 거리를 측정한 때에는 평면거리로 환산하기 위하여 측점의 표고를 알아야 한다.

따라서 표고를 계산하기 위하여는 연직각관측부(야장)에 의하여 연직각을 측정하여야 하며 연직각의 측정은 두 점 간을 교호 측정하도록 되어 있으며, 이것은 양차(기차와 구차)를 소거하기 위해서이다.

(1) 수평거리(L)

두 점의 좌표가 결정되었다면 역계산에 의하여 두 점 간의 수평거리를 산출할 수 있지만 광파측거기 또는 전파측거기로 경사거리를 측정하였을 경우에는 다음 식에 의하여 수평거리를 산출한다.

$L = D \times \cos\alpha_1$ 또는 α_2

여기서, α = 연직각, D = 경사거리

(2) 고저차(h)

고저차는 두 측점의 연직거리를 뜻하며 다음 식에 의하여 고저차를 산출한다.

$$h = L \times \tan\frac{(\alpha_1 - \alpha_2)}{2} + \frac{(i_1 - i_2 + f_1 - f_2)}{2}$$

여기서, α_1, α_2 = 교호측정한 두 점 간의 연직각
i_1, i_2 = 교호측정시 두 점에서의 기계고
f_1, f_2 = 교호측정시 시준점의 시준고

(3) 소구점의 표고계산(H_2)

$H_2 = H_1 + h$

여기서, H_1=기지점의 표고, h =고저차

예제 1-9 **기지점 원11과 원14에서부터 소구점 원3에 대한 표고를 구하기 위하여 연직각을 측정하였다. 소구점의 표고를 계산하시오.**

[원11 → 원3]	[원14 → 원3]
수평거리(L)=4,711.55 m	수평거리(L)=3,975.80 m
연직각(α_1) = +2° 15′ 53″	연직각(α_1) = +1° 52′ 46″
연직각(α_2) = −2° 16′ 15″	연직각(α_2) = −1° 52′ 38″
기계고 (i_1)=1.55 m	기계고(i_1) =1.61 m
기계고 (i_2)=1.61 m	기계고(i_2) =1.54 m
시준고 (f_1)=2.32 m	시준고 (f_1)=2.54 m
시준고 (f_2)=2.05 m	시준고 (f_2)=2.17 m
원11표고(H_1)=458.48 m	원14표고(H_1)=514.65 m

풀이 및 정답 (1) 원11에서 원3에 대한 표고계산

가. 수평거리(L)

원11 − 원3 = 4,711.55 m

나. 고저차(h)

$$h = 4{,}711.55 \times \tan\frac{(2°\ 15'\ 53'' + 2°\ 16'\ 15'')}{2} + \frac{(1.55 - 1.61 + 2.32 - 2.05)}{2}$$

$$= 186.69\,\text{m}$$

다. 소구점의 표고(H_2)

H_2 = 458.48(기지) + 186.69 = 645.17 m

(2) 원14에서 원3에 대한 표고계산

가. 수평거리(L)

원14 − 원3 = 3,975.80 m

나. 고저차(h)

$$h = 3{,}975.80 \times \tan\frac{(1°\ 52'\ 46'' + 1°\ 52'\ 38'')}{2}$$

$$+ \frac{(1.61 - 1.54 + 2.54 - 2.17)}{2}$$

$$= 130.61\,\text{m}$$

다. 소구점의 표고(H_2)

$$H_2 = 514.65(\text{기지}) + 130.61 = 645.26\,\text{m}$$

(3) 표고의 결정(평균)

$$H_2 = \frac{645.17 + 645.26}{2} = 645.22\,\text{m}$$

(4) 교차 및 공차

가. 교차$=645.17 - 645.26 = -0.09$ m

나. 공차$=0.05 + 0.05(S_1 + S_2) = 0.05 + 0.05 \times (4.71155 + 3.97580) = 0.48$ m

> **□ 표고의 특징**
>
> 지표상에서 어떤 점의 위치를 표현하는 방법으로는 주로 평면위치와 높이를 사용한다. 그러나 높이를 측정하기 위해서는 여러 가지 기준이 존재할 수 있는데, 그 중에서 표고는 평균해수면이나 지오이드를 기준으로 하여 지표의 어떤 점까지 측정한 연직거리이다. 따라서 표고는 평균해수면으로부터 특정 지점까지의 연직거리로 우리나라에서는 인천항의 평균해수면을 국가수준기준면으로 하여 표고를 정하고 있으며, 인천공업전문대학 내에 표고 26.6871m의 수준원점이 설치되어 있다.

예제 1-10 **다음의 관측값을 표고계산부에 의하여 소구점의 표고를 계산하시오.**

[충남1 → 보1]

수평거리 (L) = 1,711.03 m

연직각(α_1) = $-2°\ 12'\ 58''$

연직각(α_2) = $+2°\ 12'\ 50''$

기계고(i_1) = 1.43 m

기계고(i_2) = 1.47 m

시준고(f_1) = 1.64 m

시준고(f_2) = 1.66 m

기지점표고(H_1)=163.57 m

[충남2 → 보1]

수평거리 (L) = 1,885.32 m

연직각(α_1) = $+1°\ 26'\ 42''$

연직각(α_2) = $-1°\ 26'\ 38''$

기계고(i_1) = 1.43 m

기계고(i_2) = 1.45 m

시준고(f_1) = 1.64 m

시준고(f_2) = 1.66 m

기지점표고(H_1) = 50.01 m

예제 1-11

다음의 관측 값을 표고계산부에 의하여 소구점의 표고를 계산하시오.

[충북10 → 보7]

수평거리(L) = 2,044.570 m

연직각(α_1) = $-1°\ 48'\ 12''$

연직각(α_2) = $+1°\ 48'\ 13''$

기계고(i_1) = 1.47 m

기계고(i_2) = 1.51 m

시준고(f_1) = 1.70 m

시준고(f_2) = 1.65 m

기지점표고(H_1) = 163.57 m

[충북12 → 보7]

수평거리(L) = 1,731.550 m

연직각(α_1) = $-0°\ 03'\ 29''$

연직각(α_2) = $+0°\ 03'\ 35''$

기계고(i_1) = 1.43 m

기계고(i_2) = 1.55 m

시준고(f_1) = 1.68 m

시준고(f_2) = 1.70 m

기지점표고(H_1) = 101.25 m

예제 1-10 정답

표 고 계 산 부

[약 도]

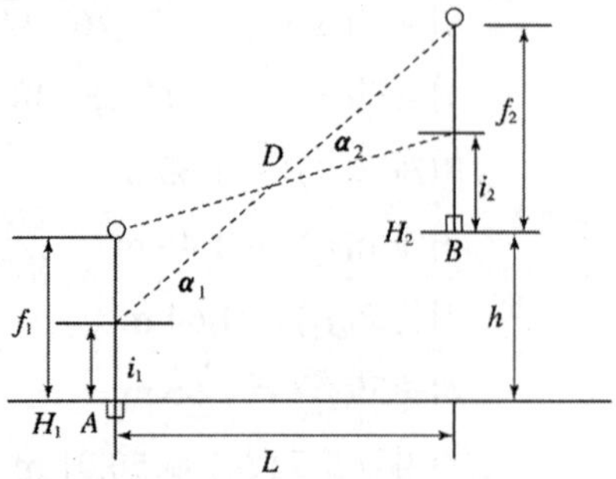

[공 식]

$H_2 = H_1 + h$

$h = L \times \tan\frac{1}{2}(\alpha_1 - \alpha_2) + \frac{1}{2}(i_1 - i_2 + f_1 + f_2)$

$L = D \times \cos\alpha_1$ 또는 α_2

H_1 : 기지점표고 　 α_1, α_2 : 연직각

H_2 : 소구점표고 　 i_1, i_2 : 기계고

h : 고저차 　 f_1, f_2 : 시준고

L : 수평거리 　 D : 경사거리

기지점명	충남1	충남2
소구점명	보1	
수평거리(L)	1,711.03 m	1,885.32 m
연직각(α_1)	-2° 12′ 58″	1° 26′ 42″
연직각(α_2)	2 12 50	-1 26 38
(α_1-α_2)	-4 25 48	2 53 20
$\tan\frac{(\alpha_1-\alpha_2)}{2}$	-0.038678	0.025216
$L \times \tan\frac{(\alpha_1-\alpha_2)}{2}$	-66.18 m	47.54 m
기계고(i_1)	1.43 m	1.43 m
기계고(i_2)	1.47 m	1.45 m
시준고(f_1)	1.64 m	1.64 m
시준고(f_2)	1.66 m	1.66 m
$\frac{(i_1-i_2+f_1-f_2)}{2}$	-0.03 m	-0.02 m
h	-66.21 m	47.52 m
기지점표고(H_1)	163.57 m	50.01 m
소구점표고(H_2)	97.36 m	97.53 m
평 균	97.44 m	
교 차	-0.17 m	
공 차	0.23 m	
계 산 자	지적기사 ○○○	검 사 자 　 지적기사 ○○○

예제 1-11 정답

표 고 계 산 부

[약 도]

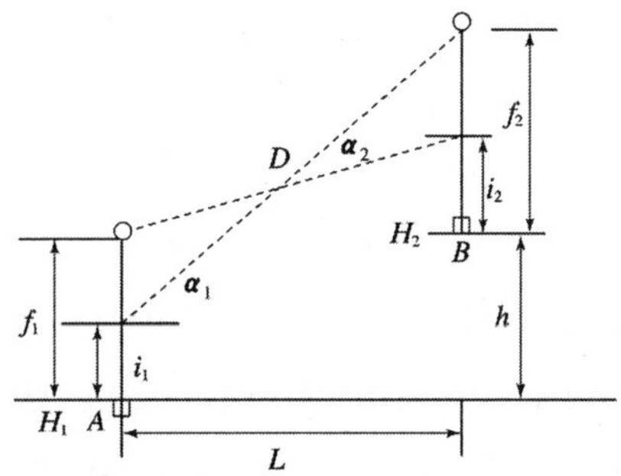

[공 식]

$H_2 = H_1 + h$

$$h = L\times\tan\frac{1}{2}(\alpha_1-\alpha_2)+\frac{1}{2}(i_1-i_2+f_1+f_2)$$

$L = D\times\cos\alpha_1$ 또는 α_2

H_1 : 기지점표고 　 α_1, α_2 : 연직각

H_2 : 소구점표고 　 i_1, i_2 : 기계고

h : 고저차 　 f_1, f_2 : 시준고

L : 수평거리 　 D : 경사거리

기지점명	충북10	충북12
소구점명	보7	
수평거리(L)	2,044.57 m	1,731.55 m
연직각(α_1)	-1° 48′ 12″	-0° 03′ 29″
연직각(α_2)	1 48 13	0 03 35
(α_1-α_2)	-3 36 25	-0 07 04
$\tan\frac{(\alpha_1-\alpha_2)}{2}$	-0.031487	-0.001028
$L\times\tan\frac{(\alpha_1-\alpha_2)}{2}$	-64.38 m	-1.78 m
기계고(i_1)	1.47 m	1.43 m
기계고(i_2)	1.51 m	1.55 m
시준고(f_1)	1.70 m	1.68 m
시준고(f_2)	1.65 m	1.70 m
$\frac{(i_1-i_2+f_1-f_2)}{2}$	0.00 m	-0.07 m
h	-64.38 m	-1.85 m
기지점표고(H_1)	163.57 m	101.25 m
소구점표고(H_2)	99.19 m	99.40 m
평 균	99.30 m	
교 차	-0.21 m	
공 차	0.24 m	
계 산 자	지적기사 ○○○	검 사 자 　 지적기사 ○○○

8. 평면거리계산

지적측량에서 사용하는 거리는 모두 평면거리로서 지적삼각측량, 지적도근측량, 세부측량시의 거리는 모두 평면상의 거리이다. 따라서 평면거리란 지구의 구면을 일정한 원점을 설정하여 지구의 표면을 평면에다 투영했을 때의 평면상의 거리를 뜻한다.

지구의 타원체상의 거리를 구면거리 또는 기준면상거리라 하여 구별하는데 어느 두 점 간의 평면거리는 원점에서 멀어질수록 구면거리보다 길어진다.

수평거리란 수평면상의 거리란 뜻인데 고인물이 움직이지 않는 상태의 수면은 평면과는 다르다. 즉 바닷물이 잔잔하다고 하여도 둥근 지구 표면을 둘러싸고 있기 때문에 이러한 수평면은 크게 보면 구면으로 흔히 수평거리를 평면거리로 착각하여 사용하는 경우가 많다.

그러나 100m, 200m 정도의 거리에서는 수평거리와 평면거리의 차가 없기 때문에 지적측량의 도근측량 또는 세부측량에서는 수평거리를 사용하고 있다. 유의할 점은 300m 이상인 거리를 직접 측정했을 때에는 정밀을 요할 경우 평면거리로 환산하여 사용하는 것이 바람직하며, 평면거리를 계산하는 방법으로는 연직각에 의한 방법과 표고에 의한 방법이 있다.

(1) 연직각에 의한 평면거리계산

이 계산에 앞서 필요한 자료는 표고계산부와 점 간 거리로서 대략치도 가능하다.

가. 기준면상거리$(S) = D \times \cos\frac{1}{2}(a_1 + a_2) - \frac{D\ (H_1' + H_2')}{2R}$

나. 축척계수$(K) = 1 + \frac{(Y_1 + Y_2)^2}{8R^2}$

다. 평면거리$(D_0) = S \times K$

여기서, D=경사거리, R=곡률반경(6,372,199 m)

S=기준면상거리

i = 기계고, f =시준고, H_1, H_2 = 표고

a_1, a_2 = 연직각(절대치), K = 축척계수

Y_1, Y_2 =원점에서부터 삼각점까지의 횡선거리(km)

$H_1' = H_1 + i, \quad H_2' = H_2 + f$)

(2) 표고에 의한 평면거리계산

가. 기준면상거리(S)= $D - \dfrac{(H_1' - H_2')^2}{2D} - \dfrac{D(H_1' + H_2')}{2R}$

나. 축척계수(K) = $1 + \dfrac{(Y_1 + Y_2)^2}{8R^2}$

다. 평면거리(D_0) = $S \times K$

여기서, D= 경사거리, R= 곡률반경(6,372,199.7 m),

S= 기준면상거리, K= 축척계수

$H_1' = H_1 + i, \quad H_2' = H_2 + i \quad H_1, H_2$ =표고

Y_1, Y_2 = 원점에서 삼각점까지의 횡선거리(km)

예제 1-12 **다음 두 기준점 A와 B 간의 관측값을 이용하여 기준면상거리를 계산하시오.** (단, R= 6,370 km임)

경사거리(D) = 560.00 m

연직각(α_1) = 1° 50′ 35″

(α_2) = 1° 50′ 25″

표고(H_A) = 500.00 m

풀이 및 정답

$$H_B = H_A + 560.00 \times \sin\frac{(1°\ 50'\ 35'' + 1°\ 50'\ 25'')}{2} = 518.00\text{ m}$$

$$S = D \times \cos\frac{1}{2}(\alpha_1 + \alpha_2) - \frac{\mathrm{D(H_1' + H_2')}}{\mathrm{2R}}$$

$$= 560 \times \cos 1°\ 50'\ 30'' \frac{-0.56}{2 \times 6370}(500 + 518)$$

$$= 559.666\text{ m}$$

예제 1-13 **광파측거기에 의하여 원11에서 원3의 거리를 측정하여 다음과 같은 결과를 얻었다. 두 점 간의 평면거리를 계산하시오.**

경사거리(D) = 4711.55 m

연직각$(a_1) = 2°\ 15'\ 53''$,　$(a_2) = 2°\ 16'\ 15''$

표고(H_1) = 458.48 m,　(H_2) = 645.22 m

기계고(i) = 1.55 m

시준고(f) = 2.32 m

횡선거리(Y_1) = 13.5 Km,　(Y_2) = 15.3 km

풀이 및 정답 (1) 연직각에 의한 평면거리계산

$$S = D \times \cos\frac{1}{2}(a_1 + a_2) - \frac{D\ (H_1' + H_2')}{2R}$$

$$= 4{,}711.55 \times \cos\frac{1}{2}(2°\ 15'\ 53'' + 2°\ 16'\ 15'')$$

$$- \frac{4{,}711.55\ (460.03 + 647.54)}{2 \times 6{,}372{,}199.7}$$

$$= 4{,}707.450 \text{ m}$$

$$K = 1 + \frac{(Y_1 + Y_2)^2}{8R^2}$$

$$= 1 + \frac{(13.5 + 15.3)^2}{8 \times 6{,}372{,}199.7^2} = 1.000003$$

$$D_0 = S \times K$$

$$= 1.000003 \times 4{,}707.450 = 4{,}707.46 \text{ m}$$

(2) 표고에 의한 평면거리계산

$$S = D - \frac{(H_1' - H_2')^2}{2D} - \frac{D(H_1' + H_2')}{2R}$$

$$= 4{,}711.55 - \frac{(460.03 - 647.54)^2}{2 \times 4{,}711.55}$$

$$- \frac{4{,}711.55(460.03 + 647.54)}{2 \times 6{,}372{,}199.7}$$

$$= 4{,}707.409 \text{ m}$$

$$K = 1+\frac{(Y_1+Y_2)^2}{8R^2}$$

$$= 1+\frac{(13.5+15.3)^2}{8\times 6,372,199.7^2}$$

$$= 1.000003$$

$$D_0 = S\times K$$

$$= 1.000003\times 4,707.409$$

$$= 4,707.42\text{ m}$$

(3) 평면거리의 결정(평균)

$$\frac{(4,707.46+4,707.42)}{2}=4,707.44\text{ m}$$

예제 1-14 **다음 지적삼각점 서울30에서 서울50점 간의 관측값에 의하여 주어진 서식으로 평면거리를 계산하시오.**

경사거리(D) = 1330.18 m,

기계고(i_1) = 1.55 m, (i_2) = 2.15 m

연직각(α_1) = 13° 56′ 10″, (α_2) = 13° 57′ 00″

표고(H_1) = 674.70 m, (H_2) 350.87 m

횡선거리(Y_1) = 92.8 km, (Y_2) = 92.6 km

예제 1-15 **다음 삼각점 원1에서 원2점 간의 관측값에 의하여 주어진 서식으로 평면거리를 계산하시오.**

경사거리(D) = 4711.55 m

기계고(i_1) = 1.61 m, (i_2) = 2.36 m

연직각(α_1) = 2° 15′ 53″, (α_2) = 2° 16′ 04″

표고(H_1) = 459.62 m, (H_2) = 648.47 m

횡선거리(Y_1) = 13.5 km, (Y_2) = 15.3 km

예제 1-14 정답

평 면 거 리 계 산 부

[약 도]

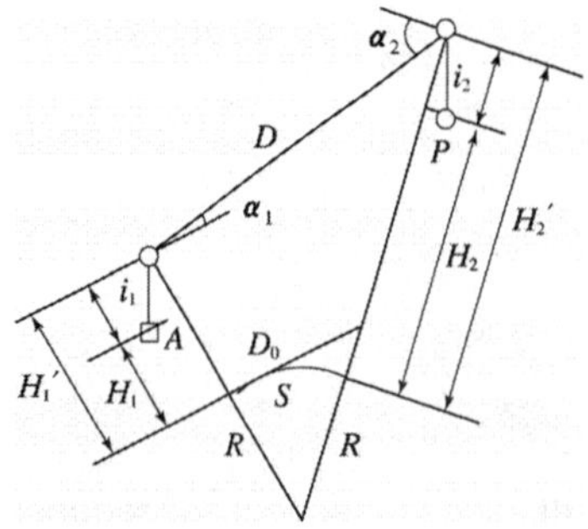

[공 식]

○ 연직각에 의한 계산

$$S = D \times \cos\frac{1}{2}(\alpha_1+\alpha_2) - \frac{D\,(H_1'+H_2')}{2R}$$

○ 표고에 의한 계산

$$S = D - \frac{(H_1'-H_2')^2}{2D} - \frac{D\,(H_1'+H_2')}{2R}$$

○ 평면거리

$$D_o = S \times K \ \left(K = 1 + \frac{(Y_1+Y_2)^2}{8R^2}\right)$$

R = 곡률반경(6,372,199.7m)

D = 경사거리　　S = 기준면상거리

H_1, H_2 = 표고　　i_1 = 기계고

K = 축척계수　　i_2 = 기계고

α_1, α_2 = 연직각(절대치)

Y_1, Y_2 = 원점에서 삼각점까지 횡선거리(km)

연직각에 의한 계산		표고에 의한 계산	
방 향	서울30 → 서울50		
D	1,330.18 m	D	1,330.18 m
α_1	13° 56′ 10″	$2D$	2,660.36
α_2	13° 57′ 00″	H_1'	676.25
$\frac{1}{2}(\alpha_1+\alpha_2)$	13° 56′ 35″	H_2'	353.02
$\cos\frac{1}{2}(\alpha_1+\alpha_2)$	0.970536	$(H_1'-H_2')$	323.23
$D\times\cos\frac{1}{2}(\alpha_1+\alpha_2)$	1290.987	$(H_1'-H_2')^2$	104,477.63
$H_1' = H_1+i_1$	676.25	$\frac{(H_1'-H_2')^2}{2D}$	39.272
$H_2' = H_2+i_2$	353.02	$D-\frac{(H_1'-H_2')^2}{2D}$	1,290.908
R	6,372,199.7	R	6,372,199.7
$2R$	12,744,399.4	$2R$	12,744,399.4
$\frac{D(H_1'+H_2')}{2R}$	0.107	$\frac{D(H_1'+H_2')}{2R}$	0.107
S	1,290.880	S	1290.801
Y_1	92.8 km	Y_1	92.8 km
Y_2	92.6 km	Y_2	92.6 km
$(Y_1+Y_2)^2$	34,373.16	$(Y_1+Y_2)^2$	34373.16
$8R^2$	324,839,427.7 km	$8R^2$	324,839,427.7 km
$K=1+\frac{(Y_1+Y_2)^2}{8R^2}$	1.0001058	$K=1+\frac{(Y_1+Y_2)^2}{8R^2}$	1.0001058
$S \times K$	1,291.016	$S \times K$	1,290.937m
평 균(D_o)	1290.98 m		
계 산 자	○ ○ ○	검 사 자	○ ○ ○

예제 1-15 정답

평 면 거 리 계 산 부

[약 도]

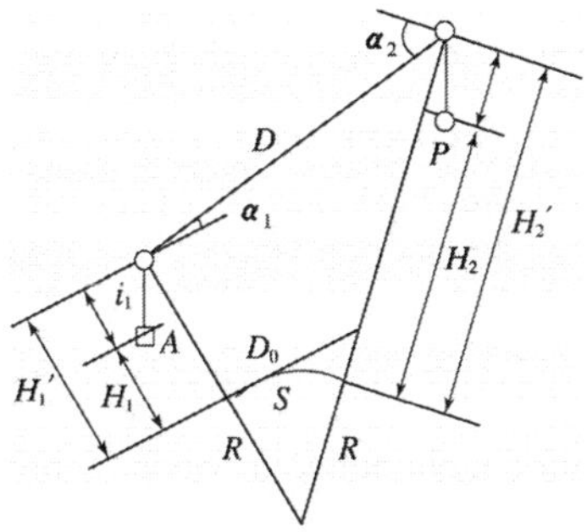

[공 식]

○ 연직각에 의한 계산

$$S = D \times \cos\frac{1}{2}(\alpha_1 + \alpha_2) - \frac{D\,(H_1' + H_2')}{2R}$$

○ 표고에 의한 계산

$$S = D - \frac{(H_1' - H_2')^2}{2D} - \frac{D\,(H_1' + H_2')}{2R}$$

○ 평면거리

$$D_o = S \times K \ \left(K = 1 + \frac{(Y_1 + Y_2)^2}{8R^2}\right)$$

R = 곡률반경(6,372,199.7m)
D = 경사거리 　　S = 기준면상거리
H_1, H_2 = 표고 　　i_1 = 기계고
K = 축척계수 　　i_2 = 기계고
α_1, α_2 = 연직각(절대치)
Y_1, Y_2 = 원점에서 삼각점까지 횡선거리(km)

연직각에 의한 계산		표고에 의한 계산	
방 향	원1 → 원2		
D	4,711.55	D	4,711.55
α_1	2° 15′ 53″	$2D$	9,423.10
α_2	2° 16′ 04″	H_1'	461.23
$\frac{1}{2}(\alpha_1+\alpha_2)$	2° 15′ 58″	H_2'	650.83
$\cos\frac{1}{2}(\alpha_1+\alpha_2)$	0.999218	$(H_1'-H_2')$	-189.60
$D\times\cos\frac{1}{2}(\alpha_1+\alpha_2)$	4,707.865	$(H_1'-H_2')^2$	35,948.16
$H_1' = H_1 + i_1$	461.23	$\frac{(H_1'-H_2')^2}{2D}$	3.815
$H_2' = H_2 + i_2$	650.83	$D-\frac{(H_1'-H_2')^2}{2D}$	4,707.735
R	6,372,199.7	R	6,372,199.7
$2R$	12,744,399.4	$2R$	12,744,399.3
$\frac{D(H_1'+H_2')}{2R}$	0.411	$\frac{D(H_1'+H_2')}{2R}$	0.411
S	4707.454	S	4707.324
Y_1	13.5 km	Y_1	13.5 km
Y_2	15.3	Y_2	15.3
$(Y_1+Y_2)^2$	829.44	$(Y_1+Y_2)^2$	829.44
$8R^2$	324,839,427.7 km	$8R^2$	324,839,427.7 km
$K=1+\frac{(Y_1+Y_2)^2}{8R^2}$	1.0000026	$K=1+\frac{(Y_1+Y_2)^2}{8R^2}$	1.0000026
$S\times K$	4,707.466	$S\times K$	4707.336m
평 균(D_o)	4,707.40 m		
계 산 자	○ ○ ○	검 사 자	○ ○ ○

9. 삼각형내각계산

삼변측량에 의한 삼각형의 내각계산은 전파 또는 광파기에 의하여 점 간 거리를 직접 측정했을 경우 삼각형의 삼변이 이루는 내각을 산출하는 것으로 점 간 거리는 평면거리로 환산된 거리라야 하는데 두 점의 좌표가 있는 기지변이라 할지라도 직접 측정한 거리를 사용하여야 한다.

삼변측량은 관측요소가 변장뿐이므로 삼각형의 내각을 계산하기 위해서는 다음의 방법에 의한다.

(1) cos법칙

$$\cos A = \frac{b^2+c^2-a^2}{2bc} \Rightarrow A = \cos^{-1}\left(\frac{b^2+c^2-a^2}{2bc}\right)$$

$$\cos B = \frac{a^2+c^2-b^2}{2ac} \Rightarrow B = \cos^{-1}\left(\frac{a^2+c^2-b^2}{2ac}\right)$$

$$\cos C = \frac{a^2+b^2-c^2}{2ab} \Rightarrow C = \cos^{-1}\left(\frac{a^2+b^2-c^2}{2ab}\right)$$

(2) 반각공식

$$\sin\frac{A}{2} = \sqrt{\frac{(s-b)(s-c)}{bc}}$$

$$\cos\frac{A}{2} = \sqrt{\frac{s(s-a)}{bc}}$$

$$\tan\frac{A}{2} = \sqrt{\frac{(s-b)(s-c)}{s(s-a)}}$$

그림 1-8 단삼변망

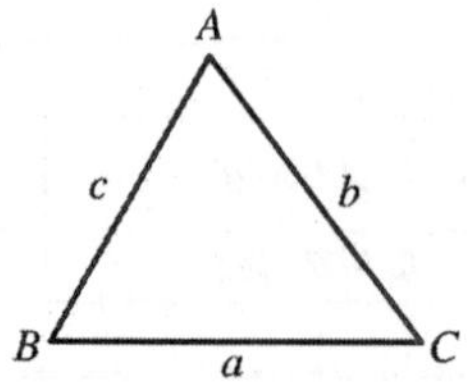

(3) 면적조건

$$\sin A = \frac{2}{bc}\sqrt{s(s-a)(s-b)(s-c)}$$

여기서, $s = \dfrac{a+b+c}{2}$

예제 1-16 **다음은 3변의 길이를 측정하여 평면거리를 계산한 결과이다. cos법칙을 이용하여 A, B, C의 내각을 계산하시오.**

a = 2,496.37 m

b = 3,423.80 m

c = 3,222.98 m

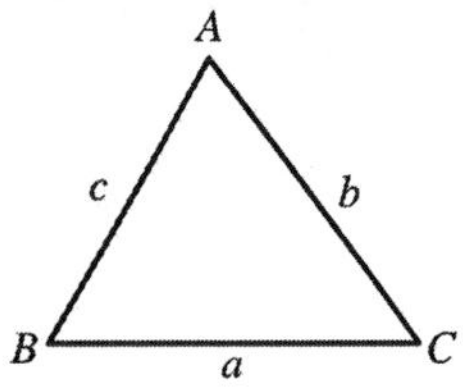

풀이 및 정답 (1) cos법칙

$$A = \cos^{-1}\left(\frac{b^2+c^2-a^2}{2bc}\right)$$

$$B = \cos^{-1}\left(\frac{a^2+c^2-b^2}{2ac}\right)$$

$$C = \cos^{-1}\left(\frac{a^2+b^2-c^2}{2ab}\right)$$

(2) 내각계산

$$A = \cos^{-1}\left(\frac{3,423.80^2+3,222.98^2-2,496.37^2}{2\times 3,423.80\times 3,222.98}\right) = 43^\circ\ 59'\ 26''$$

$$B = \cos^{-1}\left(\frac{2,496.37^2+3,222.98^2-3,423.80^2}{2\times 2,496.37\times 3,222.98}\right) = 72^\circ\ 16'\ 57''$$

$$C = \cos^{-1}\left(\frac{2,496.37^2+3,423.80^2-3,222.98^2}{2\times 2,496.37\times 3,423.80}\right) = 63^\circ\ 43'\ 37''$$

예제 1-17 **다음 지적삼각점의 좌표에 의하여 점 간 거리를 계산하고 삼각망의 내각을 산출하시오.** (단, 거리는 0.01 m, 각은 1초 단위까지 계산함)

경기15(A) : X= 465,245.68, Y= 282,105.92

경기16(B) : X= 465,428.71, Y= 284,208.79

경기17(C) : X= 467,398.13, Y= 282,204.37

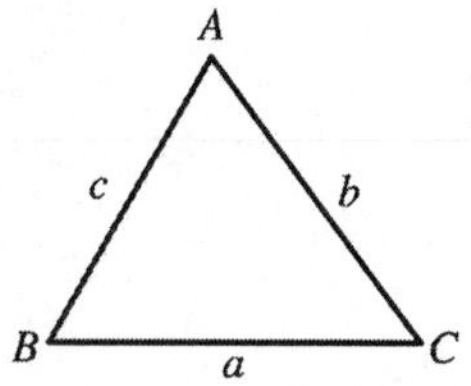

풀이 및 정답 (1) 거리 및 방위각계산

가. AB ⇒ 거 리 $\Delta x = 465{,}428.71 - 465{,}245.68 = +183.03$

$$\Delta y = 284{,}208.79 - 282{,}105.92 = +2{,}102.87$$

$$AB(c) = \sqrt{(+183.03)^2 + (+2102.87)^2}$$

$$= 2{,}110.82 \text{ m}$$

$$\Rightarrow \text{방위각 } \theta = \tan^{-1}\frac{\Delta y}{\Delta x} = \tan^{-1}\frac{2{,}102.87}{183.03} = 85° \ 01' \ 32''$$

$$V_A^B = \theta = 85° \ 01' \ 32''$$

나. BC ⇒ 거 리 $\Delta x = 467{,}398.13 - 465{,}428.71 = +1{,}969.42$

$$\Delta y = 282{,}204.37 - 284{,}208.79 = -2{,}004.42$$

$$BC(a) = \sqrt{(+1{,}969.42)^2 + (-2{,}004.42)^2}$$

$$= 2{,}810.04 \text{ m}$$

$$\Rightarrow \text{방위각 } \theta = \tan^{-1}\frac{\Delta y}{\Delta x} = \tan^{-1}\frac{2{,}004.42}{1{,}969.42} = 45° \ 30' \ 17''$$

$$V_B^C = 360° - \theta$$

$$= 360° - 45° \ 30' \ 17'' = 314° \ 29' \ 43''$$

다. AC ⇒ 거 리 $\Delta x = 467{,}398.13 - 465{,}245.68 = +2{,}152.45$

$$\Delta y = 282{,}204.37 - 282{,}105.92 = +98.45$$

$$AC(b) = \sqrt{(+2{,}152.45)^2 + (+98.45)^2}$$

$$= 2{,}154.70 \text{ m}$$

$$\Rightarrow \text{방위각 } \theta = \tan^{-1}\frac{\Delta y}{\Delta x} = \tan^{-1}\frac{98.45}{2{,}152.45} = 2° \ 37' \ 08''$$

$$V_A^C = \theta = 2° \ 37' \ 08''$$

(2) 내각계산

가. 방위각에 의한 계산방법

$$V_A^B = 85° \ 01' \ 32''$$

$$V_B^C = 360° - 45° \ 30' \ 17'' = 314° \ 29' \ 43''$$

$$V_A^C = 2° \ 37' \ 08''$$

$$\angle A = V_A^B - V_A^C$$

$$= 85° \ 01' \ 32'' - 2° \ 37' \ 08''$$

$$= 82° \ 24' \ 24''$$

$$\angle B = V_B^C - V_B^A \ (V_B^A \pm 180)$$

$$= 314° \ 29' \ 43'' - (85° \ 01' \ 32'' + 180)$$

$$= 49° \ 28' \ 11''$$

$$\angle C = V_C^A \ (V_A^C \pm 180) - V_C^B \ (V_B^C \pm 180)$$

$$= (2° \ 37' \ 08'' + 180) - (314° \ 29' \ 43'' - 180) = 48° \ 07' \ 25''$$

$$= 48° \ 07' \ 25''$$

나. cos법칙에 의한 계산방법

$BC(a) = 2{,}810.04$ m,

$AC(b) = 2{,}154.70$ m,

$AB(c) = 2{,}110.82$ m

$$\angle A = \cos^{-1}\left(\frac{2{,}154.70^2 + 2{,}110.82^2 - 2{,}810.04^2}{2 \times 2{,}154.70 \times 2{,}110.82}\right)$$

$$= 82° \ 24' \ 25''$$

$$\angle B = \cos^{-1}\left(\frac{2{,}810.04^2 + 2{,}110.82^2 - 2{,}154.70^2}{2 \times 2{,}810.04 \times 2{,}110.82}\right)$$

$$= 49° \ 28' \ 11''$$

$$\angle C = \cos^{-1}\left(\frac{2{,}810.04^2 + 2{,}154.70^2 - 2{,}110.82^2}{2 \times 2{,}810.04 \times 2{,}154.70}\right)$$

$$= 48° \ 07' \ 24''$$

예제 1-16, 1-17 정답

삼각형내각계산부

[공 식]

$$A = \cos^{-1}\frac{b^2 + c^2 - a^2}{2bc}$$

$$B = \cos^{-1}\frac{a^2 + c^2 - b^2}{2ac}$$

$$C = \cos^{-1}\frac{a^2 + c^2 - b^2}{2ab}$$

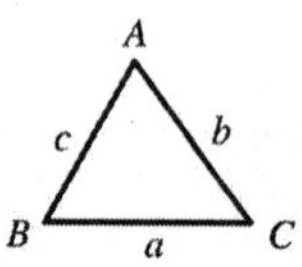

a	2,496.37m	a^2	6,231,863.177	$2bc$	22,069,677.85
b	3,423.80	b^2	11,722,406.44	$2ac$	16,091,501.17
c	3,222.98	c^2	10,387,600.08	$2ab$	17,094,143.21
$\frac{b^2+c^2-a^2}{2bc}$	0.7194551	$\frac{a^2+c^2-b^2}{2ac}$	0.3043257	$\frac{a^2+b^2-c^2}{2ab}$	0.4426469
A	43° 59′ 26″	B	72° 16′ 57″	C	63° 43′ 38″

$A + B + C$ = 180° 00′ 01″
180° 00′ 00″
차 = +1″

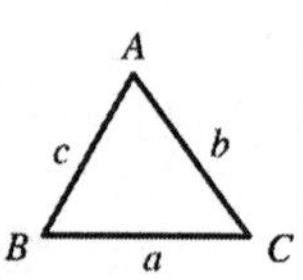

a	2,810.04m	a^2	7,896,324.802	$2bc$	9,096,367.708
b	2,154.70	b^2	4,642,732.090	$2ac$	11,862,977.27
c	2,110.82	c^2	4,455,561.072	$2ab$	12,109,586.38
$\frac{b^2+c^2-a^2}{2bc}$	0.1321372	$\frac{a^2+c^2-b^2}{2ac}$	0.6498498	$\frac{a^2+b^2-c^2}{2ab}$	0.6675286
A	82° 24′ 25″	B	49° 28′ 11″	C	48° 07′ 24″

$A + B + C$ = 180° 00′ 00″
180° 00′ 00″
차 = 0

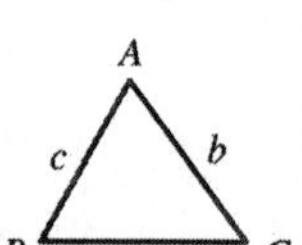

a	. m	a^2		$2bc$	
b		b^2		$2ac$	
c		c^2		$2ab$	
$\frac{b^2+c^2-a^2}{2bc}$		$\frac{a^2+c^2-b^2}{2ac}$		$\frac{a^2+b^2-c^2}{2ab}$	
A	° ′ ″	B	° ′ ″	C	° ′ ″

$A + B + C$ =
180° 00′ 00″
차 =

10. 삽입망조정계산

(1) 각도방정식

가. 삼각규약

망의 삼각형이 3개로서 각 삼각형 내각의 합은 180°가 되어야 한다.

$$\alpha_1 + \beta_1 + \gamma_1 = 180$$
$$\alpha_2 + \beta_2 + \gamma_2 = 180$$
$$\alpha_3 + \beta_3 + \gamma_3 = 180$$

위의 식을 고쳐쓰면

$$\alpha_1 + \beta_1 + \gamma_1 - 180^\circ = 0$$
$$\alpha_2 + \beta_2 + \gamma_2 - 180^\circ = 0$$
$$\alpha_3 + \beta_3 + \gamma_3 - 180^\circ = 0$$

그림 1-9 삽입망

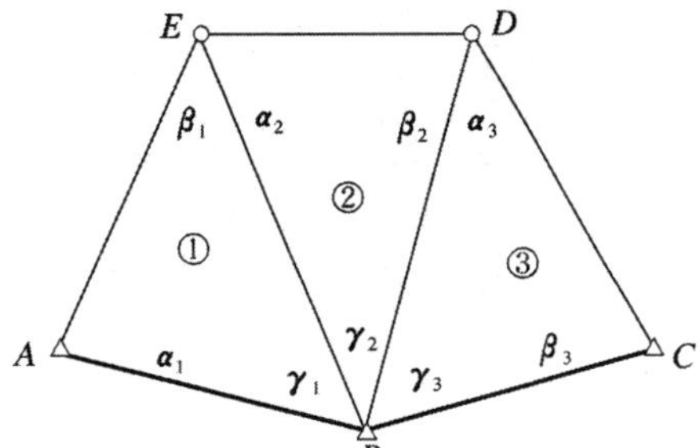

위의 식과 같이 오차가 없는 조건을 만족하지 않고 각관측의 오차와 구과량 등의 원인으로 인하여 작은 오차(ε)가 생기게 된다.

따라서 오차공식으로 바꾸면 다음과 같다.

$$\alpha_1 + \beta_1 + \gamma_1 - 180^\circ = \epsilon_1$$
$$\alpha_2 + \beta_2 + \gamma_2 - 180^\circ = \epsilon_2$$
$$\alpha_3 + \beta_3 + \gamma_3 - 180^\circ = \epsilon_3$$

나. 망규약

[그림 1-9]에서 측점 B를 중심점으로 기지변 AB와 기지변 BC의 방위각에 의하여 내각 또는 외각을 산출할 수 있다. 이는 삼각점의 좌표 A, B 및 C에 의하여 이미 기지점방위각 및 거리계산부에서 계산된 값에 의하여 내각이 계산되고 측점B를 중심으로 한 각 삼각형의 γ각의 합($\sum\gamma$)이 계산된다. 이를 오차공식으로 만들면 다음과 같다.

$$\sum\gamma - \text{기지내각}(\angle ABC) = e \quad \cdots\cdots (1)$$

(2) 오차배부(표준형)

가. 삼각규약

한 개의 삼각형에서 생긴 오차를 소거하기 위하여 각 내각에 동일한 조건으로 오차를 3등분하여 각각에 배부하는데 3개의 내각과 전체 오차의 합 관계를 형성하고 있으므로 이를 γ각에 배부하고 나머지 α, β각에 1/2씩 배부한다.

이를 공식으로 만들면(삼각형수가 n개일 때)

$$\begin{aligned} &\alpha_1 - \frac{\epsilon_1}{3} - \frac{\sum\epsilon}{6n},\ \beta_1 - \frac{\epsilon_1}{3} - \frac{\sum\epsilon}{6n},\ \gamma_1 - \frac{\epsilon_1}{3} + \frac{\sum\epsilon}{3n} \\ &\alpha_2 - \frac{\epsilon_2}{3} - \frac{\sum\epsilon}{6n},\ \beta_2 - \frac{\epsilon_2}{3} - \frac{\sum\epsilon}{6n},\ \gamma_1 - \frac{\epsilon_2}{3} + \frac{\sum\epsilon}{3n} \\ &\alpha_n - \frac{\epsilon_n}{3} - \frac{\sum\epsilon}{6n},\ \beta_n - \frac{\epsilon_n}{3} - \frac{\sum\epsilon}{6n},\ \gamma_n - \frac{\epsilon_n}{3} + \frac{\sum\epsilon}{3n} \end{aligned} \quad \cdots\cdots (2)$$

나. 망규약

식 (1)에서 오차 e를 배부하는 것으로서 이는 γ각에만 해당이 되며 γ각이 n개일 때 γ각에 배부할 양은 e/n이다. 따라서 γ각에만 배부를 하게 되면 삼각규약에서 배부한 각이 충족되지 않게 되고 흐트러지므로 α, β각에 1/2씩 반대로 배부하여야 한다. (n : 삼각형수)

$$\alpha = +\frac{e}{2n},\quad \beta = +\frac{e}{2n},\quad \gamma = -\frac{e}{n} \quad \cdots\cdots (3)$$

다. 각도 및 측점규약 배부공식

식 (2)와 식 (3)을 종합하면 다음과 같다.

$$\alpha_1 - \frac{\epsilon_1}{3} - \frac{\sum\epsilon}{6n} + \frac{e}{2n}\ , \quad \beta_1 - \frac{\epsilon_1}{3} - \frac{\sum\epsilon}{6n} + \frac{e}{2n}$$

$$\gamma_1 - \frac{\epsilon_1}{3} + \frac{\sum\epsilon}{3n} - \frac{e}{n}$$

$$\vdots \qquad\qquad \vdots \quad \cdots\cdots\cdots\cdots\cdots\cdots \ (4)$$

ⓐ ⓑ ⓒ ⓓ

$$\alpha_n - \frac{\epsilon_n}{3} - \frac{\sum\epsilon}{6n} + \frac{e}{2n}\ , \quad \beta_n - \frac{\epsilon_n}{3} - \frac{\sum\epsilon}{6n} + \frac{e}{2n}$$

$$\gamma_n - \frac{\epsilon_n}{3} + \frac{\sum\epsilon}{3n} - \frac{e}{n}$$

윗 식에서 α와 β는 같고 γ만이 다르므로 이를 간단히 하기 위하여 α각, β각의 ⓒ, ⓓ란을 풀면

$$-\frac{\sum\epsilon}{6n} + \frac{e}{2n} = \frac{-\sum\epsilon + 3e}{6n} = -\frac{1}{3}\frac{\sum\epsilon - 3e}{2n} \quad \cdots\cdots\cdots \ (5)$$

식 (5)에서 $\frac{\sum\epsilon - 3e}{2n}$를 Ⅱ라고 하면

$$\text{Ⅱ} = \frac{\sum\epsilon - 3e}{2n} \quad \cdots\cdots\cdots\cdots\cdots\cdots \ (6)$$

식 (5)를 다시 쓰면, $-\frac{1}{3}\text{Ⅱ}$가 된다. $\cdots\cdots\cdots\cdots\cdots$ (7)

γ각에 대하여 앞과 같은 방법에 의하여 풀면,

$$\begin{aligned}\frac{\sum\epsilon}{3n} - \frac{e}{n} &= \frac{\sum\epsilon - 3e}{3n} \\ &= \frac{2}{3}\frac{\sum\epsilon - 3e}{2n} \\ &= \left(\frac{3}{3} - \frac{1}{3}\right)\frac{\sum\epsilon - 3e}{2n} \\ &= \frac{3}{3}\text{Ⅱ} - \frac{1}{3}\text{Ⅱ} \\ &= \text{Ⅱ} - \frac{\text{Ⅱ}}{3} \end{aligned} \quad \cdots\cdots\cdots\cdots\cdots\cdots \ (8)$$

식 (4)의 α, β각에 식 (7)을 대입하면

$$\alpha_n - \frac{\epsilon_n}{3} - \frac{\text{II}}{3} = \alpha_n + \frac{-\epsilon_n - \text{II}}{3}$$

식 (4)의 γ각에 식 (8)을 대입하면

$$\gamma_n - \frac{\epsilon_n}{3} + \text{II} - \frac{\text{II}}{3} = \gamma_n + \frac{-\epsilon_n - \text{II}}{3} + \text{II} \quad \cdots\cdots\cdots\cdots (9)$$

식 (9)의 일부를 $\frac{-\epsilon_n - \text{II}}{3} = \text{I}$ 로 하면 다음의 식이 된다.

$$\begin{aligned} ㉠ &= \frac{-\epsilon_1 - \text{II}}{3} \\ ㉡ &= \frac{-\epsilon_2 - \text{II}}{3} \\ ㉢ &= \frac{-\epsilon_3 - \text{II}}{3} \end{aligned} \quad \cdots\cdots\cdots\cdots (10)$$

(3) 오차배부(변형형)

다음의 삽입망은 표준형의 망계산방법과 약간의 차이가 있다.

그림 1-10 삽입망(변형형1)

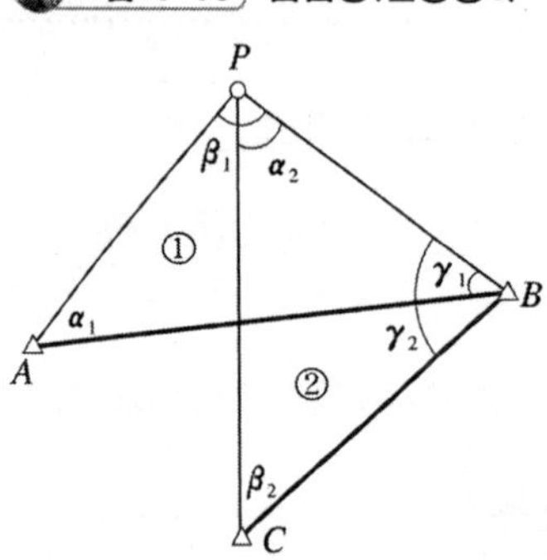

그림 1-11 삽입망(변형형2)

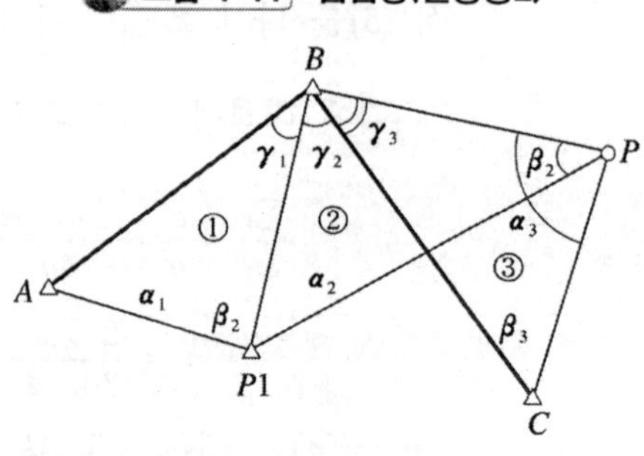

[그림 1-10]에서 기지오차(e)의 계산은

$$(\gamma_2 - \gamma_1) - \text{기지내각}(\angle CBA) = e$$

Ⅰ의 계산은 ㉠$=\frac{-\epsilon_1-\text{II}}{3}$,

㉡$=\frac{-\epsilon_2+\text{II}}{3}$ 이 된다.

[그림 1-11]에서 기지오차(e)의 계산은

$(\gamma_1+\gamma_2-\gamma_3)-$기지내각$(\angle CBA)=\text{e}$

Ⅰ의 계산은 ㉠$=\frac{-\epsilon_1-\text{II}}{3}$

㉡$=\frac{-\epsilon_2-\text{II}}{3}$

㉢$=\frac{-\epsilon_3+\text{II}}{3}$가 된다.

(4) 변방정식

가. 계산공식

삽입망의 기선은 두 개로서 출발변에서부터 계산하여 도착변에 이르기까지 계산된 값은 일치되어야 한다.

[그림 1-9]를 sin법칙에 의하여 풀면

$\triangle ABE$에서 $\frac{BE}{\sin\alpha_1}=\frac{AB}{\sin\beta_1}$ $\quad\therefore \frac{BE}{AB}=\frac{\sin\alpha_1}{\sin\beta_1}$

$\triangle BED$에서 $\frac{BD}{\sin\alpha_2}=\frac{BE}{\sin\beta_2}$ $\quad\therefore \frac{BD}{BE}=\frac{\sin\alpha_2}{\sin\beta_2}$

$\triangle BDC$에서 $\frac{BC}{\sin\alpha_3}=\frac{BD}{\sin\beta_3}$ $\quad\therefore \frac{BC}{BD}=\frac{\sin\alpha_3}{\sin\beta_3}$

$\therefore \frac{BE}{AB}\times\frac{BD}{BE}\times\frac{BC}{BD}=\frac{BC}{AB}$ 가 된다. ……………………… (11)

식 (11)의 양변에 $\frac{AB}{BC}$를 곱하면

$$\frac{\sin\alpha_1 \times \sin\alpha_2 \times \sin\alpha_3 \times AB}{\sin\beta_1 \times \sin\beta_2 \times \sin\beta_3 \times BC} = 1$$

$$\frac{\sin\alpha_1 \times \sin\alpha_2 \times \sin\alpha_3 \times AB}{\sin\beta_1 \times \sin\beta_2 \times \sin\beta_3 \times BC} - 1 = 0 \quad \cdots\cdots (12)$$

$AB=l_1$, $BC=l_2$로 하면 식 (12)는 다음과 같다.

$$\frac{\Pi \sin\alpha \times l_1}{\Pi \sin\beta \times l_2} - 1 = 0$$

$$\frac{\Pi \sin\alpha \times l_1}{\Pi \sin\beta \times l_2} - 1 = E_1 \quad \cdots\cdots (13)$$

(※ Π는 동질값의 누승을 표시함)

나. E_1의 계산

α, β각의 sin값을 구한 후 변방정식에 대한 공식 (13)을 이용하여 E_1의 값을 계산한다.

$$E_1 = \frac{\Pi \sin\alpha \times l_1}{\Pi \sin\beta \times l_2} - 1$$

다. E_2의 계산

sinα와 sinβ에 대한 변규약경정수 등을 산출하기 위하여 sin10″에 대한 삼각함수의 변화량 Δ는 sin의 여함수인 cos에 의하여 계산한다.

$$\Delta = \sin 10'' \times \cos\alpha \text{ 또는 } \cos\beta \quad \cdots\cdots (14)$$

식(14)를 소숫점 이하 6자리까지 계산하기 위하여 sin10″값에 10^6을 곱하면

$$\Delta = 48.4814 \times \cos\alpha \text{ (또는 } \cos\beta\text{)가 된다.} \quad \cdots\cdots (15)$$

$\Delta\alpha$와 $\Delta\beta$값을 sinα와 sin β값에 더하여 sinα'와 sinβ'을 구한 후에 E_2의 값을 계산한다.

이 경우 $\Delta\alpha$와 $\Delta\beta$의 부호는 E_1의 값이 +일 경우에는 $-\Delta\alpha$, $+\Delta\beta$, E_1의

값이 −일 경우에는 $+\Delta\alpha$, $-\Delta\beta$로 하여 계산을 실시한다.

$$E_2 = \frac{\Pi \sin\alpha' \times l_1}{\Pi \sin\beta' \times l_2} - 1$$

라. 경정수(x_1'', x_2'')의 계산 및 검산

상기 식에 의하여 계산된 E_1과 E_2값으로 변규약경정수를 계산한다.

이를 10″에 대한 값으로 비례식을 만들면

$$10'' : |E_1 - E_2| = \chi_1'' : E_1$$

$$\chi_1'' = \frac{10'' \times E_1}{|E_1 - E_2|} \qquad \chi_2'' = \frac{10'' \times E_2}{|E_1 - E_2|}$$

검산은 $|\chi_1'' - \chi_2''| = 10''$

(5) 변장계산

그림 1-12 삽입망

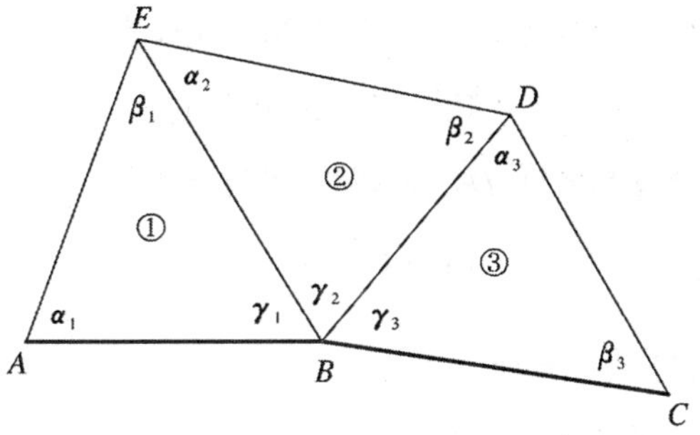

[그림 1-12]의 ① 삼각형에서 sin법칙에 의하여 AB를 기지변으로 소구변 BE와 AE를 구하는 식은

$$\frac{BE}{\sin\alpha_1} = \frac{AB}{\sin\beta_1} = \frac{AE}{\sin\gamma_1}$$

$$BE = \frac{\sin\alpha_1}{\sin\beta_1} \times AB, \quad AE = \frac{\sin\gamma_1}{\sin\beta_1} \times AB \text{ 가 되고}$$

[그림 1-12]의 ② 삼각형에서 sin법칙에 의하여 BE를 기지변으로 소구변

BD와 ED를 구하는 식은

$$\frac{BD}{\sin\alpha_2}=\frac{BE}{\sin\beta_2}=\frac{ED}{\sin\gamma_2}$$

$$BD=\frac{\sin\alpha_2}{\sin\beta_2}\times BE,\quad ED=\frac{\sin\gamma_2}{\sin\beta_2}\times BE$$가 된다.

(6) 방위각 및 종횡선좌표계산

가. 방위각계산

①삼각형에서

⇒ A점에서 E점에 대한 방위각계산

$$V_A^E=V_A^B-\alpha_1$$

⇒ B점에서 E점에 대한 방위각계산

$$V_B^E=(V_A^B\pm 180)+\gamma_1$$

②삼각형에서

⇒ E점에서 D점에 대한 방위각계산

$$V_E^D=(V_B^E\pm 180)-\alpha_2$$

⇒ B점에서 D점에 대한 방위각계산

$$V_B^D=V_B^E+\gamma_2$$

③삼각형에서

⇒ D점에서 C점에 대한 방위각계산

$$V_D^C=(V_B^D\pm 180)-\alpha_3$$

⇒ B점에서 C점에 대한 방위각계산

$$V_B^C=V_B^D+\gamma_3$$

나. 종횡선좌표계산

①삼각형에서

⇒ A점에서 E점에 대한 종횡선좌표계산

$$XE_1 = X_A + \Delta x = X_A + (AE \times \cos V_A^E)$$

$$YE_1 = Y_A + \Delta y = Y_A + (AE \times \sin V_A^E)$$

⇒ B점에서 E점에 대한 종횡선좌표계산

$$XE_2 = X_B + \Delta x = X_B + (BE \times \cos V_B^E)$$

$$YE_2 = Y_B + \Delta y = Y_B + (BE \times \sin V_B^E)$$

⇒ 두 점에서 구한 평균좌표계산

$$X_E = (X_{E1 + X_E 2}) \div 2$$

$$Y_E = (Y_{E1 + Y_E 2}) \div 2$$

②삼각형에서

⇒ E점에서 D점에 대한 종횡선좌표계산

$$X_{D1} = X_E + \Delta x = X_E + (ED \times \cos V_E^D)$$

$$Y_{D1} = Y_E + \Delta y = Y_E + (ED \times \sin V_E^D)$$

⇒ B점에서 D점에 대한 종횡선좌표계산

$$X_{D2} = X_B + \Delta x = X_B + (BD \times \cos V_B^D)$$

$$Y_{D2} = Y_B + \Delta y = Y_B + (BD \times \sin V_B^D)$$

⇒ 두 점에서 구한 평균좌표계산

$$X_D = (X_{D1} + X_{D2}) \div 2$$

$$Y_D = (Y_{D1} + Y_{D2}) \div 2$$

③삼각형에서

⇒ D점에서 C점에 대한 종횡선좌표계산

$$X_{C1} = X_D + \Delta x = X_D + (DC \times \cos V_D^C)$$

$$Y_{C1} = Y_D + \Delta y = Y_D + (DC \times \sin V_D^C)$$

⇒ B점에서 C점에 대한 종횡선좌표계산

$$X_{C2} = X_B + \Delta x = X_B + (BC \times \cos V_B^C)$$

$$Y_{C2} = Y_B + \Delta y = Y_B + (BC \times \sin V_B^C)$$

⇒ 두 점에서 구한 평균좌표계산

$$X_C = (X_{C1} + X_{C2}) \div 2$$

$$Y_C = (Y_{C1} + Y_{C2}) \div 2$$

예제 1-18 지적삼각측량을 삽입망으로 실시하여 다음과 같은 결과를 얻었다. 삽입망계산부에 의하여 소구점의 좌표를 계산하시오.

가. 기지좌표

점 명	X 좌 표	Y 좌 표
명5	465,703.08 m	215,539.64 m
명6	468,930.74 m	215,866.38 m
명7	472,327.70 m	215,804.01 m

나. 관측내각

점 명	각 명	관측내각
명5	α_1	60° 12′ 29.2″
경기10	β_1	65° 18′ 45.8″
명6	γ_1	54° 28′ 37.9″
경기10	α_2	64° 42′ 21.3″
경기12	β_2	55° 21′ 58.0″
명6	γ_2	59° 55′ 44.1″
경기12	α_3	60° 30′ 28.2″
명7	β_3	60° 43′ 41.6″
명6	γ_3	58° 45′ 45.7″

다. 약 도

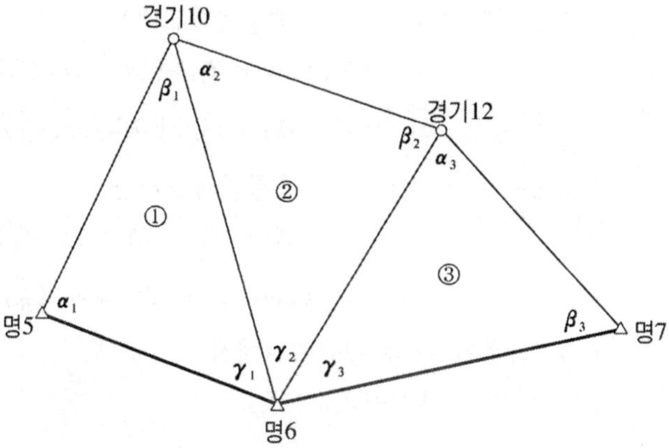

풀이 및 정답 (1) 기지점 간 거리 및 방위각계산

가. 명5에서 명6에 대한 계산

$\Delta x = 468{,}930.74 - 465{,}703.08 = +3{,}227.66$

$\Delta y = 215{,}866.38 - 215{,}539.64 = +326.74$ (1상한)

거리 $= \sqrt{\Delta x^2 + \Delta y^2} = \sqrt{(+3{,}227.66)^2 + (+326.74)^2} = 3{,}244.16\,\text{m}$

$\theta = \tan^{-1}\dfrac{\Delta y}{\Delta x} = \tan^{-1}\left(\dfrac{326.74}{3{,}227.66}\right) = 5°\ 46'\ 49.6''$

$V_{명5}^{명6} = \theta = 5°\ 46'\ 49.6''$

나. 명6에서 명7에 대한 계산

$\Delta x = 472{,}327.70 - 468{,}930.74 = +3{,}396.96$

$\Delta y = 215{,}804.01 - 215{,}866.38 = -62.37$ (4상한)

거리 $= \sqrt{\Delta x^2 + \Delta y^2} = \sqrt{(+3{,}396.96)^2 + (-62.37)^2} = 3{,}397.53\,\text{m}$

$\theta = \tan^{-1}\dfrac{\Delta y}{\Delta x} = \tan^{-1}\left(\dfrac{62.37}{3{,}396.96}\right) = 1°\ 03'\ 06.7''$

$V_{명6}^{명7} = 360°\ 00'\ 00.0'' - 1°\ 03'\ 06.7'' = 358°\ 56'\ 53.3''$

(2) 각조정(삼각조정, 망조정)

가. 오차계산 : 1삼각형 $= (\alpha_1 + \beta_1 + \gamma_1) - 180 = -7.1''$

2삼각형 $= (\alpha_2 + \beta_2 + \gamma_2) - 180 = +3.4''$

3삼각형 $= (\alpha_3 + \beta_3 + \gamma_3) - 180 = -4.5''$

나. 기지내각 $= 358°\ 56'\ 53.3'' - 185°\ 46'\ 49.6'' = 173°\ 10'\ 03.7''$

다. 관측내각$(\Sigma\gamma) = \gamma_1 + \gamma_2 + \gamma_3 = 173°\ 10'\ 07.7''$

라. 기지각오차$(e) = \Sigma\gamma$ − 기지내각

$= 173°\ 10'\ 07.7'' - 173°\ 10'\ 03.7'' = +4.0''$

$\Sigma\epsilon = \epsilon_1 + \epsilon_2 + \epsilon_3 = -7.1 + 3.4 - 4.5 = -8.2$

$(\text{II}) = \dfrac{\Sigma\epsilon - 3e}{2n} = \dfrac{-8.2 - (3 \times 4.0)}{2 \times 3} = -3.4''$ (n : 삼각형수)

마. 오차배부 : 1삼각형 $(\text{I}) = \dfrac{-\epsilon_1 - (\text{II})}{3} = \dfrac{+7.1 + 3.4}{3} = +3.5''$

2삼각형 $(\text{I}) = \dfrac{-\epsilon_2 - (\text{II})}{3} = \dfrac{-3.4 + 3.4}{3} = 0$

$$3\text{삼각형 }(\text{I}) = \frac{-\epsilon_3 - (\text{II})}{3} = \frac{+4.5+3.4}{3} = +2.6''$$

최종 각규약에 대한 조정결과를 1삼각형의 예로 계산하면

$$\alpha_1 = 60° \ 12' \ 29.2'' + 3.5'' \quad = 60° \ 12' \ 32.7''$$

$$\beta_1 = 65° \ 18' \ 45.8'' + 3.5'' \quad = 65° \ 18' \ 49.3''$$

$$\gamma_1 = 54° \ 28' \ 37.9'' + 3.5'' - 3.4'' = 54° \ 28' \ 38.0''$$

$$\text{합} = 180° \ 00' \ 00.0''$$

※ 2삼각형과 3삼각형에서도 동일하게 보정하며, 다만 3삼각형의 보정수의 합이 당초의 오차와 $-0.1''$차가 나기 때문에 보정 후의 오차를 0으로 하기 위하여 90°에 가까운 β_3각에 $0.1''$를 더하여 $+2.7''$를 배부하였다.

(3) 변조정

가. E_1의 계산

$$E_1 = \frac{\sin\alpha_1 \times \sin\alpha_2 \times \sin\alpha_3 \times l_1}{\sin\beta_1 \times \sin\beta_2 \times \sin\beta_3 \times l_2} - 1$$

$$= \frac{\Pi \sin\alpha \times l_1}{\Pi \sin\beta \times l_2} - 1$$

$$= \frac{0.867844 \times 0.904127 \times 0.870429 \times 3244.16}{0.908608 \times 0.822800 \times 0.872317 \times 3397.53} - 1$$

$$= -4(\text{소수 6위자릿수} : -0.000004)$$

계산 결과 E_1의 값 −4는 $\sin\alpha$ 값이 작기 때문에 나온 결과이므로 $\Delta\alpha$와 $\Delta\beta$의 부호를 $+\Delta\alpha$와 $-\Delta\beta$로 하여 $\sin\alpha', \sin\beta'$의 값을 계산한다.

$\Delta = 48.4814 \times \cos\alpha$(또는 $\cos\beta$)에 의하여

$$\Delta\alpha_1 = 48.4814 \times \cos 60° \ 12' \ 32.7'' = +24$$

$$\Delta\beta_1 = 48.4814 \times \cos 65° \ 18' \ 49.3'' = +20$$

$$\Delta\alpha_2 = 48.4814 \times \cos 64° \ 42' \ 21.3'' = +21$$

$$\Delta\beta_2 = 48.4814 \times \cos 55° \ 21' \ 58.0'' = +28$$

$$\Delta\alpha_3 = 48.4814 \times \cos 60° \ 30' \ 30.8'' = +24$$

$$\Delta\beta_3 = 48.4814 \times \cos 60° \ 43' \ 44.3'' = +24$$

$\Delta\alpha$, $\Delta\beta$값을 구한 후 E_1의 값에 따라 부호를 결정하고 sinα와 sinβ값에 더하여 sinα'와 sinβ'을 구한 다음에 E_2의 값을 계산한다. 여기서 주의하여야 할 사항은 α와 β가 90°가 넘을 경우에는 $\Delta\alpha$, $\Delta\beta$값이 −가 되는 것에 유의하여 결정 부호에 따라 배부를 정확히 하여야 한다.

나. E_2의 계산

$$E_2 = \frac{\sin\alpha'_1 \times \sin\alpha'_2 \times \sin\alpha'_3 \times l_1}{\sin\beta'_1 \times \sin\beta'_2 \times \sin\beta'_3 \times l_2} - 1$$

$$= \frac{\Pi \sin\alpha' \times l_1}{\Pi \sin\beta' \times l_2} - 1$$

$$= \frac{0.867868 \times 0.904148 \times 0.870453 \times 3244.16}{0.908588 \times 0.822772 \times 0.872293 \times 3397.53} - 1$$

$= +158$(소수 6위자릿수 :+0.000158)

※ $| E_1 - E_2 | = | -4 - 158 | = 162$

다. x''의 계산

$$x_1'' = \frac{10'' \times E_1}{| E_1 - E_2 |} = \frac{10 \times (-4)}{| -4 - 158 |} = -0.2''$$

$$x_2'' = \frac{10'' \times E_2}{| E_1 - E_2 |} = \frac{10 \times 158}{| -4 - 158 |} = +9.8''$$

※ 검산 $| x_1'' - x_2'' | = | -0.2'' - (+9.8'') | = 10''$

위 계산결과 x''값을 상쇄시키기 위해서는 α각에는 $-x_1''(+0.2'')$를, β각에는 $+x_1''(-0.2'')$를 보정한다.

라. 각오차(x_1'')배부

①삼각형에서 $\alpha_1 = 60°\ 12'\ 32.7'' + 0.2'' = 60°\ 12'\ 32.9''$

$\beta_1 = 65°\ 18'\ 49.3'' - 0.2'' = 65°\ 18'\ 49.1''$

②삼각형에서 $\alpha_2 = 64°\ 42'\ 21.3'' + 0.2'' = 64°\ 42'\ 21.5''$

$\beta_2 = 55°\ 21'\ 58.0'' - 0.2'' = 55°\ 21'\ 57.8''$

③삼각형에서 $\alpha_3 = 60°\ 30'\ 30.8'' + 0.2'' = 60°\ 30'\ 31.0''$

$\beta_3 = 60°\ 43'\ 44.3'' - 0.2'' = 60°\ 43'\ 44.1''$

(4) 소구변장의 계산

가. ①삼각형에서

$$명5에서\ 경기10 = \frac{3{,}244.16 \times \sin 54°\ 28'\ 38.0''}{\sin 65°\ 18'\ 49.1''} = 2{,}905.95\,\text{m}$$

$$명6에서\ 경기10 = \frac{3{,}244.16 \times \sin 60°\ 12'\ 32.9''}{\sin 65°\ 18'\ 49.1''} = 3{,}098.62\,\text{m}$$

나. ②삼각형에서

$$경기10에서\ 경기12 = \frac{3{,}098.62 \times \sin 59°\ 55'\ 40.7''}{\sin 55°\ 21'\ 57.8''} = 3{,}259.04\,\text{m}$$

$$명6에서\ 경기12 = \frac{3{,}098.62 \times \sin 64°\ 42'\ 21.5''}{\sin 55°\ 21'\ 57.8''} = 3{,}404.89\,\text{m}$$

다. ③삼각형에서

$$경기12에서\ 명7 = \frac{3{,}404.89 \times \sin 58°\ 45'\ 44.9''}{\sin 60°\ 43'\ 44.1''} = 3{,}337.40\,\text{m}$$

$$명6에서\ 명7 = \frac{3{,}404.89 \times \sin 60°\ 30'\ 31.0''}{\sin 60°\ 43'\ 44.1''} = 3{,}397.53\,\text{m}$$

(5) 소구방위각의 계산

가. ①삼각형에서

$$V_{명5}^{경기10} = 5°\ 46'\ 49.6'' - 60°\ 12'\ 32.9'' = 305°\ 34'\ 16.7''$$

$$V_{명6}^{경기10} = 185°\ 46'\ 49.6'' + 54°\ 28'\ 38.0'' = 240°\ 15'\ 27.6''$$

나. ②삼각형에서

$$V_{경기10}^{경기12} = 60°\ 15'\ 27.6'' - 64°\ 42'\ 21.5'' = 355°\ 33'\ 06.1''$$

$$V_{명6}^{경기12} = 240°\ 15'\ 27.6'' + 59°\ 55'\ 40.7'' = 300°\ 11'\ 08.3''$$

다. ③삼각형에서

$$V_{경기12}^{명7} = 120°\ 11'\ 08.3'' - 60°\ 30'\ 31.0'' = 59°\ 40'\ 37.3''$$

$$V_{명6}^{명7} = 300°\ 11'\ 08.3'' + 58°\ 45'\ 44.9'' = 358°\ 56'\ 53.2''$$

(6) 소구점종횡선좌표계산

가. ①삼각형에서

㉠ 명5 ⇒ 경기10

$X_1 = 465{,}703.08 + 2{,}905.95 \times \cos 305° \ 34' \ 16.7'' = 467{,}393.52$

$Y_1 = 215{,}539.64 + 2{,}905.95 \times \sin 305° \ 34' \ 16.7'' = 213{,}175.96$ m

㉡ 명6 ⇒ 경기10

$X_2 = 468{,}930.74 + 3{,}098.62 \times \cos 240° \ 15' \ 27.6'' 467{,}393.51$ m

$Y_2 = 215{,}866.38 + 3{,}098.62 \times \sin 240° \ 15' \ 27.6'' = 213175.96$

㉢ 경기10의 평균좌표

$X = (467{,}393.52 + 467{,}393.51) \div 2 = 467{,}393.52$ m

$Y = (213{,}175.96 + 213{,}175.96) \div 2 = 213{,}175.96$ m

나. ②삼각형에서

㉠ 경기10 ⇒ 경기12

$X_1 = 467{,}393.52 + 3{,}259.04 \times \cos 355° \ 33' \ 06.1'' = 470{,}642.74$ m

$Y_1 = 213{,}175.96 + 3{,}259.04 \times \sin 355° \ 33' \ 06.1'' = 212{,}923.19$ m

㉡ 명6 ⇒ 경기12

$X_2 = 468{,}930.74 + 3{,}404.89 \times \cos 300° \ 11' \ 08.3'' = 470{,}642.73$ m

$Y_2 = 215{,}866.38 + 3{,}404.89 \times \sin 300° \ 11' \ 08.3'' = 212{,}923.19$ m

㉢ 경기12의 평균좌표

$X = (470{,}642.74 + 470{,}642.73) \div 2 = 470{,}642.74$ m

$Y = (212{,}923.19 + 212{,}923.19) \div 2 = 212{,}923.19$ m

다. ③삼각형에서

㉠ 경기12 ⇒ 명7

$X_1 = 470{,}642.74 + 3{,}337.40 \times \cos 59° \ 40' \ 37.3'' = 472{,}327.71$ m

$Y_1 = 212{,}923.19 + 3{,}337.40 \times \sin 59° \ 40' \ 37.3'' = 215{,}804.01$ m

㉡ 명6 ⇒ 명7

$X_2 = 468{,}930.74 + 3{,}397.53 \times \cos 358° \ 56' \ 53.2'' = 472{,}327.70$ m

$Y_2 = 215{,}866.38 + 33{,}937.53 \times \sin 358° \ 56' \ 53.2'' = 215{,}804.01$ m

㉢ 명7의 평균좌표

$X = (472{,}327.70 + 472{,}327.70) \div 2 = 472{,}327.70$ m

$Y = (215{,}804.01 + 215{,}804.01) \div 2 = 215{,}804.01$ m

(7) 점검

최종계산된 기지변장 및 기지방위각은 기지점간 거리와 방위각이 일치하여야 하나 종종 기지변장에서 ±0.01m, 기지방위각에서 ±0.1″ 정도의 차이가 나는 경우가 있는데 이는 계산과정에서 단수처리로 인하여 발생할 수 있다. 또한 소구점 종횡선좌표의 계산시 종횡선좌표에 ±0.01m 정도의 차이가 나는 경우에는 계산과정의 단수처리로 인하여 발생하는 문제로 각각의 종횡선좌표를 평균하여 결정한다.

□ **가상기준점(2-1)**

1. VRS방식의 원리

① VRS 서비스센터에서 상시관측소의 GPS 관측데이터를 24시간 수신하고 가상기준점에 설치한 이동국 수신기의 GPS 관측데이터 수신

② 상시관측소와 가상기준점의 관측데이터를 이용해 정적간섭측위방식으로 순간처리하여 가상기준점의 위치보정데이터를 생성하고 이를 휴대전화 또는 무선 인터넷모뎀으로 이동국 GPS사용자에게 송신

2. VRS측위의 조건

① 국가의 통합기준점체계가 완벽히 갖춰져야 하며, 상시관측소가 최소 30~40km 간격으로 균등하게 배치되어야 함

② 위치보정데이터를 순간 생성할 수 있는 GPS기선해석 및 망조정 기술능력이 확보되어야 하며, 제공되는 위치정보데이터에 대하여 측지성과로서의 공신력이 확보되어야 함

③ 위치정보데이터의 통신매체인 휴대전화나 인터넷모뎀 등의 통신품질이 확보되어야 하며, 이동국 GPS사용자의 GPS측량에 대한 기초지식이 필요함

<373쪽에서 계속>

예제 1-18 정답

유심다각망(삽입망) 조정계산부 (진수)

삼각형	점명	각명	관측각	각규약 I	각규약 II	각규약 조정각	sinα / sinβ	Δα / Δβ	sinα' / sinβ'	α−x_1″ / β+x_1″	변규약 조정각
1	명5	α1	60° 12′ 29.2″	+3.5		60° 12′ 32.7″	0.867844	+24	0.867868	+0.2	60° 12′ 32.9″
	경기10	β1	65 18 45.8	+3.5		65 18 49.3	0.908608	−20	0.908588	−0.2	65 18 49.1
	명6	γ1	54 28 37.9	+3.5	−3.4	54 28 38.0				γ1	54 28 38.0
		+	179 59 52.9			180 00 00.0					
		−	180 00 00.0								
			ε1 = −7.1								
2	경기10	α2	64 42 21.3	0.0		64 42 21.3	0.904127	+21	0.904148	+0.2	64 42 21.5
	경기12	β2	55 21 58.0	0.0		55 21 58.0	0.822800	−28	0.822772	−0.2	55 21 57.8
	명6	γ2	59 55 44.1	0.0	−3.4	59 55 40.7				γ2	59 55 40.7
		+	180 00 03.4			180 00 00.0					
		−	180 00 00.0								
			ε2 = +3.4								
3	경기12	α3	60 30 28.2	+2.6		60 30 30.8	0.870429	+24	0.870453	+0.2	60 30 31.0
	명7	β3	60 43 41.6	+2.7		60 43 44.3	0.872317	−24	0.872293	−0.2	60 43 44.1
	명6	γ3	58 45 45.7	+2.6	−3.4	58 45 44.9				γ3	58 45 44.9
		+	179 59 55.5			180 00 00.0					
		−	180 00 00.0								
			ε3 = −4.5								
4		α4		.			.		.	.	
		β4		.			.		.	.	
		γ4		.	.					γ4	
		+									
		−	180 00 00.0								
			ε4 =								
Σγ			173 10 07.7	제1기선 l_1	3,244.16m	E1	Πsinα · l_1	E2	Πsinα′ · l_1		
360° 또는 기지내각			173 10 03.7	제2기선 l_2	3,397.53m		2215.678386		2215.852220		
			e = +4.0				Πsinβ · l_2		Πsinβ′ · l_2		
							2215.687338		2215.502212		

변장(m) $a\times\frac{\sin\alpha(\gamma)}{\sin\beta}$	방위각	종횡선좌표 X(m)	종횡선좌표 Y(m)	점명
명5→명6	명5→명6	465,703.08	215,539.64	명5
3244.16	5° 46′ 49.6″	468,930.74	215,866.38	명6
명5→경기10 / 2905.95	명5→경기10 / 305 34 16.7	467,393.52	213,175.96	경기10
명6→경기10 / 3098.62	명6→경기10 / 240 15 27.6	467,393.51	213,175.96	
평균		467,393.52	213,175.96	
경기10→경기12 / 3259.04	경기10→경기12 / 355 33 06.1	470,642.74	212,923.19	경기12
명6→경기12 / 3404.89	명6→경기12 / 300 11 08.3	470,642.73	212,923.19	
평균		470,642.74	212,923.19	
경기12→명7 / 3337.40	경기12→명7 / 59 40 37.3	472,327.70	215,804.01	명7
명6→명7 / 3397.53	명6→명7 / 358 56 53.2	472,327.70	215804.01	
평균		472,327.70	215,804.01	
→ / .	→	.	.	
→ / .	→	.	.	
평균		.	.	
명6→명7 / 3,397.53	명6→명7 / 358 56 53.3	472,327.70	215,804.01	명7

$\Sigma\epsilon = -8.2$

$(\text{II}) = \frac{\Sigma\epsilon - 3e}{2n} = -3.4$

$(\text{I}) = \frac{-\epsilon - (\text{II})}{3} =$ ① +3.5 ② 0.0 ③ +2.6

n : 삼각형수

$E_1 = \frac{\Pi \sin\alpha l_1}{\Pi \sin\beta l_2} - 1 = -4$

$E_2 = \frac{\Pi \sin\alpha' l_1}{\Pi \sin\beta' l_2} - 1 = +158$

$|E_1 - E_2| = 162$

Δα, Δβ = 10″차임

$x_1'' = \frac{10'' \cdot E_1}{|E_1 - E_2|} = -0.2$

$x_2'' = \frac{10'' \cdot E_2}{|E_1 - E_2|} = +9.8$

검산 $= |x_1'' - x_2''| = 10''$

약도

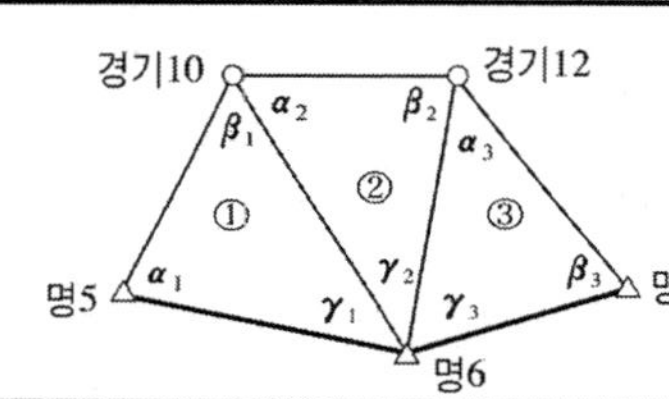

예제 1-19 지적삼각측량을 삽입망으로 실시하여 다음과 같은 결과를 얻었다. 삽입망계산부에 의하여 소구점(보10)의 좌표를 계산하시오.

가. 기지좌표

점 명	X 좌 표	Y 좌 표
경기6	1,762.70 m	−5,645.26 m
경기7	4,189.37 m	−5,120.44 m
경기8	3,704.74 m	−7,569.42 m

나. 관측내각

점 명	각 명	관측내각
경기6	α_1	35° 31′ 26.2″
보10	β_1	113° 46′ 30.8″
경기7	γ_1	30° 41′ 57.2″
보10	α_2	106° 56′ 17.1″
경기8	β_2	37° 10′ 08.5″
경기7	γ_2	35° 53′ 47.8″

다. 약 도

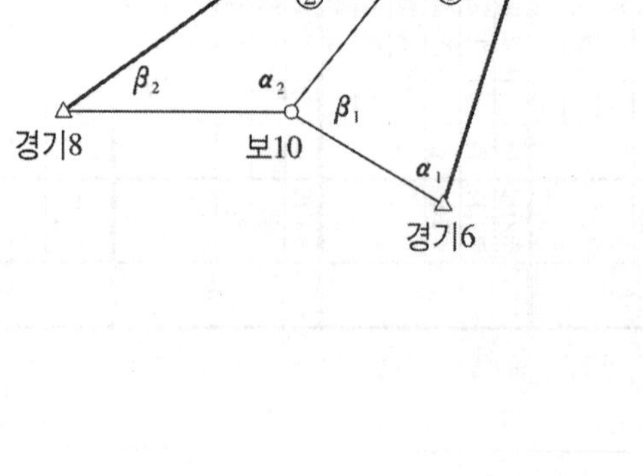

풀이 및 정답 (1) 기지점 간 거리 및 방위각계산

가. 경기6에서 경기7에 대한 계산

$\Delta x = 4{,}189.37 - 1{,}762.70 = +2{,}426.67$

$\Delta y = -5{,}120.44 - (-5{,}645.26) = +524.82$ (1상한)

거리 $= \sqrt{\Delta x^2 + \Delta y^2} = \sqrt{(+2{,}426.67)^2 + (+524.82)^2} = 2{,}482.77$ m

$\theta = \tan^{-1}\dfrac{\Delta y}{\Delta x} = \tan^{-1}(\dfrac{524.82}{2{,}426.67}) = 12°\ 12'\ 12.6''$

$V_{경기6}^{경기7} = \theta = 12°\ 12'\ 12.6''$

나. 경기7에서 경기8에 대한 계산

$\Delta x = 3{,}704.74 - 4{,}189.37 = -484.63$

$\Delta y = -7{,}569.42 - (-5{,}120.44) = -2{,}448.98$ (3상한)

거리 $= \sqrt{\Delta x^2 + \Delta y^2} = \sqrt{(-484.63)^2 + (-2{,}448.98)^2} = 2{,}496.47$ m

$\theta = \tan^{-1}\dfrac{\Delta y}{\Delta x} = \tan^{-1}(\dfrac{2{,}448.98}{484.63}) = 78°\ 48'\ 22.8''$

$V_{경기7}^{경기8} = 180° + \Theta = 180 + 78°\ 48'\ 22.8'' = 258°\ 48'\ 22.8''$

(2) 각조정(삼각조정, 망조정)

가. 삼각형의 오차계산 : ①삼각형 $= (\alpha_1 + \beta_1 + \gamma_1) - 180 = -5.8''$

②삼각형 $= (\alpha_2 + \beta_2 + \gamma_2) - 180 = +13.4''$

나. 기지내각의 계산 $= 258°\ 48'\ 22.8'' - 192°\ 12'\ 12.6'' = 66°\ 36'\ 10.2''$

다. 관측기지내각의 합$(\Sigma\gamma) = \gamma_1 + \gamma_2 = 66°\ 35'\ 45.0''$

라. 기지오차$(e) = \Sigma\gamma$ − 기지내각

$= 66°\ 35'\ 45.0'' - 66°\ 36'\ 10.2'' = -25.2''$

$\Sigma\epsilon = \epsilon_1 + \epsilon_2 = -5.8 + 13.4 = +7.6$

$(\text{II}) = \dfrac{\Sigma\epsilon - 3e}{2n} = \dfrac{+7.6 - (3 \times -25.2)}{2 \times 2} = +20.8''$

마. 오차배부

①삼각형 $(\text{I}) = \dfrac{-\epsilon_1 - (\text{II})}{3} = \dfrac{-(-5.8) - (+20.8)}{3} = -5.0''$

②삼각형 $(\text{I}) = \dfrac{-\epsilon_2 - (\text{II})}{3} = \dfrac{-(+13.4) - (+20.8)}{3} = -11.4''$

최종 각규약에 대한 조정결과를 ①삼각형의 예로 계산하면

$\alpha_1 = 35° 31' 26.2'' - 5.0'' = 35° 31' 21.2''$

$\beta_1 = 113° 46' 30.8'' - 5.0'' = 113° 46' 25.8''$

$\gamma_1 = 30° 41' 57.2'' - 5.0'' + 20.8'' = 30° 42' 13.0''$

합 = 180° 00′ 00.0″

※ ②삼각형도 ①삼각형과 같은 방법으로 보정하여 각규약 조정각을 계산한다.

(3) 변조정

가. E_1의 계산

$$E_1 = \frac{\sin\alpha_1 \times \sin\alpha_2 \times l_1}{\sin\beta_1 \times \sin\beta_2 \times l_2} - 1 = \frac{\Pi \sin\alpha \times l_1}{\Pi \sin\beta \times l_2} - 1$$

$$= \frac{0.581023 \times 0.956636 \times 2482.77}{0.915144 \times 0.604124 \times 2496.47} - 1$$

$= -150$ (※소수 6위자릿수 : -0.000150)

계산결과 E_1의 값 -150은 $\sin\alpha$ 값이 작기 때문에 나온 결과이므로 $\Delta\alpha$와 $\Delta\beta$의 부호를 $+\Delta\alpha$와 $-\Delta\beta$로 하여 $\sin\alpha'$, $\sin\beta'$의 값을 계산한다.

$\Delta = 48.4814 \times \cos\alpha$ 또는 $\cos\beta$

$\alpha_1 = \Delta = 48.4814 \times \cos 35° 31' 21.2'' = +39 \Rightarrow +39\{+(+39)\}$

$\beta_1 = \Delta = 48.4814 \times \cos 113° 46' 25.8'' = -20 \Rightarrow +20\{-(-20)\}$

$\alpha_2 = \Delta = 48.4814 \times \cos 106° 56' 05.7'' = -14 \Rightarrow -14\{+(-14)\}$

$\beta_2 = \Delta = 48.4814 \times \cos 37° 09' 57.1'' = +39 \Rightarrow -39\{-(+39)\}$

$\Delta\alpha$, $\Delta\beta$값을 구한 후 E_1의 값에 따라 부호를 결정하고 $\sin\alpha$와 $\sin\beta$값에 더하여 $\sin\alpha'$와 $\sin\beta'$을 구한 다음에 E_2 의 값을 계산한다. 여기서 주의하여야 할 사항은 α와 β가 90°가 넘을 경우에는 $\Delta\alpha$, $\Delta\beta$값이 $-$가 되는 것에 유의하여 결정 부호에 따라 배부를 정확히 하여야 한다.

나. E_2의 계산

$$E_2=\frac{\sin\alpha'_1\times\sin\alpha'_2\times l_1}{\sin\beta'_1\times\sin\beta'_2\times l_2}-1=\frac{\Pi\sin\alpha'\times l_1}{\Pi\sin\beta'\times l_2}-1$$

$$=\frac{0.581062\times0.956622\times2482.77}{0.915164\times0.604085\times2496.47}-1$$

$$=-55(\text{소수 6위자릿수 : }-0.000055)$$

※ $|E_1-E_2|=|-150-(-55)|=95$

다. x''의 계산

$$x_1''=\frac{10''\times E_1}{|E_1-E_2|}=\frac{10\times(-150)}{95}=-15.8''$$

$$x_2''=\frac{10''\times E_2}{|E_1-E_2|}=\frac{10\times-55}{95}=-5.8''$$

※ 검산 $|x_1''-x_2''|=|-15.8''-(-5.8'')|=10''$

여기서 x''값을 상쇄시키기 위해서는 α각에는 $-x_1''(+15.8'')$를, β각에는 $+x_1''(-15.8'')$를 보정한다.

라. 각오차(x'') 배부

1삼각형에서 $\alpha_1=35°\ 31'\ 21.2''+15.8''=35°\ 31'\ 37.0''$

$\beta_1=113°\ 46'\ 25.8''-15.8''=113°\ 46'\ 10.0''$

2삼각형의 α_2, β_2도 동일한 방법으로 배부한다.

(4) 소구변장의 계산

가. ①삼각형에서

$$\text{경기7에서 보10}=\frac{2{,}482.77\times\sin35°\ 31'\ 37.0''}{\sin113°\ 46'\ 10.0''}=1{,}576.42\,\text{m}$$

$$\text{경기6에서 보10}=\frac{2{,}482.77\times\sin30°\ 42'\ 13.0''}{\sin113°\ 42'\ 13.0''}=1{,}385.19\,\text{m}$$

나. ②삼각형에서

$$\text{경기7에서 경기8}=\frac{1{,}576.42\times\sin106°\ 56'\ 21.5''}{\sin37°\ 09'\ 41.3''}=2{,}496.47\,\text{m}$$

$$\text{보10에서 경기8}=\frac{1{,}576.42\times\sin35°\ 53'\ 57.2''}{\sin37°\ 09'\ 41.3''}=1{,}530.22\,\text{m}$$

(5) 소구방위각의 계산

가. ①삼각형에서

$$V_{경기7}^{보10} = 192° \ 12' \ 12.6'' + 30° \ 42' \ 13.0'' = 222° \ 54' \ 25.6''$$

$$V_{경기6}^{보10} = 12° \ 12' \ 12.6'' - 35° \ 31' \ 37.0'' = 336° \ 40' \ 36.6''$$

나. ②삼각형에서

$$V_{경기7}^{경기8} = 222° \ 54' \ 25.6'' + 35° \ 53' \ 57.2'' = 258° \ 48' \ 22.8''$$

$$V_{보10}^{경기8} = 42° \ 54' \ 25.6'' - \ 106° \ 56' \ 21.5'' = 295° \ 58' \ 04.1''$$

(6) 소구점종횡선좌표계산

가. ①삼각형에서

㉠ 경기7 ⇒ 보10

$X_1 = 4,189.37 + 1,576.42 \times \cos 222° \ 54' \ 25.6'' = 3,034.71$

$Y_1 = -5,120.44 + 1,576.42 \times \sin 222° \ 54' \ 25.6'' = -6,193.69$ m

㉡ 경기6 ⇒ 보10

$X_2 = 1,762.70 + 1,385.19 \times \cos 336° \ 40' \ 35.6'' 3,034.70$ m

$Y_2 = -5,645.26 + 1,385.19 \times \sin 336° \ 40' \ 35.6'' = -6,193.69$

㉢ 보10의 평균좌표

$X = (3,034.71 + 3,034.70) \div 2 = 3,034.70$ m

$Y = (-6,193.69 - 6,193.69) \div 2 = -6,193.69$ m

나. ②삼각형에서

㉠ 보10 ⇒ 경기8

$X_1 = 3,034.70 + 1,530.22 \times \cos 295° \ 38' \ 04.1'' = 3,704.74$ m

$Y_1 = -6,193.69 + 1,530.22 \times \sin 295° \ 58' \ 04.1'' = -7,569.42$ m

㉡ 경기7 ⇒ 경기8

$X_2 = 4,189.37 + 2,496.47 \times \cos 258° \ 48' \ 22.8'' = 3,704.74$ m

$Y_2 = -5,120.44 + 2,496.47 \times \sin 258° \ 48' \ 22.8'' = -7,569.42$ m

㉢ 경기8의 평균좌표

$X = (3,704.74 + 3,704.74) \div 2 = 3,704.74$ m

$Y = (-7,569.42 - 7,569.42) \div 2 = -7,569.42$ m

예제 1-19 정답

유심다각망 (삽입망) 조정계산부 (진수)

삼각형	점명	각명	관측각	각규약 I	각규약 II	각규약 조정각	sinα sinβ	Δα Δβ	sinα′ sinβ′	α-x_1″ β+x_1″	변규약 조정각
1	경기6	α_1	35° 31′ 26.2″	-5.0		35° 31′ 21.2″	0.581023	+39	0.581062	+15.8	35° 31′ 37.0″
	보10	β_1	113 46 30.8	-5.0		113 46 25.8	0.915144	+20	0.915164	-15.8	113 46 10.0
	경기7	γ_1	30 41 57.2	-5.0	+20.8	30 42 13.0				γ_1	30 42 13.0
		+	179 59 54.2			180 00 00.0					
		-	180 00 00.0								
			ε_1 = -5.8								
2	보10	α_2	106 56 17.1	-11.4		106 56 05.7	0.956636	-14	0.956622	+15.8	106 56 21.5
	경기8	β_2	37 10 08.5	-11.4		37 09 57.1	0.604124	-39	0.604085	-15.8	37 09 41.3
	경기7	γ_2	35 53 47.8	-11.4	+20.8	35 53 57.2				γ_2	35 53 57.2
		+	180 00 13.4			180 00 00.0					
		-	180 00 00.0								
			ε_2 = +13.4								
3		α_3		.			.		.	.	
		β_3		.			.		.	.	
		γ_3		.	.					γ_3	
		+									
		-	180 00 00.0								
			ε_3 =								
4		α_4		.			.		.	.	
		β_4		.			.		.	.	
		γ_4		.	.					γ_4	
		+									
		-	180 00 00.0								
			ε_4 =								
Σγ			66 35 45.0	제1기선 l_1	2482.77m	E_1	Π sinα · l_1	E_2	Π sinα′ · l_1		
360° 또는 기지내각			66 36 10.2	제2기선 l_2	2496.47m		1379.991888		1380.064321		
			e = -25.2				Π sinβ · l_2		Π sinβ′ · l_2		
							1380.199537		1380.140598		

변장(m) $a\times\frac{\sin\alpha(\gamma)}{\sin\beta}$	방위각	종횡선좌표 X(m)	종횡선좌표 Y(m)	점명
경기6→경기7	경기6→경기7	1,762.70	-5,645.26	경기6
2,482.77	12° 12′ 12.6″	4,189.37	-5,120.44	경기7
경기7→보10	경기7→보10	3,034.71	-6,193.69	보10
1,576.42	222 54 25.6			
경기6→보10	경기6→보10	3,034.70	-6,193.69	
1,385.19	336 40 35.6			
평균		3,034.70	-6,193.69	
경기7→경기8	경기7→경기8	3,704.74	-7,569.42	경기8
2,496.47	258 48 22.8			
보10→경기8	보10→경기8	3,704.74	-7,569.42	
1,530.22	295 58 04.1			
평균		3,704.74	-7,569.42	
→	→	.	.	
.				
→	→	.	.	
.				
평균		.	.	
→	→	.	.	
.				
→	→	.	.	
.				
평균		.	.	
경기7→경기8	경기7→경기8	3,704.74	-7,569.42	경기8
2,496.47	258 48 22.8			

$\Sigma\epsilon = +7.6$

$(\text{II}) = \frac{\Sigma\epsilon - 3e}{2n} = +20.8$ $\quad E_1 = \frac{\Pi \sin\alpha l_1}{\Pi \sin\beta l_2} - 1 = -150$ $\quad x_1'' = \frac{10''\cdot E_1}{|E_1 - E_2|} = -15.8$

$(\text{I}) = \frac{-\epsilon-(\text{II})}{3} =$ ① -5.0 $\quad E_2 = \frac{\Pi \sin\alpha' l_1}{\Pi \sin\beta' l_2} - 1 = -55$ $\quad x_2'' = \frac{10''\cdot E_2}{|E_1 - E_2|} = -5.8$

n : 삼각형수 ② -11.4 $\quad |E_1 - E_2| = 95$ $\quad$ 검산 $= |x_1'' - x_2''| = 10''$

Δα, Δβ = 10″차임

약 도

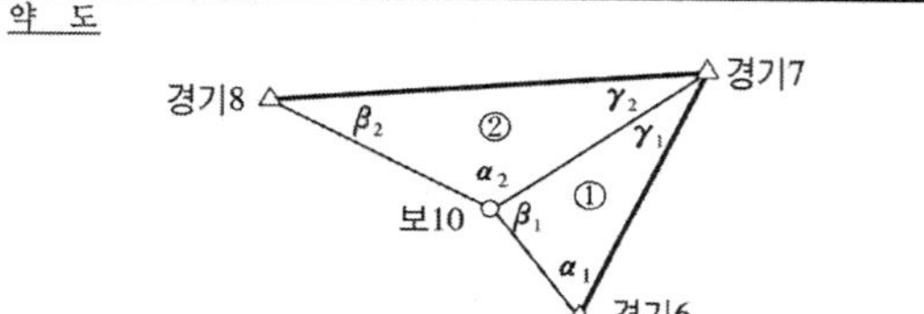

예제 1-20 지적삼각측량을 삽입망으로 실시하여 다음과 같은 결과를 얻었다. 주어진 서식에 의하여 소구점의 좌표를 계산하시오.

가. 기지좌표

점 명	X 좌 표	Y 좌 표
연수1	13,933.45 m	14,602.29 m
연수2	10,449.54 m	15,456.83 m
연수3	8,951.91 m	10,462.16 m

나. 관측내각

점 명	각 명	관 측 내 각
연수1	α_1	37° 13′ 48.3″
보1	β_1	42° 54′ 16.2″
연수2	γ_1	99° 51′ 31.5″
보1	α_2	107° 33′ 47.0″
보2	β_2	39° 39′ 22.9″
연수2	γ_2	32° 46′ 37.3″
보2	α_3	77° 15′ 35.7″
연수3	β_3	63° 00′ 11.7″
연수2	γ_3	39° 44′ 06.5″

다. 약 도

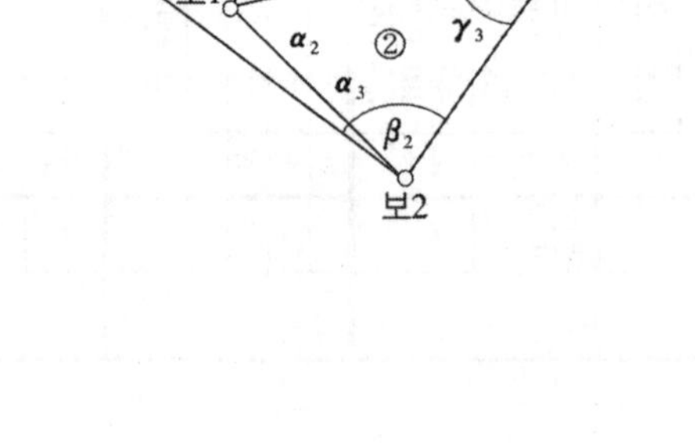

풀이 및 정답 (1) 기지점 간 거리 및 방위각계산

가. 연수1에서 연수2에 대한 계산

$$\Delta x = 10{,}449.54 - 13{,}933.45 = -3{,}483.91$$

$$\Delta y = 15{,}456.83 - 14{,}602.29 = +854.54$$

$$\text{거리} = \sqrt{\Delta x^2 + \Delta y^2} = \sqrt{(-3{,}483.91)^2 + (+854.54)^2} = 3{,}587.18\ \text{m}$$

$$\theta = \tan^{-1}\frac{\Delta y}{\Delta x} = \tan^{-1}\frac{854.54}{3{,}483.91} = 13^\circ\ 46'\ 53.5''(\text{2상한})$$

$$V_{\text{연수1}}^{\text{연수2}} = 180^\circ - \theta = 180^\circ - 13^\circ\ 46'\ 53.5'' = 166^\circ\ 13'\ 06.5''$$

나. 연수2에서 연수3에 대한 계산

$$\Delta x = 8{,}951.91 - 10{,}449.54 = -1{,}497.63$$

$$\Delta y = 10{,}462.16 - 15{,}456.83 = -4{,}994.67$$

$$\text{거리} = \sqrt{\Delta x^2 + \Delta y^2} = \sqrt{(-1{,}497.63)^2 + (-4{,}994.67)^2} = 5{,}214.37\ \text{m}$$

$$\theta = \tan^{-1}\frac{\Delta y}{\Delta x} = \tan^{-1}\frac{4{,}994.67}{1{,}497.63} = 73^\circ\ 18'\ 31.9''(\text{3상한})$$

$$V_{\text{연수2}}^{\text{연수3}} = 180^\circ - \Theta = 180^\circ + 73^\circ\ 18'\ 31.9'' = 253^\circ\ 18'\ 31.9''$$

(2) 각조정(삼각조정, 망조정)

가. 삼각형의 오차계산 : 1삼각형 $= (\alpha_1 + \beta_1 + \gamma_1) - 180 = -24.0''$

2삼각형 $= (\alpha_2 + \beta_2 + \gamma_2) - 180 = -12.8''$

3삼각형 $= (\alpha_3 + \beta_3 + \gamma_3) - 180 = -6.1''$

나. 기지내각 $= 166^\circ\ 13'\ 06.5'' + 180 - 253^\circ\ 18'\ 31.9'' = 92^\circ\ 54'\ 34.6''$

다. 관측기지내각의 합$(\Sigma\gamma) = \gamma_1 + \gamma_2 - \gamma_3 = 92^\circ\ 54'\ 02.3''$

라. 기지오차$(e) = \Sigma\gamma$ − 기지내각

$= 92^\circ\ 54'\ 02.3'' - 92^\circ\ 54'\ 34.6'' = -32.3''$

마. 오차의 합$(\Sigma\epsilon) = \epsilon_1 + \epsilon_2 - \epsilon_3 = -24.0 - 12.8 - (-6.1) = -30.7$

$$(\text{II}) = \frac{\Sigma\epsilon - 3e}{2n} = \frac{-30.7 - (3 \times -32.3)}{2 \times 3} = +11.0''$$

바. 오차배부

$$\text{1삼각형 (I)} = \frac{-\epsilon_1 - (\text{II})}{3} = \frac{-(-24.0) - 11.0}{3} = +4.3''$$

$$\text{2삼각형 (I)} = \frac{-\epsilon_2 - (\text{II})}{3} = \frac{-(-12.8) - 11.0}{3} = +0.6$$

$$3\text{삼각형}\ (\text{I}) = \frac{-\epsilon_3 + (\text{II})}{3} = \frac{-(-6.1)+11.0}{3} = +5.7''$$

※ (Ⅱ)값의 배부시 삼각형 (1)과 (2)에는 +11.0을 겹친 삼각형 (3)에는 −11.0을 배부한다.

사. 최종 각규약에 대한 조정각 계산

㉠ $\alpha_1 = 37°\ 13'\ 48.3'' + 4.3'' \qquad = 37°\ 13'\ 52.6''$

$\beta_1 = 42°\ 54'\ 16.2'' + 4.3' \qquad = 42°\ 54'\ 20.5''$

$\gamma_1 = 99°\ 51'\ 31.5'' + 4.3'' + 11.0'' = 99°\ 51'\ 46.8''$

합 $= 179°\ 59'\ 59.9''$

㉡ $\alpha_2 = 107°\ 33'\ 47.0'' + 0.6' \qquad = 107°\ 33'\ 47.6''$

$\beta_2 = 39°\ 39'\ 22.9'' + 0.6'' \qquad = 39°\ 39'\ 23.5''$

$\gamma_2 = 32°\ 46'\ 37.3'' + 0.6'' + 11.0'' = 32°\ 46'\ 48.9''$

합 $= 180°\ 00'\ 00.0''$

㉢ $\alpha_3 = 77°\ 15'\ 35.7'' + 5.7'' \qquad = 77°\ 15'\ 41.4''$

$\beta_3 = 63°\ 00'\ 11.7'' + 5.7'' \qquad = 63°\ 00'\ 17.4''$

$\gamma_3 = 39°\ 44'\ 06.5'' + 5.7'' - 11.0'' = 39°\ 44'\ 01.2''$

합 $= 180°\ 00'\ 00.0''$

(3) 변조정

가. E_1의 계산

$$E_1 = \frac{\sin\alpha_1 \times \sin\alpha_2 \times \sin\alpha_3 \times l_1}{\sin\beta_1 \times \sin\beta_2 \times \sin\beta_3 \times l_2} - 1 = \frac{\Pi \sin\alpha \times l_1}{\Pi \sin\beta \times l_2} - 1$$

$$= \frac{0.605034 \times 0.953385 \times 0.975387 \times 3587.18}{0.680794 \times 0.638184 \times 0.891045 \times 5214.37} - 1$$

$= -195$ (※소수 6위자릿수 :−0.000195)

계산결과 E_1의 값 −195는 $\sin\alpha$ 값이 작기 때문에 나온 결과이므로 $\Delta\alpha$와 $\Delta\beta$의 부호를 $+\Delta\alpha$와 $-\Delta\beta$로 하여 $\sin\alpha'$, $\sin\beta'$의 값을 계산한다.

$\Delta = 48.4814 \times \cos\alpha$ 또는 $\cos\beta$

$\alpha_1 = \Delta = 48.4814 \times \cos 37°\ 13'\ 52.6'' = +39 \Rightarrow \{+(+39) = +39\}$

$\beta_1 = \Delta = 48.4814 \times \cos 42°\ 54'\ 20.5'' = +36 \Rightarrow \{-(+36) = -36\}$

$$\alpha_2 = \Delta = 48.4814 \times \cos 107° \ 33' \ 47.6'' = -15 \Rightarrow \{+(-15) = -15\}$$

$$\beta_2 = \Delta = 48.4814 \times \cos 39° \ 39' \ 23.5'' = +37 \Rightarrow \{-(+37) = -37\}$$

$$\alpha_3 = \Delta = 48.4814 \times \cos 77° \ 15' \ 41.4'' = +11 \Rightarrow \{+(+11) = +11\}$$

$$\beta_3 = \Delta = 48.4814 \times \cos 63° \ 00' \ 17.4'' = +22 \Rightarrow \{-(+22) = -22\}$$

$\Delta\alpha$, $\Delta\beta$값을 구한 후 E_1의 값에 따라 부호를 결정하고 $\sin\alpha$와 $\sin\beta$값에 더하여 $\sin\alpha'$와 $\sin\beta'$을 구한 다음에 E_2 의 값을 계산한다. 여기서 주의하여야 할 사항은 α와 β가 90°가 넘을 경우에는 $\Delta\alpha$, $\Delta\beta$값이 $-$가 되는 것에 유의하여 결정 부호에 따라 배부를 정확히 하여야 한다.

나. E_2의 계산

$$E_2 = \frac{\sin\alpha'_1 \times \sin\alpha'_2 \times \sin\alpha'_3 \times l_1}{\sin\beta'_1 \times \sin\beta'_2 \times \sin\beta'_3 \times l_2} - 1 = \frac{\Pi \sin\alpha' \times l_1}{\Pi \sin\beta' \times l_2} - 1$$

$$= \frac{0.605073 \times 0.953370 \times 0.975398 \times 3587.18}{0.680758 \times 0.638147 \times 0.891023 \times 5214.37} - 1$$

$= 0$ (※소수 6위자릿수 : 0.000000)

※ $| E_1 - E_2 | = | -195 - 0 | = 195$

다. x''의 계산

$$x_1'' = \frac{10'' \times E_1}{| E_1 - E_2 |} = \frac{10 \times (-195)}{195} = -10''$$

$$x_2'' = \frac{10'' \times E_2}{| E_1 - E_2 |} = \frac{10 \times 0}{195} = 0''$$

※ 검산 $| x_1'' - x_2'' | = | -10'' - 0'' | = 10''$

여기서 x''값을 상쇄시키기 위해서는 α각에는 $-x_1''(+10.0'')$를, β각에는 $+x_1''(-10.0'')$를 보정한다.

라. 각오차(x'') 배부

①삼각형에서 $\alpha_1 = 37° \ 13' \ 52.6'' + 10.0'' = 37° \ 14' \ 02.6''$

$\beta_1 = 42° \ 54' \ 20.5'' - 10.0'' = 42° \ 54' \ 10.5''$

②삼각형의 α_2, β_2와 3삼각형의 α_3, β_3도 동일한 방법으로 배부한다.

(4) 소구변장의 계산

가. ①삼각형에서

$$\text{연수2에서 보1} = \frac{3,587.18 \times \sin 37^\circ\ 14'\ 02.6''}{\sin 42^\circ\ 54'\ 10.5''} = 3,188.36\ \text{m}$$

$$\text{연수1에서 보1} = \frac{3,587.18 \times \sin 99^\circ\ 51'\ 46.8''}{\sin 42^\circ\ 54'\ 10.5''} = 5,191.51\ \text{m}$$

나. ②삼각형에서

$$\text{연수2에서 보2} = \frac{3,188.36 \times \sin 39^\circ\ 39'\ 13.5''}{\sin 107^\circ\ 33'\ 57.6''} = 4,763.30\ \text{m}$$

$$\text{보1에서 보2} = \frac{3,188.36 \times \sin 32^\circ\ 46'\ 48.9''}{\sin 39^\circ\ 39'\ 13.5''} = 2,705.08\ \text{m}$$

다. ③삼각형에서

$$\text{연수2에서 연수3} = \frac{4,763.30 \times \sin 77^\circ\ 15'\ 51.4''}{\sin 63^\circ\ 00'\ 07.4''} = 5,214.36\ \text{m}$$

$$\text{보2에서 연수3} = \frac{4,763.30 \times \sin 39^\circ\ 44'\ 01.2''}{\sin 63^\circ\ 00'\ 07.4''} = 3,417.19\ \text{m}$$

(5) 소구방위각의 계산

가. ①삼각형에서

$$V_{\text{연수2}}^{\text{보1}} = 346^\circ\ 13'\ 06.5'' - 99^\circ\ 51'\ 46.8'' = 246^\circ\ 21'\ 19.7''$$

$$V_{\text{연수1}}^{\text{보1}} = 166^\circ\ 13'\ 06.5'' + 37^\circ\ 14'\ 02.6'' = 203^\circ\ 27'\ 09.1''$$

나. ②삼각형에서

$$V_{\text{연수2}}^{\text{보2}} = 246^\circ\ 21'\ 19.7'' - 32^\circ\ 46'\ 48.9'' = 213^\circ\ 34'\ 30.8''$$

$$V_{\text{보1}}^{\text{보2}} = 66^\circ\ 21'\ 19.7'' + 107^\circ\ 33'\ 57.6'' = 173^\circ\ 55'\ 17.3''$$

다. ③삼각형에서

$$V_{\text{연수2}}^{\text{연수3}} = 213^\circ\ 34'\ 30.8'' + 39^\circ\ 44'\ 01.2'' = 253^\circ\ 18'\ 32.0''$$

$$V_{\text{보2}}^{\text{연수3}} = 33^\circ\ 34'\ 30.8'' - 77^\circ\ 15'\ 51.4'' = 316^\circ\ 18'\ 39.4''$$

(6) 소구점종횡선좌표계산

가. ①삼각형에서

연수2 ⇒ 보1

$$X_1 = 10,449.54 + 3,188.36 \times \cos 246^\circ\ 21'\ 19.7'' = 9,170.81\ \text{m}$$

$$Y_1 = 15,456.83 + 3,188.36 \times \sin 246^\circ\ 21'\ 19.7'' = 12,536.13\ \text{m}$$

연수1 ⇒ 보1

$X_2 = 13{,}933.45 + 5{,}191.51 \times \cos 203°\ 27'\ 09.1''9{,}170.81$ m

$Y_2 = 14{,}602.29 + 5{,}191.51 \times \sin 203°\ 27'\ 09.1'' = 12{,}536.13$ m

보1의 평균좌표

$X = (9{,}170.81 + 9{,}170.81) \div 2 = 9{,}170.81$ m

$Y = (12{,}536.13 + 12{,}536.13 \div 2 = 12{,}536.13$ m

나. ②삼각형에서

연수2 ⇒ 보2

$X_1 = 10{,}449.54 + 4{,}763.30 \times \cos 213°\ 34'\ 30.8'' = 6{,}480.95$ m

$Y_1 = 15{,}456.83 + 4{,}763.30 \times \sin 213°\ 34'\ 30.8'' = 12{,}822.58$ m

보1 ⇒ 보2

$X_2 = 5{,}191.51 + 2{,}705.08 \times \cos 173°\ 55'\ 17.3'' = 6{,}480.94$ m

$Y_2 = 12{,}536.13 + 2{,}705.08 \times \sin 173°\ 55'\ 17.3'' = 12{,}822.57$ m

보2의 평균좌표

$X = (6{,}480.95 + 6{,}480.94) \div 2 = 6{,}480.94$ m

$Y = (12{,}822.58 + 12{,}822.57 \div 2 = 12{,}822.58$ m

다. ③삼각형에서

연수2 ⇒ 연수3

$X_1 = 10{,}449.54 + 5{,}214.36 \times \cos 253°\ 18'\ 32.0'' = 8{,}951.91$ m

$Y_1 = 15{,}456.83 + 5{,}214.36 \times \sin 253°\ 18'\ 32.0'' = 10{,}462.17$ m

보2 ⇒ 연수3

$X_2 = 6{,}480.94 + 3{,}417.19 \times \cos 316°\ 18'\ 39.4'' = 8{,}951.91$ m

$Y_2 = 12{,}822.58 + 3{,}417.19 \times \sin 316°\ 18'\ 39.4'' = 10{,}462.18$ m

연수3의 평균좌표

$X = (8{,}951.91 + 8{,}951.91) \div 2 = 8{,}951.91$ m

$Y = (10{,}462.17 + 10{,}462.18 \div 2 = 10{,}462.18$ m

예제 1-20 정답

유심다각망 (삽입망) 조정계산부 (진수)

삼각형	점 명	각명	관측각	각규약 I	각규약 II	각규약 조정각	sinα / sinβ	Δα / Δβ	sinα' / sinβ'	α-x₁″ / β+x₁″	변규약 조정각
1	연수1	α₁	37° 13′ 48.3″	+4.3		37° 13′ 52.6″	0.605034	+39	0.605073	+10.0	37° 14′ 02.6″
	보1	β₁	42 54 16.2	+4.3		42 54 20.5	0.680794	-36	0.680758	-10.0	42 54 10.5
	연수2	γ₁	99 51 31.5	+4.3	+11.0	99 51 46.8				γ₁	99 51 46.8
		+	179 59 36.0			179 59 59.9					
		-	180 00 00.0								
			ε₁ = -24.0								
2	보1	α₂	107 33 47.0	+0.6		107 33 47.6	0.953385	-15	0.953370	+10.0	107 33 57.6
	보2	β₂	39 39 22.9	+0.6		39 39 23.5	0.638184	-37	0.638147	-10.0	39 39 13.5
	연수2	γ₂	32 46 37.3	+0.6	+11.0	32 46 48.9				γ₂	32 46 48.9
		+	179 59 47.2			180 00 00.0					
		-	180 00 00.0								
			ε₂ = -12.8								
3	보2	α₃	77 15 35.7	+5.7		77 15 41.4	0.975387	+11	0.975398	+10.0	77 15 51.4
	연수3	β₃	63 00 11.7	+5.7		63 00 17.4	0.891045	-22	0.891023	-10.0	63 00 07.4
	연수2	γ₃	39 44 06.5	+5.7	-11.0	39 44 01.2				γ₃	39 44 01.2
		+	179 59 53.9			180 00 00.0					
		-	180 00 00.0								
			ε₃ = -6.1								
4		α₄		.			.		.	.	
		β₄		.			.		.	.	
		γ₄		.	.					γ₄	
		+									
		-	180 00 00.0								
			ε₄ =								
Σγ			92 54 02.3	제1기선 l_1	3,587.18m	E_1	Π sinα · l_1	E_2	Π sinα' · l_1		
360° 또는 기지내각			92 54 34.6	제2기선 l_2	5,214.37m		2018.265181		2018.386283		
			e = -32.3				Π sinβ · l_2		Π sinβ' · l_2		
							2018.659702		2018.386091		

변장(m) $a\times\frac{\sin\alpha(\gamma)}{\sin\beta}$	방위각	종횡선좌표 X(m)	종횡선좌표 Y(m)	점 명
연수1→연수2	연수1→연수2	13,933.45	14,602.29	연수1
3,587.18	166° 13′ 06.5″	10,449.54	15,456.83	연수2
연수2→보1	연수2→보1	9,170.81	12,536.13	보1
3,188.36	246 21 19.7			
연수1→보1	연수1→보1	9,170.81	12,536.13	
5,191.51	203 27 09.1			
평	균	9,170.81	12,536.13	
연수2→보2	연수2→보2	6,480.95	12,822.58	보2
4,763.30	213 34 30.8			
보1→보2	보1→보2	6,480.94	12,822.57	
2,705.08	173 55 17.3			
평	균	6,480.94	12,822.58	
연수2→연수3	연수2→연수3	8,951.91	10,462.17	연수3
5,214.36	253 18 32.0			
보2→연수3	보2→연수3	8,951.91	10,462.18	
3,417.19	316 18 39.4			
평	균	8,951.91	10,462.18	
→	→	.	.	
.				
→	→	.	.	
.				
평	균	.	.	
연수2→연수3	연수2→연수3	8,951.91	10,462.16	연수3
5,214.37	253 18 31.9			

$\Sigma\epsilon = -30.7$

$(\text{II}) = \frac{\Sigma\epsilon - 3e}{2n} = +11.0$

$(\text{I}) = \frac{-\epsilon - (\text{II})}{3} =$ ① +4.3, ② +0.6, ③ +5.7

n : 삼각형수

$E_1 = \frac{\Pi \sin\alpha l_1}{\Pi \sin\beta l_2} - 1 = -195$

$E_2 = \frac{\Pi \sin\alpha' l_1}{\Pi \sin\beta' l_2} - 1 = 0$

$|E_1 - E_2| = 195$

Δα, Δβ = 10″차임

$x_1'' = \frac{10''\cdot E_1}{|E_1 - E_2|} = -10$

$x_2'' = \frac{10''\cdot E_2}{|E_1 - E_2|} = 0$

검 산 $= |x_1'' - x_2''| = 10''$

약 도

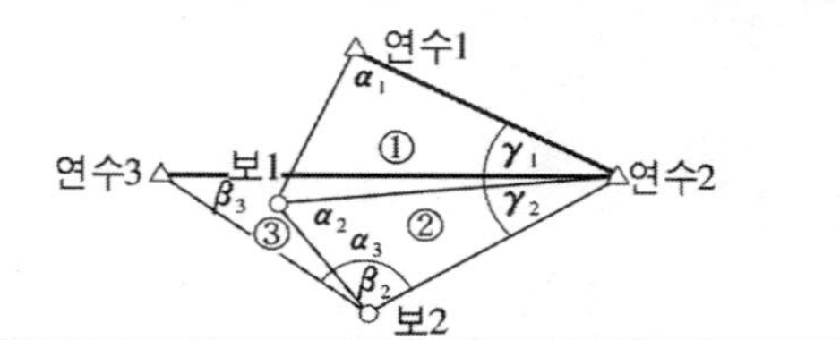

11. 유심다각망조정계산

(1) 각도방정식

그림 1-13 유심망

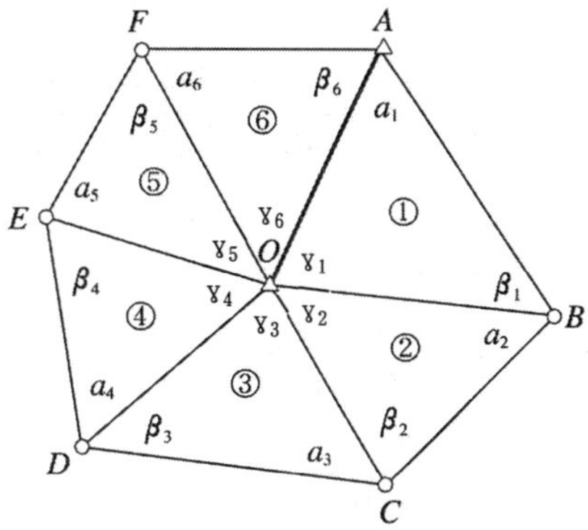

가. 각조정

㉠ 삼각규약 : 각 삼각형의 내각의 합은 180°가 되어야 한다는 조건으로 삽입망의 계산예제와 같은 방법으로 계산한다.

㉡ 망규약 : [그림 1-13] 유심망의 중심점 O에서 관측한 각의 합은 360°가 되어야 한다.

$$\gamma_1+\gamma_2+\gamma_3+\gamma_4+\gamma_5+\gamma_6=360^\circ$$

$$\gamma_1+\gamma_2+\gamma_3+\gamma_4+\gamma_5+\gamma_6-360^\circ=0$$

윗 식을 오차 수반 공식으로 고쳐쓰면 다음과 같다.

$$\gamma_1+\gamma_2+\gamma_3+\gamma_4+\gamma_5+\gamma_6-360^\circ=e$$

이를 다시 고쳐쓰면

$$\Sigma\gamma-360^\circ=e$$

㉢ 오차배부 : 삽입망의 오차배부 공식과 같다.

$$(\mathrm{II})=\frac{\Sigma\epsilon-3e}{2n}, \qquad (\mathrm{I})=\frac{-\epsilon_1-(\mathrm{II})}{3}$$

(2) 변방정식

1기지변에서 각조정이 완료된 내각에 의하여 순차적으로 소구변을 구하면 2기지변과 일치되지 않고 발생하는 오차가 변규약의 오차인데 이를 소거하는 것은 α, β각을 보정하여 일치시키는 것으로 유심다각망은 기지변이 한 개이기 때문에 계산식은 다음과 같다.

$$\frac{\sin\alpha_1 \times \sin\alpha_2 \times \sin\alpha_3 \times \sin\alpha_4 \times \sin\alpha_5 \times \sin\alpha_6}{\sin\beta_1 \times \sin\beta_2 \times \sin_3\beta \times \sin\beta_4 \times \sin\beta_5 \times \sin\beta_6} = 1$$

$$\frac{\Pi\sin\alpha}{\Pi\sin\beta} = 1$$

$$E_1 = \frac{\Pi\sin\alpha}{\Pi\sin\beta} - 1$$

$$E_2 = \frac{\Pi\sin\alpha'}{\Pi\sin\beta'} - 1$$

여기서 $\sin\alpha'$와 $\sin\beta'$는 $\sin\alpha$와 $\sin\beta$의 조정 후의 값으로 변규약에 대한 경정수는 다음의 공식으로 구한다.

$$x_1'' = \frac{10'' \times E_1}{|E_1 - E_2|}, \qquad x_2'' = \frac{10'' \times E_2}{|E_1 - E_2|}$$

$$\text{검산} = |x_1'' - x_2''| = 10''$$

(3) 변장계산

[그림 1-13]의 ①삼각형에서 sin법칙에 의하여 AO를 기지변으로 소구변 OB와 AB를 구하는 식

$$\frac{OB}{\sin\alpha_1} = \frac{AO}{\sin\beta_1} = \frac{AB}{\sin\gamma_1}$$

$$OB = \frac{\sin\alpha_1}{\sin\beta_1} \times AO, \quad AB = \frac{\sin\gamma_1}{\sin\beta_1} \times AO$$

[그림 1-13]의 ②삼각형에서 sin법칙에 의하여 OB를 기지변으로 소구변 OC와 BC를 구하는 식

$$\frac{OC}{\sin\alpha_2}=\frac{OB}{\sin\beta_2}=\frac{BC}{\sin\gamma_2}$$

$$OC=\frac{\sin\alpha_2}{\sin\beta_2}\times OB,\quad BC=\frac{\sin\gamma_2}{\sin\beta_2}\times OB$$

※ ③, ④, ⑤, ⑥삼각형도 같은 방법으로 계산한다.

(4) 방위각 및 종횡선좌표계산

가. 방위각계산

①삼각형 ⇒ A점에서 B점에 대한 방위각계산

$$V_A^B = V_A^O - \alpha_1$$

⇒ O점에서 B점에 대한 방위각계산

$$V_O^B = (V_A^O \pm 180) + \gamma_1$$

②삼각형 ⇒ B점에서 C점에 대한 방위각계산

$$V_B^C = (V_O^B \pm 180) - \alpha_2$$

⇒ O점에서 C점에 대한 방위각계산

$$V_O^C = V_O^B + \gamma_2$$

③삼각형 ⇒ C점에서 D점에 대한 방위각계산

$$V_C^D = (V_O^C \pm 180) - \alpha_3$$

⇒ O점에서 D점에 대한 방위각계산

$$V_O^D = V_O^C + \gamma 3$$

④삼각형 ⇒ D점에서 E점에 대한 방위각계산

$$V_D^E = (V_O^D \pm 180) - \alpha_4$$

⇒ O점에서 E점에 대한 방위각계산

$$V_O^E = V_O^D + \gamma_4$$

⑤삼각형 ⇒ E점에서 F점에 대한 방위각계산

$$V_E^F = (V_O^E \pm 180) - \alpha_5$$

⇒ O점에서 F점에 대한 방위각계산

$$V_O^F = V_O^E + \gamma_5$$

⑥삼각형 : 이하 생략

나. 종횡선좌표계산

①삼각형 ⇒ A점에서 B점에 대한 종횡선좌표계산

$$X_{B1}=X_A+AB\times\cos V_A^B$$

$$Y_{B1}=Y_A+AB\times\sin V_A^B$$

⇒ O점에서 B점에 대한 종횡선좌표계산

$$X_{B2}=X_O+OB\times\cos V_O^B$$

$$Y_{B2}=Y_O+OB\times\sin V_O^B$$

⇒ 두 점에서 구한 평균좌표계산

$$X_B=(X_{B1+X_B2})\div 2$$

$$Y_B=(Y_{B1+Y_B2})\div 2$$

②삼각형 ⇒ B점에서 C점에 대한 종횡선좌표계산

$$X_{C1}=X_B+BC\times\cos V_B^C$$

$$Y_{C1}=Y_B+BC\times\sin V_B^C$$

⇒ O점에서 C점에 대한 종횡선좌표계산

$$X_{C2}=X_O+OC\times\cos V_O^C$$

$$Y_{C2}=Y_O+OC\times\sin V_O^C$$

⇒ 두 점에서 구한 평균좌표계산

$$X_C=(X_{C1+X_C2})\div 2$$

$$Y_C=(Y_{C1+Y_C2})\div 2$$

③삼각형 ⇒ C점에서 D점에 대한 종횡선좌표계산

$$X_{D1}=X_C+CD\times\cos V_C^D$$

$$Y_{D1}=Y_C+CD\times\sin V_C^D$$

⇒ O점에서 D점에 대한 종횡선좌표계산

$$X_{D2}=X_O+OD\times\cos V_O^D$$

$$Y_{D2}=Y_O+OD\times\sin V_O^D$$

⇒ 두 점에서 구한 평균좌표계산

$$X_D=(X_{D1}+X_{D2})\div 2$$

$$Y_D=(Y_{D1}+Y_{D2})\div 2$$

④삼각형 : 이하 생략

예제 1 - 21 지적삼각측량을 유심다각망으로 실시하여 다음과 같은 결과를 얻었다. 주어진 서식에 의하여 소구점의 좌표를 계산하시오.

가. 기지좌표

점 명	X 좌 표	Y 좌 표
동산	464,622.87 m	197,395.42 m
남산	464,981.43 m	194,264.47 m

나. 관측내각

점명	각명	관 측 각	점명	각명	관 측 각
남산	α_1	60° 12′ 29.2″	보3	α_4	52° 01′ 38.5″
보1	β_1	65 18 45.8	보4	β_4	63 00 56.2
동산	γ_1	54 28 36.6	동산	γ_4	64 57 32.9
보1	α_2	64 42 21.3	보4	α_5	57 26 31.8
보2	β_2	55 21 58.6	보5	β_5	57 40 53.5
동산	γ_2	59 55 42.8	동산	γ_5	64 52 29.1
보2	α_3	60 30 28.2	보5	α_6	65 39 45.9
보3	β_3	60 43 41.6	남산	β_6	57 20 11.4
동산	γ_3	58 45 44.4	동산	γ_6	56 59 54.2

다. 약 도

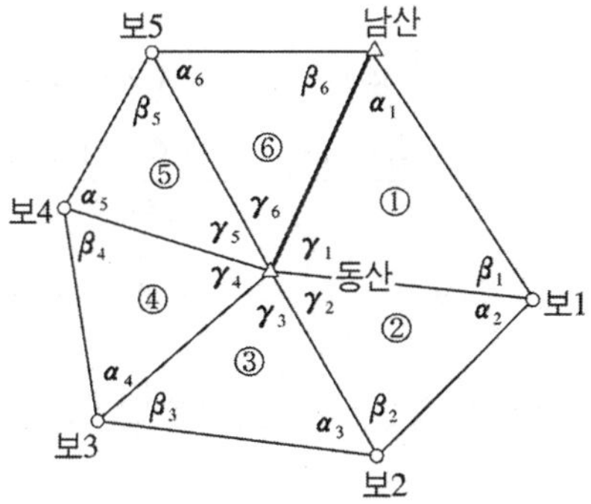

풀이 및 정답 (1) 기지점 간 거리 및 방위각계산

서식의 오른쪽 점명란에 동산과 남산의 종횡선좌표를 각각 기재하고, 동산에서 남산에 대한 거리계산 결과는 변장란에, 방위각계산결과는 방위각란에 기재한다.

가. 동산에서 남산에 대한 거리계산

$$거리=\sqrt{\Delta x^2+\Delta y^2}=\sqrt{(+358.56)^2+(-3{,}130.95)^2}=3{,}151.41\ \text{m}$$

나. 동산에서 남산에 대한 방위각계산

$$\theta=\tan^{-1}\frac{\Delta y}{\Delta x}=\tan^{-1}\frac{3{,}130.95}{358.56}=83^\circ\ 28'\ 00.8''(4상한)$$

$$V_b^a\theta=360^\circ-83^\circ\ 28'\ 0.08''=276^\circ\ 31'\ 59.2''$$

(2) 각조정(삼각규약, 망규약)

각 삼각형의 내각을 합하여 180°와의 차(ϵ_n)를 산출한다.

$\epsilon_1=-8.4''$, $\epsilon_2=+2.7''$, $\epsilon_3=-5.8''$

$\epsilon_4=+7.6''$, $\epsilon_5=-5.6''$, $\epsilon_6=-8.5''$

중심각은 기지내각(360°)과 같아야 하므로 γ각을 합산(Σr)한 것이 360°이므로 기지각오차(e)는 0이 되며, 각 삼각형의 내각오차의 합($\Sigma\epsilon$)을 구하여 (Ⅱ)와 (Ⅰ)을 계산한다.

$$\Sigma\epsilon=-8.4+2.7-5.8+7.6-5.6-8.5=-18.0''$$

$$(\text{II})=\frac{\Sigma\epsilon-3e}{2n}=\frac{-18.0-(3\times0)}{2\times6}=-1.5''$$

$$(\text{I})=\frac{-\epsilon-(\text{II})}{3}=\ 식에\ 의하여$$

①삼각형 : $(\text{I})=\dfrac{+8.4+1.5}{3}=+3.3''$

②삼각형 : $(\text{I})=\dfrac{-2.7+1.5}{3}=-0.4''$

③삼각형 : $(\text{I})=\dfrac{+5.8+1.5}{3}=+2.4''$

④삼각형 : (Ⅰ)= $\frac{-7.6+1.5}{3}$ =−2.0″

⑤삼각형 : (Ⅰ)= $\frac{+5.6+1.5}{3}$ =+2.4″

⑥삼각형 : (Ⅰ)= $\frac{+8.5+1.5}{3}$ =+3.3″

계산부에서 (Ⅱ)의 값은 각 삼각형의 γ각에 보정하고 (Ⅰ)의 값은 각 삼각형의 α, β, γ각에 배부할 보정값이다.

따라서 계산부의 (Ⅱ)란에는 삼각형 모두 동일하게 −1.5″를 배부하고, (Ⅰ)란의 ①삼각형에는 +3.3″

②삼각형에는 −0.4″

③삼각형에는 +2.4″

④삼각형에는 −2.0″

⑤삼각형에는 +2.4″

⑥삼각형에는 +3.3″를 배부한다.

결국 각 삼각형의 (Ⅰ)과 (Ⅱ)의 배부수의 합은 삼각형 내각오차의 반대부호의 수와 일치하여야 한다. 그러나 때로는 계산과정의 단수처리로 인하여 ±0.1″정도의 오차를 가지게 된다. 이 경우 0.1″의 오차는 다음 계산에 지장을 주지 않기 때문에 무시하여도 되지만 조정 후의 오차를 0으로 하기 위해서는 0.1″에 대한 오차처리는 90°에 가장 가까운 각에 배부한다.

따라서 각규약에 의한 조정각의 합은 모든 삼각형에서 180°가 되어야 하지만, 0.1″에 대한 오차처리를 하지 않았을 경우 때로는 180° 00′ 00.1″ 또는 179° 59′ 59.9″가 될 때도 있으나 무시하여도 계산결과에는 영향을 미치지 않는다.

(3) 변조정

가. sin값 및 초차(Δ)의 계산

①삼각형에서

$\sin\alpha_1 = 0.867844$

$\Delta\alpha_1 = \cos\ 60°\ 12'\ 32.5'' \times 48.4814 = 24$

$\sin\beta_1 = 0.908608$

$\Delta\beta_1 = \cos\ 65°\ 18'\ 49.1'' \times 48.4814 = 20$

②삼각형에서

$\sin\alpha_2 = 0.904126$

$\Delta\alpha_2 = \cos\ 64°\ 42'\ 20.9'' \times 48.4814 = 21$

$\sin\beta_2 = 0.822801$

$\Delta\beta_2 = \cos\ 55°\ 21'\ 58.2'' \times 48.4814 = 28$

※ ③, ④, ⑤, ⑥삼각형도 동일한 방법으로 계산하여 기재한다.

나. E_1의 계산

$$E_1 = \frac{0.867844 \times 0.904126 \times 0.870429 \times 0.788299 \times 0.842855 \times 0.911142}{0.908608 \times 0.822801 \times 0.872316 \times 0.891126 \times 0.845096 \times 0.841863} - 1$$

$= +5\ (+0.000005)$

여기서 E_1의 값이 +임으로 sinα값이 큼을 알 수 있다.

따라서 $\sin\alpha$는 −하고, $\sin\beta$는 +로 하여야 오차가 소거되므로 초차(Δ)를 $-\Delta\alpha$, $+\Delta\beta$로 하여 $\sin\alpha'$, $\sin\beta'$를 계산한다.

즉, ①삼각형에서 $\sin\alpha' = 0.867844 - 24(\Delta\alpha) = 0.867820$

$\sin\beta' = 0.908608 + 20(\Delta\beta) = 0.908628$

②삼각형에서 $\sin\alpha' = 0.904126 - 21(\Delta\alpha) = 0.904105$

$\sin\beta' = 0.822801 + 28(\Delta\beta) = 0.822829$

와 같이 계산하며, Δ는 소수점 아래 6자리수임에 유의하여야 한다.

다. E_2의 계산

각규약 조정각으로 계산한 sin값에 초차(Δ)를 더하여 $\sin\alpha'$와 $\sin\beta'$를 구하여 E_2의 값을 계산한다.

$$E_2 = \frac{0.867820 \times 0.904105 \times 0.870405 \times 0.788269 \times 0.842829 \times 0.911122}{0.908628 \times 0.822829 \times 0.872340 \times 0.891148 \times 0.845122 \times 0.841889} - 1$$

$= -336$

여기서 −336은 −0.000336으로 소수위 6자리의 수이다.

※ $|E_1 - E_2| = |+5-(-336)| = 341$

라. x''의 계산

$$x_1'' = \frac{10'' \times E_1}{|E_1 - E_2|} = \frac{10 \times 5}{341} = +0.1''$$

$$x_2'' = \frac{10'' \times E_2}{| E_1 - E_2 |} = \frac{10 \times (-336)}{341} = -9.9''$$

※ 검 산 = $| x_1'' - x_2'' | = | +0.1'' - (-9.9'') | = 10''$

마. 변조건식에 따른 각오차의 배부

①삼각형에서 $\alpha_1 = 60° \ 12' \ 32.5'' - 0.1'' = 60° \ 12' \ 32.4''$

$\beta_1 = 65° \ 18' \ 49.1'' + 0.1'' = 65° \ 18' \ 49.2''$

②삼각형에서 $\alpha_2 = 64° \ 42' \ 20.9'' - 0.1'' = 64° \ 42' \ 20.8''$

$\beta_2 = 55° \ 21' \ 58.2'' + 0.1'' = 55° \ 21' \ 58.3''$

※ ③, ④, ⑤, ⑥삼각형의 α, β도 동일한 방법으로 계산한다.

(4) 소구변장의 계산

가. sin법칙에 의한 변장의 계산

①삼각형에서

남산에서 보1 $= \frac{3{,}151.41 \times \sin 54° \ 28' \ 38.4''}{\sin 65° \ 18' \ 49.2''} = 2{,}822.88 \text{ m}$

동산에서 보1 $= \frac{3{,}151.41 \times \sin 60° \ 12' \ 32.4''}{\sin 65° \ 18' \ 49.2''} = 3{,}010.02 \text{ m}$

②삼각형에서

보1에서 보2 $= \frac{3{,}010.02 \times \sin 59° \ 55' \ 40.9''}{\sin 55° \ 21' \ 58.3''} = 3{,}165.85 \text{ m}$

보1에서 보2 $= \frac{3{,}010.02 \times \sin 64° \ 42' \ 20.8''}{\sin 55° \ 21' \ 58.3''} = 3{,}307.53 \text{ m}$

※ ③, ④, ⑤, ⑥삼각형에서도 동일한 방법으로 계산한다.

(5) 소구방위각계산

가. ①삼각형에서

$V_{\text{남산}}^{\text{보1}} = 96° \ 31' \ 59.2'' - 60° \ 12' \ 32.4'' = 36° \ 19' \ 26.8''$

$V_{\text{동산}}^{\text{보1}} = 276° \ 31' \ 59.2'' + 54° \ 28' \ 38.4'' = 331° \ 00' \ 37.6''$

나. ②삼각형에서

$V_{\text{보1}}^{\text{보2}} = 151° \ 00' \ 37.6'' - 64° \ 42' \ 20.8'' = 86° \ 18' \ 16.8''$

$V_{\text{동산}}^{\text{보2}} = 331° \ 00' \ 37.6'' + 59° \ 55' \ 40.9'' = 30° \ 56' \ 18.5''$

※ ③, ④, ⑤, ⑥삼각형에서도 동일한 방법으로 소구방위각을 산출한다.

(6) 소구점종횡선좌표계산

가. ①삼각형에서 보1의 계산

남산에서 보1

$X_1 = 464,981.43 + 2,822.88 \times \cos 36° \ 19' \ 26.8'' = 467,255.77$ m

$Y_1 = 194,264.47 + 2,822.88 \times \sin 36° \ 19' \ 26.8'' = 195,936.61$ m

동산에서 보1

$X_2 = 464,622.87 + 3,010.02 \times \cos 331° \ 00' \ 37.6'' = 467,255.76$ m

$Y_2 = 197,395.42 + 3,010.02 \times \sin 331° \ 00' \ 37.6'' = 195,936.61$ m

보1의 좌표결정

$X = (467,255.77 + 467,255.76) \div 2 = 467,255.76$ m

$Y = (195,936.61 + 195,936.61) \div 2 = 195,936.61$ m

나. ②삼각형에서 보2의 계산

보1에서 보2

$X_1 = 467,255.76 + 3,165.85 \times \cos 86° \ 18' \ 16.8'' = 467,459.80$ m

$Y_1 = 195,936.61 + 3,165.85 \times \sin 86° \ 18' \ 16.8'' = 199,095.88$ m

동산에서 보2

$X_2 = 464,622.87 + 3,307.53 \times \cos 30° \ 56' \ 18.5'' = 467,459.80$ m

$Y_2 = 197,395.42 + 3,307.53 \times \sin 30° \ 56' \ 18.5'' = 199,095.88$ m

보2의 좌표결정

$X = (467,459.80 + 467,459.80) \div 2 = 467,459.80$ m

$Y = (199,095.88 + 199,095.88) \div 2 = 199,095.88$ m

※ ③, ④, ⑤, ⑥삼각형에서도 동일한 방법으로 계산한다.

(7) 점검

최종 계산결과 동산에서 남산에 대한 변장과 방위각은 기지변과 기지방위각에 해당하므로 산출된 값과 비교하여 같아야 하며, 조정계산결과 변장에서 ±0.01m, 방위각에서 ±0.1″이내의 오차가 발생할 수도 있다.

유심다각망 (삽입망) 조정계산부 (진수)

삼각형	점명	각명	관측각	각규약 I	각규약 II	각규약 조정각	sinα sinβ	Δα Δβ	sinα′ sinβ′	α−x_1'' β+x_1''	변규약 조정각
1	남산	α_1	60° 12′ 29.2″	+3.3		60° 12′ 32.5″	0.867844	−24	0.867820	−0.1	60° 12′ 32.4″
	보1	β_1	65 18 45.8	+3.3		65 18 49.1	0.908608	+20	0.908628	+0.1	65 18 49.2
	동산	γ_1	54 28 36.6	+3.3	−1.5	54 28 38.4			γ_1		54 28 38.4
		+	179 59 51.6			180 00 00.0					
		−	180 00 00.0								
			ε_1 = −8.4								
2	보1	α_2	64 42 21.3	−0.4		64 42 20.9	0.904126	−21	0.904105	−0.1	64 42 20.8
	보2	β_2	55 21 58.6	−0.4		55 21 58.2	0.822801	+28	0.822829	+0.1	55 21 58.3
	동산	γ_2	59 55 42.8	−0.4	−1.5	59 55 40.9			γ_2		59 55 40.9
		+	180 00 02.7			180 00 00.0					
		−	180 00 00.0								
			ε_2 +2.7								
3	보2	α_3	60 30 28.2	+2.4		60 30 30.6	0.870429	−24	0.870405	−0.1	60 30 30.5
	보3	β_3	60 43 41.6	+2.5		60 43 44.1	0.872316	+24	0.872340	+0.1	60 43 44.2
	동산	γ_3	58 45 44.4	+2.4	−1.5	58 45 45.3			γ_3		58 45 45.3
		+	179 59 54.2			180 00 00.0					
		−	180 00 00.0								
			ε_3 = −5.8								
4	보3	ρ_4	52 01 38.5	−2.0		52 01 36.5	0.788299	−30	0.788269	−0.1	52 01 36.4
	보4	β_4	63 00 56.2	−2.0		63 00 54.2	0.891126	+22	0.891148	+0.1	63 00 54.3
	동산	γ_4	64 57 32.9	−2.0	−1.5	64 57 29.3			γ_4		64 57 29.3
		+	180 00 07.6			180 00 00.0					
		−	180 00 00.0								
			ε_3 = +7.6								
5	보4	α_5	57 26 31.8	+2.4		57 26 34.2	0.842855	−26	0.842829	−0.1	57 26 34.1
	보5	β_5	57 40 53.5	+2.4		57 40 55.9	0.845096	+26	0.845122	+0.1	57 40 56.0
	동산	γ_5	64 52 29.1	+2.4	−1.5	64 52 29.9			γ_5		64 52 29.9
		+	179 59 54.4			180 00 00.0					
		−	180 00 00.0								
			ε_3 = −5.6								
6	보5	α_6	65 39 45.9	+3.4		65 39 49.3	0.911142	−20	0.911122	−0.1	65 39 49.2
	남산	β_6	57 20 11.4	+3.3		57 20 14.7	0.841863	+26	0.841889	+0.1	57 20 14.8
	동산	γ_6	56 59 54.2	+3.3	−1.5	56 59 56.0			γ_6		56 59 56.0
		+	179 59 51.5			180 00 00.0					
		−	180 00 00.0								
			ε_4 = −8.5								

Σγ	360 00 00.0	제1기선 l_1	. m	E_1	Πsinα · l_1	E_2	Πsinα′ · l_1
360° 또는 기지내각	360 00 00.0	제2기선 l_2	. m		0.413460		0.413390
	e = 0.0	°			Πsinβ · l_2		Πsinβ′ · l_2
					0.413458		0.413529

변장(m) $a\times\frac{\sin\alpha(\gamma)}{\sin\beta}$	방위각	종횡선좌표 X(m)	종횡선좌표 Y(m)	점명
동산→남산	동산→남산	464,622.87	197,395.42	동산
3,151.41	276° 31′ 59.2″	464,981.43	194,264.47	남산
남산→보1 2,822.88	남산→보1 36 19 26.8	467,255.77	195,936.61	보1
동산→보1 3,010.02	동산→보1 331 00 37.6	467,255.76	195,936.61	
평균		467,255.76	195,936.61	
보1→보2 3,165.85	보1→보2 86 18 16.8	467,459.80	199,095.88	보2
동산→보2 3,307.53	동산→보2 30 56 18.5	467,459.80	199,095.88	
평균		467,459.80	199,095.88	
보2→보3 3,241.97	보2→보3 150 25 48.0	464,640.09	200,695.75	보3
동산→보3 3,300.37	동산→보3 89 42 03.8	464,640.09	200,695.75	
평균		464,640.09	200,695.75	
보3→보4 3,355.45	보3→보4 217 40 27.4	461,984.26	198,644.99	보4
동산→보4 2,919.54	동산→보4 154 39 33.1	461,984.25	198,644.99	
평균		461,984.26	198,644.99	
보4→보5 3,127.81	보4→보5 277 12 59.0	462,377.17	195,541.96	보5
동산→보5 2,911.80	동산→보5 219 32 03.0	462,377.16	195,541.95	
평균		462,377.16	195,541.96	
보5→남산 2,900.72	보5→남산 333 52 13.8	464,981.43	194,264.48	남산
동산→남산 3,151.42	동산→남산 276 31 59.0	464,981.43	194,264.46	
평균		464,981.43	194,264.47	
동산→남산 3,151.41	동산→남산 276 31 59.2	464,981.43	194,264.47	남산

$\Sigma\epsilon = -18.0$

$(\text{II}) = \frac{\Sigma\epsilon - 3e}{2n} = -1.5$

$(\text{I}) = \frac{-\epsilon - (\text{II})}{3} =$ ①+3.3, ②−0.4, ③+2.4, ④−2.0, ⑤+2.4, ⑥+3.3

n : 삼각형수

$E_1 = \frac{\Pi\sin\alpha l_1}{\Pi\sin\beta l_2} - 1 = +5$

$E_2 = \frac{\Pi\sin\alpha' l_1}{\Pi\sin\beta' l_2} - 1 = -336$

$|E_1 - E_2| = 341$

$\Delta\alpha$, $\Delta\beta$ = 10″차임

$x_1'' = \frac{10''\cdot E_1}{|E_1 - E_2|} = +0.1$

$x_2'' = \frac{10''\cdot E_2}{|E_1 - E_2|} = -9.9$

검산 $= |x_1'' - x_2''| = 10''$

약도

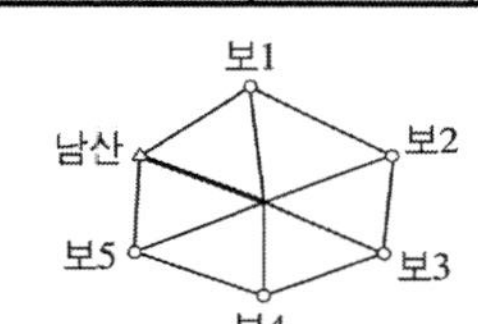

예제 1 - 22 지적삼각측량을 유심다각망으로 실시하여 다음과 같은 결과를 얻었다. 주어진 서식에 의하여 소구점의 좌표를 계산하시오.

가. 기지좌표

점 명	X 좌 표	Y 좌 표
성산	525,356.35 m	259,002.26 m
매봉	524,462.36 m	257,882.33 m

나. 관측내각

점명	각명	관 측 각	점명	각명	관 측 각
성산	α_1	30° 05′ 13.8″	보2	α_3	56° 18′ 33.0″
매봉	β_1	58 47 18.8	보3	β_3	32 34 06.0
보1	γ_1	91 07 21.8	보1	γ_3	91 07 25.8
매봉	α_2	39 56 57.5	보3	α_4	53 58 26.2
보2	β_2	51 10 30.8	성산	β_4	37 08 58.2
보1	γ_2	88 52 38.9	보1	γ_4	88 52 28.0

다. 약 도

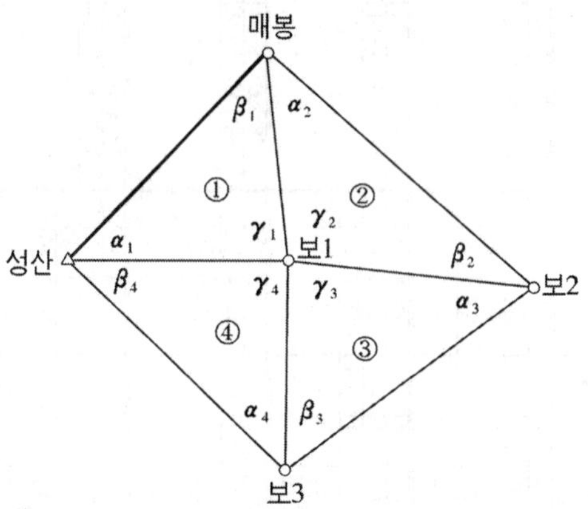

예제 1-22 정답

유심다각망 (삽입망) 조정계산부 (진수)

삼각형	점명	각명	관측각	각규약 I	각규약 II	각규약 조정각	sinα / sinβ	Δα / Δβ	sinα′ / sinβ′	β−x_1'' / β+x_1''	변규약 조정각
1	성산	α1	30° 05′ 13.8″	+1.2		30° 05′ 15.0″	0.501322	−42	0.501280	−1.0	30° 05′ 14.0″
	매봉	β1	58 47 18.8	+1.2		58 47 20.0	0.855264	+25	0.855289	+1.0	58 47 21.0
	보1	γ1	91 07 21.8	+1.3	+1.9	91 07 24.9				γ1	91 07 24.9
		+	179 59 54.4			179 59 59.9					
		−	180 00 00.0								
			ε1 = −5.6								
2	매봉	α2	39 56 57.5	−3.0		39 56 54.5	0.642098	−37	0.642061	−1.0	39 56 53.5
	보2	β2	51 10 30.8	−3.0		51 10 27.8	0.779058	+30	0.779088	+1.0	51 10 28.8
	보1	γ2	88 52 38.9	−3.1	+1.9	88 52 37.8				γ2	88 52 37.8
		+	180 00 07.2			180 00 00.1					
		−	180 00 00.0								
			ε2 = +7.2								
3	보2	α3	56 18 33.0	−2.2		56 18 30.8	0.832037	−27	0.832010	−1.0	56 18 29.8
	보3	β3	32 34 06.0	−2.2		32 34 03.8	0.538296	+41	0.538337	+1.0	32 34 04.8
	보1	γ3	91 07 25.8	−2.3	+1.9	91 07 25.5				γ3	91 07 25.5
		+	180 00 04.8			180 00 00.1					
		−	180 00 00.0								
			ε3 = +4.8								
4	보3	α4	53 58 26.2	+1.9		53 58 28.1	0.808755	−29	0.808726	−1.0	53 58 27.1
	성산	β4	37 08 58.2	+1.9		37 09 00.1	0.603904	+39	0.603943	+1.0	37 09 01.1
	보1	γ4	88 52 28.0	+1.9	+1.9	88 52 31.8				γ4	88 52 31.8
		+	179 59 52.4			180 00 00.0					
		−	180 00 00.0								
			ε4 = −7.6								
Σγ			359 59 54.5	제1기선 l_1		. m	Πsinα · l_1	E_1	Πsinα′ · l_1	E_2	
360° 또는 기지내각			360 00 00.0	제2기선 l_2		. m	0.2166096		0.2165642		
			e = −5.5				Πsinβ · l_2		Πsinβ′ · l_2		
							0.2166003		0.2166455		

변장(m) $a\times\frac{\sin\alpha(\gamma)}{\sin\beta}$	방위각	종횡선좌표 X(m)	종횡선좌표 Y(m)	점명
성산→매봉	성산→매봉	525,356.35	259,002.26	성산
1,432.99	231° 24′ 04.3″	524,462.36	257,882.33	매봉
매봉→보1	매봉→보1	525,174.91	257,789.94	보1
718.52	352 36 43.3			
성산→보1	성산→보1	525,174.92	257,789.94	
1,225.82	261 29 18.3			
평균		525,174.92	257,789.94	
보1→보2	보1→보2	525,087.28	257,204.26	보2
592.20	261 29 21.1			
매봉→보2	매봉→보2	525,087.27	257,204.26	
922.11	312 39 49.8			
평균		525,087.28	257,204.26	
보1→보3	보1→보3	526,082.67	257,672.25	보3
915.35	352 36 46.6			
보2→보3	보2→보3	526,082.67	257,672.25	
1,099.92	25 10 51.3			
평균		526,082.67	257,672.25	
보1→성산	보1→성산	525,356.35	259,002.27	성산
1,225.83	81 29 18.4			
보3→성산	보3→성산	525,356.35	259,002.27	
1,515.42	118 38 19.5			
평균		525,356.35	259,002.27	
매봉→성산	매봉→성산	525,356.35	259,002.26	성산
1,432.99	51 24 04.3			

$\Sigma\epsilon = -1.2$

$(\mathrm{II}) = \frac{\Sigma\epsilon - 3e}{2n} = +1.9$

$(\mathrm{I}) = \frac{-\epsilon - (\mathrm{II})}{3} =$ ① +1.2 ② −3.0 ③ −2.2 ④ +1.9

n : 삼각형수

$E_1 = \frac{\Pi\sin\alpha l_1}{\Pi\sin\beta l_2} - 1 = +43$

$E_2 = \frac{\Pi\sin\alpha' l_1}{\Pi\sin\beta' l_2} - 1 = -375$

$|E_1 - E_2| = 418$

Δα, Δβ = 10″차임

$x_1'' = \frac{10''\cdot E_1}{|E_1 - E_2|} = +1.0$

$x_2'' = \frac{10''\cdot E_2}{|E_1 - E_2|} = -9.0$

검산 = $|x_1'' - x_2''| = 10''$

약도

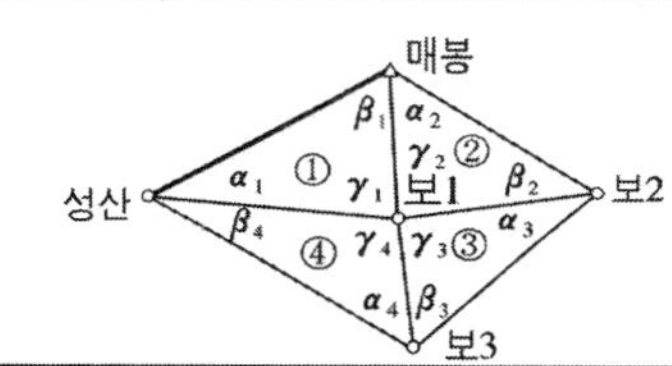

예제 1 - 23 **지적삼각측량을 유심다각망으로 실시하여 다음과 같은 결과를 얻었다. 주어진 서식에 의하여 소구점의 좌표를 계산하시오.**

가. 기지좌표

점 명	X	Y
망산	464,981.83 m	214,264.47 m
태봉	464,622.87 m	217,395.42 m

나. 관측내각

점명	각명	관 측 각	점명	각명	관 측 각
망산	α_1	50° 37′ 57.8″	보2	α_3	54° 13′ 10.2″
보1	β_1	89 38 22.0	보3	β_3	36 08 38.9
태봉	γ_1	39 43 45.9	보1	γ_3	89 38 12.9
태봉	α_2	37 28 49.8	보3	α_4	37 49 11.5
보2	β_2	52 09 22.6	망산	β_4	51 49 09.8
보1	γ_2	90 21 45.1	보1	γ_4	90 21 42.5

다. 약 도

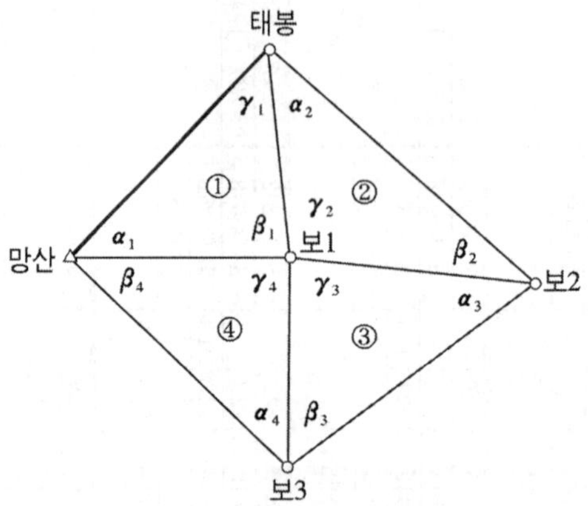

예제 1-23 정답

유심다각망(삽입망) 조정계산부(진수)

삼각형	점 명	각명	관측각	각규약 I	각규약 II	각규약 조정각	sinα / sinβ	Δα / Δβ	sinα′ / sinβ′	α−x₁″ / β+x₁″	변규약 조정각	변장(m) $a\times\frac{\sin\alpha(\gamma)}{\sin\beta}$	방위각	종횡선좌표 X(m)	종횡선좌표 Y(m)	점 명
												망산→태봉	망산→태봉	464,981.83	214,264.47	망산
												3,151.46	96° 32′ 25.2″	464,622.87	217,395.42	태봉
1	망산	α_1	50° 37′ 57.8″	-2.0		50° 37′ 55.8″	0.773090	+31	0.773121	+0.2	50° 37′ 56.0″	망산→보1	망산→보1	463,289.19	215,356.45	보1
	태봉	γ_1	39 43 45.9	-2.0		39 43 43.9	0.639155	-37	0.639118	-0.2	39 43 43.7	2,014.31	147 10 21.2			
	보1	β_1	89 38 22.0	-1.9	+0.2	89 38 20.3			γ_1		89 38 20.3	태봉→보1	태봉→보1	463,289.19	215,356.45	
		+	180 00 05.7			180 00 00.0						2,436.41	236 48 41.5			
		−	180 00 00.0									평	균	463,289.19	215,356.45	
			ε_1 = +5.7													
2	태봉	α_2	37 28 49.8	+0.8		37 28 50.6	0.608494	+38	0.608532	+0.2	37 28 50.8	태봉→보2	태봉→보2	461,711.58	216,374.15	보2
	보2	β_2	52 09 22.6	+0.8		52 09 23.4	0.789689	-30	0.789659	-0.2	52 09 23.2	3,085.22	199 19 50.5			
	보1	γ_2	90 21 45.1	+0.7	+0.2	90 21 46.0			γ_2		90 21 46.0	보1→보2	보1→보2	461,711.58	216,374.15	
		+	179 59 57.5			180 00 00.0						1,877.38	147 10 27.3			
		−	180 00 00.0									평	균	461,711.58	216,374.15	
			ε_2 = -2.5													
3	보2	α_3	54 13 10.2	-0.7		54 13 09.4	0.811261	+28	0.811289	+0.2	54 13 09.6	보2→보3	보2→보3	461,875.66	213,195.45	보3
	보3	β_3	36 08 38.9	-0.7		36 08 38.2	0.589816	-39	0.589777	-0.2	36 08 38.0	3,182.93	272 57 17.7			
	보1	γ_3	89 38 12.9	-0.7	+0.2	89 38 12.4			γ_3		89 38 12.4	보1→보3	보1→보3	461,875.67	213,195.45	
		+	180 00 02.0			180 00 00.0						2,582.24	236 48 39.7			
		−	180 00 00.0									평	균	461,875.66	213,195.45	
			ε_3 = +2.0													
4	보3	α_4	37 49 11.5	-1.3		37 49 10.2	0.613176	+38	0.613214	+0.2	37 49 10.4	보3→망산	보3→망산	464,981.82	214,264.47	망산
	망산	β_4	51 49 09.8	-1.3		51 49 08.4	0.786062	-30	0.786032	-0.2	51 49 08.2	3,284.97	18 59 29.3			
	보1	γ_4	90 21 42.5	-1.3	+0.2	90 21 41.4			γ_4		90 21 41.4	보1→망산	보1→망산	464,981.82	214,264.47	
		+	180 00 03.8			180 00 00.0						2,014.31	327 10 21.0			
		−	180 00 00.0									평	균	464,981.82	214,264.47	
			ε_4 = +3.8													
$\Sigma\gamma$			360 00 02.5	제1기선 l_1	. m	E_1	Π sinα · l_1	E_2	Π sinα′ · l_1			망산→태봉	망산→태봉	464,981.83	214,264.47	망산
360° 또는 기지내각			360 00 00.0	제2기선 l_2	. m		0.234009		0.234055							
			e = +2.5				Π sinβ · l_2		Π sinβ′ · l_2			3,151.46	96 32 25.2			
							0.234011		0.233964							

$\Sigma\epsilon = +9.0$

$(\text{II}) = \frac{\Sigma\epsilon - 3e}{2n} = +0.2$

$(\text{I}) = \frac{-\epsilon - (\text{II})}{3} =$ ① -2.0 ② +0.8 ③ -0.7 ④ -1.3

n : 삼각형수

$E_1 = \frac{\Pi \sin\alpha l_1}{\Pi \sin\beta l_2} - 1 = -9$

$E_2 = \frac{\Pi \sin\alpha' l_1}{\Pi \sin\beta' l_2} - 1 = +389$

$|E_1 - E_2| = 398$

$\Delta\alpha,\ \Delta\beta$ = 10″차임

$x_1'' = \frac{10'' \cdot E_1}{|E_1 - E_2|} = -0.2$

$x_2'' = \frac{10'' \cdot E_2}{|E_1 - E_2|} = +9.8$

검산 = $|x_1'' - x_2''| = 10''$

약 도

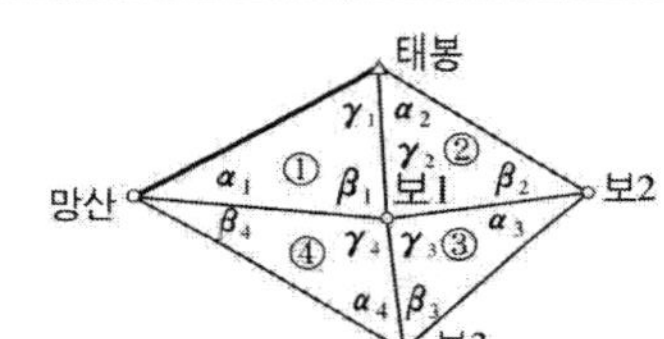

12. 사각망조정계산

(1) 각도방정식

그림 1-14 사각망

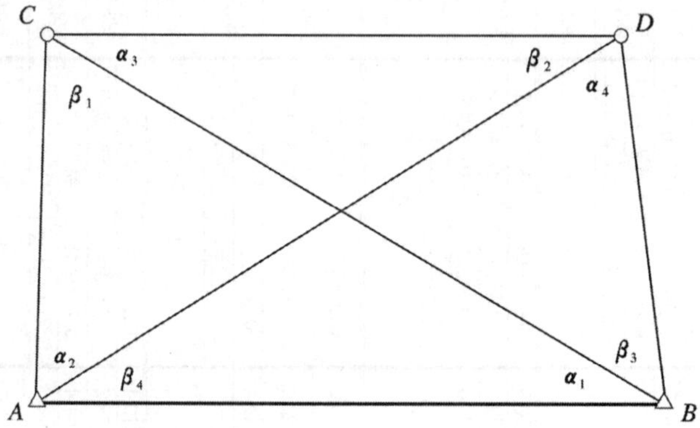

① 각조정은 망규약과 삼각규약의 조건을 조정하는 것으로 [그림 1-14]에서 각 $\alpha_1+\beta_1+\alpha_2+\beta_2+\alpha_3+\beta_3+\alpha_4+\beta_4$의 합이 360°와 같아야 하고 모든 삼각형도 내각의 합이 180°가 되어야 한다.

② 사각형 내각의 합은 $(n-2)\times 180°$이므로 사각망은 360°가 된다. 그러나 오차 ε가 생기게 되므로 오차공식으로 나타내면

$$\alpha_1+\beta_1+\alpha_2+\beta_2+\alpha_3+\beta_3+\alpha_4+\beta_4-360°=\epsilon$$

$$\epsilon=-\frac{\epsilon}{8}$$

각오차는 8개의 관측각에 각각 균등하게 배부한다.

③ 각규약 조정값의 합계가 단수처리 관계로 각오차와 같지 않을 때에는 90°에 가까운 각에 0.1초를 가감한다. 이유는 삼각측량은 sin법칙을 적용하여 거리와 종·횡선차를 구하므로 sin함수곡선의 기울기가 90° 근처에서 가장 적어 계산결과에 가장 적게 영향을 미치기 때문이다.

④ 또한 $\beta_4+\alpha_1=\beta_2+\alpha_3$, $\beta_1+\alpha_2=\beta_3+\alpha_4$가 되어야 하며, 이 때 작은 오차 e_1, e_2가 생긴다. 이것을 오차공식으로 나타내면

$$(\alpha_1+\beta_4)-(\alpha_3+\beta_2)=e_1$$
$$(\alpha_2+\beta_1)-(\alpha_4+\beta_3)=e_2$$

여기서 발생한 오차 e_1과 e_2의 계산에 사용된 각이 각각 4개이므로 오차 배부는 $\frac{e_1}{4}$과 $\frac{e_2}{4}$가 된다. 따라서

e_1이 −일 경우α_1와 β_4에는 +로, α_3와 β_2에는 −로

e_1이 +일 경우α_1와 β_4에는 −로, α_3와 β_2에는 +로 배부하고,

e_2가 −일 경우α_2와 β_1에는 +로, α_4와 β_3에는 −로

e_2가 +일 경우α_2와 β_1에는 −로, α_4와 β_3에는 +로 배부한다.

(2) 변방정식

가. E1 의 계산

기지변 AB를 이용하여 각 삼각형의 측선을 계산하면 어느 방향으로 계산하여도 동일한 결과값 AB가 구하여져야 한다.

[그림 1-14]의 $\triangle ABC$에 있어서

$$\frac{AB}{\sin\beta_1}=\frac{AC}{\sin\alpha_1} \qquad \therefore\ AC=\frac{AB\times\sin\alpha_1}{\sin\beta_1}$$

$\triangle ACD$에 있어서

$$CD=\frac{AC\times\sin\alpha_2}{\sin\beta_2}=\frac{AB\times\sin\alpha_1\times\sin\alpha_2}{\sin\beta_1\times\sin\beta_2}$$

$\triangle CDB$에 있어서

$$DB=\frac{CD\times\sin\alpha_3}{\sin\beta_3}=\frac{AB\times\sin\alpha_1\times\sin\alpha_2\times\sin\alpha_3}{\sin\beta_1\times\sin\beta_2\times\sin\beta_3}$$

$\triangle DBA$에 있어서

$$AB=\frac{DB\times\sin\alpha_4}{\sin\beta_4}=\frac{AB\times\sin\alpha_1\times\sin\alpha_2\times\sin\alpha_3\times\sin\alpha_4}{\sin\beta_1\times\sin\beta_2\times\sin\beta_3\times\sin\beta_4}$$

$$\therefore\ \frac{\sin\alpha_1\times\sin\alpha_2\times\sin\alpha_3\times\sin\alpha_4}{\sin\beta_1\times\sin\beta_2\times\sin\beta_3\times\sin\beta_4}=\frac{AB}{AB}$$

$\frac{\Pi\sin\alpha}{\Pi\sin\beta}=1$ 따라서 $\frac{\Pi\sin\alpha}{\Pi\sin\beta}-1=E_1$이 된다.

위 공식을 계산하기 위하여 각각의 sin값을 계산한 후 변규약의 sin란에 기입한 후 sinα, sinβ의 값을 모두 곱하여 E_1을 구한다.

나. E_2의 계산

sin값의 초차 Δ는 sinα와 sinβ에 대한 변규약경정수 등을 산출하기 위한 sin1″에 대한 변화량으로서 sin1″값이 미소하므로 10″에 대한 값으로 계산한다.

$$\Delta = (\sin 10'' \times 10^6) \times \cos\alpha(\text{또는 } \beta)$$
$$= 48.4814 \times \cos\alpha(\text{또는 } \beta)$$

다. $\Delta\alpha$와 $\Delta\beta$의 부호

Πsinα 〉 Πsinβ 이면, E_1의 값은 +인데 이 경우에는 sinα에는 $-\Delta\alpha$, sinβ에는 $+\Delta\beta$를 Πsinα 〈Πsinβ 이면, E_1의 값은 −인데 이 경우에는 sinα에는 $+\Delta\alpha$, sinβ에는 $-\Delta\beta$로 해서 초차(Δ)를 합산한다.

그러나 α 또는 β값이 90° 이상이 되는 경우에는 $\Delta\alpha$ 또는 $\Delta\beta$값의 부호가 −가 되므로 부호의 적용에 주의를 하여야 한다.

라. sinα와 sinβ값에 $\Delta\alpha$와 $\Delta\beta$값을 더하여 sinα'와 sinβ'를 구한 후 이 값을 모두 곱하여 E_2를 구한다.

$$\frac{\Pi \sin\alpha'}{\Pi \sin\beta'} - 1 = E_2$$

마. 경정수(x_1'', x_2'')의 계산 및 검산

$|E_1 - E_2|$를 분모로 하여 변규약 경정수를 계산하면

변규약 경정수 x_1은

$10'' : |E_1 - E_2| = x_1'' : E_1$ 이므로

$$x_1'' = \frac{10'' \times E_1}{|E_1 - E_2|}, \quad x_2'' = \frac{10'' \times E_2}{|E_1 - E_2|}$$

검산은 $|x_1'' - x_2''| = 10''$

(3) 변장 및 방위각계산

가. 변장계산

각 삼각형의 2변은 sin법칙을 이용해서 계산할 수 있다.

[그림 1-14]에서

$$\frac{AC}{\sin\alpha_1}=\frac{AB}{\sin\beta_1}=\frac{BC}{\sin\gamma_1}$$

$$AC=\frac{AB\times\sin\alpha_1}{\sin\beta_1} \qquad BC=\frac{AB\times\sin\gamma_1}{\sin\beta_1}$$

나. 방위각계산

두 기지점의 좌표를 이용하여 기지방위각을 계산한 후 해당되는 내각을 합산 또는 감하여 소구방향의 방위각을 구한다.

(4) 소구점의 좌표계산

가. 방위각과 거리를 이용하여 소구점의 종 · 횡선차계산

$$\Delta x=\cos V\times l \qquad \Delta y=\sin V\times l$$

나. 소구점의 종 · 횡선좌표의 계산

$$Px=A_x+\Delta x \qquad Py=A_y+\Delta y$$

즉, 소구점의 종선좌표 = 기지점의 종선좌표 + 종선차
소구점의 횡선좌표 = 기지점의 횡선좌표 + 횡선차

※ 좌표계산값의 오차는 0.01 또는 0.02 m가 넘지 않아야 하는데, 이러한 차이는 삼각형 내각의 합의 불일치 때문이다.

예제 1-24 지적삼각측량을 사각망으로 실시하여 다음과 같은 결과를 얻었다. 주어진 서식에 의하여 서울7과 서울8의 좌표를 계산하시오.

가. 기지좌표

점 명	X 좌 표	Y 좌 표
성산(A)	461,581.36 m	196,279.45 m
현봉(B)	463,738.38 m	198,087.49 m

나. 관측내각

점 명	각 명	관 측 내 각
현봉(B) 서울7(C)	α_1 β_1	50° 37′ 57.8″ 52° 09′ 22.6″
성산(A) 서울8(D)	α_2 β_2	37° 28′ 49.8″ 36° 08′ 38.9″
서울7(C) 현봉(B)	α_3 β_3	54° 13′ 10.2″ 51° 49′ 09.8″
서울8(D) 성산(A)	α_4 β_4	37° 49′ 11.5″ 39° 43′ 42.9″

다. 약 도

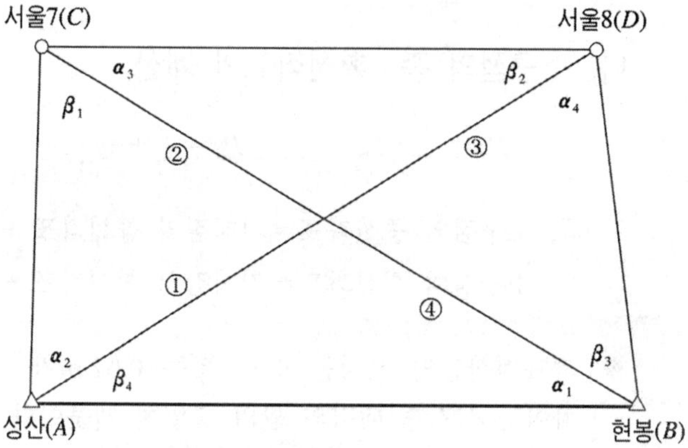

풀이 및 정답 (1) 각조정

가. $\alpha_1+\beta_1+\alpha_2+\beta_2+\alpha_3+\beta_3+\alpha_4+\beta_4-360^\circ=\epsilon$

$50^\circ\ 37'\ 57.8''+52^\circ\ 09'\ 22.6''+37^\circ\ 28'\ 49.8''+36^\circ\ 08'\ 38.9''$

$+54^\circ\ 13'\ 10.2''+51^\circ\ 49'\ 09.8''+37^\circ\ 49'\ 11.5''+39^\circ\ 43'\ 42.9''$

-360°

$=+3.5''$

$\epsilon=-\frac{\epsilon}{8}$

$=-\frac{3.5}{8}$

$=-0.4''$

나. $(\alpha_1+\beta_4)-(\alpha_3+\beta_2)=e_1$

$90^\circ\ 21'\ 40.7''-90^\circ\ 21'\ 49.1''=-8.4''$

$\frac{e_1}{4}=\frac{8.4}{4}$

$=2.1''(\alpha_1,\ \beta_4=+2.1,\ \alpha_3,\ \beta_2=-2.1)$

다. $(\alpha_2+\beta_1)-(\alpha_4+\beta_3)=e_2$

$89^\circ\ 38'\ 12.4''-89^\circ\ 38'\ 21.3''=-8.9''$

$\frac{e_2}{4}=\frac{8.9}{4}$

$=2.2''(\alpha_2,\ \beta_1=+2.2,\ \alpha_4,\ \beta_3=-2.2)$

※ 예제에서 각오차 ϵ를 α, β에 $-0.4''$씩 배부하면 $-3.2''$가 된다. 그러나 오차가 $+3.5''$이므로 $0.3''$가 적게 배부되게 되므로 90°에 가까운 β_1, α_3, β_3에 $-0.1''$씩 더하여 모두 $-3.5''$가 되도록 배부하였고, e_1에서는 α_1, β_4에 $+2.1''$를, α_3, β_2에는 $-2.1''$를 배부해야 하며 e_2에서는 α_2, β_1에 $+2.2''$를 α_4, β_3에는 $-2.2''$를 배부해야 한다.

그러나 e_1이나 e_2에서 배부된 보정량을 합산해 보면 e_1에서는 $+8.4''$가 되어 오차 $-8.4''$에 소거되나 e_2에서는 $+8.8''$가 되어 $-8.9''$에 대하여 $0.1''$가 차이가 난다. 이것은 일단 ε값을 조정한 후이므로 $0.2''$ 정도의 차이가 발생했다 하여도 후속 계산에는 지장이 없으며, ε값에서도 $0.3''$만큼의 차이를 배부하지 않고 그대로 계산을 진행하여도 계산결과에는 영향을 미치지 않는다.

(2) 변조정

가. E_1의 계산

$$E_1 = \frac{\sin\alpha_1 \times \sin\alpha_2 \times \sin\alpha_3 \times \sin\alpha_4}{\sin\beta_1 \times \sin\beta_2 \times \sin\beta_3 \times \sin\beta_4} - 1$$

$$= \frac{0.773101 \times 0.608498 \times 0.811255 \times 0.613171}{0.789692 \times 0.589809 \times 0.786058 \times 0.639158} - 1$$

$$= \frac{\Pi \sin\alpha}{\Pi \sin\beta} - 1 = \frac{0.234010}{0.234009} - 1 = +(+0.000004)$$

나. E_2의 계산

$$E_2 = \frac{\sin\alpha_1' \times \sin\alpha_2' \times \sin\alpha_3' \times \sin\alpha_4'}{\sin\beta_1' \times \sin\beta_2' \times \sin\beta_3' \times \sin\beta_4'} - 1$$

$$= \frac{0.773070 \times 0.608460 \times 0.811227 \times 0.613133}{0.789722 \times 0.589848 \times 0.786088 \times 0.639195} - 1$$

$$= \frac{\Pi \sin\alpha'}{\Pi \sin\beta'} - 1 = \frac{0.233963}{0.234056} - 1 = -397 \ (-0.000397)$$

$$| E_1 - E_2 | = | +4 - (-397) | = 401$$

다. 경정수(x_1'', x_2'')의 계산 및 검산

$$x_1'' = \frac{10'' \times E_1}{| E_1 - E_2 |} = \frac{10'' \times 4}{401} = +0.1$$

$$x_2'' = \frac{10'' \times E_2}{| E_1 - E_2 |} = \frac{10'' \times -397}{401} = -9.9$$

검산은 $| +0.1 - (-9.9) | = 10''$

(3) 변장계산

성산$=A$, 현봉$=B$, 서울7$=C$, 서울8$=D$

$$AC = \frac{AB \times \sin\alpha_1}{\sin\beta_1} = 2{,}755.43 \text{ m} \qquad BC = \frac{AB \times \sin\gamma_1}{\sin\beta_1} = 3{,}475.69 \text{ m}$$

$$CD = \frac{AC \times \sin\alpha_2}{\sin\beta_2} = 2{,}842.74 \text{ m} \qquad AD = \frac{AC \times \sin\gamma_2}{\sin\beta_2} = 4{,}482.22 \text{ m}$$

$$DB = \frac{CD \times \sin\alpha_3}{\sin\beta_3} = 2{,}933.86 \text{ m} \qquad CB = \frac{CD \times \sin\gamma_3}{\sin\beta_3} = 3{,}475.70 \text{ m}$$

$$BA = \frac{DB \times \sin\alpha_4}{\sin\beta_4} = 2{,}814.57 \text{ m} \qquad DA = \frac{DB \times \sin\gamma_4}{\sin\beta_4} = 4{,}482.22 \text{ m}$$

(4) 방위각계산

가. 기지점의 방위각 및 거리계산

$$V_A^B = \tan^{-1}\frac{\Delta y}{\Delta x} = \tan^{-1}\frac{+1,818.04}{+2,157.02} = 39° \ 58' \ 12.5''$$

$$AB = \sqrt{\Delta x^2 + \Delta y^2} = \sqrt{2,157.02^2 + 1,808.04^2} = 2,814.56 \text{ m}$$

나. 각변에 대한 방위각계산

$$V_A^C = V_A^B - (\alpha_2 + \beta_4)$$

$$= 39° \ 58' \ 12.5'' - 77° \ 12' \ 36.2'' = 322° \ 45' \ 36.3''$$

$$V_B^C = (V_A^B \pm 180) + \alpha_1$$

$$= 39° \ 58' \ 12.5'' + 180 + 50° \ 37' \ 59.4'' = 270° \ 36' \ 11.9''$$

$$V_C^D = (V_A^C \pm 180) - (\beta_1 + \alpha_3)$$

$$= 322° \ 45' \ 36.3'' + 180 - 106° \ 22' \ 31.9'' = 36° \ 23' \ 04.4''$$

$$V_A^D = V_A^C + \alpha_2$$

$$= 322° \ 45' \ 36.3'' + 37° \ 28' \ 51.5'' = 0° \ 14' \ 27.8''$$

$$V_C^B = V_C^D + \alpha_3$$

$$= 36° \ 23' \ 04.4'' + 54° \ 13' \ 07.5'' = 90° \ 36' \ 11.9''$$

$$V_D^B = (V_C^D + 180) - (\beta_2 + \alpha_4)$$

$$= 36° \ 23' \ 04.4'' + 180 - 73° \ 57' \ 45.3'' = 142° \ 25' \ 19.1''$$

$$V_B^A = (V_D^B \pm 180 - (\alpha_1 + \beta_3)$$

$$= 142° \ 25' \ 19.1'' + 180 - 102° \ 27' \ 06.6'' = 219° \ 58' \ 12.5''$$

$$V_D^A = V_D^B + \alpha_4$$

$$= 142° \ 25' \ 19.1'' + 37° \ 49' \ 08.8'' = 180° \ 14' \ 27.9''$$

(5) 소구점의 종횡선좌표계산

■ 소구점 종선좌표=기지점 종선좌표+종선차(Δx)

여기서, $\Delta x = \cos V \times l$

■ 소구점 횡선좌표=기지점 횡선좌표+횡선차(Δy)

여기서, $\Delta y = \sin V \times l$

가. ①삼각형에서 서울7의 좌표계산

현봉에서 서울7

$X_1 = 463{,}738.38 + 3{,}475.69 \times \cos 270° \ 36' \ 11.9''$

$= 463{,}738.38 + 36.60 = 463{,}774.98 \text{ m}$

$Y_1 = 198{,}087.49 + 3{,}475.69 \times \sin 270° \ 36' \ 11.9''$

$= 198{,}087.49 - 3{,}475.50 = 194{,}611.99 \text{ m}$

성산에서 서울7

$X_2 = 461{,}581.36 + 2{,}755.43 \times \cos 322° \ 45' \ 36.3''$

$= 461{,}581.36 + 2{,}193.62 = 463{,}774.98 \text{ m}$

$Y_2 = 196{,}279.45 + 2{,}755.43 \times \sin 322° \ 45' \ 36.3''$

$= 196{,}279.45 - 1{,}667.46 = 194{,}611.99 \text{ m}$

서울7의 좌표결정

$X = (463{,}774.98 + 463{,}774.98) \div 2 = 463{,}774.98 \text{ m}$

$Y = (194{,}611.99 + 194{,}611.99) \div 2 = 194{,}611.99 \text{ m}$

나. ②삼각형에서 서울8의 좌표계산

성산에서 서울8

$X_1 = 461{,}581.36 + 4{,}482.22 \times \cos 0° \ 14' \ 27.8''$

$= 461{,}581.36 + 4{,}482.18 = 466{,}063.54 \text{ m}$

$Y_1 = 196{,}279.45 + 4{,}482.22 \times \sin 0° \ 14' \ 27.8''$

$= 196{,}279.45 + 18.86 = 196{,}298.31 \text{ m}$

서울7에서 서울8

$X_2 = 463{,}774.98 + 2{,}842.74 \times \cos 36° \ 23' \ 04.4''$

$= 463{,}774.98 + 2{,}288.56 = 466{,}063.54 \text{ m}$

$Y_2 = 194{,}611.99 + 2{,}842.74 \times \sin 36° \ 23' \ 04.4''$

$= 194{,}611.99 + 1{,}686.32 = 196{,}298.31 \text{ m}$

서울8의 좌표결정

$X = (466,063.54 + 466,063.54) \div 2 = 466,063.54$ m

$Y = (196,298.31 + 196,298.31) \div 2 = 196,298.31$ m

다. 삼각형에서 현봉의 좌표계산

서울7에서 현봉

$X_1 = 463,774.98 + 3,475.70 \times \cos 90° \ 36' \ 11.9''$

$= 463,774.98 - 36.60 = 463,738.38$ m

$Y_1 = 194,611.99 + 3,475.70 \times \sin 90° \ 36' \ 11.9''$

$= 194,611.99 + 3,475.51 = 198,087.50$ m

서울8에서 현봉

$X_2 = 466,063.54 + 2,933.86 \times \cos 142° \ 25' \ 19.1''$

$= 466,063.54 - 2,325.15 = 463,738.39$ m

$Y_2 = 196,298.31 + 2,933.86 \times \sin 142° \ 25' \ 19.1''$

$= 196,298.31 + 1,789.19 = 198,087.50$ m

현봉의 좌표결정

$X = (463,738.38 + 463,738.39) \div 2 = 463,738.38$ m

$Y = (198,087.50 + 198,087.50) \div 2 = 198,087.50$ m

라. 삼각형에서 성산의 좌표계산

서울8에서 성산

$X_1 = 466,063.54 + 4,482.22 \times \cos 180° \ 14' \ 27.9''$

$= 466,063.54 - 4,482.18 = 461,581.36$ m

$Y_1 = 196,298.31 + 4,482.22 \times \sin 180° \ 14' \ 27.9''$

$= 196,298.31 - 18.86 = 196,279.45$ m

현봉에서 성산

$X_2 = 463,738.38 + 2,814.57 \times \cos 219° \ 58' \ 12.5''$

$= 463,738.38 - 2,157.03 = 461,581.35$ m

$Y_2 = 198,087.49 + 2,814.57 \times \sin 219° \ 58' \ 12.5''$

$= 198,087.49 - 1,808.05 = 196,279.44$ m

성산의 좌표결정

$X = (461,581.36 + 461,581.35) \div 2 = 461,581.36$ m

$Y = (196,279.45 + 196,279.44) \div 2 = 196,279.44$ m

예제 1-24 정답

사각망조정계산부

점명	각명	관측각	각규약 ε/8	각규약 e	각규약 조정각	sinα / sinβ	Δα / Δβ	sinα' / sinβ'	α−x_1″ / β+x_1″	변규약 조정각
현봉	α1	50° 37′ 57.8″	−0.4	+2.1	50° 37′ 59.5″	0.773101	−31	0.773070	−0.1	50° 37′ 59.4″
서울7	β1	52 09 22.6	−0.5	+2.2	52 09 24.3	0.789692	+30	0.789722	+0.1	52 09 24.4
									γ1	77 12 36.2
성산	α2	37 28 49.8	−0.4	+2.2	37 28 51.6	0.608498	−38	0.608460	−0.1	37 28 51.5
서울8	β2	36 08 38.9	−0.4	−2.1	36 08 36.4	0.589809	+39	0.589848	+0.1	36 08 36.5
									γ2	106 22 31.9
서울7	α3	54 13 10.2	−0.5	−2.1	54 13 07.6	0.811255	−28	0.811227	−0.1	54 13 07.5
현봉	β3	51 49 09.8	−0.5	−2.2	51 49 07.1	0.786058	+30	0.786088	+0.1	51 49 07.2
									γ3	73 57 45.3
서울8	α4	37 49 11.5	−0.4	−2.2	37 49 08.9	0.613171	−38	0.613133	−0.1	37 49 08.8
성산	β4	39 43 42.9	−0.4	+2.1	39 43 44.6	0.639158	+37	0.639195	+0.1	39 43 44.7
									γ4	102 27 06.6
Σα+β		360 00 03.5			360 00 00.0	Π sinα	E_2	Π sinα′		
−		360 00 00.0				0.234010		0.233963		
		ε = +3.5			E_1	Π sinβ		Π sinβ′		
		ε/8 = −0.4				0.234009		0.234056		

변장(m) $a\times\frac{\sin\alpha(\gamma)}{\sin\beta}$	방위각	종횡선좌표 X(m)	종횡선좌표 Y(m)	점명
성산→현봉	성산→현봉	461,581.36	196,279.45	성산
2,814.56	39° 58′ 12.5″	463,738.38	198,087.49	현봉
현봉→서울7	현봉→서울7	463,774.98	194,611.99	서울7
3,475.69	270 36 11.9			
성산→서울7	성산→서울7	463,774.98	194,611.99	
2,755.43	322 45 36.3			
평	균	463,774.98	194,611.99	
성산→서울8	성산→서울8	466,063.54	196,298.31	서울8
4,482.22	0 14 27.8			
서울7→서울8	서울7→서울8	466,063.54	196,298.31	
2,842.74	36 23 04.4			
평	균	466,063.54	196,298.31	
서울7→현봉	서울7→현봉	463,738.38	198,087.50	현봉
3,475.70	90 36 11.9			
서울8→현봉	서울8→현봉	463,738.39	198,087.50	
2,933.86	142 25 19.1			
평	균	463,738.38	198,087.50	
서울8→성산	서울8→성산	461,581.36	196,279.45	성산
4,482.22	180 14 27.9			
현봉→성산	현봉→성산	461,581.35	196,279.44	
2,814.57	219 58 12.5			
평	균	461,581.36	196,279.44	
현봉→성산	현봉→성산	461,581.36	196,279.45	성산
2,814.56	219 58 12.5			

$-)\frac{\alpha_1+\beta_4 = 90°\ 21'\ 40.7''}{\alpha_3+\beta_2 = 90°\ 21'\ 49.1''}$

$e_1 = -8.4 \quad \frac{e_1}{4} = -2.1 \qquad E_1 = \frac{\Pi\sin\alpha}{\Pi\sin\beta} - 1 = +4$

$-)\frac{\alpha_2+\beta_1 = 89°\ 38'\ 12.4''}{\alpha_4+\beta_3 = 89°\ 38'\ 21.3''}$

$E_2 = \frac{\Pi\sin\alpha'}{\Pi\sin\beta'} - 1 = -397$

$e_2 = -8.9 \quad \frac{e_2}{4} = -2.2 \qquad |E_1 - E_2| = 401$

Δα, Δβ = 10″차임

$x_1'' = \frac{10''\cdot E_1}{|E_1 - E_2|} = +0.1$

$x_2'' = \frac{10''\cdot E_2}{|E_1 - E_2|} = -9.9$

검산 = $|x_1'' - x_2''| = 10''$

약 도

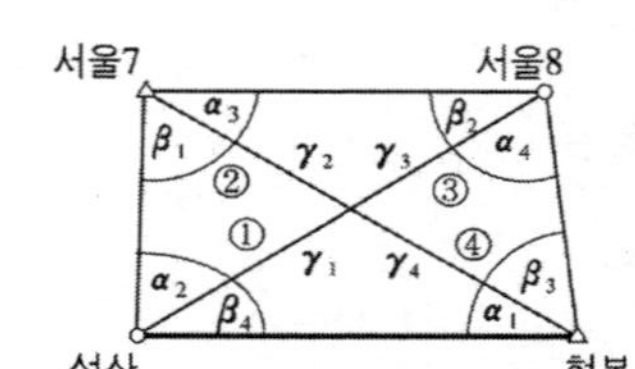

예제 1 - 25 **지적삼각보조측량을 사각망으로 실시하여 다음과 같은 결과를 얻었다. 주어진 서식에 의하여 보21과 보22의 좌표를 계산하시오.**

가. 기지좌표

점 명	X 좌 표	Y 좌 표
원78	451,234.72 m	215,236.44 m
원73	452,995.27 m	213,762.48 m

나. 관측내각

점 명	각 명	관 측 내 각
원78 원73	α_1 β_1	30° 50′ 27.7″ 37° 13′ 05.6″
보21 보22	α_2 β_2	69° 17′ 52.5″ 64° 44′ 29.8″
원73 원78	α_3 β_3	8° 44′ 38.4″ 11° 17′ 53.6″
보22 보21	α_4 β_4	95° 12′ 58.2″ 42° 38′ 40.8″

다. 약 도

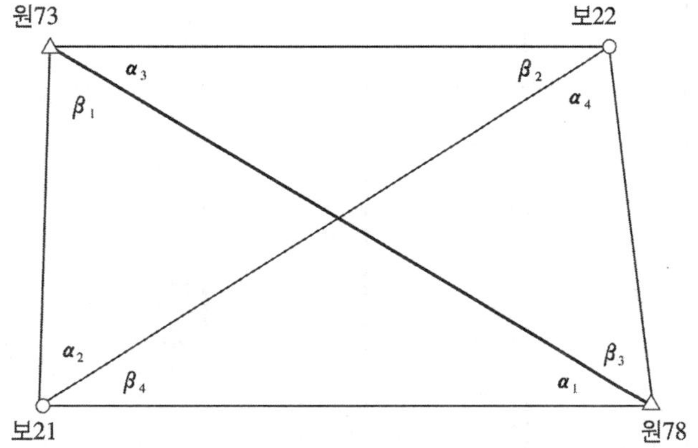

예제 1 - 25 정답

사 각 망 조 정 계 산 부

점 명	각명	관 측 각	각 규 약 ε/8	각 규 약 e	각 규 약 조 정 각	sinα sinβ	Δα Δβ	sinα′ sinβ′	α−x₁″ β+x₁″	변 규 약 조 정 각
원78	α_1	30° 50′ 27.7″	-0.8	-0.1	30° 50′ 26.8″	0.512654	+42	0.512696	+0.8	30° 50′ 27.6″
원73	β_1	37 13 05.6	-0.8	-1.6	37 13 03.2	0.604843	-39	0.604804	-0.8	37 13 02.4
									γ_1	111 56 29.9
										$a\times\frac{\sin\beta1(\alpha1)}{\sin\gamma1}$
보21	α_2	69 17 52.5	-0.9	-1.6	69 17 50.0	0.935427	+17	0.935444	+0.8	69 17 50.8
보22	β_2	64 44 29.8	-0.8	+0.1	64 44 29.1	0.904391	-21	0.904370	-0.8	64 44 28.3
									γ_2	45 57 40.9
										$a\times\frac{\sin\alpha2(\gamma2)}{\sin\beta2}$
원73	α_3	8 44 38.4	-0.8	+0.1	8 44 37.7	0.152017	+48	0.152065	+0.8	8 44 38.5
원78	β_3	11 17 53.6	-0.8	+1.6	11 17 54.4	0.195920	-48	0.195872	-0.8	11 17 53.6
									γ_3	159 57 28.0
										$a\times\frac{\sin\alpha3(\gamma3)}{\sin\beta3}$
보22	α_4	95 12 58.2	-0.9	+1.6	95 12 58.9	0.995858	-4	0.995854	+0.8	95 12 59.7
보21	β_4	42 38 40.8	-0.8	-0.1	42 38 39.9	0.677446	-36	0.677410	-0.8	42 38 39.1
									γ_4	42 08 21.2
										$a\times\frac{\sin\gamma3(\beta3)}{\sin\alpha3}$
Σα+β		360 00 06.6			360 00 00.2	Π sinα	E_2	Π sinα′		
-		360 00 00.0			E_1	0.0725979		0.0726278		
		ε = +6.6				Π sinβ		Π sinβ′		
		ε/8 = -0.8				0.0726026		0.0725746		

변장(m) $a\times\frac{\sin\alpha(\gamma)}{\sin\beta}$	방 위 각	종횡선좌표 X(m)	종횡선좌표 Y(m)	점 명
원78→원73	원78→원73	451,234.72	215,236.44	원78
2296.10	320° 03′ 48.3″	452,995.27	213,762.48	원73
원78→보21	원78→보21	+492.94	-1413.75	보21
1497.22	289 13 20.7	451,727.66	213,822.69	
원73→보21	원73→보21	-1,267.61	+60.21	
1269.04	177 16 50.7	451,727.66	213,822.69	
평	균	451,727.66	213,822.69	
원73→보22	원73→보22	-866.65	+985.81	보22
1312.59	131 19 09.8	452,128.62	214,748.29	
보21→보22	보21→보22	+400.96	+925.60	
1008.72	66 34 41.5	452,128.62	214,748.29	
평	균	452,128.62	214,748.29	
보22→원78	보22→원78	-893.90	+488.15	원78
1018.50	151 21 41.9	451,234.72	215,236.44	
원73→원78	원73→원78	-1760.54	+1,473.95	
2296.09	140 03 48.3	451,234.73	215,236.43	
평	균	451,234.72	215,236.44	
원78→원73	원78→원73	+1,760.54	-1473.95	원73
2296.09	320 03 48.3	452,995.26	213,762.49	
보22→원73	보22→원73	+866.65	-985.81	
1312.59	311 19 09.8	452,995.27	213,762.47	
평	균	452,995.26	213,762.48	
원78→원73	원78→원73	452,995.27	213,762.48	원73
2296.10	320 03 48.3			

$$-)\frac{\alpha_1+\beta_4=73°\ 29'\ 08.5''}{\alpha_3+\beta_2=73°\ 29'\ 08.2''}$$

$e_1 = +0.3$ $\frac{e_1}{4} = -0.1$ $E_1=\frac{\Pi\sin\alpha}{\Pi\sin\beta}-1= -65$

$$-)\frac{\alpha_2+\beta_1=106°\ 30'\ 58.1''}{\alpha_4+\beta_3=106°\ 30'\ 51.8''}$$

$E_2=\frac{\Pi\sin\alpha'}{\Pi\sin\beta'}-1= +733$

$e_2 = +6.3$ $\frac{e_2}{4} = -1.6$ $|E_1-E_2| = 798$

Δα, Δβ = 10″차임

$x_1''=\frac{10''\cdot E_1}{|E_1-E_2|}= -0.8$

$x_2''=\frac{10''\cdot E_2}{|E_1-E_2|}= +9.2$

검산 = $|x_1''-x_2''| = 10''$

약 도

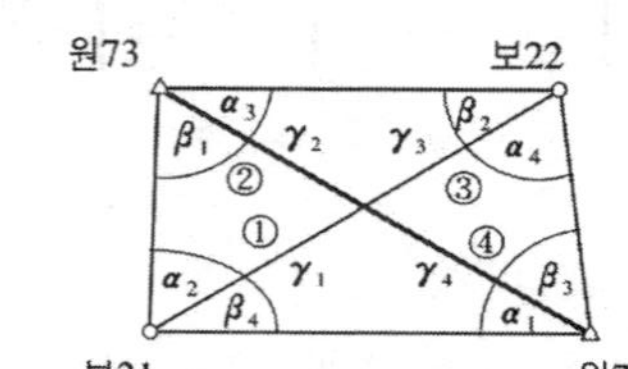

13. 삼각쇄조정계산

삼각쇄의 조정계산은 다른 삼각망조정계산보다 각조정이 간단하여 삼각형내각규약과 망규약을 따로 실시하는 것이 특색이다. 또 각조정, 변조정이 완료된 내각에 의하여 소구변장, 소구방위각을 구하여 소구점의 종횡선좌표를 산출하는 계산을 진행하면 도착기지점의 계산종횡선좌표와 기지점종횡선좌표와는 차이가 나는 경우가 생긴다. 이것은 삼각쇄망의 특수성 때문에 위치조건이 만족되지 않았기 때문이다.

따라서 제1조정을 삼각조정, 제2조정을 망조정, 제3조정을 변조정이라 하면 제4조정인 위치규약조정을 거쳐야 하는데, 제4조정에 대한 서식이 만들어져 있지 않기 때문에 일반적으로 종선오차, 횡선오차를 점수에 비례하여 각각 배부하여 최종 종횡선좌표를 결정하는 간략법을 택하기도 한다.

그림 1-15 삼각쇄망

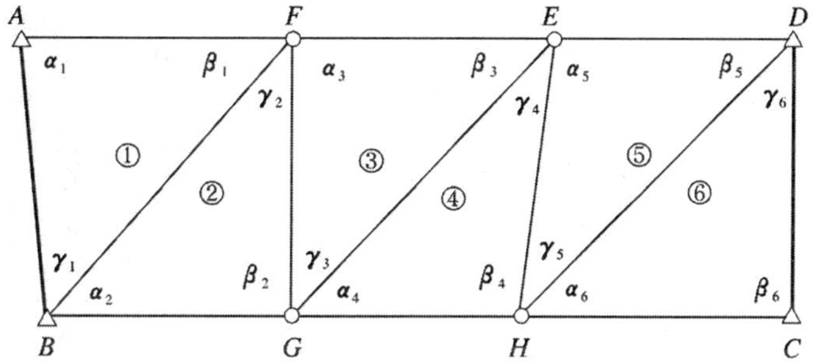

(1) 각도방정식

가. 삼각규약

삼각형의 내각은 180°가 되어야 한다는 규약조건

$$\alpha_1+\beta_1+\gamma_1=180 \quad \cdots\cdots \quad \alpha_6+\beta_6+\gamma_6=180$$

나. 망규약

삽입망과 같이 기지내각이나 내각규약에 의하여 오차를 계산할 수 없고 출발점으로부터 시작하여 도착점에 폐색시키는 방법으로 방위각에 의한 오차를 계산한다.

$$V_B^A(\text{출발방위각}) + \Sigma\gamma\ \text{홀수} - \Sigma\gamma\ \text{짝수} = V_D^C(\text{도착방위각})$$

다. 오차배부

⇒ 1차 삼각형오차(e)

$e = \alpha_1 + \beta_1 + \gamma_1 - 180$

⇒ 방위각오차(q)

$V_D^C - \text{기지도착방위각} = q$

⇒ 2차 삼각형오차

삼각형에 배부한 각의 흐트러짐을 방지하기 위하여 α, β각에 절반씩 배부한다(n : 삼각형수).

γ각이 좌측에 있을 때	γ각이 우측에 있을 때
$\alpha = -\dfrac{q}{2n}$	$\alpha = +\dfrac{q}{2n}$
$\beta = -\dfrac{q}{2n}$	$\beta = +\dfrac{q}{2n}$
$\gamma = +\dfrac{q}{n}$	$\gamma = -\dfrac{q}{n}$

(2) 변방정식

가. 변규약오차 계산

$\sin\alpha$, $\sin\beta$ 값을 구하여 E_1을 계산한 후에 $\sin\alpha$, $\sin\beta$값에 $\Delta\alpha$와 $\Delta\beta$값을 더하여 $\sin\alpha'$와 $\sin\beta'$를 구한 후에 E_2를 계산한다.

$$E_1 = \frac{\Pi\sin\alpha \times l_1}{\Pi\sin\beta \times l_2} - 1$$

$$E_2 = \frac{\Pi\sin\alpha' \times l_1}{\Pi\sin\beta' \times l_2} - 1$$

나. 변규약경정수 계산

$|E_1 - E_2|$를 분모로 하여 변규약경정수를 계산하면

변규약경정수 x_1은

$$10'' : |E_1 - E_2| = x_1'' : E_1 \text{ 이므로}$$

$$x_1'' = \frac{10'' \times E_1}{|E_1 - E_2|}$$

$$x_2'' = \frac{10'' \times E_2}{|E_1 - E_2|}$$

검산은 $|x_1 - x_2| = 10''$가 되어야 한다.

(3) 변장계산

※ 삽입(유심)망 또는 사각망계산 참고

(4) 방위각계산

※ 삽입(유심)망 또는 사각망계산 참고

(5) 종횡선좌표계산

※ 삽입(유심)망 또는 사각망계산 참고

(6) 제2조정계산(종횡선좌표계산)

삼각쇄는 투영면상에서 평면거리화하여 각 방위각과 변장에 의한 종횡선차에 계수를 계산하고 배부하여 좌표를 구하는 방법을 추가하였다. γ각이 시작하는 출발점(B)의 기지좌표(X_B, Y_B)와 도착점(D)의 기지좌표(X_D, Y_D) 간의 중앙자오선으로부터 거리를 평균계산한다.

가. 중앙자오선으로부터의 평균거리계산

$$Y=\frac{(Y_B+Y_D)}{2} \quad \Rightarrow \quad 2Y=Y_B+Y_D$$

나. Gauss 등각투영에 의한 거리계산

$$S : s=\frac{1}{m}\left\{1-\frac{1}{8R^2}(2Y)^2\right\}$$

여기서, S : 기지점과 소구점 간의 회전타원체의 거리(구면거리)

s : 투영평면상의 평면거리(기지점과 소구점 간)

R : 베셀값(1841년도)에 의한 지구반경(6,370km)

우리나라의 축척계수(m)는 1이므로 식은 다음과 같다.

$$S : s=\frac{1}{m}\left\{1-\frac{1}{8R^2}(2Y)^2\right\}=\frac{1}{1}\left\{1-\frac{4Y^2}{8R^2}\right\}=1-\frac{Y^2}{2R^2} \quad \cdots\cdots (11)$$

다. 평면직각종횡선좌표계산

㉠ 종횡선차계산

[예제 1-26] 약도에 의하여

BF에 대한 종횡선차

$$\Delta x_{BF}=l_1\times\cos V_B^F, \qquad \Delta y_{BF}=l_1\times\sin V_B^F,$$
$$\vdots \qquad\qquad \vdots \quad \cdots\cdots\cdots\cdots (12)$$

HD에 대한 종횡선차

$$\Delta x_{HD}=l_5\times\cos V_H^D, \qquad \Delta y_{HD}=l_5\times\sin V_H^D,$$

식 (11)과 (12)에 의하여 계산하면

$$\Delta x'_{BF}=\Delta x_{BF}\times(S : s), \quad \Delta y'_{BF}=\Delta y_{BF}\times(S : s)$$
$$\vdots \qquad\qquad \vdots \quad \cdots\cdots\cdots\cdots (13)$$
$$\Delta x'_{HD}=\Delta x_{HD}\times(S : s), \quad \Delta y'_{HD}=\Delta y_{HD}\times(S : s)$$

㉡ 산출좌표계산

산출좌표는 식 (13)에 기지점 $B(XB, YB)$의 좌표를 더하여 구한다.

$$X'_F = X_B + \Delta x'_{BF}, \qquad Y'_F = Y_B + \Delta y'_{BF}$$
$$\vdots \qquad\qquad\qquad \vdots \quad \cdots\cdots\cdots\cdots\cdots\cdots \ (14)$$
$$X'_D = X'_H + \Delta x'_{HD}, \qquad Y'_D = Y'_H + \Delta y'_{HD}$$

식 (24)에서 산출된 좌표$(X'D, Y'D)$와 기지점 D좌표(XD, YD)차를 계산하고 이를 각 종횡선에 균등배부한다.

$$X'_D - X_D = e_x, \qquad Y'_D - Y_D = e_y \quad \cdots\cdots\cdots\cdots\cdots\cdots \ (15)$$

$$d_x = \frac{e_x}{n}, \qquad d_y = \frac{e_y}{n}$$ 여기서 n은 소구점수+1

㉢ 평면직각종횡선좌표계산

$$X = X_B + \Delta x'_{BF} + d_x, \qquad Y = Y_B + \Delta y'_{BF} + d_y$$

□ 가우스등각 2중투영도법

지구의 표면은 불규칙한 회전타원형이므로 지도로 표현하기 위해서는 회전타원형에서 구체로 등각 투영한 다음에 구면을 평면으로 투영하기 위해 원주에 메르카토르도법(등각원통도법)으로 투영하여 지도를 만든다. 따라서 2회 투영한다고 하여 이중투영이라고 하며 1910년~1918년에 이루어진 우리나라 삼각측량의 계산에 사용되었다.

□ 가우스-크뤼거 투영법

좌표 원점을 포함하는 자오 타원면에 대하여 직각으로 원통을 씌워 그 원통에 지표면을 투영하여 이를 평면으로 절개하는 방법의 투영법으로 횡메르카토르(TM)투영법이라고도 하며 UTM의 투영이론이라고 한다.

예제 1-26 지적삼각측량을 삼각쇄망으로 실시하여 다음의 결과를 얻었다. 주어진 서식에 의하여 소구점의 좌표를 계산하시오.

가. 기지좌표

점 명	X 좌 표(m)	Y좌 표(m)
여10	451,174.34	183,080.61
여11	454,996.01	181,555.76
여21	457,045.84	187,423.95
여22	452,370.35	189,945.37

나. 관측내각

점 명	각 명	관 측 내 각
여11	α_1	85° 17′ 29.6″
서울1	β_1	57 06 29.4
여10	γ_1	37 35 52.8
여10	α_2	62° 35′ 05.3
서울2	β_2	72 22 27.5
서울1	γ_2	45 02 21.5
서울1	α_3	82° 06′ 28.7
여21	β_3	59 57 23.9
서울2	γ_3	37 56 17.0
서울2	α_4	73° 12′ 07.7
여22	β_4	69 43 00.5
여21	γ_4	37 04 51.1

다. 약 도

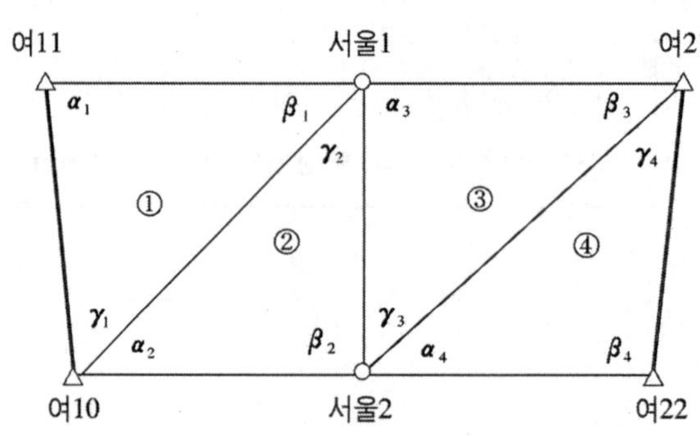

풀이 및 정답 (1) 각조정

가. 삼각형내각오차 : ①삼각형(ϵ_1) = −8.2″, ②삼각형(ϵ_2) = −5.7″

③삼각형(ϵ_3) = +9.6″, ④삼각형(ϵ_4) = −0.7″

나. 내각오차배부 : ①삼각형(ε1/3) = +2.7″, ②삼각형(ε2/3) = +1.9″

③삼각형(ε3/3) = −3.2″, ④삼각형(ε4/3) = +0.2″

※ 주의 : 1삼각형에서 0.1″차는 가장 큰 α_1각에 배부하여 +2.8″가 되었고, 4삼각형에서의 0.1″차는 가장 큰 α_4각에 배부하여 +0.3″를 배부하였다. [예제 1−26]에서는 0.1″에 대한 차를 가장 큰 각에 배부하여 계산을 실시하였으나 배부하지 않고 계산을 하여도 좌표에는 영향이 없다.

다. 기지각오차의 배부

기지각오차는 삼각형 내각오차를 배부하여 조정한 후 산출한다.

$$q = \text{출발기지방위각} + \gamma_1 - 180 - \gamma_2 - 180 + \gamma_3 - 180 - \gamma_4 - \text{도착기지방위각}$$

$$q = 338° \ 14' \ 52.6'' + 37° \ 35' \ 55.5'' - 180° - 45° \ 02' \ 23.4'' - 180° + 37° \ 56' \ 13.8'' - 180° - 37° \ 04' \ 51.3'' - 151° \ 39' \ 45.7''$$

$$= +1.5''$$

γ각이 좌측에 있을 때	γ각이 우측에 있을 때
$\alpha = -\frac{q}{2n} = -0.2''$	$\alpha = +\frac{q}{2n} = +0.2''$
$\beta = -\frac{q}{2n} = -0.2''$	$\beta = +\frac{q}{2n} = +0.2''$
$\gamma = +\frac{q}{n} = +0.4''$	$\gamma = -\frac{q}{n} = -0.4''$

(2) 변조정

각조정(삼각규약, 망규약)이 완료된 조정각에 의하여 변조정을 실시하는 것은 삽입망, 유심다각망, 사각망조정계산방법과 같다.

(3) 소구변장, 소구방위각, 소구점의 좌표계산

삽입망, 유심다각망, 사각망조정계산방법과 같다.

예제 1-26 정답

삼각쇄 조정계산부(진수)

삼각형	점명	각명	관측각	각규약 ε/3	각규약 조정각	각규약 경정수	각규약 조정각	sinα / sinβ	Δα / Δβ	sinα′ / sinβ′	α−x″ / β+x″	변규약 조정각	변장(m) $a\times\frac{\sin\alpha(\gamma)}{\sin\beta}$	방위각	종횡선좌표 X(m)	종횡선좌표 Y(m)	점명
													여10→여11	여10→여11	451,174.34	183,080.61	여10
													4,114.65	338° 14′ 52.6″	454,996.01	181,555.76	여11
1	여11	α_1	85° 17′ 29.6″	+2.8	85° 17′ 32.4″	+0.2	85° 17′ 32.6″	0.996626	−4	0.996622	−2.4	85° 17′ 30.2″	여11→서울1	여11→서울1	455,872.29	184,414.12	서울1
	서울1	β_1	57 06 29.4	+2.7	57 06 32.1	+0.2	57 06 32.3	0.839705	+26	0.839731	+2.4	57 06 34.7	2,989.67	72 57 22.4			
	여10	γ_1	37 35 52.8	+2.7	37 35 55.5	−0.4	37 35 55.1			γ_1		37 35 55.1	여10→서울1	여10→서울1	455,872.29	184,414.12	
		+	179 59 51.8										4,883.54	15 50 47.7			
		−	180 00 00.0	+8.2									평	균	455,872.29	184,414.12	
			ε_1 = −8.2														
2	여10	α_2	62 35 05.3	+1.9	62 35 07.2	−0.2	62 35 07.0	0.887697	−22	0.887675	−2.4	62 35 04.6	여10→서울2	여10→서울2	451,901.48	186,632.73	서울2
	서울2	β_2	72 22 27.5	+1.9	72 22 29.4	−0.2	72 22 29.2	0.953057	+15	0.953072	+2.4	72 22 31.6	3,625.78	78 25 52.3			
	서울1	γ_2	45 02 21.5	+1.9	45 02 23.4	+0.4	45 02 23.8			γ_2		45 02 23.8	서울1→서울2	서울1→서울2	451,901.48	186,632.73	
		+	179 59 54.3										4,548.58	150 48 23.8			
		−	180 00 00.0	+5.7									평	균	451,901.48	186,632.73	
			ε_2 = −5.7														
3	서울1	α_3	82 06 28.7	−3.2	82 06 25.5	+0.2	82 06 25.7	0.990527	−7	0.990520	−2.4	82 06 23.3	서울1→여21	서울1→여21	457,045.76	187,423.93	여21
	여21	β_3	59 57 23.9	−3.2	59 57 20.7	+0.2	59 57 20.9	0.865639	+24	0.865663	+2.4	59 57 23.3	3,230.48	68 42 00.6			
	서울2	γ_3	37 56 17.0	−3.2	37 56 13.8	−0.4	37 56 13.4			γ_3		37 56 13.4	서울2→여21	서울2→여21	457,045.76	187,423.93	
		+	180 00 09.6										5,204.77	8 44 37.3			
		−	180 00 00.0	−9.6									평	균	457,045.76	187,423.93	
			ε_3 = +9.6														
4	서울2	α_4	73 12 07.7	+0.3	73 12 08.0	−0.2	73 12 07.8	0.957330	−14	0.957316	−2.4	73 12 05.4	서울2→여22	서울2→여22	452,370.27	189,945.35	여22
	여22	β_4	69 43 00.5	+0.2	69 43 00.7	−0.2	69 43 00.5	0.937991	+17	0.938008	+2.4	69 43 02.9	3,345.63	81 56 42.7			
	여21	γ_4	37 04 51.1	+0.2	37 04 51.3	+0.4	37 04 51.7			γ_3		37 04 51.7	여21→여22	여21→여22	452,370.27	189,945.35	
		+	179 59 59.3										5,312.04	151 39 45.6			
		−	180 00 00.0	+0.7									평	균	462,370.27	189,945.35	
			ε_3 = −0.7														
5		α_5		.				.		.	.		→	→	.	.	
		β_5		.				.		.	.		.	.			
		γ_5		.	.					γ_4			→	→	.	.	
		+											.				
		−	180 00 00.0										평	균	.	.	
			ε_4 =														

산출방위각	151 39 47.2	제1기선 l_1	4114.65 m	E_1	$\Pi\sin\alpha\cdot l_1$	E_2	$\Pi\sin\alpha'\cdot l_1$	여21→여22	여21→여22	452,370.35	189,945.37	여22
기지방위각	151 39 45.7	제2기선 l_2	5312.04 m		3451.897179		3451.722904					
q	+ 1.5				$\Pi\sin\beta\cdot l_2$		$\Pi\sin\beta'\cdot l_2$	5,312.04 m	151 39 45.7			
					3451.774669		3452.094145					

각 규 약 경 정 수 계 산

[γ각이 좌측에 있을 때]

$\alpha=-\frac{q}{2n}=-0.2$

$\beta=-\frac{q}{2n}=-0.2$

$\gamma=+\frac{q}{n}=+0.4$

[γ각이 우측에 있을 때]

$\alpha=+\frac{q}{2n}=+0.2$

$\beta=+\frac{q}{2n}=+0.2$

$\gamma=-\frac{q}{n}=-0.4$

n : 삼각형수

$E_1=\frac{\Pi\sin\alpha l_1}{\Pi\sin\beta l_2}-1=+35$

$E_2=\frac{\Pi\sin\alpha' l_1}{\Pi\sin\beta' l_2}-1=-108$

$|E_1-E_2|=143$

Δα, Δβ = 10″차임

$x_1''=\frac{10''\cdot E_1}{|E_1-E_2|}=+2.4$

$x_2''=\frac{10''\cdot E_2}{|E_1-E_2|}=-7.6$

검산 = $|x_1''-x_2''|=10''$

약 도

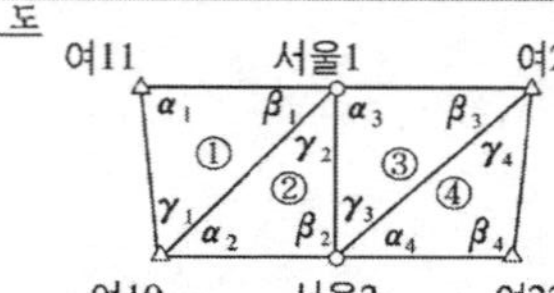

예제 1 - 27 **다음 삼각쇄망의 관측결과에 의하여 망조정을 실시하고 평면거리에 대한 보정계수를 적용하여 소구점의 좌표를 계산하시오.**

가. 기지좌표

점 명	X 좌 표	Y 좌 표
학령산(A)	473,013.81 m	181,105.57 m
양28(B)	470,035.86 m	181,863.20 m
고호산(C)	472,787.48 m	193,639.32 m
좌30(D)	476,620.78 m	192,101.40 m

나. 관측내각

점 명	각명	관 측 내 각	점 명	각명	관 측 내 각
학령산	α_1	108° 43′ 41.3″	경기2	α_4	47° 13′ 36.7″
경기1	β_1	38° 26′ 03.9″	경기4	β_4	87° 58′ 41.6″
양28	γ_1	32° 50′ 25.5″	경기3	γ_4	44° 47′ 55.4″
양28	α_2	40° 07′ 51.9″	경기3	α_5	83° 03′ 40.1″
경기2	β_2	97° 33′ 35.6″	좌30	β_5	53° 01′ 29.8″
경기1	γ_2	42° 18′ 46.2″	경기4	γ_5	43° 54′ 36.0″
경기1	α_3	89° 21′ 28.1″	경기4	α_6	46° 13′ 46.2″
경기3	β_3	30° 02′ 11.5″	고호산	β_6	75° 56′ 31.7″
경기2	γ_3	60° 36′ 06.3″	좌30	γ_6	57° 49′ 30.4″

다. 약 도

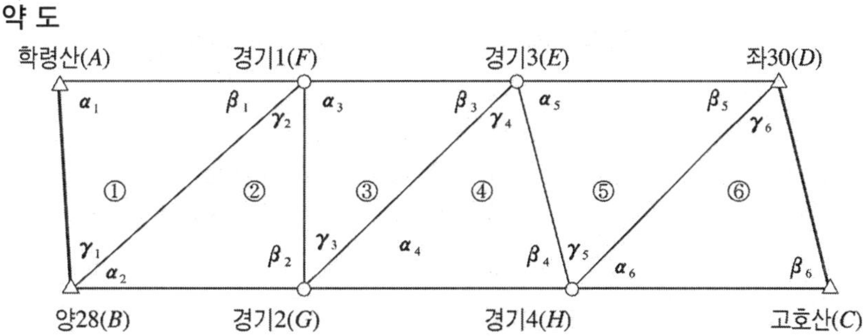

풀이 및 정답 (1) 각조정

가. 삼각규약의 오차계산

㉠ ①삼각형의 오차배부 $=\frac{-\epsilon_1}{3}=\frac{-(+10.7)}{3}=-3.6''$

㉡ ②삼각형의 오차배부 $=\frac{-\epsilon_2}{3}=\frac{-(+13.7)}{3}=-4.6''$

㉢ ③삼각형의 오차배부 $=\frac{-\epsilon_3}{3}=\frac{-(-14.1)}{3}=+4.7''$

㉣ ④삼각형의 오차배부 $=\frac{-\epsilon_4}{3}=\frac{-(+13.7)}{3}=-4.6''$

㉤ ⑤삼각형의 오차배부 $=\frac{-\epsilon_5}{3}=\frac{-(-14.1)}{3}=+4.7''$

㉥ ⑥삼각형의 오차배부 $=\frac{-\epsilon_6}{3}=\frac{-(-11.7)}{3}=+3.9''$

나. 망규약의 오차계산

㉠ BA의 방위각(출발방위각) 및 거리계산

$V_B^A=360°-\theta$ (4상한)

$(\theta=\tan^{-1}\frac{\Delta y}{\Delta x}=\tan^{-1}\frac{+757.63}{-2,977.95}=14°\ 16'\ 26.3'')$

$=360°-14°\ 16'\ 26.3''$

$=345°\ 43'\ 33.7''$

$BA=\sqrt{\Delta x^2+\Delta y^2}=\sqrt{2,977.95^2+757.63^2}=3,072.81\text{ m}$

㉡ DC의 방위각(기지방위각) 및 거리계산

$V_D^C=180°-\theta$ (2상한)

$(\theta=\tan^{-1}\frac{\Delta y}{\Delta x}=\tan^{-1}\frac{+1,537.92}{-3,833.30}=21°\ 51'\ 38.4'')$

$=180°-21°\ 51'\ 38.4''$

$=158°\ 08'\ 21.6''$

$DC=\sqrt{\Delta x^2+\Delta y^2}=\sqrt{3,833.30^2+1,537.92^2}=4,130.30\text{ m}$

㉢ 산출방위각계산

산출방위각 = 345° 43′ 33.7″ + 32° 50′ 21.9″(γ_1)
− 180 − 42° 18′ 41.6″(γ_2) − 180 + 60° 36′ 11.0″(γ_3)
+ 180 − 44° 47′ 50.8″(γ_4) − 180 + 43° 54′ 40.7″(γ_5)
+ 180 − 57° 49′ 34.3″(γ_6) = 158° 08′ 40.6″

㉣ 방위각오차계산(q)

q = 산출방위각 − 기지방위각
= 158° 08′ 40.6″ − 158° 08′ 21.6″ = +19.0″

다. 각규약 경정수계산

⇒γ각이 좌측에 있을 때

$$\alpha = -\frac{q}{2n} = -\frac{19}{2\times6} = -1.6$$

$$\beta = -\frac{q}{2n} = -\frac{19}{2\times6} = -1.6$$

$$\gamma = \frac{q}{n} = \frac{19}{6} = +3.2$$

⇒γ각이 우측에 있을 때

$$\alpha = +\frac{q}{2n} = \frac{19}{2\times6} = +1.6$$

$$\beta = +\frac{q}{2n} = \frac{19}{2\times6} = +1.6$$

$$\gamma = -\frac{q}{n} = -\frac{19}{6} = -3.2$$

(2) 변조정

가. E_1의 계산

$$E_1 = \frac{\sin\alpha_1\times\sin\alpha_2\times\sin\alpha_3\times\sin\alpha_4\times\sin\alpha_5\times\sin\alpha_6\times l_1}{\sin\beta_1\times\sin\beta_2\times\sin\beta_3\times\sin\beta_4\times\sin\beta_5\times\sin\beta_6\times l_2} - 1$$

$$= \frac{\Pi\sin\alpha\times l_1}{\Pi\sin\beta\times l_2} - 1 = +99$$

나. E_2의 계산

$$E_2 = \frac{\sin\alpha'_1\times\sin\alpha'_2\times\sin\alpha'_3\times\sin\alpha'_4\times\sin\alpha'_5\times\sin\alpha'_6\times l_1}{\sin\beta'_1\times\sin\beta'_2\times\sin\beta'_3\times\sin\beta'_4\times\sin\beta'_5\times\sin\beta'_6\times l_2} - 1$$

$$= \frac{\Pi\sin\alpha'\cdot l_1}{\Pi\sin\beta'\cdot l_2} - 1 = -230$$

※$|E_1 - E_2| = |+99-(-230)| = 329$

다. x''의 계산

$$x_1'' = \frac{10'' \times E_1}{|E_1 - E_2|} = \frac{10 \times (+99)}{329} = +3.0''$$

$$x_2'' = \frac{10'' \times E_2}{|E_1 - E_2|} = \frac{10 \times (-230)}{329} = -7.0''$$

※ 검산 $|x_1'' - x_2''| = |+3.0 - (-7.0)| = 10''$

(3) 평면거리보정에 의한 좌표계산

가. 어림종횡선차계산

기지점방위각 및 거리계산에 의한 어림종 · 횡선차의 계산은 다음과 같다.

- 어림종횡선차

방 향	방위각	거 리(m)	Δx(m)	Δy(m)
양28－경기1	18° 33′ 52.4″	4,681.520	+4,437.920	+1,490.469
경기1－경기2	156° 15′ 07.6″	3,043.710	−2,785.988	+1,225.741
경기2－경기3	36° 51′ 15.4″	6,079.852	+4,864.876	+3,646.585
경기3－경기4	172° 03′ 21.4″	4,465.504	−4,422.651	+617.160
경기4－좌30	35° 57′ 58.9″	5,548.465	+4,490.716	+3,258.670

나. 종횡선차의 계산

식 (11)에 의하여 축척보정계수를 계산하면

YB(양28) = 200,000 − 181,863.20 = 18,136.80 m

YD(좌30) = 200,000 − 192,101.40 = 7,898.60 m

$Y = (Y_B + Y_D)\ /\ 2 = (18{,}136.80 + 7{,}898.60)/2$

$= 13{,}017.7 \fallingdotseq 13\ \text{km}$

$S\ :\ s = 1 - \frac{Y^2}{2R^2} = 1 - \frac{13^2}{2 \times 6{,}370^2} = 0.999997917$이며,

이를 종횡선차에 적용(곱)하여 축척보정계수가 적용된 종 · 횡선차를 계산하면 다음과 같다.

- **축척보정계수가 적용된 종횡선차**

방 향	Δx	Δy	Δx′	Δy′
양28－경기1	+4,437.920	+1,490.469	+4,437.911	+1,490.466
경기1－경기2	−2,785.988	+1,225.741	−2,785.982	+1,225.738
경기2－경기3	+4,864.876	+3,646.585	+4,864.866	+3,646.577
경기3－경기4	−4,422.651	+617.160	−4,422.642	+617.159
경기4－좌30	+4,490.716	+3,258.670	+4,490.707	+3,258.663
Σ =			6,584.860	10,238.603

다. 종횡선오차계산

㉠ 산출좌표계산

식 (14)에 의하여 좌30에 대한 산출좌표를 계산하면,

$$470{,}035.86 + \sum \Delta X' = 470{,}035.86 + 6{,}584.860 = 476{,}620.720 \text{ m}$$

$$181{,}863.20 + \sum \Delta X' = 181{,}863.20 + 10{,}238.603 = 192{,}101.803 \text{ m}$$

㉡ 종횡선오차계산

$$e_x = X'_D - X_D = 476{,}620.720 - 476{,}620.780 = -\ 0.060 \text{ m}$$

$$e_y = Y'_D - Y_D = 192{,}101.803 - 192{,}101.400 = +\ 0.403 \text{ m}$$

㉢ 배부수계산

$$n = \text{소구점수} + 1 = 4 + 1 = 5$$

$$d_x = -\frac{e_x}{n} = -\frac{-0.060}{5} = +0.012 \text{ m}$$

$$d_y = -\frac{e_y}{n} = -\frac{0.404}{5} = -0.081 \text{ m}$$

- 최종 평면직각종횡선좌표계산

방 향	Δx	Δy	X	Y	점명
양28 – 경기1	4,437.911m +0.012 4,437.923	1,490.466 −0.081 1,490.385	470,035.86 m 474,473.78	181,863.20 m 183,353.59	양28 경기1
경기1 – 경기2	−2,785.982 +0.012 −2,785.970	1,225.738 −0.081 1,225.657	471,687.81	184,579.25	경기2
경기2 – 경기3	4,864.866 +0.012 4,864.878	3,646.577 −0.081 3,646.496	476,552.69	188,225.75	경기3
경기3 – 경기4	−4,422.642 +0.012 −4,422.630	617.159 −0.081 617.078	472,130.06	188,842.83	경기4
경기4 – 좌30	4,490.707 +0.012 4,490.719	3,258.663 −0.081 3,258.582	476,620.78	192,101.41	좌30
		기 지	476,620.78	192,101.40	좌30

□ **경위도좌표계**

지구상에 있는 한 점의 위치를 표시하기 위한 방법 중 하나로, 지구상의 어떤 위치에 대한 절대적 위치를 경도와 위도로 나타내는 방법으로 경위도좌표계는 지표상에 특정 위치나 장소를 나타내기 위한 좌표계 중에서 가장 보편적으로 사용하는 좌표계이다.

□ **평면직각좌표계**

지구상의 3차원적인 위치 좌표를 2차원의 두 개의 좌표계(x축, y축)를 사용하여 지도에 표현하는 방법으로, 일정한 지역 범위로 통일되게 사용하기 위하여 정한 좌표계로 우리나라에 적용된 고유의 평면직각좌표계(TM 좌표계)는 우리나라에 맞게 여러 가지 기준을 정하여 투영된 좌표계이다.

예제 1-27 정답

삼각쇄 조정 계산부 (진수)

※1차 각조정 후 지구 곡률보정을 위하여 2차조정(제2조정)계산을 한 계산예 임

삼각형	점명	각명	관측각	각규약 ε/3	각규약 조정각	경정수	조정각	sinα / sinβ	Δα / Δβ	sinα' / sinβ'	α−x₁″ / β+x₁″	변규약 조정각	변장(m) $a\times\frac{\sin\alpha(\gamma)}{\sin\beta}$	방위각	종횡선좌표 X(m)	종횡선좌표 Y(m)	점명
													양28→학령산	양28→학령산	470,035.86	181,863.20	양28
													3,072.81	345° 43′ 33.7″	473,013.81	181,105.57	학령산
1	학령산	α_1	108° 43′ 41.3″	-3.6	108° 43′ 37.7″	+1.6	108° 43′ 39.3″	0.947056	+16	0.947072	-3.0	108° 43′ 36.3″	양28→경기1	양28→경기1	+4,437.920	+1,490.469	경기1
	경기1	β_1	38 26 03.9	-3.6	38 26 00.3	+1.6	38 26 01.9	0.621611	+38	0.621649	+3.0	38 26 04.9	4,681.520	18 33 52.4	+4,437.911	+1,490.466	
	양28	γ_1	32 50 25.5	-3.6	32 50 21.9	-3.2	32 50 18.7				γ_1	32 50 18.7	→	→	+0.012	-0.081	
		+	180 00 10.7										.	.	+4,437.923	+1,490.385	
		−	180 00 00.0										평균		474,473.78	183,353.59	
			ε_1 = +10.7														
2	양28	α_2	40 07 51.9	-4.6	40 07 47.3	-1.6	40 07 45.7	0.644516	-37	0.644479	-3.0	40 07 42.7	경기1→경기2	경기1→경기2	-2,785.988	+1,225.741	경기2
	경기2	β_2	97 33 35.6	-4.6	97 33 31.0	-1.6	97 33 29.4	0.991312	-6	0.991306	+3.0	97 33 32.4	3,042.710	156 15 07.6	-2,785.982	+1,225.738	
	경기1	γ_2	42 18 46.2	-4.6	42 18 41.6	+3.2	42 18 44.8				γ_2	42 18 44.8	→	→	+0.012	-0.081	
		+	180 00 13.7										.	.	-2,785.970	+1,225.657	
		−	180 00 00.0										평균		471,687.81	184,579.25	
			ε_2 = +13.7														
3	경기1	α_3	89 21 28.1	+4.7	89 21 32.8	+1.6	89 21 34.4	0.999938	-1	0.999937	-3.0	89 21 31.4	경기2→경기3	경기2→경기3	+4,864.876	+3,646.585	경기3
	경기3	β_3	30 02 11.5	+4.7	30 02 16.2	+1.6	30 02 17.8	0.500578	+42	0.500620	+3.0	30 02 20.8	6,079.852	36 51 15.4	+4,864.866	+3,646.577	
	경기2	γ_3	60 36 06.3	+4.7	60 36 11.0	-3.2	60 36 07.8				γ_3	60 36 07.8	→	→	+0.012	-0.081	
		+	179 59 45.9										.	.	+4,864.878	+3,646.496	
		−	180 00 00.0										평균		476,552.69	188,225.75	
			ε_3 = -14.1														
4	경기2	α_4	47 13 36.7	-4.6	47 13 32.1	-1.6	47 13 30.5	0.734028	-33	0.733995	-3.0	47 13 27.5	경기3→경기4	경기3→경기4	-4,422.651	+617.160	경기4
	경기4	β_4	87 58 41.6	-4.6	87 58 37.0	-1.6	87 58 35.4	0.999376	+2	0.999378	+3.0	87 58 38.4	4,465.504	172 03 21.4	-4,422.642	+617.159	
	경기3	γ_4	44 47 55.4	-4.6	44 47 50.8	+3.2	44 47 54.0				γ_4	44 47 54.0	→	→	+0.012	-0.081	
		+	180 00 13.7										.	.	-4,422.630	+617.078	
		−	180 00 00.0										평균		472,130.06	188,842.83	
			ε_3 = +13.7														
5	경기3	α_4	83 03 40.1	+4.7	83 03 44.8	+1.6	83 03 46.4	0.992679	-6	0.992673	-3.0	83 03 43.4	경기4→좌30	경기4→좌30	+4,490.716	+3,258.670	좌30
	좌30	β_4	53 01 29.8	+4.7	53 01 34.5	+1.6	53 01 36.1	0.798916	+29	0.798945	+3.0	53 01 39.1	5,548.465	35 57 58.9	+4,490.707	+3,258.663	
	경기4	γ_4	43 54 36.0	+4.7	43 54 40.7	-3.2	43 54 37.5				γ_5	43 54 37.5	→	→	+0.012	-0.081	
		+	179 59 45.9										.	.	+4,490.719	+3,258.582	
		−	180 00 00.0										평균		476,620.78	192,101.40	
			ε_3 = -14.1														
6	경기4	α_5	46 13 46.2	+3.9	46 13 50.1	-1.6	46 13 48.5	0.722124	-34	0.722090	-3.0	46 13 45.5	→	→	산출 : 476,620.717	산출 : 192,101.803	
	고호산	β_5	75 56 31.7	+3.9	75 56 35.6	-1.6	75 56 34.0	0.970054	+12	0.970066	+3.0	75 56 37.0	.	.			
	좌30	γ_5	57 49 30.4	+3.9	57 49 34.3	+3.2	57 49 37.5				γ_6	57 49 37.5	→	→	.	.	
		+	179 59 48.3										.	.			
		−	180 00 00.0										평균		.	.	
			ε_4 = -11.7														

구분	값	기선	길이					변장	방위각	X(m)	Y(m)	점명
산출방위각	158 08 40.6	제1기선 l_1	3072.81 m	E_1	$\Pi\sin\alpha\cdot l_1$	E_2	$\Pi\sin\alpha'\cdot l_1$	좌30→고호산	좌30→고호산	476,620.78	192,101.40	좌30
기지방위각	158 08 21.6	제2기선 l_2	4130.30 m		986.8505415		986.7127848			472,787.48	193,639.32	고호산
q	+19.0				$\Pi\sin\beta\cdot l_2$		$\Pi\sin\beta'\cdot l_2$	4,130.30 m	158 08 21.6			
					986.7527742		986.9399262					

각 규 약 경 정 수 계 산

[γ각이 좌측에 있을 때]

$\alpha=-\frac{q}{2n}=-1.6$

$\beta=-\frac{q}{2n}=-1.6$

$\gamma=+\frac{q}{n}=+3.2$

n : 삼각형수

[γ각이 우측에 있을 때]

$\alpha=+\frac{q}{2n}=+1.6$

$\beta=+\frac{q}{2n}=+1.6$

$\gamma=-\frac{q}{n}=-3.2$

$$E_1=\frac{\Pi\sin\alpha\cdot l_1}{\Pi\sin\beta\cdot l_2}-1=+99$$

$$E_2=\frac{\Pi\sin\alpha'\cdot l_1}{\Pi\sin\beta'\cdot l_2}-1=-230$$

$$|E_1-E_2|=329$$

Δα, Δβ = 10″차임

$$x_1''=\frac{10''\cdot E_1}{|E_1-E_2|}=+3.0$$

$$x_2''=\frac{10''\cdot E_2}{|E_1-E_2|}=-7.0$$

검산 $=|x_1''-x_2''|=10''$

약 도

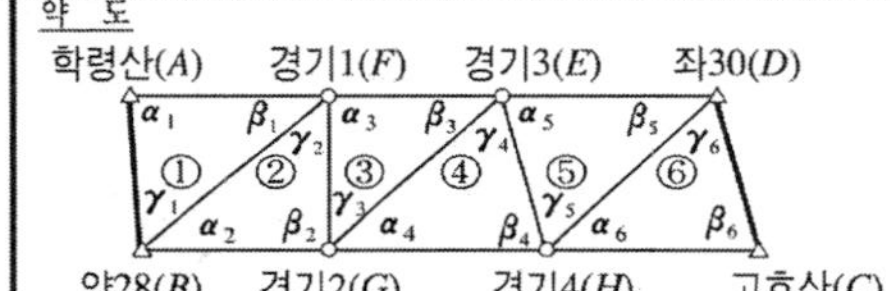

14. 삼각망정밀조정계산

(1) 기지점 3점에 의한 계산

그림 1-16

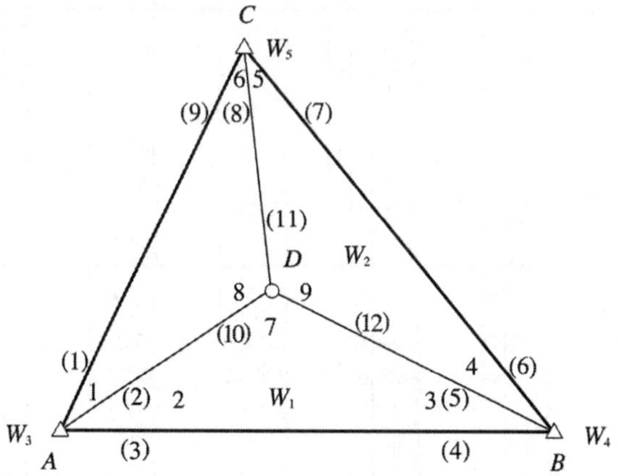

각의 수 : 9, 변의 수 : 12, 각방정식의 수 : 5, 변방정식의 수 : 1

⇒ 각도방정식수(5) = 기지삼각점수(3) + 삼각형수(3) − 1 = 5

⇒ 변방정식수(1) = 기선수(3) + 소구점수(1) − 3 = 1

가. 각도방정식

㉠ 삼각조정(3개의 규약 중에서 2개 규약만 사용)

- 협각에 의한 조건식 (오차계산) : $(2+3+7)-180= W_1$

  방향각에 의한 조건식 : $\{(3)-(2)\}+\{(5)-(4)\}+\{(10)-(12)\}+W_1=0$

  이를 순서대로 정리하면 : $-(2)+(3)-(4)+(5)+(10)-(12)+W_1=0$

- 협각에 의한 조건식 (오차계산) : $(4+5+9)-180= W_2$

  방향각에 의한 조건식 : $\{(6)-(5)\}+\{(8)-(7)\}+\{(12)-(11)\}+W_2=0$

  이를 순서대로 정리하면 : $-(5)+(6)-(7)+(8)-(11)+(12)+W_2=0$

㉡ 망조정

- 협각에 의한 조건식 (오차계산) : $(1+2)-$기지내각 $= W_3$

  방향각에 의한 조건식 : $\{(3)-(1)\}+W_3=0$

  이를 순서대로 정리하면 : $-(1)+(3)+W_3=0$

■ 협각에 의한 조건식 (오차계산) : $(3+4)$ − 기지내각 $= W_4$
방향각에 의한 조건식 : $\{(6)-(4)\}+W_4=0$
이를 순서대로 정리하면 : $-(4)+(6)+W_4=0$
■ 협각에 의한 조건식 (오차계산) : $(5+6)$ − 기지내각 $= W_5$
방향각에 의한 조건식 : $\{(9)-(7)\}+W_5=0$
이를 순서대로 정리하면 : $-(7)+(9)+W_5=0$

※ 각방정식에는 위 공식의 방향각에다 동일하게 경중률 1을 주어 해당되는 방향각란에 기재한다.

나. 변방정식

㉠ 협각에 의한 조건식 : $1+3+5=2+4+6$ 으로
이를 정리하면, $(1+3+5)-(2+4+6)+W_{s1}=0$
다시 순서대로 정리하면, $1-2+3-4+5-6+W_{s1}=0$이 된다. … (1)
협각에 의한 조건식 (1)에다 변(방향각)을 곱하면,

$$A1\{(2)-(1)\}-A2\{(3)-(2)\}+A3\{(5)-(4)\}-A4\{(6)-(5)\}+A5\{(8)-(7)\}-A6\{(9)-(8)\}+Ws_1=0$$

$$A1(2)-A1(1)-A2(3)+A2(2)+A3(5)-A3(4)-A4(6)+A4(5)+A5(8)-A5(7)-A6(9)+A6(8)+Ws_1=0$$

이를 순서대로 정리하면,

$$-A1(1)+(A1+A2)(2)-A2(3)-A3(4)+(A3+A4)(5)-A4(6)-A5(7)+(A5+A6)(8)-A6(9)+Ws_1=0$$ 이 된다. ………… (2)

단, (2)식에서 $A1$, $A2$, $A3$, $A4$, $A5$, $A6$은 각1, 각2, 각3, 각4, 각5, 각6에 대한 cot값으로 계산된 값을 대입하여 곱하면 된다.

※ 변방정식에는 위의 값을 해당되는 변(방향각)에다 순서대로 기재한다.

㉡ Ws_1의 계산

$$\left(\frac{\sin1\times\sin3\times\sin5}{\sin2\times\sin4\times\sin6}-1\right)\times\rho''=Ws_1$$

여기서, 1, 2, 3, 4, 5, 6은 관측각임

이를 정리하면

$$\left(\frac{\Pi \sin A}{\Pi \sin B}-1\right) \times \rho'' = Ws_1$$

ρ''=1/sin1″값으로 206,265″임

다. 변방정식의 유도

$$\frac{DA \times \sin 1 \times \sin 11}{CD \times \sin 6 \times \sin 10}=1$$

□*ADCE*에서 변장 *DE*(S4)를 공통으로 하는 변방정식을 만들면,

$$\frac{DE}{\sin 1}=\frac{DA}{\sin 10} \quad \rightarrow \quad DE=\frac{\sin 1 \times DA}{\sin 10} \quad \cdots\cdots\cdots (3)$$

$$\frac{DE}{\sin 6}=\frac{CD}{\sin 11} \quad \rightarrow \quad DE=\frac{\sin 6 \times CD}{\sin 11} \quad \cdots\cdots\cdots (4)$$

식 (3)과 (4)를 정리하면

$$\frac{\sin 1 \times DA}{\sin 10} = \frac{\sin 6 \times CD}{\sin 11}$$

$$\frac{DA \times \sin 1 \times \sin 11}{CD \times \sin 6 \times \sin 10}=1 \quad \cdots\cdots\cdots (5)$$

식 (5)를 오차방정식으로 만들면,

$$\left(\frac{DA \times \Pi \sin A}{CD \times \Pi \sin B}-1\right) \times \rho'' = Ws_2$$

($\because$ ρ'' = 1/sin1″값으로 206,265″임)

(2) 기지점 4점에 의한 계산

기지점 4개에 의하여 소구점 1개를 설치하기 위한 망형태의 조건식은 다음과 같다.

그림 1-17

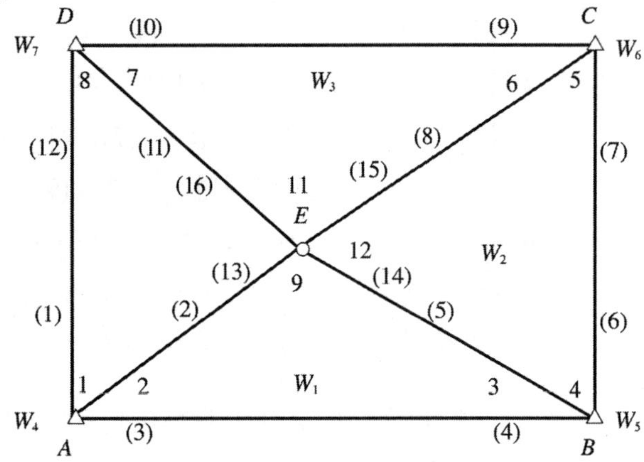

■ 각의 수 : 12, 변의 수 : 16, 각방정식의 수 : 7, 변방정식의 수 : 2

– 각도방정식수(7) = 기지삼각점수(4) + 삼각형수(4) – 1 = 7

– 변방정식수(2) = 기선수(4) + 소구점수(1) – 3 = 2

가. 각도방정식

㉠ 삼각조정(4개의 규약 중에서 3개의 규약만 사용)

■ 협각에 의한 조건식 (오차계산) : $(2+3+9)-180=W_1$

방향각에 의한 조건식 : $\{(3)-(2)\}+\{(5)-(4)\}+\{(13)-(14)\}+W_1=0$

이를 순서대로 정리하면 : $-(2)+(3)-(4)+(5)+(13)-(14)+W_1=0$

■ 협각에 의한 조건식 (오차계산) : $(4+5+12)-180=W_2$

방향각에 의한 조건식 : $\{(6)-(5)\}+\{(8)-(7)\}+\{(14)-(15)\}+W_2=0$

이를 순서대로 정리하면 : $-(5)+(6)-(7)+(8)+(14)-(15)+W_2=0$

■ 협각에 의한 조건식 (오차계산) : $(6+7+11)-180=W_3$

방향각에 의한 조건식 : $\{(9)-(8)\}+\{(11)-(10)\}+\{(15)-(16)\}+W_3=0$

이를 순서대로 정리하면 : $-(8)+(9)-(10)+(11)+(15)-(16)+W_3=0$

㉡ 망조정

■ 협각에 의한 조건식 (오차계산) : $(1+2)-$기지내각$=W_4$

방향각에 의한 조건식 : $\{(3)-(1)\}+W_4=0$

이를 순서대로 정리하면 : $-(1)+(3)+W_4=0$

■ 협각에 의한 조건식 (오차계산) : $(3+4)-$기지내각$=W_5$

방향각에 의한 조건식 : $\{(6)-(4)\}+W_5=0$

이를 순서대로 정리하면 : $-(4)+(6)+W_5=0$

■ 협각에 의한 조건식 (오차계산) : $(5+6)-$기지내각$=W_6$

방향각에 의한 조건식 : $\{(9)-(7)\}+W_6=0$

이를 순서대로 정리하면 : $-(7)+(9)+W_6=0$

■ 협각에 의한 조건식 (오차계산) : $(7+8)-$기지내각$=W_7$

방향각에 의한 조건식 : $\{(12)-(10)\}+W_7=0$

이를 순서대로 정리하면 : $-(10)+(12)+W_7=0$

※ 각방정식에는 위 공식의 방향각에 동일하게 경중률 1을 주어 해당되는 변(방향각)에 기재한다.

나. 변방정식

㉠ 협각에 의한 조건식 : $1+3+5+7=2+4+6+8$로

이를 다시쓰면, $(1+3+5+7)-(2+4+6+8)+W_{S1}=0$

다시 순서대로 정리하면, $1-2+3-4+5-6+7-8+W_{S1}=0$ ······ (6)

협각에 의한 조건식 (6)에다 변(방향각)을 곱하면,

$$A1\{(2)-(1)\}-A2\{(3)-(2)\}+A3\{(5)-(4)\}-A4\{(6)-(5)\}+A5\{(8)-(7)\}-A6\{(9)-(8)\}+A7\{(11)-(10)\}-A8\{(12)-(11)\}+W_{S1}=0$$

$$A1(2)-A1(1)-A2(3)+A2(2)+A3(5)-A3(4)-A4(6)+A4(5)+A5(8)-A5(7)-A6(9)+A6(8)+A7(11)-A7(10)-A8(12)+A8(11)+W_{S1}=0$$

이를 순서대로 정리하면,

$$-A1(1)+(A1+A2)(2)-A2(3)-A3(4)+(A3+A4)(5)-A4(6)-A5(7)+(A5+A6)(8)-A6(9)-A7(10)+(A7+A8)(11)-A8(12)+W_{S1}=0 \quad \cdots\cdots (7)$$

식 (7)에서 $A1$, $A2$, $A3$, $A4$, $A5$, $A6$, $A7$, $A8$은 각1, 각2, 각3, 각4, 각5, 각6, 각7, 각8에 대한 cot값으로 이 식에 계산된 값을 대입하여 곱하면 된다.

㉡ 협각에 의한 조건식 : $1+11=10+6$으로

이를 다시 쓰면, $(1+11)-(10+6)+W_{S2}=0$

다시 순서대로 정리하면, $1-6-10+11+W_{S2}=0$ ………………… (8)
협각에 의한 조건식 (8)에다 방향각을 곱하면,

$$A1\{(2)-(1)\}-A6\{(9)-(8)\}-A10\{(16)-(13)\}+A11\{(15)-(16)\}+W_{S2}=0$$

$$A1(2)-A1(1)-A6(9)+A6(8)-A10(16)+A10(13)+A11(15)-A11(16)+W_{S2}=0$$

이를 순서대로 정리하면,

$$-A1(1)+A1(2)+A6(8)-A6(9)+A10(13)+A11(15)-(A10+A11)(16)+W_{S2}=0 \quad \cdots\cdots (9)$$

식 (7)에서 $A1$, $A6$, $A10$, $A11$은 각1, 각6, 각10, 각11에 대한 cot 값으로 식 (9)에 계산된 값을 대입하여 곱하면 된다.

※ 변방정식에는 위의 값(cotα)을 해당되는 방향각란(변)에다 순서대로 기재한다.

㉢ Ws_1의 계산

$$\left(\frac{\sin 1\times\sin 3\times\sin 5\times\sin 7}{\sin 2\times\sin 4\times\sin 6\times\sin 8}-1\right)\times\rho''=Ws_1$$

1, 2, 3, 4, 5, 6은 관측각임

이를 정리하면

$$\left(\frac{\Pi\sin A}{\Pi\sin B}-1\right)\times\rho''=Ws_1$$

$\rho''=1/\sin 1''$값으로 206,265″임

㉣ Ws_2의 계산

$$\left(\frac{S8\times\sin 1\times\sin 11}{S7\times\sin 6\times\sin 10}-1\right)\times\rho''=Ws_2$$

1, 6, 10, 11은 관측각임

이를 정리하면

$$\left(\frac{S8\times \Pi\sin A}{S7\times \Pi\sin B}-1\right)\times\rho'' = Ws_2$$

ρ''=1/sin1″값으로 206,265″임

다. 변방정식의 유도

$$\frac{\sin1\times\sin3\times\sin5\times\sin7}{\sin2\times\sin4\times\sin6\times\sin8}=1$$

$\triangle ABE$에서

$$\frac{AB}{\sin9}=\frac{BE}{\sin2} \rightarrow AB=\frac{\sin9\times BE}{\sin2} \quad\cdots\cdots\cdots (10)$$

$$\frac{AB}{\sin9}=\frac{AE}{\sin3} \rightarrow AB=\frac{\sin9\times AE}{\sin3} \quad\cdots\cdots\cdots (11)$$

식 (10)과 (11)을 정리하면

$$\frac{\sin9\times BE}{\sin2}=\frac{\sin9\times AE}{\sin3}$$

$$\frac{\sin3\times\sin9}{\sin2\times\sin9}=\frac{AE}{BE} \rightarrow \frac{\sin3}{\sin2}=\frac{AE}{BE} \quad\cdots\cdots\cdots (12)$$

$\triangle BCE$에서

$$\frac{BC}{\sin12}=\frac{CE}{\sin4} \rightarrow BC=\frac{\sin12\times CE}{\sin4} \quad\cdots\cdots\cdots (13)$$

$$\frac{BC}{\sin12}=\frac{BE}{\sin5} \rightarrow BC=\frac{\sin12\times BE}{\sin5} \quad\cdots\cdots\cdots (14)$$

식 (13)과 (14)를 정리하면

$$\frac{\sin12\times CE}{\sin4}=\frac{\sin12\times BE}{\sin5}$$

$$\frac{\sin5\times\sin12}{\sin4\times\sin12}=\frac{BE}{CE} \rightarrow \frac{\sin5}{\sin4}=\frac{BE}{CE} \quad\cdots\cdots\cdots (15)$$

$\triangle CDE$에서

$$\frac{CD}{\sin11}=\frac{DE}{\sin6} \rightarrow CD=\frac{\sin11\times DE}{\sin6} \quad\cdots\cdots\cdots (16)$$

$$\frac{CD}{\sin 11}=\frac{CE}{\sin 7} \quad \rightarrow \quad CD=\frac{\sin 11 \times CE}{\sin 7} \qquad \cdots\cdots (17)$$

식 (16)과 (17)을 정리하면

$$\frac{\sin 11 \times DE}{\sin 6}=\frac{\sin 11 \times CE}{\sin 7}$$

$$\frac{\sin 7 \times \sin 11}{\sin 6 \times \sin 11}=\frac{CE}{DE} \rightarrow \frac{\sin 7}{\sin 6}=\frac{CE}{DE} \qquad \cdots\cdots (18)$$

$\triangle DAE$에서

$$\frac{DA}{\sin 10}=\frac{AE}{\sin 8} \rightarrow \quad DA=\frac{\sin 10 \times AE}{\sin 8} \qquad \cdots\cdots (19)$$

$$\frac{DA}{\sin 10}=\frac{DE}{\sin 1} \quad \rightarrow \quad DA=\frac{\sin 10 \times DE}{\sin 1} \qquad \cdots\cdots (20)$$

식 (19)와 (20)을 정리하면

$$\frac{\sin 10 \times AE}{\sin 8}=\frac{\sin 10 \times DE}{\sin 1}$$

$$\frac{\sin 1 \times \sin 10}{\sin 8 \times \sin 10}=\frac{DE}{AE} \rightarrow \frac{\sin 1}{\sin 8}=\frac{DE}{AE} \qquad \cdots\cdots (21)$$

식 (8), (15), (18), (21)을 다시 정리하면,

$$\frac{AE}{BE} \times \frac{BE}{CE} \times \frac{CE}{DE} \times \frac{DE}{AE}=1 \qquad \cdots\cdots (22)$$

식 (22)를 sin값으로 고쳐 정리하면,

$$\frac{\sin 3 \times \sin 5 \times \sin 7 \times \sin 1}{\sin 2 \times \sin 4 \times \sin 6 \times \sin 8}=1$$

$$\frac{\sin 1 \times \sin 3 \times \sin 5 \times \sin 7}{\sin 2 \times \sin 4 \times \sin 6 \times \sin 8}-1=0 \qquad \cdots\cdots (23)$$

식 (23)을 오차방정식으로 만들면,

$$\left(\frac{\Pi \sin A}{\Pi \sin B}-1\right) \times \rho'' = W s_1$$

($\because$ $\rho''=1/\sin 1''$값으로 206,265″임)

예제 1 - 28 지적삼각점을 설치하기 위하여 4개의 기지점으로 1개의 소구점을 관측한 결과가 다음과 같다. 망평균계산방법에 의하여 경기7의 좌표를 계산하시오.

가. 기지좌표

점 명	X 좌 표(m)	Y 좌 표(m)
예8	462,897.24	195,524.93
예9	459,640.82	198,655.41
예5	465,817.16	198,448.84
예11	461,369.03	201,506.62

나. 관측내각

점명	각명	관 측 각	점명	각명	관 측 각
예8	1	50° 08′ 45.8″	예5	7	32° 55′ 13.1″
예8	2	40 56 37.0	예5	8	46 37 40.3
예9	3	41 36 09.7	경기7	9	97 27 14.6
얘9	4	61 02 38.4	경기7	10	83 13 41.1
예11	5	54 07 46.9	경기7	11	114 29 39.2
예11	6	32 35 05.9	경기7	12	64 49 25.1

다. 약 도

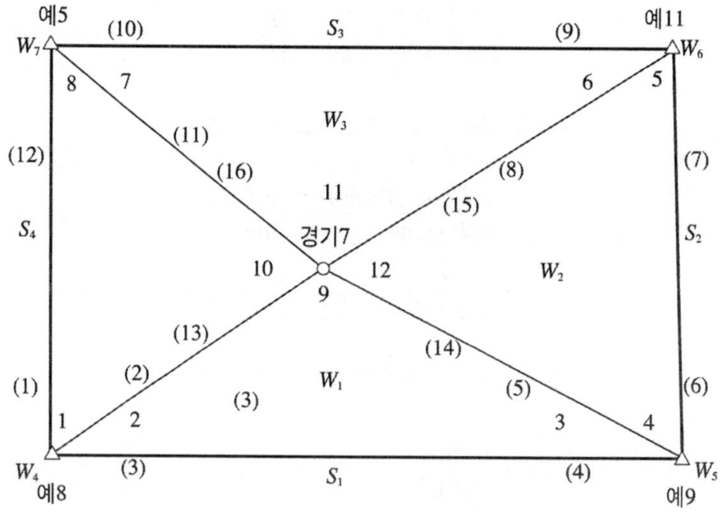

풀이 및 정답 (1) 각도방정식

기지점에 대한 방위각, 거리계산(역계산) 결과를 참고로 약도에 표시하고 관측각을 각명란에 기입하고, 각도방정식에 의하여 각오차(삼각오차, 망오차)를 산출한다.

$$W_1 = 40°\ 56'\ 37.0'' + 41°\ 36'\ 09.7'' + 97°\ 27'\ 14.6'' - 180°$$
$$= +1.3''$$
$$W_2 = 61°\ 02'\ 38.4'' + 54°\ 07'\ 46.9'' + 64°\ 49'\ 25.1'' - 180°$$
$$= -9.6''$$
$$W_3 = 32°\ 35'\ 05.9'' + 32°\ 55'\ 13.1'' + 114°\ 29'\ 39.2'' - 180°$$
$$= -1.8''$$

삼각형오차

$$W_4 = 50°\ 08'\ 45.8'' + 40°\ 56'\ 37.0'' - 91°\ 05'\ 25.9'' = -3.1''$$
$$W_5 = 41°\ 36'\ 09.7'' + 61°\ 02'\ 38.4'' - 102°\ 38'\ 56.3'' = -8.2''$$
$$W_6 = 54°\ 07'\ 46.9'' + 32°\ 35'\ 05.9'' - 86°\ 42'\ 56.1'' = -3.3''$$
$$W_7 = 32°\ 55'\ 13.1'' + 46°\ 37'\ 40.3'' - 79°\ 32'\ 41.7'' = +11.7''$$

(2) 변방정식

변규약의 Ws_2의 값을 계산하기 위하여는 관측각을 왼쪽과 오른쪽으로 구분하여 변규약에 대하여 홀수는 왼쪽에 짝수는 오른쪽에 기입해 sin값을 구하여 Ws_1의 값을 계산하고, cot값으로는 변방정식의 값을 계산한다.

$$Ws_1 = \left(\frac{\Pi \sin A}{\Pi \sin B} - 1\right)\rho''$$
$$= \left(\frac{\sin1 \times \sin3 \times \sin5 \times \sin7}{\sin2 \times \sin4 \times \sin6 \times \sin8} - 1\right)\rho''$$
$$= \left(\frac{0.767681 \times 0.663961 \times 0.810345 \times 0.543472}{0.655316 \times 0.874992 \times 0.538550 \times 0.726909} - 1\right) \times 206{,}265$$
$$= +4.6$$

변규약에서 Ws_2의 값을 계산하기 위하여는 6, 10의 각과 S_3의 거리를 왼쪽에, 1, 11각과 S_4의 거리를 오른쪽에 기입하여, sin값과 cot값을 구하고 Ws_2의 값을 계산한다.

$$Ws_2 = (\frac{S_3 \times \Pi \sin A}{S_4 \times \Pi \sin B} - 1)\rho''$$

$$= (\frac{S_{3\times} \sin 6 \times \sin 10}{S_{4\times} \sin 1 \times \sin 11})\rho''$$

$$= (\frac{5397.77 \times 0.538550 \times 0.993023}{4132.21 \times 0.767681 \times 0.910003} - 1) \times 206{,}265$$

$$= -3.0$$

(3) 상관방정식

서식의 열별로 1, 2, 3열까지는 삼각규약, 4, 5, 6, 7열은 망규약, 8, 9열은 변규약에 대한 열이다.

그러므로 각명이라 쓴 것은 방향번호에 해당하는 란으로서 1열은 당초 삼각규약의 1식이 $-(2)+(3)-(4)+(5)+(13)-(14)$인데 각 방향번호에 경중률을 1로 하여 부여하면, $-1+1-1+1+1-1$……(1열)로서 해당 방향번호란에 기입한다.

또 변규약의 1식에 해당하는 8열에서는 당초 변규약 1식이

$$-A_1(1)+(A_1+A_2)(2)-A_2(3)-A_3(4)+(A_3+A_4)(5)$$
$$-A_4(6)-A_5(7)+(A_5+A_6)(8)-A_6(9)$$
$$-A_7(10)+(A_7+A_8)(11)-A_8(12)$$

이였으므로 (1)방향란에는 1내각의 표차(A_1)를 $-$로 하여 기입하고, (2)방향란에는 (A_1+A_2)이므로 1내각의 cot값(A_1)과 2내각의 cot값(A_2)을 합한 값을 $+$로 하여 기입한다.

① … 1내각의 cot값(A_1) = +0.8을 $-$로 하여 -0.8

② … 1내각의 cot값(A_1) = +0.8과 2내각의 cot값(A_2) = +1.2를 더하여 +2.0을 +로 하여 +2.0

③ … 2내각의 cot값(A_2) = +1.2를 $-$로 하여 -1.2

⋮ ⋮ ⋮

처럼 기입한다.

9열에서도 동일한 방법으로 변규약 2식에 따라 기입한다.

(4) 표준방정식

표준방정식은 다음 식에 따라 대입하는 것으로서 가우스 이체계산법으로 정

해하는 데 도움이 된다.

상관방정식의 1, 2, 3 … 열의 계수를 각각 a, b, c … 로 하고 열별 보정계수 (미지수)를 K_1, K_2, K_3 …로 하면

$$[aa]\ K_1+\ [ab]\ K_2+\ [ad]\ K_4+\ [ae]\ K_5$$

$$af]\ K_6+\ [ag]\ K_7+\ [ah]\ K_8+\ [ai]\ K_9+W_1=\sum\eta_1$$

$$[bb]\ K_2+\ [bc]\ K_3+\ [bd]\ K_4+\ [be]\ K_5$$

$$bf]\ K_6+\ [bg]\ K_7+\ [bh]\ K_8+\ [bi]\ K_9+W_2=\sum\eta_2$$

$$[cc]\ K_3\ \ [cd]\ K_4+\ [ce]\ K_5+\ [cf]\ L_6$$

$$[cg]\ K_7+\ [ch]\ K_8+\ [ci]\ K_9+W_4=\sum\eta_3$$

$$[dd]\ K_4\ \ [de]\ K_5+\ [df]\ K_6+\ [dg]\ K_7$$

$$[dh]\ K_8+\ [di]\ K_9+W_6=\sum\eta_4$$

$$[ee]\ K_5+\ [ef]\ K_6+\ [eg]\ K_7+\ [eh]\ K_8+\ [ei]\ K_9$$

$$+W_7=\sum\eta_5$$

$$[ff]\ K_6+\ [fg]\ K_7+\ [fh]\ K_8+\ [fi]\ K_9+W_8=\sum\eta_6$$

$$[gg]\ K_7+\ [gh]\ K_8+\ [gi]\ K_9+W_{10}=\sum\eta_7$$

$$[hh]\ K_8+\ [hi]\ K_9+W_{S1}=\sum\eta_8$$

$$[ii]\ K_8+W_{S4}=\sum\eta_9$$

위 식은 상관방정식을 미정계수법에 의하여 최소제곱법의 근본 원리에 따라 편성된 수식(연립방정식)인데 실제로는 대칭을 이루는 정방행렬이 되므로 계산에 편하도록 편성한 것으로, 〔 〕기호는 가우스기호라 하며 동류산식의 합을 뜻한다.

(1식 1항) = 〔aa〕

상관방정식 1열의 계수를 a로 하고 열의 계수를 제곱하여 합산하면 +6이 된다.

$$〔aa〕=(-1)^2+(+1)^2+(-1)^2+(+1)^2+(+1)^2+(-1)^2=+6$$

(1식 2항) = 〔ab〕

상관방정식 1열과 2열의 계수를 a, b라 하면, 1열과 2열이 만나는 행으

로 5행과 14행이 있으므로 계수를 곱하여 합산하면 −2가 된다.

$$[ab] = \{(+1)\times(-1)\} + \{(-1)\times(+1)\} = -2$$

(1식 3항) = $[ac]$

상관방정식 1열과 3열의 계수를 각각 a, c라 하면, 만나는 행이 없음으로 값은 0이 된다.

$$[ac] = 0$$

(1식 4항) = $[ad]$

상관방정식의 1열과 4열의 계수를 각각 a, d라 하면, 두 열이 만나는 행은 4행뿐으로 곱하여 합산하면 +1이 된다.

$$[ad] = (+1)\times(+1) = +1$$

(1식 5항) = $[ae]$

상관방정식의 1열과 5열의 계수를 각각 a, e라 하면, 두 열이 만나는 행은 5행뿐으로 곱하여 합산하면 +1이 된다.

$$[ae] = (-1)\times(-1) = +1$$

(1식 6항) = $[af]$

상관방정식의 1열과 6열의 계수를 각각 a, f로 하면, 두 열이 서로 만나는 행은 없으므로 값은 0이다.

$$[af] = 0$$

(1식 7항) = $[ag]$

상관방정식의 1열과 7열의 계수를 각각 a, g로 하면, 두 열이 서로 만나는 계수는 없음으로 값은 0이 된다.

$$[ag] = 0$$

(1식 8항) = $[ah]$

상관방정식의 1열과 8열의 계수를 각각 a, h로 하면, 2, 3, 4, 5행에서 서로 만나게 되므로 서로 곱한 값을 합산하면 −0.4가 된다.

$$[ah] = \{(-1)\times(+2.0)\} + \{(-1)\times(-1.2)\} + \{(-1)\times(-1.1)\} + \{(+1)\times(+1.7)\}$$
$$= -0.4$$

(1식 9항) = $[ai]$

상관방정식의 1열과 9열의 계수를 각각 a, i 로 하면, 두 열이 만나는 행은 2와 13행으로 두 행의 계수끼리 곱하여 합산하면 +0.7이 된다.

$$[ai] = \{(-1)\times(-0.8)\} + \{(+1)\times(-0.1)\} = +0.7$$

(1식 10항) $=\eta$

오차의 난으로서 삼각규약 1에 대한 오차 1.3″로 이를 기입한다.

(1식 11항) $=\Sigma_\eta$

행으로 모든 값을 합산한 값(+7.6)을 적는다.

(2식 2항) = $[bb]$

2식 1행은 공란으로서 해당이 없으며 2행에는 상관방정식의 2열의 계수를 b로 하였으므로 5, 6, 7, 8, 14, 15행의 계수에 의하여 제곱하여 합산하면 +6이 된다.

$$[bb] = (-1)^2 + (+1)^2 + (-1)^2 + (+1)^2 + (+1)^2 + (-1)^2 = +6$$

(2식 3항) = $[bc]$

상관방정식의 2열, 3열의 계수를 b, c라 하면, 두 열이 만나는 행인 8행과 15행의 계수끼리 곱하여 합산하면 −2가 된다.

$$[bc] = \{(+1)\times(-1)\} + \{(-1)\times(+1)\} = -2$$

(2식 4항) = $[bd]$

상관방정식의 2열과 4열의 계수를 b, d라 하면, 두 열이 만나는 행을 곱하여야 하나 만나는 행이 없으므로 0이 된다.

$$[bd] = 0$$

(2식 5항) = $[be]$

상관방정식의 2열과 5열의 계수를 b, e라 하면, 두 열이 만나는 행의 계수끼리 곱하여 합산하면 +1이 된다.

$$[be] = (+1) \times (+1) = +1$$

(2식 6항)

상관방정식의 2열과 6열의 계수를 e, f로 하면, 두 열이 만나는 계수끼리 곱하여 합산하여야 하는데 7행만 해당되므로 +1이 된다.

$$[bf] = (-1) \times (-1) = +1$$

(2식 7항) = $[bg]$

상관방정식의 2열과 7열의 계수가 b, g이므로 두 열이 만나는 행끼리의 곱한 값을 합산해야 하는데 없으므로 0이다.

$$[bh] = 0$$

(2식 8항) = $[bh]$

상관방정식의 2열과 8열의 계수를 b, h로 하였을 때 두 열이 만나는 행인 5, 6, 7, 8행의 계수를 곱하여 합산하면 +0.7이 된다.

$$\begin{aligned}[bh] &= \{(-1)\times(+1.7)\}+\{(+1)\times(-0.6)\}+\{(-1)\times(-0.7)\}+\{(+1)\\ &\quad \times(+2.3)\}\\ &= +0.7\end{aligned}$$

(2식 9항) = $[bi]$

상관방정식의 2열과 9열의 계수를 b, i로 하였을 때 두 열이 만나는 행인 8행과 15행의 계수를 곱하여 합산하면 −2.1이 된다.

$$[bi] = \{(+1) \times (-1.6)\} + \{(-1) \times (+0.5)\} = -2.1$$

(2식 10항) $=\eta$

삼각규약 2에 대한 오차(W_2) −9.6″를 기입한다.

(2식 11항) $=\Sigma_\eta$

행으로 합산하여 기입하는 란으로 2식 1항은 없으나 본래 대칭행렬의 정방행렬이 되므로 실제는 2식 1항의 수(즉, 1행 2열)는 −2가 있지만 정해의 계산을 쉽게 하기 위하여 생략하였다.

그러므로

$$\Sigma_\eta = (-2)+(+6)+(-2)+(0)+(+1)+(+1)+(0)+(+0.7)$$
$$+(-2.1)+(-9.6)$$
$$= -7.0$$이 된다.

1식, 2식에 대하여 설명한 것과 같이 나머지 식들도 계산하는 요령이 동일하다. 이해를 돕는 뜻에서 8식에 대하여 설명하면

(8식 8항) = 〔hh〕

상관방정식의 8열의 계수를 h로 하였을 때 제곱하여 합산하면 +27.7이 된다.

$$[hh] = (-0.8)^2+(+2.0)^2+(-1.2)^2+(-1.1)^2+(+1.7)^2$$
$$+(-0.6)^2+(-0.7)^2+(+2.3)^2+(-1.6)^2$$
$$+(-1.5)^2+(+2.4)^2+(-0.9)^2 =+27.7$$

(8식 9항) = 〔hi〕

상관방정식의 8열과 9열을 h, i로 하였을 때 두 열이 만나는 행인 1, 2, 8, 9행의 계수를 곱하여 합산하면 −8.48이 된다.

$$[hi] = \{(-0.8)\times(+0.8)\}+\{(+2.0)\times(-0.8)\}+\{(+2.3)\times(-1.6)\}$$
$$+\{(-1.6)\times(+1.6)\} = -8.48$$

(8식 10항) $=n$

상관방정식의 8열은 변방정식 1에 대한 규약등식이므로 이에 대한 오차 (Ws_1)인 +4.6을 기입한다.

(8식 11항) $=\Sigma\eta$

8식의 각 항을 행으로 합산하여야 하는데 앞서 설명한데로 합산(Σ_η)하면 +23.92가 된다.

$$\Sigma\eta = (-0.4)+(+0.7)+(0.0)+(-0.4)+(+0.5)+(-0.9)+(+0.6)$$
$$+(+27.7)+(-8.48)+(+4.6) = +23.92$$가 된다.

(5) 정해

표준방정식(연립방정식)을 푸는 것은 미정계수의 값을 얻으며, 다항식의 방정식을 풀기 위한 계산의 흐름은 복잡한 절차를 거쳐야 한다.

가우스 이체계산법도 이러한 복잡성을 덜기 위하여 정해의 계산과 다음 설명할 '(6) 역해'의 계산을 통하여 얻어지도록 되어 있다.

가. 정해의 1행

표준방정식의 1행의 수들을 순서대로 이기한다.

나. 정해의 2행

1행의 좌측수(+6)로 우측수들(−2, 0, +1, 0, 0, −0.6, +1.5, +1.3, +8, 2)을 각각 나누어 반대부호로 기재한다. 이 행의 값을 C_1으로 한다.

(2행 2열) = (−2) ÷ (+6) = −0.3333 ········· +0.3333
(2행 3열) = 0 ÷ (+6) = 0.0000 ··············· 0.0000
(2행 4열) = (+1) ÷ (+6) = +0.1667 ········· −0.1667
(2행 5열) = (+1) ÷ (+6) = +0.1667 ········· −0.1667
(2행 6열) = 0 ÷ (+6) = 0.0000 ··············· 0.0000
(2행 7열) = 0 ÷ (+6) = 0.0000 ··············· 0.0000
(2행 8열) = (−0.4) ÷ (+6) = −0.1000 ······ +0.0667
(2행 9열) = (+0.7) ÷ (+6) = +0.2500 ······ −0.1167
(2행 η열) = (+1.3) ÷ (+6) = +0.2167 ······ −0.2167
(2행 Σ_η열) = +7.6 ÷ (+6) = +1.2667 ······ −1.2667

2행 2열에서 2행 10열까지의 값을 합하여 −1한 수와 2행 11열($\Sigma\eta$열)의 값과 일치하면, 계산에 오류가 없었음을 뜻하므로 검산이 된다.

즉, +0.3333 − 0.1667 − 0.1667 + 0.0667 − 0.1167 − 0.2167 − 1
= −1.2667

끝자리의 수(소수 4위)에서 1 혹은 2 정도의 차이가 나는 경우가 있는데 이것은 계산시 단수처리의 영향으로 계산결과에는 영향을 미치지 않는다.

다. 정해의 3행

3행에는 표준방정식의 2행의 수들을 순서대로 이기한다.

라. 정해의 4행

C_1의 첫째의 수(+0.3333)를 산출할 때의 피제수인 −2로 C_1수들을 각각 곱하여 3행의 수와 각각 합산하여 기재한다.

(4행 2열) : (−2)×(+0.3333) + (+6) = +5.3334

(4행 3열) : (−2)×(0.0000) + (−2) = −2.0000

(4행 4열) : (−2)×(−0.1667) + (0) = +0.3334

(4행 5열) : (−2)×(−0.1667) + (+1) = +1.3334

(4행 6열) : (−2)×(0.0000) + (+1) = +1.0000

(4행 7열) : (−2)×(0.0000) + (0) = 0.0000

(4행 8열) : (−2)×(+0.0667) + (+0.7) = +0.5666

(4행 9열) : (−2)×(−0.1167) + (−2.1) = −1.8666

(4행 η열) : (−2)×(−0.2167) + (−9.6) = −9.1666

(4행 Σ_η열) : (−2)×(−1.2667) + (−7.0) = −4.4666

마. 정해의 5행

4행의 좌측수(+5.3334)로 우측수들을 각각 나누어 반대부호로 기재한다. 이 행의 값을 C_2로 한다.

(5행 3열) : (−2.0000)÷(+5.3334) = −0.3750 ······ +0.3750

(5행 4열) : (+0.3334)÷(+5.3334) = +0.0625 ······ −0.0625

(5행 5열) : (+1.3334)÷(+5.3334) = +0.2500 ······ −0.2500

(5행 6열) : (+1.0000)÷(+5.3334) = +0.1875 ······ −0.1875

(5행 7열) : (0.0000)÷(+5.3334) = 0.0000 ······ 0.0000

(5행 8열) : (+0.5666)÷(+5.3334) = +0.1062 ······ −0.1062

(5행 9열) : (−1.8666)÷(+5.3334) = −0.3500 ······ +0.3500

(5행 η열) : (−9.1666)÷(+5.3334) = −1.7187 ······ +1.7187

(5행 $\Sigma\eta$열) : (−4.4666)÷(+5.3334) = −0.8375 ······ +0.8375

5행 3열에서 5행 10열까지를 합하여 −1한 값과 5행 11열($\Sigma\eta$열)의 값과 일치하는가를 검산한다.

+0.3750 − 0.0625 − 0.2500 − 0.1875 − 0.1062 + 0.3500 + 1.7187 − 1
= +0.8375

바. 정해의 6행

표준방정식의 3행의 수들을 순서대로 이기한다.

사. 정해의 7행

6행의 첫째수의 위로(3열) C_1의 수(0.0000)가 산출될 때의 피제수가 0이므로 C_1이 생략되고, C_2의 수(+0.3750)가 산출될 때의 피제수가 −2.0000인데 이 수가 C_2들을 각각 곱하고 6행의 수들과 각각 합산하여 기입한다.

(7행 3열) : (−2.0000) × (+0.3750) + (+6) = +5.2500
(7행 4열) : (−2.0000) × (−0.0625) + (0) = +0.1250
(7행 5열) : (−2.0000) × (−0.2500) + (0) = +0.5000
(7행 6열) : (−2.0000) × (−0.1875) + (+1) = +1.3750
(7행 7열) : (−2.0000) × (0.0000) + (+1) = +1.0000
(7행 8열) : (−2.0000) × (−0.1062) + (0.0) = +0.2124
(7행 9열) : (−2.0000) × (+0.3500) + (+4.1) = +3.4000
(7행 η열) : (−2.0000) × (+1.7187) + (−1.8) = −5.2374
(7행 $\Sigma\eta$열) : (−2.0000) × (+0.8375) + (+8.3) = +6.6250

아. 정해의 8행

2행과 5행에서와 마찬가지로 좌측수(+5.2500)로 우측수들을 나누어 반대부호를 부여하여 기록한다. 이 행의 값을 C_3로 한다.

(8행 4열) : (+0.1250) ÷ (+5.2500) = +0.0238 ······ −0.0238
(8행 5열) : (+0.5000) ÷ (+5.2500) = +0.0952 ······ −0.0952
(8행 6열) : (+1.3750) ÷ (+5.2500) = +0.2619 ······ −0.2619
(8행 7열) : (+1.0000) ÷ (+5.2500) = +0.1905 ······ −0.1905
(8행 8열) : (+0.2124) ÷ (+5.2500) = +0.0405 ······ −0.0405
(8행 9열) : (+3.4000) ÷ (+5.2500) = +0.6476 ······ −0.6476
(8행 η열) : (−5.2374) ÷ (+5.2500) = −0.9976 ······ +0.9976
(8행 $\Sigma\eta$열) : (+6.6250) ÷ (+5.2500) = +1.2619 ······ −1.2619

C_i의 계수를 산출한 후에는 반드시 같은 행의 C_i의 값들을 η열까지 합산하여 −1로서 $\Sigma\eta$열의 값과 일치하는가를 검증하여야 한다.

만일 일치하지 않을 때에는 다음 계산 이후는 모두 잘못 계산되게 되어 최종 목적하는 성과를 기대할 수가 없다.

$-0.0238 - 0.0952 - 0.2619 - 0.1905 - 0.0405 - 0.6476 + 0.9976 - 1$
$= -1.2619$ (8행$\Sigma\eta$열)

자. 정해의 9행

1, 3, 6행에서와 같이 표준방정식의 제4행을 이기한다.

차. 정해의 10행

이기한 9행의 첫째수의 위로(4열) $C_1(-0.1667)$, $C_2(-0.0625)$, $C_3(-0.0238)$가 이미 계산되어 있으므로 이 값을 산출할 때의 피제수들(+1, +0.3334, +0.1250)이 있다.

그러므로 +1과 C_1, +0.3334와 C_2, +0.1250과 C_3의 값들을 각각 곱하여 합산하고, 이기된 열의 수를 합산하여 기록한다.

(10행 4열) : $\{(+1)\times(-0.1667)\}+\{(+0.3334)\times(-0.0625)\}+\{(+0.1250)\times(-0.0238)\}+2=+1.8095$

(10행 5열) : $\{(+1)\times(-0.1667)\}+\{(+0.3334)\times(-0.2500)\}+\{(+0.1250)\times(-0.0952)\}+0=-0.2620$

(10행 6열) : $\{(+1)\times(0.0000)\}+\{(+0.3334)\times(-0.1875)\}+\{(+0.1250)\times(-0.2619)\}+0=-0.0952$

(10행 7열) : $\{(+1)\times(0.0000)\}+\{(+0.3334)\times(0.0000)\}+\{(+0.1250)\times(-0.1905)\}+0=-0.0238$

(10행 8열) : $\{(+1)\times(+0.0667)\}+\{(+0.3334)\times(-0.1062)\}+\{(+0.1250)\times(-0.0405)\}-0.4=-0.3738$

(10행 9열) : $\{(+1)\times(-0.1167)\}+\{(+0.3334)\times(+0.3500)\}+\{(+0.1250)\times(-0.6476)\}-0.8=-0.8810$

(10행 η열) : $\{(+1)\times(-0.2167)\}+\{(+0.3334)\times(+1.7187)\}+\{(+0.1250)\times(+0.9976)\}-3.1=-2.6190$

(10행 $\Sigma\eta$열) : $\{(+1)\times(-1.2667)\}+\{(+0.3334)\times(+0.8375)\}+\{(+0.1250)\times(-1.2619)\}-1.3=-2.4452$

카. 정해의 11행

2, 5, 8행에서와 같이 10행의 좌측수(+1.8095)로 우측수들을 각각 나누어 반대부호로 기입한 후 이 행의 수들을 C_4로 한다.

그리고 검산을 하여 계산이 맞는가를 확인한다.

이러한 계산을 진행하여 표준방정식 9행이 이기될 때까지 계속하여야 하는데 같은 방법이므로 생략하고, 21행, 22행, 23행에 대하여 추가로 계산방법을 설명하면 다음과 같다.

타. 정해의 21행

표준방정식의 제8행을 이기한다.

파. 정해의 22행

이기된 21행의 첫째수(8열) 위로는, C_1, C_2, C_3, C_4, C_5, C_6, C_7이 있으므로 이 모두가 이 계산에 필요하다. 그러므로

(22행 8열) : {(−0.4)×(+0.0667)} + {(+0.5666)×(−0.1062)} +
{(+0.2124)×(−0.0405)} + {(−0.3738)×(+0.2066)} +
{(+0.3508)×(−0.2480)} {(−0.9837)×(+0.7356)} +
{(+0.7000)×(−0.2100)} +27.7
= +26.6400

(22행 9열) : {(−0.6)×(−0.1167)} + {(+0.5666)×(+0.3500)} +
{(+0.2124)} +(−0.6476)} + {(−0.3738)×(+0.4869)} +
{(+0.3508)×(+0.0717)} + {(−0.9837)×(−0.7365)} +
{(+0.3652)×(+0.2600)} −8.48
= −7.7100

(22행 η열) : {(−0.6)×(−0.2167)} + {(+0.5666)×(+1.7187)} +
{(+0.2124)} +(+0.9976)} + {(−0.3738)×(+1.4474)} +
{(+0.3508)×(+4.2459)} + {(−0.9837)×(+1.5130)} +
{(+0.3652)×(−6.7876)} +4.6
= +2.8535

(22행 $\Sigma\eta$열) : {(−0.6)×(−1.2667)} + {(+0.5666)×(+0.8375)} +
{(+0.2124)} +(−1.2619)} + {(−0.3738)×(+1.3513)} +
{(+0.3508)×(+3.4184)} + {(−0.9837)×(+0.7297)} +
{(+0.3652)×(−7.7375)} +23.92
= +21.7838

하. 정해의 23행

앞에서 C계수의 산출방법과 같이 22행의 좌측수(+26.6400)로 우측수들을 나누어 반대부호로 기입하고, 계산에 대한 검산을 실시한다.

(23행 9열) : $(-7.7100) \div (+26.6400) = -0.2894$ …… $+0.2894$

(23행 η열) : $(+2.8535) \div (+26.6400) = +0.1071$ …… -0.1071

(23행 Σ_η열) : $(+21.7838) \div (+26.6400) = +0.8177$ …… -0.8177

이렇게 계산된 23행의 값들을 C_8로 한다.

검산은 $(+0.2884 - 0.1071) - 1 = -0.8177$($\Sigma\eta$열)

24행에는 표준방정식 9행의 수들을 이기하여 C_1, C_2, C_3, C_4, C_5, C_6, C_7, C_8의 계수를 모두 적용하여 계산을 실시하고, 이렇게 C계수가 많아질 때에는 단순한 계산요령이지만 여러 차례의 반복계산을 합산하여야 하는 번거로움이 있으므로 프로그램에 의하여 간단하게 계산을 할 수도 있다.

(6) 역해

역해에서는 보정치를 구하는 상관계수(K_i)를 구하는데 앞서 정해의 계산에서 구한 C계수들을 η열로부터 1열을 향해 계산 인수로 사용하기 때문에 붙여진 명칭으로 이를 상관수의 계산이라고도 한다.

가. 역해의 1행

역해의 1행에는 정해의 서식에서 η열에서 $C_1(-0.2167)$, $C_2(+1.7187)$, $C_3(+0.9976)$, $C_4(+1.4474)$, $C_5(+4.2459)$, $C_6(+1.5133)$, $C_7(-6.7874)$, $C_8(-0.1071)$, $C_9(-1.9077)$를 순차 이기한다.

그리고 C_9열의 수(-1.9077)를 계란에 이기한다.

나. 역해의 2행

2행에는 C_9열에서 계란에 이기한 값(-1.9077)과 정해의 9열에서 C_1, C_2, C_3, C_4, C_5, C_6, C_7, C_8 와 각각 곱하여 순차 기록한다.

(2행 C_1열) : $(-1.9077) \times (-0.1167) = +0.2226$

(2행 C_2열) : $(-1.9077) \times (+0.3500) = -0.6677$

(2행 C_3열) : $(-1.9077) \times (-0.6476) = +1.2354$

(2행 C_4열) : $(-1.9077) \times (+0.4869) = -0.9289$

(2행 C_5열) : $(- \times (+0.0717) = -0.1368$

(2행 C_6열) : $(-1.9077) \times (-0.7365) = +1.4050$

(2행 C_7열) : $(-1.9077) \times (+0.2600) = -0.4960$

(2행 C_8열) : $(-1.9077) \times (+0.2894) = -0.5521$

그리고 C_8열의 합($-0.1071 - 0.5521 = -0.6592$)을 계산하여 계란에 기입한다.

다. 역해의 3행

3행에서는 C_8열의 수를 합산한 값(-0.6592)과 정해의 8열의 계수인 C_1, C_2, C_3, C_4, C_5, C_6, C_7와 곱하여 순차기록하고 C_7열의 수를 합산하여 계란에 기입한다.

(3행 C_1열) : $(-0.6592) \times (+0.0667) = -0.0440$
(3행 C_2열) : $(-0.6592) \times (-0.1062) = +0.0070$
(3행 C_3열) : $(-0.6592) \times (-0.0405) = +0.0267$
(3행 C_4열) : $(-0.6592) \times (+0.2066) = -0.1362$
(3행 C_5열) : $(-0.6592) \times (-0.2480) = +0.1635$
(3행 C_6열) : $(-0.6592) \times (+0.7356) = -0.4849$
(3행 C_7열) : $(-0.6592) \times (-0.2100) = +0.1384$

그리고 C_7열의 합($-6.7874 - 0.4960 + 0.1384 = -7.1450$)을 계산하여 계란에 기입한다.

라. 역해의 4행

4행에는 C_7열에서 합산하여 계란에 기입한 수(-7.1450)와 정해의 계순 C_1, C_2, C_3, C_4, C_5, C_6와 곱하여 순차 기입하고, C_6열의 수를 합산하여 계란에 기입한다.

(4행 C_1열) : $(-7.1450) \times (\ 0.0000) = \ 0.0000$
(4행 C_2열) : $(-7.1450) \times (\ 0.0000) = \ 0.0000$
(4행 C_3열) : $(-7.1450) \times (-0.1905) = +1.3611$
(4행 C_4열) : $(-7.1450) \times (+0.0132) = -0.0943$
(4행 C_5열) : $(-7.1450) \times (+0.0698) = -0.4987$
(4행 C_6열) : $(-7.1450) \times (+0.2175) = -1.5540$

그리고 C_6열의 합($+1.5133 + 1.4050 - 0.4849 - 1.5540 = +0.8794$)을 계산하여 계란에 기입한다.

마. 역해의 5행

역시 C_6열에서 합산한 값($+0.8794$)과 정해의 6열에서 산출된 계수 C_1, C_2, C_3, C_4, C_5와 곱하여 순차 기입하고, C_5열의 수를 합산($+4.0193$)하

여 계란에 적는다.

계속하여 6행, 7행, 8행, 9행에서도 같은 요령으로 계산하여 역해의 값을 계산하게 되는데 당초 연립방정식의 미계수 값이다. 다시 말해서 표준방정식의 K_i값이 역해결과 계란의 C_i값이다.

이것은 보정계수라고도 할 수 있는데 이것을 상관방정식에 대입하여 보정값을 구한다.

(7) 보정치 계산

역해로서 얻어진 상관계수를 상관방정식에 대입하여 보정치를 산출하게 되는데 이 서식의 각명이라 쓴 란에는 방향번호에 해당하는 것을 적는다.

상관방정식의 열별로 나열된 +1, 혹은 −1, 상관방정식의 8열, 9열의 초차를 상관계수(C_i)와 곱하여 해당란에 기입하여 행별로 합산한 것이 보정치가 된다.

(보정치 계산 C_1열) …… 계수 C_1을 곱한다.

2행 = (−1) × (−0.5439) = +0.5439

3행 = (+1) × (−0.5439) = −0.5439

4행 = (−1) × (−0.5439) = +0.5439

5행 = (+1) × (−0.5439) = −0.5439

13행 = (+1) × (−0.5439) = −0.5439

14행 = (−1) × (−0.5439) = +0.5439

(보정치 계산 C_2열) …… 계수 C_2를 곱한다.

5행 = (−1) × (+0.9508) = −0.9508

6행 = (+1) × (+0.9508) = +0.9508

7행 = (−1) × (+0.9508) = −0.9508

8행 = (+1) × (+0.9508) = +0.9508

14행 = (+1) × (+0.9508) = +0.9508

15행 = (−1) × (+0.9508) = −0.9508

보정치 계산의 C_3열, C_4열, C_5열, C_6열, C_7열과 상관수 C_3, C_4, C_5, C_6, C_7의 계수와 상관방정식의 계수를 곱하여 기록하는 요령은 C_1, C_2의 계산방법과 같다.

(보정치 계산 C_8) …… 계수 C_8을 곱한다.

1행 = (−0.8) × (−0.6592) = +0.5274

2행 $=(+2.0)\times(-0.6592) = -1.3184$

3행 $=(-1.2)\times(-0.6592) = +0.7910$

4행 $=(-1.1)\times(-0.6592) = +0.7251$

5행 $=(+1.7)\times(-0.6592) = -1.1206$

6행 $=(-0.6)\times(-0.6592) = +0.3955$

7행 $=(-0.7)\times(-0.6592) = +0.4614$

8행 $=(+2.3)\times(-0.6592) = -1.5162$

9행 $=(-1.6)\times(-0.6592) = +1.0547$

10행 $=(-1.5)\times(-0.6592) = +0.9888$

11행 $=(+2.4)\times(-0.6592) = -1.5821$

12행 $=(-0.9)\times(-0.6592) = +0.5933$

(보정치 계산 C_9열) …… 계수 C_9를 곱한다.

1행 $=(+0.8)\times(-1.9077) = -1.5262$

2행 $=(-0.8)\times(-1.9077) = +1.5262$

8행 $=(-1.6)\times(-1.9077) = +3.0523$

9행 $=(+1.6)\times(-1.9077) = -3.0523$

13행 $=(-0.1)\times(-1.9077) = +0.1908$

15행 $=(+0.5)\times(-1.9077) = -0.9539$

16행 $=(-0.4)\times(-1.9077) = +0.7631$

상관계수를 각각 열별로 상관방정식에 대입하였으면 행별로 합산하여 소요자리 다음수까지 기입하여 보정치를 산출한다.

이 보정치는 어느 각을 이루는 방향번호로서 각의 보정이나 변장에 대한 보정을 동시에 계산하여 모두 각으로 보정하게 되는데 이것은 근사조정법에서와 같다. 그러므로 계산된 보정치는 초위의 각도가 된다.

1삼각형에서 내각에 대한 오차가 +1.3″였다. 이 보정치가 맞게 산출되었는지 확인하여 보면, $-(2)+(3)-(4)+(5)+(13)-(14)=W_1$이므로

각 2에 대한 보정치 = $-(2)+(3)$ …… 였으므로

보정치 $= -(+0.75)+(+1.16) = -(+0.8)+(1.2) = +0.4''$

각 3에 대한 보정치 = $-(4)+(5)$ 였으므로

보정치 $= -(-2.75)+(-2.62) = -(-2.8)+(-2.6) = +0.2''$

각 11에 대한 보정치 = $+(13)-(14)$ 였으므로

보정치 = $+(-0.35)-(+1.49) = +(-0.4)-(+1.5) = -1.9''$

1삼각형의 보정치 합 = $+0.4''+0.2''-1.9'' = -1.3''$

2삼각형에서 내각의 오차가 $-9.6''$였는데

$-(5)+(6)-(7)+(8)+(14)-(15) = W_2$ 이므로

보정치 = $-(-2.62)+(+5.37)-(-1.37)+(-0.50)+(+1.49)-(+1.08)$

$= +9.27 = +9.3''$

기지각오차4(W_4)에 대해서 확인하여 보면,

$-(1)+(3) = W_4$ 의 식에서 오차가 $-3.1''$였으므로

보정치 = $-(-1.92)+(+1.16) = +3.1''$로 맞게 계산되었다.

보정치는 처음 각도방정식의 서식에서 관측각마다 보정각란에 기입하여 조정각을 산출해야 한다.

보정 후의 조정각에 의하여 삼각형의 내각을 합하여 확인해 본다.

삼각형(6, 7, 11) = $32°\ 35'\ 08.6'' + 32°\ 55'\ 09.4'' + 114°\ 29'\ 42.0''$

$= 180°$

기지각 10(7, 8) = $32°\ 55'\ 09.4'' + 46°\ 37'\ 32.3'' = 79°\ 32'\ 41.7''$

이 때의 기지내각 = $79°\ 32'\ 41.7''$로 확인이 된다.

(8) 소구점계산

가. 약도

계산자는 가능한 한 반대편기지점에서 소구점을 구하는 형으로 구상하는 것이 좋다. 이 계산예에서는 예11과 예8에서 소구점을 구하는 방법을 택하였다.

방위각은 기지점에 대한 방위각이므로 예11에서 예5에 대한 방위각, 거리도 예11에서 예5에 이르는 거리를 계산하여 기재한다.

다른 기지점에 대하여는 예8에서 예9에 대한 방위각과 거리를 산출하여 기재하는 것이 다음 소구점에 대한 변장이나 방위각을 산출하기가 편리하다.

나. 변장계산

$$\text{예11}-\text{경기7} = \frac{5{,}397.77 \times \sin 32°\ 55'\ 09.4''}{\sin 114°\ 29'\ 42.0''} = 3{,}223.59\ \text{m}$$

$$\text{예8} - \text{경기7} = \frac{4{,}517.10 \times \sin 41^\circ\ 36'\ 10.1''}{\sin 97^\circ\ 27'\ 12.2''} = 3{,}024.74\ \text{m}$$

다. 방위각계산

예11－경기7 = 325° 29′ 39.1″ － 32° 35′ 08.6″ = 292° 54′ 30.5″

예8－경기7 = 136° 07′ 46.7″ － 40° 56′ 37.8″= 95° 11′ 08.9″

라. 종횡선좌표계산

㉠ 예11에서 경기7

종선좌표＝461,369.03 ＋ 3,223.59 × cos292° 54′ 30.5″ =462,623.85 m

횡선좌표＝201,506.62 ＋ 3,223.59 × sin292° 54′ 30.5″ =198,537.28 m

㉡ 예8에서 경기7

종선좌표＝462,897.24 ＋ 3,024.74 × cos95° 11′ 08.9″ =462,623.85 m

횡선좌표＝195,524.93 ＋ 3,024.74 × sin95° 11′ 08.9″ =198,537.29 m

㉢ 평 균

종선좌표＝(462,623.85 ＋ 462,623.85) ÷ 2 =462,623.85 m

횡선좌표＝(198,537.28 ＋ 198,537.29) ÷ 2 =198,537.28 m

□ 삼변측량

전파 또는 광파거리측량기의 출현에 따라 전파측량기로 60km까지, 초장기선간섭계(VLBI)로는 수천 km의 거리측정이 가능해 졌을 뿐만 아니라 수천 km의 측정오차가 ±15cm 정도로 정밀측정이 가능해 졌다. 또한 최근에는 GPS측량방법을 이용해 그 이상의 정밀한 측정이 가능하게 됨에 따라 삼각측량대신 삼변측량의 이용이 실용화되고 있는 것이 세계적인 추세이다.

삼각측량은 각도를 측정하여 기선이나 삼각점간의 변장을 대부분 계산에 의하여 간접적으로 구하는 반면, 삼변측량은 전파 · 광파 및 GPS로 변장만을 측정하여 삼각점이나 기준점의 위치를 결정하는 측량방법이다. 따라서 삼변측량은 측정 길이가 짧으면 "평균방향각의 정도"가 나쁘므로 큰 기준망에 적합한 측량방법이다.

예제 1-28 정답

삼 각 망 조 정 계 산 부

[약도]

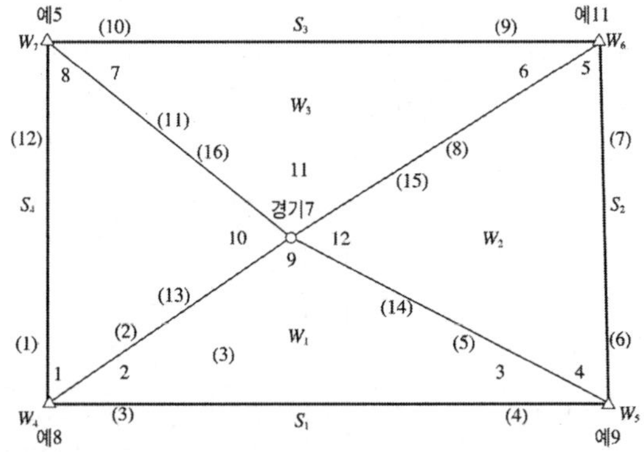

각명	관측각	보정각	조정각
1	50° 08′ 45.8″	+2.6	50° 08′ 48.4″
2	40 56 37.0	+0.4	40 56 37.4
3	41 36 09.7	+0.1	41 36 09.8
4	61 02 38.4	+8.1	61 02 46.5
5	54 07 46.9	+1.0	54 07 47.9
6	32 35 05.9	+2.3	32 35 08.2
7	32 55 13.1	-3.8	32 55 09.3
8	46 37 40.3	-8.0	46 37 32.3
9	97 27 14.6	-1.4	97 27 12.7
10	83 13 41.1	-1.9	83 13 39.2
11	114 29 39.2	+3.2	114 29 42.4
12	64 49 25.1	+0.5	64 49 25.6
	W_1 = +1.3″		
	W_2 = -9.6″		
	W_3 = -1.8″		
	W_4 = -3.1″		
	W_5 = -8.2″		
	W_6 = -3.3″		
	W_7 = +11.7″		

각명	관측내각	기지내각
1+2	91° 05′ 22.8″	91° 05′ 25.9″
3+4	102 38 48.1	102 38 56.3
5+6	86 42 52.8	86 42 56.1
7+8	79 32 53.4	79 32 41.7

1. 각도방정식

0 =	-(2)+(3)-(4)+(5)+(13)-(14)+ W_1
0 =	-(5)+(6)-(7)+(8)+(14)-(15)+ W_2
0 =	-(8)+(9)-(10)+(11)+(15)-(16)+ W_3
0 =	-(1)+(3)+ W_4
0 =	-(4)+(6)+ W_5
0 =	-(7)+(9)+ W_6
0 =	-(10)+(12)+ W_7

2. 변방정식

$$0 = -A1(1)+(A1+A2)(2)-A2(3)-A3(4)+(A3+A4)(5)-A4(6)-A5(7)+(A5+A6)(8)-A6(9)-A7(10)$$

$$+(A7+A8)(11)-A8(12)+W_{S1}$$

(0 = −0.8 + 2.0 − 1.2 − 1.1 + 1.7 − 0.6 − 0.7 + 2.3 − 1.6 − 1.5 + 2.4 − 0.9 + 4.6)

$$0 = A1(1)-(A1)(2)-A6(8)+A6(9)-(A10)(13)-A11(15)+(A10+A11)(16)+W_{S2}$$

(0 = 0.8 − 0.8 − 1.6 + 1.6 − 0.1 + 0.5 − 0.4 − 3.0)

각명	관측각	sin*A*	cot*A*	각명	관측각	sin*B*	cot*B*
1	50° 08′ 45.8″	0.767681	0.8	2	40° 56′ 37.0″	0.655316	1.2
3	41 36 09.7	0.663961	1.1	4	61 02 38.4	0.874992	0.6
5	54 07 46.9	0.810345	0.7	6	32 35 05.9	0.538550	1.6
7	32 55 13.1	0.543472	1.5	8	46 37 40.3	0.726909	0.9
	Πsin*A* =	0.224476			Πsin*B* =	0.224471	
	$\left(\frac{0.224476}{0.224471} - 1\right)\rho'' = +4.6\ (W_{S1})$						
	$\rho'' = 206265''$						
	$\left(\frac{\Pi \sin A}{\Pi \sin B} - 1\right)\rho'' = W_{S1}$						
6	32 35 05.9	0.538550	1.6	1	50 08 45.8	0.767681	0.8
10	83 13 41.1	0.993023	0.1	11	114 29 39.2	0.910003	-0.5
S_3	5,397.77m			S_4	4,132.21m		
	S_3×Πsin*A* =	2,886.687111			S_4×ΠsinB =	2,886.728902	
	$\left(\frac{2,886.687111}{2,886.728902} - 1\right)\rho'' = -3.0\ (W_{S2})$						
	$\left(\frac{S_3 \times \Pi \sin A}{S_4 \times \Pi \sin B} - 1\right)\rho'' = W_{S2}$						

3. 상관방정식

순서 각명	1	2	3	4	5	6	7	8	9	10	Σ
1				-1				-0.8	+0.8		
2	-1							+2.0	-0.8		
3	+1			+1				-1.2			
4	-1				-1			-1.1			
5	+1	-1						+1.7			
6		+1			+1			-0.6			
7		-1				-1		-0.7			
8		+1	-1					+2.3	-1.6		
9			+1			+1		-1.6	+1.6		
10			-1				-1	-1.5			
11			+1					+2.4			
12							+1	-0.9			
13	+1								-0.1		
14	-1	+1									
15		-1	+1						+0.5		
16			-1						-0.4		
17											
18											

4. 표준방정식

	1	2	3	4	5	6	7	8	9	n	Σn
1	+6	-2	0	+1	+1	0	0	-0.4	+0.7	+1.3	+7.6
2		+6	-2	0	+1	+1	0	+0.7	-2.1	-9.6	-7.0
3			+6	0	0	+1	+1	+0.0	+4.1	-1.8	+8.3
4				+2	0	0	0	-0.4	-0.8	-3.1	-1.3
5					+2	0	0	+0.5	0	-8.2	-3.7
6						+2	0	-0.9	+1.6	-3.3	+1.4
7							+2	+0.6	0	+11.7	+15.3
8								+27.7	-8.48	+4.6	+23.92
9									+6.82	-3.0	-1.16
10											

5. 정　해(2-1)

1	2	3	4	5	6	7	8	9	n		Σn
+6	-2	0	+1	+1	0	0	-0.4	+0.7	+1.3		+7.6
C_1	+0.3333	0.0000	-0.1667	-0.1667	0.0000	0.0000	+0.0667	-0.1167	-0.2167		-1.2667
	+6	-2	0	+1	+1	0	+0.7	-2.1	-9.6		-7.0
	-0.6666	0.0000	+0.3334	+0.3334	0.0000	0.0000	-0.1334	+0.2334	+0.4334		+2.5334
	+5.3334	-2.0000	+0.3334	+1.3334	+1.0000	0.0000	+0.5666	-1.8666	-9.1666		-4.4666
	C_2	+0.3750	-0.0625	-0.2500	-0.1875	0.0000	-0.1062	+0.3500	+1.7187		+0.8375
		+6	0	0	+1	+1	+0.0	+4.1	-1.8		+8.3
		-0.7500	+0.1250	+0.5000	+0.3750	0.0000	+0.2124	-0.7000	-3.4374		-1.6750
		+5.2500	+0.1250	+0.5000	+1.3750	+1.0000	+0.2124	+3.4000	-5.2374		+6.6250
		C_3	-0.0238	-0.0952	-0.2619	-0.1905	-0.0405	-0.6476	+0.9976		-1.2619
			+2	0	0	0	-0.4	-0.8	-3.1		-1.3
			-0.1667	-0.1667	0.0000	0.0000	+0.0667	-0.1167	-0.2167		-1.2667
			-0.0208	-0.0834	-0.0625	0.0000	-0.0354	+0.1167	+0.5730		+0.2792
			-0.0030	-0.0119	-0.0327	-0.0238	-0.0051	-0.0810	+0.1247		-0.1577
			+1.8095	-0.2620	-0.0952	-0.0238	-0.3738	-0.8810	-2.6190		-2.4452
			C_4	+0.1448	+0.0526	+0.0132	+0.2066	+0.4869	+1.4474		+1.3513
				+2	0	0	+0.5	0	-8.2		-3.7
				-0.1667	0.0000	0.0000	+0.0667	-0.1167	-0.2167		-1.2667
				-0.3334	-0.2500	0.0000	-0.1416	+0.4667	+2.2917		+1.1167
				-0.0476	-0.1310	-0.0952	-0.0202	-0.3238	+0.4988		-0.6310
				-0.0379	-0.0138	-0.0035	-0.0541	-0.1276	-0.3792		-0.3540
				+1.4144	-0.3948	-0.0987	+0.3508	-0.1014	-6.0054		-4.8350
				C_5	+0.2791	+0.0698	-0.2480	+0.0717	+4.2459		+3.4184
					+2	0	-0.9	+1.6	-3.3		+1.4
					-0.1875	0.0000	-0.1062	+0.3500	+1.7187		+0.8375
					-0.3601	-0.2619	-0.0557	-0.8904	+1.3717		-1.7351
					-0.0050	-0.0013	-0.0197	-0.0464	-0.1378		-0.1286
					-0.1102	-0.0276	+0.0979	-0.0283	-1.6763		-1.3496
					+1.3372	-0.2908	-0.9837	+0.9849	-2.0237		-0.9758
					C_6	+0.2175	+0.7356	-0.7365	+1.5133		+0.7297

6. 정　해(2-2)											
1	2	3	4	5	6	7	8	9	n		Σn
						+2	+0.6	0	+11.7		+15.3
						-0.1905	-0.0405	-0.6476	+0.9976		-1.2619
						-0.0003	-0.0049	-0.0116	-0.0344		-0.0322
						-0.0069	+0.0245	-0.0071	-0.4191		-0.3374
						-0.0632	-0.2139	+0.2142	-0.4401		-0.2122
						+1.7391	+0.3652	-0.4521	+11.8040		+13.4563
						C_7	-0.2100	+0.2600	-6.7874		-7.7375
							+27.7	-8.48	+4.6		+23.92
							-0.0267	+0.0467	+0.0867		+0.5067
							-0.0602	+0.1983	+0.9738		+0.4745
							-0.0086	-0.1376	+0.2119		-0.2680
							-0.0772	-0.1820	-0.5410		-0.5051
							-0.0870	+0.0251	+1.4895		+1.1992
							-0.7236	+0.7245	-1.4886		-0.7178
							-0.0767	+0.0950	-2.4788		-2.8257
							+26.6400	-7.7100	+2.8535		+21.7838
							C_8	+0.2894	-0.1071		-0.8177
								+6.82	-3.0		-1.16
								-0.0817	-0.1517		-0.8867
								-0.6533	-3.2081		-1.5633
								-2.2018	+3.3918		-4.2905
								-0.4290	-1.2752		-1.1905
								-0.0073	-0.4305		-0.3466
								-0.7254	+1.4904		+0.7187
								-0.1175	+3.0686		+3.4981
								-2.2313	+0.8257		+6.3045
								+0.3727	+0.7110		+1.0837
								C_9	-1.9077		-2.9077

7. 역 해

순서	C_1	C_2	C_3	C_4	C_5	C_6	C_7	C_8	C_9	C_{10}	C_{11}
1	-0.2167	+1.7187	+0.9976	+1.4474	+4.2459	+1.5133	-6.7874	-0.1071	-1.9077		
2	+0.2226	-0.6677	+1.2354	-0.9289	-0.1368	+1.4050	-0.4960	-0.5521			
3	-0.0440	+0.0700	+0.0267	-0.1362	+0.1635	-0.4849	+0.1384				
4	0.0000	0.0000	+1.3611	-0.0943	-0.4987	-1.5540					
5	0.0000	-0.1649	-0.2303	+0.0463	+0.2454						
6	-0.6700	-1.0048	-0.3826	+0.5820							
7	-0.1527	-0.0573	-0.0218								
8	0.0000	+1.1198									
9	+0.3379										
계	-0.5229	+1.0138	+2.9861	+0.9163	+4.0193	+0.8794	-7.1450	-0.6592	-1.9077		

8. 보정치계산

각명＼순서	C_1	C_2	C_3	C_4	C_5	C_6	C_7	C_8	C_9	C_{10}	Σ
1				-0.9163				+0.5274	-1.5262		-1.92
2	+0.5229							-1.3184	+1.5262		+0.73
3	-0.5229			+0.9163				+0.7910			+1.18
4	+0.5229				-4.0193			+0.7251			-2.77
5	-0.5229	-1.0138						-1.1206			-2.66
6		+1.0138			+4.0193			+0.3955			+5.43
7		-1.0138				-0.8794		+0.4614			-1.43
8		+1.0138	-2.9861					-1.5162	+3.0523		-0.44
9			+2.9861			+0.8794		+1.0547	-3.0523		+1.87
10			-2.9861				+7.1450	+0.9888			+5.15
11			+2.9861					-1.5821			+1.40
12							-7.1450	+0.5933			-6.55
13	-0.5229								+0.1908		-0.33
14	+0.5229	+1.0138									+1.54
15		-1.0138	+2.9861						-0.9539		+1.02
16			-2.9861						+0.7631		-2.22

9. 소구점계산

1. 약 도

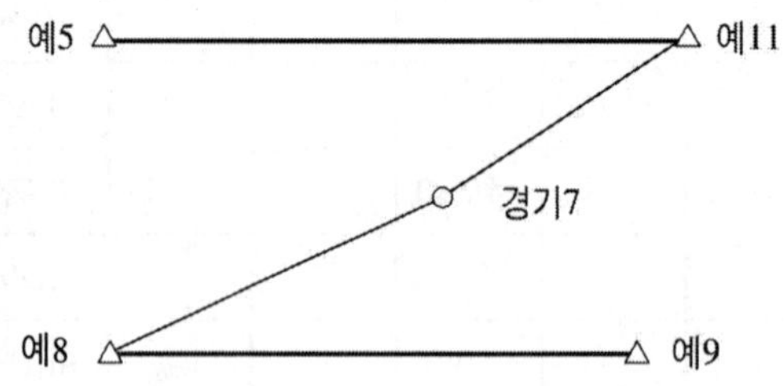

예11 → 예5 : 방위각 = 325° 29′ 39.1″

거　리 = 5397.77 m

예8 → 예9 : 방위각 = 136° 07′ 46.7″

거　리 = 4517.10 m

2. 변장계산

예11 → 경기7 = 3,223.59 m

예8 → 경기7 = 3,024.74 m

3. 방위각계산

예11 → 경기7 = 292° 54′ 30.5″

예8 → 경기7 = 95° 11′ 08.9″

4. 종횡선좌표계산

예11 → 경기7 : X = 462,623.85 m　Y = 198,537.28 m

예8 → 경기7 : X = 462,623.85 m　Y = 198,537.29 m

평　균 : X = 462,623.85 m　Y = 198,537.28 m

예제 1-29 지적삼각점을 설치하기 위하여 3개의 기지점으로 1개의 소구점을 관측하여 다음의 결과를 얻었다. 망평균계산법에 의하여 소구점의 좌표를 계산하시오.

가. 기지좌표

점 명	X 좌 표(m)	Y 좌 표(m)
예7	451,108.25	219,565.36
예6	455,829.86	225,812.74
예4	460,104.82	218,692.60

나. 관측내각

점명	각명	관 측 각	점명	각명	관 측 각
예7	1	23° 26′ 20.1	예4	6	22° 27′ 52.9″
예7	2	35 01 17.0	경기5	7	109 38 24.9
예6	3	35 20 13.6	경기5	8	134 05 54.0
예6	4	32 43 23.0	경기5	9	116 15 41.1
예4	5	31 00 49.4			

다. 약 도

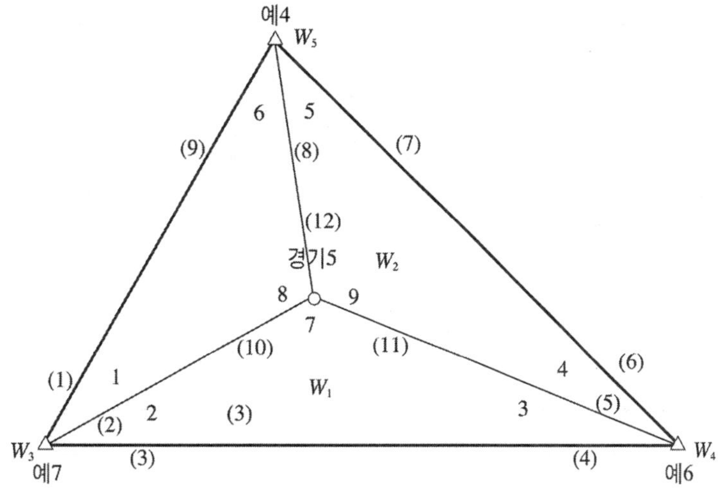

예제 1-29 정답

삼 각 망 조 정 계 산 부

[약도]

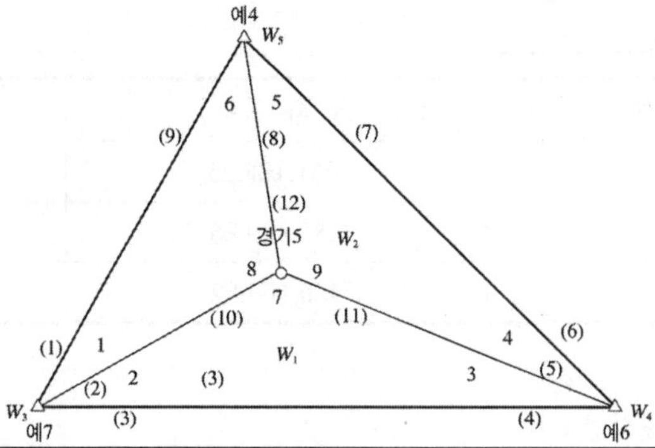

각명	관측각	보정각	조정각
1	23° 26′ 20.1″	-2.0	23° 26′ 18.12″
2	35 01 17.0	+0.4	35 01 17.4
3	35 20 13.6	+3.2	35 20 16.8
4	32 43 23.0	+2.9	32 43 25.9
5	31 00 49.4	+2.4	31 00 51.8
6	22 27 52.9	-2.7	22 27 50.2
7	109 38 24.9	+1.0	109 38 25.9
8	134 05 54.0	-2.4	134 05 51.6
9	116 15 41.1	+1.5	116 15 42.6
	W_1 = -4.5″		
	W_2 = -6.5″		
	W_3 = +1.5″		
	W_4 = -6.0″		
	W_5 = +0.5″		

각명	관측내각	기지내각
1+2	58° 27′ 37.1″	58° 27′ 35.6″
3+4	68 03 36.6	68 03 42.6
5+6	53 28 42.3	53 28 41.8

1. 각도방정식

0 =	-(2)+(3)-(4)+(5)+(10)-(11)+ W_1
0 =	-(5)+(6)-(7)+(8)+(11)-(12)+ W_2
0 =	-(1)+(3)+ W_3
0 =	-(4)+(6)+ W_4
0 =	-(7)+(9)+ W_5
0 =	
0 =	

2. 변방정식

$0 = -A1(1)+(A1+A2)(2)-A2(3)-A3(4)+(A3+A4)(5)-A4(6)-A5(7)+(A5+A6)(8)-A6(9)+W_{S1}$

$(0 = -2.3+3.7-1.4-1.4+3.0-1.6-1.7+4.1-2.4-5.2)$

각명	관측각	$\sin A$	$\cot A$	각명	관측각	$\sin B$	$\cot B$
1	23° 26′ 20.1″	0.397771	2.3	2	35° 01′ 17.0″	0.573872	1.4
3	35 20 13.6	0.578386	1.4	4	32 43 23.0	0.540579	1.6
5	31 00 49.4	0.515243	1.7	6	22 27 52.9	0.382114	2.4
	$\Pi\sin A$ =	0.118540			$\Pi\sin B$ =	0.118543	
	$\left(\frac{0.118540}{0.118543} - 1\right)\rho'' = -5.2\ (W_{S1})$						
	$\rho'' = 206{,}265''$						
	$\left(\frac{\Pi\sin A}{\Pi\sin B} - 1\right)\rho'' = W_{S1}$						

3. 상관방정식

각명 \ 순서	1	2	3	4	5	6	7	8	9	10	Σ
1			-1			-2.3					
2	-1					+3.7					
3	+1		+1			-1.4					
4	-1			-1		-1.4					
5	+1	-1				+3.0					
6		+1		+1		-1.6					
7		-1			-1	-1.7					
8		+1				+4.1					
9					+1	-2.4					
10	+1										
11	-1	+1									
12		-1									
13											
14											
15											
16											
17											
18											

4. 표준방정식

	1	2	3	4	5	6	n				Σn
1	+6	-2	+1	+1	0	-1.6	-4.5				-0.1
2		+6	0	+1	+1	+2.5	-6.5				+2.0
3			+2	0	0	+1.9	+1.5				+6.4
4				+2	0	-0.3	-6.0				-2.3
5					+2	-1.6	+0.5				+1.9
6						+59.92	-5.2				+55.62
7											
8											
9											
10											

5. 정　　해											
1	2	3	4	5	6	n					Σn
+6	-2	+1	+1	0	-1.6	-4.5					-0.1
C_1	+0.3333	-0.1667	-0.1667	0.0000	+0.2667	+0.7500					+0.0167
	+6	0	+1	+1	+2.5	+6.5					+2.0
	+5.3334	+0.3334	+1.3334	+1.0000	+1.9666	-8.0000					+1.9666
	C_2	-0.0625	-0.2500	-0.1875	-0.3687	+1.5000					-0.3687
		+2	0	0	+1.9	+1.5					+6.4
		+1.8125	-0.2500	-0.0625	+2.0438	+2.7501					+6.2938
		C_3	+0.1379	+0.0345	-1.1276	-1.5173					-3.4724
			+2	0	-0.3	-6.0					-2.3
			+1.4655	-0.2586	-0.2430	-2.8706					-1.9068
			C_4	+0.1765	+0.1658	+1.9588					+1.3011
				+2	-1.6	+0.5					+1.9
				+1.7647	-1.9411	+1.5883					+1.4119
				C_5	+1.1000	-0.9000					-0.8000
					+59.92	-5.2					+55.62
					+54.288	-5.2802					+49.0080
					C_6	+0.0973					-0.9027

6. 역 해

순서	C_1	C_2	C_3	C_4	C_5	C_6	C_7	C_8	C_9	C_{10}	C_{11}
1	+0.7500	+1.5000	-1.5173	+1.9588	-0.9000	+0.973					
2	+0.0259	-0.0359	-0.1097	+0.0161	+0.1070						
3	0.0000	+0.1487	-0.0274	-0.1400							
4	-0.3059	-0.4587	+0.2530								
5	+0.2336	+0.0876									
6	+0.4378										
계	+1.1414	+1.3135	-1.4014	+1.8349	-0.7930	+0.973					

7. 보정치계산											
순서 / 각명	C_1	C_2	C_3	C_4	C_5	C_6	C_7	C_8	C_9	C_{10}	Σ
1			+1.4014			-0.2238					+1.1776
2	-1.1414					+0.3600					-0.7814
3	+1.1414		-1.4014			-0.1362					-0.3962
4	-1.1414			-1.8349		-0.1362					-3.1125
5	+1.1414	-1.3135				+0.2919					+0.1198
6		+1.3135		+1.8349		-0.1557					+2.9927
7		-1.3135			+0.7930	-0.1654					-0.6859
8		+1.3135				+0.3989					+1.7124
9					-0.7930	-0.2335					-1.0265
10	+1.1414										+1.1414
11	-1.1414	+1.3135									+0.1721
12		-1.3135									-1.3135

8. 소구점계산

1. 약 도

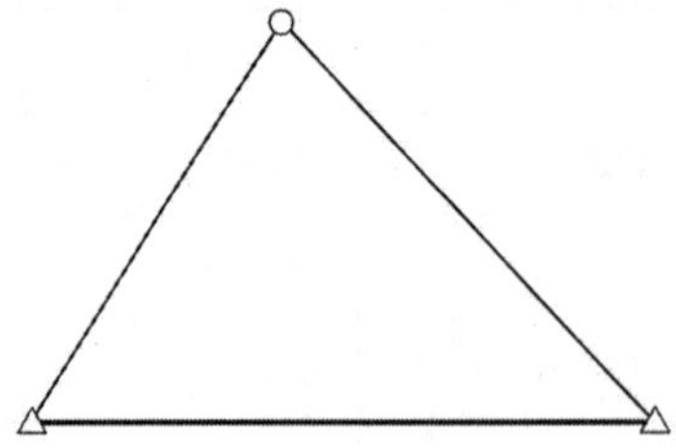

예7 → 예6 : 방위각 = 52° 55′ 08.2″

거 리 = 7,830.92 m

2. 변장계산

예7 → 경기5 = $\dfrac{7,830.92 \times \sin 35°20'16.8''}{\sin 109°38'25.9''} = 4,809.19$ m

예6 → 경기5 = $\dfrac{7,830.92 \times \sin 35°01'17.4''}{\sin 109°38'25.9''} = 4,771.65$ m

3. 방위각계산

예7 → 경기5 = 17° 53′ 50.8″

예6 → 경기5 = 268° 15′ 25.0″

4. 종횡선좌표계산

예7 → 경기5 : X = 451,108.25 + 4,809.19 × cos17° 53′ 50.8″ = 455,684.71 m

Y = 219,565.36 + 4,809.19 × sin17° 53′ 50.8″ = 221,043.29 m

예6 → 경기5 : X = 455,829.86 + 4,771.65 × cos268° 15′ 25.0″ = 455,684.72 m

Y = 225,812.74 + 4,771.65 × sin268° 15′ 25.0″ = 221,043.30 m

평 균 : X = 455,684.72 m Y = 221,043.30 m

15. 좌표전환계산

(1) *BL*에서 *XY*계산

가우스상사2중투영법에 의하여 경위도(*BL*)에서 평면직각종횡선좌표(*XY*)를 계산할 때에는 다음 식에 의한다.

가. 실용공식

㉠ 종선(*X*)

$$b-b_0=\beta=-B_0)+A_2(B-B_0)^2+A_3(B-B_0)^3$$
$$+A_4(B-B_0)^4+A_5(B-B_0)^5$$

$$b=b_0+\beta$$

$$\tan\ b' = \frac{\tan b}{\cos l}$$

$$x = b'-b_0$$

$$X=x\times V \qquad \text{단, } V=\frac{A}{\rho''}$$

㉡ 횡선(*Y*)

$$l=\alpha(L-L_0)$$

$$\sin y' = \cos\ b \times \sin l$$

$$y=y'+\frac{1}{6\rho^2}y'^3+\frac{1}{24\rho^4}y'^5$$

$$Y=y\times V$$

㉢ 자오선수차(*C*)

$$C = \tan-1\ (\tan b' \times \sin y')$$

표 1-1 타원체 위도(B)에서 구체위도(b) 산출시 부호표

위도개정수	$B \cdot L \rightarrow X \cdot Y$		$X \cdot Y \rightarrow B \cdot L$	
	38°이남	38°이북	38°이남	38°이북
$A_1(B-B_0)$	−	+	−	+
$A_2(B-B_0)^2$	+	+	−	−
$A_3(B-B_0)^3$	−	+	+	−
$A_4(B-B_0)^4$	−	−	−	−
$A_5(B-B_0)^5$	+	−	−	−

나. 계산순서

㉠ 종선(X)계산

ⓐ 먼저 당해 삼각점의 위도 B와 원점위도 B_0 사이의 위도차$(B-B_0)$를 초단위까지 구하고 아울러 경도차$(L-L_0)$도 구하여 해당란에 기재한다.

ⓑ 종선(X)란에서 $b-b_0 = A_1(B-B_0) + A_2(B-B_0)^2 +$ …… 의 공식에 의거, 순서대로 $A_1(B-B_0)$, $A_2(B-B_0)^2$, $A_3(B-B_0)^3$, $A_4(B-B_0)^4$, $A_5(B-B_0)^5$의 계산을 하여 값을 해당란에 기재한다.

ⓒ 다음 위의 ⓑ에서 구한 값을 양식의 아래부분에 있는 $A_1(B-B_0)$, $A_2(B-B_0)^2$, $A_3(B-B_0)^3$, $A_4(B-B_0)^4$, $A_5(B-B_0)^5$의 각 해당란에 이기하여 $\beta = b-b_0$값을 계산한다.

이 때 위도 38° 이남지역은 $A_2(B-B_0)^2$와 $A_5(B-B_0)^5$의 값은 +부호, $A_1(B-B_0)$, $A_3(B-B_0)^3$, $A_4(B-B_0)^4$의 값은 −부호를 붙여 계산한다.

위도 38° 이북지역은 $A_1(B-B_0)$, $A_2(B-B_0)^2$, $A_3(B-B_0)^3$은 +부호, $A_4(B-B_0)^4$와 $A_5(B-B_0)^5$은 −부호를 붙여 계산한다.

ⓓ 순서에 따라 ⓒ에서 구한 β값을 타원체상의 원점의 위도 38°에 상응하는 구체상 위도 b_0에 더하여 ($A_1(B-B_0)$값의 부호에 따라 + 또는 −로 한다) 당해 삼각점의 위도평행권상 구체위도 b를 구한다.

ⓔ 구체상 위도b를 구체상 경도 l로 나누어 구체상 수족위도(垂足緯度 : Foot point latitude) b'(당해 삼각점을 지나는 대원이 기준자오선과 만나는 점의 위도)를 구한다. 이 계산에서 $\cos l$ 값을 알 수 없으므로

일단 횡선계산으로 넘어가 l 값을 구한 후 이 l 의 cos 함수값으로 계산을 진행한다.

ⓕ 위의 ⓔ에서 구한 구체상 수족위도 $\tan b'$의 함수값에서 각도를 구하고 이것에 구체상 원점위도 b_0를 감하여 x값을 구한다.

이 때 당해 점이 38° 이북지역에 있으면 x는 +부호, 39° 이남지역이면 x가 −부호를 갖는 것에 유의한다.

이 x값은 원점 자오선상에서 구체상 원점위도 b_0와 당해 삼각점의 구체상 수족위도 b' 사이의 호의 중심각이다.

ⓖ V값은 투영원점의 중등곡률반경으로 구한 위도 1″에 대한 자오선호 장길이 ($V=\dfrac{A}{\rho''}=\dfrac{6,372,199.658}{206,264.8062}=30.89329574$)이므로 이것에 ⓕ에서 구한 x값을 곱하여 평면상의 종선값 X를 구한다.

즉, [그림 1-16]에서 X값은

$$X=\frac{A}{\rho''}\theta \text{로 구하므로}$$
$$=\frac{6,372,199.658}{206,264.8062}\times 11,315.2634$$
$$=349,565.7786\text{m}$$

그림 1-16

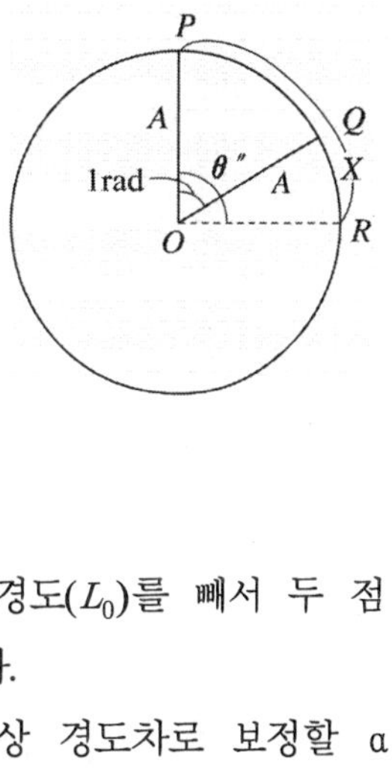

계산예제에서는 $\dfrac{A}{\rho''}$를 V로 표시했다.

ⓛ 횡선(Y)계산

ⓐ 당해 삼각점의 경도(L)에서 좌표투영원점의 경도(L_0)를 빼서 두 점 사이의 경도차를 초 단위로 해당란에 기재한다.

ⓑ 타원체상 두 점 간의 경도차($L-L_0$)를 구체상 경도차로 보정할 α 값을 ⓐ에서 구한 경도차에 곱하여 당해점의 구체상 경도차l 값을 구한다.

ⓒ 앞서 종선계산란에서 구한 당해 삼각점의 구체상 위도b의 cos 함수값에 구체상 경도차 l 의 sin 함수값을 곱하여 구체상 당해점을 지나는 대원의 호의 길이 $\sin y'$값을 구한다. 이 $\sin y'$값은 당해 삼각점에서 대원상으로 원점 자오선까지의 호의 길이이다.

ⓓ 다음 횡선 y값은 앞절의 공식 $y = \int \frac{d\eta}{\cos\eta}$ 을 적분한

$y = \log\tan(45 + \frac{y'}{2}) = y' + \frac{1}{6}y'^3 + \frac{1}{24}y'^5 + \cdots\cdots$ 식에 의하여 당해 삼각점을 지나 원점자오선에서 만나는 대원의 호의 길이(y')에 대한 중심각(y)을 구한다.

ⓔ 횡선(Y)값의 계산은 종선(X)를 구하는 계산과 같다.

즉, 대원상 구의 중심각(y)에 대원상 경도 1″의 호장길이(30.89329574)를 곱하여 당해점의 횡선 Y값을 구한다.

㉢ 자오선수차(C) 계산

ⓐ 종선(X)란의 계산에서 구한 당해점의 구체상 수족위도 $\tan b'$의 값과 횡선(Y)란의 계산에서 구한 $\sin y'$값을 각각 해당란에 이기한다.

ⓑ $\tan b'$값에 $\sin y'$값을 곱하여 자오선수차(C)를 도 · 분 · 초 단위로 구한다.

□ 경위도좌표계

지구상의 한 점에 대한 절대적 위치를 경도와 위도로 나타내는 방법으로 가장 보편적으로 사용하는 좌표계이다.

1. 경도

경도란 영국의 그리니치 천문대를 지나는 자오선(본초자오선)과 지구상에 있는 한 점을 지나는 자오선이 이루는 수평방향의 각을 말하며, 그리니치 천문대를 지나는 자오선을 기준으로 적도면에서 동쪽방향으로 잰 각을 동경, 서쪽방향으로 잰 각을 서경으로 각각 0도에서 180도로 나타낸다. 여기서 자오선이란 지구의 북극과 남극을 지나는 대원을 말하며 경선이라고도 한다.

2. 위도

위도란 지구상에 있는 한 점이 적도면과 이루는 수직방향의 각으로 적도면을 기준으로 북쪽으로 잰 각을 북위, 남쪽으로 잰 각을 남위로 나누며, 각각 0도에서 90도로 나타낸다.

좌표전환계산부($BL \rightarrow XY$)

옥녀봉(동부)

B = 34° 50′ 56.7549″ bo = 37° 56′ 31.7245″

L = 128° 41′ 34.1968″ Lo = 129° 00′ 00.0000″

$B-Bo$ =	-3° 09′ 03.2451″
=	-11343.2451″
$L-Lo$ =	0° 18′ 25.8032″
=	-1105.8032
X (종 선)	
$A1$ =	0.997920320
$B-Bo$ =	-11343.2451″
$A1(B-Bo)$ =	-11319.6548″
=	-3° 08′ 39.6548″

$l = \alpha(L-Lo)$

$b-bo = \beta = A1(B-Bo) + A2(B-Bo)^2 + A3(B-Bo)^3 + A4(B-Bo)^4 + A5(B-Bo)^5$

$b = bo + \beta$

$\tan b' = \tan b / \cos l$

$x = b' - bo$, $X = x \cdot V$ ($V = A/\rho$)

$\sin y' = \cos b \cdot \sin l$

$y = y' + (1/6\rho^2) y'^3 + (1/24\rho^4) y'^5$

$Y = y \cdot V$

$\tan c = \tan b' \cdot \sin y'$

$A2$ =	2.35584453×10^{8}	b' =	34° 47′ 56.4611″	$1/24\rho^4$ =	$2.3019094 \times 10^{-23}$
$(B-Bo)^2$ =	1.286692094E+08	$-bo$ =	37° 56′ 31.7245″	y'^5 =	-6.213576759E+14
$A2(B-Bo)^2$ =	3.0312465314″	x =	-3° 08′ 35.2634″	$(1/24\rho^4)y'^5$ =	-1.430309075E-08
$A3$ =	$1.9602542 \times 10^{-14}$	=	-11315.2634″		
$(B-Bo)^3$ =	-1.459526379E+12	V =	30.89329574	y' =	-909.2186″
$A3(B-Bo)^3$ =	-0.0286104271″	X =	-349565.7798 m	$(1/6\rho^2)y'^3$ =	-0.0029444452″
$A4$ =	$2.4470818 \times 10^{-19}$			$(1/24\rho^4)y'^5$ =	-1.430309075E-08
$(B-Bo)^4$ =	1.655576545E+16			y =	-909.22159050
$A4(B-Bo)^4$ =	-0.0040513312″			V =	30.89329574
$A5$ =	$1.8094075 \times 10^{-25}$			Y =	-28088.8515 m
$(B-Bo)^5$ =	-1.877961053E+20	Y (횡 선)			
$A5(B-Bo)^5$ =	0.0000339800″	α =	1.001294602 m		
		$L-Lo$ =	-1105.8032″		
$A1(B-Bo)$ =	-3° 08′ 39.6548″	l =	-1107.2348″		
$A2(B-Bo)^2$ =	3.0312465314″				
$A3(B-Bo)^3$ =	-0.0286104271″	$\cos b$ =	0.8211628543		
$A4(B-Bo)^4$ =	-0.0040513312″	$\sin l$ =	-0.0053679999		
$A5(B-Bo)^5$ =	0.0000339800″	$\sin y'$ =	0° 00′ 00.0044″	C (자오선수차)	
$b-bo=\beta$=	-3° 08′ 36.6562″	y' =	0° 15′ 09.2186″	$\tan b'$ =	0.6949926607
$b=bo+\beta$=	34° 47′ 55.0683″	=	-909.2186″	$\sin y'$ =	-0.0044080021
$\tan b$ =	0.6949826474	$1/6\rho^2$ =	$3.9174050 \times 10^{-12}$	$\tan c$ =	-0.0030635291
$\cos l$ =	0.9999855922	y'^3 =	-7.516315486E+08	C =	0° 10′ 31.8963″
$\tan b'$ =	0.6949926607	$(1/6\rho^2)y'^3$ =	-0.0029444452″		

(2) *XY*에서 *BL*계산

가. 실용공식

㉠ 위도(B)

$$x = \frac{X}{V} \qquad b' = x + b_0 \qquad \tan b = \tan b' \times \cos l \qquad \beta = b - b_0$$

$$B - B_0 = B' = \frac{b-b_0}{A_1} - A_2\left(\frac{b-b_0}{A_1}\right)^2 - A_3\left(\frac{b-b_0}{A_1}\right)^3 - A_4\left(\frac{b-b_0}{A_1}\right)^4 - A_5\left(\frac{b-b_0}{A_1}\right)^5$$

$$B = B' + B_0$$

㉡ 경도(L)

$$y = \frac{Y}{V}$$

$$y' = y - \frac{1}{6\rho^2}y^3 - \frac{1}{24\rho^4}y^5$$

$$\tan l = \frac{\tan y'}{\cos b'}$$

$$L - L_0 = \frac{1}{\alpha}$$

$$L = (L - L_0) + L_0$$

㉢ 진북방향각(C)

$$C = \tan^{-1}(\tan b' \times \sin y')$$

나. 계산순서

㉠ 위도(B)계산

ⓐ 당해점의 평면직각종선(X)을 상수인 V값을 구하고 이를 도·분·초로 개정한다. 이 때 X의 부호에 유의한다.

ⓑ 다음 위의 ⓐ에서 계산된 x각도값에서 투영원점의 구체상 위도 b_0 (37° 56′ 31.7245″)를 더하여 구체상 수족위도 b'값을 계산하고 이 수족위도 b'의 tan 함수값을 구하여 기재한다.

ⓒ 다음 계산을 진행하기 전에 경도계산으로 넘어가 구체상 경도차l 까지의 계산을 진행한다.

ⓓ 다시 위도계산으로 넘어와 위 ⓑ에서 구한 $\tan b'$에 경도계산란에서 구한l 의 cos 함수값을 곱하여 당해점의 위도 평행권상 구체위도 b의 값을 구해 이를 도·분·초 단위로 기재한다.

ⓔ 다음 ⓓ에서 구한 구체상 위도 b 각도에 투영원점의 구체상 위도 b_0를 감하여 자오선상 당해점과 투영원점 간의 구체상 위도차($b-b_0=\beta$)를 구하고 이를 초 단위로 만든다.

ⓕ 구체상 위도를 타원체상 측지위도로 개정하는 공식

$$B-B_0=\frac{b-b_0}{A_1}-A_2\left(\frac{b-b_0}{A_1}\right)^2-A_3\left(\frac{b-b_0}{A_1}\right)^3$$
$$-A_4\left(\frac{b-b_0}{A_1}\right)^4-\left(\frac{b-b_0}{A_1}\right)^5$$

에 의하여 ⓔ에서 구한 위도차(β값)을 이용, 타원체상 위도를 구한다. 이 항을 계산할 때 일단 타원체상 당해점의 위도를 알 수 없으므로 우선 타원체위도에서 구체위도를 구하는 공식을 역으로 한 공식에 의거, 구체상 위도차를 이용하여 타원체상의 위도차를 구하고 이를 도·분·초 단위로 만든다.

ⓖ 위 ⓕ에서 구한

$$\frac{b-b_0}{A_1},\ A_2\left(\frac{b-b_0}{A_1}\right)^2,\ A_3\left(\frac{b-b_0}{A_1}\right)^3,\ A_4\left(\frac{b-b_0}{A_1}\right)^4,\ A_5\left(\frac{b-b_0}{A_1}\right)^5$$

의 값을 각각 해당란에 이기하여 이들 값을 모두 합하여 $B-B_0=B'$ 값을 구한다. 이 때 각 값의 부호(−)에 유의하여 계산한다.

ⓗ 위 ⓖ에서 구한 값 B'(타원체상 원점 위도와 당해점 위도와의 차)에 타원체상 투영원점의 위도 B_0를 더하여 당해점의 타원체상 위도 B를 구한다.

㉡ 경도(L)계산

ⓐ 당해점의 평면직각횡선 Y값을 상수인 V값으로 나누어 y값을 구한다.

ⓑ 위 ⓐ에서 구한 y값의 y^3, y^5의 값을 구하고 이를 $\frac{1}{6\rho^2}y^3$, $\frac{1}{24\rho^4}y^5$ 식으로 각각 계산하여 값을 얻는다.

ⓒ 다음 ⓐ와 ⓑ에서 구한 y, $\frac{1}{6\rho^2}y^3$, $\frac{1}{24\rho^4}y^5$의 값을 각각 양식의 해당란에 이기하여 구면상 호의 길이 y'를 계산한다. 이 때 ⓐ에서 구한 y의 부호와 공식 $-\frac{1}{6\rho^2}y^3$, $\frac{1}{24\rho^4}y^5$이 갖고 있는 부호에 유의하여 계산한다.

ⓓ 위의 ⓒ에서 얻은 y'값의 tan함수값을 구하고 위도계산란에서 구한 해당점의 구체상 수족위도 b'의 cos함수값을 구하여 tany'값을 cosb' 값으로 나누어 구면상 경도차 tan1값을 초 단위까지 구한다(이상 계산이 끝나면 위도 계산으로 넘어간다).

이 때 구면상 경도차 1은 구면직각삼각형에서

$$\tan l = \frac{\tan y'}{\sin(90-b')} = \frac{\tan y'}{\cos b'}$$

또는 $\sin l = \frac{\sin y'}{\sin(90-b)} = \frac{\sin y'}{\cos b}$에 의하여 l의 값을 구할 수 있다. 본 예제에서는 cos$b$를 쓸 경우 계산의 되풀이로 오는 번거로움을 피하기 위하여 $\tan l = \frac{\tan y'}{\cos b'}$ 공식을 썼다.

ⓔ 다음은 구체상 경도차 l 값을 타원체상 경도차 값으로 개정할 α값으로 나누어 타원체상 해당점과 원점 간의 경도차를 구하여 이를 도·분·초 단위로 환산한다.

ⓕ 위의 ⓔ에서 구한 경도차를 원점의 경도(L_0)에 보태어 당해점의 타원체상 경도 L를 구한다. 이 때 ⓔ에서 구한 양점 사이의 경도차의 부호(+ 또는 −)를 고려하여 원점 경도에 가감한다.

㉢ 진북방향각(C)계산

ⓐ 위도 B의 계산란에서 구한 수족위도 tanb'의 값을 해당란에 이기한다.

ⓑ 경도 L의 계산란에서 구한 y'값의 sin 함수값을 구하여 해당란에 기재한다.

ⓒ 위 ⓐ에서의 tanb'의 함수값에 ⓑ에서의 siny'값을 곱하여 자오선수차(C)의 함수값을 도·분·초 단위로 구한다.

좌표전환계산부($XY \rightarrow BL$)

옥녀봉(동부)

X = -349565.7784 m　　Bo = 38° 00′ 00″

Y = -28088.8515 m　　Lo = 129° 00′ 00″

$x = X / V$　　$y = Y / V$

$b' = x + bo$　　$y = y' + (1/6\rho^2)y^3 + (1/24\rho^4)y^5$

$\tan b = \tan b' \cos l$　　$\tan l = \tan y' / \cos b'$

$\sin y' = \cos b \cdot \sin l$　　$\tan c = \tan b' \cdot \sin y'$

$\beta = b - bo$　　$L - Lo = l / \alpha$

$B - Bo = B'$　　$L = (L-Lo) + Lo$

$B' = (b-bo)/A1 - A2(b-bo/A1)^2 - A3(b-bo/A1)^3 - A4(b-bo/A1)^4 - A5(b-bo/A1)^5$

$B = B' + Bo$

B (위 도)					
X =	-349565.7784 m				
V =	30.89329574				
x =	-11315.2634				
=	-3° 08′ 35.2634″				
+ bo =	37° 56′ 31.7245″				
b' =	34° 47′ 56.4611″				
$\tan b'$ =	0.6949926610				
$\cos l$ =	0.9999855922				
$\tan b$ =	0.6949826477	$(b-bo)/A1$ =	-3° 09′ 00.2402″	y =	-909.2216″
b =	34° 47′ 55.0684″	$A2(b-bo/A1)^2$ =	3.029640742E+00	$(1/6\rho^2)y^3$ =	-2.944473802E-03
$-bo$ =	37° 56′ 31.7245″	$A3(b-bo/A1)^3$ =	-2.858769579E-02	$(1/24\rho^4)y^5$ =	-1.430332243E-08
$b-bo=\beta$=	-3° 08′ 36.6561″	$A4(b-bo/A1)^4$ =	4.047040020E-03	y' =	-9.092186470E+02
=	-11316.6561″	$A5(b-bo/A1)^5$ =	-3.393498419E-05	$\tan l$ =	
		$B-Bo=B'$=	-3° 09′ 03.2453″	$\tan y'$ =	-0.0044080449
$b-bo$ =	-11316.6561″	$+Bo$ =	38° 00′ 00″	$\cos b'$ =	0.8211590008
$A1$ =	0.997920320	B =	34° 50′ 56.7547″		-0.0053680772
$(b-Bo)/A1$=	-11340.2402″			l =	0° 18′ 27.2348″
=	-3° 09′ 00.2402″			=	-1107.2348″
$A2$ =	$2.35584453 \times 10^{-8}$	L (경 도)		α=	1.001294602
$(b-bo/A1)^2$ =	128601047.4751	Y =	-2.28088.8515 m	$L-Lo$ =	-1105.8032″
$A2(b-bo/A1)^2$=	3.0296″	V =	30.89319572		0° 18′ 25.8032″
$A3$ =	$1.9602542 \times 10^{-14}$	y =	-909.2216″	$+Lo$ =	129° 00′ 00″
$(b-bo/A1)^3$ =	-1.458366767E+12			L =	128° 41′ 34.1968″
$A3(b-bo/A1)^3$=	-2.858769579E-02	$1/6\rho^2$ =	$3.9174050 \times 10^{-12}$		
$A4$ =	$2.4470818 \times 10^{-19}$	y^3 =	-7.516388534E+08	C (진북방향각)	
$(b-bo/A1)^4$ =	1.653822941E+16	$(1/6\rho^2)y^3$ =	-0.0029444738″	$\tan b'$ =	0.6949926610
$A4(b-bo/A1)^4$=	4.047040021E-03			$\sin y'$ =	-0.0044080021
$A5$ =	$1.8094075 \times 10^{-25}$	$1/24\rho^4$ =	$2.3019094 \times 10^{-23}$	$\tan c$ =	-0.0030635291
$(b-bo/A1)^5$ =	-1.875474938E+20	y^5 =	-6.213677405E+14	C =	0° 10′ 31.8963″
$A5(b-bo/A1)^5$=	-3.393498419E-05	$1/24\rho^4 y^5$ =	-0.0000000143″		

제2장 지적삼각보조측량

1. 관련 규정

(1) 측량방법

① 지적삼각보조측량을 할 때에 필요한 경우에는 미리 지적삼각보조점표지를 설치할 수 있다.

② 지적삼각보조점은 측량지역별로 설치순서에 따라 일련번호를 부여하되, 영구표지를 설치하는 경우에는 시·군·구별로 일련번호를 부여한다. 이 경우 지적삼각보조점의 일련번호 앞에 "보"자를 붙인다.

③ 지적삼각보조점은 교회망 또는 교점다각망으로 구성하여야 한다.

④ 경위의측량방법과 전파기 또는 광파기측량방법에 따라 교회법으로 지적삼각보조측량을 하는 때에는 다음 각호의 기준에 따른다.

1. 3방향의 교회에 따를 것. 다만, 지형상 부득이 하여 2방향의 교회에 의하여 결정하고자 할 때에는 각 내각을 관측하여 각 내각의 관측치의 합계와 180도와의 차가 ±40초 이내인 때에는 이를 각 내각에 고르게 배분하여 사용할 수 있다.
2. 삼각형의 각 내각은 30도 이상 120도 이하로 할 것

⑤ 전파기 또는 광파기측량방법에 의하여 다각망도선법으로 지적삼각보조측량을 하는 때에는 다음 각호의 기준에 따른다.

1. 3개 이상의 기지점을 포함한 결합다각방식에 따를 것
2. 1도선(기지점과 교점 간 또는 교점과 교점 간을 말한다)의 점의 수는 기지점과 교점을 포함하여 5개 이하로 할 것
3. 1도선의 거리(기지점과 교점 또는 교점과 교점 간의 점 간 거리의 총

합계를 말한다)는 4킬로미터 이하로 할 것

⑥ 지적삼각보조점성과결정을 위한 관측 및 계산의 과정은 이를 지적삼각보조측량부에 적어야 한다.

(2) 관측 및 계산

① 경위의측량방법과 교회법에 따른 지적삼각보조점의 관측과 계산은 다음 각호의 기준에 따른다.

1. 관측은 20초독 이상의 경위의를 사용할 것
2. 수평각 관측은 2대회(윤곽도는 0도, 90도로 한다)의 방향관측법에 따를 것
3. 수평각의 측각공차는 다음 표에 따를 것. 이 경우 삼각형 내각의 관측치를 합한 값과 180도와의 차는 내각을 전부 관측한 때에 적용한다.

종별	1방향각	1측회의 폐색	삼각형내각관측치의 합과 180도와의 차	기지각과의 차
공차	40초 이내	±40초 이내	±50초 이내	±50초 이내

4. 계산단위는 다음 표에 따를 것

종별	각	변의길이	진수	좌표
단위	초	cm	6자리 이상	cm

5. 2개의 삼각형으로부터 계산한 위치의 연결교차($\sqrt{종선교차^2 + 횡선교차^2}$을 말한다. 이하 같다)가 0.30미터 이하인 때에는 그 평균치를 지적삼각보조점의 위치로 할 것. 이 경우 기지점과 소구점 사이의 방위각 및 거리는 평균치에 의하여 새로이 계산하여 정한다.

② 전파기 또는 광파기측량방법과 교회법에 의한 지적삼각보조점의 관측과 계산은 다음 각호의 기준에 따른다.

1. 점 간 거리 및 연직각의 측정방법에 관하여는 제36조 제2항 및 제3항의 규정을 준용할 것
2. 기지각과의 차에 관하여는 제1항 제3호의 규정을 준용할 것
3. 계산단위 및 2개의 삼각형으로부터 계산한 위치의 연결교차에 관하여

는 제1항 제4호 및 제5호의 규정을 준용할 것

③ 경위의측량방법, 전파기 또는 광파기측량방법과 다각망도선법에 의한 지적삼각보조점의 관측과 계산은 다음 각호의 기준에 따른다.

1. 관측과 계산방법에 관하여는 제1항 제1호 내지 제4호의 규정을 준용하고, 점 간 거리 및 연직각의 관측방법에 관하여는 제9조제2항 및 제3항을 준용할 것. 다만, 다각망도선법에 따른 지적삼각보조점의 수평각관측은 제13조제3호의 규정에 의한 배각법에 따를 수 있으며, 1회 측정각과 3회 측정각의 평균치에 대한 교차는 30초 이내로 한다.
2. 도선별 평균방위각과 관측방위각의 폐색오차는 $\pm 10\sqrt{n}$ 초 이내로 할 것. 이 경우 n은 폐색변을 포함한 변의 수를 말한다.
3. 도선별 연결오차는 $0.05 \times S$미터 이하로 할 것. 이 경우 S는 도선의 거리를 1천으로 나눈 수를 말한다.
4. 측각오차의 배분에 관하여는 제14조제2항을 준용할 것
5. 종선오차 및 횡선오차의 배분에 관하여는 제15조제2항을 준용할 것

2. 교회법

(1) 방위각관측

가. 수평각의 관측

교회점은 기지 3점 중 한 점과 소구점(P)에서만 관측하면 되는데 예시에서는 경기11(A)과 보1(P)에서 관측하였다. 측점란에는 경기11이라 기재하고 시간은 보통 관측시작시간과 끝나는 시간만을 기록한다. 수평각의 관측은 2대회(윤곽도는 0도와 90도)의 방향관측법으로 실시하며 순번과 시준점 등은 [예시 1] 및 [예시 2]의 관측부와 같이 기록한다.

방향각은 경기12(B)를 원방향으로 하여 시계방향으로 보1(P)을 관측하여 경기12(B)에 폐쇄시키고 망원경을 반전하여 다시 경기12(B)를 관측한 후에 시계반대방향으로 관측한다. 이것으로 1대회의 관측이 끝나고 다음으로 망원경의 윤곽도를 90도로 하여 같은 방법으로 관측을 실시한다.

각의 조정에 있어서 출발차의 경우 1대회 반측회시에 180도에서 5초가 많

게 관측되었으므로 전부 5초를 감하고, 폐색차는 [예시 1]의 수평각관측부에서와 같이 폐색의 경우 시작 당시의 각과 같아야 하나 차이가 날 경우 차를 관측각수로 나누어 배부한다.

이로써 경기11(A)에서 관측이 완료되면 다음은 보1(P)을 측점으로 하여 똑같은 방법으로 경기11(A)을 원방향으로 하여 관측을 실시한다.

나. 방위각의 계산

지적삼각보조점방위각계산부 [예시 3]은 수평각관측부의 결과각에 의하여 작성되는데 측점과 시준점을 기입한다. 윤곽도 0도의 정측회 결과각을 도, 분, 초로 기재하고 1대회의 반측회와 2대회의 정·반측회의 각을 분, 초만 기재하여 4회 측정치의 평균값을 평균방향각란에 기록한다. 원방위각란에는 기지점인 경기11(A)에서 경기12(B)에 대한 방위각을 기입하고 평균방향각과 원방위각을 합하면 소구방위각이 된다. 그러므로 경기11(A)에서 보1(P)에 대한 방위각 $V_a = 5°\ 24'\ 37''$가 구하여진다.

보1(P)에서도 위와 같은 방법으로 기록하고 이 때의 원방위각은 경기11에서 보1에 대한 방위각의 역방위각($5°\ 24'\ 37'' + 180 = 185°\ 24'\ 37''$)을 기입한다.

경기12(B)에서 보1(P)의 방위각은 보1(P)에서 경기12(B)의 역방위각으로 $V_b = 127°\ 21'\ 21'' \pm 180° = 307°\ 21'\ 21''$가 되며 경기13($C$)에서 보1($P$)의 방위각 $V_c = 67°\ 02'\ 19'' + 180° = 247°\ 02'\ 19''$가 된다.

다. 수평각관측부의 작성 및 방위각계산

㉠ A : 소구점을 향한 좌측점
㉡ B : 소구점을 향한 중간점
㉢ C : 소구점을 향한 우측점
㉣ P : 소구점
㉤ V_a : AP 방위각 관측값
㉥ V_b : BP 방위각 관측값
㉦ V_c : CP 방위각 관측값

그림 2-1 교회망의 부호도

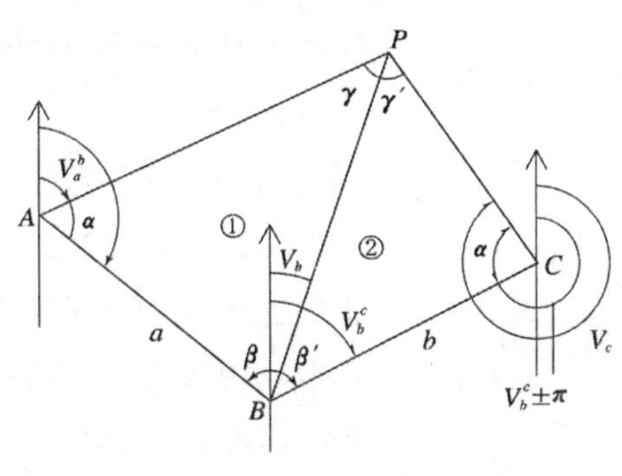

[예시 1]

수 평 각 관 측 부

측점명 : 경기11								
시 간	윤곽도	경위	순번	시준점	방향각	조 정		
						출발차	폐색차	결 과
10:10	0	정	1	경기12	0° 00′ 00″		0	0° 00′ 00″
			2	보1	299 48 09		+4	299 48 13
			1	경기12	359 59 52		+8	360 00 00
	180	반	1		180 00 05	−5	0	360 00 00
			2		119 48 22	−5	−2	299 48 15
			1		180 00 10	−5	−8	0 00 00
	90	정	1		90 00 00		0	0 00 00
			2		29 48 08		−4	299 48 04
			1		90 00 08		−8	360 00 00
	270	반	1		270 00 12	−12	0	360 00 00
			2		209 48 15	−12	+2	299 48 05
10:50			1		270 00 07	−12	+5	0 00 00
2011. 07. 01. 관측		관측자 : ○○○			사용기계 : DT		날씨 : 맑음	풍력 : 화풍

[예시 2]

수 평 각 관 측 부

측점명 : 보1								
시 간	윤곽도	경위	순번	시준점	방향각	조 정		
						출발차	폐색차	결 과
14:30	0	정	1	경기11	0° 00′ 00″		0	0° 00′ 00″
			2	경기13	241 37 45		+3	241 37 48
			3	경기12	301 56 41		+5	301 56 46
			1	경기11	359 59 52		+8	360 00 00
	180	반	1		180 00 06	−6	0	360 00 00
			3		121 56 58	−6	−1	301 56 51
			2		61 37 47	−6	−3	241 37 38
			1		180 00 10	−6	−4	0 00 00
	90	정	1		90 00 00		0	0 00 00
			2		331 37 49		−2	241 37 47
			3		31 56 45		−4	301 56 41
			1		90 00 06		−6	360 00 00
	270	반	1		270 00 12	−12	0	360 00 00
			3		211 56 49	−12	+2	301 56 39
			2		151 37 46	−12	+3	241 37 37
15:10			1		270 00 07	−12	+5	0 00 00

2011. 07. 01. 관측	관측자 : ○○○	사용기계 : DT	날씨 : 맑음	풍력 : 화풍

[예시 3]

지적삼각보조점방위각계산부

측점 / 시준점	◎ 경기12	◎ 보1	◎ 경기12	◎
◎ 경기11	0° 00′ 00″	299° 48′ 13″	360° 00′ 00″	° ′ ″
	0 00 00	299 48 15	360 00 00	
	0 00 00	299 48 04	360 00 00	
	0 00 00	299 48 05	360 00 00	
평균방위각	0 00 00	299 48 09	360 00 00	
원방위각	65 36 28	65 36 28	65 36 28	
소구방위각	+) 65 36 28	+) 5 24 37	+) 65 36 28	+)

측점 / 시준점	◎ 경기11	◎ 경기13	◎ 경기12	◎ 경기11
◎ 보1	0° 00′ 00″	241° 37′ 48″	301° 56′ 46″	360° 00′ 00″
	0 00 00	241 37 38	301 56 51	360 00 00
	0 00 00	241 37 47	301 56 41	360 00 00
	0 00 00	241 37 37	301 56 39	360 00 00
평균방위각	0 00 00	241 37 42	301 56 44	360 00 00
원방위각	185 24 37	185 24 37	185 24 37	185 24 37
소구방위각	+) 185 24 37	+) 67 02 19	+) 127 21 21	+) 185 24 37

측점 / 시준점	◎	◎	◎	◎
◎	° ′ ″	° ′ ″	° ′ ″	° ′ ″
평균방위각				
원방위각				
소구방위각	+)	+)	+)	+)

비 고	V_a = 5° 24′ 37″ V_b = 307° 21′ 21″ V_c = 247° 02′ 19″

(2) 교회점계산

교회점계산은 계산부 약도란의 A, B, C점에는 기지점명을, P점에는 소구점명을 기록하고 내각을 관측하는 경우와 방위각을 관측하는 경우의 2가지 방법이 있으나, [예제 2－1]에서는 방위각에 의한 방법으로 AP방위각(V_a), BP방위각(V_b), CP방위각(V_c)을 지점삼각보조점 방위각계산부에 의하여 계산한 후 이를 이용하여 소구점의 좌표를 계산하였다.

예제 2－1 **지적삼각보조측량을 교회법으로 실시하여 다음의 결과를 얻었다. 교회점계산부에 의하여 소구점(P)의 좌표를 계산하시오.**

가. 기지좌표

점 명	X좌표 (m)	Y좌표 (m)
경기5(A)	464,363.05	225,973.09
경기6(B)	465,419.39	228,302.63
경기9(C)	467,829.07	228,164.43

나. 관측방위각 및 약도

관측방위각	약 도
V_a = 5° 24′ 37″ V_b = 307° 21′ 21″ V_c = 247° 02′ 19″	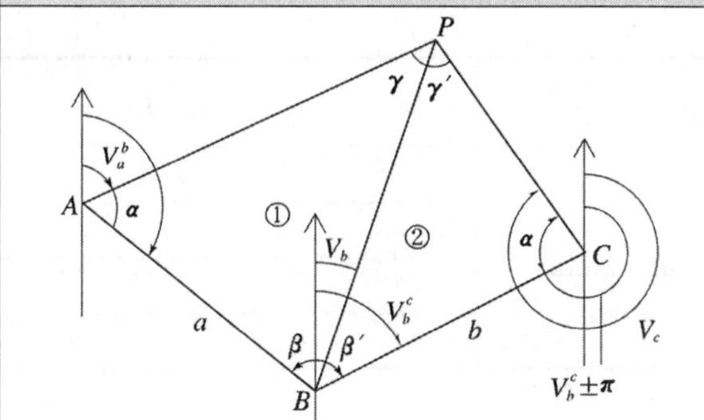

풀이 및 정답 (1) 종선차(Δx) 및 횡선차(Δy)의 계산

가. $A \rightarrow B$에 대한 계산 (B좌표－A좌표)

$$\Delta x = 465{,}419.39 - 464{,}363.05 = +1{,}056.34$$
$$\Delta y = 228{,}302.63 - 225{,}973.09 = +2{,}329.54$$

나. $B \rightarrow C$에 대한 계산 (C좌표 $-$ B좌표)

$$\Delta x = 467,829.07 - 465,419.39 = +2,409.68$$
$$\Delta y = 228,164.43 - 228,302.63 = -138.20$$

다. $A \rightarrow C$에 대한 계산 (C좌표 $-$ A좌표)

$$\Delta x = 467,829.07 - 464,363.05 = +3,466.02$$
$$\Delta y = 228,164.43 - 225,973.09 = +2,191.34$$

$A \rightarrow C$에 대한 계산은 $A \rightarrow B$ 및 $B \rightarrow C$의 Δx 및 Δy의 값을 합친 결과와 같아야 하며, 계산에 오류가 있었는지를 검산하는 란이 된다.

(2) 방위각 및 거리계산

가. 방위각계산

종선차, 횡선차에 의하여 θ각을 구하고 상한별로 다음과 같이 방위각을 계산한다.

1상한은 θ각, 2상한은 $180° - \theta$,
3상한은 $180° + \theta$, 4상한은 $360° - \theta$

㉠ $A \rightarrow B$방위각

$\theta = \tan^{-1}(2,329.54 \div 1,056.34) = 65° \ 36' \ 28''$로서 종선차는 +, 횡선차는 +이므로 1상한이 되어 V_A^B의 방위각은 θ각과 같으므로 $65° \ 36' \ 28''$가 방위각이 된다.

㉡ $B \rightarrow C$방위각

$\theta = \tan^{-1}(138.20 \div 2,409.68) = 3° \ 16' \ 57''$로서 종선차는 +, 횡선차는 −이므로 4상한이 되어 V_B^C의 방위각은 $360° - \theta$각이 된다.

따라서 V_B^C는 $360° - 3° \ 16' \ 57'' = 356° \ 43' \ 03''$가 된다.

나. 거리계산

거리계산은 $a = \sqrt{\Delta x^2 + \Delta y^2}$

$$= \sqrt{1,056.34^2 + 2,329.54^2} = 2,557.85$$

$$b = \sqrt{\Delta x^2 + \Delta y^2}$$

$$= \sqrt{2,409.68^2 + 138.20^2} = 2,413.64$$

로 구할 수 있으며, 역계산이라고 하여 다음과 같은 방법으로도 구한다.

$$a = \Delta x \div \cos V_A^B \quad \text{또는} \quad a = \Delta y \div \sin V_A^B$$

일반적으로 윗 공식에 의할 경우에는 Δx와 Δy 중 큰 것에 의하여 계산하며 계산결과는 다음과 같다.

$$a = \Delta y \div \sin V_A^B$$
$$= 2{,}329.54 \div \sin 65°\ 36'\ 28'' = 2{,}557.85$$
$$b = \Delta x \div \cos V_B^C$$
$$= 2{,}409.68 \div \cos 356°\ 43'\ 03'' = 2{,}413.64$$

(3) 삼각형 내각계산 또는 방위각 계산

[그림 2-1]에서와 같이 삼각형의 내각을 각각 α, β, γ와 α', β', γ'라 하면 교회점계산에서는 방위각에 의하여 내각을 구하는 경우와 내각에 의하여 방위각을 구하는 경우로 나눌 수 있다.

가. 방위각에 의하여 내각을 구하는 방법

$$\alpha = V_A{}^B - V_a$$
$$\beta = V_b - (V_A{}^B \pm 180)$$
$$\gamma = V_a - V_b$$
$$\alpha' = V_c - (V_B{}^C \pm 180)$$
$$\beta' = V_B{}^C - V_b$$
$$\gamma' = V_b - V_c$$

나. 내각에 의하여 방위각을 구하는 방법

$$V_a = V_A^B - \alpha$$
$$V_b = (V_A^B \pm 180) + \beta \quad \text{또는} \quad V_b = V_B^C - \beta'$$
$$V_c = (V_B^C \pm 180) + \alpha$$

여기서, V_b 각은 조정방법에 따라 일치하지 않을 수 있으며, A점과 C점에서만 계산을 실시한다.

방위각에 의하여 내각을 계산한 결과는 다음과 같다.

$$\alpha = V_A^B - V_a$$
$$= 65° \ 36' \ 28'' - 5° \ 24' \ 37'' = 60° \ 11' \ 51''$$
$$\beta = V_b - (V_A^B \pm 180)$$
$$= 307° \ 21' \ 21'' - (65° \ 36' \ 28'' + 180) = 61° \ 44' \ 53''$$
$$\gamma = V_a - V_b$$
$$= 5° \ 24' \ 37'' - 307° \ 21' \ 21'' = 58° \ 03' \ 16''$$
$$\alpha' = V_c - (V_B^C \pm 180)$$
$$= 247° \ 02' \ 19'' - (356° \ 43' \ 03'' - 180) = 70° \ 19' \ 16''$$
$$\beta' = V_B^C - V_b$$
$$= 356° \ 43' \ 03'' - 307° \ 21' \ 21'' = 49° \ 21' \ 42''$$
$$\gamma' = V_b - V_c$$
$$= 307° \ 21' \ 21'' - 247° \ 02' \ 19'' = 60° \ 19' \ 02''$$

※ 내각의 계산결과 －값이 나올 경우에는 360°를 더해 준다.

(4) 소구점 종횡선차의 계산

가. 변장계산

우선 sin법칙에 의한 변장공식에 의하여 $A \rightarrow P$거리 및 $C \rightarrow P$거리를 구한다.

$$AP = \frac{a \cdot \sin\beta}{\sin\gamma} = \frac{2{,}557.85 \times \sin 61° \ 44' \ 53''}{\sin 58° \ 03' \ 16''} = 2{,}655.28$$

$$CP = \frac{b \cdot \sin\beta'}{\sin\gamma'} = \frac{2{,}413.64 \times \sin 49° \ 21' \ 42''}{\sin 60° \ 19' \ 02''} = 2{,}108.19$$

나. 소구점(P)의 좌표계산

㉠ A점(경기5)을 기준으로 소구점의 좌표계산

$$\Delta x = AP \times \cos V_a = 2{,}655.28 \times \cos 5° \ 24' \ 37'' = +2{,}643.45$$
$$\Delta y = AP \times \sin V_a = 2{,}655.28 \times \sin 5° \ 24' \ 37'' = +250.36$$
$$Px = Ax + \Delta x = 464{,}363.05 + (+2{,}643.45) = 467{,}006.50 \text{ m}$$
$$Py = Ay + \Delta y = 225{,}973.09 + (+250.36) = 226{,}223.45 \text{ m}$$

㉡ C점(경기9)을 기준으로 소구점의 좌표계산

$$\Delta x = CP \times \cos V_c = 2{,}108.19 \times \cos 247°\ 02'\ 19'' = -822.43$$
$$\Delta y = CP \times \sin V_c = 2{,}108.19 \times \sin 247°\ 02'\ 19'' = -1{,}941.15$$
$$Px = Cx + \Delta x = 467{,}829.07 + (-822.43) = 467{,}006.64\ \text{m}$$
$$Py = Cy + \Delta y = 228{,}164.43 + (-1{,}941.15) = 226{,}223.28\ \text{m}$$

㉢ A, C 두 점을 기준으로 하여 구한 좌표의 연결오차계산

종선교차 = 467,006.50 − 467,006.64 = −0.14 m
횡선교차 = 226,223.45 − 226,223.28 = +0.17 m
연결교차 = $\sqrt{(-0.14)^2 + (+0.17)^2} = 0.22$ m

따라서 지적삼각보조측량에서 연결교차의 공차는 0.30m로 공차 이내이므로 평균하여 소구점의 좌표를 결정한다.

㉣ 소구점(P)의 평균좌표계산

$$Px = (467{,}006.50 + 467{,}006.64) \div 2 = 467{,}006.57\ \text{m}$$
$$Py = (226{,}223.45 + 226{,}223.28) \div 2 = 226{,}223.36\ \text{m}$$

□ **동경 Datum이 갖고 있는 오차**

일본의 경위도원점인 동경원점은 명치시대 영국 그리니치 천문대로부터 시베리아 방면과 하와이 방면에서 유선전신에 의해 시각을 맞춘 후 천문측량을 실시하여 1884년에 결정하였다. 그러나 1918년 무선전신에 의하여 시각을 맞춘 후 재측을 실시한 결과 경도에 +10.405초 만큼의 성과가 잘못되어 있음이 발견되어 이후부터는 기존에 설치한 기준점성과의 경도에 +10.405초를 가산하여 계산을 실시하게 되었다. 따라서 우리나라는 동경원점을 기준으로 설치한 삼각점을 사용하고 있기 때문에 1910년대에 설치한 기준점성과의 경도에 +10.405초를 보정한 후에 계산을 실시하여야 한다.

예제 2-1 정답

교회점계산부

약 도

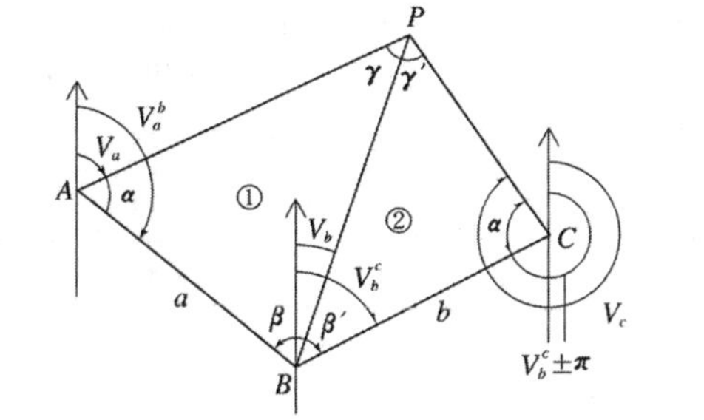

V_a	V_b	V_c
5° 24′ 37″	307° 21′ 21″	247° 02′ 19″

공 식

1. 방위(θ)계산

$$\tan\theta = \frac{\Delta y}{\Delta x}$$

2. 방위각(V)계산

Ⅰ상한 : θ　　Ⅱ상한 : 180°-θ

Ⅲ상한 : 180°+θ　　Ⅳ상한 : 360°-θ

3. 거리(a 또는 b)계산

$$\sqrt{\Delta x^2 + \Delta y^2}$$

4. 삼각형내각계산

$\alpha = V_a^b - V_a$　　$\alpha' = V_c - (V_b^c \pm 180)$

$\beta = V_b - (V_a^b \pm 180)$　　$\beta' = V_b^c - V_b$

$\gamma = V_a - V_b$　　$\gamma' = V_b - V_c$

점	명	X (m)	Y (m)	방 향	Δx	Δy
A	경기11	464,363.05	225,973.09	A → B	+1,056.34	+2,329.54
B	경기12	465,419.39	228,302.63	B → C	+2,409.68	- 138.20
C	경기13	467,829.07	228,164.43	A → C	+3,466.02	+2,191.34

방 위 각 계 산

방 향	경기5 → 경기6	방 향	경기6 → 경기9
$\theta = \tan^{-1}\frac{\Delta y_a^b}{\Delta x_a^b}$	65° 36′ 28″	$\theta = \tan^{-1}\frac{\Delta y_b^c}{\Delta x_b^c}$	3° 16′ 57″
V_a^b	65 36 28	V_b^c	356 43 03

거 리 계 산

$a = \sqrt{\Delta x^2 + \Delta y^2}$	2,557.85 m	$b = \sqrt{\Delta x^2 + \Delta y^2}$	2,413.64 m

삼 각 형 내 각 계 산

각		내 각	각		내 각
①	α	60° 11′ 51″	②	α′	70° 19′ 16″
	β	61 44 53		β′	49 21 42
	γ	58 03 16		γ′	60 19 02
	합 계	180 00 00		합 계	180 00 00

소 구 점 종 횡 선 계 산

①	Xa	464,363.05 m	①	Ya	225,973.09 m
	$\Delta x_1 = \frac{a\sin\beta}{\sin\gamma}\cos Va$	+2643.46		$\Delta y_1 = \frac{a\sin\beta}{\sin\gamma}\sin Va$	+250.36
	Xp1	467,006.51		Yp1	226,223.45
②	Xc	467,829.07	②	Yc	228,164.43
	$\Delta x_2 = \frac{b\sin\beta'}{\sin\gamma'}\cos Vc$	-822.43		$\Delta y_2 = \frac{b\sin\beta'}{\sin\gamma'}\sin Vc$	-1,941.16
	Xp2	467,006.64		Yp2	226,223.27
소 구 점 X		457,006.58	소 구 점 Y		226,223.36

종선교차 = - 0.13 m　　횡선교차 = +0.18 m　　연결교차 = 0.22 m　　공차 = 0.30 m

계 산 자 : 지적기사 ○○○	검 사 자 : 지적기사 ○○○

예제 2-2 **지적삼각보조측량을 교회법으로 실시하여 다음의 결과를 얻었다. 교회점계산부에 의하여 소구점의 좌표를 계산하시오.**

가. 기지좌표

점 명	X 좌 표(m)	Y 좌 표(m)
충남5(A)	432,900.67	179,183.14
충남7(B)	435,691.72	179,183.14
충남9(C)	435,691.72	182,028.40

나. 소구방위각

소구방위각	약 도
V_a = 71° 52′ 12″ V_b = 134° 11′ 45″ V_c = 198° 28′ 59″	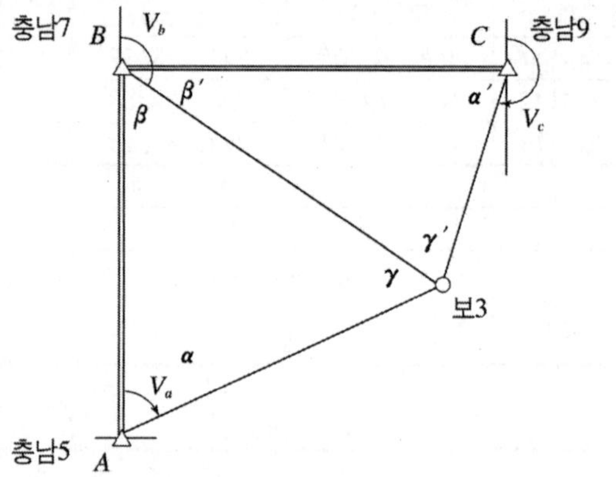

- 기지점의 좌표에 의하여 기지방위각을 계산할 경우 두 점 간의 X좌표가 같을 때에는 방위각이 90° 또는 270°가 되며, Y좌표가 같을 때에는 방위각이 0° 또는 180°가 된다.
- 지적삼각보조측량의 작업순서
  계획 및 준비 → 답사 및 선점 → 표지의 매설 → 관측 및 계산 → 성과표의 작성
- 지적삼각보조측량의 실시방법
  지적삼각보조측량은 삼각점과 지적삼각점을 기초로 하여 경위의측량방법이나 전파기 또는 광파기측량방법에 의하되 계산은 교회법 또는 다각망도선법에 의한다.

예제 2-2 정답

교회점계산부

약 도

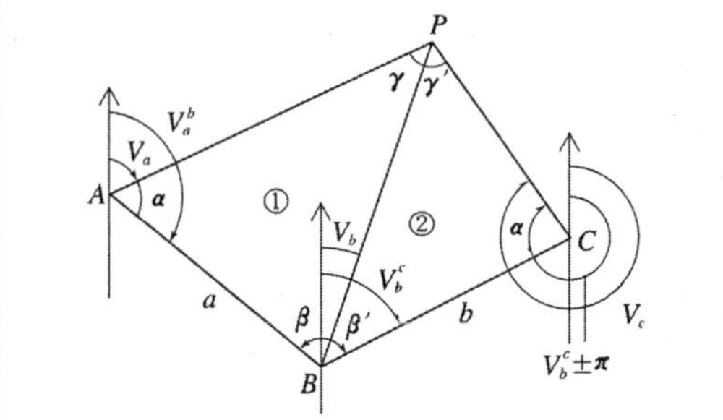

공 식

1. 방위(Θ)계산

$$\tan\theta = \frac{\Delta y}{\Delta x}$$

2. 방위각(V)계산

Ⅰ상한 : Θ　　Ⅱ상한 : 180°−Θ

Ⅲ상한 : 180°+Θ　　Ⅳ상한 : 360°−Θ

3. 거리(a 또는 b)계산

$$\sqrt{\Delta x^2 + \Delta y^2}$$

4. 삼각형내각계산

$\alpha = V_a^b - V_a$　　$\alpha' = V_c - (V_b^c \pm 180)$

$\beta = V_b - (V_a^b \pm 180)$　　$\beta' = V_b^c - V_b$

$\gamma = V_a - V_b$　　$\gamma' = V_b - V_c$

V_a	V_b	V_c
71° 52′ 12″	134° 11′ 45″	198° 28′ 59″

점	명	X (m)	Y (m)	방향	Δx	Δy
A	충남5	432,900.67	179,183.14	A → B	+2,791.05	0.00
B	충남7	435,691.72	179,183.14	B → C	0.00	+2,845.26
C	충남9	435,691.72	182,028.40	A → C	+2,791.05	+2,845.26

방 위 각 계 산

방 향	충남5 → 충남7	방 향	충남7 → 충남9
$\theta = \tan^{-1}\frac{\Delta y_a^b}{\Delta x_a^b}$	0° 00′ 00″	$\theta = \tan^{-1}\frac{\Delta y_b^c}{\Delta x_b^c}$	90° 00′ 00″
V_a^b	0 00 00	V_b^c	90 00 00

거 리 계 산

$a = \sqrt{\Delta x^2 + \Delta y^2}$	2,791.05 m	$b = \sqrt{\Delta x^2 + \Delta y^2}$	2,845.26 m

삼 각 형 내 각 계 산

각		내 각	각		내 각
①	α	71° 52′ 12″	②	α′	71° 31′ 01″
	β	45 48 15		β′	44 11 45
	γ	62 19 33		γ′	64 17 14
	합 계	180 00 00		합 계	180 00 00

소 구 점 종 횡 선 계 산

①	Xa	432,900.67 m	①	Ya	179,183.14 m
	$\Delta x_1 = \frac{a \sin\beta}{\sin\gamma} \cos Va$	+703.12		$\Delta y_1 = \frac{a \sin\beta}{\sin\gamma} \sin Va$	+2147.38
	Xp1	433,603.79		Yp1	181,330.52
②	Xc	435,691.72	②	Yc	182,028.40
	$\Delta x_2 = \frac{b \sin\beta'}{\sin\gamma'} \cos Vc$	−2087.90		$\Delta y_2 = \frac{b \sin\beta'}{\sin\gamma'} \sin Vc$	−697.91
	Xp2	433,603.82		Yp2	181,330.49
소 구 점 X		433,603.80	소 구 점 Y		181,330.50

종선교차 = −0.03 m　횡선교차 = +0.03 m　연결교차 = 0.04 m　공차 = 0.30 m

계 산 자 : 지적기사 ○○○　　검 사 자 : 지적기사 ○○○

예제 2-3 구소삼각지역에서 지적삼각보조측량을 실시하여 다음의 결과를 얻었다. 교회점계산부에 의하여 P점의 좌표를 계산하시오.

가. 기지좌표

점 명		X좌표(m)	Y좌표(m)
A	경기5	−1.435.43	−1,519.76
B	경기6	−379.09	+809.78
C	경기7	+2,030.59	+671.58

나. 관측내각 및 약도

각명	내 각	약 도
α β γ	60° 11′ 58″ 61° 44′ 47″ 58° 03′ 15″	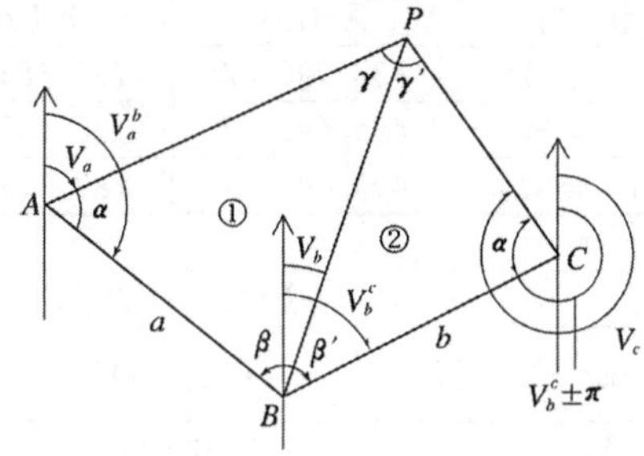
α' β' γ'	70° 19′ 17″ 49° 21′ 48″ 60° 18′ 55″	

□ 방위각

① 방위각은 천문학, 측량학, 포술, 항해술 및 기타 분야에서 지표위에 있는 물체의 위치를 표시하는 지평좌표의 하나이며, 북을 기준으로 하여 시계방향으로 잰 수평각을 방위각이라 한다. 방위각은 보통 도(°), 분(′), 초(″)로 표시하는데 그 크기는 0°~360°이다.

② 진북을 기준으로 하여 우회로 측정한 각을 그 직선의 방위각이라 한다. 또한 전체의 위치를 표현하기 위한 방위각은 그 천체와 관측 지점에서의 연직선을 포함한 두 평면이 천공의 북극과 연직선을 포함하는 평면(자오선)을 이루는 각으로 0°에서 360°까지 측정한다.

③ 수평각의 일종으로 자오선의 북쪽을 기준으로 수평면상에서 시계방향으로 관측한 각으로 그 범위는 0°~360°이다.

예제 2-4 **교회점계산부에 의하여 소구점(P)의 좌표를 계산하시오.**

가. 기지좌표

점 명		X좌표(m)	Y좌표(m)
A	강원9	455,847.19	221,583.93
B	강원8	457,129.48	220,436.73
C	강원7	457,129.48	222,584.21

나. 관측내각 및 약도

각명	내 각	약 도
γ β' γ'	35° 18′ 19″ 43° 30′ 31″ 60° 58′ 51″	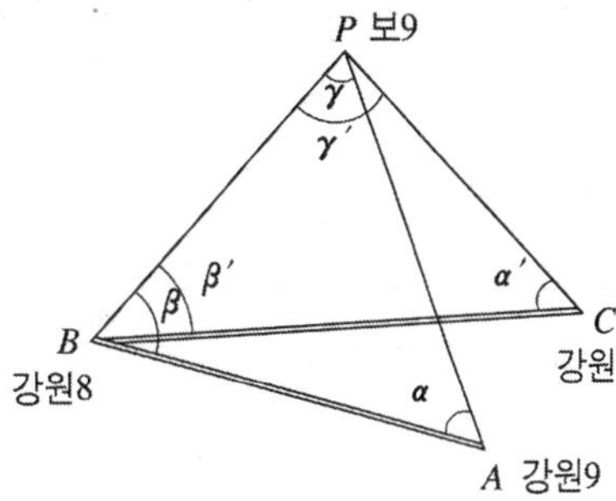

□ 방위각의 종류

1. 진북방위각

진북방위각은 자오선의 북방향(북극)을 기준으로 시계방향으로 측정한 각으로 자오선은 북극과 측점과 남극을 연결하는 유일한 선을 말한다.

2. 도북방위각

도북방위각은 평면직각종횡선의 종축(X축)의 북방향을 기준으로 우회로 측정한 각으로 우리나라 4대 원점의 종선을 기준으로 각각 구획된 지적도 도곽의 종선과 일치되며, 원점상에서는 도북방위각과 진북방위각이 일치하나 원점에서 서로 멀리 떨어질수록 진북방위각과의 차가 커지며 이를 자오선수차(α)라 한다.

3. 자북방위각

자북방위각은 자침이 가리키는 북방향을 기준으로 우회로 측정한 각으로 자북은 우리나라 위치에서 북극(진북)을 향한 때 약간 서편에 기울어져 있으며, 그 차이는 장소와 시기에 따라 다르다.

예제 2-3 정답

교회점계산부

약 도

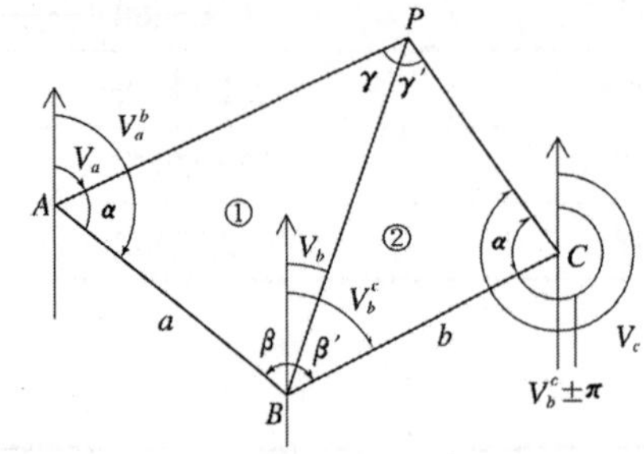

공 식

1. 방위(Θ)계산

$\tan\theta = \frac{\Delta y}{\Delta x}$

2. 방위각(V)계산

Ⅰ상한 : Θ　　Ⅱ상한 : 180°-Θ

Ⅲ상한 : 180°+Θ　　Ⅳ상한 : 360°-Θ

3. 거리(a 또는 b)계산

$\sqrt{\Delta x^2 + \Delta y^2}$

4. 삼각형내각계산

$\alpha = V_a^b - V_a$　　$\alpha' = V_c - (V_b^c \pm 180)$

$\beta = V_b - (V_a^b \pm 180)$　　$\beta' = V_b^c - V_b$

$\gamma = V_a - V_b$　　$\gamma' = V_b - V_c$

V_a	V_b	V_c
5° 24′ 30″	307° 21′ 15″	247° 02′ 20″

점	명	X (m)	Y (m)
A	경기5	-1,435.43	-1,519.76
B	경기6	-379.09	+809.78
C	경기7	+2,030.59	+671.58

방 향	Δx	Δy
A → B	+1,056.34	+2,329.54
B → C	+2,409.68	− 138.20
A → C	+3,466.02	+2,191.34

방 위 각 계 산

방 향	경기5 → 경기6	방 향	경기6 → 경기7
$\theta = \tan^{-1}\frac{\Delta y_a^b}{\Delta x_a^b}$	65° 36′ 28″	$\theta = \tan^{-1}\frac{\Delta y_b^c}{\Delta x_b^c}$	3° 16′ 57″
V_a^b	65 36 28	V_b^c	356 43 03

거 리 계 산

$a = \sqrt{\Delta x^2 + \Delta y^2}$	2,557.85 m	$b = \sqrt{\Delta x^2 + \Delta y^2}$	2,413.64 m

삼 각 형 내 각 계 산

	각	내 각		각	내 각
①	α	60° 11′ 58″	②	α′	70° 19′ 17″
	β	61 44 47		β′	49 21 48
	γ	58 03 15		γ′	60 18 55
	합 계	180 00 00		합 계	180 00 00

소 구 점 종 횡 선 계 산

①	Xa	-1,435.43 m	①	Ya	-1,519.76 m
	$\Delta x_1 = \frac{a\sin\beta}{\sin\gamma}\cos Va$	+2,643.43		$\Delta y_1 = \frac{a\sin\beta}{\sin\gamma}\sin Va$	+250.27
	Xp1	1,208.00		Yp1	−1,269.49
②	Xc	+2,030.59	②	Yc	+671.58
	$\Delta x_2 = \frac{b\sin\beta'}{\sin\gamma'}\cos Vc$	−822.46		$\Delta y_2 = \frac{b\sin\beta'}{\sin\gamma'}\sin Vc$	−1,941.25
	Xp2	1,208.13		Yp2	−1,269.67
소 구 점 X		1,208.06	소 구 점 Y		−1,269.58

종선교차 = - 0.13 m　횡선교차 = +0.18 m　연결교차 = 0.22 m　공차 = 0.30 m

계 산 자 : 지적기사 ○○○　　검 사 자 : 지적기사 ○○○

예제 2-4 정답

교회점계산부

약 도

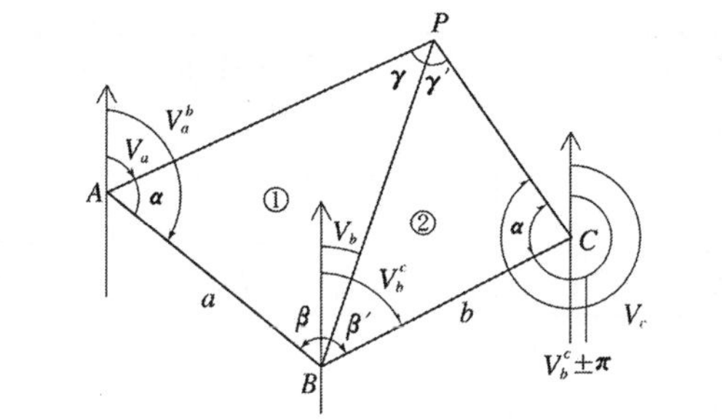

V_a	V_b	V_c
11° 11′ 10″	46° 29′ 29″	345°°30′ 38″

공 식

1. 방위(θ)계산

$$\tan\theta = \frac{\Delta y}{\Delta x}$$

2. 방위각(V)계산

Ⅰ상한 : θ　　Ⅱ상한 : 180°-θ

Ⅲ상한 : 180°+θ　　Ⅳ상한 : 360°-θ

3. 거리(a 또는 b)계산

$$\sqrt{\Delta x^2 + \Delta y^2}$$

4. 삼각형내각계산

α = $V_a^b - V_a$　　α′ = $V_c - (V_b^c \pm 180)$

β = $V_b - (V_a^b \pm 180)$　　β′ = $V_b^c - V_b$

γ = $V_a - V_b$　　γ′ = $V_b - V_c$

점 명		X (m)	Y (m)
A	강원9	455,847.19	221,583.93
B	강원8	457,129.48	220,436.73
C	강원7	457,129.48	222,584.21

방 향	Δx	Δy
A → B	+1,282.29	-1,147.20
B → C	0.00	+2,147.48
A → C	+1,282.29	+1,000.28

방 위 각 계 산

방 향	강원9 → 강원8	방 향	강원8 → 강원7
$\theta = \tan^{-1}\frac{\Delta y_a^b}{\Delta x_a^b}$	41° 49′ 03″	$\theta = \tan^{-1}\frac{\Delta y_b^c}{\Delta x_b^c}$	90° 00′ 00″
V_a^b	318 10 57	V_b^c	90 00 00

거 리 계 산

$a = \sqrt{\Delta x^2 + \Delta y^2}$	1,720.56 m	$b = \sqrt{\Delta x^2 + \Delta y^2}$	2,147.48 m

삼 각 형 내 각 계 산

각		내 각	각		내 각
①	α	53° 00′ 13″	②	α′	75° 30′ 38″
	β	91 41 28		β′	43 30 31
	γ	35 18 19		γ′	60 58 51
	합 계	180 00 00		합 계	180 00 00

소 구 점 종 횡 선 계 산

①	Xa	455,847.19 m	①	Ya	221,583.93 m
	$\Delta x_1 = \frac{a \sin\beta}{\sin\gamma} \cos Va$	+2,919.26		$\Delta y_1 = \frac{a \sin\beta}{\sin\gamma} \sin Va$	+577.29
	Xp1	458,766.45		Yp1	222,161.22
②	Xc	457,129.48	②	Yc	222,584.21
	$\Delta x_2 = \frac{b \sin\beta'}{\sin\gamma'} \cos Vc$	+1,636.94		$\Delta y_2 = \frac{b \sin\beta'}{\sin\gamma'} \sin Vc$	-423.02
	Xp2	458,766.42		Yp2	222,161.19
소 구 점 X		458,766.44	소 구 점 Y		222,161.20

종선교차 =+ 0.03 m　횡선교차 =+0.03 m　연결교차 =0.04 m　공차 = 0.30 m

계 산 자 : 지적기사 ○○○　　검 사 자 : 지적기사 ○○○

예제 2-5 구소삼각측량지역에서 지적삼각보조측량을 교회법으로 실시하여 다음의 결과를 얻었다. 교회점계산부에 의하여 소구점의 좌표를 계산하시오.

가. 기지좌표

점 명	X좌 표 (m)	Y좌 표 (m)
301(A)	−2,243.85	−1,085.52
303(B)	−1,423.02	−54.17
305(C)	+ 316.32	−878.04

나. 관측내각

각 명	관 측 내 각
β'	51° 32′ 44″
γ	39° 25′ 05″
γ'	59° 45′ 52″

예제 2-6 지적삼각보조측량을 교회법으로 실시하여 다음의 결과를 얻었다. 교회점계산부에 의하여 소구점의 좌표를 계산하시오.

가. 기지좌표

점 명	X좌 표 (m)	Y좌 표 (m)
401(A)	429,751.84	196,731.45
403(B)	427,511.49	195,429.32
405(C)	425,073.20	196,442.81

나. 관측방위각

점 명	관 측 방 위 각
V_a	148° 17′ 29″
V_b	93° 54′ 48″
V_c	38° 34′ 19″

예제 2-5 정답

교회점계산부

약 도

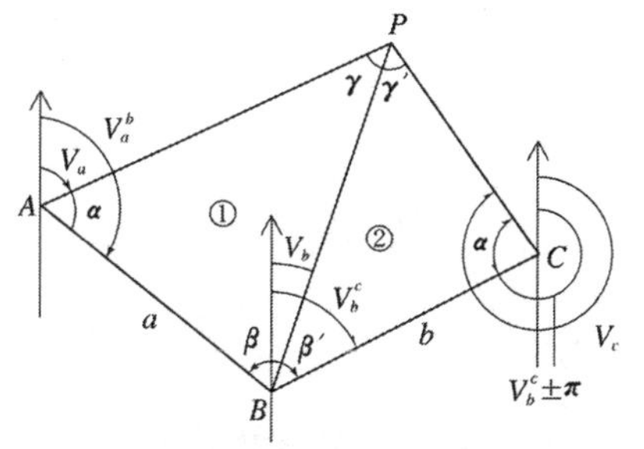

공 식

1. 방위(Θ)계산

$$\tan\theta = \frac{\Delta y}{\Delta x}$$

2. 방위각(V)계산

Ⅰ상한 : Θ　　　Ⅱ상한 : 180°−Θ

Ⅲ상한 : 180°+Θ　　Ⅳ상한 : 360°−Θ

3. 거리(a 또는 b)계산

$$\sqrt{\Delta x^2 + \Delta y^2}$$

4. 삼각형내각계산

$\alpha = V_a^b - V_a$　　$\alpha' = V_c - (V_b^c \pm 180)$

$\beta = V_b - (V_a^b \pm 180)$　　$\beta' = V_b^c - V_b$

$\gamma = V_a - V_b$　　$\gamma' = V_b - V_c$

V_a	V_b	V_c
322° 31′ 37″	283° 06′ 32″	223° 20′ 40″

점 명		X (m)	Y (m)	방 향	Δx	Δy
A	301	−2,243.85	−1,085.52	A → B	+820.83	+1,031.35
B	303	−1,423.02	−54.17	B → C	+1,739.34	−823.87
C	305	+316.32	−878.04	A → C	+2,560.17	+207.48

방 위 각 계 산

방 향	301 → 303	방 향	303 → 305
$\theta = \tan^{-1}\frac{\Delta y_a^b}{\Delta x_a^b}$	51° 29′ 04″	$\theta = \tan^{-1}\frac{\Delta y_b^c}{\Delta x_b^c}$	25° 20′ 44″
V_a^b	51 29 04	V_b^c	334 39 16

거 리 계 산

$a = \sqrt{\Delta x^2 + \Delta y^2}$	1,318.12 m	$b = \sqrt{\Delta x^2 + \Delta y^2}$	1,924.59 m

삼 각 형 내 각 계 산

각		내 각	각		내 각
①	α	88° 57′ 27″	②	α′	68° 41′ 24″
	β	51 37 28		β′	51 32 44
	γ	39 25 05		γ′	59 45 52
	합 계	180 00 00		합 계	180 00 00

소 구 점 종 횡 선 계 산

①	Xa	−2,243.85 m	①	Ya	−1,085.52 m
	$\Delta x_1 = \frac{a \sin\beta}{\sin\gamma} \cos Va$	+1,291.56		$\Delta y_1 = \frac{a \sin\beta}{\sin\gamma} \sin Va$	−990.09
	Xp1	−952.29		Yp1	−2,075.61
②	Xc	+316.32	②	Yc	−878.04
	$\Delta x_2 = \frac{b \sin\beta'}{\sin\gamma'} \cos Vc$	−1,268.65		$\Delta y_2 = \frac{b \sin\beta'}{\sin\gamma'} \sin Vc$	−1,197.37
	Xp2	−952.33		Yp2	−2,075.41
소 구 점 X		−952.31	소 구 점 Y		−2,075.51

종선교차 = +0.04 m　　횡선교차 = −0.20 m　　연결교차 = 0.20 m　　공차 = 0.30 m

계 산 자 : 지적기사 ○○○	검 사 자 : 지적기사 ○○○

예제 2-6 정답

교회점계산부

약 도

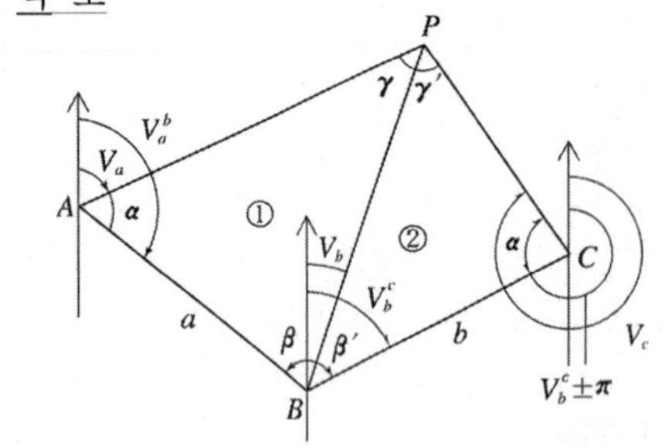

공 식

1. 방위(θ)계산

$$\tan\theta = \frac{\Delta y}{\Delta x}$$

2. 방위각(V)계산

Ⅰ상한 : θ　　Ⅱ상한 : 180°−θ

Ⅲ상한 : 180°+θ　　Ⅳ상한 : 360°−θ

3. 거리(a 또는 b)계산

$$\sqrt{\Delta x^2 + \Delta y^2}$$

4. 삼각형내각계산

α = $V_a^b - V_a$　　α′ = $V_c - (V_b^c \pm 180)$

β = $V_b - (V_a^b \pm 180)$　　β′ = $V_b^c - V_b$

γ = $V_a - V_b$　　γ′ = $V_b - V_c$

V_a	V_b	V_c
148° 17′ 29″	93° 54′ 48″	38° 34′ 19″

점	명	X (m)	Y (m)	방 향	Δx	Δy
A	401	429,751.84	196,731.45	A → B	−2,240.35	−1,302.13
B	403	427,511.49	195,429.32	B → C	−2,438.29	+1,013.49
C	405	425,073.20	196,442.81	A → C	−4,678.64	−288.64

방 위 각 계 산

방 향	401 → 403	방 향	403 → 405
$\theta = \tan^{-1}\frac{\Delta y_a^b}{\Delta x_a^b}$	30° 09′ 57″	$\theta = \tan^{-1}\frac{\Delta y_b^c}{\Delta x_b^c}$	22° 34′ 14″
V_a^b	210 09 57	V_b^c	157 25 46

거 리 계 산

$a = \sqrt{\Delta x^2 + \Delta y^2}$	2,591.28 m	$b = \sqrt{\Delta x^2 + \Delta y^2}$	2,640.53 m

삼 각 형 내 각 계 산

각		내 각	각		내 각
①	α	61° 52′ 28″	②	α′	61° 08′ 33″
	β	63 44 51		β′	63 30 58
	γ	54 22 41		γ′	55 20 29
	합 계	180 00 00		합 계	180 00 00

소 구 점 종 횡 선 계 산

①	Xa	429,751.84 m	①	Ya	196,731.45 m
	$\Delta x_1 = \frac{a\sin\beta}{\sin\gamma}\cos Va$	−2,432.22		$\Delta y_1 = \frac{a\sin\beta}{\sin\gamma}\sin Va$	+1,502.68
	Xp1	427,319.62		Yp1	198,234.13
②	Xc	425,073.20	②	Yc	196,442.81
	$\Delta x_2 = \frac{b\sin\beta'}{\sin\gamma'}\cos Vc$	+2,246.41		$\Delta y_2 = \frac{b\sin\beta'}{\sin\gamma'}\sin Vc$	+1,791.48
	Xp2	427,319.61		Yp2	198,234.29
소 구 점 X		427,319.62	소 구 점 Y		198,234.21

종선교차 = +0.01 m　　횡선교차 = −0.16 m　　연결교차 = 0.16 m　　공차 = 0.30 m

계 산 자 : 지적기사 ○○○　　검 사 자 : 지적기사 ○○○

(3) 후방교회계산

① 후방교회법(3점법)

[그림 2-2]와 같이 소구점 $P(\alpha,\beta)$에서 전방의 지적삼각점과 같은 기지점을 관측하여 소구내각인 θ, $\gamma(\gamma_1+\gamma_2)$, ψ각을 계산하여 소구점의 좌표를 산출하는 방법이다.

그림 2-2 후방교회법(3점법)

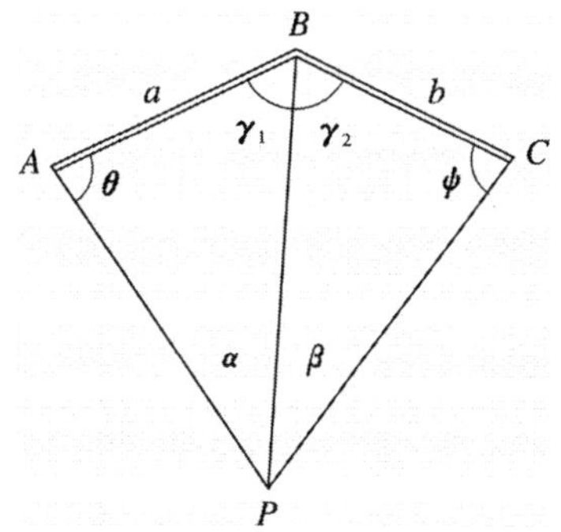

② 후방교회법(2점법)

지적삼각측량을 사각망으로 구성하여 소구점의 좌표를 계산하고자 할 경우에는 기지점 및 소구점에서 모든 각을 관측하여 조정 계산을 실시하여야 하나, 후방교회법(2점법)에 의할 경우에는 [그림 2-3]과 같이 기지점 A, B에서는 관측을 하지 않고 해당 소구점 $P_1(\alpha,\ \beta)$과 $P_2(\gamma,\ \delta)$에서 관측을 실시하여 ϵ, χ, y, ω의 내각을 계산하여 삼각함수 등의 계산방법에 의하여 소구점의 좌표를 산출하는 방법이다.

그림 2-3 후방교회법(2점법)

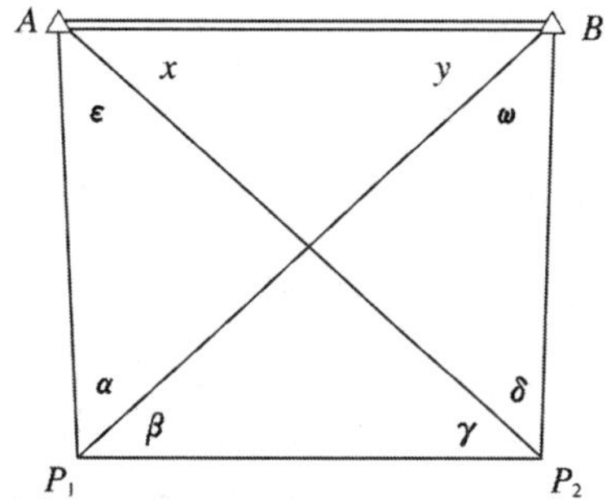

후방교회계산부(3점법) 2-1

약 도	공 식
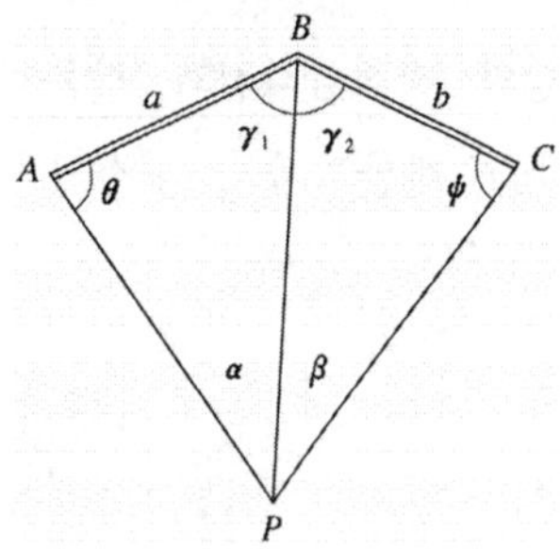	$K=\dfrac{\sin\psi}{\sin\theta}=\dfrac{a\sin\beta}{b\sin\alpha}$ $m=\sqrt{1+K^2+2K\cdot\cos(\alpha+\beta+\gamma)}$ $\sin\theta=\dfrac{-\sin(\alpha+\beta+\gamma)}{m}$ $\sin\psi=\dfrac{-K\sin(\alpha+\beta+\gamma)}{m}$

관 측 각

α	51° 00′ 52″	β	49° 55′ 42″

점 명		X(m)	Y(m)	방 향	Δx(m)	Δy(m)
A	천5	448,911.04	203,913.98	A → B	+512.13	+1,004.52
B	천6	449,423.17	204,918.50	B → C	-209.27	+1,043.57
C	천7	449,213.90	205,962.07	A → C	+302.86	+2,048.09

방 위 각 계 산

방향	A → B	방향	B → C
$\tan\theta=\dfrac{\Delta y}{\Delta x}$	1.961455	$\tan\theta=\dfrac{\Delta y}{\Delta x}$	4.986716
θ	62° 59′ 11″	θ	78° 39′ 39″
V_a^b =	62° 59′ 11″	V_b^c =	101° 20′ 21″

거 리 계 산

$a=\sqrt{\Delta x^2+\Delta y^2}$	1,127.54 m	$b=\sqrt{\Delta x^2+\Delta y^2}$	1,064.35 m

K 값 의 계 산

α	51° 00′ 52″	sinα	0.777305	$K=\dfrac{a\sin\beta}{b\sin\alpha}$ K= 1.042926
β	49° 55′ 42″	sinβ	0.765240	
γ	141° 38′ 50″	sin(α+β+γ)	-0.887735	
α+β+γ	242° 35′ 24″	cos(α+β+γ)	-0.460355	
$\gamma(\gamma_1+\gamma_1)=V_b^a-V_b^c$ = 141° 38′ 50″				

<table>
<tr><td colspan="5">m 값 의 계 산</td></tr>
<tr><td colspan="2"></td><td>1.000000000</td><td colspan="2" rowspan="5">$m = \sqrt{1+K^2+2K\cdot\cos(\alpha+\beta+\gamma)}$
$\sin\theta = \frac{-\sin(\alpha+\beta+\gamma)}{m}$
$\sin\psi = \frac{-K\sin(\alpha+\beta+\gamma)}{m}$</td></tr>
<tr><td colspan="2">K^2</td><td>1.087694641</td></tr>
<tr><td colspan="2">$2K\cos(\alpha+\beta+\gamma)$</td><td>-0.960231835</td></tr>
<tr><td colspan="2">m^2</td><td>1.127462805</td></tr>
<tr><td colspan="2">m</td><td>1.061820514</td></tr>
<tr><td colspan="5">미 지 각 의 계 산</td></tr>
<tr><td colspan="2">$\sin\Theta$</td><td>0.836050</td><td>$\gamma_1 = 180-(\alpha+\beta)$</td><td>72° 15′ 37″</td></tr>
<tr><td colspan="2">Θ</td><td>56° 43′ 31″</td><td>$\sin\gamma_1$</td><td>0.952450</td></tr>
<tr><td colspan="2">$\sin\psi$</td><td>0.871938</td><td>$\gamma_2 = 180-(\beta+\Psi)$</td><td>69° 23′ 13″</td></tr>
<tr><td colspan="2">ψ</td><td>60° 41′ 05″</td><td>$\sin\gamma_2$</td><td>0.935979</td></tr>
<tr><td colspan="5">변 장 계 산</td></tr>
<tr><td colspan="2">$AP = \frac{a\sin\gamma_1}{\sin\alpha}$</td><td>1381.60</td><td>$CP = \frac{b\sin\gamma_2}{\sin\beta}$</td><td>1,301.83</td></tr>
<tr><td colspan="2">$BP = \frac{a\sin\theta}{\sin\alpha}$</td><td>1212.75</td><td>$BP = \frac{b\sin\psi}{\sin\beta}$</td><td>1,212.75</td></tr>
<tr><td colspan="5">방 위 각 계 산</td></tr>
<tr><td colspan="2">$A \rightarrow B(V_a^b)$</td><td>62° 59′ 11″</td><td>$B \rightarrow C(V_b^c)$</td><td>101° 20′ 21″</td></tr>
<tr><td colspan="2">$A \rightarrow P(V_a)$</td><td>119° 42′ 42″</td><td>$B \rightarrow P(V_b)$</td><td>170° 43′ 34″</td></tr>
<tr><td colspan="2">$C \rightarrow P(Vc)$</td><td>220° 39′ 16″</td><td></td><td></td></tr>
<tr><td colspan="5">종 횡 선 좌 표 계 산</td></tr>
<tr><td colspan="2">Ax</td><td>448,911.04 m</td><td>Ay</td><td>203,913.98 m</td></tr>
<tr><td rowspan="2">①</td><td>$\Delta x_1 = AP\cos V_a$</td><td>-684.77</td><td>$\Delta y_1 = AP\sin V_a$</td><td>+1199.96</td></tr>
<tr><td>$Px1$</td><td>448,226.27</td><td>$Py1$</td><td>205,113.94</td></tr>
<tr><td colspan="5"></td></tr>
<tr><td colspan="2">Cx</td><td>449,213.90</td><td>Cy</td><td>205,962.07</td></tr>
<tr><td rowspan="2">②</td><td>$\Delta x_2 = CP\cos V_c$</td><td>-987.64</td><td>$\Delta y_2 = CP\sin V_c$</td><td>-848.14</td></tr>
<tr><td>$Px2$</td><td>448,226.26</td><td>$Py2$</td><td>205,113.93</td></tr>
<tr><td colspan="2">Px</td><td>448,226.26</td><td>Py</td><td>205,113.94</td></tr>
<tr><td colspan="2">종선교차 = 0.01 m</td><td>횡선교차 = 0.01m</td><td>연결오차 = 0.01m</td><td>공차 = 0.3 m</td></tr>
<tr><td colspan="3">계 산 자 : 지적기사 ○○○</td><td colspan="2">검 사 자 : 지적기사 ○○○</td></tr>
</table>

후방교회계산부(2점법) 2-1

약 도	공 식
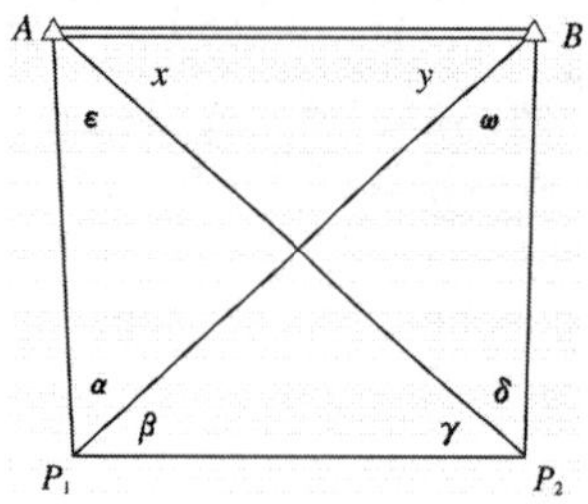	$K=\dfrac{\sin\beta\sin\delta\sin\epsilon}{\sin\alpha\sin\gamma\sin\omega}$ $m=\sqrt{1+K^2+2K\cdot\cos(\beta+\gamma)}$ $\sin y=\dfrac{1}{m}sin(\beta+\gamma)$ $\sin\chi=\dfrac{K}{m}\sin(\beta+\gamma)$

관 측 각			
α	*41° 57′ 25″*	ɣ	*42° 50′ 51″*
β	*55° 05′ 23″*	δ	*43° 58′ 44″*

점 명		X(m)	Y(m)	방 향	Δx(m)	Δy(m)
A	천*1*	*459,614.78*	*201,287.90*	*A* → *B*	+417.43	+1,320.64
B	천*2*	*460,092.21*	*202,608.54*			

방 위 각 계 산			
방향	*A* → *B*	방향	→
$\tan\theta=\dfrac{\Delta y}{\Delta x}$	3.163740	$\tan\theta=\dfrac{\Delta y}{\Delta x}$	.
Θ	72° 27′ 33″	Θ	° ′ ″
V_a^b =	72° 27′ 33″		° ′ ″

거 리 계 산			
$a=\sqrt{\Delta x^2+\Delta y^2}$	1,385.04 m		

K 값 의 계 산				
α	41° 57′ 25″	sinα	0.668572	ω = 180 − (β+ɣ+δ) = 38° 05′02″ ε = 180 − (α+β+ɣ) = 40° 06′21″ $K=\dfrac{\sin\beta\cdot\sin\delta\cdot\sin\epsilon}{\sin\alpha\cdot\sin\gamma\cdot\sin\omega}$ *K*= 1.308049
β	55° 05′ 23″	sinβ	0.820049	
ɣ	42° 50′ 51″	sinɣ	0.680049	
δ	43° 58′ 44″	sinδ	0.694393	
β+ɣ	97° 56′ 14″	sin(β+ɣ)	0.990420	
ω	38° 05′ 02″	sinω	0.616815	
ε	40° 06′ 21″	sinε	0.644202	

m 값의 계산		
	1.000000000	$m = \sqrt{1+K^2+2K\cdot\cos(\beta+\gamma)}$ $\sin y = \frac{1}{m} sin(\beta+\gamma)$ $\sin\chi = \frac{K}{m} \sin(\beta+\gamma)$
K^2	1.710992186	
$2K\cos(\beta+\gamma)$	-0.361251745	
m^2	2.349740441	
m	1.532886311	

미지각의 계산			
$\sin y$	0.646114	$\omega+y$	78° 19′ 59″
y	40° 14′ 57″		
$\sin\chi$	0.845149	$\chi+\varepsilon$	97° 47′ 38″
χ	57° 41′ 16″		

변장계산			
$AP = \frac{a\sin y}{\sin\alpha}$	1,338.51 m	$BQ = \frac{a\sin\chi}{\sin\delta}$	1,685.74 m
$BP = \frac{a\sin(\chi+\epsilon)}{\sin\alpha}$	2,052.50	$AQ = \frac{a\sin(\omega+y)}{\sin\delta}$	1,953.40
$PQ = \frac{AP\sin\epsilon}{\sin\gamma}$	1,267.95	$PQ = \frac{BQ\sin\omega}{\sin\beta}$	1,267.96

방위각계산			
$A \rightarrow B(V_a^b)$	72° 27′ 33″	$B \rightarrow A(V_b^a)$	252° 27′ 33″
$A \rightarrow Q(V_a^q)$	130° 08′ 50″	$B \rightarrow P(V_b^p)$	212° 12′ 36″
$A \rightarrow P(V_a^p)$	170° 15′ 11″	$B \rightarrow Q(V_b^q)$	174° 07′ 34″

종횡선좌표계산				
Ax		459,614.78 m	Ay	201,287.90 m
①	$\Delta x_1 = AP\cos V_a^p$	-1,319.19	$\Delta y_1 = AP\sin V_a^p$	+226.61
	$Px1$	458,295.59	$Py1$	201,514.51
	$\Delta x_1 = AQ\cos V_a^q$	-1,259.46	$\Delta y_1 = AQ\sin V_a^q$	+1,493.16
	$Qx1$	458,355.32	$Qy1$	202,781.06
Bx		460,092.21	By	202,608.54
②	$\Delta x_2 = BP\cos V_b^p$	-1,736.62	$\Delta y_2 = BP\sin V_b^p$	-1,094.03
	$Px2$	458,295.59	$Py2$	201,514.51
	$\Delta x_2 = BQ\cos V_b^q$	-1,676.89	$\Delta y_2 = BQ\sin V_b^q$	+172.52
	$Qx2$	458,355.32	$Qy2$	202,781.06
Px		458,295.59	Py	201,514.51
Qx		458,355.32	Qy	202,781.06

계 산 자 : 지적기사 ○○○	검 사 자 : 지적기사 ○○○

3. 다각망도선법

(1) 교점다각망계산

가. 망의 구성 및 관측

㉠ 망의 형태에 따라 도선별로 번호를 순차적으로 (1), (2), (3), …과 같이 부여한다.

㉡ 계획에 따라 도선별로 방향을 정하여 관측을 실시한다.

나. 관측방위각의 계산

㉠ 다각점좌표계산부에 기지방위각 및 종·횡선좌표와 관측각, 평면거리를 기재한다.

㉡ 도선별 관측방위각을 계산한다.

- 관측방위각 = 기지방위각 + 관측각의 합 − 180(측점수 − 1)
- 교점과 교점으로 이루어진 도선은 관측각의 합만 계산한다.

다. 조건방정식의 수립

㉠ 조건식 수의 계산

- 최소조건식 수 = 도선수 − 교점수
- X망 : 원형에 가까운 지구의 망구성에 적합한 형태로 최대조건식 수는 4개이지만 조건식 수는 3개만 충족시키면 된다.
- Y망 : 가장 단순한 망으로 최대조건식 수는 3개이지만 조건식 수는 2개만 충족시키면 된다.
- A, H망 : 최대조건식 수는 4개이지만 3개의 조건식만 충족시키면 된다.
- 교점다각망형 : 조건식은 어느 조건식을 사용하던지 최소조건식 수만 충족시키면 된다.

㉡ 조건방정식의 수립

- 서로 연결이 되는 도선을 [그림 2−4]와 같이 화살표 방향으로 표시한다.

■ 도선별 방정식의 부호결정

ⓐ 관측 진행방향과 일치할 경우 : +

ⓑ 관측 진행방향과 반대일 경우 : −

■ Y망

ⓐ Ⅰ ⋯ $(1) - (2) + W_1 = 0$

ⓑ Ⅱ ⋯ $(2) - (3) + W_2 = 0$

ⓒ Ⅲ ⋯ $(3) - (1) + W_3 = 0$

■ X망

ⓐ Ⅰ ⋯ $(1) - (2) + W_1 = 0$

ⓑ Ⅱ ⋯ $(2) - (3) + W_2 = 0$

ⓒ Ⅲ ⋯ $(3) - (4) + W_3 = 0$

ⓓ Ⅳ ⋯ $(4) - (1) + W_4 = 0$

그림 2-4 *Y·X*망

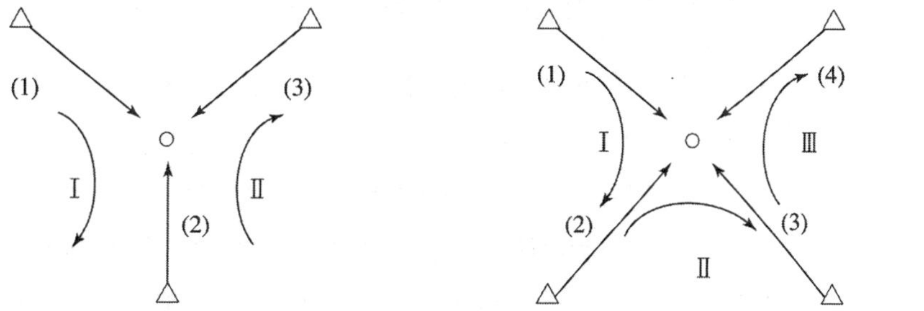

라. 방정식별 각오차의 산출

각 방정식별로 관측방위각을 대입하여 *X*망의 각오차는 다음과 같이 산출한다.

㉠ W_1 = (1)도선 방위각 − (2)도선 방위각

㉡ W_2 = (2)도선 방위각 − (3)도선 방위각

㉢ W_3 = (3)도선 방위각 − (4)도선 방위각

마. 경중률의 계산

㉠ 각 도선의 관측조건을 상대적으로 비교한 지표 즉, 오차의 발생 확률을

경중률이라 한다.

- 측정횟수가 많으면 오차의 분포는 +, − 대칭의 형태로 접근하기 때문에 오차의 평균값은 0에 가까워진다.
- 측정횟수가 많을수록 그 평균값은 참값에 가까워진다.
- 여러 도선을 측정하였을 때 도선별로 관측조건이 똑같다면 그 결과는 단순 평균하여 구할 수 있지만 관측조건이 다를 경우 각각의 조건에 맞도록 경중률(무게 또는 중량이라고도 함)을 부여하여 오차를 소거시켜야 한다.
- 즉, 신용이 높은 측정값에는 이에 어울리는 무게를 실어주어야 한다.

㉡ 다각망도선법에서의 경중률 산출

- 관측각 : 각 도선별 측점수
- 거리 : 각 도선별 거리의 합

여기서, 거리에 대한 경중률은 도선거리 합의 1/1,000로 계산한다.

바. 평균방위각의 산출(X · Y망)

㉠ 교점수가 1개일 경우는 도선별로 평균방위각을 산출하여 보정치를 구한다.

※ 교점수가 2개 이상일 경우 방정식별로 방위각 오차를 산출하고 표준방정식을 풀어 도선별로 오차 배부량을 계산한다.

㉡ 다각망도선법에는 경중률에 역수를 취하여 평균값을 계산한다.

㉢ 방위각 $= \dfrac{\dfrac{\alpha_1}{N_1}+\dfrac{\alpha_2}{N_2}+\dfrac{\alpha_3}{N_3}+\dfrac{\alpha_4}{N_4}}{\dfrac{1}{N_1}+\dfrac{1}{N_2}+\dfrac{1}{N_3}+\dfrac{1}{N_4}} = \dfrac{\dfrac{\Sigma\alpha}{\Sigma N}}{\dfrac{1}{\Sigma N}}$

※ 여기서 α_n는 방위각으로서 초 단위, N_n는 경중률로서 측점수임

사. 측각오차의 배부

㉠ 산출된 평균방위각으로 도선별 각오차를 계산한다.

도선별 각오차 = 도선별 관측방위각 − 평균방위각

㉡ 측각오차 배부식에 의하여 각 점의 관측각에 배부한다.

배부수 = −(측각오차 ÷ 반수의 총합) × 해당 반수

아. 평균 종·횡선의 좌표계산

㉠ 보정된 방위각과 수평거리에 의하여 종·횡선차를 구하고 교점에 대한 종·횡선좌표를 산출한다.

■ 종선좌표 = $\sum \Delta x + X$

■ 횡선좌표 = $\sum \Delta y + Y$

㉡ 교점이 2개 이상일 경우에는 조건방정식별로 오차를 산출한다.

종·횡선오차 산출방식은 각오차 산출방식과 동일하다.

㉢ X·Y망의 평균 종·횡선 좌표의 산출공식은 다음과 같다.

■ 종선좌표 = $\dfrac{\dfrac{X_1}{S_1}+\dfrac{X_2}{S_2}+\dfrac{X_3}{S_3}+\dfrac{X_4}{S_4}}{\dfrac{1}{S_1}+\dfrac{1}{S_2}+\dfrac{1}{S_3}+\dfrac{1}{S_4}} = \dfrac{\dfrac{\sum X}{\sum S}}{\dfrac{1}{\sum S}}$

■ 횡선좌표 = $\dfrac{\dfrac{Y_1}{S_1}+\dfrac{Y_2}{S_2}+\dfrac{Y_3}{S_3}+\dfrac{Y_4}{S_4}}{\dfrac{1}{S_1}+\dfrac{1}{S_2}+\dfrac{1}{S_3}+\dfrac{1}{S_4}} = \dfrac{\dfrac{\sum Y}{\sum S}}{\dfrac{1}{\sum S}}$

여기서, X_n, Y_n : 교점의 좌표값(cm 단위)

S_n : 경중률로서 도선별 거리의 합계(km 단위)

자. 종·횡선 오차의 배부 및 좌표결정

㉠ 산출된 평균 종·횡선좌표로 도선별 종·횡선차를 계산한다.

■ 종·횡선오차 = 도선별 종·횡선좌표 − 평균좌표

■ 연결오차가 허용치 이내인가를 확인

연결오차 = $\sqrt{\text{종선오차}^2 + \text{횡선오차}^2}$

㉡ 종·횡선오차 배부식에 의하여 각 측점의 종·횡선차의 크기에 비례하여 배부한다.

배부수 = −(종·횡선오차 ÷ 종·횡선차의 절대치의 합계) × 각 측선의 종·횡선차

차. 계산순서

㉠ 다각망도선법 계산부 작성($X \cdot Y \cdot H \cdot A$형)

망의 형태에 구성하여 도선번호 부여

㉡ 도선별 다각점좌표계산부 작성 및 관측값 이기

㉢ 도선별 관측(계산)방위각(T_2')을 산출

도선별 관측방위각의 산출($T_2' = T_1 + \Sigma\alpha - 180\ (n-1)$)

㉣ 교점다각망계산부의 경중률란에 경중률 기재

■ 각에 대한 경중률은 측점수

■ 거리에 대한 경중률은 도선거리 합계를 1,000으로 나눈 수

㉤ 방위각란에 도선별 산출방위각(T_2')을 이기하고 오차(W_n)계산

㉥ 상관방정식 수립

상관방정식의 수립은 조건식 구성에 맞추어 부호를 붙임

㉦ 표준방정식(방위각)계산

㉧ 방정식(정해와 역해)계산

㉨ 도선별 보정수 계산

㉩ 보정값을 방위각 보정란에 기재하고 평균 방위각계산

㉪ 평균방위각을 다각점계산부에 이기하고 도선별 방위각계산

각오차 = 산출방위각 – 평균방위각

※ 각오차의 계산 후에는 반드시 허용치 이내인가를 확인한다.

㉫ 측각오차 배부식에 의해 오차를 배부하고 도선별 방위각계산

㉬ 도선별 종·횡선차를 계산하고 교점의 종·횡선좌표 산출

㉭ 산출된 종·횡선좌표를 교점다각망계산부의 종선좌표와 횡선좌표의 관측란에 기재

㉮ 조건식별 오차(W_n)계산

㉯ 상관방정식에 의해 종선좌표와 횡선좌표의 표준방정식을 계산하고 방정식(정해와 역해)계산

㉰ 도선별 보정수계산

㉱ 보정값을 종선좌표, 횡성좌표 보정란에 기재하고 종·횡선 평균좌표계산

㉲ 평균좌표를 다각점계산부에 이기하고 도선별 종·횡선오차계산

■ 종선산출좌표 – 종선평균좌표 = 종선오차(Δx)

■ 횡선산출좌표 – 횡선평균좌표 = 횡선오차(Δy)

■ 연결오차 $= \sqrt{종선오차^2 + 횡선오차^2}$

㉳ 종·횡선오차 배부식에 의하여 오차를 배부하고 도선별 각 점의 좌표결정

예제 2-7 **다각망도선법으로 Y형을 구성하여 관측한 지적삼각보조측량의 관측결과에 의하여 지적삼각보조점의 좌표를 계산하시오.**

가. 약 도

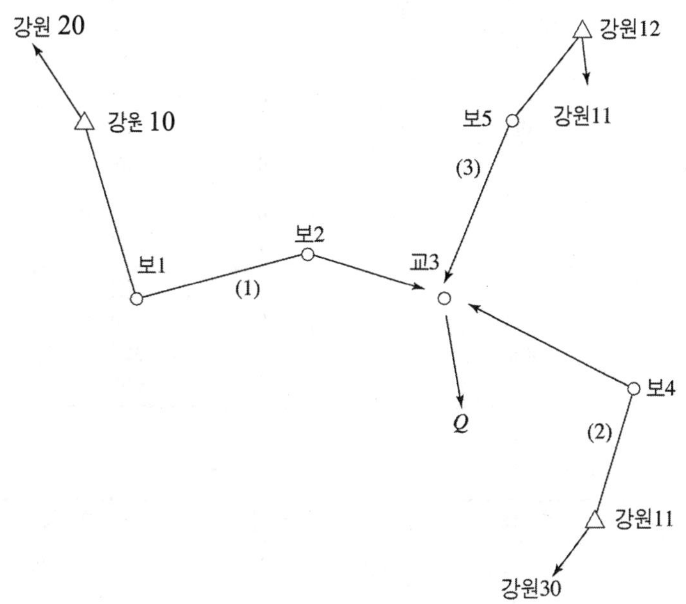

나. 기지좌표

점 명	X 좌 표 (m)	Y 좌 표 (m)	표 고 (m)
강원10	460,495.19	289,913.41	300.90
강원11	459,233.68	292,831.10	674.25
강원12	462,090.75	293,035.70	519.82
강원20	461,758.72	288,383.53	457.34
강원30	458,363.90	290,235.57	632.67

다. 기지방위각

방 향	기 지 방 위 각
강원10 → 강원20	309° 33′ 21″
강원11 → 강원30	251° 28′ 13″
강원12 → 강원11	184° 05′ 25″

라. 관측각 및 거리

(1) 도선 1

측 점	시준점	배수	관 측 각	평면거리(m)
강원10	강원20 보1	0 1 3	0° 00′ 00″ 167 44 10 503 13 10	736.31
보1	강원10 보2	0 1 3	0 00 00 136 17 10 408 51 30	972.66
보2	보1 보3(교)	0 1 3	0 00 00 184 05 00 552 15 21	612.79
보3(교)	보2 *Q*	0 1 3	0 00 00 353 35 00 1060 45 00	

(2) 도선 2

측 점	시준점	배수	관 측 각	평면거리(m)
강원11	강원30 보4	0 1 3	0° 00′ 00″ 99 07 05 297 21 03	1,290.98
보4	강원11 보3(교)	0 1 3	0 00 00 105 33 15 316 39 45	523.65
보3(교)	보4 *Q*	0 1 3	0 00 00 155 06 45 465 20 05	

(3) 도선 3

측 점	시준점	배수	관 측 각	평면거리(m)
강원12	강원11 보5	0 1 3	0° 00′ 00″ 18 56 45 56 49 45	834.13
보5	강원12 보3(교)	0 1 3	0 00 00 195 43 20 587 09 50	974.37
보3(교)	보5 *Q*	0 1 3	0 00 00 212 29 55 637 29 18	

다각점관측 및 거리측정부

(1) 도선 1

측점	시준점	배수	관측각	평균각	고도		측정거리	수평거리(평면거리)
					정 / 반	평균		
강원10	강원20	0	0° 00′ 00″	*167° 44′ 23″*	° ′ ″	° ′ ″	m	m
	---	1	167 44 10					*739.31*
	1	3	503 13 10					
1	강원10	0	0 00 00	*136 17 10*				
	---	1	136 17 10					*972.66*
	2	3	408 51 30					
2	1	0	0 00 00	*184 05 07*				
	---	1	184 05 00					*612.79*
	교3	3	552 15 21					
교3	2	0	0 00 00	*353 35 00*				
	---	1	353 35 00					
	Q	3	1060 45 00					

2000. 00. 00. 관 측	관측자 : ○○○	사용기계 : DT	날씨 : 맑음	풍력 : 미풍

다각점관측 및 거리측정부

(2) 도선 2

측점	시준점	배수	관측각	평균각	고도 정/반	고도 평균	측정거리	수평거리 (평면거리)
강원11	강원30 --- 4	0	0° 00′ 00″		° ′ ″	° ′ ″	m	m
		1	99 07 05	*99° 07′ 01″*				*1290.98*
		3	297 21 03					
4	강원11 --- 교3	0	0 00 00					
		1	105 33 15	*105 33 15*				*523.65*
		3	316 39 45					
교3	4 --- *Q*	0	0 00 00					
		1	155 06 45	*155 06 42*				
		3	465 20 05					

2000. 00. 00. 관 측	관측자 : ○○○	사용기계 : DT	날씨 : 맑음	풍력 : 화풍

다각점관측 및 거리측정부

(3) 도선 3

<table>
<tr><th rowspan="3">측
점</th><th rowspan="3">시
준
점</th><th rowspan="3">배
수</th><th rowspan="3">관측각</th><th rowspan="3">평균각</th><th colspan="2">고 도</th><th rowspan="3">측정거리</th><th rowspan="3">수평거리
(평면거리)</th></tr>
<tr><th>정</th><th rowspan="2">평 균</th></tr>
<tr><th>반</th></tr>
<tr><td rowspan="3">강원12</td><td rowspan="3">강원11

5</td><td>0</td><td>0° 00′ 00″</td><td rowspan="3">18° 56′ 35″</td><td>° ′ ″</td><td rowspan="3">° ′ ″</td><td rowspan="3">m</td><td rowspan="3">m
834.13</td></tr>
<tr><td>1</td><td>18 56 45</td><td rowspan="2"></td></tr>
<tr><td>3</td><td>56 49 45</td></tr>
<tr><td rowspan="3">5</td><td rowspan="3">강원12

교3</td><td>0</td><td>0 00 00</td><td rowspan="3">195 43 17</td><td></td><td rowspan="3"></td><td rowspan="3"></td><td rowspan="3">974.37</td></tr>
<tr><td>1</td><td>195 43 20</td><td rowspan="2"></td></tr>
<tr><td>3</td><td>587 09 50</td></tr>
<tr><td rowspan="3">교3</td><td rowspan="3">5

Q</td><td>0</td><td>0 00 00</td><td rowspan="3">212 29 46</td><td></td><td rowspan="3"></td><td rowspan="3"></td><td rowspan="3"></td></tr>
<tr><td>1</td><td>212 29 55</td><td rowspan="2"></td></tr>
<tr><td>3</td><td>637 29 18</td></tr>
<tr><td rowspan="3"></td><td rowspan="3">---</td><td></td><td></td><td rowspan="3"></td><td></td><td rowspan="3"></td><td rowspan="3"></td><td rowspan="3"></td></tr>
<tr><td></td><td></td><td rowspan="2"></td></tr>
<tr><td></td><td></td></tr>
<tr><td rowspan="3"></td><td rowspan="3">---</td><td></td><td></td><td rowspan="3"></td><td></td><td rowspan="3"></td><td rowspan="3"></td><td rowspan="3"></td></tr>
<tr><td></td><td></td><td rowspan="2"></td></tr>
<tr><td></td><td></td></tr>
<tr><td rowspan="3"></td><td rowspan="3">---</td><td></td><td></td><td rowspan="3"></td><td></td><td rowspan="3"></td><td rowspan="3"></td><td rowspan="3"></td></tr>
<tr><td></td><td></td><td rowspan="2"></td></tr>
<tr><td></td><td></td></tr>
<tr><td rowspan="3"></td><td rowspan="3">---</td><td></td><td></td><td rowspan="3"></td><td></td><td rowspan="3"></td><td rowspan="3"></td><td rowspan="3"></td></tr>
<tr><td></td><td></td><td rowspan="2"></td></tr>
<tr><td></td><td></td></tr>
<tr><td rowspan="3"></td><td rowspan="3">---</td><td></td><td></td><td rowspan="3"></td><td></td><td rowspan="3"></td><td rowspan="3"></td><td rowspan="3"></td></tr>
<tr><td></td><td></td><td rowspan="2"></td></tr>
<tr><td></td><td></td></tr>
<tr><td rowspan="3"></td><td rowspan="3">---</td><td></td><td></td><td rowspan="3"></td><td></td><td rowspan="3"></td><td rowspan="3"></td><td rowspan="3"></td></tr>
<tr><td></td><td></td><td rowspan="2"></td></tr>
<tr><td></td><td></td></tr>
<tr><td rowspan="3"></td><td rowspan="3">---</td><td></td><td></td><td rowspan="3"></td><td></td><td rowspan="3"></td><td rowspan="3"></td><td rowspan="3"></td></tr>
<tr><td></td><td></td><td rowspan="2"></td></tr>
<tr><td></td><td></td></tr>
<tr><td rowspan="3"></td><td rowspan="3">---</td><td></td><td></td><td rowspan="3"></td><td></td><td rowspan="3"></td><td rowspan="3"></td><td rowspan="3"></td></tr>
<tr><td></td><td></td><td rowspan="2"></td></tr>
<tr><td></td><td></td></tr>
<tr><td colspan="3">2000. 00. 00. 관 측</td><td colspan="2">관측자 : ○○○</td><td colspan="2">사용기계 : DT</td><td>날씨: 맑음</td><td>풍력 : 화풍</td></tr>
</table>

다각점좌표계산부

(1) 도선 1

측 점	시준점	보정치 관 측 각	반 수 평면거리	방 위 각	종선차(ΔX) 보정치 종선좌표	횡선차(ΔY) 보정치 횡선좌표
강원10	강원20	——	——	309° 33′ 12″	—— —— 460,495.19	—— —— 289,913.41
강원10	1	+8 167 44 23	1.36 736.31	117 17 43	−337.65 +0.01 460,157.55	+654.33 −0.02 290,567.72
1	2	+6 136 17 10	1.03 972.66	73 34 59	+274.90 +0.01 460,432.46	+933.01 −0.02 291,500.71
2	교3	+9 184 05 07	1.63 612.79	77 40 15	+130.85 +0.00 460,563.31	+598.66 −0.01 292,099.36
교3	Q	—— 353 35 00	(4.02) (2321.76)	251 15 15	—— $\Sigma\|\Delta x\|$=743.40	—— $\Sigma\|\Delta y\|$=2186.00
n = 4 계산방위각= 평균방위각=		251 14 52 251 15 15	——	계산(1차)좌표= 평균(2차)좌표=	460,563.29 460,563.31	292,099.41 292,099.36
	오차= 공차=	- 23″ ± 20″ (±10$\sqrt{n}$)	——		fx= −0.02	fy= +0.05
		※ n은 측점수임 ——	——		연결오차 = 공 차 =	0.05m 0.11m (0.05×S)
		——	——		—— ——	※ S=거리의 합÷1,000임
		——	——		—— ——	—— ——
		——	——		—— ——	—— ——
		——	——		—— ——	—— ——
		——	——		—— ——	—— ——

다각점좌표계산부

(2) 도선 2

측 점	시준점	보정치 관 측 각	반 수 평면거리	방 위 각	종선차(ΔX) 보정치 종선좌표	횡선차(ΔY) 보정치 횡선좌표
강원11	강원30			251° 28′ 25″	459,233.68	292,831.10
강원11	4	−2 99 07 01	0.77 1,290.98	350 35 24	+1273.61 −0.01 460,507.28	−211.07 −0.01 292,620.02
4	교3	−6 105 33 15	1.91 523.65	276 08 33	+56.03 0 460,563.31	−520.64 −0.02 292,099.36
교3	Q	155 06 42	(2.68) (1,814.63)	251 15 15	$\Sigma\lvert\Delta x\rvert$=1,329.64	$\Sigma\lvert\Delta y\rvert$=731.71
n = 3 계산방위각 = 평균방위각 =		251 15 23 251 15 15		계산(1차)좌표= 평균(2차)좌표=	460,563.32 460,563.31	292,099.39 292,099.36
	오차 = 공차 =	+ 8″ ± 17″			fx = +0.01	fy = +0.03
					연결오차 = 공 차 =	0.03m 0.09m

다각점좌표계산부

(3) 도선 3

측 점	시준점	보정치 관 측 각	반 수 평면거리	방 위 각	종선차(ΔX) 보정치 종선좌표	횡선차(ΔY) 보정치 횡선좌표
강원12	강원20	——	——	184° 05′ 46″	—— —— 462,090.75	—— —— 293,035.70
강원12	5	−5 18 56 35	1.20 834.13	203 02 16	−767.61 −0.01 461,323.13	−326.43 +0.03 292,709.30
5	교3	−4 195 43 17	1.03 974.37	218 45 29	−759.81 −0.01 460,563.31	−609.99 +0.05 292,099.36
교3	Q	—— 212 29 46	(2.23) (1808.50)	251 15 15	—— Σ|Δx|=1,527.42	—— Σ|Δy|=936.42
n = 3 계산방위각 = 평균방위각 =		251 15 24 251 15 15	——	계산(1차)좌표= 평균(2차)좌표=	460,563.33 460,563.31	292,099.28 292,099.36
	오차 = 공차 =	+ 9″ ± 17″	——		fx = +0.02	fy = −0.08
		——	——		연결오차 = 공 차 =	0.08m 0.09m
		——	——		—— ——	—— ——
		——	——		—— ——	—— ——
		——	——		—— ——	—— ——
		——	——		—— ——	—— ——
		——	——		—— ——	—— ——
		——	——		—— ——	—— ——

교점다각망계산부($X \cdot Y$형)

약 도

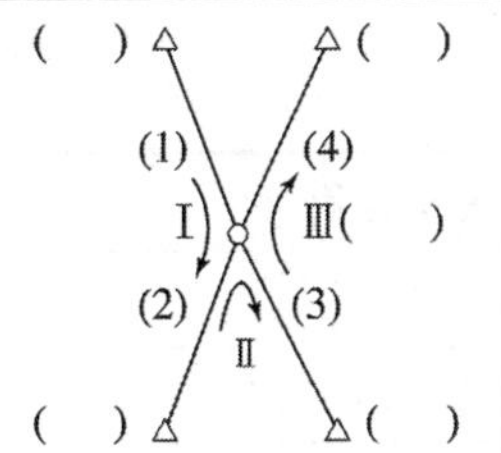

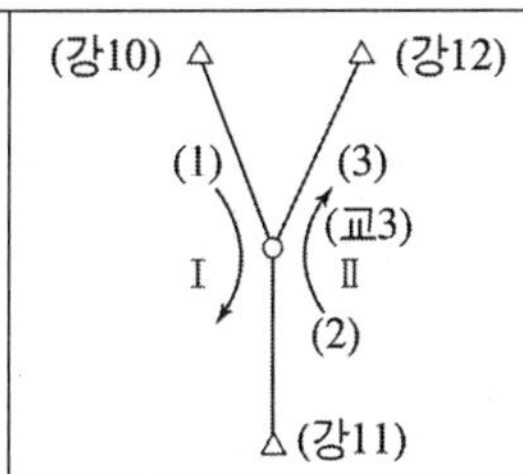

조건식	I	(1)−(2)+W_1=0	조건식	I	(1)−(2)+W_1=0
	Ⅱ	(2)−(3)+W_2=0		Ⅱ	(2)−(3)+W_2=0
	Ⅲ	(3)−(4)+W_3=0			

경중률		ΣN	ΣS	경중률		ΣN	ΣS
	(1)				(1)	4	2.322
	(2)				(2)	3	1.815
	(3)				(3)	4	1.809
	(4)						

1. 방위각

순서	도선	관 측	보정	평 균
I	(1)	251° 14′ 52″	+23	251° 15′ 15″
	(2)	251 15 23	-8	251 15 15
	W_1	-31		
Ⅱ	(2)	251 15 23	-8	251 15 15
	(3)	251 15 24	-9	251 15 15
	W_2	-1		
Ⅲ	(3)			
	(4)			
	W_3			

2. 종선좌표

순서	도선	관 측	보정	평 균
I	(1)	460,563.28	+3	460,563.31
	(2)	460,563.32	-1	460,563.31
	W_1	-4		.
Ⅱ	(2)	460,563.32	-1	460,563.31
	(3)	460,563.33	-2	460,563.31
	W_2	-1		.
Ⅲ	(3)	.		.
	(4)	.		.
	W_3	.		.

3. 횡선좌표

순서	도선	관 측	보정	평 균
I	(1)	292,099.41.	-5	292,099.36
	(2)	292,099.39	-3	292,099.36
	W_1	+2		.
Ⅱ	(2)	292,099.39	-3	292,099.36
	(3)	292,099.28	+8	292,099.36
	W_2	+10		.
Ⅲ	(3)	.		.
	(4)	.		.
	W_3	.		.

4. 계 산

1) 방위각 $= \dfrac{[\frac{\Sigma\alpha}{\Sigma N}]}{[\frac{1}{\Sigma N}]} = \dfrac{\frac{52}{4}+\frac{83}{3}+\frac{84}{3}}{\frac{1}{4}+\frac{1}{3}+\frac{1}{3}} = 75''$

2) 종선좌표 $= \dfrac{[\frac{\Sigma X}{\Sigma S}]}{[\frac{1}{\Sigma S}]} = \dfrac{\frac{28}{2.322}+\frac{32}{1.815}+\frac{33}{1.809}}{\frac{1}{2.322}+\frac{1}{1.815}+\frac{1}{1.809}} = 31\ \text{cm}$

3) 횡선좌표 $= \dfrac{[\frac{\Sigma Y}{\Sigma S}]}{[\frac{1}{\Sigma S}]} = \dfrac{\frac{41}{2.322}+\frac{39}{1.815}+\frac{28}{1.809}}{\frac{1}{2.322}+\frac{1}{1.815}+\frac{1}{1.809}} = 36\ \text{cm}$

W_n=오차, N=측점수, S=측점 간 거리의 합, α=관측방위각

예제 2-8 지적삼각보조점설치를 위한 다각망도선법 Y망의 관측방위각과 교점의 계산좌표에 의하여 평균방위각과 평균좌표를 계산하시오.

가. 경중률 및 관측방위각

도선	ΣN	ΣS	관측방위각
(1)	5	3.222	123° 23′ 41″
(2)	3	2.815	123° 24′ 12″
(3)	4	2.409	123° 24′ 23″

나. 계산종·횡선좌표

도선	계산종선좌표(m)	계산횡선좌표(m)
(1)	4,452.17	5,988.30
(2)	4,452.21	5,988.28
(3)	4,452.10	5,988.18

예제 2-9 지적삼각보조점설치를 위한 다각망도선법 X망의 관측방위각과 교점의 계산좌표에 의하여 평균방위각과 평균좌표를 계산하시오.

가. 경중률 및 관측방위각

도선	ΣN	ΣS	관측방위각
(1)	2	1.98	254° 16′ 59″
(2)	5	3.44	254° 17′ 14″
(3)	5	3.12	254° 17′ 25″
(4)	3	2.55	254° 16′ 48″

나. 계산종·횡선좌표

도선	계산종선좌표(m)	계산횡선좌표(m)
(1)	4,456.97	1,919.08
(2)	4,457.06	1,918.89
(3)	4,457.11	1,919.10
(4)	4,457.05	1,918.95

예제 2-8 정답

교점다각망계산부(X · Y형)

약 도

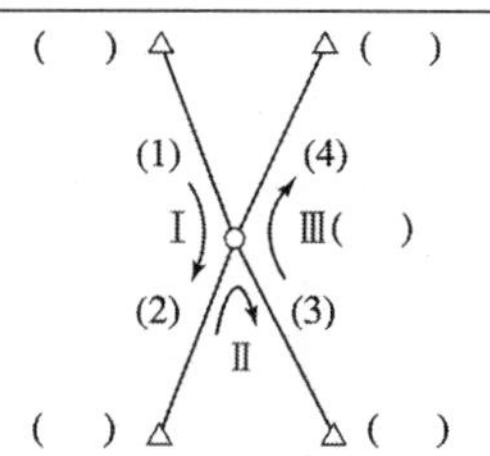

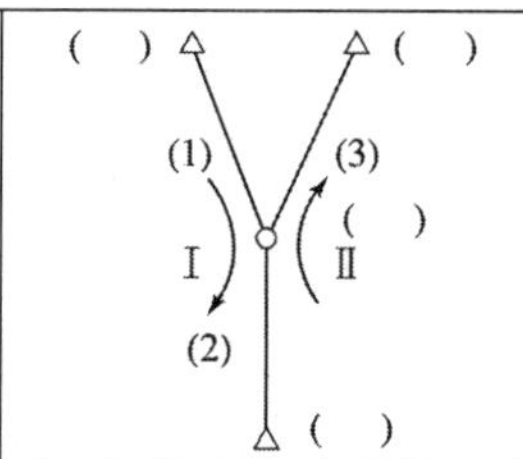

조건식	I	(1)-(2)+W_1=0	조건식	I	(1)-(2)+W_1=0
	Ⅱ	(2)-(3)+W_2=0		Ⅱ	(2)-(3)+W_2=0
	Ⅲ	(3)-(4)+W_3=0			

경중률		ΣN	ΣS	경중률		ΣN	ΣS
	(1)				(1)	5	3.222
	(2)				(2)	3	2.815
	(3)				(3)	4	2.409
	(4)						

1. 방위각

순서	도선	관 측	보정	평 균
I	(1)	123° 23′ 41″	+27	123° 24′ 08″
	(2)	123 24 12	-4	123 24 08
	W_1	-31		
Ⅱ	(2)	123 24 12	-4	123 24 08
	(3)	123 24 23	-15	123 24 08
	W_2	-11		
Ⅲ	(3)			
	(4)			
	W_3			

2. 종선좌표

순서	도선	관 측	보정	평 균
I	(1)	4,452.17	-0.01	4,452.16
	(2)	4,452.21	-0.05	4,452.16
	W_1	-0.04		.
Ⅱ	(2)	4,452.21	-0.05	4,452.16
	(3)	4,452.10	+0.06	4,452.16
	W_2	+0.11		.
Ⅲ	(3)	.		.
	(4)	.		.
	W_3	.		.

3. 횡선좌표

순서	도선	관 측	보정	평 균
I	(1)	5,988.30	-0.05	5,988.25
	(2)	5,988.28	-0.03	5,988.25
	W_1	+0.02		.
Ⅱ	(2)	5,988.28	-0.03	5,988.25
	(3)	5,988.18	+0.07	5,988.25
	W_2	+0.10		.
Ⅲ	(3)	.		.
	(4)	.		.
	W_3	.		.

4. 계 산

1) 방위각 $= \dfrac{[\frac{\Sigma\alpha}{\Sigma N}]}{[\frac{1}{\Sigma N}]} = \dfrac{\frac{41}{5}+\frac{72}{3}+\frac{83}{4}}{\frac{1}{5}+\frac{1}{3}+\frac{1}{4}} = 68''$

2) 종선좌표 $= \dfrac{[\frac{\Sigma X}{\Sigma S}]}{[\frac{1}{\Sigma S}]} = \dfrac{\frac{17}{3.222}+\frac{21}{2.815}+\frac{10}{2.409}}{\frac{1}{3.222}+\frac{1}{2.815}+\frac{1}{2.409}} = 16\text{ cm}$ (또는 0.16m)

3) 횡선좌표 $= \dfrac{[\frac{\Sigma Y}{\Sigma S}]}{[\frac{1}{\Sigma S}]} = \dfrac{\frac{30}{3.222}+\frac{28}{2.815}+\frac{18}{2.409}}{\frac{1}{3.222}+\frac{1}{2.815}+\frac{1}{2.409}} = 25\text{ cm}$ (또는 0.25m)

W_n=오차, N=측점수, S=측점 간 거리의 합, α=관측방위각

예제 2-9 정답

교점다각망계산부(X · Y형)

약도 (X형)	약도 (Y형)
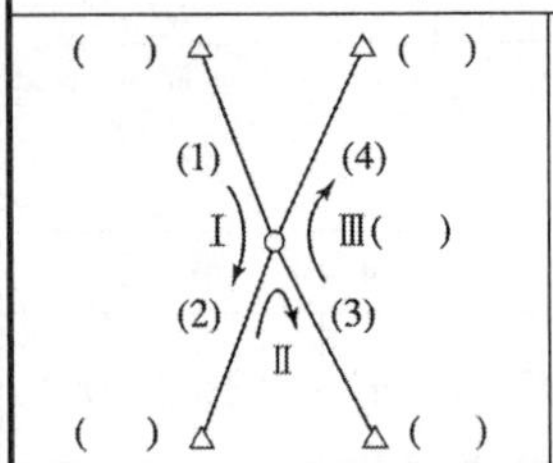	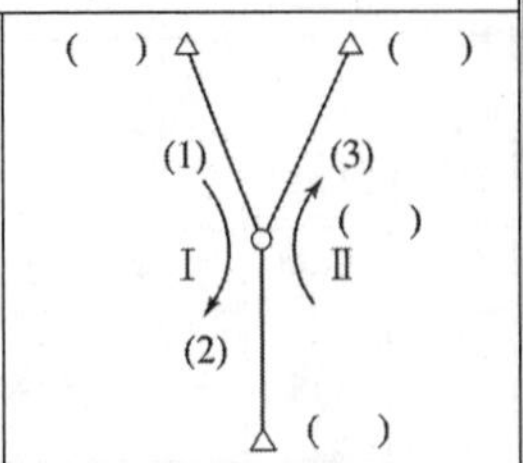

조건식			조건식		
Ⅰ	(1)-(2)+ W_1=0		Ⅰ	(1)-(2)+ W_1=0	
Ⅱ	(2)-(3)+ W_2=0		Ⅱ	(2)-(3)+ W_2=0	
Ⅲ	(3)-(4)+ W_3=0				

경중률	ΣN	ΣS	경중률	ΣN	ΣS
(1)	2	1.98	(1)		
(2)	5	3.44	(2)		
(3)	5	3.12	(3)		
(4)	3	2.55			

1. 방위각

순서	도선	관 측	보정	평 균
Ⅰ	(1)	254° 16′ 59″	+4	254° 17′ 03″
	(2)	254 17 14	-11	254 17 03
	W_1	-15		
Ⅱ	(2)	254 17 14	-11	254 17 03
	(3)	254 17 25	-22	254 17 03
	W_2	-11		
Ⅲ	(3)	254 17 25	-22	254 17 03
	(4)	254 16 48	+15	254 17 03
	W_3	+37		

2. 종선좌표

순서	도선	관 측	보정	평 균
Ⅰ	(1)	4,456.97	+0.07	4,457.04
	(2)	4,457.06	-0.02	4,457.04
	W_1	-0.09		.
Ⅱ	(2)	4,457.06	-0.02	4,457.04
	(3)	4,457.11	-0.07	4,457.04
	W_2	-0.05		.
Ⅲ	(3)	4,457.11	-0.07	4,457.04
	(4)	4,457.05	-0.01	4,457.04
	W_3	+0.06		.

3. 횡선좌표

순서	도선	관 측	보정	평 균
Ⅰ	(1)	1,919.08	-0.07	1,919.01
	(2)	1,918.89	+0.12	1,919.01
	W_1	+0.19		.
Ⅱ	(2)	1,918.89	+0.12	1,919.01
	(3)	1,919.10	-0.09	1,919.01
	W_2	-0.21		.
Ⅲ	(3)	1,919.10	-0.09	1,919.01
	(4)	1,918.95	+0.06	1,919.01
	W_3	+0.15		.

4. 계 산

1) 방위각 $= \dfrac{[\frac{\Sigma\alpha}{\Sigma N}]}{[\frac{1}{\Sigma N}]} = \dfrac{\frac{59}{2}+\frac{74}{5}+\frac{85}{5}+\frac{48}{3}}{\frac{1}{2}+\frac{1}{5}+\frac{1}{5}+\frac{1}{3}} = 63''$

2) 종선좌표 $= \dfrac{[\frac{\Sigma X}{\Sigma S}]}{[\frac{1}{\Sigma S}]} = \dfrac{\frac{97}{1.98}+\frac{106}{3.44}+\frac{111}{3.12}+\frac{105}{2.55}}{\frac{1}{1.98}+\frac{1}{3.44}+\frac{1}{3.12}+\frac{1}{2.55}} = 104\text{cm}$ (또는 1.04m)

3) 횡선좌표 $= \dfrac{[\frac{\Sigma Y}{\Sigma S}]}{[\frac{1}{\Sigma S}]} = \dfrac{\frac{108}{1.98}+\frac{89}{3.44}+\frac{110}{3.12}+\frac{95}{2.55}}{\frac{1}{1.98}+\frac{1}{3.44}+\frac{1}{3.12}+\frac{1}{2.55}} = 101\text{cm}$ (또는 1.01m)

W_n=오차, N=측점수, S=측점 간 거리의 합, α=관측방위각

예제 2-10 **지적삼각보조점설치를 위한 다각망도선법 Y망의 관측방위각과 교점의 계산좌표에 의하여 평균방위각과 평균좌표를 계산하시오.**

가. 경중률 및 관측방위각

도선	ΣN	ΣS	관측방위각
(1)	5	4.767	182° 03′ 53″
(2)	4	3.745	182° 04′ 12″
(3)	4	3.943	182° 03′ 57″

나. 계산종·횡선좌표

도선	계산종선좌표(m)	계산횡선좌표(m)
(1)	2,960.97	4,981.05
(2)	2,961.12	4,981.08
(3)	2,961.14	4,981.11

풀이 및 정답

(1) 방위각 $= \dfrac{[\dfrac{\Sigma\alpha}{\Sigma N}]}{[\dfrac{1}{\Sigma N}]} = \dfrac{\dfrac{(-7)}{5}+\dfrac{(+12)}{4}+\dfrac{(-3)}{4}}{\dfrac{1}{5}+\dfrac{1}{4}+\dfrac{1}{4}} = 1''$

$= 182°\ 04'\ 01''$

(2) 종선좌표 $= \dfrac{[\dfrac{\Sigma X}{\Sigma S}]}{[\dfrac{1}{\Sigma S}]} = \dfrac{\dfrac{(-3)}{4.767}+\dfrac{(+12)}{3.745}+\dfrac{(+14)}{3.943}}{\dfrac{1}{4.767}+\dfrac{1}{3.745}+\dfrac{1}{3.943}} = 8\text{ cm}$

또는 $= \dfrac{[\dfrac{\Sigma X}{\Sigma S}]}{[\dfrac{1}{\Sigma S}]} = \dfrac{\dfrac{0.97}{4.767}+\dfrac{1.12}{3.745}+\dfrac{1.14}{3.943}}{\dfrac{1}{4.767}+\dfrac{1}{3.745}+\dfrac{1}{3.943}} = 1.08\text{ m}$

$= 2{,}961.08\text{ m}$

(3) 횡선좌표 $= \dfrac{[\dfrac{\Sigma Y}{\Sigma S}]}{[\dfrac{1}{\Sigma S}]} = \dfrac{\dfrac{5}{4.767}+\dfrac{8}{3.745}+\dfrac{11}{3.943}}{\dfrac{1}{4.767}+\dfrac{1}{3.745}+\dfrac{1}{3.943}} = 8\text{ cm}$

또는 $= \dfrac{[\dfrac{\Sigma Y}{\Sigma S}]}{[\dfrac{1}{\Sigma S}]} = \dfrac{\dfrac{1.05}{4.767}+\dfrac{1.08}{3.745}+\dfrac{1.11}{3.943}}{\dfrac{1}{4.767}+\dfrac{1}{3.745}+\dfrac{1}{3.943}} = 1.08\text{ m}$

$= 4{,}981.08\text{ m}$

예제 2-11 **다각망도선법 X망의 관측방위각과 교점의 계산좌표에 의하여 평균방위각과 평균좌표를 계산하시오.**

가. 경중률 및 관측방위각

도선	ΣN	ΣS	관측방위각
(1)	3	2.58	55° 34′ 12″
(2)	4	3.83	55° 33′ 49″
(3)	5	4.56	55° 33′ 56″
(4)	4	3.52	55° 34′ 05″

나. 계산종·횡선좌표

도선	계산종선좌표(m)	계산횡선좌표(m)
(1)	−2,346.95	+1,325.98
(2)	−2,347.06	+1,326.06
(3)	−2,347.14	+1,325.89
(4)	−23,46.98	+1,326.12

풀이 및 정답

(1) 방위각 $= \dfrac{[\dfrac{\Sigma\alpha}{\Sigma N}]}{[\dfrac{1}{\Sigma N}]} = \dfrac{\dfrac{72}{3}+\dfrac{49}{4}+\dfrac{56}{5}+\dfrac{65}{4}}{\dfrac{1}{3}+\dfrac{1}{4}+\dfrac{1}{5}+\dfrac{1}{4}} = 62''$

$= 55° \ 34' \ 02''$

또는$= \dfrac{[\dfrac{\Sigma\alpha}{\Sigma N}]}{[\dfrac{1}{\Sigma N}]} = \dfrac{\dfrac{12}{3}+\dfrac{-11}{4}+\dfrac{-4}{5}+\dfrac{5}{4}}{\dfrac{1}{3}+\dfrac{1}{4}+\dfrac{1}{5}+\dfrac{1}{4}} = 2''$

$= 55 \ 34' \ 02''$

(2) 종선좌표 $= \dfrac{[\dfrac{\Sigma X}{\Sigma S}]}{[\dfrac{1}{\Sigma S}]} = \dfrac{\dfrac{95}{2.58}+\dfrac{106}{3.83}+\dfrac{114}{4.56}+\dfrac{98}{3.52}}{\dfrac{1}{2.58}+\dfrac{1}{3.83}+\dfrac{1}{4.56}+\dfrac{1}{3.52}} = 102\text{ cm}$

$= -2{,}347.02\text{ m}$

(3) 횡선좌표 $= \dfrac{[\dfrac{\Sigma X}{\Sigma S}]}{[\dfrac{1}{\Sigma S}]} = \dfrac{\dfrac{98}{2.58}+\dfrac{106}{3.83}+\dfrac{89}{4.56}+\dfrac{112}{3.52}}{\dfrac{1}{2.58}+\dfrac{1}{3.83}+\dfrac{1}{4.56}+\dfrac{1}{3.52}} = 102\text{ cm}$

$= +1{,}326.02\text{ m}$

예제 2-12 **지적삼각보조점을 설치하기 위한 다각망도선법(A망)의 관측결과에 의하여 평균방위각과 평균좌표를 계산하시오.**

도선	(ΣN)	(ΣS)	관측방위각	계산종선좌표	계산횡선좌표
(1)	4	2,580.12	48° 37′ 45″	455,738.68	217,284.20
(2)	4	2,158.56	48° 38′ 05″	455,738.74	217,284.28
(2)+(3)	3	1,398.39	245° 55′ 58″	455,635.43	217,648.96
(4)	3	1,891.93	245° 55′ 32″	455,635.40	217,648.93
(5)	5	2,978.68	245° 55′ 08″	455,635.34	217,648.97

풀이 및 정답 (1) 조건방정식의 계산

가. 방위각

Ⅰ : (1) − (2) + $W_1 = 0$

※ $W_1 = 48°\ 37'\ 45'' - 48°\ 38'\ 05'' = -20''(-20 \div 10 = -2.0)$

Ⅱ : (2) + (3) − (4) + $W_2 = 0$

※ $W_2 = 245°\ 55'\ 58'' - 245°\ 55'\ 32'' = +26''(+26 \div 10 = +2.6)$

Ⅲ : (4) − (5) + $W_3 = 0$

※ $W_3 = 245°\ 55'\ 32'' - 245°\ 55'\ 08'' = +24''(+24 \div 10 = +2.4)$

나. 종선좌표

Ⅰ : (1) − (2) + $W_1 = 0$

※ $W_1 = 455{,}738.68 - 455{,}738.74 = -0.06$

Ⅱ : (2) + (3) − (4) + $W_2 = 0$

※ $W_2 = 455{,}635.43 - 455{,}635.40 = +0.03$

Ⅲ : (4) − (5) + $W_3 = 0$

※ $W_3 = 455{,}635.40 - 455{,}635.34 = +0.06$

다. 횡선좌표

Ⅰ : (1) − (2) + $W_1 = 0$

※ $W_1 = 217{,}284.20 - 217{,}284.28 = -0.08$

Ⅱ : (2) + (3) − (4) + $W_2 = 0$

※ $W_2 = 217{,}648.96 - 217{,}648.93 = +0.03$

Ⅲ : (4) − (5) + $W_3 = 0$

※ $W_3 = 217{,}648.93 - 217{,}648.97 = -0.04$

(2) 상관방정식의 작성

- 상관방정식

순서	ΣN	ΣS	Ⅰ	Ⅱ	Ⅲ
(1)	4	2.58	+1		
(2)	4	2.16	−1	+1	
(3)	3	1.40		+1	
(4)	3	1.89		−1	+1
(5)	5	2.98			−1

계산의 편리를 위하여 각 도선의 거리의 합계(ΣS)를 1,000으로 나누어 경중률(P)로 한다.

(3) 표준방정식(방위각)의 계산

표준방정식의 수는 언제나 조건방정식의 수와 같다. 따라서 H, A형의 교 점 다각망에 있어서는 3개의 표준방정식이 있다.

상관방정식을 조건방정식에 대입하여 정리하고, 경중률(P)은 Ⅰ$=a$, Ⅱ$=b$, Ⅲ$=c$라 하면 다음의 표준방정식을 얻는다.

$$[Paa]K_1+[Pab]K_2+[Pac]K_3+W_1=0$$
$$[Pbb]K_2+[Pbc]K_3+W_2=0 \quad \cdots\cdots ①$$
$$[Pcc]K_3+W_3=0$$

여기서,
$$[Paa]=Pa_1^2+Pa_2^2+\cdot\cdot\cdot+Pa_n^2$$
$$[Pab]=Pa_1b_1+Pa_2b_1+\cdot\cdot\cdot+Pa_nb_n \quad \cdots\cdots ②$$
$$[Pac]=Pa_1c_1+Pa_2c_1+\cdot\cdot\cdot+Pa_nc_n$$

- 표준방정식

	Ⅰ	Ⅱ	Ⅲ	W_a	Σ
Ⅰ	+8	−4	0	−2.0	+2.0
Ⅱ		+10	−3	+2.6	+5.6
Ⅲ			+8	+2.4	+7.4

①식에 의하여 표준방정식에 값을 구하면,

$[Paa] = (+1^2 \times 4) + (-1^2 \times 4) = +8.0$

$[Pab] = (-1) \times (+1) \times 4 = -4.0$

$[Pac] = 0.0$

$[Pbb] = (+1^2 \times 4) + (+1^2 \times 3) + (-1^2 \times 3) = +10.0$

$[Pbc] = (-1) \times (+1) \times 3 = -3.0$

$[Pcc] = (+1^2 \times 3) + (-1^2 \times 5) = +8.0$

①식에서 W_a는 오차이므로 산출된 오차를 계산의 편리를 위하여 10으로 나누어 이기하며, 계산과정에서 계산착오를 방지하기 위하여 합계($\sum$)란을 두어 합산한다.

(4) 정해(방위각)계산

표준방정식의 정해순서는 가우스소거법에 의한 이체 계산에 의한 것으로 다음과 같다.

- 정해(방위각)

Ⅰ	Ⅱ	Ⅲ	W_a	Σ	비고
+8	−4	0	−2.0	+2.0	1행
C_1	+0.5	0.0	+0.25	−0.25	2행
	+10	−3	+2.6	+5.6	3행
	−2.0	0.0	−1.0	+1.0	4행
	+8.0	−3.0	+1.6	+6.6	5행
	C_2	+0.375	−0.2	−0.825	6행
		+8	+2.4	+7.4	7행
		−1.125	+0.6	+2.475	8행
		+6.875	+3.0	+9.875	9행
		C_3	−0.4364	−1.4364	10행

① 1행에는 표준방정식 1행의 수를 이기한다.

+8 −4 0 −2.0 +2.0

② 2행에는 1행의 첫 수 +8.0으로 나머지 우측수들은 각각 나누어 부호를 반대로 하여 C_1의 값을 기입한다.

$-4 \div (+8) = -0.5 \Rightarrow +0.5$ $\quad 0 \div (+8) = 0 \Rightarrow 0$

$-2.0 \div (+8) = -0.25 \Rightarrow +0.25$ $\quad +2.0 \div (+8) = +0.25 \Rightarrow -0.25$

산출된 값에 오류가 있는지의 검산은 $\sum$열 앞까지 합하여 −1한 값과 $\sum$열의 값이 일치($W_a - 1 = \sum$)하면 계산에 오류가 없는 것으로 보면 된다.

$+0.5 + 0 + 0.25 = +0.75 - 1 = -0.25(\sum -0.25)$

③ 3행에는 표준방정식 2행의 수를 이기한다.

+10 −3 +2.6 +5.6

④ 4행에는 C_1계수 첫 수의 피제수인 −4.0으로 C_1계수를 각각 곱하여 구한 값을 기입한다.

$-4 \times (+0.5) = -2.0$ $\quad -4 \times 0 = 0$

$-4 \times (+0.25) = -1.0$ $\quad -4 \times (-0.25) = +1.0$

⑤ 5행에는 3행과 4행의 값을 합산하여 기입한다.

$+10 + (-2.0) = +8.0$ $\quad -3 + 0 = -3.0$

$+2.6 + (-1.0) = +1.6$ $\quad +5.6 + 1.0 = 6.6$

⑥ 6행에는 5행의 첫 수 +8.0으로 나머지 우측수들은 각각 나누어 부호를 반대로 하여 기입하고 2행과 마찬가지로 C_2라 표시한다. 검산은 2행과 같은 방법으로 한다.

$-3.0 \div (+8.0) = -0.375 \Rightarrow +0.375$ $\quad +1.6 \div (+8.0) = +0.2 \Rightarrow -0.2$

$+6.6 \div (+8.0) = +0.825 \Rightarrow -0.825$

⑦ 7행에는 표준방정식 3행의 수를 이기한다.

+8 +2.4 +7.4

⑧ 8행에는 C_1과 C_2계수의 피제수 0과 −3.0으로 C_1과 C_2계수들을 각각 곱하여 기입한다.

C_1의 피제수는 0임으로 생략하고, C_2계수들만 곱하여 기입한다.

$-3.0 \times (+0.375) = -1.125$ $\qquad$ $-3.0 \times (-0.20) = +0.6$

$-3.0 \times (-0.825) = +2.475$

⑨ 9행에는 7행과 8행을 합산하여 이기한다.

$+8 + (-1.125) = +6.875$ $\qquad$ $+2.4 + 0.6 = +3.0$

$+7.4 + 2.475 = +9.875$

⑩ 10행에는 9행의 첫 수 +6.875로 우측수들을 나누어 부호를 반대로 해서 기입하고 C_3라 표시한다. 검산은 2행과 같은 방법으로 한다.

$+3.0 \div (+6.875) = +0.4364 \Rightarrow -0.4364$

$+9.875 \div (+6.875) = +1.4364 \Rightarrow -1.4364$

(5) 상관계수(방위각)의 계산

상관계수의 계산은 정해에 대한 역해라고도 하며, 앞에서 산출된 정해의 C_1, C_2, C_3 내의 방정식 안에 있는 승적계수의 수치를 계산하는 것이다.

- 상관계수

C_1	C_2	C_3	
+0.25	−0.2	−0.4364	1
0.0	−0.1636		2
−0.1818			3
+0.0682	−0.3636	−0.4364	$\sum$

편의상 3개의 방정식을 수식으로 옮기면 다음과 같다.

$C_1 = +0.5$ $\qquad$ $C_1 = 0.0$ $\qquad$ $C_1 = +0.25$

$C_2 = +0.375$ $\qquad$ $C_2 = -0.2$

$C_3 = -0.4364$

세 번째 식은 상관계수 C_3의 값을 갖고 있고, 다른 상관계수의 값들은 다음에 이 값을 직접 차례로 첫째, 둘째 식에 대입함으로써 구할 수 있다.

① 1행에는 정해 W_a란의 C_1, C_2, C_3의 계수를 이기한다.

+0.25 −0.2 −0.4364

② 2행에는 C_3의 합(−0.4364)과 정해 Ⅲ란의 C_1(0.0)과 C_2(+0.375)의 계수를 곱하여 기재한다.

−0.4364 × (0.0) = 0.0 −0.4364 × (+0.375) = −0.1636

③ 3행에는 C_2란을 합한 수(−0.3636)와 정해 Ⅱ란의 C_1(+0.5) 계수를 곱하여 기입한다.

−0.3636 × (+0.5) = −0.1818

④ 4행의 수들은 구하고자 하는 상관계수로 각 란의 합이다.

+0.0682 −0.3636 −0.4364

(6) 보정계수(방위각)계산

- 보정계수(방위각)

도선	C_1	C_2	C_3	Σ
(1)	+0.2728			+3″(+0.3×10)
(2)	−0.2728	−1.4544		−17″(−1.7×10)
(3)		−1.0908		−11″(−1.1×10)
(4)		+1.0908	−1.3092	−2″(−0.2×10)
(5)			+2.1820	+22″(−2.2×10)

상관방정식 Ⅰ, Ⅱ, Ⅲ란의 각 행과 해당 경중률(ΣN)을 곱하여 기입한다.

① 1행에서 C_1란 +0.0682 × (+1) × 4 = +0.2728

② 2행에서 C_1란 +0.0682 × (−1) × 4 = −0.2728

C_2란 −0.3636 × (+1) × 4 = −1.4544

③ 3행에서 C_2란 −0.3636 × (+1) × 3 = −1.0908

④ 4행에서 C_2란 −0.3636 × (−1) × 3 = +1.0908

C_3란 −0.4364 × (+1) × 3 = −1.3092

⑤ 5행에서 C_3란 −0.4364 × (−1) × 5 = +2.1820

Σ란에 기입한 수는 행으로 합산하여 편성하는데 표준방정식을 만들 때 10분의 1을 기준으로 하였기 때문에 10을 곱하여 기록한다. 이 보정수(Σ열)가 맞는가는 조건방정식에 대입해 보면 알 수 있다.

이상으로 보정계수가 산출되면 처음 관측된 방위각을 가감하여 결정하면 되고, 종·횡선좌표의 평균계산은 방위각의 평균계산과 같은 방법으로 실시하면 되는데, 다만 경중률 적용에 있어서는 거리의 합(ΣS)을 적용한다.

五死五入의 原則

구하고자 하는 자리수의 다음 숫자가 5를 초과하거나 5 미만인 경우에는 해당되지 않으며, 구하고자 하는 자리의 다음 숫자가 5인 경우에는 바로 앞의 숫자가 0 또는 짝수인 경우에는 버리고, 바로 앞의 숫자가 홀수인 경우에는 올린다. 다만, 전산에 의해 처리할 경우에는 가능한 끝자리 숫자를 모두 적용하며 이러한 경우에는 오사오입을 적용하지 않는다.

(예) 소수점 한 자리(0.1)까지 구할 경우

24.2501 → 24.3 : 오사오입에 해당 안 됨

24.351 → 24.4 : 오사오입에 해당 안 됨

24.25 → 24.2 : 오사오입에 해당됨

24.35 → 24.4 : 오사오입에 해당됨

문제 풀이시 주의사항

☞ 문제의 풀이과정을 연필로 작성한 것은 무효처리되므로 반드시 볼펜 등으로 작성하여야 한다.

☞ 문제에서 주어진 사항이 있을 경우에는 반드시 그 지시에 따르되 주어진 사항이 없을 경우에는 지적법규의 규정에 의한다.

☞ 계산결과 단위를 옳게 결정하여야 하며 단위를 결정하지 않으면 계산을 하였더라도 채점에서 제외될 수 있다.

(예) 축척 1,200분의 1 도해지역의 면적계산시 123m^2(○), 123.0m^2(×)

축척 500분의 1 수치지역의 면적계산시 123.3m^2(○), 123.263m^2(×)

축척 600분의 1지역의 면적계산시 123m^2(×), 123.0m^2(○)

예제 2-12 정답

교점다각망계산부(H·A형)

약 도

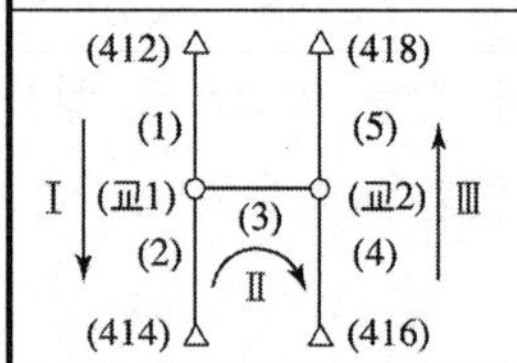

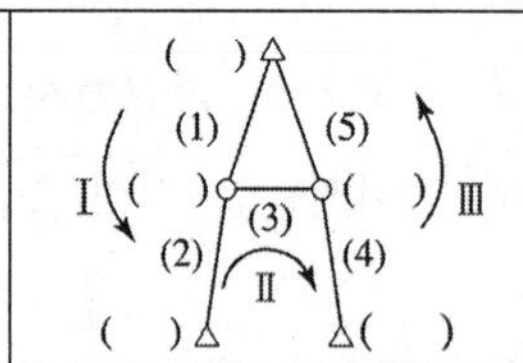

조건식		경중율	ΣN	ΣS
Ⅰ	(1)−(2)+ W_1=0	(1)	4	2.58
Ⅱ	(2)+(3)−(4)+ W_2=0	(2)	4	2.16
		(3)	3	1.40
Ⅲ	(4)−(5)+ W_3=0	(4)	3	1.89
		(5)	5	2.98

1. 방위각

순서	도선	관 측	보정	평 균
Ⅰ	(1)	48° 37′ 45″	+3	48° 37′ 48″
	(2)	48 38 05	−17	48 37 48
	W_1	−20″		
Ⅱ	(2)+(3)	245 55 58	−28	245 55 30
	(4)	245 55 32	−2	245 55 30
	W_2	+26″		
Ⅲ	(4)	245 55 32	−2	245 55 30
	(5)	245 55 08	+22	245 55 30
	W_3	+24″		

2. 종선좌표

순서	도선	관 측	보정	평 균
Ⅰ	(1)	455,738.68	+0.02	455,738.70
	(2)	455,738.74	−0.04	455,738.70
	W_1	−0.06		.
Ⅱ	(2)+(3)	455,635.43	−0.05	455,635.38
	(4)	455,635.40	−0.02	455,635.38
	W_2	+0.03		.
Ⅲ	(4)	455,635.40	−0.02	455,635.38
	(5)	455,635.34	+0.04	455,635.38
	W_3	+0.06		.

3. 횡선좌표

순서	도선	관 측	보정	평 균
Ⅰ	(1)	217,284.20	+0.05	217,284.25
	(2)	217,284.28	−0.03	217,284.25
	W_1	−0.08		.
Ⅱ	(2)+(3)	217,648.96	−0.02	217,648.94
	(4)	217,648.93	+0.01	217,648.94
	W_2	+0.03		.
Ⅲ	(4)	217,648.93	+0.01	217,648.94
	(5)	217,648.97	−0.03	217,648.94
	W_3	−0.04		.

4. 계 산

1) 상관방정식

순서	ΣN	ΣS	Ⅰ	Ⅱ	Ⅲ
(1)	4	2.58	+1		
(2)	4	2.16	−1	+1	
(3)	3	1.40		+1	
(4)	3	1.89		−1	+1
(5)	5	2.98			−1

2) 표준방정식(방위각)

Ⅰ	Ⅱ	Ⅲ	Wa	Σ
+8	−4	0	−2.0	+2.0
	+10	−3	+2.6	+5.6
		+8	+2.4	+7.4

3) 표준방정식(종·횡선좌표)

Ⅰ	Ⅱ	Ⅲ	Wx	Σ	Wy	Σ
+4.74	−2.16	0	−0.06	+2.52	−0.08	+2.50
	+5.45	−1.89	+0.03	+1.43	+0.03	+1.43
		+4.87	+0.06	+3.04	−0.04	+2.94

4) 정 해(방위각)

I	II	III	W_a	Σ
+8	-4	0	-2.0	+2.0
C_1	+0.5	0	+0.25	-0.25
	+10	-3	-2.6	+5.6
	-2.0	0	-1.0	+1.0
	+8.0	-3.0	+1.6	+6.6
	C_2	+0.375	-0.2	-0.825
		+8	+2.4	+7.4
		-1.125	+0.6	+2.475
		+6.875	+3.0	+9.875
		C_3	-0.4364	-1.4364

5) 정 해(종횡선좌표)

I	II	III	W_x	Σ	W_y	Σ
+4.74	-2.16	0	-0.06	+2.52	-0.08	+2.50
C_1	+0.4557	0	+0.0127	-0.5316	+0.0169	-0.5274
	+5.45	-1.89	+0.03	+1.43	+0.03	+1.43
	-0.9843	0	-0.0274	+1.1483	-0.0365	+1.1392
	+4.4657	-1.89	+0.0026	+2.5783	-0.0065	+2.5692
	C_2	+0.4232	-0.0006	-0.5774	+0.0015	-0.5753
		+4.87	+0.06	+3.04	-0.04	+2.94
		-0.7998	+0.0011	+1.0913	-0.0028	+1.0873
		+4.0702	+0.0611	+4.1313	-0.0428	+4.0273
		C_3	-0.0150	-1.0150	+0.0105	-0.9895

6) 상관수(방위각)

C_1	C_2	C_3
+0.25	-0.2	-0.4364
0.0	-0.1636	
-0.1818		
+0.0682	-0.3636	-0.4364

7) 상관수(종선좌표)

C_1	C_2	C_3
+0.0127	-0.0006	-0.0150
0.0	-0.0063	
-0.0031		
+0.0096	-0.0069	-0.0150

8) 상관수(횡선좌표)

C_1	C_2	C_3
+0.0169	+0.0015	+0.0105
0.0	+0.0044	
+0.0027		
+0.0196	+0.0059	+0.0105

9) 보정수(방위각)

	C_1	C_2	C_3	Σ
1	+0.2728			+3
2	-0.2728	-1.4544		-17
3		-1.0908		-14
4		+1.0908	-1.3092	-2
5			+2.1820	+22

10) 보정수(종선좌표)

	C_1	C_2	C_3	Σ
1	+0.0248			+0.02
2	-0.0207	-0.0149		-0.04
3		-0.0097		-0.01
4		+0.0130	-0.0284	-0.02
5			+0.0447	+0.04

11) 보정수(횡선좌표)

	C_1	C_2	C_3	Σ
1	+0.0506			+0.05
2	-0.0423	+0.0127		-0.03
3		+0.0083		+0.01
4		-0.0112	+0.0198	+0.01
5			-0.0313	-0.03

예제 2-13 지적삼각보조점을 설치하기 위한 교점다각망 H망의 관측 및 계산성과에 의하여 주어진 서식으로 평균방위각과 평균종횡선좌표를 계산하시오.

가. 경중률 및 관측방위각

도선	ΣN	ΣS	관측방위각
(1)	2	1.002	276° 06′ 01″
(2)	4	2.023	276° 05′ 48″
(3)	4	1.914	246° 57′ 58″
(4)	5	2.485	246° 57′ 56″
(5)	3	1.496	246° 58′ 15″

나. 계산종·횡선좌표

도선	계산종선좌표(m)	계산횡선좌표(m)
(1)	5,704.20	6,869.55
(2)	5,704.24	6,869.56
(3)	7,565.96	6,475.99
(4)	7,565.95	6,475.97
(5)	7,565.91	6,475.92

예제 2-14 지적삼각보조점을 설치하기 위한 교점다각망 A망의 방위각관측성과에 의하여 주어진 서식으로 평균방위각을 계산하시오.

- 경중률 및 관측방위각

도선	ΣN	관측방위각
(1)	3	123° 45′ 23″
(2)	5	123° 45′ 34″
(3)	4	234° 56′ 16″
(4)	4	234° 56′ 22″
(5)	3	234° 56′ 15″

예제 2-13 정답

교점다각망계산부(H· A형)

약 도

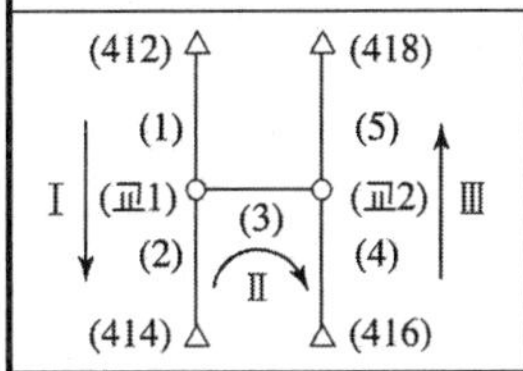

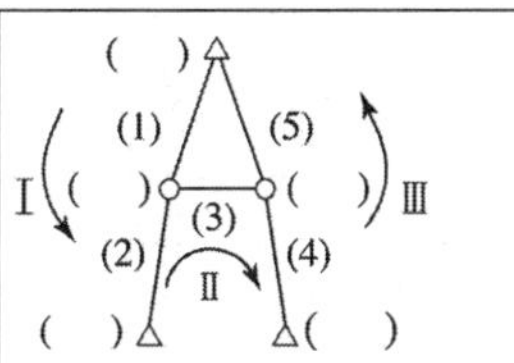

조건식		경중률	ΣN	ΣS
I	(1)-(2)+W_1=0	(1)	2	1.002
		(2)	4	2.023
II	(2)+(3)-(4)+W_2=0	(3)	4	1.914
		(4)	5	2.485
III	(4)-(5)+W_3=0	(5)	3	1.496

1. 방위각

순서	도선	관 측	보정	평 균
I	(1)	276° 06′ 01″	-4	276° 05′ 57″
	(2)	276 05 48	+9	276 05 57
	W_1	+13		
II	(2)+(3)	246 57 58	+10	246 58 08
	(4)	246 57 56	+12	246 58 08
	W_2	+2		
III	(4)	246 57 56	+12	246 58 08
	(5)	246 58 15	-7	246 58 08
	W_3	-19		

2. 종선좌표

순서	도선	관 측	보정	평 균
I	(1)	5704.20	+0.01	5704.21
	(2)	5704.24	-0.03	5704.21
	W_1	-0.04		.
II	(2)+(3)	7565.96	-0.03	7565.93
	(4)	7565.95	-0.02	7565.93
	W_2	+0.01		.
III	(4)	7565.95	-0.02	7565.93
	(5)	7565.91	+0.02	7565.93
	W_3	+0.04		.

3. 횡선좌표

순서	도선	관 측	보정	평 균
I	(1)	6869.55	-0.01	6869.54
	(2)	6869.56	-0.02	6869.54
	W_1	-0.01		.
II	(2)+(3)	6475.99	-0.04	6475.95
	(4)	6475.97	-0.02	6475.95
	W_2	+0.02		.
III	(4)	6475.97	-0.02	6475.95
	(5)	6475.92	+0.03	6475.95
	W_3	+0.05		.

4. 계 산

1) 상관방정식

순서	ΣN	ΣS	I	II	III
(1)	2	1.002	+1		
(2)	4	2.023	-1	+1	
(3)	4	1.914		+1	
(4)	5	2.485		-1	+1
(5)	3	1.496			-1

2) 표준방정식(방위각)

I	II	III	$W\alpha$	Σ
+6	-4	0	+13	+15
	+13	-5	+2	+6
		+8	-19	-16

3) 표준방정식(종 · 횡선좌표)

I	II	III	Wx	Σ	Wy	Σ
+3.025	-2.023	0	-0.04	+0.962	-0.01	+0.992
	+6.422	-2.485	+0.01	+1.924	+0.02	+1.934
		+3.981	+0.04	+1.536	+0.05	+1.546

4) 정 해(방위각)

I	II	III	W_a	Σ
+6	-4	0	+13	+15
C_1	+0.6667	0	-2.1667	-2.5
	+13	-5	+2	+6
	-2.6668	0	+8.6668	+10.0
	+10.3332	-5	+10.6668	+16.0
	C_2	+0.4839	-1.0323	-1.5484
		+8	-19	-16
		-2.4195	+5.1615	+7.7420
		+5.5805	-13.8385	-8.2580
		C_3	+2.4798	+1.4798

5) 정 해(종횡선좌표)

I	II	III	W_x	Σ	W_y	Σ
+3.025	-2.023	0	-0.04	+0.962	-0.01	+0.992
C_1	+0.6688	0	+0.0132	-0.3180	+0.0033	-0.3279
	+6.422	-2.485	+0.01	+1.924	+0.02	+1.934
	-1.3530	0	-0.0267	+0.6433	-0.0067	+0.6633
	+5.0690	-2.4850	-0.0167	+2.5673	+0.0133	+2.5973
	C_2	+0.4902	+0.0033	-0.5065	-0.0026	-0.5124
		+3.981	+0.04	+1.536	+0.05	+1.546
		-1.2181	-0.0082	+1.2587	+0.0065	+1.2733
		+2.7629	+0.0318	+2.7947	+0.0565	+2.8193
		C_3	-0.0115	-1.0115	-0.0204	-1.0204

6) 상관수(방위각)

C_1	C_2	C_3
-2.1667	-1.0323	+2.4798
0.0	+1.2000	
+0.1118		
-2.0549	+0.1677	+2.4798

7) 상관수(종선좌표)

C_1	C_2	C_3
+0.0132	+0.0033	-0.0115
0.0	-0.0056	
-0.0015		
+0.0117	-0.0023	-0.0115

8) 상관수(횡선좌표)

C_1	C_2	C_3
+0.0033	-0.0026	-0.0204
0.0	-0.0100	
-0.0084		
-0.0051	-0.0126	-0.0204

9) 보정수(방위각)

	C_1	C_2	C_3	Σ
1	-4.1098			-4
2	+8.2196	+0.6708		+9
3		+0.6708		+1
4		-0.8385	+12.399	+12
5			-7.4394	-7

10) 보정수(종선좌표)

	C_1	C_2	C_3	Σ
1	+0.0117			+0.01
2	-0.0235	-0.0047		-0.03
3		-0.0044		0.00
4		+0.0057	-0.0286	-0.02
5			+0.0172	+0.02

11) 보정수(횡선좌표)

	C_1	C_2	C_3	Σ
1	-0.0051			-0.01
2	+0.0103	-0.0255		-0.02
3		-0.0241		-0.02
4		+0.0313	-0.0507	-0.02
5			+0.0305	+0.03

예제 2-14 정답

교점다각망계산부(H · A형)

약도

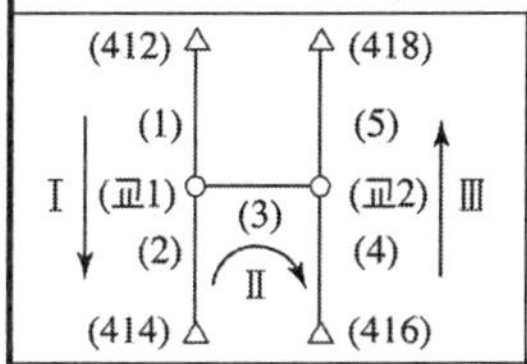

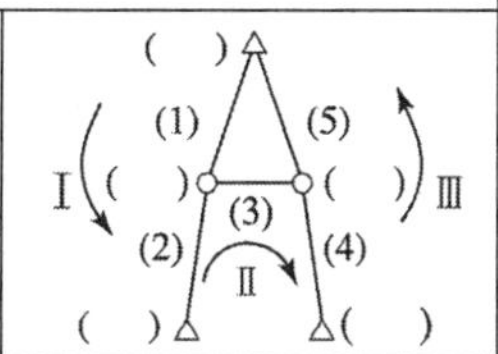

조건식

	조건식
I	$(1)-(2)+W_1=0$
II	$(2)+(3)-(4)+W_2=0$
III	$(4)-(5)+W_3=0$

경중률

	ΣN	ΣS
(1)	3	
(2)	5	
(3)	4	
(4)	4	
(5)	3	

1. 방위각

순서	도선	관 측	보정	평 균
I	(1)	123° 45′ 23″	+6	123° 45′ 29″
	(2)	123 45 34	-5	123 45 29
	W_1	-11		
II	(2)+(3)	234 56 16	0	234 56 16
	(4)	234 56 22	-6	234 56 16
	W_2	-6		
III	(4)	234 56 22	-6	234 56 16
	(5)	234 56 15	+1	234 56 16
	W_3	+7		

2. 계 산

1) 상관방정식

순서	ΣN	I	II	III
(1)	3	+1		
(2)	5	-1	+1	
(3)	4		+1	
(4)	4		-1	+1
(5)	3			-1

2)표준방정식(방위각)

I	II	III	W_a	Σ
+8	-5	0	-11	-8
	+13	-4	-6	-2
		+7	+7	+10

3) 정 해(방위각)

I	II	III	W_a	Σ	
+8	-5	0	-11	-8	
C_1	+0.625	0	+1.375	+1.0000	
	+13	-4	-6	-2	
	-3.125	0	-6.875	-5.0000	
	+9.875	-4	-12.875	-7.0000	
	C_2	+0.4051	+1.3038	+0.7089	
		+7	+7	+10	
		-1.6204	-5.2152	-2.8356	
		+5.3796	+1.7848	+7.1644	
		C_3	-0.3318	-1.3318	

4) 상관계수(방위각)

C_1	C_2	C_3
+1.375	+1.3038	-0.3318
0	-0.1344	
+0.7309		
+2.1059	+1.1694	-0.3318

5) 보정계수(방위각)

도선	C_1	C_2	C_3	Σ
(1)	+6.3177			+6
(2)	-10.5295	+5.8470		-5
(3)		+4.6776		+5
(4)		-4.6776	-1.3272	-6
(5)			+0.9954	+1

제3장 지적도근측량

1. 관련 규정

(1) 측량방법

① 지적도근측량을 할 때에는 미리 지적도근점표지를 설치하여야 한다.

② 지적도근점의 번호는 영구표지를 설치하는 경우에는 시・군・구별로, 영구표지를 설치하지 아니하는 경우에는 시행지역별로 설치순서에 따라 일련번호를 부여한다. 이 경우 각 도선의 교점은 지적도근점의 번호 앞에 "교"자를 붙인다.

③ 지적도근측량의 도선은 다음 각호의 기준에 따라 1등도선과 2등도선으로 구분한다.

1. 1등도선은 위성기준점・통합기준점・삼각점・지적삼각점 및 지적삼각보조점의 상호간을 연결하는 도선 또는 다각망도선으로 할 것
2. 2등도선은 위성기준점・통합기준점・삼각점・지적삼각점 또는 지적삼각보조점과 지적도근점을 연결하거나 지적도근점 상호간을 연결하는 도선으로 할 것
3. 1등도선은 가・나・다순으로 표기하고, 2등도선은 ㄱ・ㄴ・ㄷ순으로 표기할 것

④ 지적도근점은 결합도선・폐합도선・왕복도선 및 다각망도선으로 구성하여야 한다.

⑤ 경위의측량방법에 따라 도선법으로 지적도근측량을 할 때에는 다음 각호의 기준에 따른다.

1. 도선은 위성기준점, 통합기준점, 삼각점, 지적삼각점, 지적삼각보조점

및 지적도근점의 상호 간을 연결하는 결합도선에 따를 것. 다만, 지형상 부득이 한 때에는 폐합도선 또는 왕복도선에 따를 수 있다.

2. 1도선의 점의 수는 40점 이하로 할 것. 다만, 지형상 부득이 한 때에는 50점까지로 할 수 있다.

⑥ 경위의측량방법이나 전파기 또는 광파기측량방법에 따라 다각망도선법으로 지적도근측량을 할 때에는 다음 각호의 기준에 따른다.

1. 3점 이상의 기지점을 포함한 결합다각방식에 따를 것
2. 1도선의 점의 수는 20개 이하로 할 것

⑦ 지적도근점 성과결정을 위한 관측 및 계산의 과정은 그 내용을 지적도근측량부에 적어야 한다.

(2) 관측 및 계산

경위의측량방법, 전파기 또는 광파기측량방법과 도선법 또는 다각망도선법에 따른 지적도근점의 관측과 계산은 다음 각호의 기준에 따른다.

1. 수평각의 관측은 시가지지역, 축척변경지역 및 경계점좌표등록부 시행지역은 배각법에 따르고, 그 밖의 지역은 배각법과 방위각법을 혼용할 것
2. 관측은 20초독 이상의 경위의를 사용할 것
3. 관측과 계산은 다음 표에 따를 것

종별	각	측정횟수	거리	진수	좌표
배각법	초	3회	cm	5자리 이상	cm
방위각법	분	1회	cm	5자리 이상	cm

4. 점간거리를 측정하는 경우에는 2회 측정하여 그 측정치의 교차가 평균치의 3천분의 1 이하인 때에는 그 평균치를 점간거리로 할 것. 이 경우 점 간 거리가 경사거리일 때에는 수평거리로 계산하여야 한다.
5. 연직각을 관측하는 경우에는 올려본 각과 내려본 각을 관측하여 그 교차가 90초 이내인 때에는 그 평균치를 연직각으로 할 것

(3) 폐색오차의 허용범위 및 측각오차의 배분

① 도선법과 다각망도선법에 따른 지적도근점을 할 때에 있어서 폐색오차의 허용범위는 다음 각호의 기준에 따른다. 이 경우 n은 폐색변을 포함한 변의 수를 말한다.

1. 배각법에 따르는 경우 1회 측정각과 3회 측정각의 평균값에 대한 교차는 30초 이내로 하고, 1도선의 기지방위각 또는 평균방위각과 관측방위각의 폐색오차는 1등도선은 $\pm 20\sqrt{n}$ 초 이내, 2등도선은 $\pm 30\sqrt{n}$ 초 이내로 할 것
2. 방위각법에 따르는 경우 1도선의 폐색오차는 1등도선은 $\pm\sqrt{n}$ 분 이내, 2등도선은 $\pm 1.5\sqrt{n}$ 분 이내로 할 것

② 각도의 측정결과가 제1항의 규정에 의한 허용범위 이내인 경우 그 오차의 배분은 다음 각호의 기준에 따른다.

1. 배각법에 따르는 경우 다음의 산식에 따라 측선장에 반비례하여 각 측선의 관측각에 배분할 것

$$K=-\frac{e}{R}\times r$$

(K는 각 측선에 배분할 초단위의 각도, e는 초단위의 오차, R은 폐색변을 포함한 각 측선장의 반수의 총합계, r은 각 측선장의 반수. 이 경우 반수는 측선장 1미터에 대하여 1천을 기준으로 한 수를 말한다)

2. 방위각법에 따르는 경우 다음의 산식에 따라 변의 수에 비례하여 각 측선의 방위각에 배분할 것

$$Kn=-\frac{e}{S}\times s$$

(Kn은 각 측선의 순서대로 배분할 분단위의 각도, e는 분단위의 오차, S는 폐색변을 포함한 변의 수, s는 각 측선의 순서를 말한다)

(4) 연결오차의 허용범위와 종·횡선오차의 배분

① 지적도근측량에서 연결오차의 허용범위는 다음 각호의 기준에 따른다. 이

경우 n은 각 측선의 수평거리의 총합계를 100으로 나눈 수를 말한다.

1. 1등도선은 당해 지역 축척분모의 $\frac{1}{100}\sqrt{n}$ 센티미터 이하로 할 것
2. 2등도선은 당해 지역 축척분모의 $\frac{1.5}{100}\sqrt{n}$ 센티미터 이하로 할 것
3. 제1호 및 제2호의 규정을 적용함에 있어서 경계점좌표등록부를 갖춰 두는 지역의 축척분모는 500으로 하고, 축척이 6천분의 1인 지역의 축척분모는 3천으로 할 것. 이 경우 하나의 도선에 속하여 있는 지역의 축척이 2 이상인 때에는 대축척의 축척분모에 따른다.

② 지적도근측량에 따라 계산된 연결오차가 제1항에 따른 허용범위 이내인 경우 그 오차의 배분은 다음 각호의 기준에 따른다.

1. 배각법에 따르는 경우 다음의 산식에 따라 각 측선의 종선차 또는 횡선차 길이에 비례하여 배분할 것

$$T=-\frac{e}{L}\times l$$

(T는 각 측선의 종선차 또는 횡선차에 배분할 센티미터 단위의 수치, e는 종선오차 또는 횡선오차, L은 종선차 또는 횡선차의 절대치의 합계, l은 각 측선의 종선차 또는 횡선차를 말한다)

2. 방위각법에 따르는 경우 다음의 산식에 따라 각 측선장에 비례하여 배분할 것

$$C=-\frac{e}{L}\times l$$

(C는 각 측선의 종선차 또는 횡선차에 배분할 센티미터 단위의 수치, e는 종선오차 또는 횡선오차, L은 각 측선장의 총합계, l은 각 측선의 측선장을 말한다)

③ 제2항의 경우 종선 또는 횡선의 오차가 매우 작아 이를 배분하기 곤란한 때에는 배각법에서는 종선차 및 횡선차가 긴 것부터, 방위각법에서는 측선장이 긴 것부터 순차로 배분하여 종선 및 횡선의 수치를 결정할 수 있다.

2. 방위각법

방위각법에 의하여 지적도근측량을 시행하는 때에는 기지방위각에 의하여 순차적으로 각 측선의 방위각을 직접 측정하는데, 방위각의 측정은 주로 반전법을 사용하므로 단측법에 해당하며 배각법에 비하여 정도는 떨어지나 시가지 이외의 지역에서 주로 사용한다. 따라서 방위각법은 각의 측정정도와 거리의 측정정도가 비슷할 때에 실시하며 배각법의 정도보다 낮아도 되는 농촌지역이나 임야도시행지역에 적합한 측량방법이다. 방위각법의 계산시에는 각은 분 단위, 거리와 좌표는 cm 단위까지 사용하며, 도선은 1등도선과 2등도선으로 구분한다.

(1) 기지방위각 및 거리계산

두 기지점 $A(X_a, Y_a)$와 $B(X_b, Y_b)$가 있을 때 두 점 간의 방위각과 거리는 다음의 계산방법에 의하여 구할 수 있는데 이를 역계산이라고 한다.

그림 3-1

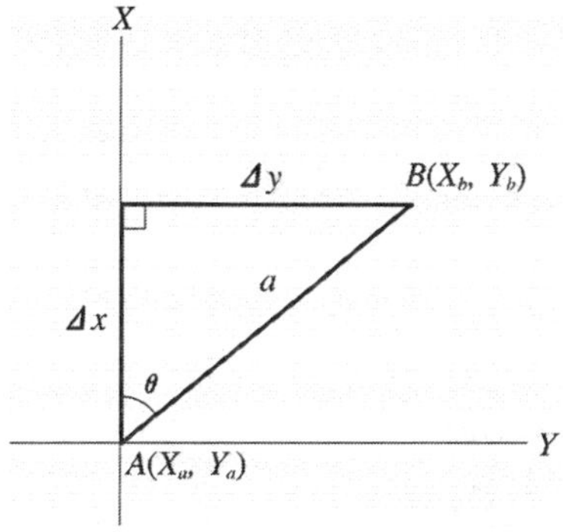

그림 3-2

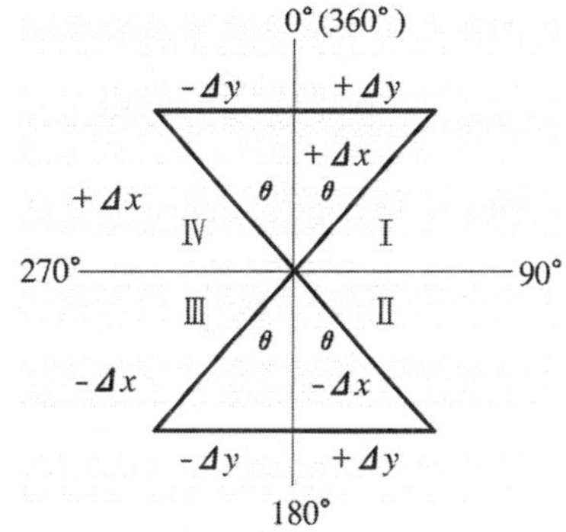

가. 기지방위각의 계산

[그림 3-1]에서 A, B점의 좌표는 알고 있으므로 두 점 간의 좌표의 차 즉, 종선차(Δx)와 횡선차(Δy)는 다음 식으로 구할 수 있다.

$$\Delta x = X_b - X_a$$

$$\Delta y = Y_b - Y_a$$

또한, θ각을 중심으로 $\cos\theta$, $\sin\theta$, $\tan\theta$ 및 거리(a)는 다음의 공식으로 구할 수가 있다.

$$\cos\theta = \frac{\Delta x}{a} \Rightarrow \Delta x = a \times \cos\theta$$

$$\sin\theta = \frac{\Delta y}{a} \Rightarrow \Delta y = a \times \sin\theta$$

$$\tan\theta = \frac{\Delta y}{\Delta x} \Rightarrow \theta = \tan^{-1}\frac{\Delta y}{\Delta x}$$

$$a = \sqrt{\Delta x^2 + \Delta y^2}$$

표 3-1 상한별 종횡선차의 부호 및 방위각

상한	종선차(Δx)	횡선차(Δy)	방위각(V)
Ⅰ	+	+	$V = \Theta$
Ⅱ	−	+	$V = 180° - \Theta$
Ⅲ	−	−	$V = 180° + \Theta$
Ⅳ	+	−	$V = 360° - \Theta$

나. 거리의 계산

[그림 3-1]에서 종 · 횡선차($\Delta x \cdot \Delta y$)와 θ각을 알면 다음 식에 의하여 a의 길이를 구할 수가 있다.

$$\cos\theta = \frac{\Delta x}{a} \text{에서} \cdots\cdots a = \frac{\Delta x}{\cos\theta} \quad \cdots\cdots (1)$$

$$\sin\theta = \frac{\Delta y}{a} \text{에서} \cdots\cdots a = \frac{\Delta y}{\sin\theta} \quad \cdots\cdots (2)$$

또는 피타고라스정리에 의해서 $a = \sqrt{\Delta x^2 + \Delta y^2}$ ·············· (3)

이 세 가지의 공식에서 (1)과 (2)식으로 거리를 계산하고 (3)식으로 검산을 하는 데 일반적으로 (1)과 (2)식 중 Δx와 Δy 중 긴 쪽을 택하여 거리를 계산한다. 그 이유는 미지의 2변의 길이를 계산할 때에는 기지변이 긴 쪽에 의하여 소구변을 구하는 것이 정도가 높기 때문이다.

(2) 측각오차의 계산 및 배부

가. 측각오차의 계산

각오차 = 관측방위각 − 기지방위각

나. 허용오차(공차)의 계산

1등도선 :$\pm \sqrt{n}$분 이내

2등도선 :$\pm 1.5\sqrt{n}$분 이내

여기서, n : 폐색변을 포함한 변수임

다. 측각오차의 배부

$$K_n = -\frac{e}{s} \times n$$

여기서, K_n : 각 측선의 순서대로 배부할 분 단위의 각도

e : 분 단위의 오차

s : 폐색변을 포함한 변수

n : 각 측선의 순서

(3) 종 · 횡선오차의 계산 및 배부

가. 종 · 횡선차의 계산

측정거리와 개정방위각에 의하여 종선차(Δx)와 횡선차(Δy)를 계산하여야 하며, 종선차(Δx) 및 횡선차(Δy)의 계산시 주의할 점은 반드시 측선의 방위각에 따라 상한별 부호를 붙여서 기재하여야 한다.

$$\Delta x = L \times \cos V$$

$$\Delta y = L \times \sin V$$

여기서, L : 측선장, V : 측선의 개정방위각

나. 기지 종 · 횡선오차의 계산

종 · 횡선오차를 계산하기 위하여 종선차의 합($\Sigma\Delta x$)과 횡선차의 합($\Sigma\Delta y$)을 계산하고 기지점좌표에 의하여 기지점 간의 종선차 및 횡선차를 계산한다.

기지 종선차 = 도착점의 X좌표 − 출발점의 X좌표
기지 횡선차 = 도착점의 Y좌표 − 출발점의 Y좌표

다. 종 · 횡선오차 및 공차계산

종선오차(fx) = 종선차의 합 − 기지종선차
횡선오차(fy) = 횡선차의 합 − 기지횡선차
연결오차 $= \sqrt{fx^2 + fy^2}$
공차 : 1등도선 = 축척분모 $\times \frac{1}{100}\sqrt{n}$ cm 이내
2등도선 = 축척분모 $\times \frac{1.5}{100}\sqrt{n}$ cm 이내
여기서, n : 측선장의 합을 100으로 나눈 수

라. 종 · 횡선오차의 배부

종 · 횡선오차는 측선장의 크기에 비례하여 배부한다.

$$C = -\frac{\mathrm{e}}{L} \times l$$

여기서, C = 각측선의 종 · 횡선차에 배부할 cm 단위의 보정값
e = 종선오차(또는 횡선오차)
L = 도선의 측선장(수평거리)의 합
l = 각 측선장

오차배부가 완료되면 배부수를 합하여 확인 결과 보정치 배부수의 합이 오차보다 초과배부 되었을 때에는 가장 적은 배부수에서 빼 주고, 반대로 보정치 배부의 합이 오차보다 적게 배부되었을 때에는 버림수 중 가장 큰 배부수에서 더해 준다. 또한 오차가 근소하여 공식을 적용할 수 없을 때에는 측선장이 긴 것부터 순차 1cm씩 배부하여 조정한다.

(4) 좌표계산

종 · 횡선오차의 보정값에 대한 배부를 마치면 출발점의 기지점좌표의 종선에는 종선차와 보정값을 각각 순차적으로 더하고, 횡선에는 횡선차와 보정값을 각각 순차적으로 더하여 도근점의 좌표를 계산한다.

예제 3-1 **지적도근측량을 방위각법으로 실시하여 다음의 결과를 얻었다. 주어진 서식을 이용하여 지적도근점의 좌표를 계산하시오.** (단, 1등도선으로 축척은 1,200분의 1임)

가. 기지좌표

점 명	X(m)	Y(m)
보5	453,689.61	208,010.35
보8	453,764.28	208,146.30

나. 기지방위각

출발기지방위각(보5 → 보6)	174° 37′
도착기지방위각(보8 → 보9)	193° 40′

다. 관측방위각 및 수평거리

측 점	시준점	관측방위각	수평거리(m)
보5	1	60° 41′	42.86
1	2	316° 18′	57.15
2	3	202° 47′	61.03
3	4	174° 02′	102.29
4	5	163° 03′	83.53
5	6	344° 38′	119.50
6	7	65° 03′	111.49
7	8	318° 18′	69.09
8	보8	70° 26′	109.43
보8	보9	193° 37′	

풀이 및 정답 (1) 각오차의 계산 및 배부

측각오차의 배부는 측점수마다 오차가 고르게 발생하였다고 보고 측점수(폐색변을 포함한 변수)에 비례하여 오차를 배부한다.

가. 각오차 = 193° 37′ − 193° 40′ = −3′

나. 공차 = ± $\sqrt{n}$ 분 = ± $\sqrt{10}$ 분 = ±3′

다. 각오차의 배부

$$K_n = -\frac{e}{s} \times n$$

여기서, K_n : 각 측선의 순서대로 배부할 분 단위의 각도
e : 분 단위의 오차
s : 폐색변을 포함한 변수
n : 각 측선의 순서

보5－1(1측선) …… $-\frac{-3}{10} \times 1 = 0.3 = 0$

1－2(2측선) …… $-\frac{-3}{10} \times 2 = 0.6 = +1'$

2－3(3측선) …… $-\frac{-3}{10} \times 3 = 0.90 = +1'$

3－4(4측선) …… $-\frac{-3}{10} \times 4 = 1.2 = +1'$

4－5(5측선) …… $-\frac{-3}{10} \times 5 = 1.5 = +2'$

5－6(6측선) …… $-\frac{-3}{10} \times 6 = 1.8 = +2'$

6－7(7측선) …… $-\frac{-3}{10} \times 7 = 2.1 = +2'$

7－8(8측선) …… $-\frac{-3}{10} \times 8 = 2.4 = +2'$

8－보8(9측선) …… $-\frac{-3}{10} \times 9 = 2.7 = +3'$

보8－보9(10측선) …… $-\frac{-3}{10} \times 10 = 3.0 = +3'$

(2) 개정방위각의 계산

측각오차의 보정치를 관측방위각에 보정한 후 개정방위각란에 기록한다.

(3) 종·횡선차의 계산

Δx = 수평거리 × cos개정방위각
Δy = 수평거리 × sin개정방위각

보5－1(1측선) $\Delta x = 42.86 \times \cos 60° \ 41' = +20.99$
$\Delta y = 42.86 \times \sin 60° \ 41' = +37.37$

1－2(2측선) $\Delta x = 57.15 \times \cos\ 316°\ 19' = +41.33$

$\Delta y = 57.15 \times \sin\ 316°\ 19' = -39.47$

⋮ ⋮

(4) 종 · 횡선 오차의 계산

가. 종선오차(fx) = 종선차의 합($\sum \Delta x$) － 기지

나. 횡선오차(fy) = 횡선차의 합($\sum \Delta y$) － 기지

$$f(x) = +74.79 - 74.67 = +0.12$$

$$f(y) = +135.88 - 135.95 = -0.07$$

다. 연결오차 = $\sqrt{종선오차(fx)^2 + 횡선오차(fy)^2}$

$= \sqrt{(+0.12)^2 + (-0.07)^2} = 0.14\text{ m}$

라. 공차 = 1등도선 : $M \times \frac{1}{100}\sqrt{n}$

2등도선 : $M \times \frac{1.5}{100}\sqrt{n}$

여기서, M : 축척분모, n : 수평거리 합계를 100으로 나눈 수

$$1{,}200 \times \frac{1}{100} \times \sqrt{7.5637} = 0.33\text{ m}$$

※ 주의 : 공차계산시 소요 자릿수 이하는 무조건 버린다. 예를 들어 33.7 cm 더라도 공차의 결정은 33 cm로 한다.

(5) 종선 및 횡선오차의 보정

가. 종선오차의 보정

종선오차는 측선장(수평거리)의 크기에 비례하여 배부한다.

$$C = -\frac{e}{L} \times l$$

여기서, C : 각측선의 종선차에 배부할 cm 단위의 보정값

e : 종선오차, L : 도선의 측선장의 합, l : 측선장

보5－1(1측선) …… $-\frac{12}{756.37} \times 42.86 = -0.68 = -1\text{ cm}$

1－2(2측선) …… $-\frac{12}{756.37} \times 57.15 = -0.91 = -1\text{ cm}$

2－3(3측선) …… $-\frac{12}{756.37}\times 61.03=-0.97=-1$ cm

3－4(4측선) …… $-\frac{12}{756.37}\times 102.29=-1.62=-2\text{cm}=-1$ cm

4－5(5측선) …… $-\frac{12}{756.37}\times 83.53=-1.33=-1$ cm

5－6(6측선) …… $-\frac{12}{756.37}\times 119.50=-1.90=-2$ cm

6－7(7측선) …… $-\frac{12}{756.37}\times 111.49=-1.77=-2$ cm

7－8(8측선) …… $-\frac{12}{756.37}\times 69.09=-1.10=-1$ cm

8－보8(9측선) ……$-\frac{12}{756.37}\times 109.43=-1.74=-2$ cm

계＝ －12 cm

여기서, 종선에 대한 보정치의 합이 －12 cm가 되어야 하는데 －13 cm이므로 반올림수 중 제일 작은 값인 3－4측선의 보정값 －2 cm를 －1로 고친다.

나. 횡선오차의 보정

횡선오차는 측선장(수평거리)의 크기에 비례하여 배부한다.

$$C=-\frac{e}{L}\times l$$

여기서, C : 각측선의 횡선차에 배부할 cm 단위의 보정값
e : 횡선오차, L : 도선의 측선장의 합, l : 측선장

보5－1(1측선) ……$-\frac{-7}{756.37}\times 42.86=0.40=0$ cm

1－2(2측선) ……$-\frac{-7}{756.37}\times 57.15=0.53=1\text{cm}=0$ cm

2－3(3측선) ……$-\frac{-7}{756.37}\times 61.03=0.56=1$ cm

3－4(4측선) ……$-\frac{-7}{756.37}\times 102.29=0.95=1$ cm

4－5(5측선) ……$-\frac{-7}{756.37}\times 83.53=0.77=1$ cm

5－6(6측선) ……$-\frac{-7}{756.37}\times 119.50=1.11=1$ cm

6－7(7측선) ……$-\frac{-7}{756.37}\times 111.49=1.03=1$ cm

7 - 8(8측선) ……$-\frac{-7}{756.37}\times 69.09 = 0.64 = 1$ cm

8 - 보8(9측선) ……$-\frac{-7}{756.37}\times 109.43 = 1.01 = 1$ cm

계 = 7 cm

여기서, 수 계산일 경우에는 횡선에 대한 보정치의 합이 +7 cm가 되어야 하는데 +8 cm이므로 반올림수 중 제일 적은 값인 1 - 2(2측선)의 보정값 + 1을 0으로 하여 보정값을 같게 한다.

(6) 종횡선 좌표계산

출발기지점 좌표로부터 각 측선의 종·횡선차에 보정치를 더하여 계산한다.

1 : X = 453,689.61 + 20.99 - 0.01 = 453,710.59
Y = 208,010.35 + 37.37 + 0 = 208,047.72

2 : X = 453,710.59 + 41.33 - 0.01 = 453,751.91
Y = 208,047.72 - 39.47 + 0 = 208,008.25

3 : X = 453,751.91 - 56.26 - 0.01 = 453,695.64
Y = 208,008.25 - 23.65 + 0.01 = 207,984.61

4 : X = 453,695.64 - 101.74 - 0.01 = 453,593.89
Y = 207,984.61 + 10.60 + 0.01 = 207,995.22

5 : X = 453,593.89 - 79.92 - 0.01 = 453,513.96
Y = 207,995.22 + 24.31 + 0.01 = 208,019.54

6 : X = 453,513.96 + 115.25 - 0.02 = 453,629.19
Y = 208,019.54 - 31.60 + 0.01 = 207,987.95

7 : X = 453,629.19 + 46.97 - 0.02 = 453,676.14
Y = 207,987.95 + 101.11 + 0.01 = 208,089.07

8 : X = 453,676.14 + 51.61 - 0.01 = 453,727.74
Y = 208,089.07 - 45.93 + 0.01 = 208,043.15

보8 : X = 453,727.74 + 36.56 - 0.02 = 453,764.28
Y = 208043.15 + 103.14 + 0.01 = 208,146.30

예제 3-1 정답

도근측량계산부(방위각법)

측 점	시준점	보정치 방 위 각	수평거리	개정방위각	종선차(ΔX) 보정치 종선좌표	횡선차(ΔY) 보정치 횡선좌표
보5	보6	——	m .	174° 37′	—— —— 453,689.61	—— —— 208,010.35
보5	1	0 60 41	42.86	60 41	+20.99 −0.01 453,710.59	+37.37 0 208,047.72
1	2	+1 316 18	57.15	316 19	+41.33 −0.01 453,751.91	−39.47 0 208,008.25
2	3	+1 202 47	61.03	202 48	−56.26 −0.01 453,695.64	−23.65 +0.01 207,984.61
3	4	+1 174 02	102.29	174 03	−101.74 −0.01 453,593.89	+10.60 +0.01 207,995.22
4	5	+2 163 03	83.53	163 05	−79.92 −0.01 453,513.96	+24.31 +0.01 208,019.54
5	6	+2 344 38	119.50	344 40	+115.25 −0.02 453,629.19	−31.60 +0.01 207,987.95
6	7	+2 65 03	111.49	65 05	+46.97 −0.02 453,676.14	+101.11 +0.01 208,089.07
7	8	+2 318 18	69.09	318 20	+51.61 −0.01 453,727.74	−45.93 +0.01 208,043.15
8	보8	+3 70 26	109.43	70 29	+36.56 −0.02 453,764.28	+103.14 +0.01 208,146.30
보8	보9	+3 193 37	(756.37)	193 40	ΣΔx=+74.79 기지=+74.67	ΣΔy=+135.88 기지=+135.95
n =10	기지	—— 193 40	.		fx= + 0.12 오차 =	fy= − 0.07 0.14m
					공차 =	0.33m
		오차 = −3′ 공차 = ±3′	.		—— ——	—— ——
		——	.		—— ——	—— ——

예제 3-2 **지적도근측량을 방위각법으로 실시하여 다음의 결과를 얻었다. 주어진 서식으로 지적도근점의 좌표를 계산하시오.** (단, 1등도선으로 축척은 1,200분의 1임)

가. 기지점 좌표

점 명	X(m)	Y(m)
보1	439,746.73	198,765.38
보3	439,587.84	198,617.20

나. 기지방위각

출발기지방위각(보1 → 보2)	245° 34′
도착기지방위각(보3 → 보4)	154° 49′

다. 관측방위각 및 수평거리

측 점	시준점	관측방위각	수평거리(m)
보1	1	213° 50′	64.22
1	2	156° 36′	113.27
2	3	335° 07′	106.49
3	4	312° 25′	53.53
4	5	171° 00′	119.49
5	6	345° 06′	56.15
6	보3	227° 34′	104.74
보3	보4	154° 47′	

풀이 및 정답 (1) 각오차의 계산

① 오차 = 관측방위각 − 기지방위각

= 154° 47′ − 154° 49′ = −2′

② 공차 = (1등도선) $\pm\sqrt{n}$ = $\pm\sqrt{8}$ = ±2′

③ 오차보정 : $Kn = -\frac{e}{s}\times n$

K_1(보1 − 1) : $-\frac{-2}{8}\times 1 = 0$

K_2(1 − 2) : $-\frac{-2}{8}\times 2 = 0$

K_3(2 − 3) : $-\frac{-2}{8}\times 3 = +1$

K_4(3 − 4) : $-\frac{-2}{8}\times 4 = +1$

K_5(4 − 5) : $-\frac{-2}{8}\times 5 = +1$

K_6(5 − 6) : $-\frac{-2}{8}\times 6 = +2$

K_7(6 − 보3) : $-\frac{-2}{8}\times 7 = +2$

K_8(보3 − 보4) : $-\frac{-2}{8}\times 8 = +2$

(2) 개정방위각의 계산

측각오차의 보정치를 관측방위각에 보정한 후 개정방위각란에 기록한다.

(3) 종 · 횡선차의 계산

Δx = 수평거리 × cos개정방위각

Δy = 수평거리 × sin개정방위각

보1 − 1(1측선) Δx = 64.22 × cos 213° 50′
= −53.35
Δy = 64.22 × sin 213° 50′
= −35.76

1 − 2(2측선) Δx = 113.27 × cos 156° 36′
= −103.95
Δy = 113.27 × sin 156° 36′
= +44.98

(4) 종 · 횡선 오차의 계산

가. 종선오차(fx) = 종선차의 합($\sum \Delta x$) - 기지
횡선오차(fy) = 횡선차의 합($\sum \Delta y$) - 기지

$$fx = (-158.94) - (-158.89) = -0.05$$
$$fy = (-148.17) - (-148.18) = +0.01$$

나. 연결오차 = $\sqrt{\text{종선오차}(fx)^2 + \text{횡선오차}(fy)^2}$
$= \sqrt{(-0.05)^2+(-0.01)^2} = 0.05$

다. 공차(1등도선) = $M \times \frac{1}{100}\sqrt{n} = 1{,}200 \times \frac{1}{100} \times \sqrt{6.1789} = 0.29\ \text{m}$

(5) 종 · 횡선오차의 배부

가. 종선에 대한 보정
종선오차는 측선장(수평거리)의 크기에 비례하여 배부한다.

$$C = -\frac{e}{L} \times l$$

여기서, C : 각측선의 종선차에 배부할 cm 단위의 보정값
e : 종선오차, L : 도선의 측선장의 합, l : 측선장

보1 - 1(1측선) : $-\frac{-5}{617.89} \times 64.22 = +0.5 = +1$
1 - 2(2측선) : $-\frac{-5}{617.89} \times 113.27 = +0.9 = +1$
⋮
⋮

나. 횡선에 대한 보정
횡선오차는 측선장의 크기에 비례하여 배부한다.

$$C = -\frac{e}{L} \times l$$

여기서, C : 각측선의 횡선차에 배부할 cm 단위의 보정값
e : 횡선오차, L : 도선의 측선장(수평거리)의 합,
l : 측선장

$$1\text{측선} : -\frac{+1}{617.89} \times 64.22 = -0.1 = 0$$

$$2\text{측선} : -\frac{+1}{617.89} \times 113.27 = -0.2 = 0$$

⋮

⋮

※ 오차가 적어 측선장이 가장 긴 5측선에 1 cm를 배부함

(6) 종 · 횡선 좌표계산

출발기지점 좌표로부터 각 종선차, 횡선차에 보정치를 더하여 계산한다.

1 : X = 439,746.73 − 53.35 + 0.01 = 439,693.39
Y = 198,765.38 − 35.76 + 0 = 198,729.62

2 : X = 439,693.39 − 103.95 + 0.01 = 439,589.45
Y = 198,729.62 + 44.98 + 0 = 198,774.60

3 : X = 439,589.45 + 96.62 + 0.01 = 439,686.08
Y = 198,774.60 − 44.78 + 0 = 198,729.82

4 : X = 439,686.08 + 36.12 + 0 = 439,722.20
Y = 198,729.82 − 39.51 + 0 = 198,690.31

5 : X = 439,722.20 − 118.02 + 0.01 = 439,604.19
Y = 198,690.31 + 18.66 − 0.01 = 198,708.96

6 : X = 439,604.19 + 54.27 + 0 = 439,658.46
Y = 198,708.96 − 14.41 + 0 = 198,694.55

보3 : X = 439,658.46 − 70.63 + 0.01 = 439,587.84
Y = 198,694.55 − 77.35 + 0 = 198,617.20

예제 3-2 정답

도근측량계산부(방위각법)

측점	시준점	보정치 방 위 각	수평거리	개정방위각	종선차(ΔX) 보정치 종선좌표	횡선차(ΔY) 보정치 횡선좌표
보1	보2	——	m .	245° 34′	—— —— 439,746.73	—— —— 198,765.38
보1	1	0 213 50	64.22	213 50	-53.35 +0.01 439,693.39	-35.76 0 198,729.62
1	2	0 156 36	113.27	156 36	-103.95 +0.01 439,589.45	+44.98 0 198,774.60
2	3	+1 335 07	106.49	335 08	+96.62 +0.01 439,686.08	-44.78 0 198,729.82
3	4	+1 312 25	53.53	312 26	+36.12 0 439,722.20	-39.51 0 198,690.31
4	5	+1 171 00	119.49	171 01	-118.02 +0.01 439,604.19	+18.66 -0.01 198,708.96
5	6	+2 345 06	56.15	345 08	+54.27 0 439,658.46	-14.41 0 198,694.55
6	보3	+2 227 34	104.74	227 36	-70.63 +0.01 439,587.84	-77.35 0 198,617.20
보3	보4	+2 154 47	(617.89)	154 49	$\Sigma\Delta x$=-158.94 기지=-158.89	$\Sigma\Delta y$=-148.17 기지=-148.18
n=8	기지	—— 154 49	.		fx = -0.05 오차 = 공차 =	fy = + 0.01 0.05m 0.29m
		오차 = -2′ 공차 = ±2′	.		—— ——	—— ——

예제 3-3 방위각관측 및 거리측정부에 의하여 지적도근점의 좌표를 계산하시오.

가. 기지좌표

점 명	X좌표(m)	Y좌표(m)
보1(A)	454,913.62	213,367.34
보2(B)	453,337.40	215,593.40
보7(C)	455,651.85	213,132.51
보8(D)	457,112.06	211,593.62

나. 방위각관측 및 거리측정부

도선명 : 가 　　　　　　　　축척 : 1,200분의 1

측 점	시준점	방 위 각	고도 정	고도 반	고도 평 균	측정거리 1회	측정거리 2회	측정거리 평 균	수평거리
보1	보2	0° 00′ 00″	° ′ ″		° ′ ″			m	m
보1	1	29 51 45	67 18 00	112 41 30	67 18 15	66.93	66.93	66.93	61.75
1	2	301 16 02				72.41	72.41	72.41	72.41
2	3	272 29 46				65.85	65.85	65.85	65.85
3	4	338 49 23				56.74	56.74	56.74	56.74
4	5	8 42 52	82 37 48	97 22 14	82 37 47	59.17	59.17	59.17	58.68
5	6	342 50 49				137.43	137.43	137.43	137.43
6	7	3 08 26				88.46	88.46	88.46	88.46
7	8	317 36 50				101.78	101.78	101.78	101.78
8	보7	354 39 11	102 46 50	77 14 00	102 46 25	245.59	245.59	245.59	239.51
보7	보8	313 28 15				·	·	·	·

풀이 및 정답 (1) 기지방위각의 계산

가. 보1(A) → 보2(B) 방위각

㉠ 종선차(Δx) 및 횡선차(Δy)의 계산

종선차(Δx) $= X_B - X_A$ = 453,337.40 − 454,913.62 = −1,576.22 m

횡선차(Δy) $= Y_B - Y_A$ = 215,593.40 − 213,367.34 = +2,226.06 m

㉡ 방위각(V_A^B)의 계산

$$\theta = \tan^{-1}\frac{\Delta y}{\Delta x} = \tan^{-1}\frac{2,226.06}{1,576.22} = 54°\ 41'\ 55''$$

Δx, Δy의 부호가 −, +로 Ⅱ상한이므로

방위각(V_A^B) = 180° − θ = 180° − 54° 41′ 55″ = 125° 18′ 05″

㉢ 거리의 계산

$$a = \sqrt{\Delta x^2 + \Delta y^2} = \sqrt{1,576.22^2 + 2,226.06^2} = 2,727.60 \text{ m}$$

나. 보7(C) → 보8(D) 방위각

㉠ 종선차(Δx) 및 횡선차(Δy)의 계산

종선차(Δx) $= X_D - X_C$ = 457,112.06 − 455,651.85 = +1,460.21 m

횡선차(Δy) $= Y_D - Y_C$ = 211,593.62 − 213,132.51 = −1,538.89 m

㉡ 방위각(V_C^D)의 계산

$$\theta = \tan^{-1}\frac{\Delta y}{\Delta x} = \tan^{-1}\frac{1,538.89}{1,460.21} = 46°\ 30'\ 10''$$

Δx, Δy의 부호가 +, −로 Ⅳ상한이므로

방위각(V_C^D) = 360° − θ = 360° − 46° 30′ 10″ = 313° 29′ 50″

다. 거리의 계산

$$a = \sqrt{\Delta x^2 + \Delta y^2} = \sqrt{1,460.21^2 + 1,538.89^2} = 2,121.41 \text{ m}$$

(2) 각오차의 보정

가. 각오차 = 313° 28′ − 313° 30′ = −2′

나. 공차 = ± $\sqrt{10}$′ = ±3′

다. 각오차의 배부

$$K_1 = -\frac{-2}{10} \times 1 = +0.2' = 0'$$

$$K_2 = -\frac{-2}{10} \times 2 = +0.4' = 0'$$

$$\vdots \qquad \vdots \qquad \vdots$$

$$K_9 = -\frac{-2}{10} \times 9 = +1.8' = +2'$$

$$K_{10} = -\frac{-2}{10} \times 10 = +2.0' = +2'$$

(3) 종·횡선오차의 보정

가. 종·횡선차의 계산

보1－1(1측선) Δx = 61.75 × cos29° 52′ = +53.55

Δy = 61.75 × sin29° 52′ = +30.75

1－2(2측선) Δx = 72.41 × cos301° 16′ = +37.58

Δy = 72.41 × sin301° 16′ = －61.89

⋮ ⋮ ⋮

나. 기지 종·횡선오차의 계산

종선차의 합($\Sigma\Delta x$) = +738.29, 횡선차의 합($\Sigma\Delta y$) = －234.89

기지종선차 = X(보7) － X(보1) = 5,651.85 － 4,913.62 = +738.23

기지횡선차 = Y(보7) － Y(보1) = 3,132.51 － 3,367.34 = －234.83

다. 종·횡선오차 및 공차계산

종선오차(fx) = 종선차의 합 － 기지종선차

= +738.29 －(+738.23) = +0.06

횡선오차(fy) = 횡선차의 합 － 기지횡선차

= －234.89 －(－234.83) = －0.06

연결오차 = $\sqrt{fx^2 + fy^2} = \sqrt{(+0.06)^2 + (-0.06)^2} = 0.08$ m

공차(1등도선) = 축척분모 × $\frac{1}{100}\sqrt{n}$ cm 이내

= $1{,}200 \times \frac{1}{100} \times \sqrt{8.8261} = 0.35$ m

라. 종·횡선오차의 배부

㉠ 종선오차(fx)의 배부

$$C_1 = -\frac{6}{882.61} \times 61.75 = -0.4 \fallingdotseq 0 \text{ cm}$$

$$C_2 = -\frac{6}{882.61} \times 72.41 = -0.5 \fallingdotseq -1 \text{ cm}$$

$$\vdots \qquad \vdots \qquad \vdots$$

$$C_8 = -\frac{6}{882.61} \times 101.78 = -0.7 \fallingdotseq -1 \text{ cm}$$

$$C_9 = -\frac{6}{882.61} \times 239.51 = -1.6 \fallingdotseq -2 \text{ cm}$$

㉡ 횡선오차(fy)의 배부

$$C_1 = -\frac{-6}{882.61} \times 61.75 = +0.4 \fallingdotseq 0 \text{ cm}$$

$$C_2 = -\frac{-6}{882.61} \times 72.41 = +0.5 \fallingdotseq +1 \text{ cm}$$

$$\vdots \qquad \vdots \qquad \vdots$$

$$C_8 = -\frac{-6}{882.61} \times 101.78 = +0.7 \fallingdotseq +1 \text{ cm}$$

$$C_9 = -\frac{-6}{882.61} \times 239.51 = +1.6 \fallingdotseq +2 \text{ cm}$$

(4) 좌표계산

출발기지점 좌표로부터 각 측선의 종선차 및 횡선차에 보정치를 더하여 도근점의 좌표를 계산한다.

1 : X = 454,913.62 + 53.55 = 454,967.17
Y = 213,367.34 + 30.75 = 213,398.09
2 : X = 454,967.17 + 37.58 − 0.01 = 455,004.74
Y = 213,398.09 − 61.89 + 0.01 = 213,336.21
⋮ ⋮ ⋮
8 : X = 455,338.18 + 75.22 − 0.01 = 455,413.39
Y = 213,223.23 − 68.56 + 0.01 = 213,154.68
보7 : X = 455,413.39 + 238.48 − 0.02 = 455,651.85
Y = 213,154.68 − 22.19 + 0.02 = 213,132.51

예제 3-3 정답

도근측량계산부(방위각법)

가도선 축척 : 1,200분의 1

측 점	시준점	보정치 방 위 각	수평거리	개정방위각	종선차(ΔX) 보정치 종선좌표	횡선차(ΔY) 보정치 횡선좌표
보1	보2	—	m	125° 18′	—— —— 454,913.62	—— —— 213,367.34
보1	1	0 29 52	61.75	29 52	+53.55 0 454,967.17	+30.75 0 213,398.09
1	2	0 301 16	72.41	301 16	+37.58 −0.01 455,004.74	−61.89 +0.01 213,336.21
2	3	+1 272 30	65.85	272 31	+2.89 0 455,007.63	−65.79 0 213,270.42
3	4	+1 338 49	56.74	338 50	+52.91 0 455,060.54	−20.49 0 213,249.93
4	5	+1 8 43	58.68	8 44	+58.00 0 455,118.54	+8.91 0 213,258.84
5	6	+1 342 51	137.43	342 52	+131.33 −0.01 455,249.86	−40.49 +0.01 213,218.36
6	7	+1 3 08	88.46	3 09	+88.33 −0.01 455,338.18	+4.86 +0.01 213,223.23
7	8	+2 317 37	101.78	317 39	+75.22 −0.01 455,413.39	−68.56 +0.01 213,154.68
8	보7	+2 354 39	239.51	354 41	+238.48 −0.02 455,651.85	−22.19 +0.02 213,132.51
보7	보8	+2 313 28	(882.61)	313 30	—— ——	—— ——
n = 10	기지= 오차=	313 30 −2′	.		$\Sigma\Delta x$= +738.29 기지 = +738.23	$\Sigma\Delta y$= −234.89 기 지 = −234.83
	공차=	±3′	.		fx= +0.06 연결오차 = 공 차 =	fy= −0.06 0.08 m 0.35 m
			.		—— ——	—— ——

예제 3-4 **방위각법으로 지적도근측량을 실시하여 다음과 같은 결과를 얻었다. 주어진 서식에 의하여 지적도근점의 좌표를 계산하시오.** (단, 도선명은 나이고, 축척은 1,200분의 1임)

측점	시준점	방위각	수평거리	개정방위각	종선좌표(X)	횡선좌표(Y)
연수8	연수9			289° 56′	454,972.46	196,065.39
연수8	1	132° 04′	158.74			
1	2	55° 48′	121.51			
2	3	143° 36′	156.57			
3	4	223° 20′	169.73			
4	5	297° 04′	120.81			
5	6	193° 23′	143.60			
6	연수3	161° 08′	126.01		454,480.90	196,160.03
연수3	연수4	143° 28′		143° 30′		

예제 3-5 **방위각법으로 지적도근측량을 실시하여 다음과 같은 결과를 얻었다. 주어진 서식에 의하여 지적도근점의 좌표를 계산하시오.** (단, 도선명은 ㄱ이고, 축척은 1,200분의 1임)

측점	시준점	방위각	수평거리	개정방위각	종선좌표(X)	횡선좌표(Y)
◎115	◎116			10° 30′	5,227.66	6,846.71
◎115	9	283° 36′	46.50			
9	10	19° 55′	131.96			
10	11	103° 54′	33.44			
11	12	198° 35′	40.50			
12	13	104° 41′	114.99			
13	14	193° 47′	40.55			
14	15	194° 27′	50.65			
15	◎115	284° 58′	112.01		5,227.66	6,846.71
◎115	◎116	10° 32′		10° 30′		

예제 3-4 정답

도근측량계산부(방위각법)

도선명 : 나 축척 : 1,200분의 1

측 점	시준점	보정치 방 위 각	수평거리	개정방위각	종선차(ΔX) 보정치 종선좌표	횡선차(ΔY) 보정치 횡선좌표
연수8	연수9	—— 289° 56′	m .	289° 56′	—— —— 454,972.46	—— —— 196,065.39
연수8	1	0 132 04	158.74	132 04	−106.35 −0.02 454,866.09	+117.84 +0.02 196,183.25
1	2	0 55 48	121.51	55 48	+68.30 −0.01 454,934.38	+100.50 +0.02 196,283.77
2	3	+1 143 36	156.57	143 37	−126.05 −0.02 454,808.31	+92.87 +0.02 196,376.66
3	4	+1 223 20	169.73	223 21	−123.42 −0.02 454,684.87	−116.51 +0.02 196,260.17
4	5	+1 297 04	120.81	297 05	+55.00 −0.01 454,739.86	−107.56 +0.02 196,152.63
5	6	+2 193 23	143.60	193 25	−139.68 −0.01 454,600.17	−33.32 +0.02 196,119.33
6	연수3	+2 161 08	126.01	161 10	−119.26 −0.01 454,480.90	+40.68 +0.02 196,160.03
연수3	연수4	+2 143 28	(996.97)	143 30	$\Sigma\Delta x$=−491.46 기지=−491.56	$\Sigma\Delta y$=+94.50 기지=+94.64
n=8	기지	—— 143 30	.		fx= +0.10 오차 = 공차 =	fy= − 0.14 0.17m 0.37m
		오차 = −2′ 공차 = ±2′	.		—— ——	—— ——

예제 3-5 정답

도근측량계산부(방위각법)

도선명 : ㄱ　　　　　　　　　　　　　　　　　　축척 : 1,200분의 1

측 점	시준점	보정치 방 위 각	수평거리	개정방위각	종선차(ΔX) 보정치 종선좌표	횡선차(ΔY) 보정치 횡선좌표
◎115	◎116	10° 30′	m .	10° 30′	5,227.66	6,846.71
◎115	9	0 283 36	46.50	283 36	+10.93 +0.01 5,238.60	−45.20 −0.01 6,801.50
9	10	0 19 55	131.96	19 55	+124.07 +0.02 5,362.69	+44.95 −0.01 6,846.44
10	11	−1 103 54	33.44	103 53	−8.02 +0.01 5,354.68	+32.46 0 6,878.90
11	12	−1 198 35	40.50	198 34	−38.39 +0.01 5,316.30	−12.90 0 6,866.00
12	13	−1 104 41	114.99	104 40	−29.11 +0.02 5,287.21	+111.24 −0.01 6,977.23
13	14	−1 193 47	40.55	193 46	−39.39 +0.01 5,247.83	−9.65 −0.01 6,967.57
14	15	−2 194 27	50.65	194 25	−49.06 +0.01 5,198.78	−12.61 −0.01 6954.95
15	◎115	−2 284 58	112.01	284 56	+28.86 +0.02 5,227.66	−108.23 −0.01 6,846.71
◎115	◎116	−2 10 32	(570.60)	10 30	$\Sigma\Delta x$ = −0.11 기지 = 0.00	$\Sigma\Delta y$ = +0.06 기지 = 0.00
n = 9	기지	10 30	.		fx = −0.11 오차 = 공차 =	fy = +0.06 0.13m 0.42m
		오차 = +2′ 공차 = ±4′	.			

3. 배각법

배각법에 의하여 지적도근측량을 시행하는 때에는 각 측선의 교각을 3배각으로 측정하고 그 평균치를 관측각으로 한다. 1등도선은 삼각점, 지적삼각점 및 지적삼각보조점의 상호간을 연결하고, 2등도선은 삼각점, 지적삼각점, 지적삼각보조점과 지적도근점 또는 지적도근점 상호간을 연결하는 것을 말하며, 배각법의 계산순서는 다음과 같다.

① 관측성과의 이기
② 폐색변을 포함한 변수(n)계산
③ 관측각의 합계($\sum\alpha$)계산
④ 측각오차 및 공차의 계산
⑤ 반수의 계산
⑥ 측각오차의 배부
⑦ 방위각의 계산
⑧ 각 측점의 종 · 횡선차의 계산
⑨ 종 · 횡선오차, 연결오차 및 공차의 계산
⑩ 종 · 횡선오차의 배부
⑪ 각 측점의 좌표계산

(1) 관측성과의 이기

배각계산부에 배각관측 및 거리측정부의 최종 관측성과를 이기하고, 출발점과 도착점의 기지방위각 및 좌표를 기입한다.

가. 폐색변을 포함한 변수계산

출발점에서부터 폐색변까지의 변수를 계산한다.

나. 관측각의 합계계산

관측각을 합산하여 기입한다.

다. 측각오차 및 공차의 계산

㉠ 측각오차의 계산

$$각오차 = T_1 + \Sigma\alpha - 180(n-1) - T_2$$

여기서, $\Sigma\alpha$: 관측각의 합, n : 폐색변을 포함한 변수
T_1 : 출발기지방위각, T_2 : 도착기지방위각

㉡ 공차의 계산

1등도선 $= \pm 20\sqrt{n}$ 초
2등도선 $= \pm 30\sqrt{n}$ 초

(2) 측각오차의 배부

측각오차의 배부방법은 방위각법에서는 측선수에 비례하여 배부하였으나 측량의 정도를 높이기 위하여 배각법을 사용한 때에는 측선장에 역비례하여 배부한다. 즉 각의 측정에 있어서는 측선장이 길수록 관측오차가 적고 짧을수록 관측오차가 크다는 원리에 의한 것으로, 측각오차를 측선장에 역비례하여 배부하는 것은 매우 복잡하므로 계산의 번잡을 덜기 위하여 각 측선에 변장반수를 부여하여 계산하는데 이 변장반수는 측선장이 긴 것에 작은 수를 부여하고 짧은 것에 큰 수를 부여하는 것으로서 형식상 변장반수에 비례하여 배부하는 결과가 된다.

가. 반수의 계산

반수는 측각오차를 배부하기 위한 값으로 측선장 1m에 대하여 1000을 기준으로 한 수로 공식은 다음과 같다.

$$반수 = \frac{1,000}{L}$$

여기서, L : 측선장임

나. 측각오차의 배부

$$K_n = -\frac{e}{R} \times n$$

여기서, K : 각 측선에 배부할 초 단위의 각도

e : 초 단위의 오차, R : 변장반수의 합계

n : 각 측선장의 반수임

배부할 때에는 오차가 +이면 배부수는 −가 되며, 배부량의 합계가 측각오차와 ±1″ 정도의 차이가 있는 때에는 계산의 단수처리를 확인하여 0.5에 가장 가까운 수에다 더하거나 감하여 조정한다.

(3) 방위각의 계산

배각법은 전시와 후시점의 교각을 측정하여 계산에 의하여 방위각을 산출하여야 하며, 방위각을 V, 관측각을 α, 출발기지방위각을 T_1이라 할 때 방위각은 다음 식으로 구한다.

$$\begin{aligned} V_1 &= T_1 + \alpha_1 \\ V_2 &= (V_1 \pm 180) + \alpha_2 \\ V_3 &= (V_2 \pm 180) + \alpha_3 \\ \vdots \quad & \quad \vdots \qquad\quad \vdots \end{aligned}$$

※ 방위각의 계산시 각도를 합산한 결과 360°를 초과하는 때에는 360°를 감한 값이 방위각이 된다.

(4) 종 · 횡선차의 계산

각 측선의 종선차(Δx) 및 횡선차(Δy)는 당해 측선의 수평거리(L)와 방위각(V)에 의하여 다음의 공식으로 계산한다.

$$\Delta x = L \times \cos V$$

$$\Delta y = L \times \sin V$$

종 · 횡선차에는 각각 부호를 붙여 표시하는데, 이 부호는 측선의 방위각에 따라 상한별로 부호를 붙인다.

가. 기지 종 · 횡선오차의 계산

㉠ 기지종선차 = 도착점의 X좌표 − 출발점의 X좌표

㉡ 기지횡선차 = 도착점의 Y좌표 − 출발점의 Y좌표

나. 종 · 횡선오차 및 공차의 계산

방위각법에서 종 · 횡선오차의 배부는 측선의 길이에 비례하여 배부하였으나 배각법에서는 종 · 횡선차의 길이에 비례하여 배부하게 되므로 종선차 및 횡선차의 절대치합계($\sum|\Delta x|$, $\sum|\Delta y|$)와 일반합계($\sum\Delta x$, $\sum\Delta y$)를 산출하고 기지오차와 비교하여 종선오차(fx)와 횡선오차(fy)를 구한 후에 연결오차를 계산하여 공차 이내인가를 확인하여야 한다.

㉠ 종 · 횡선오차의 계산

종선오차(fx) = 종선차의 합($\sum\Delta x$) − 기지종선차

횡선오차(fy) = 횡선차의 합($\sum\Delta y$) − 기지횡선차

㉡ 연결오차 및 공차의 계산

연결오차 = $\sqrt{fx^2+fy^2}$

공 차 = 1등도선 : 축척분모 $\times \frac{1}{100}\sqrt{n}$ cm 이내

2등도선 : 축척분모 $\times \frac{1.5}{100}\sqrt{n}$ cm 이내

여기서, n : 수평거리의 합을 100으로 나눈 수

다. 종 · 횡선오차의 배부

배각법(트랜싯법칙)은 거리측정보다 각도측정의 정밀도가 높다는 원리로 오차의 배부는 이 원리에 근거를 두고 배부하는 방법으로 배각법에 의한 종선오차(fx) 및 횡선오차(fy)의 배부는 다음 식에 의한다.

$$T = -\frac{e}{L} \times n$$

여기서, T : 각 측선의 종 · 횡선차에 배부할 센티미터 단위의 수치

e : 종선오차 또는 횡선오차의 센티미터 단위

L : 종선차 또는 횡선차 절대치의 합계

n : 종선차 또는 횡선차

※ 종선 또는 횡선오차가 적을 경우에는 종·횡선차가 가장 큰 것에 1 cm씩 순차 배부한다.

(5) 좌표계산

지적측량에서 사용하는 좌표는 평면직각좌표로 원점을 기준으로 한 좌표이다. 따라서 일반원점지역에서의 좌표는 부호가 모두 정(+)이 되도록 원점의 종선에 50만 m(제주도는 55만 m), 횡선에 20만 m를 가산하여 사용하지만 기타 원점지역(11개 지역)에서는 원점 자체의 좌표가 종선(X) = 0 m, 횡선(V) = 0 m로 하고 있기 때문에 좌표에 때로는 정(+), 부(−)의 부호가 붙을 수 있다.

종·횡선오차의 보정값 배부를 마치면 출발점의 기지점좌표의 종선에는 종선차와 보정값을, 횡선에는 횡선차와 보정값을 각각 순차적으로 더하여 지적도근점의 좌표를 계산하고 폐합점인 기지점까지 진행하여 좌표가 일치하면 계산을 완료한다.

□ **경중률**

측량작업시 서로 다른 정밀도로 측정하는 경우 최확값을 구하는 방법에서 해당 정밀도를 고려해야 하는데 이때의 적용계수를 경중률이라 한다. 다시 말해 측정값의 신뢰도를 표시하는 값을 말하며 측량에서는 서로 다른 조건으로 측정했을 때 그 값의 신뢰도는 각각 다르고, 일정한 거리를 같은 기구로 같은 상태에서 갑은 1회, 을은 3회를 측정했을 때 을의 측정값은 갑의 측정값보다 3배의 신뢰도가 있는 것으로 갑과 을의 경중률은 1 : 3의 비로 나타낼 수가 있다. 따라서 경중률은 측정횟수에 비례하고 정밀도의 제곱에 반비례한다.

예제 3-6 **지적도근측량을 배각법으로 실시하여 다음의 관측치를 얻었다. 도근측량계산부에 의하여 지적도근점의 좌표를 계산하시오.** (단, 도선명은 가이고 축척은 1,000분의 1임)

가. 기지점

점명	종선좌표(m)	횡선좌표(m)
보1	433,689.61	198,010.35
보3	433,677.81	197,763.55

나. 기지방위각

출발기지방위각(보1 → 보2)	174° 36′ 54″
도착기지방위각(보3 → 보4)	58° 57′ 27″

다. 관측각 및 거리

측 점	시준점	관측각	수평거리(m)
보1	보2	0° 00′ 00″	
보1	1	149° 59′ 37″	86.58
1	2	240° 01′ 19″	53.15
2	3	353° 17′ 21″	41.11
3	4	260° 13′ 08″	95.02
4	5	185° 08′ 48″	61.25
5	6	135° 10′ 45″	48.20
6	7	60° 14′ 45″	42.25
7	8	237° 26′ 04″	111.41
8	보3	307° 45′ 06″	67.23
보3	보4	295° 03′ 42″	

풀이 및 정답 (1) 각오차의 계산

가. 각오차 = $T_1 + \Sigma\alpha - 180(n-1) = T_2' - T_2$

여기서, $\Sigma\alpha$: 관측각의 합, n : 폐색변을 포함한 변수

T_1 : 출발기지방위각

T_2' : 산출방위각 $= T_1 + \Sigma\alpha - 180(n-1)$

T_2 : 도착기지방위각

각오차 = 174° 36′ 54″ + 2224° 20′ 35″ − 180(10 − 1) − 58° 57′ 27″

= +2″

나. 공차 : 1등도선 = $\pm 20\sqrt{n}$

$= \pm 20\sqrt{10} = \pm 63''$

여기서, n : 폐색변을 포함한 변수

다. 반수 = 1,000 ÷ 거리

보1 − 1(1측점) = 1,000 ÷ 86.58 = 11.6

1 − 2(2측점) = 1,000 ÷ 53.15 = 18.8

⋮ ⋮ ⋮

7 − 8(9측점) = 1,000 ÷ 111.41 = 9.0

8 − 보3(10측점) = 1,000 ÷ 67.23 = 14.9

반수의 합 = 149.8

라. 각오차의 배부 $= Kn = -\dfrac{e}{R} \times n$

여기서, K : 각 측선에 배부할 초 단위 각도

e : 초 단위의 오차

R : 폐색변을 포함한 각 측선장 반수의 총 합계

n : 각 측선장의 반수(1,000÷측선장)

보1 − 1(1측점) $K_1 = -\dfrac{2}{149.8} \times 11.6 = 0$

1 − 2(2측점) $K_2 = -\dfrac{2}{149.8} \times 18.8 = 0$

⋮ ⋮ ⋮

7 − 8(8측점) $K_8 = -\dfrac{2}{149.8} \times 9.0 = 0$

8 − 보3(9측점) $K_9 = -\dfrac{2}{149.8} \times 14.9 = 0$

(2) 방위각 계산

보1－1(1측선)의 방위각

$= 174° \ 36' \ 54'' + 149° \ 59' \ 37'' = 324° \ 36' \ 31''$

1－2(2측선)의 방위각

$= 324° \ 36' \ 31'' - 180 + 240° \ 01' \ 19'' = 24° \ 37' \ 50''$

2－3(3측선)의 방위각

$= 24° \ 37' \ 50'' - 180 + 353° \ 17' \ 20'' = 197° \ 55' \ 10''$

⋮ ⋮ ⋮

8－보3(9측선)의 방위각

$= 176° \ 08' \ 39'' - 180 + 307° \ 45' \ 06'' = 303° \ 53' \ 45''$

보3－보4(10측선)의 방위각

$= 303° \ 53' \ 45'' - 180 + 295° \ 03' \ 42'' = 58° \ 57' \ 27''$

(기지 $= 58° \ 57' \ 27''$)

(3) 종선차(Δx) 및 횡선차(Δy)의 계산

종선차(Δx) $= L \times \cos V$

횡선차(Δy) $= L \times \sin V$ (단, L=거리, V=방위각)

보1－1(1측선) … 종선차(Δx) $= 86.58 \times \cos 324° \ 36' \ 31'' = +70.58$

횡선차(Δy) $= 86.58 \times \sin 324° \ 36' \ 31'' = -50.14$

1－2(2측선) … 종선차(Δx) $= 53.15 \times \cos 24° \ 37' \ 50'' = +48.31$

횡선차(Δy) $= 53.15 \times \sin 24° \ 37' \ 50'' = +22.15$

2－3(3측선) … 종선차(Δx) $= 41.11 \times \cos 197° \ 55' \ 10'' = -39.12$

횡선차(Δy) $= 41.11 \times \sin 197° \ 55' \ 10'' = -12.65$

⋮ ⋮ ⋮

(4) 종선 및 횡선오차의 계산

가. 종선오차(fx)

종선차의 합($\Sigma \Delta x$) $= 70.58 + 48.31 - 39.12 \cdots -20.30 - 111.16 + 37.49$

$= -11.89$ m

기지종선차 = 433,677.81(보3) － 433,689.61(보1) = －11.80 m

종선오차(fx) = 종선차의 합($\Sigma \Delta x$) － 기지종선차

$= -11.89 - (-11.80) = -0.09$

나. 횡선오차(fy)

횡선차의 합($\Sigma\Delta y$) = $-50.14 + 22.15 - 12.65 \cdots + 37.06 + 7.49 - 55.80$

$= -246.64$ m

기지횡선차 = 197,763.55(보3) − 198,010.35(보1) $= -246.80$ m

횡선오차(fx) = 횡선차의 합($\Sigma\Delta y$) − 기지횡선차

$= -246.64 + 246.80 = +0.16$

다. 연결오차 = $\sqrt{fx^2 + fy^2}$

$= \sqrt{(-0.09)^2 + (+0.16)^2} = 0.18$ m

라. 공차 : 1등도선 = $M \times \frac{1}{100} \times \sqrt{n}$ m

여기서, M = 축척분모, n = 수평거리의 합계를 100으로 나눈 수

1등도선 = $1{,}000 \times \frac{1}{100} \times \sqrt{6.062} = 0.24$ m

(5) 오차의 배부

종선차 절대치의 합($\Sigma|\Delta x|$) = 379.69

횡선차 절대치의 합($\Sigma|\Delta y|$) = 380.04

$$T = -\frac{e}{L} \times l$$

여기서, T : 각 측선의 종·횡선차에 배부할 cm 단위의 수치
e : 종·횡선오차, L : 종·횡선차의 절대치 합계
l : 각 측선의 종·횡선차 절대치

가. 종선오차의 배부

보1 − 1(1측선) $T_1 = -\frac{-9}{379.69} \times 70.58 = +2$

1 − 2(2측선) $T_2 = -\frac{-9}{379.69} \times 48.31 = +1$

2 − 3(3측선) $T_3 = -\frac{-9}{379.69} \times 39.12 = +1$

⋮ ⋮ ⋮

7 − 8(8측선) $T_8 = -\frac{-9}{379.69} \times 111.16 = +3$

8 − 보3(9측선) $T_9 = -\frac{-9}{379.69} \times 37.49 = +1$

나. 횡선오차의 배부

$$\text{보}1-1(1\text{측선}) \quad T_1 = -\frac{16}{380.04}\times 50.14 = -2$$

$$1-2(2\text{측선}) \quad T_2 = -\frac{16}{380.04}\times 22.15 = -1$$

$$2-3(3\text{측선}) \quad T_3 = -\frac{16}{380.04}\times 12.65 = -1$$

$$\vdots \qquad \vdots \qquad \vdots$$

$$7-8(8\text{측선}) \quad T_8 = -\frac{16}{380.04}\times 7.49 = 0$$

$$8-\text{보}3(9\text{측선}) \quad T_9 = -\frac{16}{380.04}\times 55.80 = -2$$

(6) 좌표의 결정

가. 종선좌표 $= X_1 =$ 출발기지종선좌표 + 보정치 $+ \Delta x_1$

$$X_2 = X_1 + \text{보정치} + \Delta x_2$$

$$X_3 = X_2 + \text{보정치} + \Delta x_3$$

$$\vdots \qquad \vdots \qquad \vdots$$

$$X_1 = 433{,}689.61 + 0.02 + 70.58 = 433{,}760.21 \text{ m}$$

$$X_2 = 433{,}760.21 + 0.01 + 48.31 = 433{,}808.53 \text{ m}$$

$$X_3 = 433{,}808.53 + 0.01 - 39.12 = 433{,}769.42 \text{ m}$$

$$\vdots \qquad \vdots \qquad \vdots$$

$$X_8 = 433{,}751.44 + 0.03 - 111.16 = 433{,}640.31 \text{ m}$$

$$X_{(\text{보}3)} = 4{,}336{,}400.31 + 0.01 + 37.49 = 433{,}677.81 \text{ m}$$

나. 횡선좌표$= Y_1 =$출발기지횡선좌표 + 보정치 $+ \Delta Y_1$

$$Y_2 = Y_1 + \text{보정치} + \Delta Y_2$$

$$Y_3 = Y_2 + \text{보정치} + \Delta Y_3$$

$$\vdots \qquad \vdots \qquad \vdots$$

$$Y_1 = 198{,}010.35 - 0.02 - 50.14 = 197{,}960.19 \text{ m}$$

$$Y_2 = 197{,}960.19 - 0.01 + 22.15 = 197{,}982.33 \text{ m}$$

$$Y_3 = 197{,}982.33 - 0.01 - 12.65 = 197{,}969.67 \text{ m}$$

$$\vdots \qquad \vdots \qquad \vdots$$

$$Y_8 = 197{,}811.88 + 0 + 7.49 = 197{,}819.37 \text{ m}$$

$$Y_{(\text{보}3)} = 197{,}819.37 - 0.02 - 55.80 = 197{,}763.55 \text{ m}$$

예제 3-6 정답

도근측량계산부(배각법)

도선명 : 가 축척 : 1,000분의 1

측 점	시준점	보정치 관 측 각	반 수 수평거리	방 위 각	종선차(ΔX) 보정치 종선좌표	횡선차(ΔY) 보정치 횡선좌표
보1	보2	—	——	174° 36′ 54″	—— —— 433,689.61	—— —— 198,010.35
보1	1	0 149 59 37	11.6 86.58	324 36 31	+70.58 +0.02 433,760.21	−50.14 −0.02 197,960.19
1	2	0 240 01 19	18.8 53.15	24 37 50	+48.31 +0.01 433,808.53	+22.15 −0.01 197,982.33
2	3	−1 353 17 21	24.3 41.11	197 55 10	−39.12 +0.01 433,769.42	−12.65 −0.01 197,969.67
3	4	0 260 13 08	10.5 95.02	278 08 18	+13.45 0 433,782.87	−94.06 −0.04 197,875.57
4	5	0 185 08 48	16.3 61.25	283 17 06	+14.07 0 433,796.94	−59.61 −0.02 197,815.94
5	6	0 135 10 45	20.7 48.20	238 27 51	−25.21 +0.01 433,771.74	−41.08 −0.02 197,774.84
6	7	−1 60 14 45	23.7 42.25	118 42 35	−20.30 0 433,751.44	+37.06 −0.02 197,811.88
7	8	0 237 26 04	9.0 111.41	176 08 39	−111.16 +0.03 433,640.31	+7.49 0 197,819.37
8	보3	0 307 45 06	14.9 67.23	303 53 45	+37.49 +0.01 433,677.81	−55.80 −0.02 197,763.55
보3	보4	—— 295 03 42	(149.8) (606.20)	58 57 27	—— —— $\Sigma\lvert\Delta x\rvert$ = 379.69	—— —— $\Sigma\lvert\Delta y\rvert$ = 380.04
  +	n = 10 $\Sigma\alpha$ = T_1 =	 2,224 20 35 174 36 54	——		$\Sigma\Delta x$= −11.89 기지 = −11.80	$\Sigma\Delta y$= −246.64 기지 = −246.80
−180 −	(n−1) = $T_{2'}$ = T_2 =	1,620 00 00 58 57 29 58 57 27	——		fx = −0.09	fy = +0.16
		오차= +2″ 공차=±63″	——		연결오차 = 공 차 =	0.18 m 0.24 m

예제 3-7 **기타원점지역에서 지적도근측량을 배각법으로 실시하여 다음의 관측치를 얻었다. 주어진 서식에 의하여 지적도근점의 좌표를 계산하시오.** (단, 도선명은 나이고, 축척은 1,200분의 1임)

가. 기지점 좌표

점 명	X(m)	Y(m)
보1	−253.27	−1,234.62
보3	−56.31	−1,356.12

나. 기지방위각

출발기지방위각(보1 → 보2)	245° 34′ 29″
도착기지방위각(보3 → 보4)	267° 33′ 35″

다. 관측각 및 수평거리

측 점	시준점	관측각	수평거리(m)
보1	보2	0° 00′ 00″	
보1	1	75° 12′ 10″	110.63
1	2	254° 29′ 16″	111.98
2	3	213° 05′ 01″	56.91
3	4	237° 43′ 16″	58.63
4	5	266° 48′ 43″	110.26
5	6	243° 27′ 43″	46.33
6	7	192° 40′ 47″	95.67
7	8	227° 56′ 00″	34.65
8	보3	196° 40′ 24″	58.22
보3	보4	93° 56′ 26″	

풀이 및 정답 (1) 각오차의 계산

가. 각오차 $= \Sigma\alpha - 180(n-1) + T_1 - T_2$

여기서, $\Sigma\alpha$: 관측각의 합

n : 폐색변을 포함한 변수

T_1 : 출발기지방위각

T_2' : 산출방위각$=\sum\alpha-180(n-1)+T_1$

T_2 : 도착기지방위각

각오차 = 2,001° 59′ 46″ − 1,620° + 245° 34′ 29″ −267° 33′ 35″

= +40″

나. 공차 : 1등도선 = $\pm 20\sqrt{n}$

$= \pm 20\sqrt{10} = \pm 63''$

여기서, n : 폐색변을 포함한 변수

다. 반수 = 1,000÷거리

1측선(보1 − 1) = 1,000 ÷ 110.63 = 9.0

2측선(1 − 2) = 1,000 ÷ 111.98 = 8.9

⋮ ⋮ ⋮

9측선(8 − 보3) = 1,000 ÷ 58.22 = 17.2

반수의 합 = 139.9

라. 각 오차의 배부 $=K=-\dfrac{e}{R}\times n$

여기서, K : 각 측선에 배부할 초 단위 각도

e : 초 단위의 오차

R : 폐색변을 포함한 각 측선장 반수의 총합계

n : 각 측선장의 반수

1측선(보1 − 1) $K_1=-\dfrac{40}{139.9}\times 9.0=-2.6=-3$

2측선 (1 − 2) $K_2=-\dfrac{40}{139.9}\times 8.9=-2.5=-2$

3측선 (2 − 3) $K_3=-\dfrac{40}{139.9}\times 17.6=-5.0=-5$

⋮ ⋮ ⋮

9측선(8 − 보3) $K_9=-\dfrac{40}{139.9}\times 17.2=-4.9=-5$

(2) 방위각계산

1측선 (보1 − 1) = 출발기지방위각 + α_1

= 245° 34′ 29″ + 75° 12′ 07″

= 320° 46′ 36″

2측선 (1－2)　= 1방향선의 방위각 ±180° ＋α_2

= 320° 46′ 36″－180° ＋ 254° 29′ 14″

= 35° 15′ 50″

⋮　　　⋮　　　⋮

10측선(보3－보4) = 353° 37′ 09″－180° ＋ 93° 56′ 26″

= 267° 33′ 35″

(3) 종선 및 횡선차의 계산

$$\Delta x = L \times \cos V$$

$$\Delta y = L \times \sin V$$

여기서, L : 거리, V : 방위각

1측선(보1－1) : 110.63 × cos 320° 46′ 36″ = ＋85.70

110.63 × sin 320° 46′ 36″ = －69.96

⋮　　　⋮　　　⋮

9측선(8－보3) : 58.22 × cos 353° 37′ 09″ = ＋57.86

58.22 × sin 353° 37′ 09″ = －6.47

(4) 종선 및 횡선오차의 계산

종선오차(fx) = 종선차의 합($\Sigma\Delta x$)－기지종선차

fx = 197.03 － 196.96 = ＋ 0.07

횡선오차(fy) = 횡선차의 합($\Sigma\Delta y$)－기지횡선차

fy = －121.42 － (－121.50) = ＋0.08

연결오차 $=\sqrt{(fx)^2+(fy)^2}$

$=\sqrt{(0.07)^2+(0.08)^2}=0.11\text{ m}$

공차 : 1등도선 $=M\times\frac{1}{100}\times\sqrt{n}$ cm

1등도선 $=1{,}200\times\frac{1}{100}\times\sqrt{6.8328}=0.31\text{ m}$

여기서, n : 수평거리 총합계를 100으로 나눈 수, M : 축척분모

(5) 종 · 횡선오차의 배부

종선차 절대치의 합($\Sigma|\Delta x|$) = 451.27

횡선차 절대치의 합$(\Sigma|\Delta y|)=451.28$

$$T=-\frac{e}{L}\times l$$

여기서, T : 각 측선의 종·횡선차에 배부할 cm 단위의 수치
e : 종·횡선오차, L : 종·횡선차의 절대치의 합계
l : 각 측선의 종·횡선차

가. 종선차의 배부

1측선(보1－1) $T_1=-\frac{7}{451.27}\times 85.70=-1$

2측선(1－2) $T_2=-\frac{7}{451.27}\times 91.43=-1$

⋮ ⋮ ⋮

나. 횡선차의 배부

1측선(보1－1) $T_1=-\frac{8}{451.28}\times 69.96=-1$

2측선(1－2) $T_2=-\frac{8}{451.28}\times 64.65=-1$

⋮ ⋮ ⋮

(6) 좌표의 결정

가. 종선좌표계산

출발기지종선좌표 + 보정치 $+\Delta x$

$X_1 = -253.27 - 0.01 + 85.70 = -167.58$

$X_2 = -167.58 - 0.01 + 91.43 = -76.16$

⋮ ⋮ ⋮

나. 횡선좌표계산

출발기지횡선좌표 + 보정치 $+\Delta y$

$Y_1 = -1{,}234.62 - 0.01 - 69.96 = -1{,}304.59$

$Y_2 = -1{,}304.59 - 0.01 + 64.65 = -1{,}239.95$

⋮ ⋮ ⋮

예제 3-7 정답

도근측량계산부(배각법)

도선명 : 나 축척 : 1,200분의 1

측 점	시준점	보정치 관 측 각	반 수 수평거리	방 위 각	종선차(ΔX) 보정치 종선좌표	횡선차(ΔY) 보정치 횡선좌표
보1	보2	—	—	245° 34′ 29″	— — -253.27	— — -1,234.62
보1	1	-3 75 12 10	9.0 110.63	320 46 36	+85.70 -0.01 -167.58	-69.96 -0.01 -1,304.59
1	2	-2 254 29 16	8.9 111.98	35 15 50	+91.43 -0.01 -76.16	+64.65 -0.01 -1,239.95
2	3	-5 213 05 01	17.6 56.91	68 20 46	+21.00 0 -55.16	+52.89 -0.01 -1,187.07
3	4	-5 237 43 16	17.1 58.63	126 03 57	-34.52 -0.01 -89.69	+47.39 -0.01 -1,139.69
4	5	-3 266 48 43	9.1 110.26	212 52 37	-92.60 -0.01 -182.30	-59.85 -0.01 -1,199.55
5	6	-6 243 27 43	21.6 46.33	276 20 14	+5.11 0 -177.19	-46.05 -0.01 -1,245.61
6	7	-3 192 40 47	10.5 95.67	289 00 58	+31.17 -0.01 -146.03	-90.45 -0.02 -1,336.08
7	8	-8 227 56 00	28.9 34.65	336 56 50	+31.88 -0.01 -114.16	-13.57 0 -1,349.65
8	보3	-5 196 40 24	17.2 58.22	353 37 09	+57.86 -0.01 -56.31	-6.47 0 -1,356.12
보3	보4	— 93 56 26	(139.9) (683.28)	267 33 35	— — Σ |Δx| = 451.27	— — Σ |Δy| = 451.28
 +	n = 10 Σα = T1 =	 2,001 59 46 245 34 29	—		ΣΔx = +197.03 기지 = +196.96	ΣΔy = -121.42 기지 = -121.50
-180 -	(n-1) = T2′ = T2 =	1,620 00 00 267 34 15 267 33 35	—		fx = +0.07	fy = +0.08
		오차= +40″ 공차= ±63″	—		연결오차 = 공 차 =	0.11 m 0.31 m

예제 3-8 **배각법으로 지적도근측량을 실시하여 다음과 같은 결과를 얻었다. 주어진 서식에 의하여 지적도근점의 좌표를 계산하시오.** (단, 도선명은 나이고, 축척은 1,200분의 1임)

측점	시준점	관측각	수평거리	방위각	X좌표	Y좌표
보11	보12	0° 00′ 00″		174° 36′ 54″	3,689.61	−1,989.65
보11	1	82° 38′ 39″	61.61			
1	2	149° 39′ 24″	42.49			
2	3	268° 51′ 08″	64.04			
3	4	133° 42′ 36″	113.50			
4	5	128° 15′ 32″	115.18			
5	6	323° 39′ 18″	117.73			
6	7	165° 24′ 00″	94.14			
7	8	10° 28′ 45″	44.09			
8	보13	336° 08′ 01″	58.04		3,818.08	−2,351.90
보13	보14	211° 14′ 08″		4° 38′ 10″		

예제 3-9 **배각법으로 지적도근측량을 실시하여 다음과 같은 결과를 얻었다. 주어진 서식에 의하여 지적도근점의 좌표를 계산하시오.** (단, 도선명은 다이고, 축척은 1,000분의 1임)

측점	시준점	관측각	수평거리	방위각	X좌표	Y좌표
보5	보6			322° 46′ 21″	414,536.96	196,840.51
보5	1	291° 50′ 07″	108.36			
1	2	192° 16′ 48″	114.14			
2	3	151° 25′ 47″	115.84			
3	4	180° 02′ 48″	84.59			
4	5	238° 28′ 25″	98.73			
5	6	180° 02′ 21″	99.63			
6	보7	150° 24′ 07″	114.58		414,480.90	196,160.03
보7	보8	56° 12′ 55″		143° 29′ 15″		

예제 3-8 정답

도근측량계산부(배각법)

도선명 : 나 축척 : 1,200분의 1

측 점	시준점	보정치 관 측 각	반 수 수평거리	방 위 각	종선차(ΔX) 보정치 종선좌표	횡선차(ΔY) 보정치 횡선좌표
보11	보12	—	—	174° 36′ 54″	— — 3,689.61	— — −1,989.65
보11	1	−2 82 38 39	16.2 61.61	257 15 31	−13.59 +0.01 3,676.03	−60.09 +0.01 −2,049.73
1	2	−3 149 39 24	23.5 42.49	226 54 52	−29.02 +0.01 3,647.02	−31.03 +0.01 −2,080.75
2	3	−2 268 51 08	15.6 64.04	315 45 58	+45.88 +0.01 3,692.91	−44.67 +0.01 −2,125.41
3	4	−1 133 42 36	8.8 113.50	269 28 33	−1.04 0 3,691.87	−113.50 +0.02 −2,238.89
4	5	−1 128 15 32	8.7 115.18	217 44 04	−91.09 +0.02 3,600.80	−70.49 +0.02 −2,309.36
5	6	−1 323 39 18	8.5 117.73	1 23 21	+117.70 +0.03 3,718.53	+2.85 0 −2,306.51
6	7	−1 165 24 00	10.6 94.14	346 47 20	+91.65 +0.02 3,810.20	−21.51 0 −2,328.02
7	8	−2 10 28 45	22.7 44.09	177 16 03	−44.04 +0.01 3,766.17	+2.10 0 −2,325.92
8	보13	−2 336 08 01	17.2 58.04	333 24 02	+51.90 +0.01 3,818.08	−25.99 +0.01 −2,351.90
보13	보14	— 211 14 08	(131.8) (710.82)	4 38 10	— — Σ |Δx| = 485.91	— — Σ |Δy| = 372.23
  +	n = 10 Σα = T1 =	 1,810 01 31 174 36 54	—		ΣΔx = +128.35 기지 = +128.47	ΣΔy = −362.33 기지 = −362.25
−180 −	(n−1) = T2′ = T2 =	1,620 00 00 4 38 25 4 38 10	—		fx = −0.12	fy = −0.08
		오차 = +15″ 공차 = ±63″	—		연결오차 = 공 차 =	0.14 m 0.31 m

예제 3-9 정답

도근측량계산부(배각법)

도선명 : 다 　　　　　　　　　　　　　　　　　　　　　　　　　　　　축척 : 1,000분의 1

측 점	시준점	보정치 관 측 각	반 수 수평거리	방 위 각	종선차(ΔX) 보정치 종선좌표	횡선차(ΔY) 보정치 횡선좌표
보5	보6	—	—	322° 46′ 21″	— — 414,536.96	— — 196,840.51
보5	1	−3 291 50 07	9.2 108.36	254 36 25	−28.76 0 414,508.20	−104.47 −0.01 196,736.03
1	2	−3 192 16 48	8.8 114.14	266 53 10	−6.20 0 414,502.00	−113.97 −0.01 196,622.05
2	3	−3 151 25 47	8.6 115.84	238 18 54	−60.84 −0.01 414,441.15	−98.57 0 196,523.48
3	4	−4 180 02 48	11.8 84.59	238 21 38	−44.37 −0.01 414,396.77	−72.02 0 196,451.46
4	5	−4 238 28 25	10.1 98.73	296 49 59	+44.57 −0.01 414,441.33	−88.10 0 196,363.36
5	6	−4 180 02 21	10.0 99.63	296 52 16	+45.03 −0.01 414,486.35	−88.87 0 196,274.49
6	보7	−3 150 24 07	8.7 114.58	267 16 20	−5.45 0 414,480.90	−114.45 −0.01 196,160.03
보7	보8	— 56 12 55	(67.2) (735.87)	143 29 15	— — $\Sigma \lvert\Delta x\rvert$ = 235.22	— — $\Sigma \lvert\Delta y\rvert$ = 680.45
  +	n = 8 $\Sigma\alpha$ = T1 =	 1,440 43 18 322 46 21	—		$\Sigma\Delta x$ = −56.02 기지 = −56.06	$\Sigma\Delta y$ = −680.45 기지 = −680.48
−180 −	$(n-1)$ = $T2'$ = $T2$ =	1,260 00 00 143 29 39 143 29 15	—		fx = +0.04	fy = +0.03
		오차 = +24″ 공차 = ±56″	—		연결오차 = 공 차 =	0.05 m 0.27 m
			—			
			—			

예제 3-10 지적도근측량을 실시한 배각관측 및 거리측정부의 성과에 의하여 지적도근점의 좌표를 계산하시오.

가. 기지좌표

점 명	X좌표(m)	Y좌표(m)
보6	465,621.48	193,859.09
보9	466,012.63	193,711.67

나. 기지방위각

출발기지방위각(보6 → 보7)	311° 13′ 37″
도착기지방위각(보9 → 보4)	322° 31′ 35″

다. 배각관측 및 거리측정부

도선명 : 라　　　　　　　　축척 : 1,200분의 1

측점	시준점	배수	관측각	평균각	고도 정/반	고도 평균	측정거리	수평거리
보6	보7	0	0° 00′ 00″		° ′ ″			m
		1	72 21 53	72° 21′ 55″		° ′ ″	m	
	1	3	217 05 45					22.54
1	보6	0	0 00 00					
		1	258 08 57	258 08 50				25.27
	2	3	774 26 30					
2	1	0	0 00 00					
		1	104 35 08	104 35 03				69.05
	3	3	313 45 09					
3	2	0	0 00 00					
		1	141 54 17	141 54 17				65.57
	4	3	424 42 51					
4	3	0	0 00 00					
		1	148 52 25	148 52 28				58.39
	5	3	446 37 24					
5	4	0	0 00 00					
		1	158 35 15	158 35 11				86.56
	6	3	475 45 33					
6	5	0	0 00 00					
		1	192 13 25	192 13 29				84.87
	7	3	576 40 27					
7	6	0	0 00 00					
		1	256 33 36	256 33 37				78.10
	8	3	769 40 51					
8	7	0	0 00 00					
		1	110 33 32	110 33 33				65.19
	보9	3	331 40 39					
보9	8	0	0 00 00					
		1	187 29 50	187 29 53				
	보4	3	562 29 39					

예제 3-10 정답

도근측량계산부(배각법)

도선명 : 라 축척 : 1,200분의 1

측 점	시준점	보정치 관 측 각	반 수 수평거리	방 위 각	종선차(ΔX) 보정치 종선좌표	횡선차(ΔY) 보정치 횡선좌표
보6	보7	—	—	311° 13′ 37″	— — 465,621.48	— — 193,859.09
보6	1	−4 72 21 55	44.4 22.54	23 35 28	+20.66 0 465,642.14	+9.02 0 193,868.11
1	2	−4 258 08 50	39.6 25.27	101 44 14	−5.14 0 465,637.00	+24.74 0 193,892.85
2	3	−1 104 35 03	14.5 69.05	26 19 16	+61.89 −0.02 465,698.87	+30.62 0 193,923.47
3	4	−2 141 54 17	15.3 65.57	348 13 31	+64.19 −0.02 465,763.04	−13.38 0 193,910.09
4	5	−2 148 52 28	17.1 58.39	317 05 57	+42.77 −0.01 465,805.80	−39.75 0 193,870.34
5	6	−1 158 35 11	11.6 86.56	295 41 07	+37.52 −0.01 465,843.31	−78.01 +0.01 193,792.34
6	7	−1 192 13 29	11.8 84.87	307 54 35	+52.15 −0.01 465,895.45	−66.96 +0.01 193,725.39
7	8	−1 256 33 37	12.8 78.10	24 28 11	+71.09 −0.02 465,966.52	+32.35 0 193,757.74
8	보9	−2 110 33 33	15.3 65.19	315 01 42	+46.12 −0.01 46,6012.63	−46.07 0 193,711.67
보9	보4	— 187 29 53	(182.4) (555.54)	322 31 35	— — $\Sigma\|\Delta x\|$=401.53	— — $\Sigma\|\Delta y\|$= 340.90
+	n = 10 $\Sigma\alpha$ = $T1$ =	 1,631 18 16 311 13 37	—		$\Sigma\Delta x$ = +391.25 기지 = +391.15	$\Sigma\Delta y$ = −147.44 기지 = −147.42
−180 −	(n−1) = $T2'$ = $T2$ =	1,620 00 00 322 31 53 322 31 35	—		fx = +0.10	fy = −0.02
		오차 = +18″ 공차 = ±63″	—		연결오차 = 공 차 =	0.10 m 0.28 m

4. 교회법

교회법의 계산은 관측부상의 측정값을 계산부에 이기하여 계산하며 교회망의 부호는 일반적으로 [그림 3-3]과 같이 지정한다.

부호를 붙이는 이유는 계산부를 작성하는데 있어서 하나의 약속이므로 잘 익혀두어야 하며 때로는 망의 형태에 따라 식의 변형을 가져오기도 한다. 따라서 계산시에는 부호의 의미를 잘 알고 있어야 한다.

(1) 교회망의 부호

그림 3-3 교회망의 부호

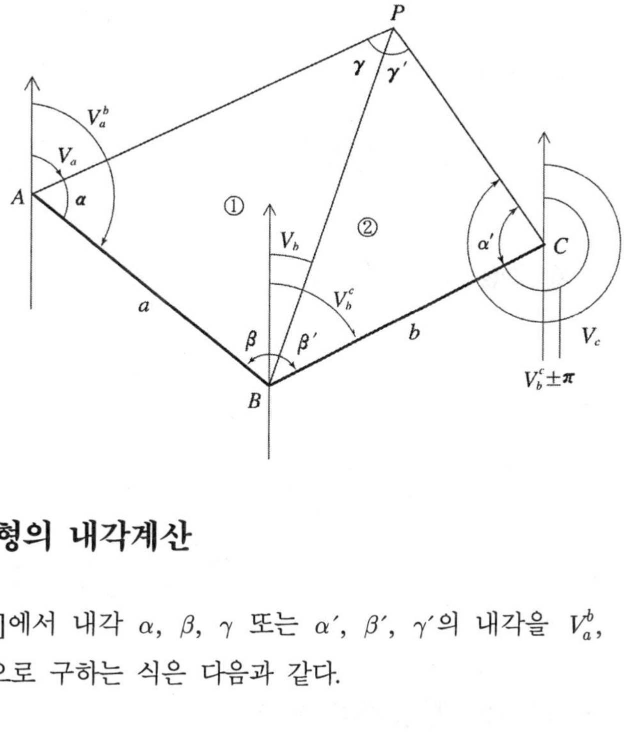

(2) 삼각형의 내각계산

[그림 3-3]에서 내각 α, β, γ 또는 α', β', γ'의 내각을 V_a^b, V_b^c, V_a, V_b, V_c를 기준으로 구하는 식은 다음과 같다.

가. 삼각형 ABP의 경우

$$\alpha = V_a^b - V_a$$

$$\beta = V_b - (V_a^b \pm 180)$$

$$\gamma = V_a - V_b$$

나. 삼각형 CBP의 경우

$$\alpha' = V_c - (V_b^c \pm 180)$$

$$\beta' = V_b^c - V_b$$

$$\gamma' = V_b - V_c$$

위의 식에 의하여 내각계산이 끝나면 다음 조건과의 일치 여부를 확인하여 계산에 오류가 있는가를 확인하여야 한다.

$$\alpha + \beta + \gamma = 180$$

$$\alpha' + \beta' + \gamma' = 180$$

(3) 변장계산

다음 [그림 3-4]에 있어서 AP 및 CP의 거리를 구하는 식은 다음과 같다.

$$AP = \frac{a \times \sin\beta}{\sin\gamma} \qquad CP = \frac{b \times \sin\beta'}{\sin\gamma'}$$

그림 3-4

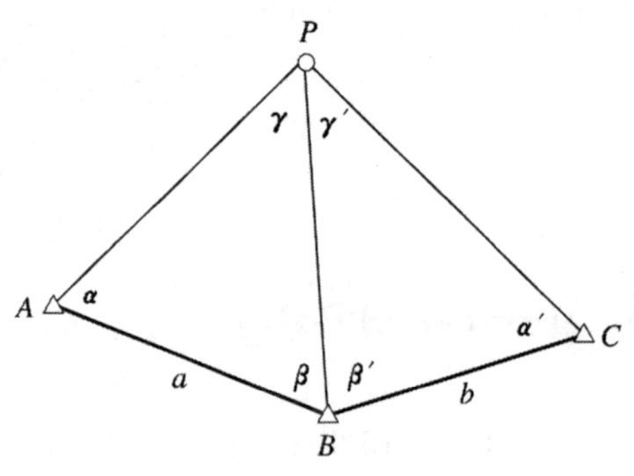

(4) 종 · 횡선차의 계산

AP 및 CP 간의 종 · 횡선차(Δx, Δy)를 구하는 식은 다음과 같다.

$$\Delta x = L \times \cos V_a (\text{또는 } \Delta x = L \times \cos V_c)$$

$$\Delta y = L \times \sin V_a (\text{또는 } \Delta y = L \times \sin V_c)$$

여기서 L은 거리, V_a와 V_c는 소구점의 방위각임

그림 3-5

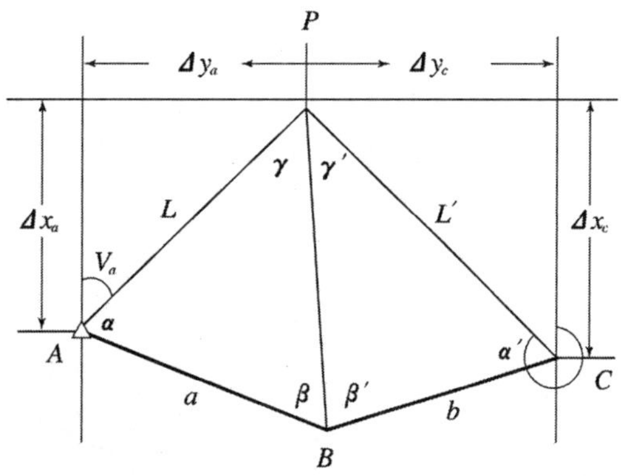

(5) 소구점의 좌표계산

점A 및 점C에서 소구점 P까지의 종·횡선차를 구한 후 기지점 A와 C의 좌표에 각각의 종·횡선차를 더하여 P점의 좌표를 산출한다.

가. A점을 기준으로 한 경우

$$Px = Ax + \Delta x$$
$$Py = Ay + \Delta y$$

나. C점을 기준으로 한 경우

$$Px = Cx + \Delta x$$
$$Py = Cy + \Delta y$$

위와 같이 2개의 삼각형으로부터 소구점의 좌표를 구한 후 두 점간의 연결오차를 계산하여 0.30 m 이내일 경우에는 평균치를 P점의 좌표로 한다.

예제 3-11 **교회법으로 지적도근측량을 실시하여 다음과 같은 관측방위각을 얻었다. 주어진 서식을 이용하여 소구점 P의 좌표를 계산하시오.**

가. 약 도

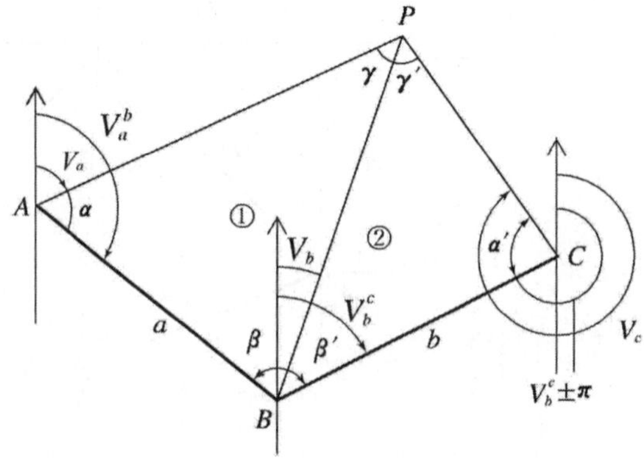

나. 기지좌표

점명	X좌표(m)	Y좌표(m)
A(4)	469,874.08	204,763.57
B(5)	469,858.80	204,921.95
C(6)	469,912.72	205,073.66

다. 관측방위각

소구점	관측방위각
V_a	32° 24′ 41″
V_b	356° 53′ 42″
V_c	319° 02′ 08″

풀이 및 정답 (1) 종 · 횡선차 계산

$A \rightarrow B$ 방향이므로 B점의 좌표에서 A점를 좌표를 뺀다.

$$\Delta x = 469{,}858.80 - 469{,}874.08 = -15.28$$
$$\Delta y = 204{,}921.95 - 204{,}763.57 = +158.38$$

$B \rightarrow C$ 방향이므로 C점의 좌표에서 B점의 좌표를 뺀다.

$$\Delta x = 469{,}912.72 - 469{,}858.80 = +53.92$$
$$\Delta y = 205{,}073.66 - 204{,}921.95 = +151.71$$

(2) 방위각계산

$$\tan\theta = \frac{\Delta y}{\Delta x} \Rightarrow \theta = \tan^{-1}\frac{\Delta y}{\Delta x}$$

가. V_a^b의 계산

$$\theta = \tan^{-1}\frac{+158.38}{-15.28} = 84° \ 29' \ 22''$$

여기서 Δx의 부호가 $-$이고, Δy의 부호가 $+$로 2상한(V = 180° $-\theta$)이므로 V_a^b = 180° − 84° 29′ 22″ = 95° 30′ 38″가 된다.

나. V_b^c의 계산

$$\theta = \tan^{-1}\frac{+151.71}{+53.92} = 70° \ 26' \ 02''$$

여기서 Δx, Δy의 부호가 모두 $+$로 1상한(V $=\theta$)이므로 V_b^c = 70° 26′ 02″가 된다.

(3) 거리계산

피타고라스정리에 의해

$$a = \sqrt{\Delta x^2 + \Delta y^2} = \sqrt{-15.28^2 + 158.38^2} = 159.12\,\text{m}$$

$$b = \sqrt{\Delta x^2 + \Delta y^2} = \sqrt{+53.92^2 + 151.71^2} = 161.01\,\text{m}$$

(4) 삼각형의 내각계산

$$\alpha = V_a^b - V_a$$
$$= 95° \ 30' \ 38'' - 32° \ 24' \ 41'' = 63° \ 05' \ 57''$$

$$\beta = V_b - V_b^a \ (V_a^b \pm \pi)$$
$$= 356° \ 53' \ 42'' - (95° \ 30' \ 38'' + 180°) = 81° \ 23' \ 04''$$

$$\gamma = V_a - V_b$$
$$= 32° \ 24' \ 41'' - 356° \ 53' \ 42'' = 35° \ 30' \ 59''$$

$$\alpha' = V_c - V_c^b \ (V_b^c \pm \pi)$$
$$= 319° \ 02' \ 08'' - (70° \ 26' \ 02'' \pm 180°) = 68° \ 36' \ 06''$$

$$\beta' = V_b^c - V_b$$
$$= 70° \ 26' \ 02'' - 356° \ 53' \ 42'' = 73° \ 32' \ 20''$$

$$\gamma' = V_b - V_c$$
$$= 356° \ 53' \ 42'' - 319° \ 02' \ 08'' = 37° \ 51' \ 34''$$

(5) 변장 및 종·횡선차 계산

가. 변장계산

$$AP = \frac{a \times \sin\beta}{\sin\gamma} = \frac{159.12 \times \sin 81^\circ\ 23'\ 04''}{\sin 35^\circ\ 30'\ 59''} = 270.81$$

$$CP = \frac{b \times \sin\beta'}{\sin\gamma'} = \frac{161.01 \times \sin 73^\circ\ 32'\ 21''}{\sin 37^\circ\ 51'\ 34''} = 251.60$$

나. 종선차(ΔX) 및 횡선차(ΔY)의 계산

㉠ $A(1)$점에서

$$\Delta x = AP \times \cos V_a = 270.81 \times \cos\ 32^\circ\ 24'\ 41'' = +228.62$$

$$\Delta y = AP \times \sin V_a = 270.81 \times \sin\ 32^\circ\ 24'\ 41'' = +145.15$$

㉡ $C(5)$점에서

$$\Delta x = CP \times \cos V_c = 251.60 \times \cos\ 319^\circ\ 02'\ 08'' = +189.98$$

$$\Delta y = CP \times \sin V_c = 251.60 \times \sin\ 319^\circ\ 02'\ 08'' = -164.94$$

(6) P점의 좌표계산

가. A점에서 P점의 좌표계산

$$Px = 469{,}874.08 + 228.62 = 470{,}102.70$$

$$Py = 204{,}763.57 + 145.15 = 204{,}908.72$$

나. C점에서 P점의 좌표계산

$$Px = 469{,}912.72 + 189.98 = 470{,}102.70$$

$$Py = 205{,}073.66 - 164.94 = 204{,}908.72$$

두 점에서의 오차가 $\Delta x = 0.00$, $\Delta y = 0.00$이므로

연결오차$= \sqrt{\Delta x^2 + \Delta y^2} = \sqrt{0.00^2 + 0.00^2} = 0.00\ \text{m}$

다. P점의 좌표결정(오사오입 적용)

$$Px = \frac{470{,}102.70 + 470{,}102.70}{2} = 470{,}102.70\ \text{m}$$

$$Py = \frac{204{,}908.72 + 204{,}908.72}{2} = 204{,}908.72\ \text{m}$$

예제 3-11 정답

교 회 점 계 산 부

약 도

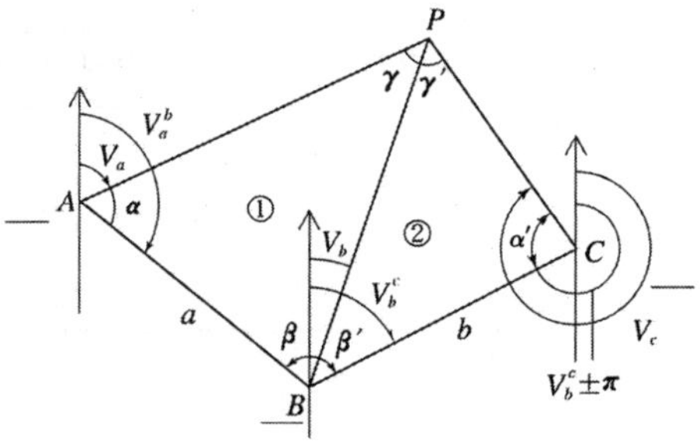

V_a	V_b	V_c
32° 24′ 41″	356° 53′ 42″	319° 02′ 08″

공 식

1. 방위(θ)계산

$\tan\theta = \dfrac{\Delta y}{\Delta x}$

2. 방위각(V)계산

Ⅰ상한 : θ　　Ⅱ상한 : 180°−θ

Ⅲ상한 : 180°+θ　　Ⅳ상한 : 360°−θ

3. 거리(a 또는 b)계산

$\sqrt{\Delta x^2 + \Delta y^2}$

4. 삼각형내각계산

$\alpha = V_a^b - V_a$　　$\alpha' = V_c - (V_b^c \pm 180)$

$\beta = V_b - (V_a^b \pm 180)$　　$\beta' = V_b^c - V_b$

$\gamma = V_a - V_b$　　$\gamma' = V_b - V_c$

점 명		X (m)	Y (m)	방 향	Δx	Δy
A	4	469,874.08	204,763.57	A → B	−15.28	+158.38
B	5	469,858.80	204,921.95	B → C	+53.92	+151.71
C	6	469,912.72	205,073.66	A → C	+38.64	+310.09

방 위 각 계 산

방 향	A → B	방 향	B → C
$\theta = \tan^{-1}\dfrac{\Delta y_a^b}{\Delta x_a^b}$	84° 29′ 22″	$\theta = \tan^{-1}\dfrac{\Delta y_b^c}{\Delta x_b^c}$	70° 26′ 02″
V_a^b	95 30 38	V_b^c	70 26 02

거 리 계 산

a = $\sqrt{\Delta x^2+\Delta y^2}$	159.12 m	b = $\sqrt{\Delta x^2+\Delta y^2}$	161.01 m

삼 각 형 내 각 계 산

각		내 각	각		내 각
①	α	63° 05′ 57″	②	α′	68° 36′ 06″
	β	81 23 04		β′	73 32 20
	γ	35 30 59		γ′	37 51 34
	합 계	180 00 00		합 계	180 00 00

소 구 점 종 횡 선 계 산

①	Xa	469,874.08 m	①	Ya	204,763.57 m
	$\Delta x_1 = \dfrac{a\sin\beta}{\sin\gamma}\cos Va$	+228.62		$\Delta y_1 = \dfrac{a\sin\beta}{\sin\gamma}\sin Va$	+145.15
	Xp1	470,102.70		Yp1	204,908.72
②	Xc	469,912.72	②	Yc	205,073.66
	$\Delta x_2 = \dfrac{b\sin\beta'}{\sin\gamma'}\cos Vc$	+189.98		$\Delta y_2 = \dfrac{b\sin\beta'}{\sin\gamma'}\sin Vc$	−164.94
	Xp2	470,102.70		Yp2	204,908.72
소 구 점 X		470,102.70	소 구 점 Y		204,908.72

종선교차 =− 0.00 m,　횡선교차 =0.00 m,　연결교차 =0.00 m,　공차 = 0.30 m

계산자 : 지적기사 ○○○　　검사자 : 지적기사 ○○○

예제 3-12 **교회법으로 지적측량기준점을 설치하기 위하여 관측을 실시하고 다음과 같은 결과를 얻었다. 주어진 서식으로 소구점(P)의 좌표를 계산하시오.**

가. 기지좌표

점명	X좌표(m)	Y좌표(m)
보7(A)	5,579.28	2,163.87
보5(B)	7,645.72	4,418.95
보3(C)	4,829.71	5,656.58

나. 소구방위각

소구점	관측방위각
V_a	126° 34′ 11″
V_b	193° 51′ 27″
V_c	260° 17′ 55″

풀이 및 정답 (1) 교회망도의 작성 및 확인

기지점좌표와 방위각이 주어졌을 때에는 다음과 같은 순서에 의하여 주어진 문제의 망도를 대략적으로 그려봄으로써 형태를 파악하여 계산의 차질을 막을 수가 있다. 방법은 여러 가지가 있겠으나 우선 B점의 위치를 기준으로 하여 A점과 C점이 어떻게 배치되어 있는가를 확인한다.

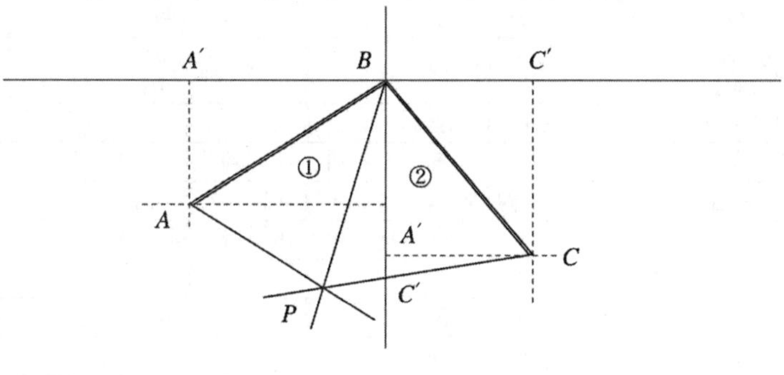

① A, B, C 3점의 개략적인 좌표 전개를 위하여 B점을 기준으로 X, Y축을 그린다.

② B점을 기준으로 ($A \rightarrow B$), ($B \rightarrow C$)의 Δx와 Δy를 구하여 X, Y축에 개략 표시를 하여 3점의 위치를 선정한다.

③ A, B, C 점의 좌표에서 소구점 P점까지의 방위각 V_a, V_b, V_c의 방향선을 대략 그어 교회망도를 완성한다.

④ A점에서 V_a 방위각이 126° 34′ 11″이므로 대략적인 방향선을 표시한다.

⑤ B점에서 V_b 방위각이 193° 51′ 27″이므로 대략적인 방향선을 표시해 놓는다.

⑥ C점에서 V_c 방위각이 148° 17′ 29″이므로 이 각에 대한 방향선을 표시한다.

⑦ 3방향의 방위각이 만나는 교차점을 소구점(P)으로 하는 도형을 완성한다.

※ 좌표를 전개하여 망도를 그려보면 일반적으로 계산양식에 의거, 소구점을 바라본 상태에서 왼쪽을 기준으로 하지 않고 오른쪽 기지점을 기준으로 하였음을 알 수 있다. 따라서 기지방위각을 계산하여 삼각형의 내각산출 시 혼돈하지 않도록 주의를 하여야 한다.

(2) 종 · 횡선차 계산

$A \rightarrow B$: Δx = 7645.72 − 5579.28 = +2066.44

Δy = 4418.95 − 2163.87 = +2255.08

$B \rightarrow C$: Δx = 4829.71 − 7645.72 = −2816.01

Δy = 5656.58 − 4418.95 = +1237.63

(3) 방위각계산

가. V_a^b 의 계산

$$\theta = \tan^{-1}\frac{\Delta y}{\Delta x} = \tan^{-1}\frac{+2,255.08}{+2,066.44} = 47°\ 29'\ 58''$$

※ 여기서 Δx와 Δy의 부호가 ++로 1상한($V=\theta$)이므로 그대로 θ가 방위각이 된다.

나. V_b^c의 계산

$$\theta = \tan^{-1}\frac{+1,237.63}{-2,816.01} = 23°\ 43'\ 31''$$

※ 여기서 Δx와 Δy의 부호가 −+로 2상한($V=180-\theta$)이므로

V_b^c = 180 − 23° 43′ 31″ = 156° 16′ 29″가 된다.

(4) 거리계산

$$a = \sqrt{\Delta x^2 + \Delta y^2} = \sqrt{(+2,066.44)^2 + (+2,255.08)^2} = 3,058.69\text{ m}$$

$$b = \sqrt{\Delta x^2 + \Delta y^2} = \sqrt{(-2,816.01)^2 + (+1,237.63)^2} = 3075.98\text{ m}$$

(5) 삼각형의 내각계산

가. ①삼각형에서 $\triangle ABP$의 A점의 각을 α, B점의 각을 β, P점의 각을 γ로 한다.

나. ②삼각형에서 $\triangle BCP$의 C점의 각을 α', B점의 각을 β', P점의 각을 γ'로 한다.

다. 기지방위각 V_a^b와 V_b^c 및 소구방위각 V_a, V_b, V_c에 의하여 내각을 산출한다.

㉠ 삼각형의 내각계산식

$$\alpha = V_a^b - V_a \qquad \alpha' = V_c - (V_b^c \pm 180)$$

$$\beta = V_b - (V_a^b \pm 180) \qquad \beta' = V_b^c - V_b$$

$$\gamma = V_a - V_b \qquad \gamma' = V_b - V_c$$

㉡ ①삼각형의 내각계산

$$\alpha = V_a - V_a^b$$
$$= 126°\ 34'\ 11'' - 47°\ 29'\ 58'' = 79°\ 04'\ 13''$$

$$\beta = (V_a^b \pm 180) - V_b$$
$$= (47°\ 29'\ 58'' + 180°\ 00'\ 00'') - 193°\ 51'\ 27''$$
$$= 33°\ 38'\ 31''$$

$$\gamma = V_b - V_a$$
$$= 193°\ 51'\ 27'' - 126°\ 34'\ 11'' = 67°\ 17'\ 16''$$

㉢ ②삼각형의 내각계산

$$\alpha' = (V_b^c \pm 180) - V_c$$
$$= (156°\ 16'\ 29'' + 180°\ 00'\ 00'') - 260°\ 17'\ 55''$$
$$= 75°\ 58'\ 34''$$

$$\beta' = V_b - V_b^c\ \text{d}$$
$$= 193°\ 51'\ 27'' - 156°\ 16'\ 29'' = 37°\ 34'\ 58''$$

$$\gamma' = V_c - V_b$$
$$= 260°\ 17'\ 55'' - 193°\ 51'\ 27'' = 66°\ 26'\ 28''$$

(6) 소구점의 좌표계산

가. 변장계산

$$AP = \frac{\alpha \times \sin\beta}{\sin\gamma} = \frac{3{,}058.69 \times \sin 33^\circ\ 38'\ 31''}{\sin 67^\circ\ 17'\ 16''} = 1{,}836.96$$

$$CP = \frac{b \times \sin\beta'}{\sin\gamma'} = \frac{3{,}075.98 \times \sin 37^\circ\ 34'\ 58''}{\sin 66^\circ\ 26'\ 28''} = 2{,}046.65$$

나. 종선차(Δx), 횡선차(Δy)의 계산

㉠ 보7점에서

$\Delta x = AP \times \cos V_a = 1{,}836.96 \times \cos 126^\circ\ 34'\ 11'' = -1{,}094.46$

$\Delta y = AP \times \sin V_a = 1{,}836.96 \times \sin 126^\circ\ 34'\ 11'' = +1{,}475.33$

㉡ 보3점에서

$\Delta x = CP \times \cos V_c = 2{,}046.65 \times \cos 260^\circ\ 17'\ 55'' = -344.89$

$\Delta y = CP \times \sin V_c = 2{,}046.65 \times \sin 260^\circ\ 17'\ 55'' = -2{,}017.38$

다. 소구점 좌표계산

㉠ 보7점에서

$X = X_a + \Delta x = 5{,}579.28 - 1{,}094.46 = 4{,}484.82$

$Y = Y_a + \Delta y = 2{,}163.87 + 1{,}475.33 = 3{,}639.20$

㉡ 보3점에서

$X = X_a + \Delta x = 4{,}829.71 - 344.89 = 4{,}484.82$

$Y = Y_a + \Delta y = 5{,}656.58 - 2{,}017.38 = 3{,}639.20$

공차 이내이므로 평균을 취하여 소구점의 X, Y좌표를 결정한다.

$X = (4{,}484.82 + 4{,}484.82) \div 2 = 4{,}484.82\text{m}$

$Y = (3{,}639.20 + 3{,}639.20) \div 2 = 3{,}639.20\text{m}$

예제 3-12 정답

교 회 점 계 산 부

약 도

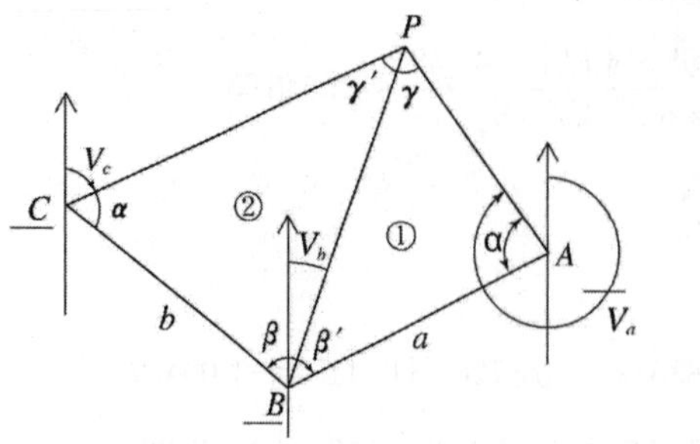

공 식

1. 방위(Θ)계산
$$\tan\theta = \frac{\Delta y}{\Delta x}$$
2. 방위각(V)계산
Ⅰ상한 : Θ　　Ⅱ상한 : 180°-Θ
Ⅲ상한 : 180°+Θ　　Ⅳ상한 : 360°-Θ
3. 거리(a 또는 b)계산
$$\sqrt{\Delta x^2 + \Delta y^2}$$
4. 삼각형내각계산
$\alpha = V_a^b - V_a$　　$\alpha' = V_c - (V_b^c \pm 180)$
$\beta = V_b - (V_a^b \pm 180)$　　$\beta' = V_b^c - V_b$
$\gamma = V_a - V_b$　　$\gamma' = V_b - V_c$

V_a	V_b	V_c
126° 34′ 11″	193° 51′ 27″	260° 17′ 55″

점 명		X (m)	Y (m)	방 향	Δx	Δy
A	보7	5,579.28	2,163.87	A → B	+2,066.44	+2,255.08
B	보5	7,645.72	4,418.95	B → C	−2,816.01	+1,237.63
C	보3	4,829.71	5,656.58	A → C	−749.57	+3,492.71

방 위 각 계 산

방 향	보7 → 보5	방 향	보5 → 보3
$\theta = \tan^{-1}\frac{\Delta y_a^b}{\Delta x_a^b}$	47° 29′ 58″	$\theta = \tan^{-1}\frac{\Delta y_b^c}{\Delta x_b^c}$	23° 43′ 31″
V_a^b	47 29 58	V_b^c	156 16 29

거 리 계 산

$a = \sqrt{\Delta x^2 + \Delta y^2}$	3,058.69m	$b = \sqrt{\Delta x^2 + \Delta y^2}$	3,075.98m

삼 각 형 내 각 계 산

각		내 각	각		내 각
①	α	79° 04′ 13″	②	α′	75° 58′ 34″
	β	33 38 31		β′	37 34 58
	γ	67 17 16		γ′	66 26 28
	합 계	180 00 00		합 계	180 00 00

소 구 점 종 횡 선 계 산

①	Xa	5,579.28 m	①	Ya	2,163.87 m
	$\Delta x_1 = \frac{a \cdot \sin\beta}{\sin\gamma}\cos Va$	−1,094.46		$\Delta y_1 = \frac{a \cdot \sin\beta}{\sin\gamma}\sin Va$	+1,475.33
	Xp1	4,484.82		Yp1	3,639.20
②	Xc	4,829.71	②	Yc	5,656.58
	$\Delta x_2 = \frac{b\sin\beta'}{\sin\gamma'}\cos Vc$	−344.89		$\Delta y_2 = \frac{b\sin\beta'}{\sin\gamma'}\sin Vc$	−2,017.38
	Xp2	4,484.82		Yp2	3,639.20
소 구 점 X		4,484.82	소 구 점 Y		3,639.20

종선교차 = 0.00 m, 횡선교차 = 0.00 m, 연결교차 = 0.00 m, 공차 = 0.30 m

계산자 : 지적기사 ○○○　　검사자 : 지적기사 ○○○

예제 3-13 교회법에 의한 지적측량기준점의 관측결과에 의하여 주어진 서식으로 소구점 P의 좌표를 구하시오.

가. 약 도

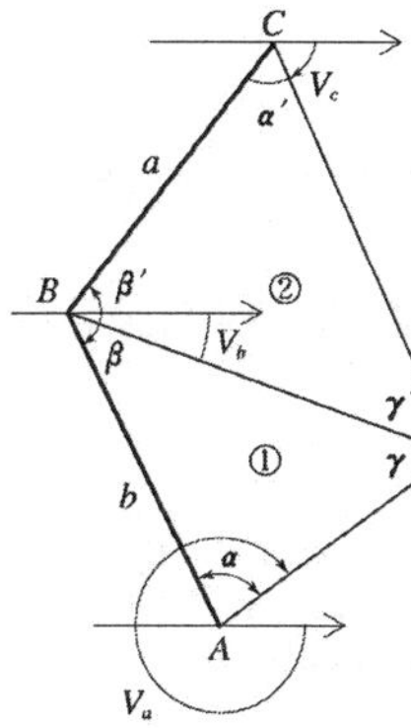

나. 기지점

점명	X좌표(m)	Y좌표(m)
1(A)	2,673.24	6,779.37
3(B)	5,493.27	6,612.45
5(C)	5,958.10	8,727.82

다. 소구방위각

소구점	관측방위각
V_a	63° 51′ 51″
V_b	130° 56′ 08″
V_c	179° 28′ 15″

예제 3-14 교회법에 의한 지적측량기준점의 관측결과에 의하여 주어진 서식으로 소구점 P의 좌표를 구하시오.

가. 약 도

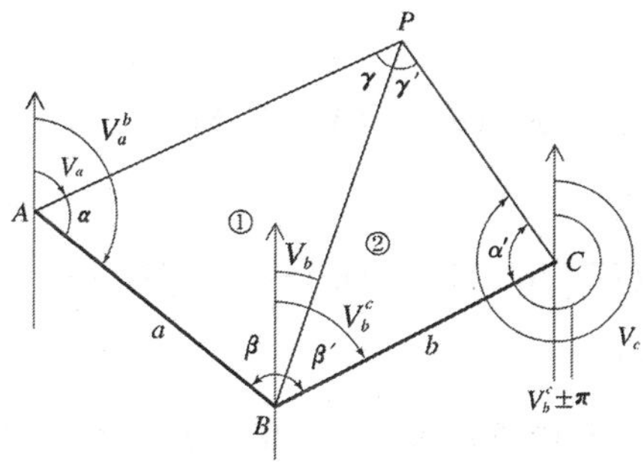

나. 기지점

점명	X좌표(m)	Y좌표(m)
101(A)	456,829.98	214,571.87
102(B)	456,630.49	214,635.95
103(C)	456,633.30	214,850.53

다. 소구방위각

소구점	관측방위각
V_a	103° 33′ 30″
V_b	37° 16′ 30″
V_c	327° 47′ 41″

풀이 및 정답 (1) 종 · 횡선차의 계산

$A \rightarrow B$ 방향이므로 B점의 좌표에서 A점의 좌표를 뺀다.

$$\Delta X = 5{,}493.27 - 2{,}673.24 = +2{,}820.03$$

$$\Delta Y = 6{,}612.45 - 6{,}779.37 = -166.92$$

$B \rightarrow C$ 방향이므로 C점의 좌표에서 B점의 좌표를 뺀다.

$\Delta X = 5{,}958.10 - 5{,}493.27 = +464.83$

$\Delta Y = 8{,}727.82 - 6{,}612.45 = +2{,}115.37$

(2) 방위각계산

$$V_a^b = \tan^{-1}\frac{\Delta y}{\Delta x} \rightarrow \tan^{-1}\frac{-166.92}{+2{,}820.03} = 356° \ 36' \ 45''\text{(4상한)}$$

$$V_b^c = \tan^{-1}\frac{\Delta y}{\Delta x} \rightarrow \tan^{-1}\frac{+2{,}115.37}{+464.83} = 77° \ 36' \ 25''\text{(1상한)}$$

(3) 거리계산

$$a = \sqrt{(+2{,}820.03)^2 + (-166.92)^2} = 2{,}824.97 \text{ m}$$

$$b = \sqrt{(+464.83)^2 + (+2{,}115.37)^2} = 2{,}165.84 \text{ m}$$

(4) 삼각형의 내각계산

$\alpha = V_a - V_a^b = 63° \ 51' \ 51'' - 356° \ 36' \ 45''$

$= 67° \ 15' \ 06''$

$\beta = V_b^a - V_b = (356° \ 36' \ 45'' - 180°) - 130° \ 56' \ 08''$

$= 45° \ 40' \ 37''$

$\gamma = V_b - V_a = 130° \ 56' \ 08'' - 63° \ 51' \ 51''$

$= 67° \ 04' \ 17''$

$\alpha' = V_c^b - V_c = (77° \ 36' \ 25'' + 180°) - 179° \ 28' \ 15''$

$= 78° \ 08' \ 10''$

$\beta' = V_b - V_b^c = (130° \ 56' \ 08'' - 180°) - 77° \ 36' \ 25''$

$= 53° \ 19' \ 43''$

$\gamma' = V_c - V_b = 179° \ 28' \ 15'' - 130° \ 56' \ 08''$

$= 48° \ 32' \ 07''$

(5) 종 · 횡선차 계산

가. A점에서

$$\Delta x = \frac{a \times \sin\beta}{\sin\gamma} \times \cos V_a$$

$$= \frac{2{,}824.97 \times \sin 45° \ 40' \ 37''}{\sin 67° \ 04' \ 17''} \times \cos 63° \ 51' \ 51'' \ = +966.63$$

$$\Delta y = \frac{a \times \sin\beta}{\sin\gamma} \times \sin V_a$$

$$= \frac{2{,}824.97 \times \sin 45° \ 40' \ 37''}{\sin 67° \ 04' \ 17''} \times \sin 63° \ 51' \ 51'' \ = +1{,}970.02$$

나. C점에서

$$\Delta x = \frac{b \times \sin\beta'}{\sin\gamma'} \times \cos V_c$$

$$= \frac{2{,}165.84 \times \sin 53° \ 19' \ 43''}{\sin 48° \ 32' \ 07''} \times \cos 179° \ 28' \ 15'' = -2{,}318.09$$

$$\Delta y = \frac{b \times \sin\beta'}{\sin\gamma'} \times \sin V_c$$

$$= \frac{2{,}165.84 \times \sin 53° \ 19' \ 43''}{\sin 48° \ 32' \ 07''} \times \sin 179° \ 28' \ 15'' \ = +21.41$$

(6) P점의 좌표계산

가. A점에서 P점의 좌표계산

Px = 2,673.24 + 966.63 = 3,639.87

Py = 6,779.37 + 1970.02 = 8,749.39

나. C점에서 P점의 좌표계산

Px = 5,958.10 − 2,318.09 = 3,640.01

Py = 8,727.82 + 21.41 = 8,749.23

두 점에서의 오차가 Δx = −0.14 Δy = +0.16이므로

연결오차 = $\sqrt{(-0.14)^2 + (+0.16)^2}$ = 0.21 m

$$Px = \frac{3{,}639.87 + 3{,}640.01}{2} = 3{,}639.94 \text{ m}$$

$$Py = \frac{8{,}749.39 + 8{,}749.23}{2} = 8{,}749.31 \text{ m}$$

예제 3-13 정답

교 회 점 계 산 부

약 도

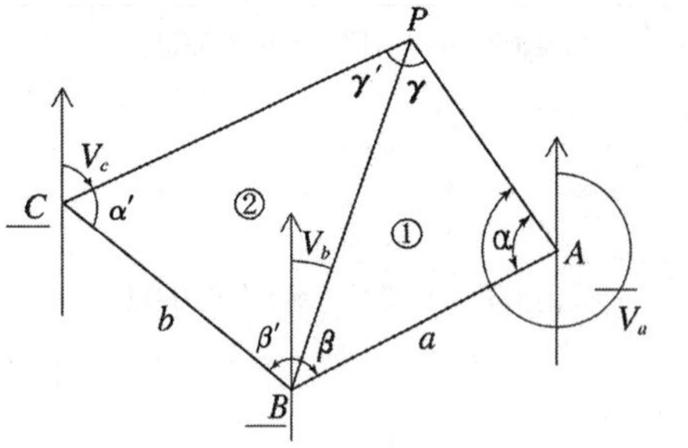

V_a	V_b	V_c
63° 51′ 51″	130° 56′ 08″	179° 28′ 15″

공 식

1. 방위(θ)계산
$\tan\theta = \frac{\Delta y}{\Delta x}$

2. 방위각(V)계산
Ⅰ상한 : θ　　Ⅱ상한 : 180°-θ
Ⅲ상한 : 180°+θ　　Ⅳ상한 : 360°-θ

3. 거리(a 또는 b)계산
$\sqrt{\Delta x^2 + \Delta y^2}$

4. 삼각형내각계산
$\alpha = V_a^b - V_a$　　$\alpha' = V_c - (V_b^c \pm 180)$
$\beta = V_b - (V_a^b \pm 180)$　　$\beta' = V_b^c - V_b$
$\gamma = V_a - V_b$　　$\gamma' = V_b - V_c$

점 명		X (m)	Y (m)	방 향	Δx	Δy
A	1	2,673.24	6,779.37	A → B	+2,820.03	-166.92
B	3	5,493.27	6,612.45	B → C	+464.83	+2,115.37
C	5	5,958.10	8,727.82	A → C	+3,284.86	+1,948.45

방 위 각 계 산

방 향	A → B	방 향	B → C
$\theta = \tan^{-1}\frac{\Delta y_a^b}{\Delta x_a^b}$	3° 23′ 15″	$\theta = \tan^{-1}\frac{\Delta y_b^c}{\Delta x_b^c}$	77° 36′ 25″
V_a^b	356 36 45	V_b^c	77 36 25

거 리 계 산

$a = \sqrt{\Delta x^2 + \Delta y^2}$	2,824.97m	$b = \sqrt{\Delta x^2 + \Delta y^2}$	2,165.84m

삼 각 형 내 각 계 산

각		내 각	각		내 각
①	α	67° 15′ 06″	②	α′	78° 08′ 10″
	β	45 40 37		β′	53 19 43
	γ	67 04 17		γ′	48 32 07
	합 계	180 00 00		합 계	180 00 00

소 구 점 종 횡 선 계 산

①	Xa	2,673.24 m	①	Ya	6,779.37 m
	$\Delta x_1 = \frac{a\sin\beta}{\sin\gamma}\cos Va$	+966.63		$\Delta y_1 = \frac{a\sin\beta}{\sin\gamma}\sin Va$	+1,970.02
	Xp1	3,639.87		Yp1	8,749.39
②	Xc	5,958.10	②	Yc	8,727.82
	$\Delta x_2 = \frac{b\sin\beta'}{\sin\gamma'}\cos Vc$	-2,318.09		$\Delta y_2 = \frac{b\sin\beta'}{\sin\gamma'}\sin Vc$	+21.41
	Xp2	3,640.01		Yp2	8,749.23
소 구 점 X		3,639.94	소 구 점 Y		8,749.31

종선교차 =- 0.14 m,　횡선교차 =+0.16 m,　연결교차 =0.21 m,　공차 = 0.30 m

계산자 : 지적기사　○○○　　검사자 : 지적기사　○○○

예제 3-14 정답

교 회 점 계 산 부

약 도

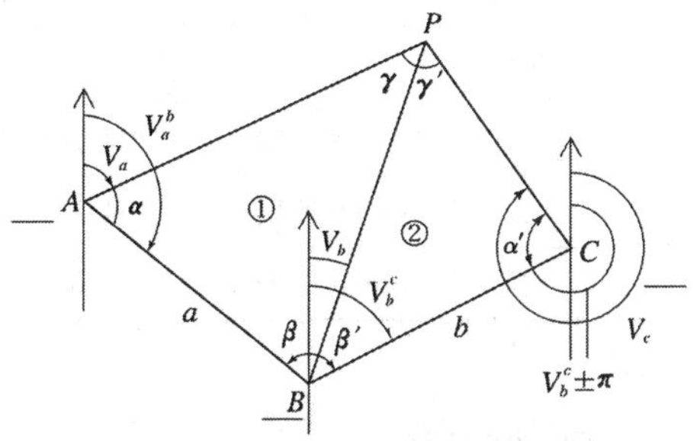

공 식

1. 방위(θ)계산
   $\tan\theta = \dfrac{\Delta y}{\Delta x}$
2. 방위각(V)계산
   Ⅰ상한 : θ　　Ⅱ상한 : 180°-θ
   Ⅲ상한 : 180°+θ　　Ⅳ상한 : 360°-θ
3. 거리(a 또는 b)계산
   $\sqrt{\Delta x^2 + \Delta y^2}$
4. 삼각형내각계산
   $\alpha = V_a^b - V_a$　　$\alpha' = V_c - (V_b^c \pm 180)$
   $\beta = V_b - (V_a^b \pm 180)$　　$\beta' = V_b^c - V_b$
   $\gamma = V_a - V_b$　　$\gamma' = V_b - V_c$

V_a	V_b	V_c
103° 33′ 30″	37° 16′ 30″	327° 47′ 41″

점 명		X (m)	Y (m)	방 향	Δx	Δy
A	101	456,829.98	214,571.87	A → B	−199.49	+64.08
B	103	456,630.49	214,635.95	B → C	+2.81	+214.58
C	105	456,633.30	214,850.53	A → C	−196.68	+278.66

방 위 각 계 산			
방 향	101 → 103	방 향	103 → 105
$\theta = \tan^{-1}\dfrac{\Delta y_a^b}{\Delta x_a^b}$	17° 48′ 29″	$\theta = \tan^{-1}\dfrac{\Delta y_b^c}{\Delta x_b^c}$	89° 14′ 59″
V_a^b	162 11 31	V_b^c	89 14 59
거 리 계 산			
$a = \sqrt{\Delta x^2 + \Delta y^2}$	209.53 m	$b = \sqrt{\Delta x^2 + \Delta y^2}$	214.60 m

삼 각 형 내 각 계 산					
각		내 각	각		내 각
①	α	58° 38′ 01″	②	α′	58° 32′ 42″
	β	55 04 59		β′	51 58 29
	γ	66 17 00		γ′	69 28 49
	합 계	180 00 00		합 계	180 00 00

소 구 점 종 횡 선 계 산					
①	Xa	456,829.98 m	①	Ya	214,571.87 m
	$\Delta x_1 = \dfrac{a \sin\beta}{\sin\gamma}\cos Va$	−43.99		$\Delta y_1 = \dfrac{a \sin\beta}{\sin\gamma}\sin Va$	+182.43
	Xp1	456,785.99		Yp1	214,754.30
②	Xc	456,633.30	②	Yc	214,850.53
	$\Delta x_2 = \dfrac{b \sin\beta'}{\sin\gamma'}\cos Vc$	+152.73		$\Delta y_2 = \dfrac{b \sin\beta'}{\sin\gamma'}\sin Vc$	−96.20
	Xp2	456,786.03		Yp2	214,754.33
소 구 점 X		456,786.01	소 구 점 Y		214,754.32

종선교차 =- 0.04 m,　횡선교차 =-0.03 m,　연결교차 =0.05 m,　공차 = 0.30 m

계산자 : 지적기사 ○○○	검사자 : 지적기사 ○○○

예제 3-15 교회법에 의한 지적도근측량의 관측결과에 의하여 주어진 서식으로 소구점 P의 좌표를 계산하시오.

가. 약 도

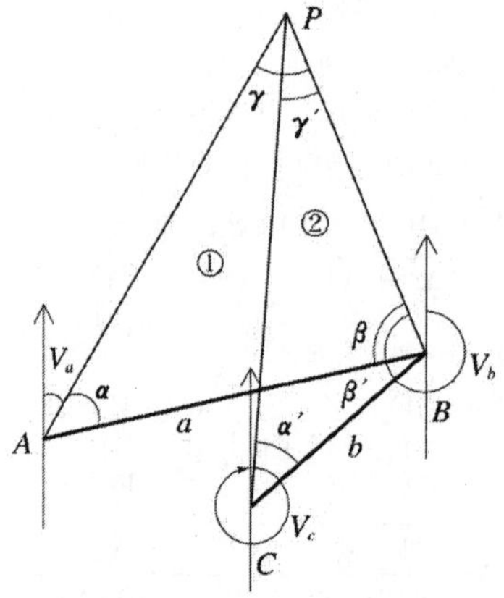

나. 기지점

점명	X	Y
21	469,890.96	204,819.03
22	469,909.03	204,939.26
23	469,872.58	204,888.68

다. 관측내각

각명	내 각
β	65° 28′ 58″
γ	68° 24′ 06″
γ′	32° 39′ 10″

예제 3-16 교회법에 의한 지적도근측량의 관측결과에 의하여 주어진 서식으로 소구점 P의 좌표를 계산하시오.

가. 약 도

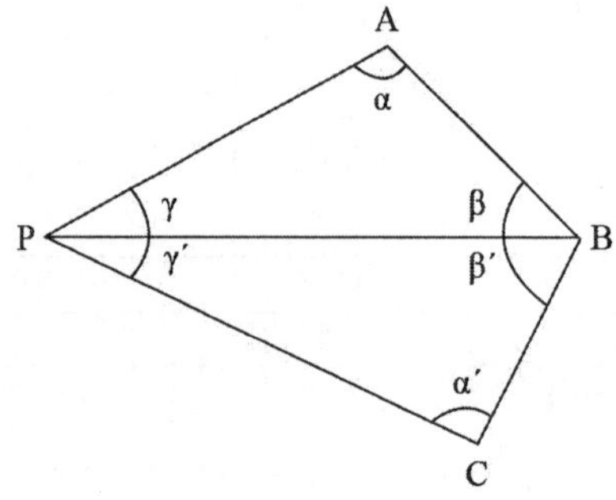

나. 기지점

점명	X	Y
31	9,982.99	4,917.77
32	9,909.03	4,939.26
33	9,858.80	4,921.95

다. 관측내각

각명	내 각
α	63° 13′ 02″
α′	91° 38′ 04″
β′	62° 27′ 00″

풀이 및 정답 (1) 종 · 횡선차 계산

$A \rightarrow B \quad \Delta x = 469{,}909.03 - 469{,}890.96 = +18.07$

$\Delta y = 204{,}939.26 - 204{,}819.03 = +120.23$

$B \rightarrow C \quad \Delta x = 469{,}872.58 - 469{,}909.03 = -36.45$

$\Delta y = 204{,}888.68 - 204{,}939.26 = -50.58$

(2) 방위각 계산

$V_a^b = \tan^{-1}\frac{\Delta y}{\Delta x} = \tan^{-1}\frac{+120.23}{+18.07} = 81°\ 27'\ 10''$(1상한)

$V_b^c = \tan^{-1}\frac{\Delta y}{\Delta x} = \tan^{-1}\frac{-50.58}{-36.45} = 234°\ 13'\ 19''$(3상한)

(3) 거리계산

$a = \sqrt{(+18.07)^2 + (+120.23)^2} = 121.58$

$b = \sqrt{(-36.45)^2 + (-50.58)^2} = 62.35$

(4) 삼각형 내각계산

$\beta = 65°\ 28'\ 58''$

$\gamma = 68°\ 24'\ 06''$

$\alpha = 180° - (\beta + \gamma)$

$= 180° - (65°\ 28'\ 58'' + 68°\ 24'\ 06'') = 46°\ 06'\ 56''$

$\gamma' = 32°\ 39'\ 10''$

$\beta' = V_b^a - V_b^c + \beta$

$= (81°\ 27'\ 10'' + 180°) - 234°\ 13'\ 19'' + 65°\ 28'\ 58''$

$= 92°\ 42'\ 49''$

$\alpha' = 180° - (\beta' + \gamma')$

$= 180° - (92°\ 42'\ 49'' + 32°\ 39'\ 10'') = 54°\ 38'\ 01''$

(5) 방위각 계산

$V_a = V_a^b - \alpha = 81°\ 27'\ 10'' - 46°\ 06'\ 56'' = 35°\ 20'\ 14''$

$V_b = V_b^a + \beta = (81°\ 27'\ 10'' + 180°) + 65°\ 28'\ 58'' = 326°\ 56'\ 08''$

$V_c = V_c^b - \alpha' = (234°\ 13'\ 19'' + 180°) - 54°\ 38'\ 01'' = 359°\ 35'\ 18''$

(6) 종 · 횡선계산

가. A점에서

$$\Delta x = \frac{a \times \sin\beta}{\sin\gamma} \times \cos V_a$$

$$= \frac{121.58 \times \sin 65^\circ\ 28'\ 58''}{\sin 68^\circ\ 24'\ 06''} \times \cos 35^\circ\ 20'\ 14'' = +97.05$$

$$\Delta y = \frac{a \times \sin\beta}{\sin\gamma} \times \sin V_a$$

$$= \frac{121.58 \times \sin 65^\circ\ 28'\ 58''}{\sin 68^\circ\ 24'\ 06''} \times \sin 35^\circ\ 20'\ 14'' = +68.81$$

나. C점에서

$$\Delta x = \frac{b \times \sin\beta'}{\sin\gamma'} \times \cos V_c$$

$$= \frac{62.35 \times \sin 92^\circ\ 42'\ 49''}{\sin 32^\circ\ 39'\ 10''} \times \cos 359^\circ\ 35'\ 18'' = +115.43$$

$$\Delta y = \frac{b \times \sin\beta'}{\sin\gamma'} \times \sin V_c$$

$$= \frac{62.35 \times \sin 92^\circ\ 42'\ 49''}{\sin 32^\circ\ 39'\ 10''} \times \sin 359^\circ\ 35'\ 18'' = -0.83$$

(7) P점의 좌표계산

가. A점에서 P점의 좌표계산

$$Px = 469{,}890.96 + 97.05 = 469{,}988.01$$

$$Py = 204{,}819.03 + 68.81 = 204{,}887.84$$

나. C점에서 P점의 좌표계산

$$Px = 469{,}872.58 + 115.43 = 469{,}988.01$$

$$Py = 204{,}886.68 - 0.83 = 204{,}887.85$$

$$\text{연결오차} = \sqrt{(0.00)^2 + (0.01)^2} = 0.01\ \text{m}$$

$$Px = \frac{469{,}988.01 + 469{,}988.01}{2} = 469{,}988.01\ \text{m}$$

$$Py = \frac{204{,}887.84 + 204{,}887.85}{2} = 204{,}887.84\ \text{m}$$

예제 3-15 정답

교 회 점 계 산 부

약 도

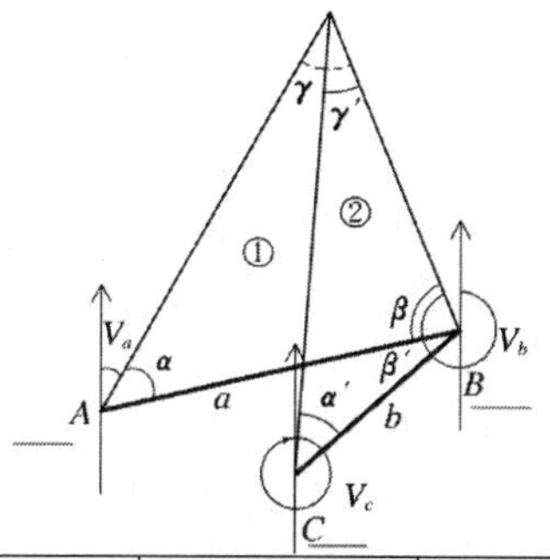

공 식

1. 방위(θ)계산

$$\tan\theta = \frac{\Delta y}{\Delta x}$$

2. 방위각(V)계산

Ⅰ상한 : θ　　Ⅱ상한 : 180°-θ

Ⅲ상한 : 180°+θ　　Ⅳ상한 : 360°-θ

3. 거리(a 또는 b)계산

$$\sqrt{\Delta x^2 + \Delta y^2}$$

4. 삼각형내각계산

$\alpha = V_a^b - V_a$　　$\alpha' = V_c - (V_b^c \pm 180)$

$\beta = V_b - (V_a^b \pm 180)$　　$\beta' = V_b^c - V_b$

$\gamma = V_a - V_b$　　$\gamma' = V_b - V_c$

V_a	V_b	V_c
35° 20′ 14″	326° 56′ 08″	359° 35′ 18″

점	명	X (m)	Y (m)
A	21	469,890.96	204,819.03
B	22	469,909.03	204,939.26
C	23	469,872.58	204,888.68

방 향	Δx	Δy
A → B	+18.07	+120.23
B → C	-36.45	-50.58
A → C	-18.38	+69.65

방 위 각 계 산

방 향	21 → 22	방 향	22 → 23
$\theta = \tan^{-1}\frac{\Delta y_a^b}{\Delta x_a^b}$	81° 27′ 10″	$\theta = \tan^{-1}\frac{\Delta y_b^c}{\Delta x_b^c}$	54° 13′ 19″
V_a^b	81 27 10	V_b^c	234 13 19

거 리 계 산

$a = \sqrt{\Delta x^2 + \Delta y^2}$	121.58 m	$b = \sqrt{\Delta x^2 + \Delta y^2}$	62.35 m

삼 각 형 내 각 계 산

	각	내 각		각	내 각
①	α	46° 06′ 56″	②	α′	54° 38′ 01″
	β	65 28 58		β′	92 42 49
	γ	68 24 06		γ′	32 39 10
	합 계	180 00 00		합 계	180 00 00

소 구 점 종 횡 선 계 산

①	Xa	469,890.96 m	①	Ya	204,819.03 m
	$\Delta x_1 = \frac{a\sin\beta}{\sin\gamma}\cos Va$	+97.05		$\Delta y_1 = \frac{a\sin\beta}{\sin\gamma}\sin Va$	+68.81
	Xp1	469,988.01		Yp1	204,887.84
②	Xc	469,872.58	②	Yc	204,888.68
	$\Delta x_2 = \frac{b\sin\beta'}{\sin\gamma'}\cos Vc$	+115.43		$\Delta y_2 = \frac{b\sin\beta'}{\sin\gamma'}\sin Vc$	-0.83
	Xp2	469,988.01		Yp2	204,887.85
소 구 점 X		469,988.01	소 구 점 Y		204,887.84

종선교차 = 0.00 m,　횡선교차 =-0.01 m,　연결교차 =0.01 m,　공차 = 0.30 m

계산자 : 지적기사 ○○○　　검사자 : 지적기사 ○○○

예제 3-16 정답

교 회 점 계 산 부

약 도

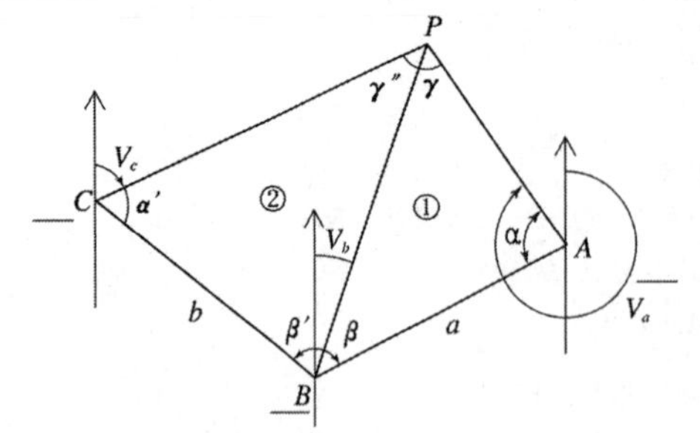

공 식

1. 방위(Θ)계산

$$\tan\theta = \frac{\Delta y}{\Delta x}$$

2. 방위각(V)계산

Ⅰ상한 : Θ　　Ⅱ상한 : 180°-Θ

Ⅲ상한 : 180°+Θ　　Ⅳ상한 : 360°-Θ

3. 거리(a 또는 b)계산

$$\sqrt{\Delta x^2 + \Delta y^2}$$

4. 삼각형내각계산

$\alpha = V_a^b - V_a$　　$\alpha' = V_c - (V_b^c \pm 180)$

$\beta = V_b - (V_a^b \pm 180)$　$\beta' = V_b^c - V_b$

$\gamma = V_a - V_b$　　$\gamma' = V_b - V_c$

V_a	V_b	V_c
227° 00′ 55″	261° 27′ 53″	287° 22′ 49″

점 명		X (m)	Y (m)	방 향	Δx	Δy
A	31	9,982.99	4,917.77	A → B	-73.96	+21.49
B	32	9,909.03	4,939.26	B → C	-50.23	-17.31
C	33	9,858.80	4,921.95	A → C	-124.19	+4.18

방 위 각 계 산

방 향	31 → 32	방 향	32 → 33
$\theta = \tan^{-1}\frac{\Delta y_a^b}{\Delta x_a^b}$	16° 12′ 07″	$\theta = \tan^{-1}\frac{\Delta y_b^c}{\Delta x_b^c}$	19° 00′ 53″
V_a^b	163 47 53	V_b^c	199 00 53

거 리 계 산

$a = \sqrt{\Delta x^2 + \Delta y^2}$	77.02 m	$b = \sqrt{\Delta x^2 + \Delta y^2}$	53.13 m

삼 각 형 내 각 계 산

각		내 각	각		내 각
①	α	63° 13′ 02″	②	α′	91° 38′ 04″
	β	82 20 00		β′	62 27 00
	γ	34 26 58		γ′	25 54 56
	합 계	180 00 00		합 계	180 00 00

소 구 점 종 횡 선 계 산

①	Xa	9,982.99 m	①	Ya	4,917.77 m
	$\Delta x_1 = \frac{a\sin\beta}{\sin\gamma}\cos Va$	-92.00		$\Delta y_1 = \frac{a\sin\beta}{\sin\gamma}\sin Va$	-98.71
	Xp1	9,890.99		Yp1	4,819.06
②	Xc	9,858.80	②	Yc	4,921.95
	$\Delta x_2 = \frac{b\sin\beta'}{\sin\gamma'}\cos Vc$	+32.20		$\Delta y_2 = \frac{b\sin\beta'}{\sin\gamma'}\sin Vc$	-102.86
	Xp2	9,891.00		Yp2	4,819.09
소 구 점 X		9,891.00	소 구 점 Y		4,819.08

종선교차 = -0.01 m,　횡선교차 =-0.03 m,　연결교차 =0.03 m,　공차 = 0.30 m

계산자 : 지적기사 ○○○　　검사자 : 지적기사 ○○○

예제 3-17 교회법으로 지적도근점을 설치하기 위하여 실시한 배각관측 및 거리측정부에 의하여 주어진 서식으로 지적도근점 15의 좌표를 계산하시오.

가. 기지좌표

점명	X좌표(m)	Y좌표(m)
7(A)	457,555.05	221,318.62
5(B)	457,484.29	221,490.42
4(C)	457,469.58	221,612.19

나. 배각관측 및 거리측정부

도선명 : 가 축척 : 1,200분의 1

측점	시준점	배수	관측각	평균각	고도 정/반	고도 평균	측정거리	수평거리
7	15/5	0	0° 00′ 00″	° ′ ″	° ′ ″	° ′ ″	m	m
		1	45 5 16	45 58 27				
		3	137 55 21					
5	7/15	0	0 00 00					
		1	71 15 12	71 15 02				
		3	213 45 06					
4	5/15	0	0 00 00					
		1	48 50 51	48 50 42				
		3	146 32 06					
	—		° ′ ″	° ′ ″	° ′ ″	° ′ ″	m	m
	—		° ′ ″	° ′ ″	° ′ ″	° ′ ″	m	m

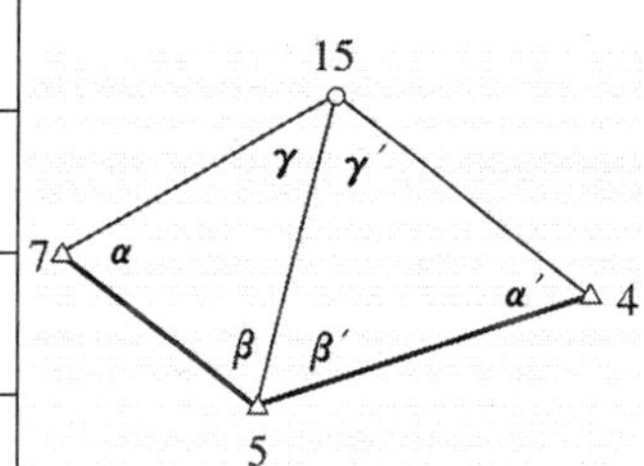

예제 3-17 정답

교 회 점 계 산 부

약 도

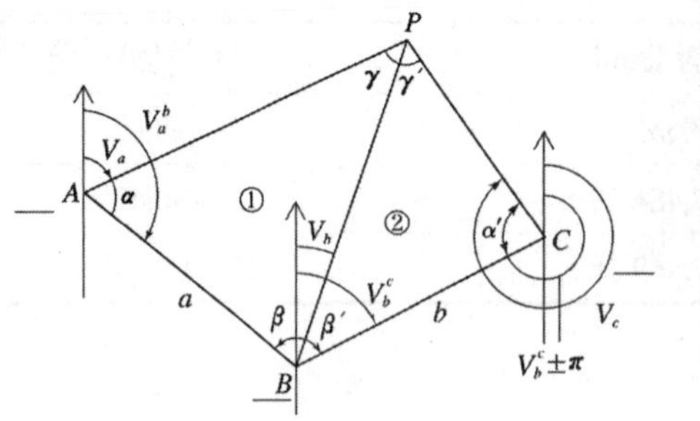

V_a	V_b	V_c
66° 24′ 41″	3° 38′ 10″	325° 43′ 59″

공 식

1. 방위(Θ)계산

$$\tan\theta = \frac{\Delta y}{\Delta x}$$

2. 방위각(V)계산

Ⅰ상한 : Θ　　Ⅱ상한 : 180°-Θ

Ⅲ상한 : 180°+Θ　　Ⅳ상한 : 360°-Θ

3. 거리(a 또는 b)계산

$$\sqrt{\Delta x^2 + \Delta y^2}$$

4. 삼각형내각계산

$\alpha = V_a^b - V_a$　　$\alpha' = V_c - (V_b^c \pm 180)$

$\beta = V_b - (V_a^b \pm 180)$　　$\beta' = V_b^c - V_b$

$\gamma = V_a - V_b$　　$\gamma' = V_b - V_c$

점	명	X (m)	Y (m)	방 향	Δx	Δy
A	7	457,555.05	221,318.62	A → B	-70.76	+171.80
B	5	457,484.29	221,490.42	B → C	-14.71	+121.77
C	4	457,469.58	221,612.19	A → C	-85.47	+293.57

방 위 각 계 산

방 향	경기5 → 경기6	방 향	경기6 → 경기9
$\theta = \tan^{-1}\frac{\Delta y_a^b}{\Delta x_a^b}$	67° 36′ 52″	$\theta = \tan^{-1}\frac{\Delta y_b^c}{\Delta x_b^c}$	83° 06′ 43″
V_a^b	112 23 08	V_b^c	96 53 17

거 리 계 산

$a = \sqrt{\Delta x^2 + \Delta y^2}$	185.80 m	$b = \sqrt{\Delta x^2 + \Delta y^2}$	122.66 m

삼 각 형 내 각 계 산

	각	내 각		각	내 각
①	α	45° 58′ 27″	②	α′	48° 50′ 42″
	β	71 15 02		β′	93 15 07
	γ	62 46 31		γ′	37 54 11
	합 계	180 00 00		합 계	180 00 00

소 구 점 종 횡 선 계 산

①	Xa	457,555.05 m	①	Ya	221,318.62 m
	$\Delta x_1 = \frac{a\sin\beta}{\sin\gamma}\cos Va$	+79.18		$\Delta y_1 = \frac{a\sin\beta}{\sin\gamma}\sin Va$	+181.33
	Xp1	457,634.23		Yp1	221,499.95
②	Xc	457,469.58	②	Yc	221,612.19
	$\Delta x_2 = \frac{b\sin\beta'}{\sin\gamma'}\cos Vc$	+164.74		$\Delta y_2 = \frac{b\sin\beta'}{\sin\gamma'}\sin Vc$	-112.24
	Xp2	457,634.32		Yp2	221,499.95
소 구 점 X		457,634.28	소 구 점 Y		221,499.95

종선교차 =- 0.09 m,　횡선교차 =+0.00 m,　연결교차 =0.09 m,　공차 = 0.30 m

계산자 : 지적기사 ○○○　　검사자 : 지적기사 ○○○

예제 3-18 교회법으로 지적도근측량을 실시하여 아래의 결과를 얻었다. 소구점 P의 좌표를 구하시오.

가. 관측내각

각명	내 각
α	88° 57′ 27″
β	51° 37′ 28″
γ′	59° 45′ 52″

나. 약 도

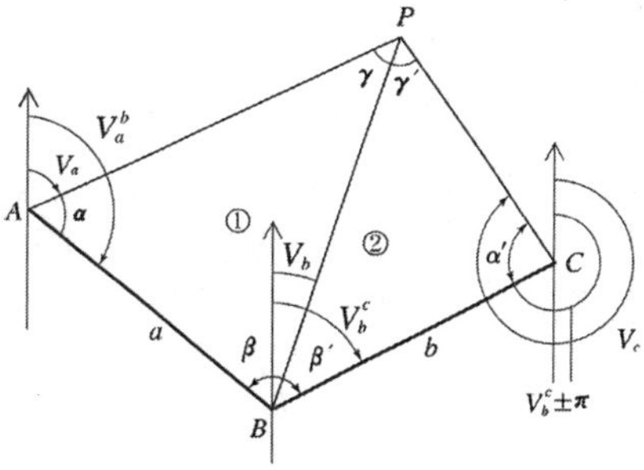

다. 기지점

점명	X(m)	Y(m)
31(A)	−1,132.74	−85.63
33(B)	−311.91	+945.72
35(C)	+1,427.43	+121.85

예제 3-19 교회법으로 지적도근측량을 실시하여 아래의 결과를 얻었다. 소구점의 좌표를 구하시오.

가. 관측내각

각명	내 각
γ	35° 18′ 19″
β′	43° 30′ 31″
γ′	60° 58′ 51″

나. 약 도

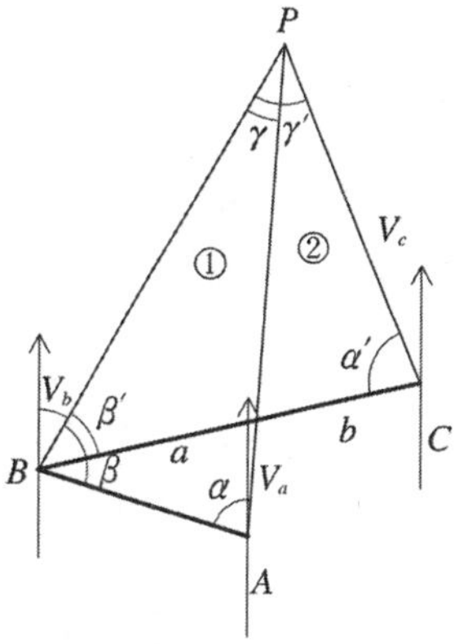

다. 기지점

점명	X(m)	Y(m)
41(A)	455,847.19	221,583.93
43(B)	457,129.48	220,436.73
45(C)	457,129.48	222,584.21

예제 3-18 정답

교 회 점 계 산 부

약 도

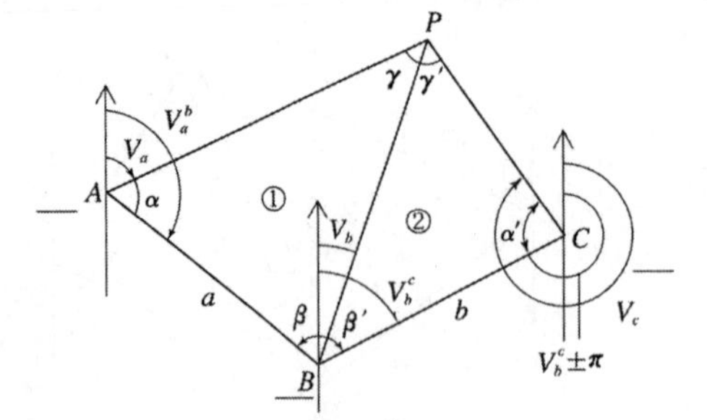

공 식

1. 방위(Θ)계산
$\tan\theta = \frac{\Delta y}{\Delta x}$

2. 방위각(V)계산
Ⅰ상한 : Θ　　Ⅱ상한 : 180°-Θ
Ⅲ상한 : 180°+Θ　　Ⅳ상한 : 360°-Θ

3. 거리(a 또는 b)계산
$\sqrt{\Delta x^2 + \Delta y^2}$

4. 삼각형내각계산
$\alpha = V_a^b - V_a$　　$\alpha' = V_c - (V_b^c \pm 180)$
$\beta = V_b - (V_a^b \pm 180)$　　$\beta' = V_b^c - V_b$
$\gamma = V_a - V_b$　　$\gamma' = V_b - V_c$

V_a	V_b	V_c
322° 31′ 37″	283° 06′ 32″	223° 20′ 40″

점 명		X (m)	Y (m)	방 향	Δx	Δy
A	31	-1,132.74	-85.63	A → B	+820.83	+1,031.35
B	33	-311.91	+945.72	B → C	+1,739.34	-823.87
C	35	+1,427.43	+121.85	A → C	+2,560.17	+207.48

방 위 각 계 산

방 향	301 → 303	방 향	303 → 305
$\theta = \tan^{-1}\frac{\Delta y_a^b}{\Delta x_a^b}$	51° 29′ 04″	$\theta = \tan^{-1}\frac{\Delta y_b^c}{\Delta x_b^c}$	25° 20′ 44″
V_a^b	51 29 04	V_b^c	334 39 16

거 리 계 산

$a = \sqrt{\Delta x^2 + \Delta y^2}$	1,318.12m	$b = \sqrt{\Delta x^2 + \Delta y^2}$	1,924.59m

삼 각 형 내 각 계 산

	각	내 각		각	내 각
①	α	88° 57′ 27″	②	α′	68° 41′ 24″
	β	51 37 28		β′	51 32 44
	γ	39 25 05		γ′	59 45 52
	합 계	180 00 00		합 계	180 00 00

소 구 점 종 횡 선 계 산

①	Xa	-1,132.74 m	①	Ya	-85.63 m
	$\Delta x_1 = \frac{a\sin\beta}{\sin\gamma}\cos Va$	+1,291.56		$\Delta y_1 = \frac{a\sin\beta}{\sin\gamma}\sin Va$	-990.09
	Xp1	+158.82		Yp1	-1,075.72
②	Xc	+1,427.43	②	Yc	+121.85
	$\Delta x_2 = \frac{b\sin\beta'}{\sin\gamma'}\cos Vc$	-1,268.65		$\Delta y_2 = \frac{b\sin\beta'}{\sin\gamma'}\sin Vc$	-1,197.37
	Xp2	+158.78		Yp2	-1,075.52
소 구 점 X		+158.80	소 구 점 Y		-1,075.62

종선교차 =+ 0.04 m,　횡선교차 =-0.20 m,　연결교차 =0.20 m,　공차 = 0.30 m

계산자 : 지적기사 ○○○　　검사자 : 지적기사 ○○○

예제 3-19 정답

교 회 점 계 산 부

약 도

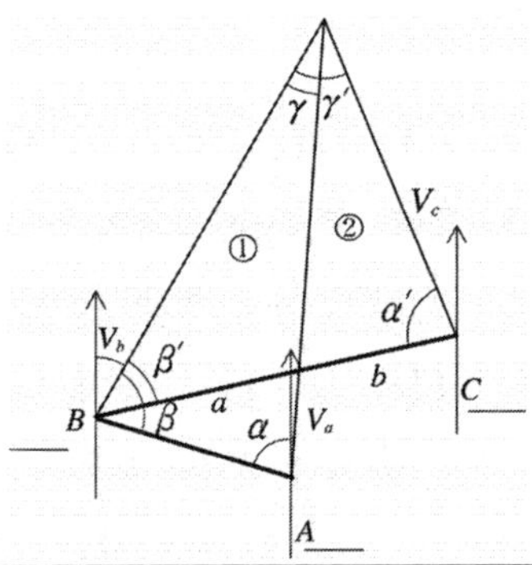

공 식

1. 방위(Θ)계산
$\tan\theta = \dfrac{\Delta y}{\Delta x}$

2. 방위각(V)계산
Ⅰ상한 : Θ　　Ⅱ상한 : 180°-Θ
Ⅲ상한 : 180°+Θ　　Ⅳ상한 : 360°-Θ

3. 거리(a 또는 b)계산
$\sqrt{\Delta x^2 + \Delta y^2}$

4. 삼각형내각계산
$\alpha = V_a^b - V_a$　　$\alpha' = V_c - (V_b^c \pm 180)$
$\beta = V_b - (V_a^b \pm 180)$　　$\beta' = V_b^c - V_b$
$\gamma = V_a - V_b$　　$\gamma' = V_b - V_c$

V_a	V_b	V_c
11° 11′ 10″	46° 29′ 29″	345° 30′ 38″

점 명		X (m)	Y (m)	방 향	Δx	Δy
A	41	455,847.19	221,583.93	A → B	+1,282.29	−1,147.20
B	43	457,129.48	220,436.73	B → C	0.00	+2,147.48
C	45	457,129.48	222,584.21	A → C	+1,282.29	+1,000.28

방 위 각 계 산

방 향	41 → 43	방 향	43 → 45
$\theta = \tan^{-1}\dfrac{\Delta y_a^b}{\Delta x_a^b}$	41° 49′ 03″	$\theta = \tan^{-1}\dfrac{\Delta y_b^c}{\Delta x_b^c}$	90° 00′ 00″
V_a^b	318 10 57	V_b^c	90 00 00

거 리 계 산

$a = \sqrt{\Delta x^2 + \Delta y^2}$	1,720.56 m	$b = \sqrt{\Delta x^2 + \Delta y^2}$	2,147.48 m

삼 각 형 내 각 계 산

	각	내 각		각	내 각
①	α	53° 00′ 13″	②	α′	75° 30′ 38″
	β	91 41 28		β′	43 30 31
	γ	35 18 19		γ′	60 58 51
	합 계	180 00 00		합 계	180 00 00

소 구 점 종 횡 선 계 산

①	Xa	455,847.19 m	①	Ya	221,583.93 m
	$\Delta x_1 = \dfrac{a\sin\beta}{\sin\gamma}\cos Va$	+2,919.26		$\Delta y_1 = \dfrac{a\sin\beta}{\sin\gamma}\sin Va$	+577.29
	$Xp1$	458,766.45		$Yp1$	222,161.22
②	Xc	457,129.48	②	Yc	222,584.21
	$\Delta x_2 = \dfrac{b\sin\beta'}{\sin\gamma'}\cos Vc$	+1,636.94		$\Delta y_2 = \dfrac{b\sin\beta'}{\sin\gamma'}\sin Vc$	−423.02
	$Xp2$	458,766.42		$Yp2$	222,161.19
소 구 점 X		458,766.44	소 구 점 Y		222,161.20

종선교차 =+ 0.03 m,　횡선교차 =+0.03 m,　연결교차 =0.04 m,　공차 = 0.30 m

계산자 : 지적기사 ○○○	검사자 : 지적기사 ○○○

5. 다각망도선법

(1) 개요

지적도근측량은 지적삼각점 및 지적삼각보조점을 기준으로 하여 시행하므로 이들의 성과에 의하여 정확도가 결정된다. 그러므로 시행지역의 상황에 따라 신뢰할 수 있는 삼각점을 선택하여야 한다. 여러 도선에 의해 형성된 도근망에서 교점에 대한 각 도선별 좌표차뿐만 아니라 2 ~ 3 km 떨어진 도선과의 오차 조정방법이 여러 가지로 모색되고 있다. 현재는 *X*형, *Y*형, *A*형, *H*형을 표준으로 하여 작업을 시행하도록 규정하고 있으나 이들 망을 살펴볼 때 *X*형과 *Y*형은 교점이 한 개, *A*형과 *H*형은 교점이 두 개만 처리된다. 그러나 교점이 3개 이상인 망에 대하여는 이러한 형태의 망을 계속적으로 구성하여 작업을 시행한다는 것은 매우 어려운 일이므로 별도의 합리적인 방법이 요구되며, 이러한 미비점을 보완하여 망의 형태에 구애받지 않고 작업을 시행하는 방법이 복합형인 다각망도선법으로 이를 교점다각망이라고도 한다.

현재 도근측량에서 하나의 측선의 길이와 방향을 관측하기 위하여 데오돌라이트와 광파측거기(EDM) 또는 T/S(Total Station)를 주로 사용하지만 측량장비의 발달에 따라 최근에는 GPS를 활용하기도 한다.

(2) 다각망도선법의 관측

가. 다각망의 구성

교점다각망의 구성은 교점으로 선택된 도근점으로부터 여러 도근점을 연결하여 구성한다. 교점다각망 관측을 실시할 때에는 각 노선에서 폐쇄가 가능하도록 구성하되, 3점 이상의 기지점을 포함한 결합다각방식에 의한다. 또한 점 간 거리는 500 m 이하로 하며, 1도선의 점의 수는 20점 이하로 한다. 이 경우 1도선이라 함은 기지점과 교점 간 또는 교점과 교점 간을 말한다.

교점다각망은 [그림 3-6]에서와 같이 *X*형, *Y*형, *A*형, *H*형, 복합망형 등이 있으며, *A*형은 *H*형의 2개의 기지점이 일치한 경우이며 *H*형과 본질적으로 다른 것은 아니다. 또한, *X*형 및 *Y*형은 3개의 기지점에 근거하여,

교점 1개를 평균한 것으로서 이는 지적삼각보조점과 거의 동일한 정확도를 유지하며 이러한 망형은 도시개발사업을 실시하는 지역에 활용되고 있다.

그림 3-6 다각망도선법의 형태

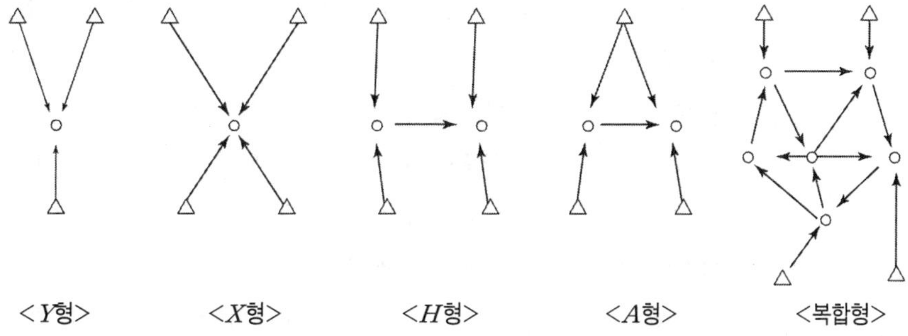

나. 도선별 관측과 계산

도선별 각관측은 배각법에 의하여 3배각으로 관측을 실시하며, 교점은 각 노선에서 공통으로 관측할 수 있는 임의의 점을 선택한다. 이 점은 측판측량에서 도선법을 실시할 때 측판의 표정작업시와 마찬가지로 작업 도중에 확인할 수 있도록 전주 등을 교회점으로 사용하는 방법과 유사하다.

각의 관측은 각 노선별로 관측을 시행하여 도근측량계산부에 기록한다. 이때의 측각오차, 즉 도선별 평균방위각과 관측방위각에 대한 폐색오차의 허용공차는 1등도선은 $\pm 20\sqrt{n}$ 초 이내, 2등도선은 $\pm 30\sqrt{n}$ 초 이내로 n은 변수를 말한다.

또한 각 도선으로부터 계산된 교점의 종횡선좌표의 연결오차에 대한 공차는 1등도선은 $M \times \frac{1}{100}\sqrt{n}$ cm 이하, 2등도선은 $M \times \frac{1.5}{100}\sqrt{n}$ cm 이내로 여기서 n은 거리의 합을 100으로 나눈 수를 말한다.

다. 경중률의 부여방법

경중률이란 오차론에 근거를 둔 것으로 어떤 측점에 있어서 관측조건이 같으면 그 결과는 단순 평균하여 구하지만, 관측조건이 다른 경우에는 그 조건을 고려하여 값을 구하여야 정확한 값을 구하게 된다. 이처럼 각 도선의 관측조건을 비교하는 상대적인 지표, 즉 오차의 발생확률을 경중률이라고 한다.

다시 말해 관측값의 신뢰도를 뜻하며 무게(weight) 또는 중량(重量)이라고도 한다. 오차소거에 있어서 경중률은 오차를 최대한 정밀하게 소거시키기 위해 적용하는 것으로서 다각망도선법에서는 도선에 따라 오차발생이 다르다고 보아 각 도선의 각과 거리에 경중률을 적용한다.

예를 들어 (1)도선은 측점수가 3점이고, (2)도선은 측점수가 5점인 경우 두 도선의 관측조건이 같다고 할 때, 예를 들면 동일한 조건에서 같은 장비로 한 사람이 관측을 실시했다 하더라도 발생한 오차의 전체 값은 달라진다. 오차발생은 측정 횟수에 비례하기 때문에 3점을 측정한 도선과 5점을 측정한 도선의 오차는 다를 수밖에 없다. 이 경우 각 도선에 오차를 배부할 보정치를 결정하는 상대적인 지표가 경중률이다.

교점다각망의 경중률은 각 노선의 측점수와 거리의 합을 매개변수로 이용한다. 따라서 다각망도선법에서 경중률은 각은 측점수에, 거리는 거리의 크기에 비례한다고 보고 계산한다.

(3) $X \cdot Y$망의 계산

가. 조건식 수의 계산

조건식 수의 계산은 일반적으로 다음과 같다.

$$\text{최소조건식 수}(r) = \text{도선수}(n) - \text{교점수}(u)$$

㉠ X망형 : 원형에 가까운 지구의 망구성에 적합한 형태로 [그림 3-7]에서와 같이 최대조건식 수는 4개이지만 최소조건식 수는 3개만 충족시키면 된다($r = 4 - 1 = 3$).

㉡ Y망형 : 가장 단순한 망으로 [그림 3-7]에서와 같이 최대조건식 수는 3개이지만 최소조건식 수는 2개만 충족시키면 된다($r = 3 - 1 = 2$).

㉢ A, H망형 : 최대조건식수는 4개이지만 3개만 충족시키면 된다($r = 5 - 2 = 3$).

㉣ 교점다각망형 : 조건식 수는 계산공식에 따라 어느 조건식을 사용하던지 최소조건식 수만 충족시키면 된다.

그림 3-7 X망형과 Y망형

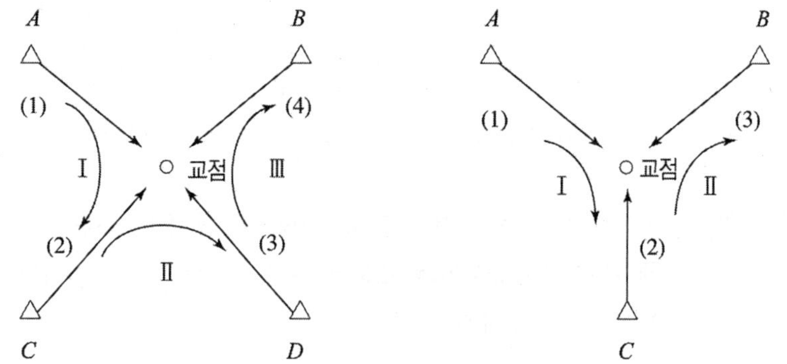

나. 조건식의 작성

㉠ X망의 방위각 및 종횡선좌표의 조건식

Ⅰ : (1) − (2) + W_1 = 0

Ⅱ : (2) − (3) + W_2 = 0

Ⅲ : (3) − (4) + W_3 = 0

※Ⅳ : (4) − (1) + W_4 = 0 <생략>

㉡ Y망의 방위각 및 종횡선좌표의 조건식

Ⅰ : (1) − (2) + W_1 = 0

Ⅱ : (2) − (3) + W_2 = 0

※Ⅲ : (3) − (1) + W_3 = 0 <생략>

㉢ 평균방위각의 계산식

$$\text{방위각}(X\text{형}) = \frac{[\frac{\alpha_1}{N_1}+\frac{\alpha_2}{N_2}+\frac{\alpha_3}{N_3}+\frac{\alpha_4}{N_4}]}{[\frac{1}{N_1}+\frac{1}{N_2}+\frac{1}{N_3}+\frac{1}{N_4}]} = \frac{[\frac{\Sigma\alpha}{\Sigma N}]}{[\frac{1}{\Sigma N}]}$$

$$\text{방위각}(Y\text{형}) = \frac{[\frac{\alpha_1}{N_1}+\frac{\alpha_2}{N_2}+\frac{\alpha_3}{N_3}]}{[\frac{1}{N_1}+\frac{1}{N_2}+\frac{1}{N_3}]} = \frac{[\frac{\Sigma\alpha}{\Sigma N}]}{[\frac{1}{\Sigma N}]}$$

여기서, Nn : 도선별 측점수, α_n : 도선별 관측방위각

㉣ 평균종·횡선좌표의 계산식(X형)

$$\text{종선좌표} = \frac{[\frac{X_1}{S_1}+\frac{X_2}{S_2}+\frac{X_3}{S_3}+\frac{X_4}{S_4}]}{[\frac{1}{S_1}+\frac{1}{S_2}+\frac{1}{S_3}+\frac{1}{S_4}]} = \frac{[\frac{\Sigma X}{\Sigma S}]}{[\frac{1}{\Sigma S}]}$$

$$횡선좌표 = \frac{[\frac{Y_1}{S_1}+\frac{Y_2}{S_2}+\frac{Y_3}{S_3}+\frac{Y_4}{S_4}]}{[\frac{1}{S_1}+\frac{1}{S_2}+\frac{1}{S_3}+\frac{1}{S_4}]} = \frac{[\frac{\sum Y}{\sum S}]}{[\frac{1}{\sum S}]}$$

여기서, Xn, Yn : 공통좌표를 제외한 좌표, Sn : 도선별 거리의 합

예제 3-20 **지적도근측량을 X형의 교점다각망으로 구성하여 다음과 같이 교점에서 방향표(Q)에 대한 관측방위각과 교점에 대한 계산좌표를 산출하였다. 교점의 평균방위각과 평균좌표를 구하시오.**

가. 경중률($\sum N$, $\sum S$)	나. 관측방위각	다. 계산종선좌표	라. 계산횡선좌표
(1) 19 3.84	(1) 185° 16′ 46″	(1) 5,584.89	(1) 7,895.37
(2) 15 3.00	(2) 185° 17′ 13″	(2) 5,585.08	(2) 7,895.49
(3) 20 4.18	(3) 185° 17′ 05″	(3) 5,584.90	(3) 7,895.40
(4) 11 2.29	(4) 185° 16′ 55″	(4) 5,585.10	(4) 7,895.39

풀이 및 정답 (1) 방위각의 평균계산

$$방위각 = \frac{\frac{46}{19}+\frac{73}{15}+\frac{65}{20}+\frac{55}{11}}{\frac{1}{19}+\frac{1}{15}+\frac{1}{20}+\frac{1}{11}} = 60''$$

(여기서, 도, 분 단위의 공통수(185° 16′)를 제외하고 초 단위만을 사용하였으므로 평균방위각은 185° 17′ 00″이다.)

(2) 종 · 횡선좌표의 평균계산

$$종선좌표 = \frac{\frac{0.89}{3.84}+\frac{1.08}{3.00}+\frac{0.90}{4.18}+\frac{1.10}{2.29}}{\frac{1}{3.84}+\frac{1}{3.00}+\frac{1}{4.18}+\frac{1}{2.29}} = 1.01\text{ m (또는 101 cm)}$$

(여기서, m 단위까지의 공통수(5,584.00)를 제외하고 cm 단위만을 사용하였으므로 교점의 평균종선좌표는 5,585.01m이다.)

$$횡선좌표 = \frac{\frac{0.37}{3.84}+\frac{0.49}{3.00}+\frac{0.40}{4.18}+\frac{0.39}{2.29}}{\frac{1}{3.84}+\frac{1}{3.00}+\frac{1}{4.18}+\frac{1}{2.29}} = 0.41\text{ m (또는 41 cm)}$$

(여기서, m 단위까지의 공통수(7,895.00)를 제외하고 cm 단위만을 사용하였으므로 교점의 평균횡선좌표는 7,895.41 m이다.)

예제 3-20 정답

교점다각망계산부(X · Y형)

약 도

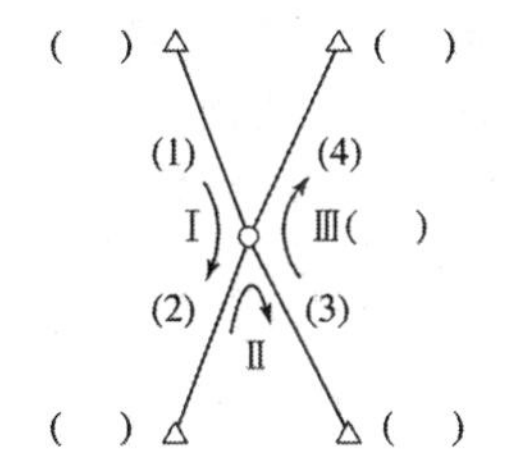

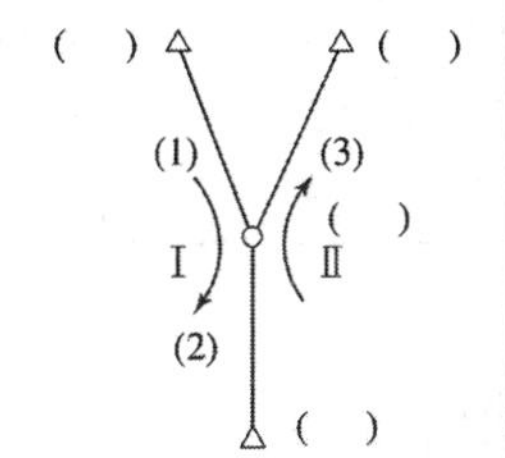

		X형				Y형	
조건식	I	(1)-(2)+W_1=0		조건식	I	(1)-(2)+W_1=0	
	Ⅱ	(2)-(3)+W_2=0			Ⅱ	(2)-(3)+W_2=0	
	Ⅲ	(3)-(4)+W_3=0					
경중률		ΣN	ΣS	경중률		ΣN	ΣS
	(1)	19	3.84		(1)		
	(2)	15	3.00		(2)		
	(3)	20	4.18		(3)		
	(4)	11	2.29				

1. 방위각

순서	도선	관 측	보정	평 균
I	(1)	185° 16′ 46″	+14	185° 17′ 00″
	(2)	185 17 13	-13	185 17 00
	W_1	-27		
Ⅱ	(2)	185 17 13	-13	185 17 00
	(3)	185 17 05	-5	185 17 00
	W_2	+8		
Ⅲ	(3)	185 17 05	-5	185 17 00
	(4)	185 16 55	+5	185 17 00
	W_3	+10		

2. 종선좌표

순서	도선	관 측	보정	평 균
I	(1)	5,584.89	+0.12	5,585.01
	(2)	5,585.08	-0.07	5,585.01
	W_1	-0.19		.
Ⅱ	(2)	5,585.08	-0.07	5,585.01
	(3)	5,584.90	+0.11	5,585.01
	W_2	+0.18		.
Ⅲ	(3)	5,584.90.	+0.11	5,585.01
	(4)	5,585.10	-0.09	5,,585.01
	W_3	-0.20		.

3. 횡선좌표

순서	도선	관 측	보정	평 균
I	(1)	7,895.37	+0.04	7,895.41
	(2)	7,895.49	-0.08	7,895.41
	W_1	-0.12		.
Ⅱ	(2)	7,895.49	-0.08	7,895.41
	(3)	7,895.40	+0.01	7,895.41
	W_2	+0.09		.
Ⅲ	(3)	7,895.40	+0.01	7,895.41
	(4)	7,895.39	+0.02	7,895.41
	W_3	+0.01		.

4. 계 산

1) 방위각 $= \dfrac{[\frac{\Sigma\alpha}{\Sigma N}]}{[\frac{1}{\Sigma N}]} = \dfrac{\frac{46}{19}+\frac{73}{15}+\frac{65}{20}+\frac{55}{11}}{\frac{1}{19}+\frac{1}{15}+\frac{1}{20}+\frac{1}{11}} = 60''$

2) 종선좌표 $= \dfrac{[\frac{\Sigma X}{\Sigma S}]}{[\frac{1}{\Sigma S}]} = \dfrac{\frac{0.89}{3.84}+\frac{1.08}{3.00}+\frac{0.90}{4.18}+\frac{1.10}{2.29}}{\frac{1}{3.84}+\frac{1}{3.00}+\frac{1}{4.18}+\frac{1}{2.29}} = 1.01\ \text{m}$ (또는 101cm)

3) 횡선좌표 $= \dfrac{[\frac{\Sigma Y}{\Sigma S}]}{[\frac{1}{\Sigma S}]} = \dfrac{\frac{0.37}{3.84}+\frac{0.49}{3.00}+\frac{0.40}{4.18}+\frac{0.39}{2.29}}{\frac{1}{3.84}+\frac{1}{3.00}+\frac{1}{4.18}+\frac{1}{2.29}} = 0.41\ \text{m}$ (또는 41 cm)

W_n=오차, N=도선별변수, S=측점 간 거리의합, α=관측방위각

예제 3-21 다음 Y망의 관측결과에 의하여 평균방위각과 평균좌표를 계산하시오.

도선	측점수	도선거리	관측방위각	계산종선좌표	계산횡선좌표
(1)	8	4.77	62° 08′ 14″	436,734.56	233,740.38
(2)	6	3.50	62° 08′ 05″	436,734.78	233,740.18
(3)	10	5.83	62° 07′ 59″	436,734.73	233,740.13

풀이 및 정답

(1) 방위각 $= \dfrac{[\frac{\Sigma\alpha}{\Sigma N}]}{[\frac{1}{\Sigma N}]} = \dfrac{\frac{74}{8}+\frac{65}{6}+\frac{59}{10}}{\frac{1}{8}+\frac{1}{6}+\frac{1}{10}} = 66''$

$= 62°\ 08'\ 06''$

(2) 종선좌표 $= \dfrac{[\frac{\Sigma X}{\Sigma S}]}{[\frac{1}{\Sigma S}]} = \dfrac{\frac{56}{4.77}+\frac{78}{3.50}+\frac{73}{5.83}}{\frac{1}{4.77}+\frac{1}{3.50}+\frac{1}{5.83}} = 70\text{ cm}(0.70\text{ m})$

$= 436{,}734.70\text{ m}$

(3) 횡선좌표 $= \dfrac{[\frac{\Sigma X}{\Sigma S}]}{[\frac{1}{\Sigma S}]} = \dfrac{\frac{38}{4.77}+\frac{18}{3.50}+\frac{13}{5.83}}{\frac{1}{4.77}+\frac{1}{3.50}+\frac{1}{5.83}} = 23\text{ cm}(0.23\text{ m})$

$= 233{,}740.23\text{ m}$

예제 3-22 X망의 관측결과를 교점다각망계산부에 의하여 평균방위각과 평균좌표를 계산하시오.

도선	측점수	도선거리	관측방위각	계산종선좌표	계산횡선좌표
(1)	11	7.26	274° 55′ 18″	350,976.13	238,790.27
(2)	7	4.55	274° 55′ 04″	350,976.15	238,790.21
(3)	14	11.33	274° 54′ 57″	350,976.14	238,790.22
(4)	8	7.76	274° 54′ 46″	350,976.08	238,790.20

예제 3-22 정답

교점다각망계산부(X · Y형)

약 도

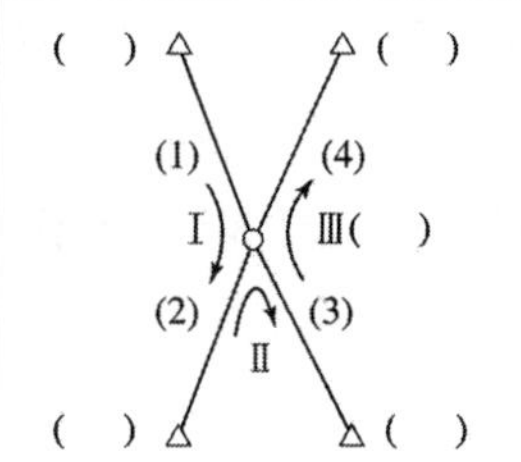

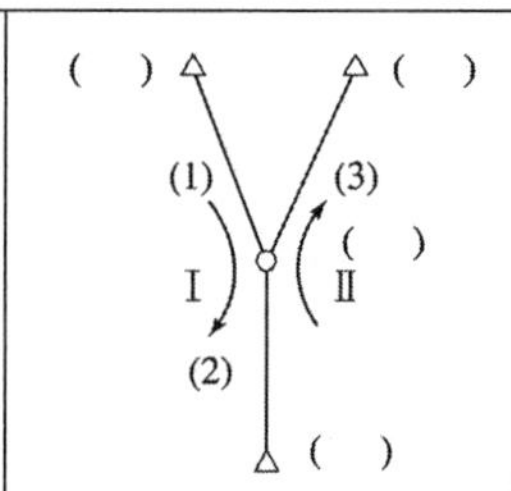

조건식	I	(1)-(2)+W_1=0	조건식	I	(1)-(2)+W_1=0
조건식	Ⅱ	(2)-(3)+W_2=0	조건식	Ⅱ	(2)-(3)+W_2=0
조건식	Ⅲ	(3)-(4)+W_3=0	조건식		

경중율		ΣN	ΣS	경중율		ΣN	ΣS
	(1)	11	7.26		(1)		
	(2)	7	4.55		(2)		
	(3)	14	11.33		(3)		
	(4)	8	7.76				

1. 방위각

순서	도선	관 측	보정	평 균
I	(1)	274° 55′ 18″	-17	274° 55′ 01″
	(2)	274 55 04	-3	274 55 01
	W_1	+14		
Ⅱ	(2)	274 55 04	-3	274 55 01
	(3)	274 54 57	+4	274 55 01
	W_2	+7		
Ⅲ	(3)	274 54 57	+4	274 55 01
	(4)	274 54 46	+15	274 55 01
	W_3	+11		

2. 종선좌표

순서	도선	관 측	보정	평 균
I	(1)	350,976.13	0.00	350,976.13
	(2)	350,976.15	-0.02	350,976.13
	W_1	-0.02		.
Ⅱ	(2)	350,976.15	-0.02	350,976.13
	(3)	350,976.14	-0.01	350,976.13
	W_2	+0.01		.
Ⅲ	(3)	350,976.14	-0.01	350,976.13
	(4)	350,976.08	+0.05	350,976.13
	W_3	+0.06		.

3. 횡선좌표

순서	도선	관 측	보정	평 균
I	(1)	238,790.27	-0.05	238,790.22
	(2)	238,790.21	+0.01	238,790.22
	W_1	+0.06		.
Ⅱ	(2)	238,790.21	+0.01	238,790.22
	(3)	238,790.22	0.00	238,790.22
	W_2	-0.01		.
Ⅲ	(3)	238,790.22	0.00	238,790.22
	(4)	238,790.20	+0.02	238,790.22
	W_3	+0.02		.

4. 계 산

1) 방위각 $= \dfrac{[\frac{\Sigma\alpha}{\Sigma N}]}{[\frac{1}{\Sigma N}]} = \dfrac{\frac{78}{11}+\frac{64}{7}+\frac{57}{14}+\frac{46}{8}}{\frac{1}{11}+\frac{1}{7}+\frac{1}{14}+\frac{1}{8}} = 61''$

2) 종선좌표 $= \dfrac{[\frac{\Sigma X}{\Sigma S}]}{[\frac{1}{\Sigma S}]} = \dfrac{\frac{13}{7.26}+\frac{15}{4.55}+\frac{14}{11.33}+\frac{8}{7.76}}{\frac{1}{7.26}+\frac{1}{4.55}+\frac{1}{11.33}+\frac{1}{7.76}} = 13$ cm (또는 0.13 m)

3) 횡선좌표 $= \dfrac{[\frac{\Sigma X}{\Sigma S}]}{[\frac{1}{\Sigma S}]} = \dfrac{\frac{27}{7.26}+\frac{21}{4.55}+\frac{22}{11.33}+\frac{20}{7.76}}{\frac{1}{7.26}+\frac{1}{4.55}+\frac{1}{11.33}+\frac{1}{7.76}} = 22$ cm (또는 0.22 m)

W_n=오차, N=도선별변수, S=측점 간 거리의 합, α=관측방위각

(4) $H \cdot A$형의 계산

가. 조건방정식

$H \cdot A$형은 교점이 2개로 기지점으로부터 교점, 교점으로부터 교점에 연결되는 도선이 있으며, 조건방정식(Ⅰ, Ⅱ, Ⅲ)은 화살표의 방향을 고려하여 관측(진행)방향일 때는 (+), 관측(진행)반대방향일 경우에는 (−)로 하여 방정식을 구성한다.

최소조건식 수 = 도선수 − 교점수

그림 3-8 HA망형

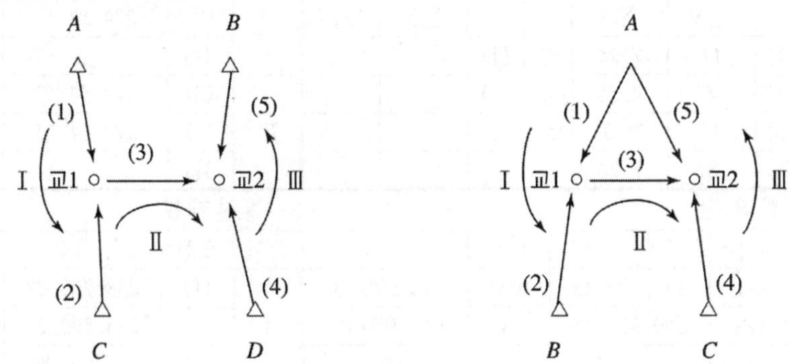

$H \cdot A$망의 조건식은 다음과 같다.

Ⅰ : (1) − (2) + W_1 = 0

Ⅱ : (2) + (3) − (4) + W_2 = 0

Ⅲ : (4) − (5) + W_3 = 0

※ Ⅳ : (5) − (3) − (1) + W_4 = 0 <생략>

여기서, W_1, W_2, W_3, W_4는 교점에서의 방위각오차 또는 종·횡선오차를 말하며, 계산시에는 어느 조건식이든 3개의 조건식을 사용하면 되지만 양식에 의하여 계산방법을 동일하게 하기 위하여 Ⅰ, Ⅱ, Ⅲ 세 개의 조건식을 사용하였다.

예제 3-23 **지적도근측량을 A형의 교점다각망으로 구성하여 관측한 교점의 1차계산결과에 의하여 평균방위각과 평균종 · 횡선좌표를 계산하시오.**

도선	측점수	도선거리	관측방위각	계산종선좌표	계산횡선좌표
(1)	20	1,580	48° 37′ 45″	355,738.68	237,284.20
(2)	15	1,158	48° 38′ 05″	355,738.74	237,284.28
(3)	8	398	245° 55′ 58″	355,635.43	237,648.96
(4)	10	891	245° 55′ 32″	355,635.40	237,648.93
(5)	7	378	245° 55′ 08″	355,635.34	237,648.97

※ (3)도선의 방위각 및 종·횡선좌표는 (2)+(3) 도선의 값임

풀이 및 정답 (1) 조건방정식

가. 방위각

Ⅰ : (1) − (2) − 20″= 0

Ⅱ : (2) + (3) − (4) + 26″= 0

Ⅲ : (4) − (5) + 24″= 0

나. 종선좌표

Ⅰ : (1) − (2) − 0.06 = 0

Ⅱ : (2) + (3) − (4) + 0.03 = 0

Ⅲ : (4) − (5) + 0.06 = 0

다. 횡선좌표

Ⅰ : (1) − (2) − 0.08 = 0

Ⅱ : (2) + (3) − (4) + 0.03 = 0

Ⅲ : (4) − (5) − 0.04 = 0

(2) 상관방정식

계산의 편리를 위해 각 도선의 측점의 합계(ΣN)를 동일하게 10(또는 100)으로 나누고, 각 도선의 거리의 합계(ΣS)를 1,000(또는 100)으로 나누어 경중률(P)로 하였으며, 조건방정식의 도선명에 동일하게 1씩의 경중률을 주어 상관방정식을 작성한다.

- 상관방정식

순서	P_n	P_s	Ⅰ	Ⅱ	Ⅲ
(1)	2.0	1.580	+1		
(2)	1.5	1.158	−1	+1	
(3)	0.8	0.398		+1	
(4)	1.0	0.891		−1	+1
(5)	0.7	0.378			−1

(3) 표준방정식

표준방정식의 수는 언제나 조건방정식의 수와 같다. 따라서 H, A형의 교점 다각망에 있어서는 3개의 표준방정식이 있다.

상관방정식을 조건방정식에 대입하여 정렬하고, 경중률(P)은 Ⅰ $=a$, Ⅱ $=b$, Ⅲ $=c$ 라 하면 다음과 같은 표준방정식을 얻는다.

$$[Paa]K_1+[Pab]K_2+[Pac]K_3+W_1=0$$
$$[Pbb]K_2+[Pbc]K_3+W_2=0 \quad \cdots\cdots\cdots\cdots ①$$
$$[Pcc]K_3+W_3=0$$

여기서, $[Paa] = Pa_1^2 + Pa_2^2 + \cdot\cdot\cdot + Pan^2$

$[Pab] = Pa_1b_1 + Pa_2b_1 + \cdot\cdot\cdot + Pab_n$ ……………… ②

$[Pac] = Pa_1c_1 + Pa_2c_1 + \cdot\cdot\cdot + Pa_nc_n$

- 표준방정식

	Ⅰ	Ⅱ	Ⅲ	W_a	Σ
Ⅰ	+3.5	−1.5	0.0	−2.0	0.0
Ⅱ		+3.3	−1.0	+2.6	+3.4
Ⅲ			+1.7	+2.4	+3.1

①식에 의하여 표준방정식에 값을 구하면,

$[Paa] = (+1^2\times 2.0)+(-1^2\times 1.5)=+3.5$

$[Pab] = (-1)\times(+1)\times 1.5=-1.5$

$[Pac] = 0.0$

$[Pbb] = (+1^2 \times 1.5) + (+1^2 \times 0.8) + (-1^2 \times 1.0) = +3.3$

$[Pbc] = (-1) \times (+1) \times 1.0 = -1.0$

$[Pcc] = (+1^2 \times 1.0) + (-1^2 \times 0.7) = +1.7$

①식에서 W_a는 방위각 오차이므로 산출된 오차를 이기하며, 계산과정에서 계산착오를 방지하기 위하여 Σ란을 두어 합산한다.

(4) 정해(방위각)

표준방정식의 정해순서는 가우스소거법에 의한 이체계산에 의한 것으로 다음과 같다.

- 정해(방위각)

Ⅰ	Ⅱ	Ⅲ	W_a	Σ(검산)	비고
+3.5	−1.5	0.0	−2.0	0.0	1행
C_1	+0.4286	0.0000	+0.5714	0.0000	2행
	+3.3	−1.0	+2.6	+3.4	3행
	−0.6429	0.0000	−0.8571	0.0000	4행
	+2.6571	−1.0	+1.7429	+3.4	5행
	C_2	+0.3764	−0.6559	−1.2796	6행
		+1.7	+2.4	+3.1	7행
		−0.3764	+0.6559	+1.2796	8행
		+1.3236	+3.0559	+4.3796	9행
		C_3	−2.3088	−3.3089	10행

① 1, 3, 7행에는 표준방정식의 수를 차례로 각각 기입한다.

② 2행에서는 1행의 첫 수 +3.5로 나머지 우측수들은 각각 나누어 부호를 반대로 하여 기입한다. 행의 앞에 일반적으로 C자에다 첨수를 붙여 표시한다. 산출된 값이 오류가 있는지 검산은 Σ열 앞까지 합하여 −1한 값과 Σ열의 값과 일치하는가를 확인한다.

③ 4행에서는 C_1 계수 첫 수의 피제수인 −1.5로 C_1계수를 각각 곱하여 구한 값을 이기한다.

④ 5행에서는 3행과 4행의 값을 합산하여 기입한다.

⑤ 6행에서는 5행의 첫 수 +2.6571로 나머지 우측수들은 각각 나누어 계산

하며 부호를 반대로 하여 기입하고 2행과 마찬가지로 C_2라 표시한다. 2행과 같은 방법으로 검산한다.

⑥ 8행에서는 C_2계수의 첫 수인 피제수 -1.0으로 C_2계수들은 각각 곱하여 기입한다.

⑦ 9행에서는 7행과 8행을 합산하여 이기한다.

⑧ 10행에서는 9행의 첫 수 +1.3236으로 우측수들을 나누어 부호를 반대로 해서 이기하고 C_3라 표시한다.

⑨ $W_\alpha(-2.3088) - \Sigma(-3.3089) = 1$로서 계산결과를 검산한다.

(5) 상관계수의 계산

상관계수의 계산은 정해에 대한 역해라고도 하며, 앞에서 산출된 정해의 C_1, C_2, C_3 내의 방정식 안에 있는 승적계수의 수치를 계산하는 것이다.

편의상 3개의 방정식을 수식으로 옮기면 다음과 같다.

$$C_1 = +0.4286 \qquad C_1 = +0.0000 \qquad C_1 = +0.5714$$
$$C_2 = +0.3764 \qquad C_2 = -0.6559$$
$$C_3 = -2.3088$$

세 번째 식은 상관계수 C_3의 값을 갖고 있고, 다른 상관계수의 값들은 다음에 이 값을 직접 차례로 첫째, 둘째 식에 대입함으로써 구할 수 있다.

- 상관계수

C_1	C_2	C_3	
+0.5714	−0.6559	−2.3088	1
0.0000	−0.8690		2
−0.6536			3
−0.0822	−1.5249	−2.3088	Σ

① 1열에서 정해의 W_α란의 C_1, C_2, C_3계수들을 이기한다.

② 2열에는 C_3의 수(−2.3088)와 정해 Ⅲ란의 C_1, C_2의 계수를 곱하여 기재한다.

③ 3열에는 C_2란을 합한 수(−1.5249)와 정해 Ⅱ란의 C_1계수를 곱하여 기입한다.

④ 4열의 수들은 구하고자 하는 상관계수로 각 란의 합이다.

(6) 방위각의 보정계수계산

- 방위각의 보정계수

도선	C_1	C_2	C_3	Σ(보정계수)
(1)	−0.1644			−2″(−0.2×10)
(2)	+0.1233	−2.2874		−22″(−2.2×10)
(3)		−1.2199		−12″(−1.2×10)
(4)		+1.5249	−2.3088	−8″(−0.8×10)
(5)			+1.6162	+16″(−1.6×10)

상관계수로 상관방정식 Ⅰ, Ⅱ, Ⅲ란의 각 행과 해당 경중률(ΣN)을 곱하여 해당란에 기입한다.

① 1행에서 C_1란 $-0.1644 = -0.0822 \times (+1) \times 2.0$

② 2행에서 C_1란 $+0.1233 = -0.0822 \times (-1) \times 1.5$

C_2란 $-2.2874 = -1.5249 \times (+1) \times 1.5$

③ 3행에서 C_2란 $-1.2199 = -1.5249 \times (+1) \times 0.8$

④ 4행에서 C_2란 $+1.5249 = -1.5249 \times (-1) \times 1.0$

C_3란 $-2.3088 = -2.3088 \times (+1) \times 1.0$

⑤ 5행에서 C_3란 $+1.6162 = -2.3088 \times (-1) \times 0.7$

Σ란에 기입한 수는 행으로 합산하여 편성하는데 표준방정식을 만들 때 10분의 1을 기준으로 하였기 때문에 10배를 하여 기록한다. 이 보정수(Σ열)가 맞는가는 조건방정식에 대입해 보면 알 수 있다.

이상으로 보정계수가 산출되면 처음 관측된 방위각을 가감하여 결정하면 되고, 종·횡선좌표의 평균계산은 방위각의 평균계산과 같은 방법으로 실시하면 되는데, 다만 경중률 적용에 있어서 ΣS를 적용한다.

예제 3-23 정답

교점다각망계산부(H · A형)

약도

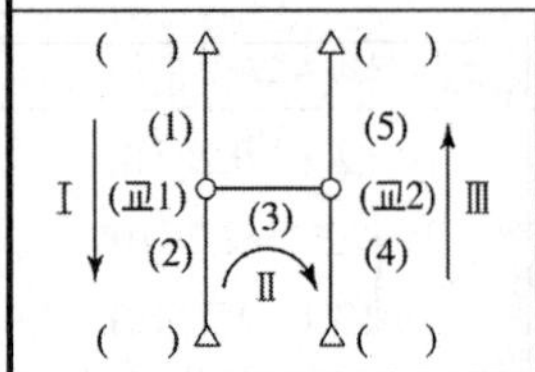

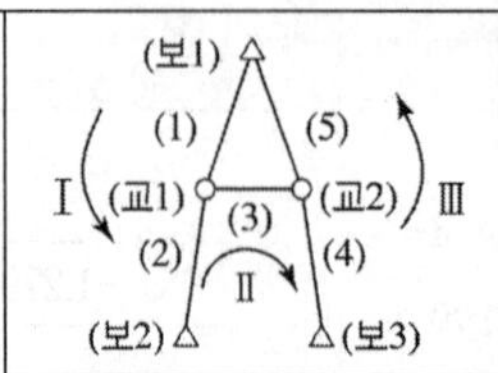

조건식		
Ⅰ	(1)-(2)+W_1=0	
Ⅱ	(2)+(3)-(4)+W_2=0	
Ⅲ	(4)-(5)+W_3=0	

경중률	ΣN	ΣS
(1)	20	1.580
(2)	15	1.158
(3)	8	0.398
(4)	10	0.891
(5)	7	0.378

1. 방위각

순서	도선	관 측	보정	평 균
Ⅰ	(1)	48° 37′ 45″	-2	48° 37′ 43″
	(2)	48 38 05	-22	48 37 43
	W_1	-20		
Ⅱ	(2)+(3)	245 55 58	-34	245 55 24
	(4)	245 55 32	-8	245 55 24
	W_2	+26		
Ⅲ	(4)	245 55 32	-8	245 55 24
	(5)	245 55 08	+16	245 55 24
	W_3	+24		

2. 종선좌표

순서	도선	관 측	보정	평 균
Ⅰ	(1)	5,738.68	+0.01	5,738.69
	(2)	5,738.74	-0.05	5,738.69
	W_1	-0.06		.
Ⅱ	(2)+(3)	5,635.43	-0.06	5,635.37
	(4)	5,635.40	-0.03	5,635.37
	W_2	+0.03		.
Ⅲ	(4)	5,635.40	-0.03	5,635.37
	(5)	5,635.34	+0.03	5,635.37
	W_3	+0.06		.

3. 횡선좌표

순서	도선	관 측	보정	평 균
Ⅰ	(1)	7,284.20	+0.06	7,284.26
	(2)	7,284.28	-0.02	7,284.26
	W_1	-0.08		.
Ⅱ	(2)+(3)	7,648.96	-0.01	7,648.95
	(4)	7,648.93	+0.02	7,648.95
	W_2	+0.03		.
Ⅲ	(4)	7,648.93	+0.02	7,648.95
	(5)	7,648.97	-0.02	7,648.95
	W_3	-0.04		.

4. 계 산

1) 상관방정식

순서	ΣN	ΣS	Ⅰ	Ⅱ	Ⅲ
(1)	2.0	1.580	+1		
(2)	1.5	1.158	-1	+1	
(3)	0.8	0.398		+1	
(4)	1.0	0.891		-1	+1
(5)	0.7	0.378			-1

2) 표준방정식(방위각)

Ⅰ	Ⅱ	Ⅲ	Wα	Σ
+3.5	-1.5	0	-2.0	0
	+3.3	-1.0	+2.6	+3.4
		+1.7	+2.4	+3.1

3) 표준방정식(종 · 횡선좌표)

Ⅰ	Ⅱ	Ⅲ	Wx	Σ	Wy	Σ
+2.738	-1.158	0	-0.06	+1.520	-0.08	+1.500
	+2.447	-0.891	+0.03	+0.428	+0.03	+0.428
		+1.269	+0.06	+0.438	-0.04	+0.338

4) 정 해(방위각)

I	II	III	W_α	Σ
+3.5	-1.5	0	-2.0	0
C_1	+0.4286	0	+0.5714	0
	+3.3	-1.0	+2.6	+3.4
	-0.6429	0	-0.8571	0
	+2.6571	-1.0	+1.7429	+3.4
	C_2	+0.3764	-0.6559	-1.2796
		+1.7	+2.4	+3.1
		-0.3764	+0.6559	+1.2796
		+1.3236	+3.0559	+4.3796
		C_3	-2.3088	-3.3089

5) 정 해(종횡선좌표)

I	II	III	W_x	Σ	W_y	Σ
+2.738	-1.158	0	-0.06	+1.520	-0.08	+1.500
C_1	+0.4229	0	+0.0219	-0.5551	+0.0292	-0.5478
	+2.4478	-0.891	+0.03	+0.428	+0.03	+0.428
	-0.4897	0	-0.0254	+0.6428	-0.0338	+0.6344
	+1.9573	-0.891	+0.0046	+1.0708	-0.0038	+1.0624
	C_2	+0.4552	-0.0024	-0.5471	+0.0019	-0.5428
		+1.269	+0.06	+0.4380	-0.04	+0.338
		-0.4056	+0.0021	+0.4875	-0.0017	+0.4836
		+0.8634	+0.0621	+0.9255	-0.0417	+0.8216
		C_3	-0.0719	-1.0719	+0.0483	-0.9516

6) 상관수(방위각)

C_1	C_2	C_3
+0.5714	-0.6559	-2.3088
0.0000	-0.8690	
-0.6536		
-0.0822	-1.5249	-2.3088

7) 상관수(종선좌표)

C_1	C_2	C_3
+0.0219	-0.0024	-0.0719
0.0000	-0.0327	
-0.0148		
+0.0071	-0.0351	-0.0719

8) 상관수(횡선좌표)

C_1	C_2	C_3
+0.0292	+0.0019	+0.0483
0.0000	+0.0221	
+0.0101		
+0.0393	+0.0240	+0.0485

9) 보정수(방위각)

	C_1	C_2	C_3	Σ
1	-0.1644			-2
2	+0.1233	-2.2874		-22
3		-1.2199		-12
4		+1.5249	-2.3088	-8
5			+1.6162	+16

10) 보정수(종선좌표)

	C_1	C_2	C_3	Σ
1	+0.0112			+0.01
2	-0.0082	-0.0406		-0.05
3		-0.0140		-0.01
4		+0.0313	-0.0641	-0.03
5			+0.0272	+0.03

11) 보정수(횡선좌표)

	C_1	C_2	C_3	Σ
1	+0.0621			+0.06
2	-0.0455	+0.0278		-0.02
3		+0.0096		+0.01
4		-0.0214	+0.0432	+0.02
5			-0.0183	-0.02

예제 3-24 지적도근측량을 A형의 다각망도선법으로 구성하여 관측하고 계산한 1차계산결과에 의하여 평균방위각과 평균종 · 횡선좌표를 계산하시오.

가. 약 도

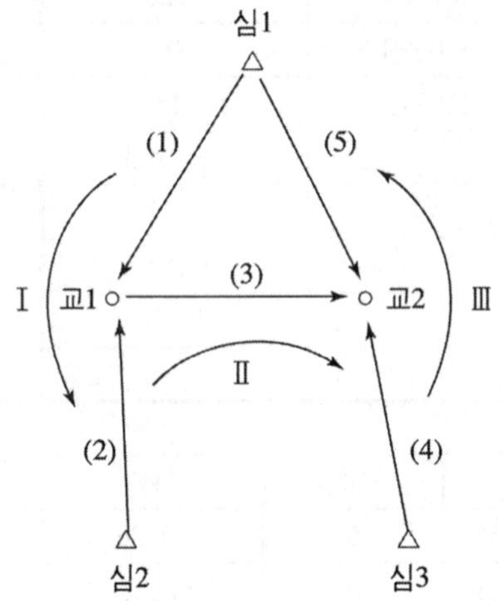

나. 경중률 및 관측방위각

도선	측점수(ΣN)	도선거리합(ΣS)	관측방위각
(1)	19	1,280.05	32° 55′ 45″
(2)	11	790.43	32° 56′ 06″
(3)	7	380.86	218° 05′ 09″
(4)	20	1,592.39	218° 04′ 43″
(5)	15	1,187.27	218° 04′ 58″

다. 계산좌표

도선	계산종선좌표(m)	계산횡선좌표(m)
(1)	5,641.82	7,154.26
(2)	5,641.89	7,154.31
(3)	5,716.56	7,423.69
(4)	5,716.59	7,423.65
(5)	5,716.52	7,423.68

예제 3-24 정답

교점다각망계산부($H \cdot A$형)

약도

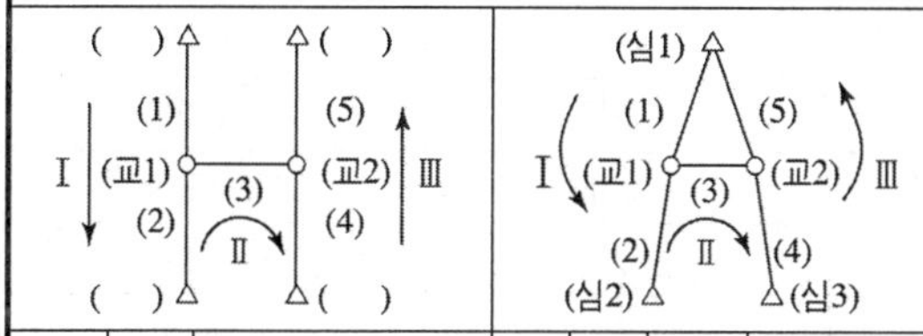

조건식		
I	(1)−(2)+ W_1=0	
II	(2)+(3)−(4)+ W_2=0	
III	(4)−(5)+ W_3=0	

경중률	ΣN	ΣS
(1)	19	1,280.05
(2)	11	790.43
(3)	7	380.86
(4)	20	1,592.39
(5)	15	1,187.27

1. 방위각

순서	도선	관 측	보정	평 균
I	(1)	32° 55′ 45″	+10	32° 55′ 55″
	(2)	32 56 06	−11	32 55 55
	W_1	−21″		
II	(2)+(3)	218 05 09	−14	218 04 55
	(4)	218 04 43	+12	218 04 55
	W_2	+26″		
III	(4)	218 04 43	+12	218 04 55
	(5)	218 04 58	−3	218 04 55
	W_3	−15″		

2. 종선좌표

순서	도선	관 측	보정	평 균
I	(1)	5,641.82 m	+0.05	5,641.87 m
	(2)	5,641.89	−0.02	5,641.87
	W_1	−0.07		.
II	(2)+(3)	5,716.56	−0.02	5,716.54
	(4)	5,716.59	−0.05	5,716.54
	W_2	−0.03		.
III	(4)	5,716.59	−0.05	5,716.54
	(5)	5,716.52	+0.02	5,716.54
	W_3	+0.07		.

3. 횡선좌표

순서	도선	관 측	보정	평 균
I	(1)	7,154.26 m	+0.03	7,154.29 m
	(2)	7,154.31	−0.02	7,154.29
	W_1	−0.05		.
II	(2)+(3)	7,423.69	−0.02	7,423.67
	(4)	7,423.65	+0.02	7,423.67
	W_2	+0.04		.
III	(4)	7,423.65	+0.02	7,423.67
	(5)	7,423.68	−0.01	7,423.67
	W_3	−0.03		.

4. 계 산

1) 상관방정식

순서	ΣN	ΣS	I	II	III
(1)	1.9	1.280	+1		
(2)	1.1	0.790	−1	+1	
(3)	0.7	0.381		+1	
(4)	2.0	1.592		−1	+1
(5)	1.5	1.187			−1

2) 표준방정식(방위각)

I	II	III	Wa	Σ
+3.0	−1.1	0	−21	−19.1
	+3.8	−2.0	+26	+26.7
		+3.5	−15	−13.5

3) 표준방정식(종 · 횡선좌표)

I	II	III	Wx	Σ	Wy	Σ
+2.07	−0.790	0	−0.07	+1.210	−0.05	+1.230
	+2.763	−1.592	−0.03	+0.351	+0.04	+0.421
		+2.779	+0.07	+1.257	−0.03	+1.157

4) 정 해(방위각)

Ⅰ	Ⅱ	Ⅲ	W_a	Σ
+3.0	-1.1	0	-21	-19.1
C_1	+0.3667	0	+7.0000	+6.3667
	+3.8	-2.0	+26	+26.7
	-0.4034	0	-7.7000	-7.0034
	+3.3966	-2.0000	+18.3000	+19.6966
	C_2	+0.5888	-5.3877	-5.7989
		+3.5	-15	-13.5
		-1.1776	+10.7754	+11.5978
		+2.3224	-4.2246	-1.9022
		C_3	+1.8191	+0.8191

5) 정 해(종횡선좌표)

Ⅰ	Ⅱ	Ⅲ	W_x	Σ	W_y	Σ
+2.07	-0.790	0	-0.07	+1.210	-0.05	+1.230
C_1	+0.3816	0	+0.0338	-0.5845	+0.0242	-0.5942
	+2.763	-1.592	-0.03	+0.351	+0.04	+0.421
	-0.3015	0	-0.0267	+0.4618	-0.0191	+0.4694
	+2.4615	-1.592	-0.0567	+0.8128	+0.0209	+0.8904
	C_2	+0.6468	+0.0230	-0.3302	-0.0085	-0.3617
		+2.779	+0.07	+1.257	-0.03	+1.157
		-1.0297	-0.0366	+0.5257	+0.0135	+0.5758
		+1.7493	+0.0334	+1.7827	-0.0165	+1.7328
		C_3	-0.0191	-1.0191	+0.0094	-0.9906

6) 상관수(방위각)

C_1	C_2	C_3
-7.0000	-5.3877	+1.8191
0	+1.0711	
-1.5829		
+5.4171	-4.3166	+1.8191

7) 상관수(종선좌표)

C_1	C_2	C_3
+0.0338	+0.0230	-0.0191
0	-0.0124	
+0.0040		
+0.0378	+0.0106	-0.0191

8) 상관수(횡선좌표)

C_1	C_2	C_3
+0.0242	-0.0085	+0.0094
0	+0.0061	
-0.0009		
+0.0233	-0.0024	+0.0094

9) 보정수(방위각)

	C_1	C_2	C_3	Σ
1	+10.2925			+10
2	-5.9588	-4.7483		-11
3		-3.0216		-3
4		+8.6332	+3.6382	+12
5			-2.7286	-3

10) 보정수(종선좌표)

	C_1	C_2	C_3	Σ
1	+0.0484			+0.05
2	-0.0299	+0.0084		-0.02
3		+0.0040		0.00
4		-0.0169	-0.0304	-0.05
5			+0.0227	+0.02

11) 보정수(횡선좌표)

	C_1	C_2	C_3	Σ
1	+0.0298			+0.03
2	-0.0184	-0.0019		-0.02
3		-0.0009		0.00
4		+0.0038	+0.0150	+0.02
5			-0.0112	-0.01

예제 3-25 **지적도근측량을 H형의 교점다각망으로 구성하여 관측한 결과에 의하여 지적도근점의 좌표를 계산하시오.** (단, 축척은 1,000분의 1임)

가. 관측망도

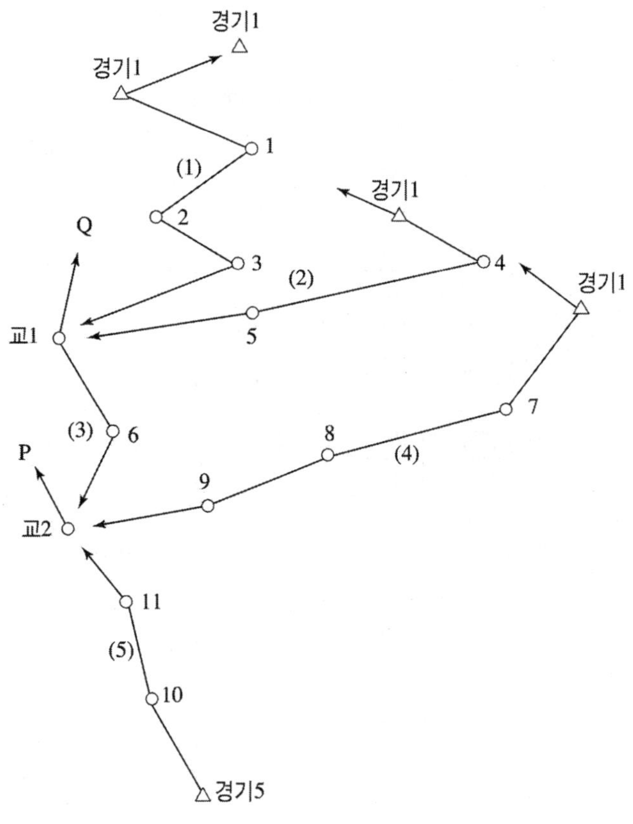

다. 기지점

점명	종선좌표(m)	횡선좌표(m)
경기1	7,701.11	−1,307.58
경기2	7,563.48	−1,482.02
경기3	7,395.61	−1,312.47
경기4	7,253.26	−1,129.71
경기5	6,727.46	−1,436.67

다각점관측 및 거리측정부

(1)도선

측점	시준점	배수	관측각	평균각	고도 정/반	고도 평균	측정거리	수평거리
경기2	경기1	0	0° 00′ 00″		° ′ ″		m	m
	―	1	76 45 23	76° 45′ 30″		° ′ ″	134.73	134.73
	1	3	230 16 30				134.73	
1	경기2	0	0 00 00				108.11	
	―	1	276 33 09	276 33 13				108.11
	2	3	829 39 39				108.11	
2	1	0	0 00 00				108.32	
	―	1	110 18 00	110 17 54				108.32
	3	3	330 53 42				109.32	
3	2	0	0 00 00				143.98	
	―	1	276 26 38	316 27 19				143.98
	교1	3	829 20 21				143.99	
교1	3	0	0 00 00					
	―	1	316 27 04					
	Q	3	949 21 57					
	―							
	―							
	―							
	―							
	―							
	―							

2011. 07. 01. 관 측	관측자 : ○○○	사용기계 : DT	날씨 : 맑음	풍력 : 미풍

다각점관측 및 거리측정부

(2)도선

측점	시준점	배수	관측각	평균각	고도 정/반	고도 평균	측정거리	수평거리
경기3	경기2	0	0° 00′ 00″		° ′ ″		m	m
		1	173 51 30	173° 51′ 33″		° ′ ″	152.96	152.96
	4	3	521 34 40				152.96	
4	경기3	0	0 00 00					
		1	312 36 37	312 36 33			164.78	164.78
	5	3	937 49 39				164.79	
5	4	0	0 00 00					
		1	184 12 06	184 12 09			189.52	189.51
	교1	3	552 36 27				189.50	
교1	5	0	0 00 00					
		1	302 51 25	302 51 27				
	Q	3	908 34 21					

2011. 07. 01. 관 측	관측자 : ○○○	사용기계 : DT	날씨 : 맑음	풍력 : 화풍

다각점관측 및 거리측정부

(3)도선

측점	시준점	배수	관측각	평균각	고도 정/반	고도 평균	측정거리	수평거리
교1	Q	0	0° 00′ 00″		° ′ ″		m	m
		1	146 06 13	146° 06′ 11″		° ′ ″	109.60	109.60
	6	3	438 18 33				109.60	
6	교1	0	0 00 00					
		1	206 43 35	206 43 32			152.71	152.71
	교2	3	620 10 36				152.71	
교2	6	0	0 00 00					
		1	1 00 51	1 00 52				
	P	3	3 02 35					

2011. 07. 01. 관 측	관측자 : ○○○	사용기계 : DT	날씨: 맑음	풍력 : 화풍

다각점관측 및 거리측정부

(4)도선

측점	시준점	배수	관측각	평균각	고도 정/반	고도 평균	측정거리	수평거리
					° ′ ″	° ′ ″	m	m
경기4	경기1 / 7	0	0° 00′ 00″	228° 29′ 19″			103.28	103.28
		1	228 29 22				103.28	
		3	685 27 56					
7	경기4 / 8	0	0 00 00	225 56 29			210.88	210.88
		1	225 56 29				210.89	
		3	677 49 27					
8	7 / 9	0	0 00 00	164 26 45			119.95	119.95
		1	164 26 50				119.95	
		3	493 20 15					
9	8 / 교2	0	0 00 00	199 44 42			113.04	113.04
		1	199 44 38				113.04	
		3	599 14 06					
교2	9 / P	0	0 00 00	305 07 33				
		1	305 07 36					
		3	915 22 40					

2011. 07. 01. 관 측	관측자 : ○○○	사용기계 : DT	날씨 : 맑음	풍력 : 미풍

다각점관측 및 거리측정부

(5)도선

측점	시준점	배수	관측각	평균각	고도			측정거리	수평거리
					정	반	평균		
경기5	경기2	0	0° 00′ 00″		° ′ ″			m	m
	──	1	318 51 52	*318° 51′ 53″*			° ′ ″	101.30	*101.30*
	10	3	956 35 38					101.30	
10	경기5	0	0 00 00						
	──	1	216 02 34	*216 02 37*				73.35 73.35	*73.35*
	11	3	648 07 51						
11	10	0	0 00 00						
	──	1	160 33 16	*160 33 17*				152.94 152.94	*152.95*
	교2	3	481 39 52						
교2	11	0	0 00 00						
	──	1	229 43 47	*229 43 48*					
	P	3	689 11 25						

2011. 07. 01. 관 측	관측자 : ○○○	사용기계 : DT	날씨 : 맑음	풍력 : 화풍

풀이 및 정답 [계산순서]

① 다각망도선법계산부를 작성한다.

② 도선별로 다각점좌표계산부를 만들고 관측값을 이기한다.

③ 도선별 관측(계산)방위각(T_2')을 산출한다.
도선별 계산방위각(T_2') $= T_1 + \sum\alpha - 180°\ (n-1)$

④ 교점다각망계산부의 경중률란에 경중률을 기재한다.
㉠ 각에 대한 경중률은 측점수(또는 10으로 나눈 수)
㉡ 거리에 대한 경중률은 도선거리 합계를 1,000으로 나눈 수

⑤ 방위각란에 도선별 산출방위각(T_2')을 이기하고 오차(W_n)를 계산한다.

⑥ 상관방정식을 수립한다.
상관방정식의 수립은 조건식 구성에 맞추어 부호를 붙인다.

⑦ 표준방정식(방위각)을 계산한다.

⑧ 정해(방위각), 상관수(방위각)를 계산한다.

⑨ 도선별 보정수(방위각)를 계산한다.

⑩ 보정값을 방위각 보정란에 기재하고 평균방위각을 계산한다.

⑪ 평균방위각을 다각점계산부에 이기하고 도선별 각오차를 계산한다.
산출방위각 − 평균방위각 = 각(방위각)오차

⑫ 측각오차 배부식에 의해 오차를 배부하고 도선별 방위각을 계산한다.

⑬ 도선별 종·횡선차를 계산하고 교점의 종·횡선계산(1차)좌표를 산출한다.

⑭ 산출된 종·횡선계산(1차)좌표를 교점다각망계산부의 종선좌표와 횡선좌표의 관측란에 기재한다.

⑮ 조건식별로 오차(W_n)를 계산한다.

⑯ 상관방정식에 의해 종·횡선좌표의 표준방정식을 계산하고 정해(종·횡선좌표)와 상관수(종·횡선좌표)를 계산한다.

⑰ 도선별 보정수(종·횡선좌표)를 계산한다.

⑱ 보정값을 종선좌표, 횡선좌표 보정란에 기재하고 종·횡선 평균좌표를 계산한다.

⑲ 평균좌표를 다각점계산부에 이기하고 도선별 종·횡선오차를 계산한다.
㉠ 종선산출좌표 − 종선평균좌표 = 종선오차(fx)
㉡ 횡선산출좌표 − 횡선평균좌표 = 횡선오차(fy)
㉢ 연결오차 $= \sqrt{\text{종선오차}(fx)^2 + \text{횡선오차}(fy)^2}$

⑳ 종·횡선오차의 배부식에 의해 오차를 배부하고 도선별 각 점의 좌표를 결정한다.

(1) 관측(계산)방위각의 계산

① 관측(계산)방위각 = 기지방위각 + 관측각의 합 − 180(측점수 − 1)

② 교점과 교점으로 이루어진 도선의 관측(계산)방위각의 계산시에는 전도선의 계산방위각을 기지방위각으로 하여 계산을 실시한 후 오차를 계산하기 위해서 전도선의 평균방위각을 기지방위각으로 하여 다시 계산을 하여야 한다.

(1)도선 = 51° 43′ 38″ + 1056° 30′ 43″ − 720° 00′ 00″
= 28° 14′ 21″

(2)도선 = 314° 42′ 53″ + 973° 31′ 42″ − 540° 00′ 00″
= 28° 14′ 35″

(3)도선 = 28° 14′ 35″ + 353° 50′ 35″ − 360° 00′ 00″
= 22° 05′ 10″(평균방위각을 계산하기 위한 임시계산방위각)

※(3)도선 = 28° 14′ 32″ + 353° 50′ 35″ − 360° 00′ 00″
= 22° 05′ 07″(오차를 계산하기 위한 최종계산방위각)

(4)도선 = 338° 20′ 20″ + 1123° 44′ 48″ − 720° 00′ 00″
= 22° 05′ 08″

(5)도선 = 356° 53′ 42″ + 925° 11′ 35″ − 540° 00′ 00″
= 22° 05′ 17″

※ 계산방위각을 계산한 결과 360°가 넘는 경우에는 360°만큼씩 감해 준다.

(2) 방정식에 의한 방위각 오차(Wn)의 산출

① W_1 = (1)도선 관측방위각 − (2)도선 관측방위각
= 28° 14′ 21″ − 28° 14′ 35″ = −14″

② W_2 = (3)도선 관측방위각 − (4)도선 관측방위각
= 22° 05′ 10″ − 22° 05′ 08″ = +2″

③ W_3 = (4)도선 관측방위각 − (5)도선 관측방위각
= 22° 05′ 08″ − 22° 05′ 17″ = −9″

(3) 경중률의 계산

① 방위각 : 각 도선별 측점수(또는 측점수를 10이나 100으로 나눈 값)

② 거리 : 각 도선별 거리의 합(또는 도선거리 합을 100이나 1,000으로 나눈 값)

(4) 1차계산좌표의 계산

① 1차계산좌표 = 기지좌표 + 종선(횡선)차의 합

② 교점과 교점으로 이루어진 도선의 계산(1차)좌표의 계산시에는 앞 도선의 계산(1차)좌표를 기지로 하여 계산을 실시한 후 오차를 계산하기 위해서 앞 도선의 평균(2차)좌표를 기지로 하여 다시 계산을 하여야 한다.

㉠ 종선에 대한 계산좌표(1차)

(1)도선 = 7,563.48 + (−83.85 − 76.39 − 98.44 − 45.00) = 7,259.80

(2)도선 = 7,395.61 + (−95.37 − 25.26 − 15.25) = 7,259.73

(3)도선 = 7,259.73 + (−109.07 − 142.50) = 7,008.16

(※ 평균좌표를 계산하기 위한 임시 1차 계산좌표)

(3)도선 = 7,259.74 + (−109.07 − 142.50) = 7,008.17

(※ 오차를 계산하기 위한 최종1차계산좌표)

(4)도선 = 7,253.26 + (−92.16 − 62.47 − 64.95 − 25.50) = 7,008.17

(5)도선 = 6,727.46 + (+72.57 + 72.60 + 135.49) = 7,008.12

㉡ 횡선에 대한 계산좌표(1차) : 생략

(5) 방정식에 의한 종·횡선 오차(W_n)의 산출

① 종선좌표에 대한 오차(W_n)의 산출

㉠ W_1 = (1)도선계산좌표 − (2)도선계산좌표

= 7,259.80 − 7,259.73 = +0.07

㉡ W_2 = (3)도선계산좌표 − (4)도선계산좌표

= 7,008.16 − 7,008.17 = −0.01

㉢ W_3 = (4)도선계산좌표 − (5)도선계산좌표

= 7,008.17 − 7,008.12 = +0.05

② 횡선좌표에 대한 오차(W_n)의 산출 : 생략

(6) 상관방정식, 표준방정식, 정해, 상관수, 보정수의 계산은 [예제 3-24]의 계산방법과 동일함

예제 3-25 정답

교점다각망계산부(H· A형)

약 도

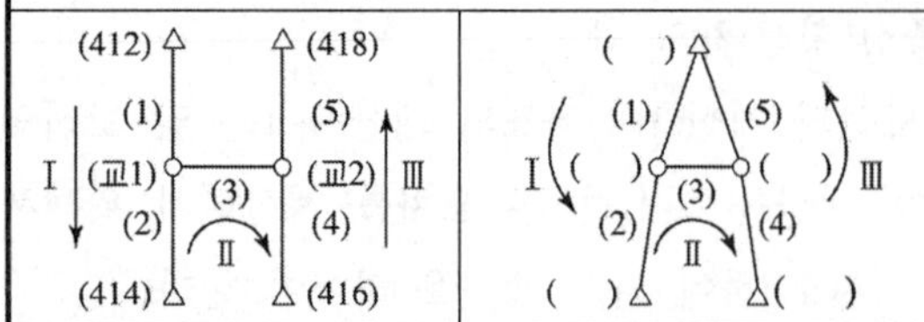

조건식			경중률	ΣN	ΣS
	Ⅰ	(1)−(2)+ W_1=0	(1)	5	495.14
			(2)	4	507.25
	Ⅱ	(2)+(3)−(4)+ W_2=0	(3)	3	262.31
			(4)	5	547.15
	Ⅲ	(4)−(5)+ W_3=0	(5)	4	327.60

1. 방위각

순서	도선	관 측	보정	평 균
Ⅰ	(1)	28° 14′ 21″	+11	28° 14′ 32″
	(2)	28 14 35	−3	28 14 32
	W_1	−14		
Ⅱ	(2)+(3)	22 05 10	+1	22 05 10
	(4)	22 05 08	+2	22 05 10
	W_2	+2		
Ⅲ	(4)	22 05 08	+2	22 05 10
	(5)	22 05 17	−7	22 05 10
	W_3	−9		

2. 종선좌표

순서	도선	관 측	보정	평 균
Ⅰ	(1)	7,259.80	−0.05	7,259.75
	(2)	7,259.73	+0.02	7,259.75
	W_1	+0.07		.
Ⅱ	(2)+(3)	7,008.16	0.00	7,008.16
	(4)	7,008.17	−0.01	7,008.16
	W_2	−0.01		.
Ⅲ	(4)	7,008.17	−0.01	7,008.16
	(5)	7,008.12	+0.04	7,008.16
	W_3	+0.05		.

3. 횡선좌표

순서	도선	관 측	보정	평 균
Ⅰ	(1)	−1,544.63	0.00	−1,544.63
	(2)	−1,544.61	−0.02	−1,544.63
	W_1	−0.02		.
Ⅱ	(2)+(3)	−1,588.72	−0.02	−1,588.74
	(4)	−1,588.70	−0.04	−1,588.74
	W_2	−0.02		.
Ⅲ	(4)	−1,588.70	−0.04	−1,588.74
	(5)	−1,588.77	+0.03	−1,588.74
	W_3	+0.07		.

4. 계 산

1) 상관방정식

순서	ΣN	ΣS	Ⅰ	Ⅱ	Ⅲ
(1)	5	4.95	+1		
(2)	4	5.07	−1	+1	
(3)	3	2.62		+1	
(4)	5	5.47		−1	+1
(5)	4	3.28			−1

2) 표준방정식(방위각)

Ⅰ	Ⅱ	Ⅲ	Wα	Σ
+9	−4	0	−14	−9
	+12	−5	+2	+5
		+9	−9	−5

3) 표준방정식(종 · 횡선좌표)

Ⅰ	Ⅱ	Ⅲ	Wx	Σ	Wy	Σ
+10.02	−5.07	0	+0.07	+5.02	−0.02	+4.93
	+13.16	−5.47	−0.01	+2.62	−0.02	+2.60
		+8.75	+0.05	+3.33	+0.07	+3.35

4) 정 해(방위각)

I	II	III	W_a	Σ
+9	-4	0	-14	-9
C_1	+0.4444	0	+1.5556	+1.0000
	+12	-5	+2	+5
	-1.7776	0	-6.2224	-4.0000
	+10.2224	-5	-4.2224	+1.0000
	C_2	+0.4891	+0.4131	-0.0978
		+9	-9	-5
		-2.4455	-2.0655	+0.4890
		+6.5545	-11.0655	-4.5110
		C_3	+1.6882	+0.6882

5) 정 해(종횡선좌표)

I	II	III	W_x	Σ	W_y	Σ
+10.02	-5.07	0	+0.07	+5.02	-0.02	+4.93
C_1	+0.5060	0	-0.0070	-0.5010	+0.0020	-0.4920
	+13.16	-5.47	-0.01	+2.62	-0.02	+2.60
	-2.5654	0	+0.0355	+2.5401	-0.0101	+2.4944
	+10.5946	-5.47	+0.0255	+5.1601	-0.0301	+5.0944
	C_2	+0.5163	-0.0024	-0.4871	+0.0028	-0.4808
		+8.75	+0.05	+3.33	+0.07	+3.35
		-2.8242	+0.0131	+2.6644	-0.0153	+2.6300
		+5.9258	+0.0631	+5.9944	+0.0547	+5.9800
		C_3	-0.0106	-1.0116	-0.0092	-1.0091

6) 상관수(방위각)

C_1	C_2	C_3
+1.5556	+0.4131	+1.6882
0.0000	+0.8257	
+0.5505		
+2.1061	+1.2388	+1.6882

7) 상관수(종선좌표)

C_1	C_2	C_3
-0.0070	-0.0024	-0.0106
0.0000	-0.0055	
-0.0040		
-0.0110	-0.0079	-0.0106

8) 상관수(횡선좌표)

C_1	C_2	C_3
+0.0020	+0.0028	-0.0092
0.0000	-0.0047	
-0.0010		
+0.0010	-0.0019	-0.0092

9) 보정수(방위각)

	C_1	C_2	C_3	Σ
1	+10.5305			+11
2	-8.4244	+4.9552		-3
3		+3.7164		+4
4		-6.1940	+8.4410	+2
5			-6.7528	-7

10) 보정수(종선좌표)

	C_1	C_2	C_3	Σ
1	-0.0544			-0.05
2	+0.0558	-0.0401		+0.02
3		-0.0207		-0.02
4		+0.0432	-0.0580	-0.01
5			+0.0348	-0.04

11) 보정수(횡선좌표)

	C_1	C_2	C_3	Σ
1	+0.0050			0.00
2	-0.0051	-0.0096		-0.02
3		-0.0050		0.00
4		+0.0104	-0.0503	-0.04
5			+0.0302	+0.03

다각점좌표계산부

(1)도선

측 점	시준점	보정치 관 측 각	반 수 수평거리	방 위 각	종선차(ΔX) 보정치 종선좌표	횡선차(ΔY) 보정치 횡선좌표
경기2	경기1	——	——	51 43 38	—— —— 7,563.48	—— —— -1,482.02
경기2	1	+2 76 45 30	7.42 134.73	128 29 10	-83.85 -0.02 7,479.62	+105.46 0.00 -1,376.56
1	2	+3 276 33 13	9.25 108.11	225 02 26	-76.39 -0.01 7,403.21	-76.50 0.00 -1,453.06
2	3	+3 110 17 54	9.23 108.32	155 20 23	-98.44 -0.02 7,304.75	+45.19 0.00 -1,407.86
3	교1	+2 276 26 47	6.95 143.98	251 47 13	-45.00 -0.01 7,259.74	-136.77 0.00 -1,544.63
교1	Q	—— 316 27 19	(32.85) (495.14)	28 14 32	——	——
n = 5 계산방위각 = 평균방위각 =		28 14 21 28 14 32	——	계산(1차)좌표= 평균(2차)좌표=	7,259.80 7,259.74	-1,544.63 -1,544.63
	오차= 공차=	- 11″ ± 44″ (±20√n)	——		fx = +0.06	fy = +0.00
		※ n은 측점수임 ——	——		연결오차 = 공 차 =	0.06 m 0.22 m
계산방위각 = $T_1 + \Sigma\alpha - 180°\ (n-1)$ 각오차 = 계산방위각-평균방위각			——		—— ——	
		——	——		—— ——	—— ——
		——	——		—— ——	—— ——
		——	——		—— ——	—— ——

다각점좌표계산부

(2)도선

측 점	시준점	보정치 관 측 각	반 수 수평거리	방 위 각	종선차(ΔX) 보정치 종선좌표	횡선차(ΔY) 보정치 횡선좌표
경기3	경기2	—	—	314 42 53	— — 7,395.61	— — -1,312.47
경기3	4	-1 173 51 33	6.54 152.96	128 34 25	-95.37 +0.01 7,300.25	+119.59 0 -1,192.89
4	5	-1 312 36 33	6.07 164.78	261 10 57	-25.26 0 7,274.99	-162.83 -0.01 -1,355.73
5	교1	-1 184 12 09	5.28 189.51	265 23 05	-15.25 0 7,259.74	-188.90 -0.01 -1,544.63
교1	Q	— 302 51 27	(17.88) (507.25)	28 14 32	—	—
n = 4 계산방위각 = 평균방위각 =		28 14 35 28 14 32	—	계산(1차)좌표= 평균(2차)좌표=	7,259.73 7,259.74	-1,544.61 -1,544.63
	오차 = 공차 =	- 3″ ± 40″	—		f_x= -0.01	f_y= +0.02
		—	—		연결오차 = 공 차 =	0.02 m 0.22 m
계산방위각 = $T_1 + \sum\alpha - 180°$ $(n-1)$ 각오차 = 계산방위각-평균방위각			—		— —	— —
		—	—		— —	— —
		—	—		— —	— —
		—	—		— —	— —
		—	—		— —	— —

다각점좌표계산부

(3)도선

측 점	시준점	보정치 관 측 각	반 수 수평거리	방 위 각	종선차(ΔX) 보정치 종선좌표	횡선차(ΔY) 보정치 횡선좌표
교1	Q	——	——	(28 14 35) 28 14 32	—— (7,259.73) 7,259.74	—— (-1,544.61) -1,544.63
교1	6	+2 146 06 11	9.12 109.60	174 20 45	-109.07 -0.01 7,150.67	+10.80 0.00 -1,533.83
6	교2	+1 206 43 32	6.55 152.71	201 04 18	-142.50 -0.01 7,008.16	-54.91 -0.01 -1,588.74
교2	P	—— 1 00 52	(15.67) (262.31)	22 05 10	——	——
n = 3 계산방위각 = 평균방위각 =		(22 05 10) 22 05 07 22 05 10	——	계산(1차)좌표= 평균(2차)좌표=	(7,008.16) 7,008.17 7,008.16	(-1,588.72) -1,588.73 -1,588.74
	오차 = 공차 =	- 3″ ± 34″	——		fx= +0.01	fy= +0.01
		——	——		연결오차 = 공 차 =	0.01 m 0.16 m
계산방위각 = $T_1 + \sum\alpha - 180°(n-1)$ 각오차 = 계산방위각-평균방위각			——		—— ——	—— ——
		——	——		—— ——	—— ——
		——	——		—— ——	—— ——
		——	——		—— ——	—— ——
		——	——		—— ——	—— ——
		——	——		—— ——	—— ——

다각점좌표계산부

(4)도선

측 점	시준점	보정치 관 측 각	반 수 수평거리	방 위 각	종선차(ΔX) 보정치 종선좌표	횡선차(ΔY) 보정치 횡선좌표
경기4	경기1	—	—	338 20 20	— — 7,253.26	— — -1,129.71
경기4	7	+1 228 29 19	9.68 103.28	206 49 39	-92.16 -0.01 7,161.09	-46.61 0.00 -1,176.32
7	8	0 225 56 29	4.74 210.88	252 46 09	-62.47 0.00 7,098.62	-201.42 -0.02 -1,377.76
8	9	+1 164 26 45	8.34 119.95	237 12 54	-64.95 0.00 7,033.66	-100.84 -0.01 -1,478.61
9	교2	+1 199 44 42	8.85 113.04	256 57 37	-25.50 0.00 7,008.16	-110.13 -0.01 -1,588.74
교2	P	0 305 07 33	(31.61) (547.15)	22 05 10	—	—
n = 5 계산방위각 = 평균방위각 =		22 05 08 22 05 10	—	계산(1차)좌표= 평균(2차)좌표=	7,008.17 7,008.16	-1,588.70 -1,588.74
	오차= 공차=	- 3″ ± 44″	—		fx = +0.01	fy = +0.04
		—	—		연결오차 = 공 차 =	0.04 m 0.23 m
계산방위각 = $T_1 + \sum\alpha - 180°(n-1)$ 각오차 = 계산방위각-평균방위각			—		— —	
		—	—		— —	— —
		—	—		— —	— —
		—	—		— —	— —

다각점좌표계산부

(5)도선

측 점	시준점	보정치 관 측 각	반 수 수평거리	방 위 각	종선차(ΔX) 보정치 종선좌표	횡선차(ΔY) 보정치 횡선좌표
경기5	Q	―	―	356 53 42	― ― 6,727.46	― ― -1,436.67
경기5	10	-2 318 51 53	9.87 101.30	315 45 32	+72.57 +0.01 6,800.04	-70.67 +0.01 -1,507.33
10	11	-3 216 02 37	13.63 73.35	351 48 06	+72.60 +0.01 6,872.65	-10.46 0.00 -1,517.79
11	교2	-2 160 33 17	6.54 152.95	332 21 22	+135.49 +0.02 7,008.16	-70.96 +0.01 -1,588.74
교2	P	0 229 43 48	(30.04) (327.60)	22 05 10	―	―
n = 4 계산방위각 = 평균방위각 =		22 05 17 22 05 10	―	계산(1차)좌표= 평균(2차)좌표=	7,008.12 7,008.16	-1,588.77 -1,588.74
	오차= 공차=	- 7″ ± 40″	―		fx= -0.04	fy= -0.03
		―	―		연결오차 = 공 차 =	0.05 m 0.18 m
계산방위각 = $T_1 + \Sigma\alpha - 180°$ (n-1) 각오차 = 계산방위각-평균방위각			―		― ―	
		―	―		― ―	
		―	―		― ―	― ―
		―	―		― ―	― ―
		―	―		― ―	― ―

예제 3-26 **다각망도선법으로 H망을 구성하여 실시한 지적도근측량의 관측결과에 의하여 망평균계산법으로 지적도근점의 좌표를 계산하시오.** (단, 축척은 1,000분의 1임)

- 약 도

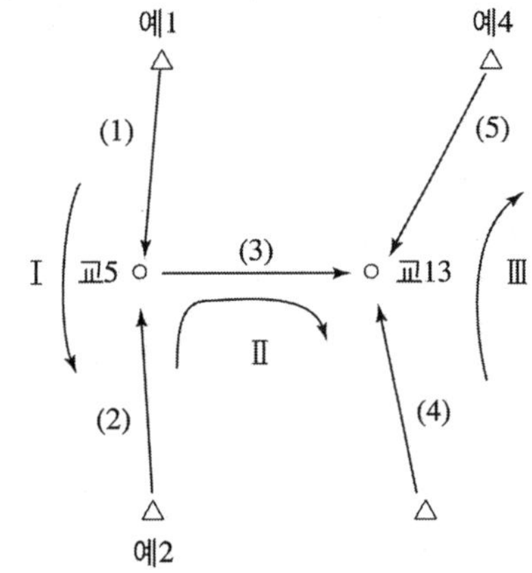

- 기지좌표

기지점	X(m)	Y(m)
예1	−6756.15	−2,771.76
예2	−6926.56	−1,896.17
예3	−6416.74	−1,599.38
예4	−6210.58	−2,400.56

- 기지방위각

도선	방향	방위각
(1)	예1 → 예5	0° 45′ 33″
(2)	예2 → 예6	32° 09′ 45″
(4)	예3 → 예7	277° 08′ 17″
(5)	예4 → 예5	202° 17′ 53″

- 관측각 및 거리

(1)도선

측 점	시준점	관측각(평균)	수평거리
예1	예5 / 1	90° 42′ 21″	210.51
1	예1 / 2	169° 23′ 18″	231.48
2	1 / 3	200° 44′ 15″	91.41
3	2 / 4	179° 09′ 22″	89.84
4	3 / 교5	157° 43′ 48″	70.66
교5	4 / Q1	292° 48′ 07″	

(2)도선

측 점	시준점	관측각(평균)	수평거리
예2	예6 / 6	279° 56′ 10″	61.58
6	예2 / 7	173° 05′ 14″	76.89
7	6 / 8	216° 14′ 29″	77.84
8	7 / 교5	129° 17′ 27″	60.21
교5	8 / Q1	80° 34′ 10″	

(3)도선

측 점	시준점	관측각(평균)	수평거리
교5	Q1 / 9	186° 32′ 26″	65.64
9	교5 / 10	118° 00′ 26″	62.94
10	9 / 11	253° 58′ 54″	66.84
11	10 / 12	217° 02′ 01″	51.43
12	11 / 교13	116° 30′ 52″	39.85
교13	12 / Q2	193° 37′ 46″	

(4)도선

측 점	시준점	관측각(평균)	수평거리
예3	예7 / 14	304° 08′ 23″	40.33
14	예3 / 15	232° 19′ 16″	156.49
15	14 / 16	122° 13′ 38″	85.39
16	15 / 17	210° 29′ 36″	82.92

17	16 / 18	245° 25′ 59″	68.73
18	17 / 19	138° 20′ 49″	75.70
19	18 / 교13	140° 04′ 02″	41.07
교13	19 / Q2	326° 50′ 17″	

(5)도선

측 점	시준점	관측각(평균)	수평거리
예4	예5 / 20	300° 37′ 20″	44.91
20	예4 / 21	181° 00′ 55″	57.34
21	20 / 22	148° 43′ 13″	62.89
22	21 / 23	218° 10′ 47″	59.12
23	22 / 24	180° 59′ 36″	75.33
24	23 / 25	164° 09′ 32″	71.95
25	24 / 26	159° 02′ 27″	69.76
26	25 / 교13	157° 59′ 09″	77.57
교13	26 / Q2	103° 59′ 13″	

예제 3-26 정답

교점다각망계산부($H \cdot A$형)

약도	

1. 방위각

순서	도선	관측	보정	평균
I	(1)	191° 16′ 44″	+27	191° 17′ 11″
	(2)	191 17 15	−4	191 17 11
	W_1	−31″		
II	(2)+(3)	16 59 40	+17	16 59 57
	(4)	17 00 17	−20	16 59 57
	W_2	−37″		
III	(4)	17 00 17	−20	16 59 57
	(5)	17 00 05	−8	16 59 57
	W_3	+12″		

조건식

	조건식
I	$(1)-(2)+W_1=0$
II	$(2)+(3)-(4)+W_2=0$
III	$(4)-(5)+W_3=0$

경중률

	ΣN	ΣS
(1)	6	6.94
(2)	5	2.77
(3)	6	2.87
(4)	8	5.51
(5)	9	5.19

2. 종선좌표

순서	도선	관측	보정	평균
I	(1)	−6,745.77 m	−0.09	−6,745.86 m
	(2)	−6,745.88	+0.02	−6,745.86
	W_1	+0.11		.
II	(2)+(3)	−6,520.25	0	−6,520.25
	(4)	−6,520.19	−0.06	−6,520.25
	W_2	−0.06		.
III	(4)	−6,520.19	−0.06	−6,520.25
	(5)	−6,520.34	+0.09	−6,520.25
	W_3	+0.15		.

3. 횡선좌표

순서	도선	관측	보정	평균
I	(1)	−2,085.74 m	−0.04	−2,085.78 m
	(2)	−2,085.81	+0.03	−2,085.78
	W_1	+0.07		.
II	(2)+(3)	−2,026.69	+0.05	−2,026.64
	(4)	−2,026.61	−0.03	−2,026.64
	W_2	−0.08		.
III	(4)	−2,026.61	−0.03	−2,026.64
	(5)	−2,026.64	0	−2,026.64
	W_3	+0.03		.

4. 계 산

1) 상관방정식

순서	ΣN	ΣS	I	II	III
(1)	6	6.94	+1		
(2)	5	2.77	−1	+1	
(3)	6	2.87		+1	
(4)	8	5.51		−1	+1
(5)	9	5.19			−1

2) 표준방정식(방위각)

I	II	III	$W\alpha$	Σ
+11	−5	0	−31	−25
	+19	−8	−37	−31
		+17	+12	+21

3) 표준방정식(종 · 횡선좌표)

I	II	III	Wx	Σ	Wy	Σ
+9.71	−2.77	0	+0.11	+7.05	+0.07	+7.01
	+11.15	−5.51	−0.06	+2.81	−0.08	+2.79
		+10.70	+0.15	+5.34	+0.03	+5.22

4) 정 해(방위각)

Ⅰ	Ⅱ	Ⅲ	W_a	Σ
+11	-5	0	-31	-25
C_1	+0.4545	0	+2.8182	+2.2727
	+19	-8	-37	-31
	-2.2725	0	-14.0910	-11.3635
	+16.7275	-8.0000	-51.0910	-42.3635
	C_2	+0.4783	+3.0543	+2.5326
		+17	+12	+21
		-3.8264	-24.4344	-20.2608
		+13.1736	-12.4344	+0.7392
		C_3	+0.9439	-0.0561

5) 정 해(종횡선좌표)

Ⅰ	Ⅱ	Ⅲ	W_x	Σ	W_y	Σ
+9.71	-2.77	0	+0.11	+7.05	+0.07	+7.01
C_1	+0.2853	0	-0.0113	-0.7261	-0.0072	-0.7219
	+11.15	-5.51	-0.06	+2.81	-0.08	+2.79
	-0.7903	0	+0.0313	+2.0113	+0.0199	+1.9997
	+10.3597	-5.5100	-0.0287	+4.8213	-0.0601	+4.7897
	C_2	+0.5319	+0.0028	-0.4654	+0.0058	-0.4623
		+10.70	+0.15	+5.34	+0.03	+5.22
		-2.9308	-0.0154	+2.5644	-0.0320	+2.5473
		+7.7692	+0.1346	+7.9044	-0.0020	+7.7673
		C_3	-0.0173	-1.0174	+0.0003	-0.9998

6) 상관수(방위각)

C_1	C_2	C_3
+2.8182	+3.0543	+0.9439
0	+0.4515	
+1.5934		
+4.4116	+3.5058	+0.9439

7) 상관수(종선좌표)

C_1	C_2	C_3
-0.0113	+0.0028	-0.0173
0	-0.0092	
-0.0018		
-0.0131	-0.0064	-0.0173

8) 상관수(횡선좌표)

C_1	C_2	C_3
-0.0072	+0.0058	+0.0003
0	+0.0002	
+0.0017		
-0.0055	+0.0060	+0.0003

9) 보정수(방위각)

	C_1	C_2	C_3	Σ
1	+26.4696			+27
2	-22.0580	+17.5290		-4
3		+21.0348		+21
4		-28.0464	+7.5512	-20
5			-8.4951	-8

10) 보정수(종선좌표)

	C_1	C_2	C_3	Σ
1	-0.0909			-0.09
2	+0.0363	-0.0177		+0.02
3		-0.0184		-0.02
4		+0.0353	-0.0953	-0.06
5			+0.0898	+0.09

11) 보정수(횡선좌표)

	C_1	C_2	C_3	Σ
1	-0.0382			-0.04
2	+0.0152	+0.0166		+0.03
3		+0.0172		+0.02
4		-0.0331	+0.0017	-0.03
5			-0.0016	-0.00

다각점좌표계산부

(1)도선

측 점	시준점	보정치 관 측 각	반 수 수평거리	방 위 각	종선차(Δx) 보정치 종선좌표(X)	횡선차(Δy) 보정치 횡선좌표(Y)
예1	예5	° ′ ″	m	0° 45′ 33″	m -6,756.15	m -2,771.76
예1	1	+3 90 42 21	4.8 210.51	91 27 57	-5.39 0 -6,761.54	+210.44 -1 -2,561.33
1	2	+3 169 23 18	4.3 231.48	80 51 18	+36.79 -4 -6,724.79	+228.54 -1 -2,332.80
2	3	+6 200 44 15	10.9 91.41	101 35 39	-18.37 -2 -6,743.18	+89.54 -1 -2,243.27
3	4	+7 179 09 22	11.1 89.84	100 45 08	-16.76 -2 -6,759.96	+88.29 -1 -2,155.02
4	교5	+8 157 43 48	14.2 70.66	78 29 04	+14.11 -1 -6,745.86	+69.24 0 -2,085.78
교5	Q1	292 48 07		191 17 11		
	n=6 Σα=	1,090 31 11	(45.3) (693.90)		Σ|Δx|=91.42	Σ|Δy|=686.02
-180	+T1= (n-1)	0 45 33 900 00 00		계산좌표= 평균좌표=	-6,745.77 -6,745.86	-2,085.74 -2,085.78
(계산) (평균)	T2′= -T2=	191 16 44 191 17 11			fx= +0.09 연결오차=	fy= +0.09 0.10 m
	오차= 공차=	-27″ ± 48″			공 차=	0.26 m
계산방위각= $T_1 + \sum\alpha - 180°\ (n-1)$ 각오차 = 계산방위각-평균방위각						

다각점좌표계산부

(2)도선

측 점	시준점	보정치 관 측 각	반 수 수평거리	방 위 각	종선차(Δx) 보정치 종선좌표(X)	횡선차(Δy) 보정치 횡선좌표(Y)
예2	예6	° ′ ″	m	32° 09′ 45″	m -6,926.56	m -1,896.17
예2	6	-1 279 56 10	16.2 61.58	312 05 54	-41.28 0 -6,885.28	-45.69 +1 -1,941.85
6	7	-1 173 05 14	13.0 76.89	305 11 07	+44.31 +1 -6,840.96	-62.84 +1 -2,004.68
7	8	-1 216 14 29	12.8 77.84	341 25 35	+73.79 +1 -6,767.16	-24.79 0 -2,029.47
8	교5	-1 129 17 27	16.6 60.21	290 43 01	+21.30 0 -6,745.86	-56.32 +1 -2,085.78
교5	Q1	80 34 10		191 17 11		
	n=5 Σα=	879 07 30	(58.6) (276.52)		Σ|Δx|=180.68	Σ|Δy|=189.64
 -180	+T1= (n-1)	32 09 45 720 00 00		계산좌표= 평균좌표=	-6,745.88 -6,745.86	-2,085.81 -2,085.78
(계산) (평균)	T2′= -T2=	191 17 15 191 17 11			fx=-0.02 연결오차=	fy=-0.03 0.04 m
	오차= 공차=	+ 4″ ± 44″			공 차=	0.16 m
계산방위각 = $T_1 + \Sigma\alpha - 180°(n-1)$ 각오차 = 계산방위각−평균방위각						

다각점좌표계산부

(3)도선

측 점	시준점	보정치 관 측 각	반 수 수평거리	방 위 각	종선차(Δx) 보정치 종선좌표(X)	횡선차(Δy) 보정치 횡선좌표(Y)
교5	Q1	° ′ ″	.m	(191 17 15) 191 17 11	(-6,745.88) -6,745.86	(-2,085.81) -2,085.78
교5	9	+4 186 32 26	15.2 65.64	17 49 41	+62.49 -1 -6,683.38	+20.10 0 -2,065.68
9	10	+4 118 00 26	15.9 62.94	315 50 11	+45.15 0 -6,638.23	-43.85 +1 -2,109.52
10	11	+3 253 58 54	15.0 66.84	29 49 08	+57.99 -1 -6,580.25	+33.24 0 -2,076.28
11	12	+4 217 02 01	19.4 51.43	66 51 13	+20.22 0 -6,560.03	+47.29 +1 -2,028.98
12	교13	+6 116 30 52	25.1 39.85	3 22 11	+39.78 0 -6,520.25	+2.34 0 -2,026.64
교13	Q2	193 37 46		16 59 57		
n=6	Σα =	1,085 42 25 (191 17 15)	(90.6) (286.70)		Σ|Δ*x*|=225.63	Σ|Δ*y*|=146.82
-180	+ *T*1 = (*n*-1)	191 17 11 900 00 00		계산좌표= 평균좌표=	(-6,520.25) -6,520.23 -6,520.25	(-2,026.69) -2,026.66 -2,026.64
(계산) (평균)	*T*2′= - *T*2 =	(16 59 40) 16 59 36 16 59 57			*fx*= +0.02 연결오차=	*fy*= -0.02 0.03 m
	오차 = 공차 =	- 21″ ± 48″			공 차=	0.16 m
계산방위각= $T_1+\Sigma\alpha-180°$ $(n-1)$ 각오차 = 계산방위각-평균방위각						

다각점좌표계산부

(4)도선

측 점	시준점	보정치 관 측 각	반 수 수평거리	방 위 각	종선차(Δx) 보정치 종선좌표(X)	횡선차(Δy) 보정치 횡선좌표(Y)
예3	예7	° ′ ″	m	277° 08′ 17″	m -6,416.74	m -1,559.38
예3	14	−5 304 08 23	24.8 40.33	221 16 35	−30.31 −1 -6,447.06	+26.61 0 -1,585.99
14	15	−1 232 19 16	6.4 156.49	273 35 50	+9.82 0 -6,437.24	−156.18 −1 -1,742.18
15	16	−2 122 13 38	11.7 85.39	215 49 26	−69.24 −2 -6,506.50	−49.98 0 -1,792.16
16	17	−2 210 29 36	12.1 82.92	246 19 00	−33.31 −1 -6,539.82	−75.94 −1 -1,868.11
17	18	−3 245 25 59	14.5 68.73	311 44 56	+45.77 −1 -6,494.06	−51.28 0 -1,919.39
18	19	−2 138 20 49	13.2 75.70	270 05 43	+0.13 0 -6,493.93	−75.70 −1 -1,995.10
19	교13	−5 140 04 02	24.3 41.07	230 09 40	−26.31 −1 -6,520.25	−31.54 0 -2,026.64
교13	Q2	326 50 17		16 59 57		
	n=8 Σα =	1,719 52 00	(107.0) (550.63)		Σ |Δx|=214.89	Σ |Δy|=467.23
-180	+T1= (n−1)	277 08 17 1,260 00 00		계산좌표= 평균좌표=	-6,520.19 -6,520.25	-2,026.61 -2,026.64
(계산) (평균)	T2′= −T2 =	17 00 17 16 59 57			f_x= +0.06 연결오차=	f_y= +0.03 0.07 m
	오차 = 공차 =	+ 20″ ± 56″			공 차=	0.23 m
계산방위각= $T_1 + \Sigma\alpha - 180°$ (n-1) 각오차 = 계산방위각-평균방위각						

다각점좌표계산부

(5)도선

측 점	시준점	보정치 관 측 각	반 수 수평거리	방 위 각	종선차(Δx) 보정치 종선좌표(X)	횡선차(Δy) 보정치 횡선좌표(Y)
예4	예5	° ′ ″	m	202° 17′ 53″	m -6,210.58	m -2,400.56
예4	20	-1 300 37 20	22.3 44.91	142 55 12	-35.83 +1 -6,246.40	+27.08 0 -2,373.48
20	21	-1 181 00 55	17.4 57.34	143 56 06	-46.35 +1 -6,292.74	+33.76 0 -2,339.72
21	22	-1 148 43 13	15.9 62.89	112 39 18	-24.22 +1 -6,316.95	+58.04 0 -2,281.68
22	23	-1 218 10 47	16.9 59.12	150 50 04	-51.62 +1 -6,368.56	+28.81 0 -2,252.87
23	24	-1 180 59 36	13.3 75.33	151 49 39	-66.41 +2 -6,434.95	+35.57 0 -2,217.30
24	25	-1 164 09 32	13.9 71.95	135 59 10	-51.74 +2 -6,486.67	+49.99 0 -2,167.31
25	26	-1 159 02 27	14.3 69.76	115 01 36	-29.51 +1 -6,516.17	+63.21 0 -2,104.10
26	교13	-1 157 59 09	12.9 77.57	93 00 44	-4.08 0 -6,520.25	+77.46 0 -2,026.64
교13	Q2	103 59 13	——	16 59 57		
	n=9 Σα =	1,614 42 12	(126.9) (518.87)		$\Sigma \lvert \Delta x \rvert$=309.76	$\Sigma \lvert \Delta y \rvert$=373.92
-180	+$T1$= (n-1)	202 17 53 1,440 00 00		계산좌표= 평균좌표=	-6,520.34 -6,520.25	-2,026.64 -2,026.64
(계산) (평균)	$T2'$= -$T2$ =	17 00 05 16 59 57			fx = -0.09 연결오차=	fy = 0.00 0.09 m
	오차 = 공차 =	+ 8″ ± 60″			공 차=	0.22 m

(5) 복합망의 실시방법

도선법은 도선에서 발생한 오차를 당해 도선에 배부하여 성과를 결정함으로써 다른 도선과 연결하였을 때, 각 도선간의 오차가 서로 달라 동일한 성과를 얻기에는 불합리한 문제를 안고 있었다. 그러나 복합망은 각 도선에서 발생된 오차를 전체적으로 묶어 상호관련이 있는 도선과의 관계를 종합하여 오차를 소거시키는 방법으로 인접 기지점 상호간의 오차를 비교적 균등하게 해소하여 측량의 정밀도를 높이는 방법이다.

따라서 X망, Y망, A망, H망을 표준형태의 망을 계속적으로 구성하여 작업을 실시한다는 것은 효율성이 떨어지므로 이러한 미비점을 보완하여 망의 형태에 구애받지 않고 작업을 시행하는 방법을 복합망이라 한다.

가. 복합망의 구성

복합망의 구성은 지적삼각점, 지적삼각보조점 등의 기지점으로부터 지적도근점인 교점, 교점으로부터 다른 지적도근점인 교점을 연결하여 구성하고, 복합망을 관측할 때에는 각 노선에서 폐쇄가 가능하도록 3점 이상의 기지점을 포함한 결합다각방식에 의한다.

도선별 각관측은 배각법에 의하여 3배각으로 관측을 실시하며, 교점에서 폐색할 점은 각 노선에서 공통으로 관측할 수 있는 피뢰침과 같은 고정된 임의의 점을 선택한다. 이것은 도선법과 같이 기지점에서 다른 기지점에 폐색시키는 것과 같으며 각오차와 종횡선오차의 계산을 위하여 반드시 필요하므로 다각망도선법에서는 교점에서 고정된 임의의 점에 반드시 폐색시켜야 한다.

각은 각 도선별로 관측을 실시하여 도근측량계산부에 기록하여야 하며, 측각오차, 즉 도선별 평균방위각과 관측방위각에 대한 폐색오차의 허용공차와 각 도선으로부터 계산된 교점의 종횡선좌표의 연결오차에 대한 공차는 도선법의 1등도선을 적용한다.

나. 도선의 관측방법

㉠ 복합망은 기지점과 교점간 또는 교점과 교점간을 상호 연결하는 망으로 구성한다.

㉡ 기지점에서 교점까지 도선을 이루는 경우에는 반드시 기지점에서 출발

하여 교점을 향해 관측을 실시한다.

㉢ 교점과 교점이 만나 한 도선을 이루는 경우에는 계획에 따라 관측방향을 설정한다.

㉣ 교점에서는 기준점 또는 피뢰침 등의 고정된 물체를 시준점으로 하고 임의의 점은 가능한 각 교점에서 공통으로 보이는 점을 시준점으로 선택한다.

㉤ 도선이 다르더라도 같은 교점에서 각을 폐색시키는 방향은 반드시 같아야 한다.

㉥ 출발점이 기지점인 때에는 다른 기지점을 시준하여 관측을 실시하고 도착점인 교점에서는 임의의 고정된 점을 시준하여 폐색시켜야 한다.

㉦ 출발점이 교점인 때에는 폐색시킨 임의의 고정점을 시준하여 관측을 실시하고 도착점인 교점에서는 임의의 고정된 점을 시준하여 폐색시켜야 한다.

다. 복합망의 계산순서

㉠ 도선별 다각점관측 및 거리측정부를 작성한다.

⇒ 망의 형태에 맞게 도선번호를 부여한다.

㉡ 다각점좌표계산부에 3배각의 평균각과 수평거리를 옮겨 적는다.

㉢ 도선별 관측방위각(T_2')을 산출한다.

⇒ 도선별 관측방위각의 산출은 $T_2' = T_1 + \Sigma\alpha - 180°(n-1)$식에 의한다.

㉣ 교점다각망계산부에 의하여 평균방위각을 계산한다.

⇒ 각에 대한 경중률은 측점수로 경중률란에 기재한다.

⇒ 조건방정식에 오차를 계산한다.

⇒ 조건방정식에 의하여 상관방정식을 작성한다.

경중률은 측점수(ΣN)를 10으로 나누어 계산을 편리하게 한다.

⇒ 상관방정식과 경중률로 표준방정식을 계산한다.

Wα란에는 조건방정식에 오차를 기재한다.

⇒ 표준방정식의 정해를 계산한다.

⇒ 정해에 대한 역해로 상관계수를 계산한다.

⇒ 상관계수를 상관방정식에 곱하여 보정계수를 계산한다.

⇒ 방위각란에 보정계수를 기재하고 평균방위각을 계산한다.

㉤ 평균방위각을 다각점계산부에 옮겨 적고 도선별 각오차를 계산한다.
⇒ 각오차=관측방위각－평균방위각

㉥ 측각오차의 배부식에 의해 오차를 배부하고 도선별 방위각을 계산한다.

㉦ 도선별 종·횡선차를 계산하여 교점의 종·횡선의 계산좌표를 산출한다.

㉧ 산출된 종·횡선의 계산좌표를 교점다각망계산부의 종선 및 횡선좌표란에 기재한다.

㉨ 교점다각망계산부에 의하여 평균 종선 및 횡선의 평균좌표를 계산한다.
⇒ 종횡선좌표에 대한 경중률은 도선거리의 합계를 기준으로 한다.
⇒ 조건방정식에 오차를 계산한다.
⇒ 조건방정식에 의하여 상관방정식을 작성한다.
경중률은 거리의 합(ΣS)을 1000으로 나누어 계산을 편리하게 한다.
⇒ 상관방정식과 경중률로 표준방정식을 계산한다.
Wx와 Wy란에는 조건방정식에 오차를 기재한다.
⇒ 표준방정식의 정해를 계산한다.
⇒ 정해에 대한 역해로 상관계수를 계산한다.
⇒ 상관계수를 상관방정식에 곱하여 보정계수를 계산한다.
⇒ 종선 및 횡선좌표란에 보정계수를 기재하고 평균종·횡선좌표를 계산한다.

㉩ 평균종·횡선좌표를 다각점계산부에 이기하고 도선별 종·횡선오차를 계산한다.
⇒ 종·횡선오차=평균종·횡선좌표－계산좌표

㉪ 종·횡선오차의 배부식에 의해 오차를 배부하고 도선별 종·횡선좌표를 계산한다.

라. 복합망의 조건식작성방법

다각망도선법의 복합망은 도선법에서 발생하는 오차를 최소화하기 위하여 확정측량시행지역 내의 지적도근점 설치에 많이 사용되고 있는 측량방법이다. 그러나 관측과 계산방식이 복잡하다는 단점이 있으나 전산프로그램을 사용하여 계산함으로써 관측방법과 조건식의 작성에 대한 기본지식만 있으면 누구나 쉽게 실시할 수 있는 방법이다.

㉠ 관측방향의 설정

- 복합망의 도선은 기지점과 교점간 또는 교점과 교점간을 상호 연결하는 망으로 구성한다.
- 기지점에서 교점까지 도선을 이루는 (1), (2), (4), (5), (11)도선은 반드시 기지점에서 출발하여 교점을 향해 관측을 실시한다.
- 교점과 교점이 만나 한 도선을 이루는 (3), (6), (7), (8), (9), (10)도선은 계획에 따라 관측방향을 설정한다.

㉡ 도선의 관측방법

- 교점에서는 철탑, 피뢰침 등의 고정된 물체를 시준점으로 하고 이 점들은 가능한 교점에서 공통으로 보이는 점(Q)을 시준점으로 선택한다.
- 도선이 다르더라도 같은 교점에서 각을 폐색시키는 방향은 반드시 같아야 한다.
- 출발점이 기지점인 때에는 반드시 기지점을 시준하여 관측을 실시하고 도착점인 교점에서는 하나의 고정된 공통점(Q)을 시준하여 폐색시켜야 한다.

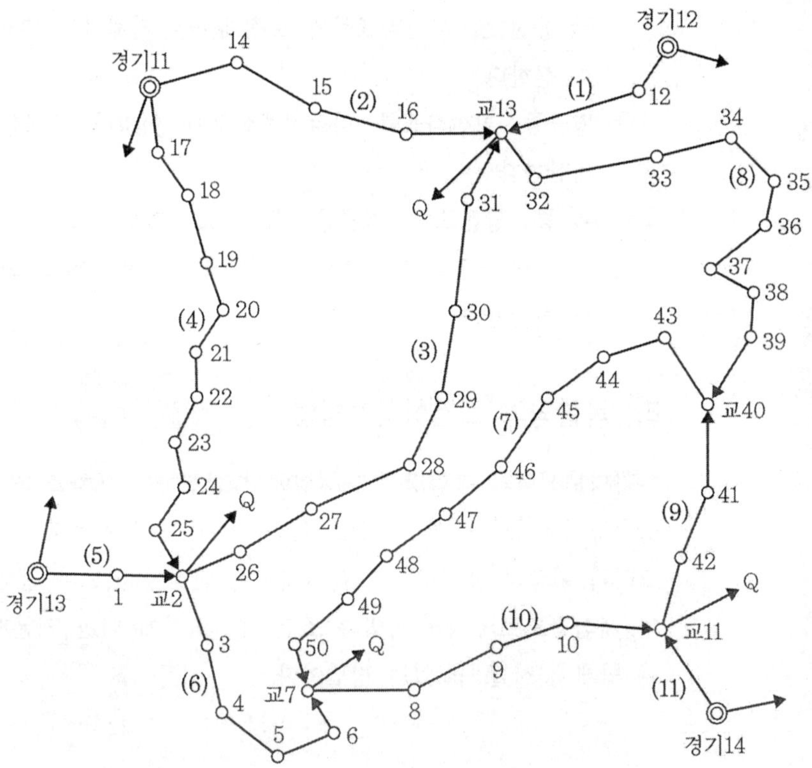

■ 출발점이 교점인 때에는 다른 도선에서 폐색시킨 임의의 고정점을 시준점으로 하여 관측을 실시하고 도착점인 교점에서는 임의의 고정된 공통점(Q)을 시준하여 폐색시켜야 한다.

㉢ 조건식의 작성

■ 최소조건식수는 도선수-교점수로 도선수(11)에서 교점수(5)를 빼면 최소조건식의 수는 6개가 된다. 그러나 실제는 7개의 조건식이 성립되나 계산에 필요한 6개의 조건식만 만들면 되므로 폐합되는 조건식 중에서 Ⅶ도선을 제외시켰다.

■ 조건식은 기지점에서 기지점 또는 폐합의 두가지 형태가 있다. 따라서 도선을 가로지르거나 기지점에서 교점간을 연결하여 이루어지는 조건식은 없다.

■ 조건식의 부호는 조건식의 진행방향과 관측방향이 같으면 (+), 조건식의 진행방향과 관측방향이 반대이면 (-)부호를 붙인다.

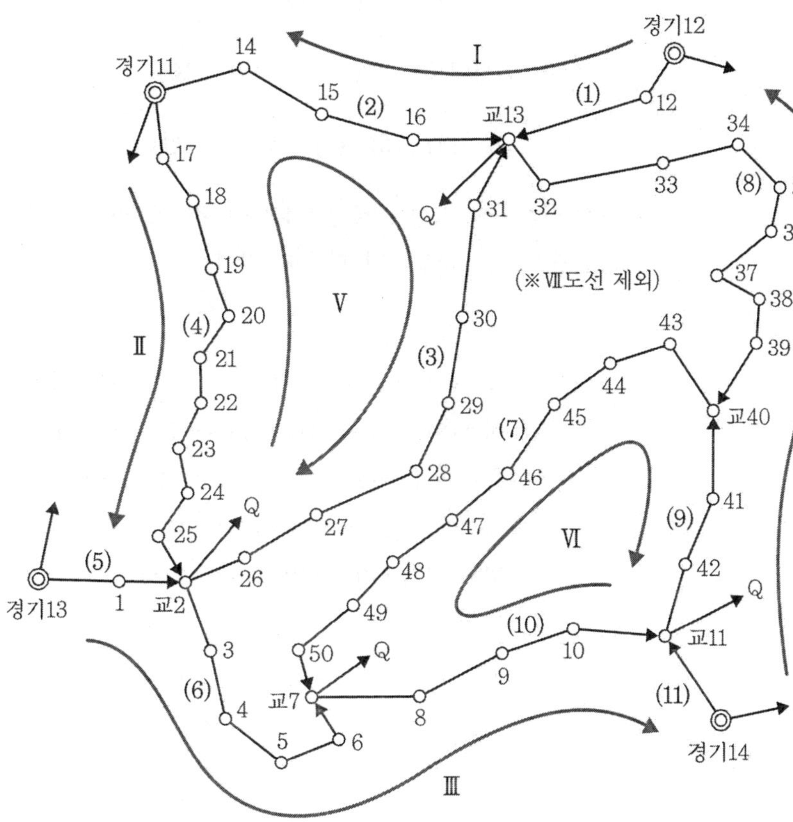

- 조건식의 진행방향은 반대로 구성하여도 되며, 이 경우 조건식의 부호는 서로 반대가 된다.
- 관측방향을 설정 할 때에는 교점에서 최소한 2개이상의 도선이 폐색되도록 하여야 한다.

$$
\begin{aligned}
&\text{I} = (1) - (2) \\
&\text{II} = (4) - (5) \\
&\text{III} = (5) + (6) + (10) - (11) \\
&\text{IV} = (11) + (9) - (8) - (1)
\end{aligned}
$$

이를 순서대로 쓰면, $-(1) \ \ -(8) + (9) + (11)$

$$\text{V} = -(4) + (2) - (3)$$

이를 순서대로 쓰면, $(2) - (3) - (4)$

$$\text{VI} = -(10) - (7) - (9)$$

이를 순서대로 쓰면, $-(7) - (9) - (10)$

$$\text{VII} = (3) - (6) + (7) + (8) \ \text{(제외함)}$$

㉣ 상관방정식의 작성 : 조건방정식의 각 도선에 독립변수 1을 부여하여 상관방정식을 작성하면 다음과 같다.

$$
\begin{aligned}
&\text{I} = (1) - (2) = +1 - 1 \\
&\text{II} = (4) - (5) = +1 - 1 \\
&\text{III} = (5) + (6) + (10) - (11) = +1 + 1 + 1 - 1 \\
&\text{IV} = -(1) - (8) + (9) + (11) = -1 - 1 + 1 + 1 \\
&\text{V} = (2) - (3) - (4) = +1 - 1 - 1 \\
&\text{VI} = -(7) - (9) - (10) = -1 - 1 - 1
\end{aligned}
$$

도선	ΣN	ΣS	Ⅰ	Ⅱ	Ⅲ	Ⅳ	Ⅴ	Ⅵ
(1)	3	0.137	+1			−1		
(2)	5	0.414	−1				+1	
(3)	8	0.537					−1	
(4)	11	0.606		+1			−1	
(5)	3	0.099		−1	+1			
(6)	6	0.306			+1			
(7)	10	0.553						−1
(8)	11	0.458				−1		
(9)	4	0.216				+1		−1
(10)	5	0.231			+1			−1
(11)	2	0.189			−1	+1		

⇒ ΣN = 각 도선별 변수로 출발시준점을 제외한 변의수로 측점수와 같음

⇒ ΣS = 각 도선별 측정거리의 합을 1000으로 나눈 수

예제 3-27 **지적도근측량 복합망의 약도에 의하여 조건식을 작성하시오.**

단, 기지점에서 기지점, 교점에서 미지점(Q)의 시준방향은 생략되었음.

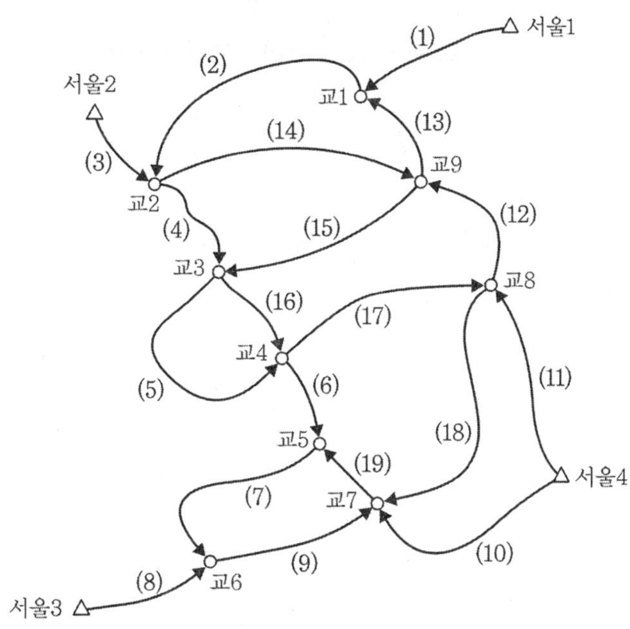

풀이 및 정답 (1) 도움말

⇒ 기지점에서 교점으로 이루어진 도선인 (1), (3), (8), (10), (11)은 반드시 기지점에서 교점을 향해 관측을 실시하여야 한다.

⇒ 그밖에 도선은 교점과 교점으로 이루어진 도선으로 교점에 가능하면 두 개이상의 도선이 폐합되도록 계획에 따라 관측방향을 설정한다.

(2) 최소조건식수 = 도선수 - 교점수 = 19 - 9 = 10

(3) 조건식

Ⅰ = (1) + (2) − (3)
Ⅱ = (3) + (4) + (5) + (6) + (7) − (8)
Ⅲ = (8) + (9) − (10)
Ⅳ = (11) + (12) + (13) − (1)
Ⅴ = −(2) − (13) − (14)
Ⅵ = −(4) + (14) + (15)
Ⅶ = −(5) + (16)
Ⅷ = −(12) − (17) − (16) − (15)
Ⅸ = −(6) + (17) + (18) + (19)
Ⅹ = −(7) − (19) − (9)
Ⅺ = − (11) + (10) − (18) (제외)

※ 조건식은 일반적으로 Ⅴ ~ Ⅺ 중 1개를 제외하면 되므로 XL조건식을 제외함

※ 조건식의 방향은 반대로 작성하여도 되며 조건식의 작성순서는 달리해도 됨

예제 3-28 **지적도근측량 다각망도선법 복합망도에 의하여 조건식을 작성하시오.**

단, 기지점에서 기지점, 교점에서 미지점(Q)의 시준방향은 생략되었음.

- 약 도

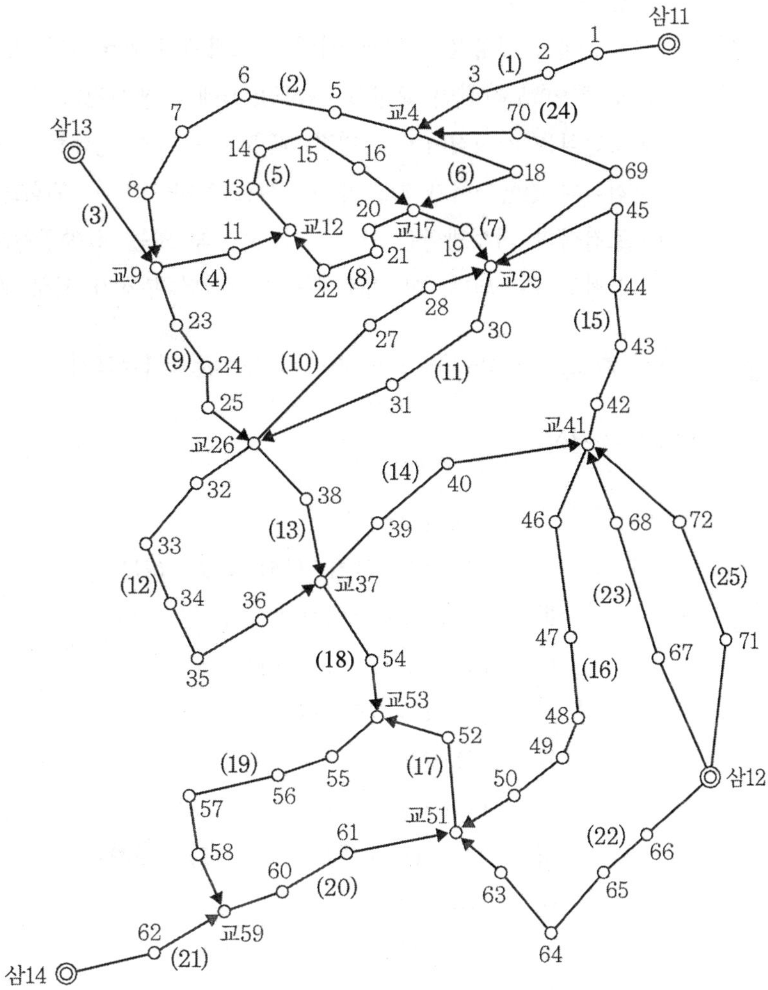

풀이 및 정답 (1) 도움말

☞ 기지점에서 교점으로 이루어진 도선인 (1), (3), (21), (22), (23), (25)은 반드시 기지점에서 교점을 향해 관측을 실시하도록 방향을 설정한다.

☞ 그밖에 교점과 교점으로 이루어진 도선은 한 교점에 가능하면 두개의 도선이 폐합되어 폐색점의 평균값을 구할 수 있도록 계획에 따라 관측방향을 설정한다.

☞ 교점에서 관측을 시작할 때에는 교점에서 폐색시킨 미지점(Q)을 시준점으로 하여 도착점인 교점의 미지점(Q)에 폐색시킨다.

☞ 조건식은 기지점에서 기지점, 폐합의 두가지 형태로 도선의 관측방향과 조건식의 진행순서가 같으면 +, 서로 반대이면 - 부호를 붙여서 작성한다.

☞ 조건식의 작성방향은 작성자가 오른쪽 또는 왼쪽방향으로 임의로 방향을 설정하여도 되며, 이 경우에는 조건식의 부호가 서로 반대가 된다.

(2) 최소조건식의 수 = 도선수 - 교점수 = 25 - 11 = 14개

(3) 조건식

Ⅰ = +(1) + (2) − (3)
Ⅱ = +(3) + (9) + (12) + (18) + (19) − (21)
Ⅲ = +(21) + (20) − (22)
Ⅳ = +(25) + (15) + (24) − (1)
Ⅴ = −(2) + (6) − (5) − (4)
Ⅵ = −(6) − (24) − (7)
Ⅶ = +(5) + (8)
Ⅷ = + (4) − (8) + (7) − (10) − (9) (제외)
Ⅸ = +(10) + (11)
Ⅹ = −(12) + (13)
Ⅺ = −(11) − (15) − (14) − (13)
Ⅻ = +(14) + (16) + (17) − (18)
13 = −(17) − (20) − (19)
14 = −(16) − (23) + (22)
15 = +(23) − (25)

※ 필요한 최소조건식 수는 14개로 일반적으로 Ⅴ~15 조건식 중 1개를 제

외하면 되므로 여기서는 폐합으로 이루어진 조건식 중 도선수가 많은 조건식 Ⅷ을 제외하였다.

※ 위에서 작성한 조건식은 순서를 달리하거나 부호를 반대로 하여 작성하여도 된다.

□ 가상기준점(2-2) <90쪽에 이어서>

3. VRS측위의 장점

① 기존의 P사 또는 DGPS측위시의 제반 문제점을 해결할 수 있다.
- 기지국 GPS가 필요 없음
- 위치정보데이터 송수신을 위한 무선 모뎀장치가 필요 없음
- 휴대전화의 사용으로 통신거리에 제약이 없음
- 실시간 측량을 위한 장비의 초기화가 필요 없음

② 다양한 종류의 GPS측위서비스를 제공할 수 있다.
- 정밀측위 : cm단위의 RTK-VRS 서비스
- 일반측위 : Sub meter 단위의 DGPS-VRS 서비스
- 스태틱측위 : 후처리방식의 정지측량 VRS

③ 스태틱 VRS인 경우 기지점에 GPS수신기를 설치할 필요 없이 상시관측소 간의 기선을 세션관측 시 그대로 이용하므로 적은 GPS장비로 많은 양의 관측이 가능하다.

4. VRS측위의 단점

① GPS 상시관측망에 근거한 VRS망 외부 지역에서는 측위 불가능

② 휴대전화 가청범위로의 측위제한 및 휴대전화 요금의 문제

③ 상사관측소 설치, VRS서비스센터구축, 휴대전화 기지국망의 확충 및 통화품질 등 전체적인 VRS시스템 구축에 막대한 비용소요

④ 우리나라의 경우 지리적, 경제적 요소를 감안한 사업성 평가 선행이 요구됨

제4장 수치지적측량

1. 교차점계산

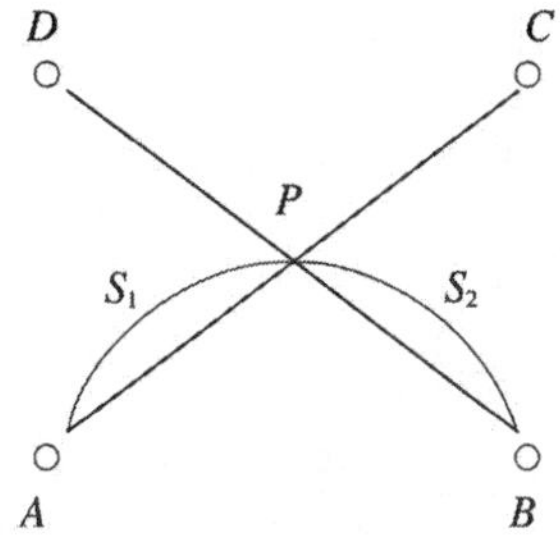

$AP=S_1$, $BP=S_2$라 할 때

P점의 좌표(Px, Py)는

A점으로부터 $Px=Ax+S_1\times\cos\alpha$

$Py=Ay+S_1\times\sin\alpha$ ·································· ①

B점으로부터 $Px=Bx+S_2\times\cos\beta$

$Py=By+S_2\times\sin\beta$ ·································· ②

①과 ②식을 같이 놓으면

$Ax+S_{1\times}\cos\alpha=Bx+S_2\times\cos\beta$

$Ay+S_1\times\sin\alpha=By+S_2\times\sin\beta$ ·································· ③

S_1과 S_2에 대한 방정식을 풀면

$S_1\times\cos\alpha-S_2\times\cos\beta=Bx-Ax=\Delta x$

$S_1\times\sin\alpha-S_2\times\sin\beta=By-Ay=\Delta y$ ·································· ④

S_1을 구하기 위해 ④식에 sinβ또는 cosβ를 곱하면

$$S_1 \times \cos\alpha \times \sin\beta - S_2 \times \cos\beta \times \sin\beta = \Delta x \times \sin\beta$$

$$-S_1 \times \sin\alpha \times \cos\beta - S_2 \times \cos\beta \times \sin\beta = \Delta y \times \cos\beta$$

$$S_1(\cos\alpha \times \sin\beta - \sin\alpha \times \cos\beta) = \Delta x \times \sin\beta - \Delta y \times \cos\beta$$

$$S_1 = \frac{\Delta x \times \sin\beta - \Delta y \times \cos\beta}{\cos\alpha \times \sin\beta - \sin\alpha \times \cos\beta}$$

삼각함수의 가법정리(덧셈공식)를 위하여 -를 취하면

$$S_1 = \frac{\Delta y \times \cos\beta - \Delta x \times \sin\beta}{\sin\alpha \times \cos\beta - \cos\alpha \times \sin\beta}$$

$$\therefore\ S_1 = \frac{\Delta y \times \cos\beta - \Delta x \times \sin\beta}{\sin(\alpha - \beta)}$$

S_2를 구하기 위해 ④식에 sinα또는 cosα를 곱하면

$$S_1 \times \sin\alpha \times \cos\alpha - S_2 \times \sin\alpha \times \cos\beta = \Delta x \times \sin\alpha$$

$$-S_1 \times \sin\alpha \times \cos\alpha - S_2 \times \sin\beta \times \cos\alpha = \Delta y \times \cos\alpha$$

$$-S_2(\sin\alpha \times \cos\beta - \cos\alpha \times \sin\beta) = \Delta x \times \sin\alpha - \Delta y \times \cos\alpha$$

$$S_2 = \frac{\Delta x \times \sin\alpha - \Delta y \times \cos\alpha}{\cos\alpha \times \sin\beta - \sin\alpha \times \cos\beta}$$

삼각함수의 가법정리(덧셈공식)를 위하여 -를 취하면

$$S_2 = \frac{\Delta y \times \cos\alpha - \Delta x \times \sin\alpha}{\sin\alpha \times \cos\beta - \cos\alpha \times \sin\beta}$$

$$\therefore\ S_2 = \frac{\Delta y \times \cos\alpha - \Delta x \times \sin\alpha}{\sin(\alpha - \beta)}$$

삼각함수의 가법정리(덧셈공식)

$$\sin(A-B) = \sin A \times \cos B - \cos A \times \sin B$$

$$\cos(A-B) = \cos A \times \cos B + \sin A \times \sin B$$

$$\sin(A+B) = \sin A \times \cos B + \cos A \times \sin B$$

$$\cos(A+B) = \cos A \times \cos B - \sin A \times \sin B$$

$$\tan(A+B) = \frac{\tan A + \tan B}{1 - \tan A \times \tan B}$$

$$\tan(A-B) = \frac{\tan A - \tan B}{1 + \tan A \times \tan B}$$

예제 4-1 **다음 그림에서 점 A와 점 C를 잇는 직선과 점 B와 점 D를 잇는 직선이 교차되는 점 P의 좌표를 구하시오.** (단, S_1, S_2의 길이는 소수점 이하 4자리, 최종좌표는 소수점 이하 2자리까지 계산하시오.)

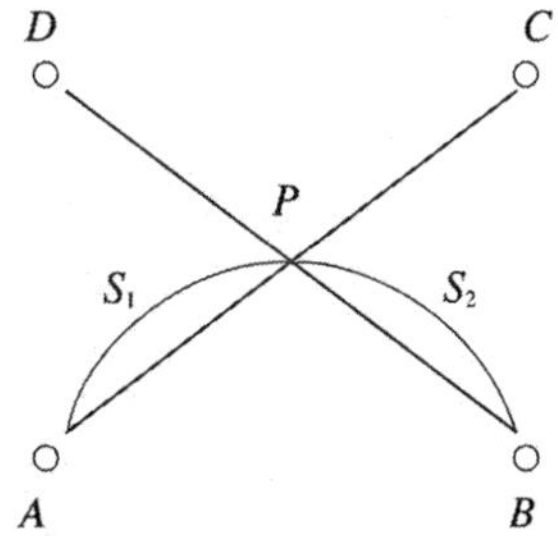

점명	X좌표(m)	Y좌표(m)
A	4,311.76	2,525.88
B	4,308.12	2,689.38
C	4,366.91	2,675.44
D	4,362.57	2,512.67

풀이 및 정답 교차점을 계산하는데 필요한 기본조건은 두 기지점(A, B)의 좌표와 두 기지점으로부터 구하려는 소구점까지에 대한 방위각(α, β)이다. 그러나 때로는 A와 C, B와 D의 좌표를 알고 이들의 교차되는 점을 계산하는 경우가 있는데 이 경우 A점과 B점에서 C와 D에 대한 방위각(α, β)을 계산해야만 알 수 있으므로 기본요건과 같다고 할 수 있다.

(1) 방위각계산

가. $A \rightarrow B$ $\Delta x_a^b = 4{,}308.12 - 4{,}311.76 = -3.64$

$\Delta y_a^b = 2{,}689.38 - 2{,}525.88 = +163.50$

$$\theta = \tan^{-1}\frac{\Delta y}{\Delta x} = \tan^{-1}\frac{163.50}{3.64} = 88° \ 43' \ 29''$$

2상한이므로 $V_a^b = 180 - \theta = 91° \ 16' \ 31''$

나. $B \rightarrow D$ $\Delta x_b^d = 4{,}362.57 - 4{,}308.12 = +54.45$

$\Delta y_b^d = 2{,}512.67 - 2{,}689.38 = -176.71$

$$\theta = \tan^{-1}\frac{\Delta y}{\Delta x} = \tan^{-1}\frac{176.71}{54.45} = 72° \ 52' \ 27''$$

4상한이므로 $V_b^d = 360 - \theta = 287° \ 07' \ 33''(\beta)$

다. $A \rightarrow C$ $\Delta x_a^c = 4{,}366.91 - 4{,}311.76 = +55.15$

$\Delta y_a^c = 2{,}675.44 - 2{,}525.88 = +149.56$

$$\theta = \tan^{-1}\frac{\Delta y}{\Delta x} = \tan^{-1}\frac{149.56}{55.15} = 69° \ 45' \ 31''$$

1상한이므로 $V_a^c = \theta = 69° \ 45' \ 31''(\alpha)$

(2) $(\alpha-\beta)$의 계산

$$(\alpha-\beta) = 69° \ 45' \ 31'' - 287° \ 07' \ 33'' = 142° \ 37' \ 58''$$

(3) A점(4)에서 소구점(P)의 좌표계산

가. S_1의 계산

$$S_1 = \frac{\Delta y_a^b \cdot \cos\beta - \Delta x_a^b \cdot \sin\beta}{\sin(\alpha-\beta)}$$

$$= \frac{(163.50\times\cos 287° \ 07' \ 33'') - (-3.64\times\sin 287° \ 07' \ 33'')}{\sin 142° \ 37' \ 58''}$$

$$=73.5968$$

나. 종선차(Δx), 횡선차(Δy)의 계산

$$\Delta x = S_1 \times \cos\alpha = 73.5968 \times \cos 69° \ 45' \ 31'' = +25.46$$

$$\Delta y = S_1 \times \sin\alpha = 73.5968 \times \sin 69° \ 45' \ 31'' = +69.05$$

다. 점P의 좌표계산

$$P_X = A_X + \Delta x = 4{,}311.76 + 25.46 = 4{,}337.22$$

$$P_Y = A_Y + \Delta y = 2{,}525.88 + 69.05 = 2{,}594.93$$

(4) B점(2)에서 소구점(P)의 좌표계산

가. S_2의 계산

$$S_2 = \frac{\Delta y_a^b \times \cos\alpha - \Delta x_a^b \times \sin\alpha}{\sin(\alpha-\beta)}$$

$$= \frac{(163.50\times\cos 69° \ 45' \ 31'') - (-3.64\times\sin 69° \ 45' \ 31'')}{\sin 142° \ 37' \ 58''}$$

$$=98.8304$$

나. 종선차(Δx), 횡선차(Δy)의 계산

$$\Delta x = S_2 \times \cos\beta = 98.8304 \times \cos 287° \ 07' \ 33'' = +29.10$$

$$\Delta y = S_2 \times \sin\beta = 98.8304 \times \sin 287° \ 07' \ 33'' = -94.45$$

다. 점P의 좌표계산

$$P_X = B_X + \Delta x = 4{,}308.12 + 29.10 = 4{,}337.22$$

$$P_Y = B_Y + \Delta y = 2{,}689.38 - 94.45 = 2{,}594.93$$

(5) 점5의 결정좌표(평균)

$$P_X = (4{,}337.22 + 4337.22) \div 2 = 4{,}337.22 \text{ m}$$

$$P_Y = (2{,}594.93 + 2{,}594.93) \div 2 = 2{,}594.93 \text{ m}$$

예제 4-2 **다음 그림 A와 C를 잇는 직선과 B와 D를 잇는 직선이 교차되는 점 P의 좌표를 구하시오.** (단, S_1, S_2의 길이는 소수점 이하 4자리, 최종좌표는 소수점 이하 2자리까지 계산하시오.)

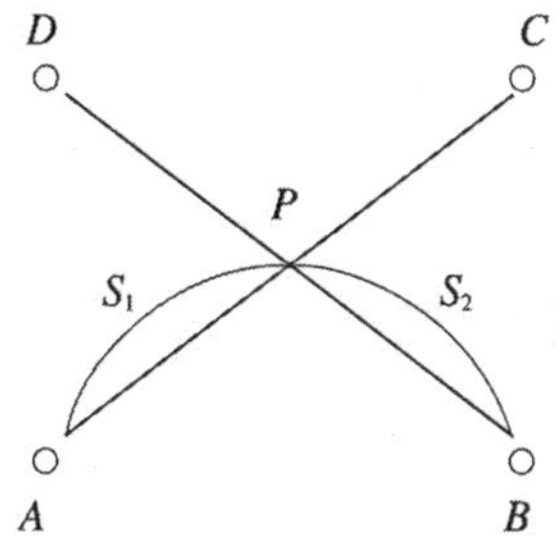

점명	X좌표(m)	Y좌표(m)
A	469,831.50	204,951.11
B	469,806.50	204,982.20
C	469,831.50	205,013.37
D	469,856.50	204,982.30

풀이 및 정답 (1) 방위각계산

가. $A \rightarrow B$ $\Delta x_a^b = 9,806.50 - 9,831.50 = -25.00$

$\Delta y_a^b = 4,982.20 - 4,951.11 = +31.09$

$\theta = \tan^{-1}(\frac{31.09}{25.00}) = 51° \ 11' \ 48''$

2상한이므로 $V_a^b = 180 - \theta = 128° \ 48' \ 12''$

나. $B \rightarrow D$ $\Delta x_b{}^d = 9,856.50 - 9,806.50 = +50.00$

$\Delta y_b{}^d = 4,982.30 - 4,982.20 = +0.10$

$\theta = \tan^{-1}(\frac{0.10}{50.00}) = 0° \ 06' \ 53''$

1상한이므로 $V_b{}^d = \theta = 0° \ 06' \ 53''(\beta)$

다. $A \rightarrow C$ $\Delta x_a^c = 9,831.50 - 9,831.50 = 0$

$\Delta y_a^c = 5,013.37 - 4,951.11 = +62.26$

$\theta = 90° \ 00' \ 00''$

1상한이므로 $V_a^c = \Theta = 90° \ 00' \ 00''(\alpha)$

(2) $(\alpha - \beta)$의 계산

$(\alpha - \beta) = 90° \ 00' \ 00'' - 0° \ 06' \ 53'' = 89° \ 53' \ 07''$

(3) S_1과 S_2의 계산

가. S_1의 계산

공식 : $S_1 = \dfrac{\Delta y \times \cos\beta - \Delta x \times \sin\beta}{\sin(\alpha - \beta)}$

$S_1 = \dfrac{(+31.09 \times \cos 0° \ 06' \ 53'') - (-25.0 \times \sin 0° \ 06' \ 53'')}{\sin 89° \ 53' \ 07''}$

$= 31.1400 \text{ m}$

나. S_2의 계산

공식 : $S_2 = \dfrac{\Delta y \times \cos\alpha - \Delta x \times \sin\alpha}{\sin(\alpha - \beta)}$

$S_2 = \dfrac{(+31.09 \times \cos 90°) - (-25.0 \times \sin 90°)}{\sin 89° \ 53' \ 07''}$

$= 25.0000 \text{ m}$

(4) A점에서 소구점 P의 계산

가. Δx, Δy의 계산

$\Delta x = S_1 \times \cos\alpha, \quad \Delta y = S_1 \times \sin\alpha$

$\Delta x = 31.14 \times \cos 90° \ 00' \ 00'' = 0$

$\Delta y = 31.14 \times \sin 90° \ 00' \ 00'' = +31.14$

나. P점의 좌표계산

$P_X = A_X + \Delta x = 469{,}831.50 + 0 = 469{,}831.50$

$P_Y = A_Y + \Delta y = 204{,}951.11 + 31.14 = 204{,}982.25$

(5) B점에서 소구점 P의 계산

가. Δx, Δy의 계산

$\Delta x = S_2 \times \cos\beta = 25 \times \cos 0° \ 06' \ 53'' = +25.00$

$\Delta y = S_2 \times \sin\beta = 25 \times \sin 0° \ 06' \ 53'' = +0.05$

나. P점의 좌표계산

$P_X = B_X + \Delta x = 469{,}806.50 + 25.00 = 469{,}831.50$

$P_Y = B_Y + \Delta y = 204{,}982.20 + 0.05 = 204{,}982.25$

(6) P점의 결정좌표(평균)

$Px = (469{,}831.50 + 469{,}831.50) \div 2 = 469{,}831.50 \text{ m}$

$Py = (204{,}982.25 + 204{,}982.25) \div 2 = 204{,}982.25 \text{ m}$

예제 4-3 **다음 주어진 서식을 이용하여 그림의 점 A와 점 C를 잇는 직선과 점 B와 점 D를 잇는 직선이 교차되는 점 P의 좌표를 구하시오.** (단, 거리 S는 소수점 이하 4자리, 최종좌표는 소수점 이하 2자리까지 계산하시오.)

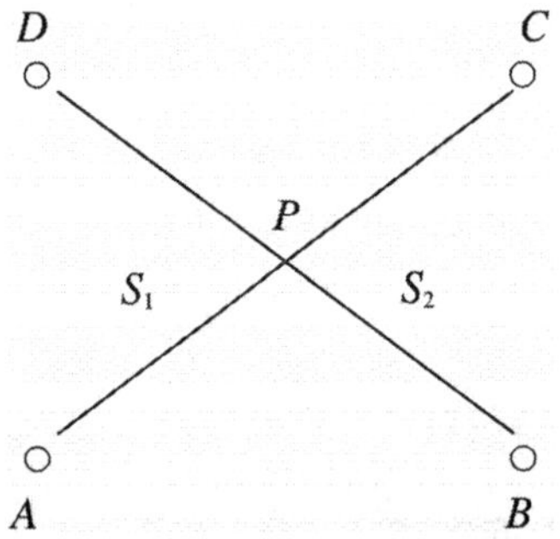

점명	종선좌표(m)	횡선좌표(m)
A	3,703.85	3,306.64
B	3,729.78	3,229.34
C	3,738.21	3,357.33
D	3,717.50	3,292.28

예제 4-4 **다음 그림에서 점 A와 점 C를 잇는 직선과 점 B와 D를 잇는 직선이 교차되는 점 P의 좌표를 주어진 서식에 의하여 계산하시오.** (단, 거리는 소수점 이하 4자리, 좌표는 소수점 이하 2자리까지 구하시오.)

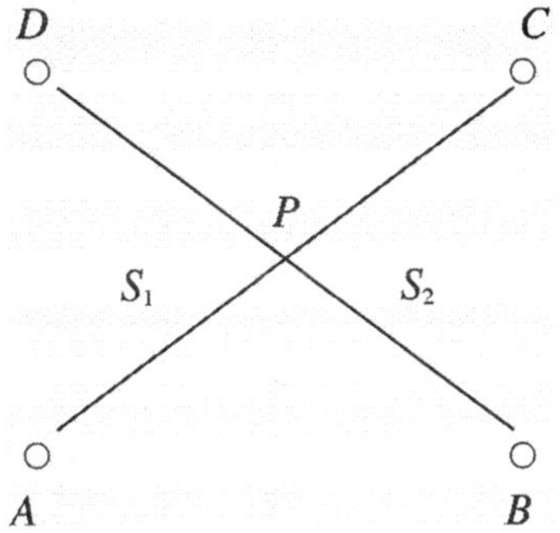

점명	종선좌표(m)	횡선좌표(m)
A	5,704.88	3,305.45
B	5,738.35	3,357.44
C	5,717.49	3,292.85
D	5,683.32	3,327.98

예제 4-2 정답

교 차 점 계 산 부

공 식

$$S_1 = \frac{\Delta y_a^b \cos\beta - \Delta x_a^b \sin\beta}{\sin(\alpha-\beta)}$$

$$S_2 = \frac{\Delta y_a^b \cos\alpha - \Delta x_a^b \sin\alpha}{\sin(\alpha-\beta)}$$

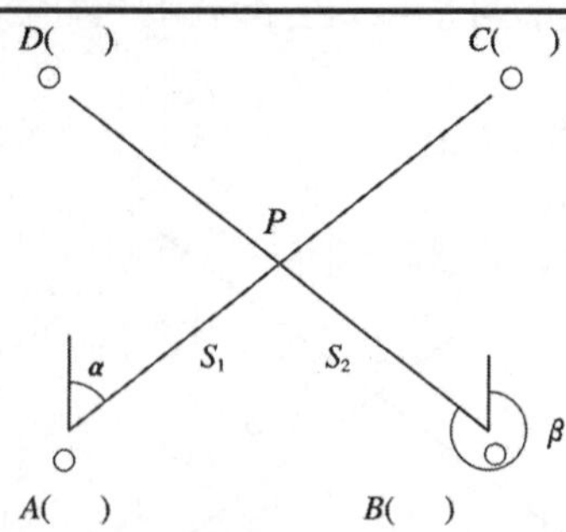

소구점

점	x	y	종 횡 선 차	
D ( )	469,856.50	204,982.30	Δy_b^d	+0.10
B ( )	469,806.50	204,982.20	Δx_b^d	+50.00
C ( )	469,831.50	205,013.37	Δy_a^c	+62.26
A ( )	469,831.50	204,951.11	Δx_a^c	0.00
Δx_a^b	-25.00	Δy_a^b +31.09	V_a^b	128° 48′ 12″
α	90° 00′ 00″	V_a^c	90° 00′ 00″	
β	0° 06′ 53″	V_b^d	0° 06′ 53″	
α-β	89° 53′ 07″			

$(\Delta y_a^b \cdot \cos\beta - \Delta x_a^b \cdot \sin\beta)/\sin(\alpha-\beta) = S_1$			+31.1400
$S_1 \cdot \cos\alpha$	0.00	$S_1 \cdot \sin\alpha$	+31.14
x_a	+)469,831.50	y_a	+)204,951.11
x	469,831.50	y	204,982.25

$(\Delta y_a^b \cdot \cos\alpha - \Delta x_a^b \cdot \sin\alpha)/\sin(\alpha-\beta) = S_2$			+25.0000
$S_2 \cdot \cos\beta$	+25.00	$S_2 \cdot \sin\beta$	+0.05
x_b	+)469,806.50	y_b	+)204,982.20
x	469,831.50	y	204,982.25

X	469,831.50	Y	204,982.25

예제 4-3 정답

교 차 점 계 산 부

공 식

$$S_1 = \frac{\Delta y_a^b \cos\beta - \Delta x_a^b \sin\beta}{\sin(\alpha - \beta)}$$

$$S_2 = \frac{\Delta y_a^b \cos\alpha - \Delta x_a^b \sin\alpha}{\sin(\alpha - \beta)}$$

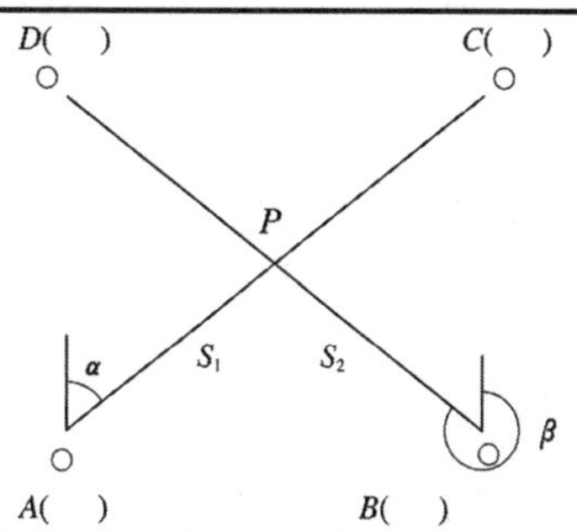

소구점

점	x	y		종 횡 선 차	
D ( )	3,717.50	3,292.28		Δy_b^d	+62.94
B ( )	3,729.78	3,229.34		Δx_b^d	−12.28
C ( )	3,738.21	3,357.33		Δy_a^c	+50.69
A ( )	3,703.85	3,306.64		Δx_a^c	+34.36
Δx_a^b	+25.93	Δy_a^b	−77.30	V_a^b	288° 32′ 38″
α	55° 52′ 08″	V_a^c		55° 52′ 08″	
β	101° 02′ 24″	V_b^d		101° 02′ 24″	
α−β	314° 49′ 44″				

$(\Delta y_a^b \cdot \cos\beta - \Delta x_a^b \cdot \sin\beta)/\sin(\alpha-\beta) = S_1$			15.0132
$S_1 \cdot \cos\alpha$	+8.42	$S_1 \cdot \sin\alpha$	+12.43
x_a	+) 3,703.85	y_a	+) 3,306.64
x	3,712.27	y	3,319.07
$(\Delta y_a^b \cdot \cos\alpha - \Delta x_a^b \cdot \sin\alpha)/\sin(\alpha-\beta) = S_2$			91.4191
$S_2 \cdot \cos\beta$	−17.51	$S_2 \cdot \sin\beta$	+89.73
x_b	+) 3,729.78	y_b	+) 3,229.34
x	3,712.27	y	3,319.07
X	3,712.27	Y	3,319.07

예제 4-4 정답

교 차 점 계 산 부

소구점

공 식

$$S_1 = \frac{\Delta y_a^b \cos\beta - \Delta x_a^b \sin\beta}{\sin(\alpha-\beta)}$$

$$S_2 = \frac{\Delta y_a^b \cos\alpha - \Delta x_a^b \sin\alpha}{\sin(\alpha-\beta)}$$

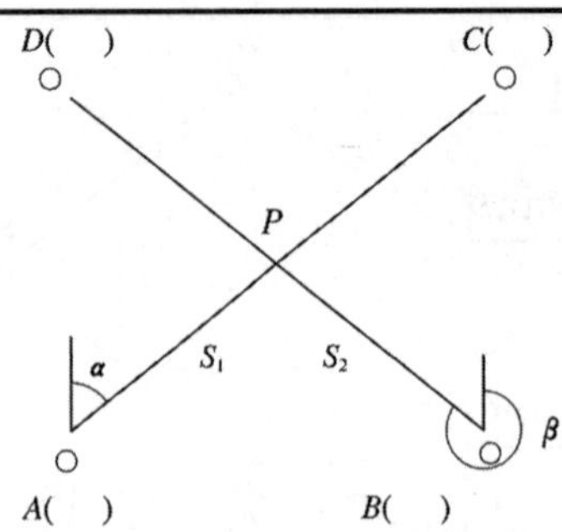

점	x	y		종 횡 선 차	
D ( )	5,683.32	3,327.98		Δy_b^d	-29.46
B ( )	5,738.35	3,357.44		Δx_b^d	-55.03
C ( )	5,717.49	3,292.85		Δy_a^c	-12.60
A ( )	5,704.88	3,305.45		Δx_a^c	+12.61
Δx_a^b	+33.47	Δy_a^b	+51.99	V_a^b	57° 13′ 39″
α	315° 01′ 22″	V_a^c		315° 01′ 22″	
β	208° 09′ 44″	V_b^d		208° 09′ 44″	
α-β	106° 51′ 38″				

$(\Delta y_a^b \cdot \cos\beta - \Delta x_a^b \cdot \sin\beta)/\sin(\alpha-\beta) = S_1$			-31.3876
$S_1 \cdot \cos\alpha$	-22.20	$S_1 \cdot \sin\alpha$	+22.19
x_a	+) 5,704.88	y_a	+) 3,305.45
x	5,682.68	y	3,327.64

$(\Delta y_a^b \cdot \cos\alpha - \Delta x_a^b \cdot \sin\alpha)/\sin(\alpha-\beta) = S_2$			-63.1491
$S_2 \cdot \cos\beta$	-55.67	$S_2 \cdot \sin\beta$	-29.80
x_b	+) 5,738.35	y_b	+) 3,357.44
x	5,682.68	y	3,327.64

X	5,682.68	Y	3,327.64

2. 원과 직선의 교점좌표계산

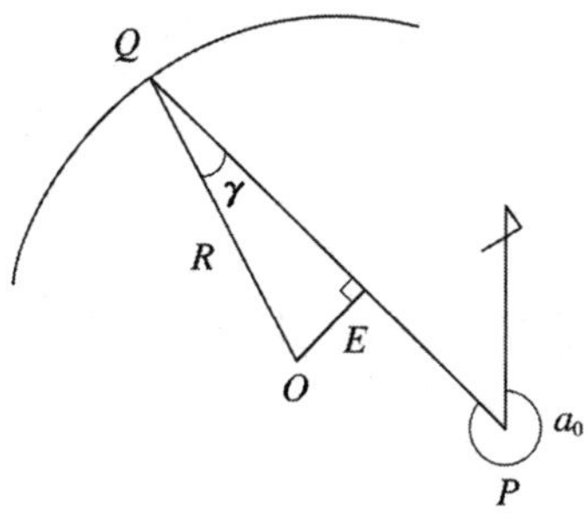

(1) 방법 1

가. O점에서 P점의 Δx, Δy 계산

$$\Delta x = Px - Ox$$
$$\Delta y = Py - Oy$$

나. 수선장 E의 계산

$$E = \Delta y \times \cos\alpha - \Delta x \times \sin\alpha$$

다. γ의 계산

$$\sin\gamma = \frac{E}{R} \Rightarrow \gamma = \sin^{-1}\frac{E}{R}$$

라. V_O^Q의 계산

$$V_O^Q = V_P^Q + \gamma$$

(E의 계산값이 +면 γ값도 +, −면 γ값도 −가 된다)

마. Q점의 좌표계산

$$Q_X = O_X + R \times \cos V_O^Q$$
$$Q_Y = O_Y + R \times \sin V_O^Q$$

(2) 방법 2

가. O점과 P점에 대한 방위각(V_O^P) 및 거리(L) 계산

$$\Delta x = Px - Ox$$
$$\Delta y = Py - Oy$$
$$\tan\theta = \frac{\Delta y}{\Delta x} \Rightarrow \theta = \tan^{-1}\frac{\Delta y}{\Delta x}$$
$$L = \sqrt{\Delta x^2 + \Delta y^2}$$

나. $\angle OPQ$의 계산

$$\angle OPQ = V_P^Q - (V_O^P \pm 180°)$$

다. γ의 계산

$$\sin\gamma = \frac{E}{R} \Rightarrow \gamma = \sin^{-1}\frac{E}{R}$$
$$\sin\angle OPQ = \frac{E}{L} \Rightarrow \mathrm{E} = L \times \sin\angle OPQ$$
$$\therefore \gamma = \sin^{-1}\left(\frac{L \times \sin\angle OPQ}{R}\right)$$

라. V_O^Q의 계산

$$V_O^Q = V_P^Q + \gamma$$

마. Q점의 좌표계산

$$Q_X = O_X + R \times \cos V_O^Q$$
$$Q_Y = O_Y + R \times \sin V_O^Q$$

예제 4-5 **원과 직선의 교차점 Q의 좌표를 계산하시오.**

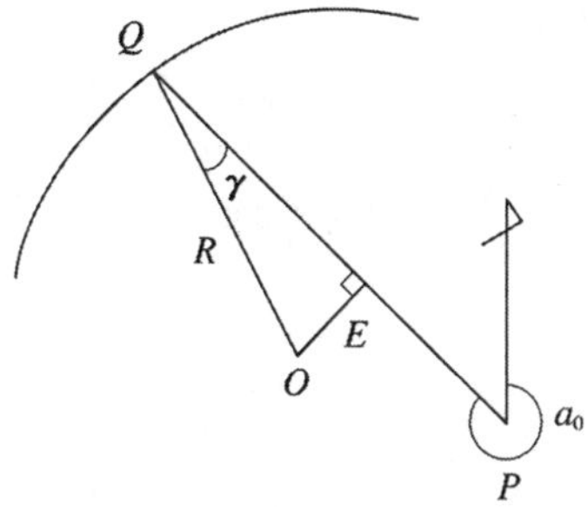

점명	X좌표	Y좌표
O	469,894.61	204,789.12
P	469,858.80	204,921.95

$V_P^Q(\alpha_o) = 304°\ 10'\ 26''$

$R = 100.00$ m

풀이 및 정답 (1) 방법 1

가. O에서 P의 Δx 및 Δy의 계산

$$\Delta x = 9{,}858.80 - 9{,}894.61 = -35.81$$

$$\Delta y = 4{,}921.95 - 4{,}789.12 = +132.83$$

나. 수선장 E의 계산

$$E = \Delta y \times \cos\alpha - \Delta x \times \sin\alpha$$
$$= (+132.83 \times \cos 304°\ 10'\ 26'') - (-35.81 \times \sin 304°\ 10'\ 26'')$$
$$= 44.9846$$

다. γ각의 계산

$$\gamma = \sin^{-1}\frac{E}{R} = \sin^{-1}\frac{44.9846}{100.00} = 26°\ 44'\ 02''$$

라. V_O^Q의 계산

$$V_O^Q = V_P^Q + \gamma = 304°\ 10'\ 26'' + 26°\ 44'\ 02'' = 330°\ 54'\ 28''$$

마. Q점의 좌표계산

$$Q_X = O_X + R \times \cos V_O^Q$$
$$= 469{,}894.61 + 100 \times \cos 330°\ 54'\ 28'' = 469{,}981.99 \text{ m}$$

$$Q_Y = O_Y + R \times \sin V_O^Q$$
$$= 204{,}789.12 + 100 \times \sin 330°\ 54'\ 28'' = 204{,}740.50 \text{ m}$$

(2) 방법 2

가. O점에서 P점에 대한 방위각(V_o^p) 및 거리(L)계산

$$\Delta x = 9{,}858.80 - 9{,}894.61 = -35.81$$

$$\Delta y = 4{,}921.95 - 4{,}789.12 = +132.83$$

$$\theta = \tan^{-1}\frac{\Delta y}{\Delta x} = \tan^{-1}\frac{132.83}{35.81} = 74° \ 54' \ 44''$$

2상한이므로

$$V_o^p = 180° - 74° \ 54' \ 44'' = 105° \ 05' \ 16''$$

$$L = \sqrt{\Delta x^2 + \Delta y^2} = \sqrt{(-35.81)^2 + (+132.83)^2} = 137.57 \text{ m}$$

나. $\angle OPQ$의 계산

$$\angle OPQ = V_P{}^Q - \left(V_O{}^P \pm 180\right)$$

$$= 304° \ 10' \ 26'' - (105° \ 05' \ 16'' + 180°) = 19° \ 05' \ 10''$$

다. γ각의 계산

$$\gamma = \sin^{-1}\left(\frac{L \times \sin\angle OPQ}{R}\right)$$

$$\gamma = \sin^{-1}\left(\frac{137.5724 \times \sin 19° \ 05' \ 10''}{100.00}\right) = 26° \ 44' \ 02''$$

라. V_O^Q의 계산

$$V_O^Q = V_P^Q + \gamma$$

$$V_O^Q = 304° \ 10' \ 26'' + 26° \ 44' \ 02'' = 330° \ 54' \ 28''$$

마. Q점의 좌표계산

$$Q_X = O_X + R \times \cos V_O^Q$$

$$= 469{,}894.61 + 100 \times \cos 330° \ 54' \ 28'' = 469{,}981.99 \text{ m}$$

$$Q_Y = O_Y + R \times \sin V_O^Q$$

$$= 204{,}789.12 + 100 \times \sin 330° \ 54' \ 28'' = 204{,}740.50 \text{ m}$$

예제 4-6 **원과 직선의 교차점 Q의 좌표를 계산하시오.**

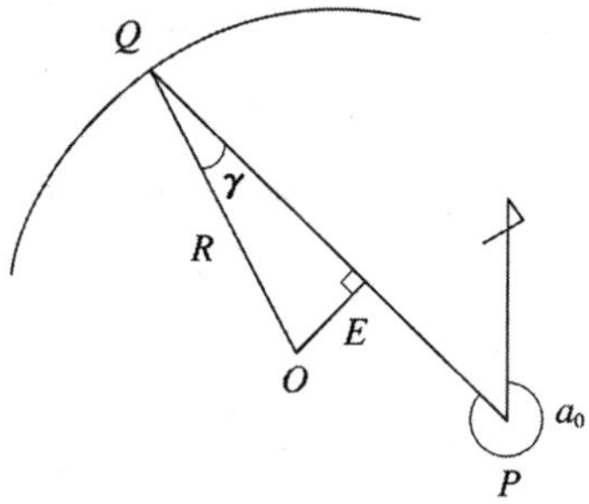

점명	X좌표	Y좌표
O	3,467.78	2,356.67
P	3,488.58	2,399.73

$V_P{}^Q(\alpha_o) = 288°\ 43'\ 56''$

$R = 80.77$ m

풀이 및 정답 (1) E의 계산

$$E = (Py - Oy) \times \cos\alpha - (Px - Ox) \times \sin\alpha$$

$$= 43.06 \times \cos 288°\ 43'\ 56'' - 20.80 \times \sin 288°\ 43'\ 56'' = 33.52675$$

(2) γ의 계산

$$\gamma = \sin^{-1}(\frac{E}{R}) = \sin^{-1}(\frac{33.52675}{80.77}) = 24°\ 31'\ 30''$$

(3) V_O^Q의 계산

$$V_O^Q = 288°\ 43'\ 56'' + 24°\ 31'\ 30'' = 313°\ 15'\ 26''$$

(4) Q의 좌표계산

$$Q_X = 3,467.78 + 80.77 \times \cos 313°\ 15'\ 26'' = 3,523.13 \text{ m}$$

$$Q_Y = 2,356.67 + 80.77 \times \sin 313°\ 15'\ 26'' = 2,297.85 \text{ m}$$

예제 4-7 **원과 직선의 교점좌표계산부에 의하여 교차점 Q의 좌표를 계산하시오.**

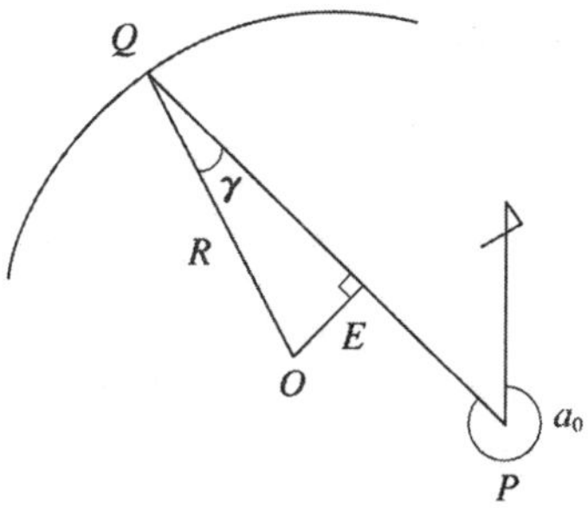

점명	X좌표	Y좌표
O	5,488.11	2,533.48
P	5,497.97	2,531.53

$V_P^A(\alpha_o) = 125°\ 53'\ 18''$

$R = 125.70$ m

예제 4-7 정답

원과 직선의 교점좌표계산부

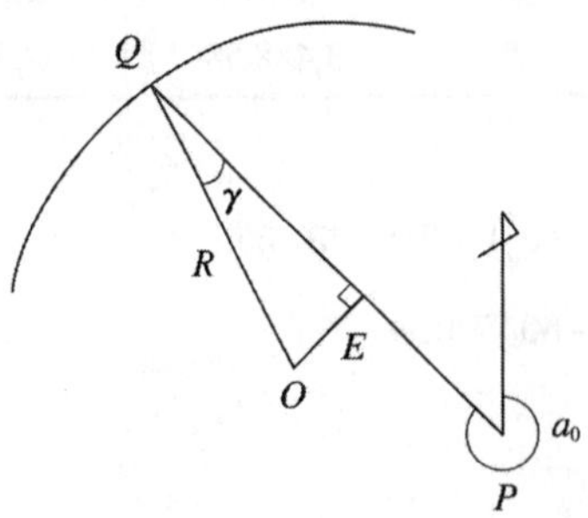

공 식

$$E = \Delta y_o^p \cos\alpha_o - \Delta x_o^p \sin\alpha_o$$

$$\sin\Theta = E / R$$

검산공식

$$\tan\alpha_o = \Delta y_p^a / \Delta x_p^a$$

$$S = \Delta x_p^a / \cos\alpha_o$$

$$= \Delta y_p^a / \sin\alpha_o$$

점 명	x	y	R	125.70
P	5,497.97	2,531.53		
O	5,488.11	2,533.48		
$\Delta x_o^p, \Delta y_o^p$	Δx_o^p : +9.86	Δy_o^p : -1.95		

$\Delta y_o^p \cdot \cos\alpha_o$		1.1431	α_o	125° 53′ 18″
$\Delta x_o^p \cdot \sin\alpha_o$		7.9882	$\gamma = \sin^{-1}\frac{E}{R}$	-3° 07′ 18″
E		-6.8451	$V_O^Q = \alpha_o + \gamma$	122° 46′ 00″
$R \cdot \cos V_O^Q$		-68.03	$R \cdot \sin V_O^Q$	105.70
x_o		5,488.11	y_o	2,533.48
x_a		5,420.08	y_a	2,639.18
검산	x_p	5,497.97	y_p	2,531.53
	Δx_p^a	-77.89	Δy_p^a	+107.65
	$\Delta x_p^a / \cos\alpha_o$	132.87	$\Delta y_p^a / \sin\alpha_o$	132.87
	$\tan^{-1}\frac{\Delta y_p^a}{\Delta x_p^a}$	Θ = 54° 06′ 45″ = 125° 53′ 15″		

3. 원과 직선의 교차시 가구정점계산

원곡선의 도로와 직선도로의 교차부분의 중심점 좌표 Q점 이외에 각 도로 모서리의 교점인 4가구정점 A, B, C, D의 좌표를 계산하고자 할 때,

곡선도로의 폭을 W ($\frac{W}{2} = W'$: 반폭)

직선도로의 폭을 L ($\frac{L}{2} = L'$: 반폭)이라고 할 때,

원의 중심 O점으로부터 4가구정점 A, B, C, D에 이르는 곡률반경 $R' = R \pm W'$(원의 바깥쪽인 A, D점에서는 +, 안쪽인 B, C점에서는 −)이다.

또한, 원의 중심으로부터 직선도로 모서리까지의 수선장 E'는 직선도로의 중심선까지의 수선장 $E' = E \pm L'$(점 C, D에서는 +, 점 A, B에서는 −)가 된다.

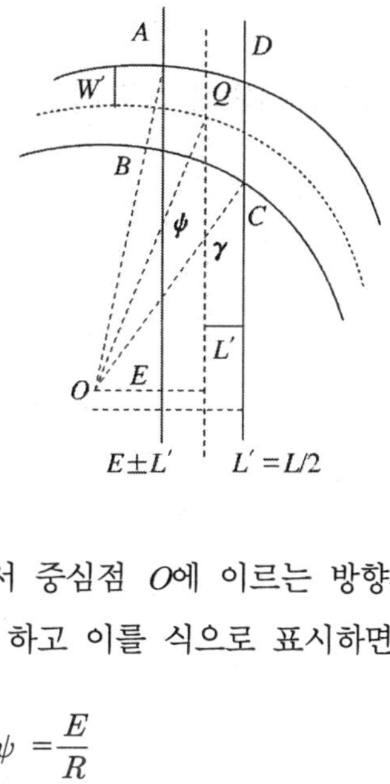

점 Q, A, B, C, D에서 중심점 O에 이르는 방향과 직선도로와 이루는 협각을 ψ, α, β, γ, δ라고 하고 이를 식으로 표시하면,

중심점 Q : $\sin\psi = \frac{E}{R}$

가각점 A : $\sin\alpha = \frac{E - L'}{R + W'}$

가각점 B : $\sin\beta = \frac{E - L'}{R - W'}$

가각점 C : $\sin\gamma = \dfrac{E+L'}{R-W'}$

가각점 D : $\sin\delta = \dfrac{E+L'}{R+W'}$

중심점 O에서 점 Q, A, B, C, D에 이르는 방위각을 V_o^i라고 하면,

$$V_O^Q = \alpha_o + \psi$$
$$V_O^A = \alpha_o + \alpha$$
$$V_O^B = \alpha_o + \beta$$
$$V_O^C = \alpha_o + \gamma$$
$$V_O^P = \alpha_o + \delta$$

여기서 $\alpha_o = V_P^Q$ 이고, $V_o^i = V_Q^P + P_i$ 이다.

각 점의 좌표계산은

$$O_X + S \times \cos V_o^i$$
$$O_Y + S \times \cos V_o^i \quad (S\text{는 } O,\ P_i \text{ 간 거리})$$

예제 4-8 **다음의 관측값을 이용하여, Q, A, B, C, D점의 좌표를 계산하시오.**

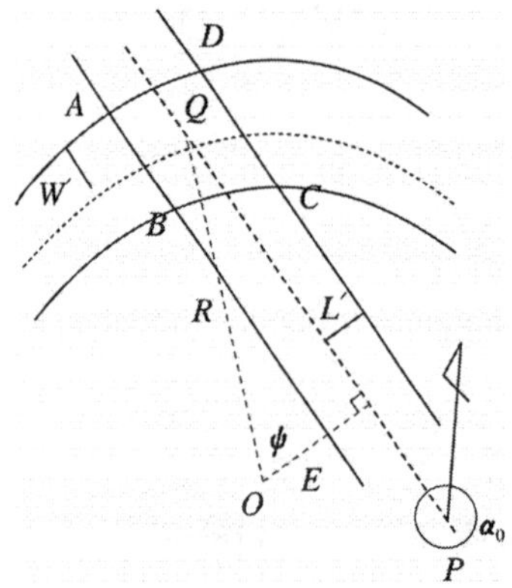

점명	X좌표(m)	Y좌표(m)
O	469,894.61	204,789.12
P	469,858.80	204,921.95

$L' = 4\text{m}$

$W' = 5\text{m}$

$R = 120.00\text{m}$

$\alpha_o = 304°\ 10'\ 26''$

풀이 및 정답 (1) 방위각계산 ($\sin\psi = k$)

수선장 E의 계산

$$E = \Delta y_o^p \times \cos\alpha_o - \Delta x_o^p \times \sin\alpha_o$$

$= (+132.83 \times \cos 304° \ 10' \ 26'') - (-35.81 \times \sin 304° \ 10' \ 26'')$

$= 44.9846$

$Q : \sin\psi = \dfrac{E}{R}, \quad \psi = \sin^{-1}\dfrac{44.9846}{120.00} = 22° \ 00' \ 59''$

$A : \sin\alpha = \dfrac{E-L'}{R+W'}, \quad \alpha = \sin^{-1}\dfrac{40.9846}{125.00} = 19° \ 08' \ 24''$

$B : \sin\beta = \dfrac{E-L'}{R-W'}, \quad \beta = \sin^{-1}\dfrac{40.9846}{115.00} = 20° \ 52' \ 43''$

$C : \sin\gamma = \dfrac{E+L'}{R-W'}, \quad r = \sin^{-1}\dfrac{48.9846}{115.00} = 25° \ 12' \ 40''$

$D : \sin\delta = \dfrac{E+L'}{R+W'}, \quad \delta = \sin^{-1}\dfrac{48.9846}{125.00} = 23° \ 04' \ 17''$

방위각 = $\psi + \alpha_o$(기지)이므로

$V_O^Q = 22° \ 00' \ 59'' + 304° \ 10' \ 26'' = 326° \ 11' \ 25''$

$V_O^A = 19° \ 08' \ 24'' + 304° \ 10' \ 26'' = 323° \ 18' \ 50''$

$V_O^B = 20° \ 52' \ 43'' + 304° \ 10' \ 26'' = 325° \ 03' \ 09''$

$V_O^C = 25° \ 12' \ 40'' + 304° \ 10' \ 26'' = 329° \ 23' \ 06''$

$V_O^D = 23° \ 04' \ 17'' + 304° \ 10' \ 26'' = 327° \ 14' \ 43''$

(2) 좌표계산

$\Delta x = S \times \cos V_o^i$

$\Delta y = S \times \sin V_o^i$ 를 각점의 좌표에 더한다.

① Q점의 좌표 : $469{,}894.61 + 120 \times \cos 326° \ 11' \ 25'' = 469{,}994.32$ m

$204{,}789.12 + 120 \times \sin 326° \ 11' \ 25'' = 204{,}722.35$ m

② A점의 좌표 : $469{,}894.61 + 125 \times \cos 323° \ 18' \ 50'' = 469{,}994.85$ m

$204{,}789.12 + 125 \times \sin 323° \ 18' \ 50'' = 204{,}714.44$ m

③ B점의 좌표 : $469{,}894.61 + 115 \times \cos 325° \ 03' \ 09'' = 469{,}988.87$ m

$204{,}789.12 + 115 \times \sin 325° \ 03' \ 09'' = 204{,}723.25$ m

④ C점의 좌표 : $469{,}894.61 + 115 \times \cos 329° \ 23' \ 06'' = 469{,}993.58$ m

$204{,}789.12 + 115 \times \sin 329° \ 23' \ 06'' = 204{,}730.55$ m

⑤ D점의 좌표 : $469{,}894.61 + 125 \times \cos 327° \ 14' \ 43'' = 469{,}999.73$ m

$204{,}789.12 + 125 \times \sin 327° \ 14' \ 43'' = 204{,}721.49$ m

예제 4-8 정답

원과 직선의 교차시 가구정점 계산부

기지사항	L'	4.000 m
	W'	5.000 m
	E	44.9846 m
	R	120.000 m
	O_x	469,894.61 m
	O_y	204,789.12 m

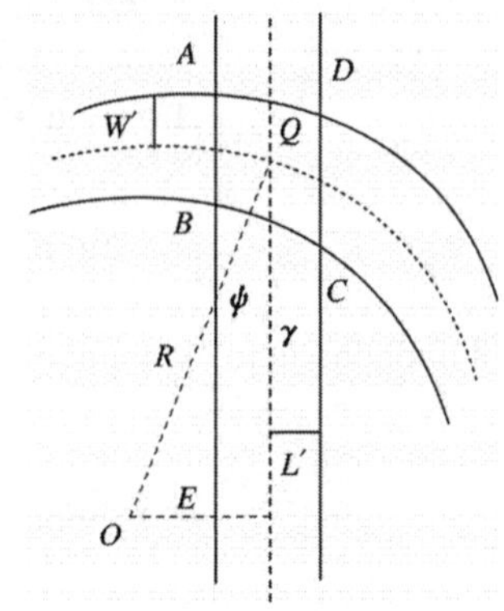

구분	P_i	$\sin\Phi_i$	k	Φ_i + α_0 (기지)
방위각계산	Q	$\sin\Phi = \frac{E}{R}$	$\frac{44.9846}{120.000}$	22° 00′ 59″ + 304° 10′ 26″
	A	$\sin\alpha = \frac{E-L'}{R+W'}$	$\frac{40.9846}{125.000}$	19° 08′ 24″ + 304° 10′ 26″
	B	$\sin\beta = \frac{E-L'}{R-W'}$	$\frac{40.9846}{115.000}$	20° 52′ 43″ + 304° 10′ 26″
	C	$\sin\gamma = \frac{E+L'}{R-W'}$	$\frac{48.9846}{115.000}$	25° 12′ 40″ + 304° 10′ 26″
	D	$\sin\delta = \frac{E+L'}{R+W'}$	$\frac{48.9846}{125.000}$	23° 04′ 17″ + 304° 10′ 26″

구분	방위각(Vo^{pi})	O, P_i 간 거리(S)	P_i x	P_i y	P_i
종횡선계산	326° 11′ 25″	120.000	469,994.32	204,722.35	Q
	323° 18′ 50″	125.000	469,994.85	204,714.44	A
	325° 03′ 09″	115.000	469,988.87	204,723.25	B
	329° 23′ 06″	115.000	469,993.58	204,730.55	C
	327° 14′ 43″	125.000	469,999.73	204,721.49	D

예제 4-9 **다음 그림과 같은 도시개발사업 내 원과 직선도로의 교차지점에서 가구정점 F의 좌표를 구하시오.** (단, 각은 0.1초, 거리와 좌표는 0.01 m까지 계산하시오.)

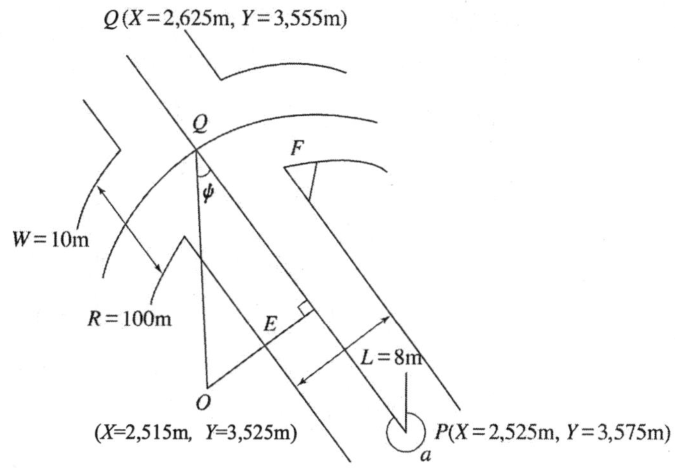

풀이 및 정답

방위각α(V_P^Q) $=\tan^{-1}\dfrac{\Delta y}{\Delta x}=\tan^{-1}\dfrac{20}{100}=11°\ 18'\ 35.8''(\theta)$

$= 360° - \theta = 348°\ 41'\ 24.2''$(4상한)

$E = \Delta y_O^P \times \cos\alpha - \Delta x_O^P \times \sin\alpha$

$= 50 \times \cos 348°\ 41'\ 24.2'' - 10 \times \sin 348°\ 41'\ 24.2''$

$= 49.03 - (-1.96) = 50.99$ m

F점 $\sin F = \dfrac{E+L'}{R-W'}$ $\therefore$ $F = \sin^{-1} \times \dfrac{E+L'}{R-W'}$

$=\sin^{-1}\dfrac{(50.99+4)}{(100-5)}$

$=\sin^{-1}\dfrac{54.99}{95} = 35°\ 22'\ 08.9''$

방위각(V_O^F) $=\alpha + F = 348°\ 41'\ 24.2'' + 35°\ 22'\ 08.9''$

$= 24°\ 03'\ 33.1''$

F좌표계산 $Fx = Ox + R' \times \cos V_O^F$

$= 2{,}515 + 95 \times \cos 24°\ 03'\ 33.1''$

$= 2{,}515 + 86.75 = 2{,}601.75$ m

$Fy = O_Y + R' \times \sin V_O^F$

$= 3{,}525 + 95 \times \sin 24°\ 03'\ 33.1''$

$= 3{,}525 + 38.73 = 3{,}563.73$ m

4. 가구점계산

예제 4-10 **다음 그림에서 A, B, C점은 중심점이다. 주어진 조건에 의하여 S의 길이와 P, Q 점의 좌표를 구하시오.** (단 산출근거는 수식으로 표시하되 각도는 초 단위, 거리는 수수점 아래 4자리, 좌표는 소수점 이하 2자리까지 계산하시오.)

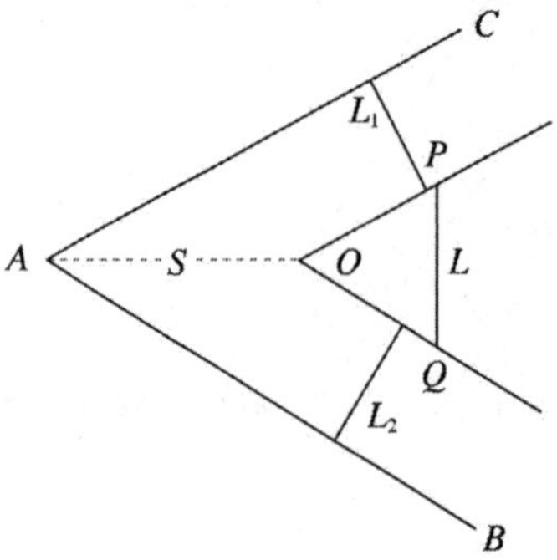

Ax = 455,715.83 m

Ay = 194,632.65 m

V_a^b = 114° 43′ 20″

V_a^c = 46° 58′ 40″

노폭 : $L1$ = 30 m

$L2$ = 20 m

PQ의 길이 = 15 m

풀이 및 정답

(1) $\theta = \angle CAB$의 계산

θ = 114° 43′ 20″ − 46° 58′ 40″

= 67° 44′ 40″

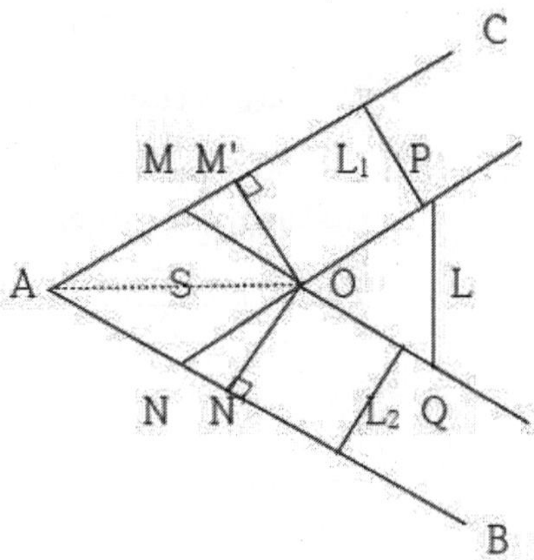

(2) $OP = OQ$의 계산

$$OP = OQ = \frac{PQ}{2} \times \mathrm{cosec}\frac{\theta}{2}$$

= 7.5 × cosec 33° 52′ 20″

= 13.4567 m

(3) $AM(ON)$의 길이계산

AM = 20 ÷ sin 67° 44′ 40″ = 21.6099 m

(4) MO의 길이계산

MO = 30 ÷ sin 67° 44′ 40″ = 32.4148 m

(5) MM'의 길이계산

$$MM' = \sqrt{MO^2 - L_1^2} = \sqrt{32.4148^2 - 30^2} = 12.2768\ \mathrm{m}$$

(6) AM'의 길이계산

$$AM' = AM + MM' = 21.6099 + 12.2768 = 33.8867\text{ m}$$

(7) $S(AO)$의 길이계산

$$S = \sqrt{30^2 + 33.8867^2} = 45.2582\text{ m}$$

(8) A점에서 O점에 대한 방위각계산

$$\angle M'AO = \sin^{-1}(\frac{L_1}{S}) = \sin^{-1}(\frac{30}{45.2582}) = 41°\ 31'\ 07''$$

$$V_A^O = V_A^C + \angle M'AO$$

$$= 46°\ 58'\ 40'' + 41°\ 31'\ 07'' = 88°\ 29'\ 47''$$

(9) O점의 좌표계산

$$O_X = A_X + S \times \cos V_a^o$$

$$= 455{,}715.83 + 45.2582 \times \cos 88°\ 29'\ 47'' = 455{,}717.02\text{ m}$$

$$O_Y = A_Y + S \times \sin V_a^o$$

$$= 194{,}632.65 + 45.2582 \times \sin 88°\ 29'\ 47'' = 194{,}677.89\text{ m}$$

(10) P점의 좌표계산

$$P_X = O_X + OP \times \cos V_a^c$$

$$= 455{,}717.02 + 13.4567 \times \cos 46°\ 58'\ 40'' = 455{,}726.20\text{ m}$$

$$P_Y = O_Y + OP \times \sin V_a^c$$

$$= 194{,}677.89 + 13.4567 \times \sin 46°\ 58'\ 40'' = 194{,}687.73\text{ m}$$

(11) Q점의 좌표계산

$$Q_X = O_X + OQ \times \cos V_a^b$$

$$= 455{,}717.02 + 13.4567 \times \cos 114°\ 43'\ 20'' = 455{,}711.39\text{ m}$$

$$Q_Y = O_Y + OQ \times \sin V_a^b$$

$$= 194{,}677.89 + 13.4567 \times \sin 114°\ 43'\ 20'' = 194{,}690.11\text{ m}$$

(12) 검산

$$PQ = \sqrt{(5{,}726.20 - 5{,}711.39)^2 + (4{,}687.73 - 4{,}690.11)^2} = 15\text{ m}$$

예제 4 - 11 **다음 그림에서 C, D, E점은 도로의 중심점이다. 주어진 여건으로 P점과 가구전제점 A, B점의 좌표를 구하시오.** (단, 산출근거는 수식으로 표시하고, 각도는 초단위, 거리는 소수점 이하 4자리, 좌표는 소수점 이하 2자리까지 계산하시오.)

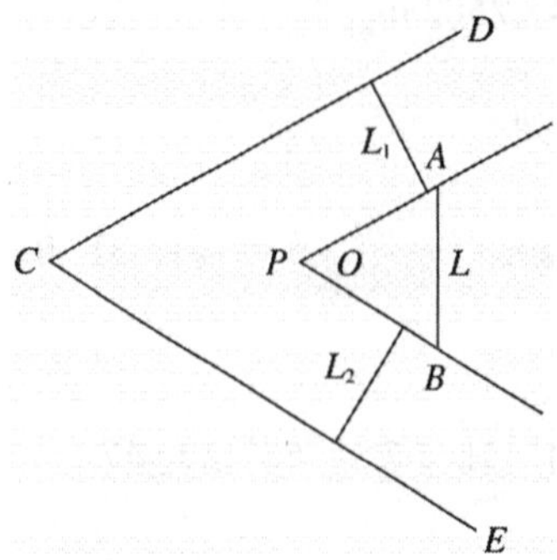

C의 좌표 X = 466,501.47 m

Y = 193,753.33 m

E의 좌표 X = 466,431.31 m

Y = 193,895.57 m

V_C^D 방위각 : 48° 36′ 46″

우절장(L) = 5 m

노폭 : L_1 = 4 m, L_2 = 3 m

풀이 및 정답 (1) V_C^E 방위각 계산

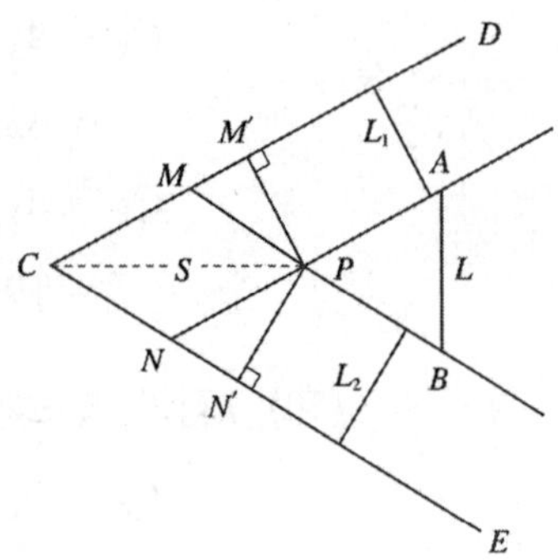

$$\theta = \tan^{-1}\frac{\Delta y}{\Delta x}$$

$$= \tan^{-1}\frac{(3{,}895.57 - 3{,}753.33)}{(6{,}431.31 - 6{,}501.47)}$$

$$= \tan^{-1}\frac{142.24}{70.16} = 63° \ 44' \ 43''$$

2상한이므로

V_C^E = 180 − 63° 44′ 43″ = 116° 15′ 17″

(2) θ = ∠DCE의 계산

θ = 116° 15′ 17″ − 48° 36′ 46″ = 67° 38′ 31″

(3) PA = PB의 계산

$$PA = \mathrm{PB} = \frac{AB}{2} \times \mathrm{cosec}\frac{\theta}{2} \left(\text{또는 } \frac{AB}{2} \div \sin\frac{\theta}{2}\right)$$

= 2.5 × cosec 33° 49′ 16″ = 4.4915 m

(4) CM(PN)의 길이계산

CM = 3 ÷ sin 67° 38′ 31″ = 3.2439 m

(5) MM'의 길이계산

MM' = 4 ÷ tan 67° 38′ 31″ = 1.6453 m

(6) CM'의 길이계산

$$CM' = CM + MM' = 3.2439 + 1.6453 = 4.8892\text{ m}$$

(7) $CP(S)$의 길이계산

$$S = \sqrt{L^2 + CM'^2} = \sqrt{4^2 + 4.8892^2} = 6.3170\text{ m}$$

(8) C점에서 P점에 대한 방위각계산

$$\angle DCP = \sin^{-1}\left(\frac{L_1}{CP}\right) = \sin^{-1}\left(\frac{4}{6.3170}\right) = 39°\ 17'\ 15''$$

$$V_C^P = V_C^D + \angle DCP$$

$$= 48°\ 36'\ 46'' + 39°\ 17'\ 15'' = 87°\ 54'\ 01''$$

(9) P점의 좌표계산

$$P_X = C_X + S \times \cos V_C^P$$

$$= 466{,}501.47 + 6.3169 \times \cos 87°\ 54'\ 01'' = 466{,}501.70\text{ m}$$

$$P_Y = C_Y + S \times \sin V_C^P$$

$$= 193{,}753.33 + 6.3169 \times \sin 87°\ 54'\ 01'' = 193{,}759.64\text{ m}$$

(10) A점의 좌표계산

$$A_X = P_X + P_A \times \cos V_C^D$$

$$= 466{,}501.70 + 4.4915 \times \cos 48°\ 36'\ 46'' = 466{,}504.67\text{ m}$$

$$A_Y = P_Y + P_A \times \sin V_C^D$$

$$= 193{,}759.64 + 4.4915 \times \sin 48°\ 36'\ 46'' = 193{,}763.01\text{ m}$$

(11) B점의 좌표계산

$$B_X = P_X + P_B \times \cos V_C^E$$

$$= 466{,}501.70 + 4.4915 \times \cos 116°\ 15'\ 17'' = 466{,}499.71\text{ m}$$

$$B_Y = P_Y + P_B \times \sin V_C^E$$

$$= 193{,}759.64 + 4.4915 \times \sin 116°\ 15'\ 17'' = 193{,}763.67\text{ m}$$

(12) 검산

$$AB = \sqrt{(6{,}499.71 - 6{,}504.67)^2 + (3{,}763.67 - 3{,}763.01)^2}$$

$$= \sqrt{(-4.96)^2 + (-0.66)^2} = 5\text{ m}$$

5. 좌표면적 및 경계점 간 거리계산

예제 4-12 **서울시 강남구 개포동 100번지의 경계점좌표에 의하여 좌표면적계산법으로 면적을 계산하고 경계점 간의 거리를 구하시오.**

순 서	경계점	X(m)	Y(m)
1	A	470,071.95	204,920.59
2	B	470,072.87	204,947.34
3	C	470,072.97	204,950.32
4	D	470,053.46	204,950.33
5	E	470,053.46	204,925.01
6	F	470,057.68	204,920.58

풀이 및 정답 (1) 면적(A)계산

$$A = \frac{1}{2}\{\sum Xn(Yn+1-Yn-1\}$$

$$(\text{또는 } \mathrm{A} = \frac{1}{2}\{\sum Yn(Xn+1-Xn-1)\})$$

$$A = \frac{1}{2}\{x_1(y_2-y_6)+x_2(y_3-y_1)+x_3(y_4-y_2)$$
$$+x_4(y_5-y_3)+x_5(y_6-y_4)+x_6(y_1-y_5)\}$$

$$= \frac{1}{2}\{71.95(47.34-20.58) + 72.87(50.32-20.59)$$
$$+ 72.97(50.33-47.34) + 53.46(25.01-50.32)$$
$$+ 53.46(20.58-50.33) + 57.68(20.59-25.01)\}$$

$$= \frac{1}{2}\{71.95\times26.76+72.87\times29.73+72.97\times2.99$$
$$+ 53.46\times(-25.31)+53.46\times(-29.75)+57.68\times(-4.42)\}$$

$$= \frac{1}{2}(1{,}925.38+2{,}166.43+218.18-1{,}353.07-1{,}590.44-254.95)$$

$$= \frac{1}{2}(1{,}111.53)$$

$$= 555.765\ \mathrm{m}^2 = 555.8\ \mathrm{m}^2$$

(2) 점 간 거리계산

거리(L) 계산은 두 측점의 좌표로 종선차(Δx), 횡선차(Δy)를 산출하여 다음 식으로 계산한다.

$$L = \sqrt{\Delta x^2 + \Delta y^2}$$

① A점에서 B점 : Δx = 470,072.87 − 470,071.95 = 0.92

Δy = 204,947.34 − 204,920.59 = 26.75

$L = \sqrt{0.92^2 + 26.75^2}$ = 26.77 m

② B점에서 C점 : Δx = 72.97 − 72.87 = 0.10

Δy = 50.32 − 47.34 = 2.98

$L = \sqrt{(0.10)^2 + (2.98)^2}$ = 2.98 m

③ C점에서 D점 : Δx = 53.46 − 72.97 = −19.51

Δy = 50.33 − 50.32 = 0.01

$L = \sqrt{(-19.51)^2 + (0.01)^2}$ = 19.51 m

④ D점에서 E점 : Δx = 53.46 − 53.46 = 0

Δy = 25.01 − 50.33 = −25.32

$L = \sqrt{(0)^2 + (-25.32)^2}$ = 25.32 m

⑤ E점에서 F점 : Δx = 57.68 − 53.46 = 4.22

Δy = 20.58 − 25.01 = −4.43

$L = \sqrt{(4.22)^2 + (-4.43)^2}$ = 6.12 m

⑥ F점에서 A점 : Δx = 71.95 − 57.68 = 14.27

Δy = 20.59 − 20.58 = 0.01

$L = \sqrt{(14.27)^2 + (0.01)^2}$ = 14.27 m

예제 4-13 [예제 4-12]를 좌표면적 및 경계점 간 거리계산부에 의하여 서울시 강남구 개포동 100번지의 면적과 경계점 간의 거리를 계산하시오.

예제 4-13 정답

좌표면적 및 경계점 간 거리계산부

동명	지번	측점번호	Xn(m)	Yn(m)	면적 계산(m^2)			
					$X_{n+1}-X_{n-1}$	$Y_{n+1}-Y_{n-1}$	$X_n(Y_{n+1}-Y_{n-1})$	$Y_n(X_{n+1}-X_{n-1})$
개포동	100	1	71.95	20.59	+15.19	+26.76	+1,925.3820	+312.7621
		2	72.87	47.34	+1.02	+29.73	+2,166.4251	+48.2868
		3	72.97	50.32	-19.41	+2.99	+218.1803	-976.7112
		4	53.46	50.33	-19.51	-25.31	-1,353.0726	-981.9383
		5	53.46	25.01	+4.22	-29.75	-1,590.4350	+105.5422
		6	57.68	20.58	+18.49	-4.42	-254.9456	+380.5242
					0	0	+1,111.5342	-1,111.5342
							1,111.5342÷2	= 555.7671
							A =	555.8m^2

거리 계산(m)		
Δx	Δy	거리
+0.92	+26.75	26.77
+0.10	+2.98	2.98
-19.51	+0.01	19.51
0.00	-25.32	25.32
+4.22	-4.43	6.12
+14.27	+0.01	14.27

예제 4-14 **좌표면적계산법에 의하여 수치지적부에 등록된 필지의 면적을 계산하시오.** (단, 면적은 소수점 이하 4자리까지 계산하여 결정면적은 지적법의 규정에 의할 것)

필계점	종선좌표(m)	횡선좌표(m)
1	7,643.98	5,189.89
2	7,678.43	5,245.45
3	7,626.79	5,289.34
4	7,591.56	5,228.17
5	7,531.63	5,207.67

풀이 및 정답 (1) 방법 1 : $X_n(Y_{n+1}-Y_{n-1})$ 에 의하여

643.98 × (245.45 − 207.67) = +24,329.5644

678.43 × (289.34 − 189.89) = +67,469.8635

626.79 × (228.17 − 245.45) = −10,830.9312

591.56 × (207.67 − 289.34) = −48,312.7052

+) 531.63 × (189.89 − 228.17) = −20,350.7964

= +12,304.9951(배면적)

따라서 12,304.9951 ÷ 2 = 6,152.49755 = 6,152.5 m^2

(2) 방법 2 : $Y_n(X_{n+1}-X_{n-1})$ 에 의하여

189.89 × (678.43 − 531.63) = +27,875.8520

245.45 × (626.79 − 643.98) = −4,219.2855

289.34 × (591.56 − 678.43) = −25,134.9658

228.17 × (531.63 − 626.79) = −21,712.6572

+) 207.67 × (643.98 − 591.56) = +10,886.0614

= −12,304.9951(배면적)

따라서 12,304.9951÷2 = 6,152.49755 = 6,152.5 m^2

예제 4-15 좌표면적계산부에 의하여 필계점 1, 2, 3, 4, 5로 이루어진 용인시 운학동 123번지의 면적과 경계점 간 거리를 구하시오.

필계점	종선좌표(m)	횡선좌표(m)
1	4,629.78	2,192.34
2	4,666.19	2,229.11
3	4,638.01	2,257.02
4	4,603.69	2,206.54
5	4,617.50	2,192.28

예제 4-15 정답

좌표면적 및 경계점 간 거리계산부

동명	지번	측점 번호	Xn(m)	Yn(m)	면적계산(m^2)				거리계산(m)		
					$X_{n+1}-X_{n-1}$	$Y_{n+1}-Y_{n-1}$	$X_n(Y_{n+1}-Y_{n-1})$	$Y_n(X_{n+1}-X_{n-1})$	Δx	Δy	거리
운학동	123	1	629.78	192.34	+48.69	+36.83	+23,194.7974	+9,365.0346	+36.41	+36.77	51.75
		2	666.19	229.11	+8.23	+64.68	+43,089.1692	+1,885.5753	-28.18	+27.91	39.66
		3	638.01	257.02	-62.50	-22.57	-14,399.8857	-16,063.7500	-34.32	-50.48	61.04
		4	603.69	206.54	-20.51	-64.74	-39,082.8906	-4,236.1354	+13.81	-14.26	19.85
		5	617.50	192.28	+26.09	-14.20	-8,768.5000	+5,016.5852	+12.28	+0.06	12.28
					0	0	+4,032.6903	-4,032.6903			
							4,032.6903÷2	=2,016.345			
							A =	2,016.3m^2			

예제 4-16 **필계점 1, 2, 3, 4, 5로 이루어진 경기도 의정부시 호원동의 지목이 대인 117 번지를 117, 117-1 번지로 분할하고자 할 때, 필계점 2로부터 3방향으로 40.00m만큼 떨어진 점 P에서 점 3, 4 방향과 평행하게 분할하려고 한다. P점의 좌표를 구한 후 주어진 서식에 의하여 교차점 Q의 좌표와 117번지의 면적과 경계점 간 거리를 계산하시오.**

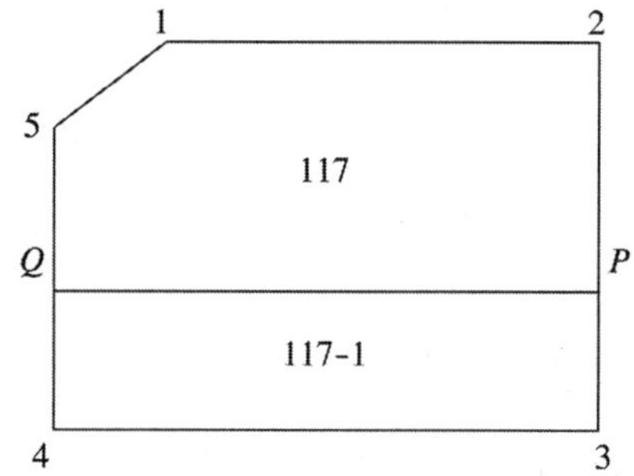

필계점	종선좌표	횡선좌표
1	5,740.89	3,303.45
2	5,777.30	3,340.22
3	5,728.88	3,388.17
4	5,694.90	3,338.20
5	5,728.61	3,303.39

풀이 및 정답 주어진 문제의 조건은 $34 // PQ$이고 2-P의 거리는 40.00 m로 계산순서는 다음과 같다.

① 2 →3, 3 →4, 4 →5의 방위각계산

② P점의 좌표계산

③ 방위각 $V_4^5(\alpha)$ 와 방위각 $V_P^Q = V_3^4(\beta)$ 에 의하여 소구점(Q)의 좌표계산

④ 1, 2, P, Q, 5점의 좌표에 의하여 좌표면적 및 점 간거리계산

(1) 방위각의 계산

$$2 \rightarrow 3 : \theta = \tan^{-1}\frac{\Delta y}{\Delta x}$$

$$= \tan^{-1}(\frac{47.95}{48.42}) = 44° \ 43' \ 14''$$

V = 2상한(180° − θ)이므로 135° 16′ 46″

3 → 4 : $\theta = \tan^{-1}\dfrac{\Delta y}{\Delta x}$

$= \tan^{-1}(\dfrac{49.97}{33.98})$ = 55° 47′ 02″

V = 3상한(180° + θ)이므로 235° 47′ 02″(β)

4 → 5 : $\theta = \tan^{-1}\dfrac{\Delta y}{\Delta x}$

$= \tan^{-1}(\dfrac{34.81}{33.71})$ = 45° 55′ 11″

V = 4상한(360° − θ)이므로 314° 04′ 49″(α)

(2) P점의 좌표계산

Px = 5,777.30 + 40.00 × cos135° 16′ 46″ = 5,748.88 m

Py = 3,340.22 + 40.00 × sin135° 16′ 46″ = 3,368.37 m

(3) 교차점 Q의 계산(서식참조)

가. 기지점 역계산

종선차(4 →P) = 5,748.88 − 5,694.90 = +53.98

횡선차(4 →P) = 3,368.37 − 3,338.20 = +30.17

나. S_1, S_2의 계산

$(\alpha - \beta)$ = 314° 04′ 49″ − 235° 47′ 02″ = 78° 17′ 47″

$$S_1 = \frac{\Delta y_4^P \cos\beta - \Delta x_4^P \sin\beta}{\sin(\alpha - \beta)}$$

$$= \frac{30.17 \times \cos 235^\circ\ 47'\ 02'' - 53.98 \times \sin 235^\circ\ 47'\ 02''}{\sin 78^\circ\ 17'\ 47''} = 28.2597$$

$$S_2 = \frac{\Delta y_4^P \cos\alpha - \Delta x_4^P \sin\alpha}{\sin(\alpha - \beta)}$$

$$= \frac{30.17 \times \cos 314^\circ\ 04'\ 49'' - 53.98 \times \sin 314^\circ\ 04'\ 49''}{\sin 78^\circ\ 17'\ 47''} = 61.0345$$

다. Q점의 좌표계산

[A(4)점에서]

$Qx = S_1 \times \cos\alpha + \Delta x$

= 28.2597 × cos 314° 04′ 49″ + 5,694.90 = 5,714.56

$Qy = S_1 \times \sin\alpha + \Delta y$

$= 28.2597 \times \sin 314° \ 04' \ 49'' + 3{,}338.20 = 3{,}317.90$

[$B(P)$ 점에서]

$Qx = S_2 \times \cos\beta + Px$

$= 61.0345 \times \cos 235° \ 47' \ 02'' + 5{,}748.88 = 5{,}714.56$

$Qy = S_2 \times \sin\beta + Py$

$= 61.0345 \times \sin 235° \ 47' \ 02'' + 3{,}368.37 = 3{,}317.90$

A와 B점에서 구한 좌표를 평균하면,

$Qx = (5{,}714.56 + 5{,}714.56) \div 2 = 5{,}714.56$ m

$Qy = (3{,}317.90 + 3{,}317.90) \div 2 = 3{,}317.90$ m

(4) 좌표면적 및 경계점 간 거리계산(서식참고)

각 점의 좌표란에는 1,000단위는 같으므로 빼고 나머지 좌표만을 Xn, Yn란에 기재한다.

가. 차인계산

$(X_{n+1} - X_{n-1})$의 값을 기재한다.

$2-5 = 777.30 - 728.61 = +48.69$

$P-1 = 748.88 - 740.89 = +7.99$

$Q-2 = 714.56 - 777.30 = -62.74$

$5-P = 728.61 - 748.88 = -20.27$

$1-Q = 740.89 - 714.56 = +26.33$

합계 = 0

$(Y_{n+1} - Y_{n-1})$의 값을 기재한다.

$2-5 = 340.22 - 303.39 = +36.83$

$P-1 = 368.37 - 303.45 = +64.92$

$Q-2 = 317.90 - 340.22 = -22.32$

$5-P = 303.39 - 368.37 = -64.98$

$1-Q = 303.45 - 317.90 = -14.45$

합계 = 0

나. $X_n(Y_{n+1} - Y_{n-1})$의 계산

1측점에서 $740.89 \times (+36.83) = +27{,}286.9787$

2측점에서 $777.30 \times (+64.92) = +50{,}462.3160$

P측점에서　748.88 × (−22.32) = −16,715.0016

Q측점에서　714.56 × (−64.98) = −46,432.1088

5측점에서　728.61 × (−14.45) = −10,528.4145

계 = +4,073.7698 = 4,073.8 m^2

다. $Y_n(X_{n+1} - X_{n-1})$의 계산

1측점에서　303.45 × (+48.69) = +14,774.9805

2측점에서　340.22 × (+ 7.99) = +2,718.3578

P측점에서　368.37 × (−62.74) = −23,111.5338

Q측점에서　317.90 × (−20.27) = −6,443.833

5측점에서　303.39 × (+26.33) = +7,988.2587

계 = −4,073.7698 = 4,073.8 m^2

※ '나'와 '마'의 배면적의 절대치가 같음으로 배면적을 2로 나누어 최종면적 계산을 하면, 4,073.7698 ÷ 2 = 2036.8849 m^2로 축척 500분의 1 지역에서 면적의 최소 등록단위는 0.1 m^2이므로 면적은 2,036.9 m^2가 된다.

라. 점 간 거리의 계산

1−2 : Δx = 777.30 − 740.89 = +36.41

Δy = 340.22 − 303.45 = +36.77

거리 = $\sqrt{36.41^2 + 36.77^2}$ = 51.75 m

2−P : Δx = 748.88 − 777.30 = −28.42

Δy = 368.37 − 340.22 = +28.15

거리 = $\sqrt{28.42^2 + 28.15^2}$ = 40.00 m

P−Q : Δx = 714.56 − 748.88 = −34.32

Δy = 317.90 − 368.37 = −50.47

거리 = $\sqrt{34.32^2 + 50.47^2}$ = 61.03 m

Q−5 : Δx = 728.61 − 714.56 = +14.05

Δy = 303.39 − 317.90 = −14.51

거리 = $\sqrt{14.05^2 + 14.51^2}$ = 20.20 m

5−1 : Δx = 740.89 − 728.61 = +12.28

Δy = 303.45 − 303.39 = +0.06

거리 = $\sqrt{12.28^2 + 0.06^2}$ = 12.28 m

예제 4-16 정답

교 차 점 계 산 부

공 식

$$S_1 = \frac{\Delta y_a^b \cos\beta - \Delta x_a^b \sin\beta}{\sin(\alpha - \beta)}$$

$$S_2 = \frac{\Delta y_a^b \cos\alpha - \Delta x_a^b \sin\alpha}{\sin(\alpha - \beta)}$$

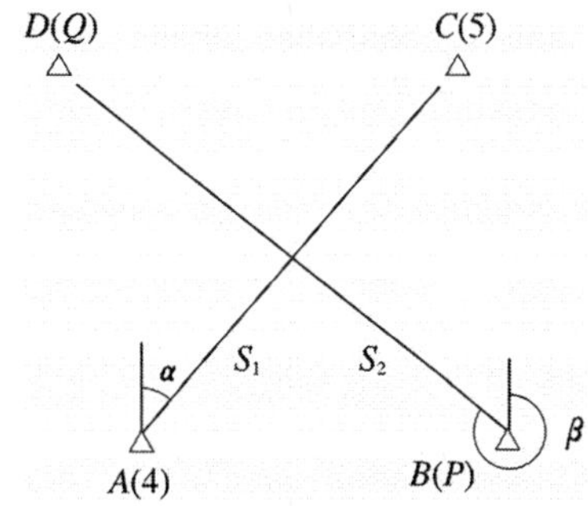

소구점

점	x	y		종 횡 선 차	
D (　)				Δy_b^d	
B (P)	5,748.88	3,368.37		Δx_b^d	
C (5)	5,728.61	3,303.39		Δy_a^c	-34.81
A (4)	5,694.90	3,338.20		Δx_a^c	+33.71
Δx_a^b	+53.98	Δy_a^b	+30.17	V_a^b	29° 12′ 05″
α	314° 04′ 49″	V_a^c		314° 04′ 49″	
β	235° 47′ 02″	V_b^d		235° 47′ 02″	
α-β	78° 17′ 47″				

$(\Delta y_a^b \cdot \cos\beta - \Delta x_a^b \cdot \sin\beta)/\sin(\alpha-\beta) = S_1$			28.2597
$S_1 \cdot \cos\alpha$	+19.66	$S_1 \cdot \sin\alpha$	-20.30
x_a	+) 5,694.90	y_a	+) 3,338.20
X	5,714.56	y	3,317.90
$(\Delta y_a^b \cdot \cos\alpha - \Delta x_a^b \cdot \sin\alpha)/\sin(\alpha-\beta) = S_2$			61.0345
$S_2 \cdot \cos\beta$	-34.32	$S_2 \cdot \sin\beta$	-50.47
x_b	+) 5,748.88	y_b	+) 3,368.37
X	5,714.56	y	3,317.90
X	5,714.56	Y	3,317.90

좌표면적 및 경계점 간 거리계산부

동명	지번	지목	면적(m^2)	약 도	측점번호	Xn(m)	Yn(m)
호원동	117	대	2,036.9	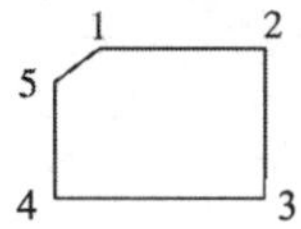	1	740.89	303.45
					2	777.30	340.22
					3	748.88	368.37
					4	714.56	317.90
					5	728.61	303.39

면 적 계 산(m^2)		면 적 계 산(m^2)		거 리 계 산(m)		
$X_{n+1}-X_{n-1}$	$Y_{n+1}-Y_{n-1}$	$X_n(Y_{n+1}-Y_{n-1})$	$Y_n(X_{n+1}-X_{n-1})$	Δx	Δy	거 리
+48.69	+36.83	+27,286.9787	+14,774.9805			
+7.99	+64.92	+50,462.3160	+2,718.3578	+36.41	+36.77	51.75
-62.74	-22.32	-16,715.0016	-23,111.5338	-28.42	+28.15	40.00
-20.27	-64.98	-46,432.1088	-6,443.8330	-34.32	-50.47	61.03
+26.33	-14.45	-10,528.4145	+7,988.2587	+14.05	-14.51	20.20
0	0	+4,073.7698	-4,073.7698	+12.28	+0.06	12.28
		4,073.7698÷2	=2,036.8849			
		A =	2,036.9m^2			

예제 4-17 다음 그림의 다각형 B점에서 4각형 $ABQF$의 면적이 1,500 m²가 되도록 Q점의 좌표를 0.01 m까지 구하시오.

가. 경계점 좌표

점 명	X(m)	Y(m)
A	3,500.00	5,005.00
B	3,510.00	5,030.00
C	3,550.00	5,035.00
D	3,550.00	5,050.00
E	3,455.00	5,055.00
F	3,450.00	5,005.00

나. 약도

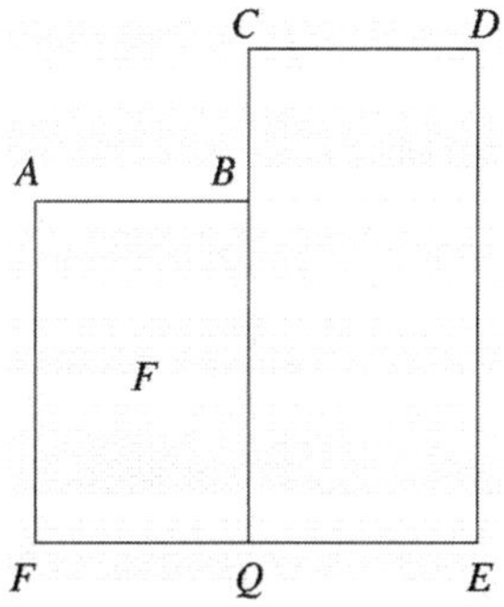

풀이 및 정답 (1) 전체면적계산

$$A=\frac{1}{2}\{\sum Xn(Yn+1-Yn-1)\}$$

$$A=\frac{1}{2}\{Ax(By-Fy)+Bx(Cy-Ay)+Cx(Dy-By)$$
$$+Dx(Ey-Cy)+Ex(Fy-Dy)+Fx(Ay-Ey)\}$$
$$=\frac{1}{2}\{500(30-5)+510(35-5)+550(50-30)$$
$$+550(55-35)+455(5-50)+450(5-55)\}$$
$$=\frac{1}{2}(12{,}500+15{,}300+11{,}000+11{,}000-20{,}475-22{,}500)$$
$$=\frac{1}{2}(6{,}825)=3{,}412.5\ \text{m}^2$$

(2) Q점의 좌표계산

가. □$ABQF(F)$의 면적계산

$$F=1{,}500\ \text{m}^2$$

$$1{,}500=\frac{1}{2}\{Ax(By-Fy)+Bx(Qy-Ay)+Qx(Fy-By)+Fx(Ay-Qy)\}$$
$$=\frac{1}{2}\{500(30-5)+510(y-5)+x(5-30)+450(5-y)\}$$
$$=\frac{1}{2}(12500+510y-2550-25x+2250-450y)$$
$$9{,}200=25x-60y \quad \cdots\cdots\cdots ①$$

나. □$BCDEQ(F')$의 면적계산

$$F' = 3{,}412.5 - 1{,}500 = 1{,}912.5\ \text{m}^2$$

$$1{,}912.5 = \frac{1}{2}\{Bx(Cy - Qy) + Cx(Dy - By) + Dx(Ey - Cy)$$
$$+ Ex(Qy - Dy) + Qx(By - Ey)\}$$
$$= \frac{1}{2}\{510(35 - y) + 550(50 - 30) + 550(55 - 35)$$
$$+ 455(y - 50) + x(30 - 55)\}$$
$$= \frac{1}{2}(17{,}850 - 510y + 11{,}000 + 11{,}000 + 455y - 22{,}750 - 25x)$$

$$13{,}275 = 25x + 55y \quad \cdots\cdots\cdots\cdots\cdots\cdots\cdots\cdots ②$$

①식과 ②식을 연립방정식으로하여 x, y값을 구하기 위하여,

①식의 양변에 $55(y)$를 곱하고, ②식의 양변에 $60(y)$을 곱하여 x를 구하면

$$\begin{array}{rrl} & 506{,}000 = & 1{,}375x - 3{,}300y \\ +) & 796{,}500 = & 1{,}500x + 3{,}300y \\ \hline & 1{,}302{,}500 = & 2{,}875x \\ & x = & 453.04 \end{array}$$

x를 ① 또는 ②식에 대입하여 y를 구하면, $y = 35.43$이 된다.

따라서 $Qx = 3{,}000 + 453.04 = 3{,}453.04$ m

$Qy = 5{,}000 + 35.43 = 5{,}035.43$ m

또는

$$\begin{array}{rrl} & 9{,}200 = & 25x - 60y \\ -) & 13{,}275 = & 25x + 55y \\ \hline & -4{,}075 = & -115y \\ & y = & 35.43 \end{array}$$

y를 ①식에 대입하여 x를 구하면, $x = 453.03$

②식에 대입하여 x를 구하면, $x = 453.05$

$x = (453.03 + 453.05) = 453.04$

따라서

$Qx = 3{,}000 + 453.04 = 3{,}453.04$ m

$Qy = 5{,}000 + 35.43 = 5{,}035.43$ m

예제 4-18 **경계점좌표등록부에 등록된 필지의 면적을 좌표면적계산법으로 계산하고, 선분 EF를 기준으로 같은 면적이 되도록 두 필지를 분할하고자 할 때 F점의 좌표를 구하시오.** (단, 좌표는 0.01m 단위까지 계산하시오.)

가. 경계점좌표

점명	X(m)	Y(m)
A	120.00	120.00
B	100.00	90.00
C	100.00	170.00
D	120.00	200.00
E	140.00	160.00

나. 약 도

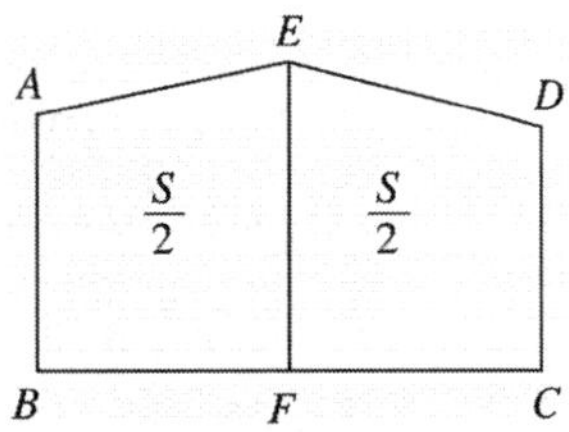

풀이 및 정답

(1) $AEDCB$의 면적계산

$$S=\frac{1}{2}\{(100-140)120+(120-120)160+(140-100)200+(120-100)170+(100-120)90\}=2{,}400\ \text{m}^2$$

(2) F점(x, y)의 좌표계산

(□$AEFB$의 면적은 $AEDCB$의 면적의 2분의 1이므로)

$$1{,}200=\frac{1}{2}\{(100-140)120+(120-x)160+(140-100)y+(x-120)90\}$$

$$=\frac{1}{2}(-70x+40y+3{,}600)$$

$$\therefore\ 70x-40y=1{,}200 \quad \cdots\cdots (1)$$

(□$EDCF$의 면적은 $AEDCB$의 면적의 2분의 1이므로)

$$1{,}200=\frac{1}{2}\{(x-120)160+(140-100)200+(120-x)170+(100-140)y\}$$

$$=\frac{1}{2}(-10x-40y+9{,}200)$$

$$\therefore\ 10x+40y=6800 \quad \cdots\cdots (2)$$

(1)과 (2)식을 연립방정식으로 풀면

$$\begin{aligned} 70x-40y &= 1{,}200 \\ +)\ 10x+40y &= 6{,}800 \\ \hline 80x &= 8{,}000 \end{aligned}$$

$\therefore\ x = 100 \qquad \therefore\ y = \dfrac{6{,}800-(10\times100)}{40} = 145$

[정답] : $Fx = 100$ m, $\qquad Fy = 145$ m

6. 면적지정분할

수치분할측량방법에는 표시된 경계표지를 측량하여 결정짓는 방법과 면적을 지정하여 분할하는 경우로 구분할 수가 있다. 표시된 경계표지를 경계로 하여 분할측량을 실시할 때에는 기등록선에 교차되도록 교차점 계산으로 좌표를 구하지만 면적을 지정하여 분할하는 경우에는 몇 가지 조건에 따라 분할선에 좌표를 결정한다.

(1) $AD /\!/ BC$, $\angle PQC(\psi)$ 지정일 때

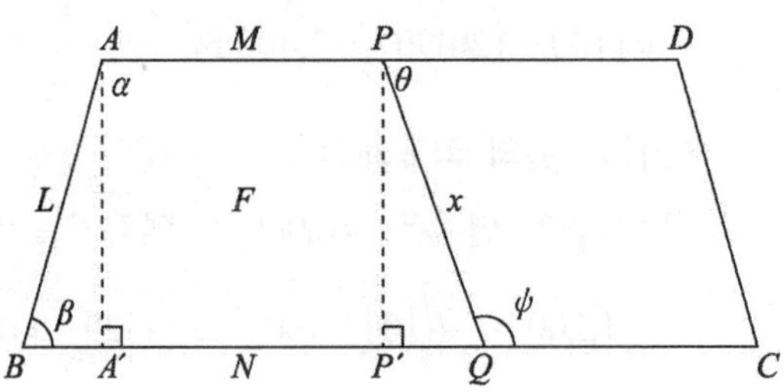

P점의 좌표 $Px = Ax + M\times\cos V_a^d$

$Py = Ay + M\times\sin V_a^d$

Q점의 좌표 $Qx = Bx + N\times\cos V_b^c$

$Qy = By + N\times\sin V_b^c$

□$ABCD$는 사다리꼴

$F = ABQP$의 넓이

$F = \dfrac{1}{2}(M+N)\times AA'$ (사다리꼴 넓이) .... ①

$\triangle BAA'$에서

$$\sin\beta = \frac{AA'}{L} \rightarrow \mathrm{AA'} = \mathrm{L} \times \sin\beta \quad \cdots\cdots ②$$

①식에 ②를 대입하면

$$F = \frac{1}{2}(M+N) \times L \times \sin\beta \ (M,\ N\text{을 구하기 위해})$$

$$M + M = \frac{2F}{L \times \sin\beta} \quad \cdots\cdots ③$$

$$N = BA' + M + P'Q$$

$$\text{여기서, } \cos\beta = \frac{BA'}{L} \rightarrow BA' = L \times \cos\beta$$

$$\cos(180^\circ - \psi) = \frac{P'Q}{x} \rightarrow P'Q = x \times \cos(180^\circ - \psi)$$

$$= -x \times \cos\psi \text{ 이므로}$$

$$N = L \times \cos\beta + M - x \times \cos\psi \quad \cdots\cdots ④$$

③식에 ④를 대입하면,

$$M + L \times \cos\beta + M - x \times \cos\psi = \frac{2F}{L \times \sin\beta}$$

$$\rightarrow 2M = \frac{2F}{L \times \sin\beta} + x \times \cos\psi - L \times \sin\beta$$

$$\therefore M = \frac{F}{L \times \sin\beta} + \frac{x}{2} \times \cos\psi - \frac{L}{2} \times \cos\beta \quad \cdots\cdots ⑤$$

③식에 ⑤를 대입하면,

$$\frac{F}{L \times \sin\beta} + \frac{x}{2} \times \cos\psi - \frac{L}{2} \times \cos\beta + N = \frac{2F}{L \times \sin\beta}$$

$$\therefore N = \frac{F}{L \times \sin\beta} - \frac{x}{2} \times \cos\psi + \frac{L}{2} \times \cos\beta$$

$$\sin(180^\circ - \psi) = \frac{PP'}{x} \text{ 여기서, } PP' = AA' = \mathrm{L} \times \sin\beta\text{이므로}$$

$$\therefore x = \frac{L \times \sin\beta}{\sin\psi}$$

P점의 좌표 $Px = Ax + M \times \cos V_a^d$

$Py = Ay + M \times \sin V_a^d$

Q점의 좌표 $Qx = Bx + N \times \cos V_b^c$

$Qy = By + N \times \sin V_b^c$

예제 4-19 **면적지정분할을 하기 위한 다음 조건에 의하여 점 P, Q의 좌표를 구하시오.** (단, 계산시 각은 1초, 거리는 0.1 cm 단위까지 계산하시오.)

조건 : $AD /\!/ BC$, $\angle PQC(\psi)$ = 120°, 지정면적(F) = 2,000 m^2

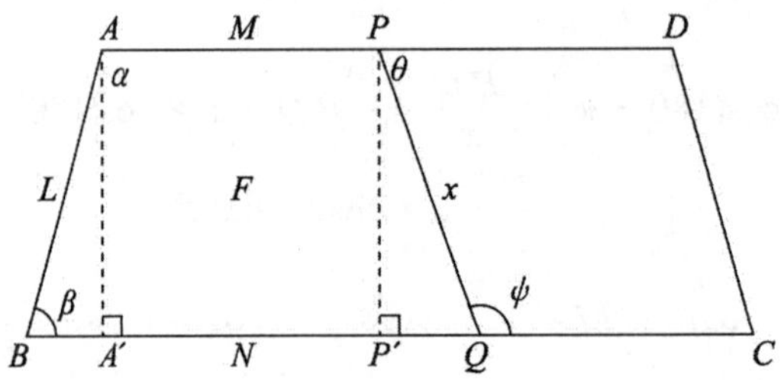

점명	X	Y
A	5,712.23	3,352.54
B	5,678.08	3,312.04
C	5,579.07	3,382.80
D	5,613.22	3,423.30

풀이 및 정답 (1) AB 및 BC에 대한 방위각 및 거리계산

$A \rightarrow B$ Δx = 5,678.08 − 5,712.23 = −34.15

Δy = 3,312.04 − 3,352.54 = −40.50

$\theta = \tan^{-1}\dfrac{\Delta y}{\Delta x} = \tan^{-1}\dfrac{40.50}{34.15}$ = 49° 51′ 43″(3상한)

V_A^B = 180° + Θ = 180° + 49° 51′ 43″ = 229° 51′ 43″

$L = \sqrt{34.15^2 + 40.50^2}$ = 52.976

$B \rightarrow C$ Δx = 5,579.07 − 5,678.08 = −99.01

Δy = 3,382.80 − 3,312.04 = +70.76

$\theta = \tan^{-1}\dfrac{\Delta y}{\Delta x} = \tan^{-1}\dfrac{70.76}{99.01}$ = 35° 33′ 09″(2상한)

V_B^C = 180° − Θ = 180° − 35° 33′ 09″ = 144° 26′ 51″

(2) β의 계산

$AD /\!/ BC$ 이므로 $V_A^D = V_B^C = 144°\ 26'\ 51''$가 된다.

따라서 $\beta = V_B^C - V_B^A$

$= 144°\ 26'\ 51'' - 49°\ 51'\ 43'' = 94°\ 35'\ 08''$

(3) x의 계산

$$x = \frac{L \times \sin\beta}{\sin\phi} \text{ 이므로,}$$

$$x = \frac{52.976 \times \sin 94°\ 35'\ 08''}{\sin 120°} = 60.976$$

(4) M, N의 계산

$$M = \frac{F}{L \times \sin\beta} - \frac{L \times \cos\beta - x \times \cos\phi}{2}$$

$$= \frac{2{,}000}{52.976 \times \sin 94°\ 35'\ 08''}$$

$$- \frac{52.976 \times \cos 94°\ 35'\ 08'' - 60.976 \times \cos 120°}{2} = 24.748$$

$$N = \frac{F}{L \times \sin\beta} + \frac{L \times \cos\beta - x \times \cos\phi}{2}$$

$$= \frac{2{,}000}{52.976 \times \sin 94°\ 35'\ 08''}$$

$$+ \frac{52.976 \times \cos 94°\ 35'\ 08'' - 60.976 \times \cos 120°}{2} = 51.002$$

(5) P, Q의 좌표계산

$Px = Ax + M \times \cos V_A^D$

$= 5{,}712.23 + 24.748 \times \cos 144°\ 26'\ 51'' = 5{,}692.10$ m

$Py = Ay + M \times \sin V_A^D$

$= 3{,}352.54 + 24.748 \times \sin 144°\ 26'\ 51'' = 3{,}366.93$ m

$Qx = Bx + N \times \cos V_B^C$

$= 5{,}678.08 + 51.002 \times \cos 144°\ 26'\ 51'' = 5{,}636.59$ m

$Qy = By + N \times \sin V_B^C$

$= 3{,}312.04 + 51.002 \times \sin 144°\ 26'\ 51'' = 3{,}341.70$ m

예제 4-19 정답

면적지정분할계산부

$AD /\!/ BC$, $\angle PQC(\psi) = 120^\circ$ F = 2,000m²

점 명	부호	X(m)	Y(m)
	A	5712.23	3352.54
	B	5678.08	3312.04
	C	5579.07	3382.80
	D	5613.22	3423.30
	P	.	.
	Q	.	.

부호도

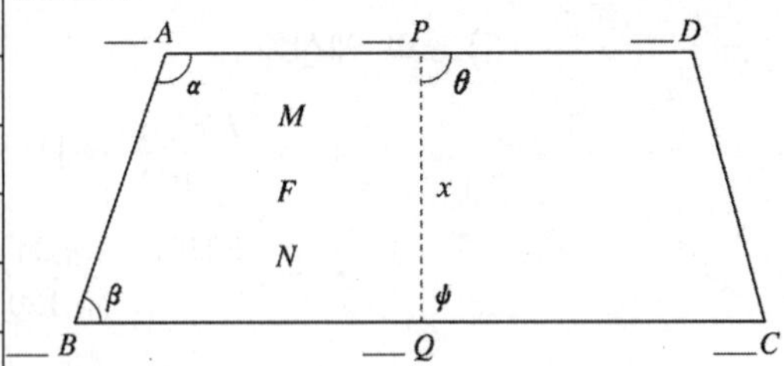

방 향	방 위 각	방 향	방 위 각	F	2000
V_a^b	229° 51′ 43″	α+β	° ′ ″	2F	
V_a^d	144 26 51	ψ		L	52.976
α		Θ		L^2	
V_b^c	144 26 51			M	20.513
V_b^a	49 51 43			N	55.235
β	94 35 08	ψ	120 00 00	F	$\frac{1}{2}(M+N)\times L\times\sin\beta$
α+β		Θ+ψ		좌표면적 (검산)	2000

공식 x : $(L\times\sin\beta) / \sin\psi$ = 60.976

M : $F / L\times\sin\beta - (L\times\cos\beta - x\times\cos\psi) / 2$ = 24.748

N : $F / L\times\sin\beta + (L\times\cos\beta - x\times\cos\psi) / 2$ = 51.002

좌 표 계 산

P		Q	
Xa	5712.23 m	Xb	5678.08 m
$M\cdot\cos V_a^d$	-20.13	$N\cdot\cos V_b^c$	-41.49.
X	5692.10	X	5636.59
Ya	3352.54	Yb	3312.04
$M\cdot\cos V_a^d$	+14.39	$N\cdot\sin V_b^c$	+29.66
Y	3366.93	Y	3341.70

(6) 검산

$$F = \frac{1}{2}(M+N) \times L \times \sin\beta$$

$$= \frac{1}{2}(24.748+51.002) \times 52.976 \times \sin\ 94°\ 35'\ 08'' = 2{,}000$$

$(F = 2{,}000\ m^2)$

(2) $AD /\!/ BC$, $\psi = 90°$일 때

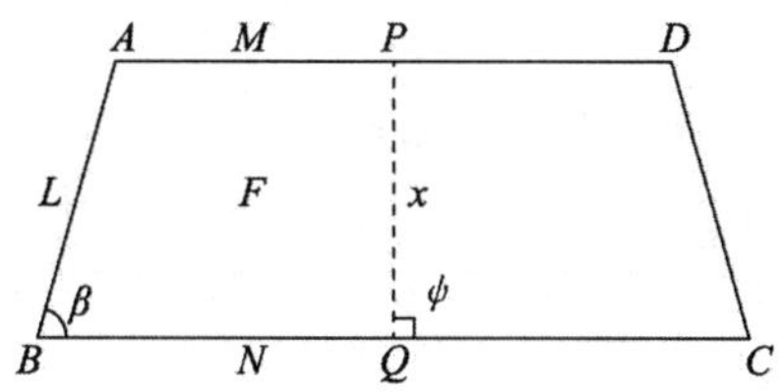

$$M = \frac{F}{L\sin\beta} + \frac{x}{2} \times \cos\psi - \frac{L}{2} \times \cos\beta$$

$$N = \frac{F}{L \times \sin\beta} - \frac{x}{2} \times \cos\psi + \frac{L}{2} \times \cos\beta$$

$$x = \frac{L \times \sin\beta}{\sin\phi}$$ 에서,

$\cos\psi\ =\ \cos 90° =\ 0,\quad \sin\psi\ =\ \sin 90° =\ 1$을 대입하면,

$$M = \frac{F}{L \times \sin\beta}\ -\ \frac{L}{2} \times \cos\beta$$

$$N = \frac{F}{L \times \sin\beta}\ +\ \frac{L}{2} \times \cos\beta$$

$$x = L \times \sin\beta$$

예제 4-20 **면적지정분할을 하기 위한 아래 조건에 의하여 P와 Q점의 좌표를 구하시오.**

(단, 계산시 각은 초위, 거리는 0.1mm까지 사용하고 수식을 수립하여 계산하시오.)

조건 : $AD /\!/ BC$, $\angle PQC(\psi) = 90°$, 지정면적(F) : 500 m^2

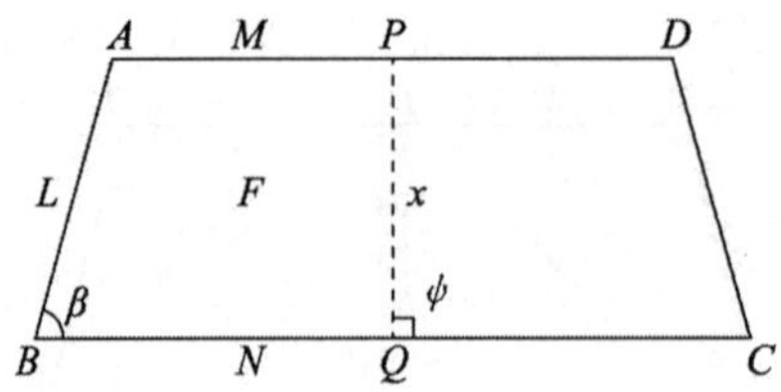

점명	X	Y
A	496,589.36	194,128.70
B	496,564.79	194,128.42
C	496,562.74	194,202.20
D	496,587.31	194,202.48

풀이 및 정답 (1) AB에 대한 방위각 및 거리계산

$$\Delta x = 6{,}564.79 - 6{,}589.36 = -24.57$$

$$\Delta y = 4{,}128.42 - 4{,}128.70 = -0.28$$

$$\theta = \tan^{-1}\frac{\Delta y}{\Delta x} = \tan^{-1}\frac{-0.28}{-24.57} = 0°\ 39'\ 10.5'' \quad \cdots\cdots\cdots \text{(3상한)}$$

$$V_A^B = 180 + 0°\ 39'\ 10.5'' = 180°\ 39'\ 10.5''$$

$$L = \sqrt{\Delta x^2 + \Delta y^2} = \sqrt{0.28^2 + 24.57^2} = 24.5716\ \text{m}$$

(2) β의 계산($V_B^C - V_B^A$)

V_B^C $(= V_A^D)$의 계산

$$\Delta x = 6562.74 - 6564.79 = -2.05$$

$$\Delta y = 4202.20 - 4218.42 = +73.78$$

$$\theta = \tan^{-1}\frac{\Delta y}{\Delta x} = \tan^{-1}\frac{73.78}{2.05} = 88°\ 24'\ 30.3'' \quad \cdots\cdots \text{(2상한)}$$

$$V_B^C\ (V_A^D) = 180° - \theta = 180° - 88°\ 24'\ 30.3'' = 91°\ 35'\ 29.7''$$

$$V_B^A = 180°\ 39'\ 10.5'' - 180 = 0°\ 39'\ 10.5''$$

$$\therefore\ \beta = V_B^C - V_B^A$$

$$= 91°\ 35'\ 29.7'' - 0°\ 39'\ 10.5'' = 90°\ 56'\ 19.2''$$

(3) M, N의 계산

$$M = \frac{F}{L \times \sin\beta} - \frac{L \times \cos\beta}{2}$$

$$= \frac{500}{24.5716 \times \sin 90^\circ\ 56'\ 19.2''} - \frac{24.5716 \times \cos 90^\circ\ 56'\ 19.2''}{2}$$

$$= 20.5527 \text{ m}$$

$$N = \frac{F}{L \times \sin\beta} + \frac{L \times \cos\beta}{2}$$

$$= \frac{500}{24.5716 \times \sin 90^\circ\ 56'\ 19.2''} + \frac{24.5716 \times \cos 90^\circ\ 56'\ 19.2''}{2}$$

$$= 20.1501 \text{ m}$$

(4) P, Q의 좌표계산

$$Px = Ax + M \times \cos V_A^D$$

$$= 6{,}589.36 + 20.5527 \times \cos 91^\circ\ 35'\ 29.7'' = 6{,}588.79 \text{ m}$$

$$Py = Ay + M \times \sin V_A^D$$

$$= 4{,}128.70 + 20.5527 \times \sin 91^\circ\ 35'\ 29.7'' = 4{,}149.24 \text{ m}$$

$$Qx = Bx + N \times \cos V_B^C$$

$$= 6{,}564.79 + 20.1501 \times \cos 91^\circ\ 35'\ 29.7'' = 6{,}564.23 \text{ m}$$

$$Qy = By + N \times \sin V_B^C$$

$$= 4{,}128.42 + 20.1501 \times \sin 91^\circ\ 35'\ 29.7'' = 4{,}148.56 \text{ m}$$

(5) 검산

$$F = \frac{1}{2}(M+N) \times L \times \sin\beta$$

$$= \frac{1}{2}(20.5527 + 20.1501) \times 24.5716 \times \sin 90^\circ\ 56'\ 19.2'' = 500$$

($F = 500 \text{ m}^2$)

예제 4-20 정답

면적지정분할계산부

$AD /\!/ BC$, $\angle PQC(\psi) = 90^\circ$ $F = 500\text{m}^2$

점 명	부호	X(m)	Y(m)
	A	496,589.36	194,128.70
	B	496,564.79	194,128.42
	C	496,562.74	194,202.20
	D	496,587.31	194,202.48
	P	.	.
	Q	.	.

부호도

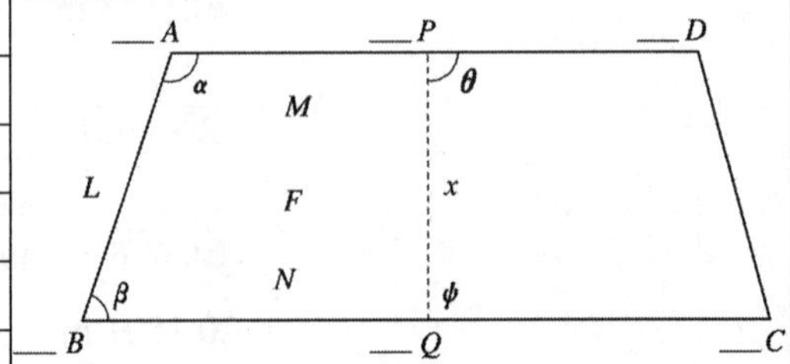

방 향	방 위 각	방 향	방 위 각		
V_a^b	180° 39′ 10.5″	α+β	° ′ ″	2F	
V_a^d		ψ		L	24.5716
α		Θ		L^2	
V_b^c	91 35 29.7			M	20.5527
V_b^a	0 39 10.5			N	20.1501
β	90 56 19.2	ψ	90 00 00	F	$\frac{1}{2}(M+N)\times L\times\sin\beta$
α+β		Θ+ψ		좌표면적 (검산)	500

(첫 행 오른쪽: F = 500)

공식 x :

M : $F / L\times\sin\beta - (L\times\cos\beta - x\times\cos\psi)/2 = 20.5527$

N : $F / L\times\sin\beta + (L\times\cos\beta - x\times\cos\psi)/2 = 20.1501$

좌 표 계 산			
P		Q	
Xa	496,589.36 m	Xb	496,564.79 m
$M\cdot\cos V_a^d$	−0.57	$N\cdot\cos V_b^c$	−0.56
X	496,588.79	X	496,564.23
Ya	194,128.70	Yb	194,128.42
$M\cdot\cos V_a^d$	+20.54	$N\cdot\sin V_b^c$	+20.14
Y	194,149.24	Y	194,148.56

(3) $AD /\!/ BC$, $AB /\!/ PQ$일 때

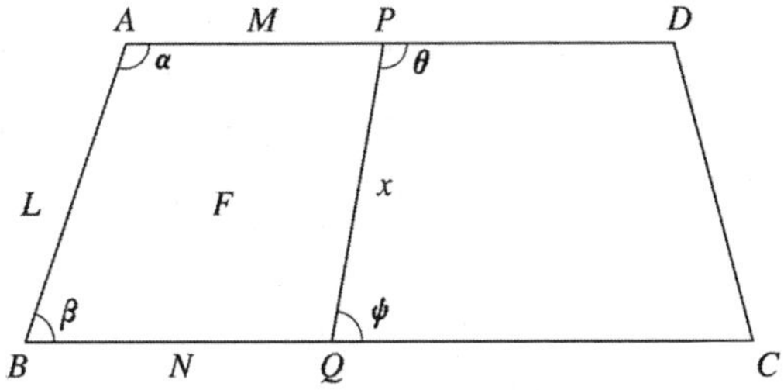

$$\angle\beta = \angle\psi, \qquad L = x$$

$$M = N = \frac{F}{L \times \sin\beta}$$

$$F = \square ABQP = (M+N) \times \frac{L \times \sin\beta}{2} = M \times L \times \sin\beta$$

예제 4 - 21 **면적지정분할을 하기 위한 아래 조건에 의하여 점 P, Q의 좌표를 구하시오.** (단, 각은 0.1초, 거리는 0.1 mm까지 구하여 계산하시오.)

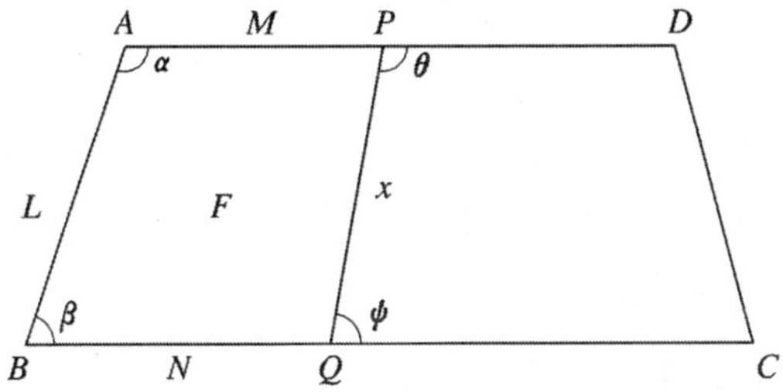

부호	X	Y
A	3,257.54	1,939.98
B	3,216.26	1,964.93
C	3,254.87	2,037.37
D	3,296.15	2,012.42

조건 : $AD /\!/ BC$, $AB /\!/ PQ$

지정면적(F) = 500 m^2

풀이 및 정답 (1) AB의 방위각계산(V_A^B)

$$\Delta x = 3{,}216.26 - 3{,}257.54 = -41.28$$

$$\Delta y = 1{,}964.93 - 1{,}939.98 = +24.95$$

$$\theta = \tan^{-1}\frac{\Delta y}{\Delta x} = \tan^{-1}\frac{24.95}{41.28} = 31°\ 08'\ 56.9'' \qquad \cdots\cdots \text{(2상한)}$$

$$V_A^B = 180° - \theta = 180° - 31°\ 08'\ 56.9'' = 148°\ 51'\ 03.1''$$

$$L = \sqrt{24.95^2 + 41.28^2} = 48.2342$$

(2) β의 계산($V_B^C - V_B^A$)

V_B^C (= V_A^D)의 계산

Δx = 3,254.87 − 3216.26 = +38.61

Δy = 2,037.37 − 1964.93 = +72.44

$\theta = \tan^{-1} \dfrac{\Delta y}{\Delta x} = \tan^{-1}\dfrac{72.44}{38.61} = 61° \ 56' \ 33.7''$ …… (1상한)

$V_B^C = \theta = 61° \ 56' \ 33.7''$

$\beta = V_B^C - V_B^A$

$= 61° \ 56' \ 33.7'' - 328° \ 51' \ 03.1'' = 93° \ 05' \ 30.6''$

$M = N = \dfrac{F}{L \times \sin\beta} = \dfrac{500}{48.2342 \times \sin 93° \ 05' \ 30.6''} = 10.3812$ m

(3) P의 좌표계산

$Px = Ax + M \times \cos V_A^D$

$= 3,257.54 + 10.3812 \times \cos 61° \ 56' \ 33.7'' = 3,262.42$ m

$Py = Ay + M \times \sin V_A^D$

$= 1,939.98 + 10.3812 \times \sin 61° \ 56' \ 33.7'' = 1,949.14$ m

(4) Q의 좌표계산

$Qx = Bx + N \times \cos V_B^C$

$= 3,216.26 + 10.3812 \times \cos 61° \ 56' \ 33.7'' = 3,221.14$ m

$Qy = By + N \times \sin V_B^C$

$= 1,964.93 + 10.3812 \times \sin 61° \ 56' \ 33.7'' = 1,974.09$ m

(5) 검산

가. $F = M \times L \times \sin\beta = 500$ ($F = 500$ m^2)

나. 좌표면적계산방법 $Xn(Yn+1 - Yn-1)$에 의한 방법

3,257.54 × (1,949.14 − 1,964.93) = −51,436.5566

3,262.42 × (1,974.09 − 1,939.98) = +111,281.1462

3,221.14 × (1,964.93 − 1,949.14) = +50,861.8006

3,216.26 × (1,939.98 − 1,974.09) = −109,706.6286

계 = 999.7616

∴ 산출면적 = 999.7616 ÷ 2 = 499.9 m^2 ($F = 500$ m^2)

예제 4-21 정답

면적지정분할계산부

$AD /\!/ BC,\ AB /\!/ PQ,\ F = 500\ m^2$

점 명	부호	X(m)	Y(m)	부호도
	A	3,257.54	1,936.98	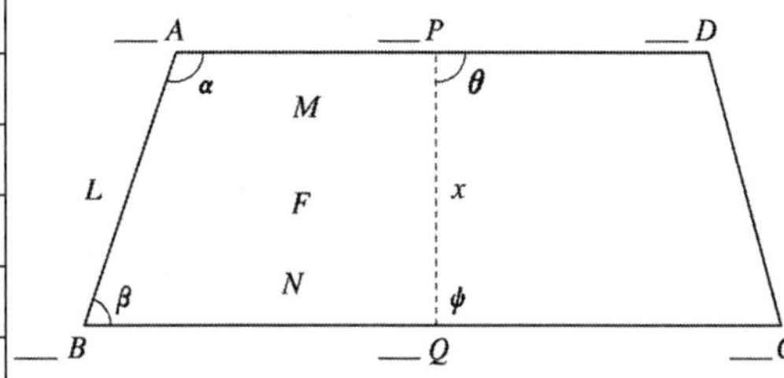
	B	3,216.26	1,964.93	
	C	3,254.87	2,037.37	
	D	3,296.15	2,012.37	
	P	.	.	
	Q	.	.	

방 향	방 위 각	방 향	방 위 각	F	500
V_a^b	148° 51′ 03.1″	α+β	° ′ ″	2F	
V_a^d		ψ		L	48.2342
α		Θ		L^2	
V_b^c	61° 56′ 33.7″			M	10.3812
V_b^a	328° 51′ 03.1″			N	10.3812
β	93° 05′ 30.6″	ψ	90° 00′ 00″	F	$M \times L \times \sin\beta$
α+β		Θ+ψ		좌표면적 (검산)	500

공식 x :

M : $F / L \times \sin\beta = 10.3812$

$N = M$

좌 표 계 산

P		Q	
Xa	3257.54 m	Xb	3216.26 m
$M \cdot \cos V_a^d$	+4.88	$N \cdot \cos V_b^c$	+4.88
X	3262.42	X	3221.14
Ya	1939.98	Yb	1964.93
$M \cdot \cos V_a^d$	+9.16	$N \cdot \sin V_b^c$	+9.16
Y	1949.14	Y	1974.09

예제 4-22 **면적지정분할을 하기 위한 다음 조건에 의하여 점 P, Q의 좌표를 구하시오.** (단, 계산시 각은 1초, 거리는 0.1 mm 단위까지 적용하여 계산하시오.)

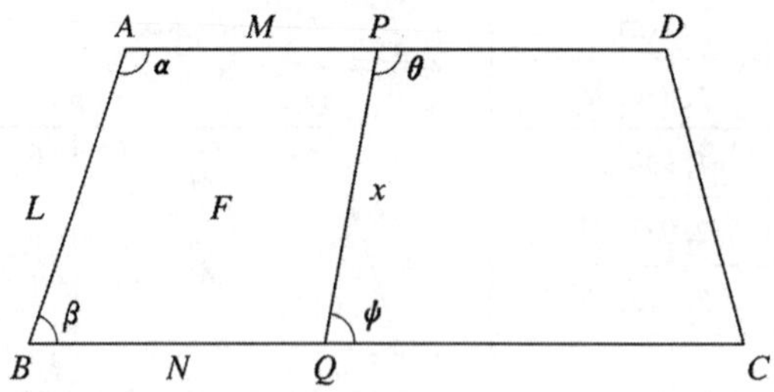

조건 : $AD /\!/ BC$, $AB /\!/ PQ$

지정면적$(F) = 500\ m^2$

A점의 좌표 : $X = 549.12$

$Y = 742.93$

B점의 좌표 : $X = 516.64$

$Y = 744.25$

$\alpha = 87°\ 26'\ 15''$

풀이 및 정답 (1) AB에 대한 방위각 및 거리계산

$$\theta = \tan^{-1}\frac{(744.25 - 742.93)}{(516.64 - 549.12)} = 2°\ 19'\ 38'' \quad \cdots\cdots\cdots\cdots \text{(2상한)}$$

$$V_a^b = 180° - \theta = 180° - 2°\ 19'\ 38'' = 177°\ 40'\ 22''$$

$$L = \sqrt{32.48^2 + 1.32^2} = 32.5068\ m$$

(2) V_a^d, V_b^c, β의 산출

$$V_a^d = V_b^c = 177°\ 40'\ 22'' - 87°\ 26'\ 15'' = 90°\ 14'\ 07''$$

$$\beta = 180° - 87°\ 26'\ 15'' = 92°\ 33'\ 45''$$

(3) $M(=N)$의 길이 산출

$$M = N = \frac{F}{L \times \sin\beta}$$

$$= \frac{500}{32.5068 \times \sin 92\ 33'\ 45''} = 15.3968\ m$$

(4) P의 좌표계산

$$Px = Ax + M \times \cos V_a^d$$

$$= 549.12 + 15.3968 \times \cos 90°\ 14'\ 07'' = 549.06\ m$$

$$Py = Ay + M \times \sin V_a^d$$

$$= 742.93 + 15.3968 \times \sin 90°\ 14'\ 07'' = 758.33\ m$$

(5) Q의 좌표계산

$$Qx = Bx + N \times \cos V_b^c$$
$$= 516.64 + 15.3968 \times \cos 90° \ 14' \ 07'' = 516.58 \text{ m}$$
$$Qy = By + N \times \sin V_b^c$$
$$= 744.25 + 15.3968 \times \sin 90° \ 14' \ 07'' = 759.65 \text{ m}$$

(6) 검산

$$F = M \times L \times \sin\beta$$
$$= 15.3968 \times 32.5068 \times \sin 92° \ 33' \ 45'' = 500 \ \ (F = 500 \text{ m}^2)$$

(4) $AD \not\parallel BC$, $\angle PQC = \psi$(지정)일 때

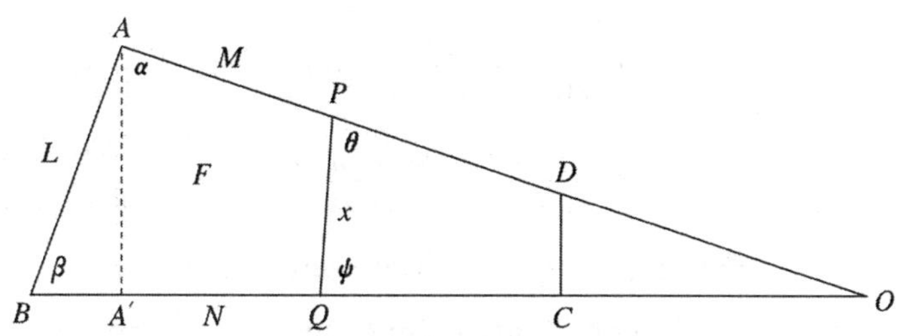

AD와 BC의 연장선의 교점을 O라 하면,

$\triangle ABO$에서 $\angle DOC = 180 - (\alpha + \beta)$

$\triangle PQO$에서 $\angle POQ = 180 - (\theta + \psi)$

$\angle AOB = \angle POQ = \angle DOC$가 된다.

$\alpha + \beta = \theta + \psi, \quad \sin\{180° - (\alpha + \beta)\} = \sin(\alpha + \beta)$

$\triangle ABO$와 $\triangle PQO$에서 sin법칙에 의하면,

$$\frac{L}{\sin\{180 - (\alpha + \beta)\}} = \frac{BO}{\sin\alpha} \ \rightarrow \text{BO} = \frac{L \times \sin\alpha}{\sin(\alpha + \beta)}$$

$$\frac{x}{\sin\{180 - (\theta + \phi)\}} = \frac{QO}{\sin\theta} \ \rightarrow \text{QO} = \frac{x \times \sin\alpha}{\sin(\theta + \phi)}$$

$$\therefore \ N = BO - QO = \frac{L \times \sin\alpha - x \times \sin\theta}{\sin(\alpha + \beta)} \qquad \cdots\cdots\cdots\cdots ①$$

$$\frac{L}{\sin\{180 - (\alpha + \beta)\}} = \frac{AO}{\sin\beta}, \ \rightarrow \ \text{AO} = \frac{L\sin\beta}{\sin(\alpha + \beta)}$$

$$\frac{x}{\sin\{180-(\alpha+\beta)\}}=\frac{PO}{\sin\phi} \quad\rightarrow\quad PO=\frac{x\cdot\sin\phi}{\sin(\alpha+\beta)}$$

$$\therefore\ M=AO-PO=\frac{L\sin\beta-x\cdot\sin\phi}{\sin(\alpha+\beta)} \quad \cdots\cdots\cdots\cdots\cdots\cdots\cdots ②$$

$2\square ABQP = 2F$

$2\triangle \mathrm{ABP} + 2\triangle \mathrm{BPQ} = 2\mathrm{F}$

2변협각 $S=\frac{1}{2}b\times c\ \sin A$, $\frac{1}{2}a\times c\ \sin B$, $\frac{1}{2}a\times b\ \sin C$에 의해,

$$M\times L\times\sin\alpha+N\times x\times\sin(180-\psi)=2F$$

$$\rightarrow M\times L\times\sin\alpha+N\times x\times\sin\psi=2F \quad \cdots\cdots\cdots\cdots\cdots\cdots\cdots\cdots\cdots ③$$

③식에 ①, ②를 대입하면,

$$\frac{L\times\sin\beta-x\times\sin\phi}{\sin(\alpha+\beta)}\times\mathrm{L}\cdot\sin\alpha+\frac{L\times\sin\alpha-x\times\sin\theta}{\sin(\alpha+\beta)}\times x\times\sin\psi=2\mathrm{F}$$

$$\rightarrow \frac{1}{\sin(\alpha+\beta)}(L^2\times\sin\alpha\times\sin\beta-x^2\times\sin\theta\times\sin\phi) = 2F$$

$$\rightarrow \frac{L^2\times\sin\alpha\times\sin\beta}{\sin\alpha\times\cos\beta+\cos\alpha\times\sin\beta}-\frac{x^2\times\sin\theta\times\sin\phi}{\sin\theta\times\cos\phi+\cos\theta\times\sin\phi}=2\mathrm{F}$$

분자를 $(\sin\alpha\times\sin\beta)$, $(\sin\theta\times\sin\psi)$로 나누고,

분모를 $(\sin\alpha\times\cos\beta)$, $(\sin\theta\times\cos\psi)$로 나누면,

$$\rightarrow \frac{L^2}{\frac{\cos\alpha}{\sin\alpha}\times\frac{\sin\beta}{\cos\beta}+1}-\frac{x^2}{1+\frac{\cos\theta}{\sin\theta}\times\frac{\sin\phi}{\cos\phi}}=2F$$

$$\rightarrow \frac{L^2}{\cot\alpha\times\tan\beta+1}-\frac{x^2}{1+\cot\theta\times\tan\phi}=2F$$

양 분모를 $\tan\beta$와 $\tan\psi$로 나누면

$$\rightarrow \frac{L^2}{\cot\alpha+\frac{1}{\tan\beta}}-\frac{x^2}{\frac{1}{\tan\theta}+\cot\theta}=2F$$

$$\rightarrow \frac{L^2}{\cot\alpha+\cot\beta}-\frac{x^2}{\cot\theta+\cot\phi}=2F$$

$$x^2 = (\frac{L^2}{\cot\alpha+\cot\beta} - 2F)(\cot\theta+\cot\psi)$$

$$\therefore\ x = \sqrt{(\frac{L^2}{\cot\alpha+\cot\beta} - 2F)\ (\cot\theta+\cot\psi)}$$

예제 4-23 **면적지정분할을 하기 위한 다음 조건에 의하여 점 P, Q의 좌표를 구하시오.** (단, 수식을 수립하여 답을 구하되 각도는 초위, 거리는 0.1 mm 단위까지 계산하시오.)

조건 : $AD \nparallel BC$, 지정면적$(F) = 500\ \text{m}^2$

A점의 좌표 : $X = 549.12$, $Y = 742.93$

B점의 좌표 : $X = 516.64$, $Y = 744.25$

$\alpha = 97°\ 13°\ 24'$, $\beta = 78°\ 46'\ 55''$

$\theta = 80°\ 53'\ 45''$, $\psi = 95°\ 06'\ 34''$

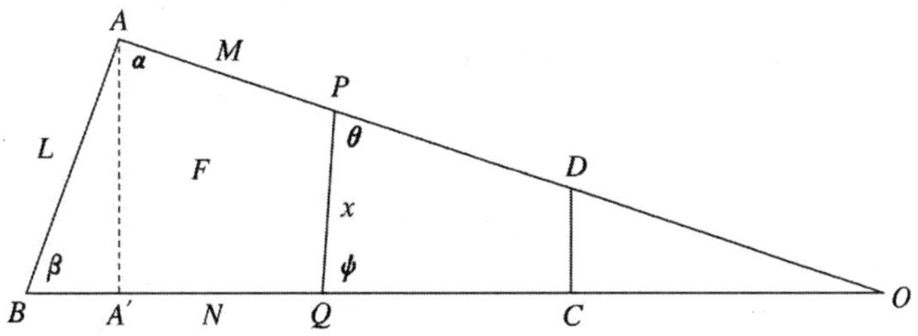

풀이 및 정답 (1) AB에 대한 방위각과 거리계산

$$\theta = \tan^{-1}\left(\frac{744.25-742.93}{516.64-549.12}\right) = 2°\ 19'\ 38'' \quad \cdots\cdots\cdots\cdots\cdots \text{(2상한)}$$

$$V_a^b = 180° - \theta = 180° - 2°\ 19'\ 38'' = 177°\ 40'\ 22''$$

$$\text{L} = \sqrt{32.48^2 + 1.32^2} = 32.5068\ \text{m}$$

(2) V_a^d와 V_b^c의 방위각계산

$$V_a^d = 177°\ 40'\ 22'' - 97°\ 13'\ 24'' = 80°\ 26'\ 58''$$

$$V_b^c = 357°\ 40'\ 22'' + 78°\ 46'\ 55'' = 76°\ 27'\ 17''$$

$$(\alpha + \beta) = 97°\ 13'\ 24'' + 78°\ 46'\ 55'' = 176°\ 00'\ 19''$$

(3) x의 계산

$$x = \sqrt{\left(\frac{L^2}{\cot\alpha + \cot\beta} - 2F\right)(\cot\theta + \cot\phi)}$$

$$= \sqrt{\left(\frac{32.5068^2}{\cot 97°\ 13'\ 24'' + \cot 78°\ 46'\ 55''} - 1{,}000\right)(\cot 80°\ 53'\ 45'' + \cot 95°\ 06'\ 34'')}$$

$$= 31.2204\ \text{m}$$

(4) M의 계산

$$M=\frac{L\times\sin\beta-x\times\sin\phi}{\sin(\alpha+\beta)}$$

$$=\frac{32.5068\times\sin 78^\circ\ 46'\ 55''-31.2204\times\sin 95^\circ\ 06'\ 34''}{\sin 176^\circ\ 00'\ 19''}$$

$$=\ 11.3311\ \mathrm{m}$$

(5) N의 계산

$$N=\frac{L\times\sin\alpha-x\times\sin\theta}{\sin(\alpha+\beta)}$$

$$\frac{32.5068\times\sin 97^\circ\ 13'\ 24''-31.2204\times\sin 80^\circ\ 53'\ 45''}{\sin 176^\circ\ 00'\ 19''}$$

$$=\ 20.4080\ \mathrm{m}$$

(6) P점의 좌표계산

$$Px\ =Ax+M\times\cos V_a^d$$

$$=\ 549.12+11.3311\times\cos 80^\circ\ 26'\ 58''=\ 551.00\ \mathrm{m}$$

$$Py\ =Ay+M\times\sin V_a^d$$

$$=\ 742.93+11.3311\times\sin 80^\circ\ 26'\ 58''=\ 754.10\ \mathrm{m}$$

(7) Q점의 좌표계산

$$Qx\ =Bx\ +N\times\cos V_b^c$$

$$=\ 516.64\ +\ 20.4080\times\cos 76^\circ\ 27'\ 17''=\ 521.42\ \mathrm{m}$$

$$Qy\ =By\ +N\times\sin V_b^c$$

$$=\ 744.25\ +\ 20.4080\times\sin 76^\circ\ 27'\ 17''=\ 764.09\ \mathrm{m}$$

(8) 검산

$$F=\frac{1}{2}(M\times L\times\sin\alpha+N\times x\times\sin\psi)$$

$$=\frac{1}{2}(11.3311\times 32.5068\times\sin 97^\circ\ 13'\ 24''$$

$$+20.4080\times 31.2204\times\sin 95^\circ\ 06'\ 34'')$$

$$=\ 500\ \ (F=500\ \mathrm{m}^2)$$

예제 4-23 정답

면적지정분할계산부

$AD \nparallel BC$, $F = 500\ m^2$

점 명	부호	X(m)	Y(m)
	A	549.12	742.93
	B	516.64	744.25
	C		
	D		
	P	.	.
	Q	.	.

부호도

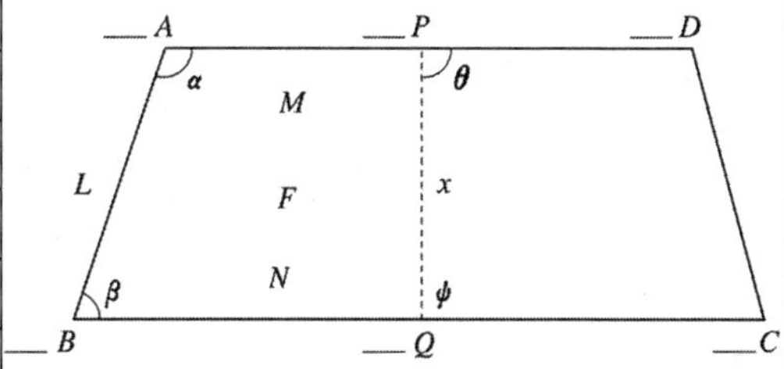

방 향	방 위 각	방 향	방 위 각		
				F	500
V_a^b	177° 40′ 22″	α+β	° ′ ″	2F	
V_a^d	80 26 58	ψ	95 06 34	L	32.5068
α	97 13 24	Θ	78 46 55	L^2	
V_b^c	76 27 17			M	11.3311
V_b^a	357 40 22			N	20.4080
β	80 53 45	ψ	95 06 34	F	$M \times L \times \sin\beta$
α+β	176 00 19	Θ+ψ		좌표면적 (검산)	500

공식 x : $\sqrt{\left(\frac{L^2}{\cot\alpha + \cot\beta} - 2F\right)(\cot\theta + \cot\phi)} = 31.2204$

M : $(L \times \sin\beta - x \times \sin\Psi) / \sin(a+\beta) = 11.3311$

$N = (L \times \sin a - x \times \sin\Theta) / \sin(a+\beta) = 20.4080$

좌 표 계 산

P		Q	
Xa	549.12 m	Xb	516.64 m
M · cos V_a^d	+1.88	N · cos V_b^c	+4.78
X	551.00	X	521.42
Ya	742.93	Yb	744.25
M · cos V_a^d	+11.17	N · sin V_b^c	+19.84
Y	754.10	Y	764.09

(5) 두 점의 좌표와 낀 각을 알고 기지선에 평행되도록 면적을 지정분할하는 경우($AD \not\parallel BC$, $AB /\!/ PQ$, α, β, F 지정)

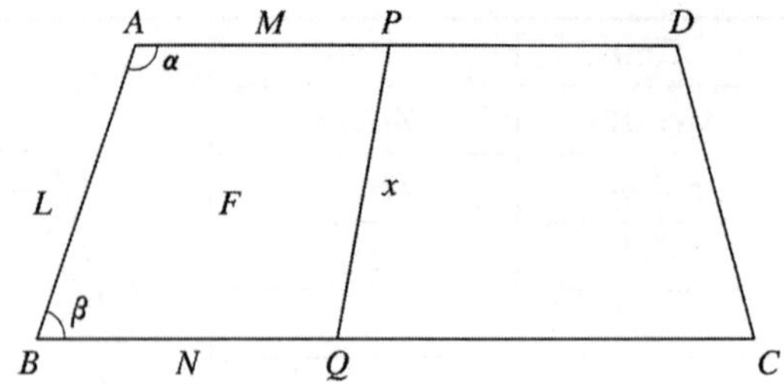

$$X = \sqrt{L^2 - 2F\,(\cot\alpha + \cot\beta)}$$

$$M = \frac{(L-x)\sin\beta}{\sin(\alpha+\beta)}$$

$$= \frac{(L-x)\sin\alpha}{\sin(\alpha+\beta)}$$

예제 4-24 **면적지정분할을 하기 위한 다음 조건에 의하여 점 P, Q의 좌표를 구하시오.** (단, 각은 초위, 거리는 0.1mm 단위까지 적용하여 계산하시오.)

조건 : $AD \not\parallel BC$, $AB /\!/ PQ$, 지정면적(F) = 500 m^2

A점의 좌표 : X = 649.12, Y = 842.93

B점의 좌표 : X = 616.64, Y = 844.25

$\alpha = 97°\ 13'\ 24''$, $\beta = 78°\ 46'\ 55''$

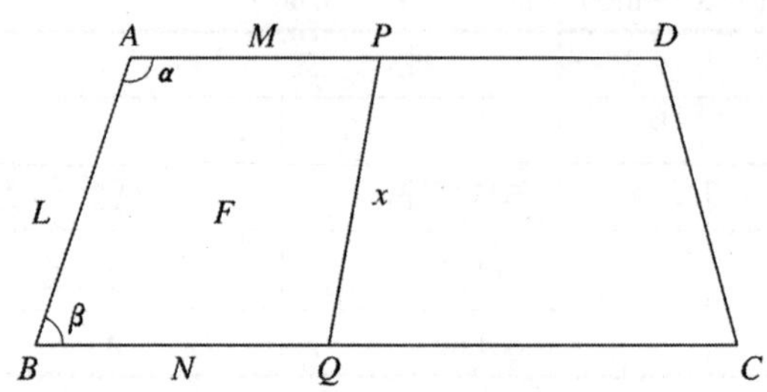

풀이 및 정답 (1) AB에 대한 방위각 및 거리계산

$$\theta = \tan^{-1}\frac{(844.25-842.93)}{(616.64-649.12)} = 2° \ 19' \ 38'' \qquad \cdots\cdots\cdots\cdots \ (2\text{상한})$$

$$V_a^b = 180° - \theta = 180° - 2° \ 19' \ 38'' = 177° \ 40' \ 22''$$

$$L = \sqrt{32.48^2+1.32^2} = 32.5068 \text{ m}$$

(2) V_a^d, V_b^c의 방위각계산

$$V_a^d = 177° \ 40' \ 22'' - 97° \ 13' \ 24'' = 80° \ 26' \ 58''$$

$$V_b^c = 357° \ 40' \ 22'' + 78° \ 46' \ 55'' = 76° \ 27' \ 17''$$

(3) $(\alpha+\beta)$의 계산

$$(\alpha+\beta) = 97° \ 13' \ 24'' + 78° \ 46' \ 55'' = 176° \ 00' \ 19''$$

(4) x의 계산

$$x = \sqrt{L^2-2F(\cot\alpha+\cot\beta)}$$

$$= \sqrt{32.5068^2-1{,}000(\cot 97° \ 13' \ 24'' + \cot 78° \ 46' \ 55'')}$$

$$= 31.3863 \text{ m}$$

(5) M의 계산

$$M = \frac{(L-x)\sin\beta}{\sin(\alpha+\beta)}$$

$$= \frac{(32.5068-31.3863)\sin 78° \ 46' \ 55''}{\sin 176° \ 00' \ 19''} = 15.7769 \text{ m}$$

(6) N의 계산

$$N = \frac{(L-x)\sin\alpha}{\sin(\alpha+\beta)}$$

$$= \frac{(32.5068-31.3863)\sin 97° \ 13' \ 24''}{\sin 176° \ 00' \ 19''} = 15.9566 \text{ m}$$

(7) P의 좌표계산

$$Px = Ax + M \times \cos V_a^d$$

$$= 649.12 + 15.7769 \times \cos 80° \ 26' \ 58'' = 651.74 \text{ m}$$

$$Py = Ay + M \times \sin V_a^d$$

$$= 842.93 + 15.7769 \times \sin 80° \ 26' \ 58'' = 858.49 \text{ m}$$

(8) Q의 좌표계산

$$Qx = Bx + N \times \cos V_b^c$$
$$= 616.64 + 15.9566 \times \cos 76° \ 27' \ 17'' = 620.38 \text{ m}$$
$$Qy = By + N \times \sin V_b^c$$
$$= 844.25 + 15.9566 \times \sin 76° \ 27' \ 17'' = 859.76 \text{ m}$$

(9) 검산

$$F = \frac{1}{2}(M \times L \times \sin\alpha + N \times x \times \sin\psi)$$
$$= \frac{1}{2}(15.7769 \times 32.5068 \times \sin 97° \ 13' \ 24''$$
$$+ 15.9566 \times 31.3863 \times \sin 78° \ 46' \ 55'')$$
$$= 500 \ \ (F = 500 \text{ m}^2)$$

※ 조건에서 $AB /\!/ PQ$이므로 $\beta = \psi$임에 주의하여야 한다.

(6) $AD \nparallel BC$, $PQ \perp BC(\psi = 90°)$일 때

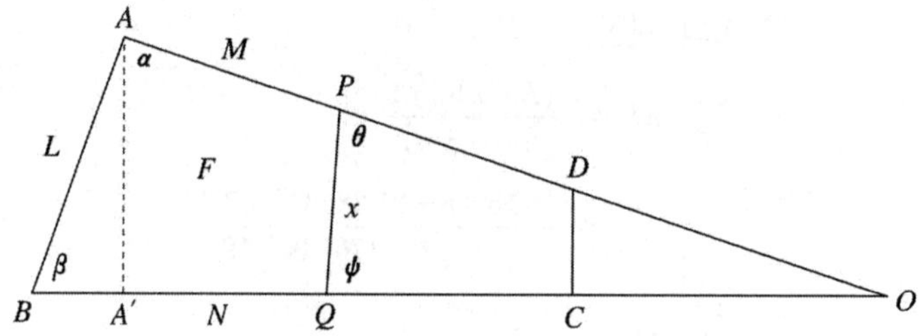

$$x = \sqrt{\left(\frac{L^2}{\cot\alpha + \cot\beta} - 2F\right)(\cot\theta + \cot\phi)}$$
$$M = \frac{L \times \sin\beta - x \times \sin\phi}{\sin(\alpha + \beta)}$$
$$N = \frac{L \times \sin\alpha - x \times \sin\theta}{\sin(\alpha + \beta)}$$

예제 4-25 **면적지정분할을 하기 위한 다음 조건에 의하여 점 P, Q의 좌표를 구하시오.** (단, 계산시 각도는 초위, 거리는 0.1 mm 단위까지 적용하여 계산하시오.)

조건 : $AD \not\parallel BC$, $PQ \perp BC$, 지정면적(F) = 500 m^2

A점의 좌표 : $X = 549.12$, $Y = 742.93$

B점의 좌표 : $X = 516.64$, $Y = 744.25$

$\alpha = 97^\circ\ 13'\ 24''$, $\beta = 78^\circ\ 46'\ 55''$

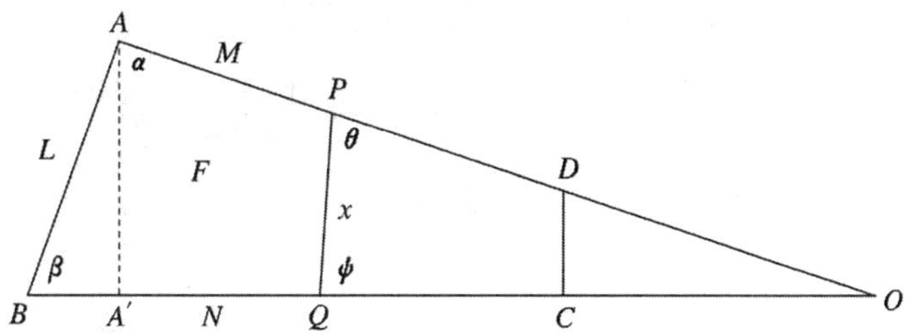

풀이 및 정답

(1) AB에 대한 방위각과 거리계산

$$\theta = \tan^{-1}\left(\frac{744.25 - 742.93}{516.64 - 549.12}\right) = 2^\circ\ 19'\ 38''$$ ·············· (2상한)

$$V_a^b = 180^\circ - \theta = 180^\circ - 2^\circ\ 19'\ 38'' = 177^\circ\ 40'\ 22''$$

$$L = \sqrt{32.48^2 + 1.32^2} = 32.5068\text{ m}$$

(2) V_a^d와 V_b^c의 방위각계산

$$V_a^d = 177^\circ\ 40'\ 22'' - 97^\circ\ 13'\ 24'' = 80^\circ\ 26'\ 58''$$

$$V_b^c = 357^\circ\ 40'\ 22'' + 78^\circ\ 46'\ 55'' = 76^\circ\ 27'\ 17''$$

(3) θ와 $(\alpha + \beta)$의 계산

$$(\alpha + \beta) = 97^\circ\ 13'\ 24'' + 78^\circ\ 46'\ 55'' = 176^\circ\ 00'\ 19''$$

$$\theta = 180^\circ - (360^\circ - 176^\circ\ 00'\ 19'' - 90^\circ) = 86^\circ\ 00'\ 19''$$

(4) x의 계산

$$x = \sqrt{\left(\frac{L^2}{\cot\alpha + \cot\beta} - 2F\right)(\cot\theta + \cot\phi)}$$

$$= \sqrt{\left(\frac{32.5068^2}{\cot 97^\circ\ 13'\ 24'' + \cot 78^\circ\ 46'\ 55''} - 1{,}000\right)\cot 86^\circ\ 00'\ 19''}$$

$$= 30.9991\text{ m}$$

(5) N의 계산

$$N = \frac{L\times \sin\alpha - x\times \sin\theta}{\sin(\alpha+\beta)}$$

$$= \frac{32.5068\times \sin 97°\ 13'\ 24'' - 30.9991\times \sin 86°\ 00'\ 19''}{\sin 176°\ 00'\ 19''}$$

$$= 19.0201\ \text{m}$$

(6) M의 계산

$$M = \frac{L\times \sin\beta - x\times \sin\phi}{\sin(\alpha+\beta)}$$

$$= \frac{32.5068\times \sin 78°\ 46'\ 55'' - 30.9991\times \sin 90°}{\sin 176°\ 00'\ 19''}$$

$$= 12.7270\ \text{m}$$

(7) P의 좌표계산

$$Px = Ax + M\times \cos V_a^d$$

$$= 549.12 + 12.7270\times \cos 80°\ 26'\ 58'' = 551.23\ \text{m}$$

$$Py = Ay + M\times \sin V_a^d$$

$$= 742.93 + 12.7270\times \sin 80°\ 26'\ 58'' = 755.48\ \text{m}$$

(8) Q의 좌표계산

$$Qx = Bx + N\times \cos V_b^c$$

$$= 516.64 + 19.0201\times \cos 76°\ 27'\ 17'' = 521.09\ \text{m}$$

$$Qy = By + N\times \sin V_b^c$$

$$= 744.25 + 19.0201\times \sin 76°\ 27'\ 17'' = 762.74\ \text{m}$$

(9) 검산

$$F = \frac{1}{2}(M\times L\times \sin\alpha + N\times x\times \sin\psi)$$

$$= \frac{1}{2}(12.7270\times 32.5068\times \sin 97°\ 13'\ 24''$$

$$+ 19.0201\times 30.9991\times \sin 90°\ 00'\ 00'')$$

$$= 500\ \text{m}^2$$

(7) *M*과 *N*값의 고정시 *M*, *N*값을 계산하는 공식

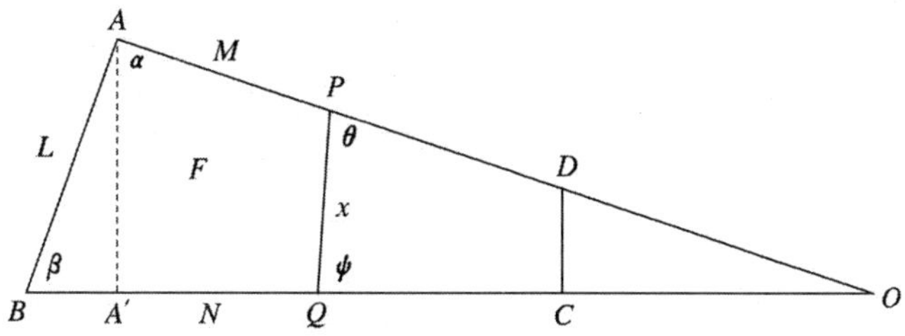

$$N = \frac{L \times \sin\alpha - x \times \sin\theta}{\sin(\alpha+\beta)}$$

$$M = \frac{L \times \sin\beta - x \times \sin\phi}{\sin(\alpha+\beta)}$$ 에서

$x \times \sin\theta = L \times \sin\alpha - N \times \sin(\alpha+\beta)$ ············ ①

$x \times \sin\psi = L \times \sin\beta - M \times \sin(\alpha+\beta)$ ············ ②

가. 변장 *M*이 고정일 때 위 그림에서

$2F = 2\square ABQP = 2\triangle ABP + 2\triangle PBQ$

$= M \times L \times \sin\alpha + N \times x \times \sin(180 - \psi)$

$= M \times L \times \sin\alpha + N \times x \times \sin\psi$ ············ ③

③에 ②를 대입하면

$2F = M \times L \times \sin\alpha + N\{L \times \sin\beta - M \times \sin(\alpha+\beta)\}$

$$N = \frac{2F - M \times L \times \sin\alpha}{L \times \sin\beta - M \times \sin(\alpha+\beta)}$$ ············ ④

나. 변장 *N*이 고정일 때 위 그림에서 변장 *AQ*를 점선으로 연장하면

$2F = 2\square ABQP = 2\triangle ABQ + 2\triangle AQP$

$= N \times L \times \sin\beta + M \times x \times \sin\theta$ ············ ⑤

⑤에 ①을 대입하면

$2F = N \times L \times \sin\beta + M\{L \times \sin\alpha - N \times \sin(\alpha+\beta)\}$

$$M = \frac{2F - N \times L \times \sin\beta}{L \times \sin\alpha - N \times \sin(\alpha+\beta)}$$ ············ ⑥

(8) 두 점의 좌표와 낀 각, 그리고 $AP(M)$의 길이를 알고 면적을 지정분할하는 경우($AP /\!\!/ BQ$, α, β, M, F 지정)

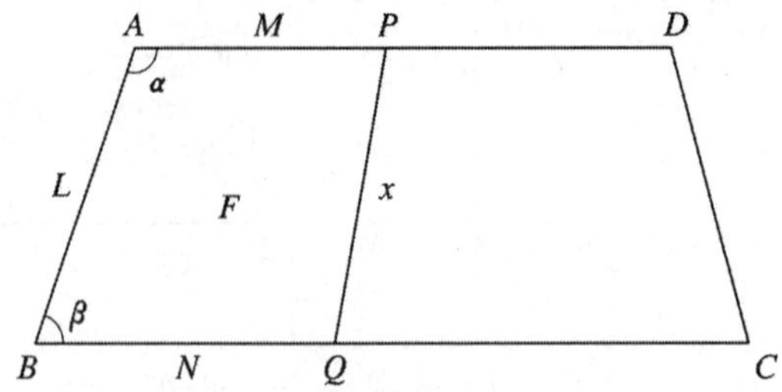

$$N = \frac{2F - M \times L \times \sin\alpha}{L \times \sin\beta - M \times \sin(\alpha + \beta)}$$

예제 4 - 26 **다음 조건에 의하여 면적지정분할을 하기 위한 점 P와 Q의 좌표를 구하시오.**
(단, 계산시 각도는 초위, 거리는 0.1 mm 단위까지 계산하시오.)

조건 : $AD /\!\!/ BC$, $M = 10.05$, 지정면적(F) = 500 m^2
A점의 좌표 : $X = 549.12$, $Y = 742.93$
B점의 좌표 : $X = 516.64$, $Y = 744.25$
$\alpha = 97° \ 13' \ 24''$, $\beta = 78° \ 46' \ 55''$

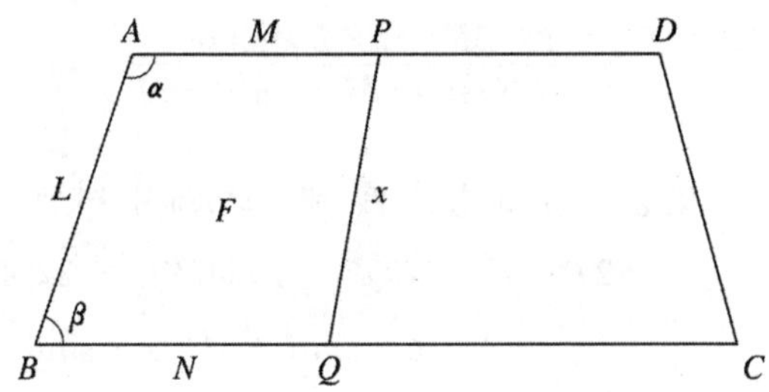

풀이 및 정답 (1) AB에 대한 방위각 및 거리계산

$$\theta = \tan^{-1}\frac{(744.25 - 742.93)}{(516.64 - 549.12)} = 2° \ 19' \ 38''$$ …………… (2상한)

$$V_a^b = 180° - \theta = 180° - 2° \ 19' \ 38'' = 177° \ 40' \ 22''$$

$$L = \sqrt{32.48^2 + 1.32^2} = 32.5068 \text{ m}$$

(2) V_a^d, V_b^c 의 방위각계산

$$V_a^d = 177° \ 40' \ 22'' - 97° \ 13' \ 24'' = 80° \ 26' \ 58''$$

$$V_b^c = 357° \ 40' \ 22'' - 78° \ 46' \ 55'' = 76° \ 27' \ 17''$$

(3) $(\alpha+\beta)$의 계산

$$(\alpha+\beta) = 97° \ 13' \ 24'' + 78° \ 46' \ 55'' = 176° \ 00' \ 19''$$

(4) N의 계산

$$N = \frac{2F - M \times L \times \sin\alpha}{L \times \sin\beta - M \times \sin(\alpha+\beta)}$$

$$= \frac{1{,}000 - 10.05 \times 32.5068 \times \sin 97° \ 13' \ 24''}{32.5068 \times \sin 78° \ 46' \ 55'' - 10.05 \times \sin 176° \ 00' \ 19''}$$

$$= 21.6735 \text{ m}$$

(5) P의 좌표계산

$$Px = Ax + M \times \cos V_a^d$$

$$= 549.12 + 10.05 \times \cos 80° \ 26' \ 58'' = 550.79 \text{ m}$$

$$Py = Ay + M \times \sin V_a^d$$

$$= 742.93 + 10.05 \times \sin 80° \ 26' \ 58'' = 752.84 \text{ m}$$

(6) Q의 좌표계산

$$Qx = Bx + N \times \cos V_b^c$$

$$= 516.64 + 21.6735 \times \cos 76° \ 27' \ 17'' = 521.72 \text{ m}$$

$$Qy = By + N \times \sin V_b^c$$

$$= 744.25 + 21.6735 \times \sin 76° \ 27' \ 17'' = 765.32 \text{ m}$$

(7) 검산

$$F = \frac{1}{2}\{M \times L \times \sin\alpha + N \times L \times \sin\beta - M \times N \times \sin(\alpha+\beta)\}$$

$$= \frac{1}{2}(10.05 \times 32.5068 \times \sin 97° \ 13' \ 24'' + 21.6735 \times 32.5068$$

$$\times \sin 78° \ 46' \ 55'' - 10.05 \times 21.6735 \times \sin 176° \ 00' \ 19''$$

$$= 500 \text{ m}^2$$

(9) $AD \nparallel BC$이고 M을 지정할 때

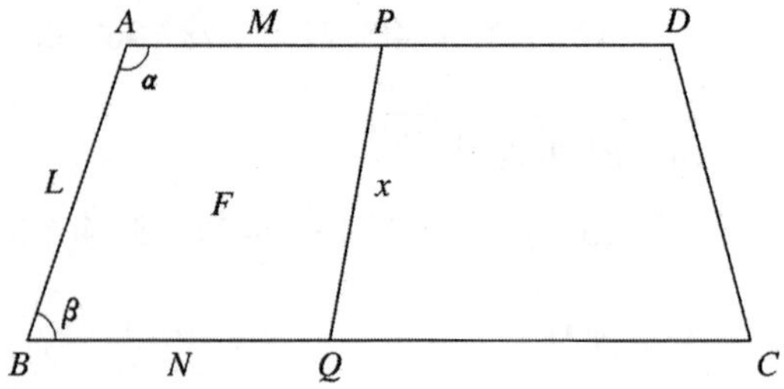

$$N = \frac{2F - M \times L \times \sin\alpha}{L \times \sin\beta - M \times \sin(\alpha + \beta)}$$

예제 4 - 27 **다음 조건에 의하여 면적지정분할을 하려고 할 때, 점 P, Q의 좌표를 구하시오. 단, 계산시 각도는 초위, 거리는 0.1 mm 단위까지 계산하시오.**

조건 : $AD \nparallel BC$,　면적(F) = 700 m², 　M = 25 m

점명	X	Y
A	401,928.69	192,462.03
B	401,898.12	192,461.75
C	401,896.07	192,535.53
D	401,920.11	192,536.23

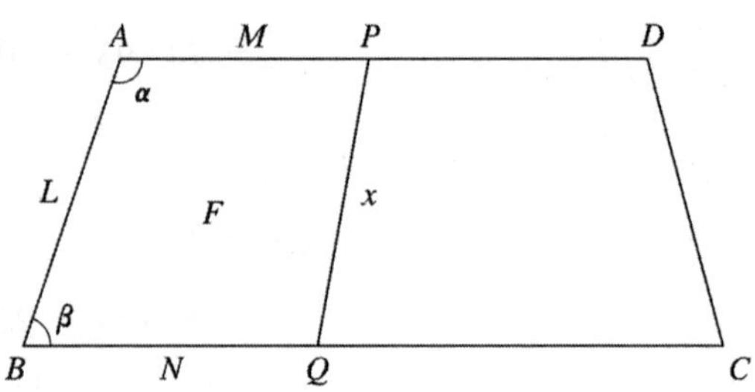

풀이 및 정답 (1) AB에 대한 방위각 및 거리계산

Δx = 401,898.12 − 401,928.69 = −30.57

Δy = 192,461.75 − 192,462.03 = −0.28

$\theta = \tan^{-1}\frac{\Delta y}{\Delta x} = \tan^{-1}\frac{-0.28}{-30.57} = 0°\ 31'\ 29''$ ········· (3상한)

$V_a^b = 180° + \theta = 180° + 0°\ 31'\ 29'' = 180°\ 31'\ 29''$

$L = \sqrt{30.57^2 + 0.28^2} = 30.5713$ m

(2) α의 계산

α는 $V_a^b - V_a^d$ 이므로 V_a^d 를 계산하면

$$\theta = \tan^{-1}\frac{+74.20}{-8.58} = 83° \ 24' \ 14'' \qquad \cdots\cdots\cdots\cdots \text{(2상한)}$$

$$V_a^d = 180° - \theta = 180° - 83° \ 24' \ 14'' = 96° \ 35' \ 46''$$

$$\alpha = V_a^b - V_a^d = 180° \ 31' \ 29'' - 96° \ 35' \ 46'' = 83° \ 55' \ 43''$$

(3) β의 계산

β는 $V_b^c - V_b^a$ 이므로 V_b^c 를 계산하면

$$\theta = \tan^{-1}\frac{+73.78}{-2.05} = 88° \ 24' \ 30'' \qquad \cdots\cdots\cdots\cdots \text{(2상한)}$$

$$V_b^c = 180° - \theta = 180° - 88° \ 24' \ 30'' = 91° \ 35' \ 30''$$

$$V_b^a = V_a^b - 180° = 0° \ 31' \ 29''$$

$$\beta = V_b^c - V_b^a = 91° \ 35' \ 30'' - 0° \ 31' \ 29'' = 91° \ 04' \ 01''$$

$$\therefore \ \alpha + \beta = 83° \ 55' \ 43'' + 91° \ 04' \ 01'' = 174° \ 59' \ 44''$$

(4) N의 계산

$$N = \frac{2F - M \times L \times \sin\alpha}{L \times \sin\beta - M \times \sin(\alpha + \beta)}$$

$$= \frac{2 \times 700 - 25 \times 30.5712 \times \sin 83° \ 55' \ 43''}{30.5713 \times \sin 91° \ 04' \ 01'' - 25 \times \sin 174° \ 59' \ 44''} = 22.5471$$

(5) P의 좌표계산

$$Px = Ax + M \times \cos V_a^d$$

$$= 401{,}928.69 + 25 \times \cos 96° \ 35' \ 46'' = 401{,}925.82 \text{ m}$$

$$Py = Ay + M \times \sin V_a^d$$

$$= 192{,}462.03 + 25 \times \sin 96° \ 35' \ 46'' = 192{,}486.86 \text{ m}$$

(6) Q의 좌표계산

$$Qx = Bx + N \times \cos V_b^c$$

$$= 401{,}898.12 + 22.5471 \times \cos 91° \ 35' \ 30'' = 401{,}897.49 \text{ m}$$

$$Qy = By + N \times \sin V_b^c$$

$$= 192{,}461.75 + 22.5471 \times \sin 91° \ 35' \ 30'' = 192{,}484.29 \text{ m}$$

예제 4-27 정답

면적지정분할계산부

$AD \nparallel BC$, $M = 25$ m, $F = 500$ m^2

점 명	부호	X(m)	Y(m)
	A	401,928.69	192,462.03
	B	401,898.12	192,461.75
	C	401,896.07	192,535.53
	D	401,920.11	192,536.23
	P	.	.
	Q	.	.

부호도

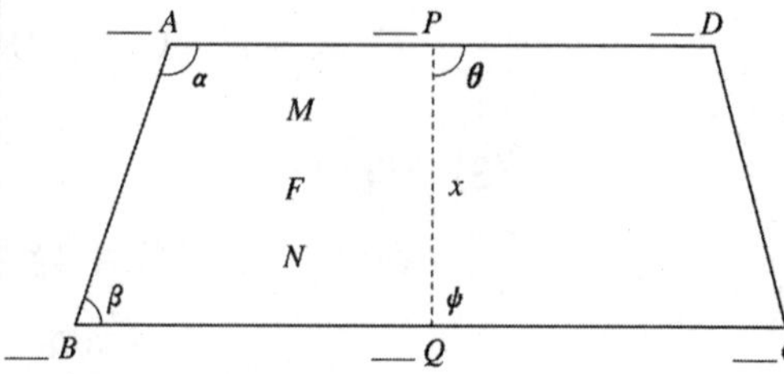

방 향	방 위 각	방 향	방 위 각		
V_a^b	180° 31′ 29″	α+β	° ′ ″	F	700
V_a^d	96 35 46	ψ		$2F$	
α	83 55 43	Θ		L	33.5713
V_b^c	91 35 30			L^2	
V_b^a	0 31 29			M	25
β	91 04 01	ψ		N	22.5471
α+β	174 59 44	Θ+ψ		F	
				좌표면적 (검산)	

공식 x :

M : 25

$N = (2F - M \times L \times \sin\alpha) / L \times \sin\beta - M \times \sin(\alpha+\beta) = 22.5471$

좌 표 계 산

P		Q	
Xa	401,928.69 m	Xb	401,898.12 m
$M \cdot \cos V_a^d$	−2.87	$N \cdot \cos V_b^c$	−0.63
X	401,925.82	X	401,897.49
Ya	192,462.03	Yb	192,461.75
$M \cdot \cos V_a^d$	+24.83	$N \cdot \sin V_b^c$	+22.54
Y	192,486.86	Y	192,484.29

(7) 검산

가. 좌표면적 : $Xn(Yn+1-Yn-1)$에 의하여

$928.69 \times (486.86 - 461.75) = +23{,}319.4059$

$925.82 \times (484.29 - 462.03) = +20{,}608.7532$

$897.49 \times (461.75 - 486.86) = -22{,}535.9739$

$898.12 \times (462.03 - 484.29) = -19{,}992.1512$

계 $= 1{,}400.034$

$\therefore$ 산출면적 : $1{,}400.034 \div 2 = 700\text{ m}^2$ $(F = 700\text{ m}^2)$

다. $F = \frac{1}{2}\{M \times L \times \sin\alpha + N \times L \times \sin\beta - M \times N \times \sin(\alpha + \beta)\}$

$= \frac{1}{2}(25 \times 30.5713 \times \sin 83° 55' 43'' + 22.5471 \times 30.5713$

$\times \sin 91° 04' 01'' - 25 \times 22.5471 \times \sin 174° 59' 44''$

$= 700\text{ m}^2$ $(F = 700\text{ m}^2)$

(10) $AD /\!/ BC$, $AB /\!/ PQ$이고, N을 지정할 때

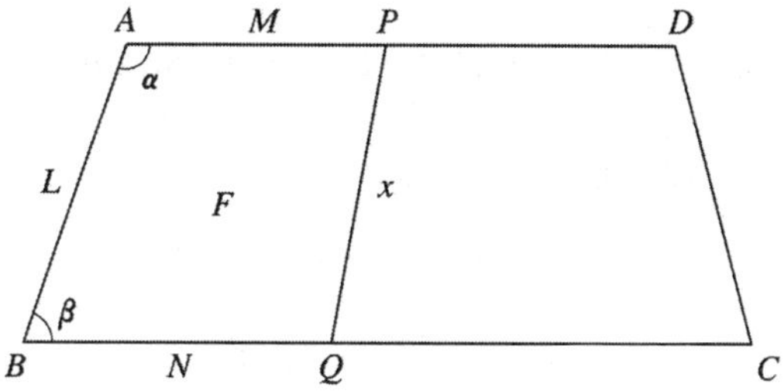

$$F = \frac{1}{2}(M+N)\sin\beta \times L$$

$$M + N = \frac{2F}{L \times \sin\beta}$$

$$\therefore M = \frac{2F}{L \times \sin\beta} - N$$

예제 4-28 **면적지정분할을 하기 위한 아래 조건에 의하여 점 P, Q의 좌표를 구하시오.** (단, 계산시 각도는 초위, 거리는 0.1 mm 단위까지 계산하시오.)

조건 : $AD /\!/ BC$, $AB /\!/ PQ$, 면적$(F) = 500\ \text{m}^2$, $N = 20\ \text{m}$

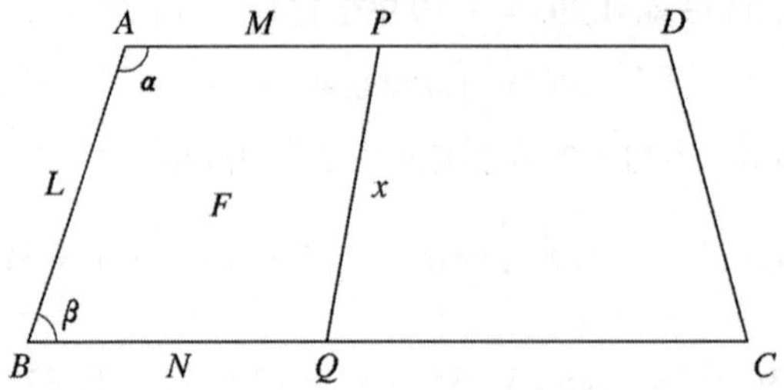

점명	X	Y
A	714.56	317.90
B	694.90	338.20
C	728.88	388.17
D	748.88	368.37

풀이 및 정답 (1) A, B에 대한 방위각 및 거리계산

$$\theta = \tan^{-1}\frac{(338.20-317.90)}{(694.90-714.56)} = \tan^{-1}\frac{+20.3}{-19.66}$$

$$= 45^\circ\ 55'\ 03'' \cdots\cdots (2\text{상한})$$

$$V_a^b = 180^\circ - \Theta = 180^\circ - 45^\circ\ 55'\ 03'' = 134^\circ\ 04'\ 57''$$

$$L = \sqrt{20.3^2 + 19.66^2} = 28.2596$$

(2) β의 계산

β는 $V_b^c - V_b^a$ 이므로, V_b^a를 계산하면,

$$\theta = \tan^{-1}\frac{(388.17-338.20)}{(728.88-694.90)} = \tan^{-1}\frac{+49.97}{+33.98}$$

$$= 55^\circ\ 47'\ 02'' \cdots\cdots (1\text{상한})$$

$$V_b^c = \theta = 55^\circ\ 47'\ 02''$$

$$\beta = 55^\circ\ 47'\ 02'' - (134^\circ\ 04'\ 57'' + 180^\circ) = 101^\circ\ 42'\ 05''$$

(3) M의 계산

$$M = \frac{2F}{L \times \sin\beta} - N$$

$$= \frac{2 \times 500}{28.2596 \times \sin 101^\circ\ 42'\ 05''} - 20 = 16.1372$$

(4) P, Q의 좌표계산

$$Px = Ax + M \times \cos V_a^d$$

$$= 714.56 + 16.1372 \times \cos 55° \ 47' \ 02'' = 723.63 \text{ m}$$

$$Py = Ay + M \times \sin V_a^d$$

$$= 317.90 + 16.1372 \times \sin 55° \ 47' \ 02'' = 331.24 \text{ m}$$

$$Qx = Bx + N \times \cos V_b^c$$

$$= 694.90 + 20 \times \cos 55° \ 47' \ 02'' = 706.15 \text{ m}$$

$$Qy = By + N \times \sin V_b^c$$

$$= 338.20 + 20 \times \sin 55° \ 47' \ 02'' = 354.74 \text{ m}$$

(5) 검산

$$F = \frac{1}{2}(M + N) \times L \times \sin\beta$$

$$= \frac{1}{2}(16.1372 + 20) \times 28.2596 \times \sin 101° \ 42' \ 05'' = 500 \text{ m}^2$$

(11) $AD \not\parallel BC$이고, N을 지정할 때

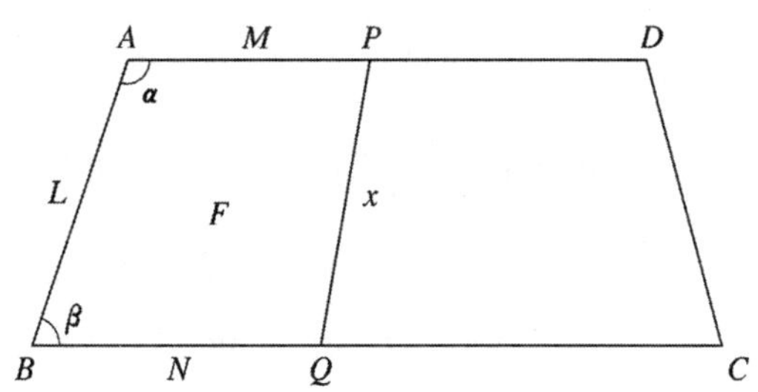

$$M = \frac{2F - N \times L \times \sin\beta}{L \times \sin\alpha - N \times \sin(\alpha + \beta)}$$

예제 4 - 29 **면적지정분할을 하기 위한 아래 조건에 의하여 P, Q 점의 좌표를 구하시오. 단, 계산시 각도는 초위, 거리는 0.1 mm 단위까지 계산하시오.**

조건 : $AD \nparallel BC$, 면적(F) = 700 m^2, N = 25 m

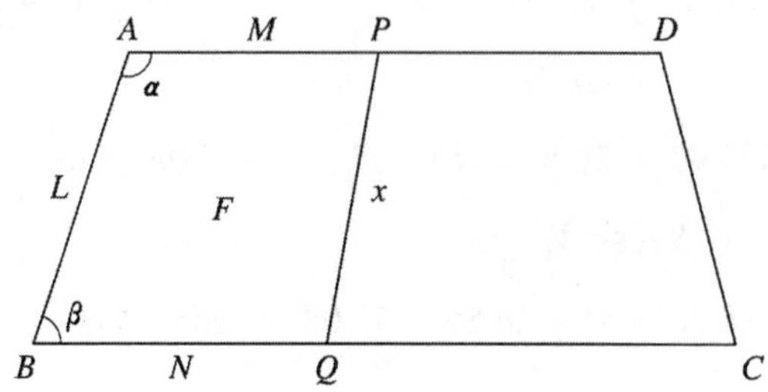

점명	X	Y
A	1,928.69	2,462.03
B	1,898.12	2,461.75
C	1,896.07	2,535.53
D	1,920.11	2,536.23

풀이 및 정답 (1) AB에 대한 방위각 및 거리계산

$$\theta = \tan^{-1}\frac{-0.28}{-30.57} = 0° \ 31' \ 29'' \quad \cdots\cdots\cdots\cdots\cdots\cdots \ (3상한)$$

$$V_a^b = 180° + \theta = 180° + 0° \ 31' \ 29'' = 180° \ 31' \ 29''$$

$$L = \sqrt{0.28^2 + 30.57^2} = 30.5713$$

(2) α의 계산

α는 $V_a^b - V_a^d$이므로 V_a^d를 계산하면

$$\theta = \tan^{-1}\frac{+74.20}{-8.58} = 83° \ 24' \ 14'' \quad \cdots\cdots\cdots\cdots\cdots\cdots \ (2상한)$$

$$V_a^d = 180° - \Theta = 180° - 83° \ 24' \ 14'' = 96° \ 35' \ 46''$$

$$\alpha = 180° \ 31' \ 29'' - 96° \ 35' \ 46'' = 83° \ 55' \ 43''$$

(3) β의 계산

β는 $V_b^c - V_b^a$이므로 V_b^c를 계산하면

$$\theta = \tan^{-1}\frac{+73.78}{-2.05} = 88° \ 24' \ 30'' \quad \cdots\cdots\cdots\cdots\cdots\cdots \ (2상한)$$

$$V_b^c = 180° - \theta = 180° - 88° \ 24' \ 30'' = 91° \ 35' \ 30''$$

$$V_b^a = V_a^b - 180° = 0° \ 31' \ 29''$$

$$\beta = 91° \ 35' \ 30'' - 0° \ 31' \ 29'' = 91° \ 04' \ 01''$$

$$\therefore \ \alpha + \beta = 83° \ 55' \ 43'' + 91° \ 04' \ 01'' = 174° \ 59' \ 44''$$

(4) M의 계산

$$M=\frac{2F-N\times L\times \sin\beta}{L\times \sin\alpha-N\times \sin(\alpha+\beta)}$$

$$=\frac{2\times 700-25\times 30.5713\times \sin 91^\circ\ 04'\ 01''}{30.5713\times \sin 83^\circ\ 55'\ 43''-25\times \sin 174^\circ\ 59'\ 44''}=22.5327$$

(5) P, Q의 좌표계산

$$Px=Ax+M\times \cos V_a^d$$

$$=1{,}928.69+22.5327\times \cos 96^\circ\ 35'\ 46''=1{,}926.10\text{ m}$$

$$Py=Ay+M\times \sin V_a^d$$

$$=2{,}462.03+22.5327\times \sin 96^\circ\ 35'\ 46''=2{,}484.41\text{ m}$$

$$Qx=Bx+N\times \cos V_b^c$$

$$=1{,}898.12+25\times \cos 91^\circ\ 35'\ 30''=1{,}897.43\text{ m}$$

$$Qy=By+N\times \sin V_b^c$$

$$=2{,}461.75+25\times \sin 91^\circ\ 35'\ 30''=2{,}486.74\text{ m}$$

(6) 검산

$$F=\frac{1}{2}\{M\times L\times \sin\alpha+N\times L\times \sin\beta-M\times N\times \sin(\alpha+\beta)\}$$

$$=\frac{1}{2}(22.5327\times 30.5713\times \sin 83^\circ\ 55'\ 43''+25\times 30.5713$$

$$\times \sin\ 91^\circ\ 04'\ 01''-22.5327\times 25\times \sin\ 174^\circ\ 59'\ 44''$$

$$=700\text{ m}^2$$

7. 경계정정

예제 4 - 30 **그림과 같은 1~8대인 필지를 아래 조건과 같이 인접필지와 경계정정을 하고자 한다. *P*, *Q*점의 좌표를 계산하시오.** (단, 계산과정에서 거리는 소수점 4자리 이상을 사용하고, 좌표는 소수점 이하 2자리까지 구하시오.)

(1) 조건

① 면적의 증감이 없도록 함

② 경계점 *BC*의 연장선상에 *Q*점이 있게 하고 *BC*와 *PQ*가 직각이 되도록 함

③ 경계점 *AD*선상에 *P*점이 있어야 함

(2) 경계점 좌표

점 명	종선좌표(m)	횡선좌표(m)
A	1,932.92	1,474.32
B	1,899.67	1,497.19
C	1,906.28	1,546.74
D	1,928.86	1,547.18

(3) 약 도

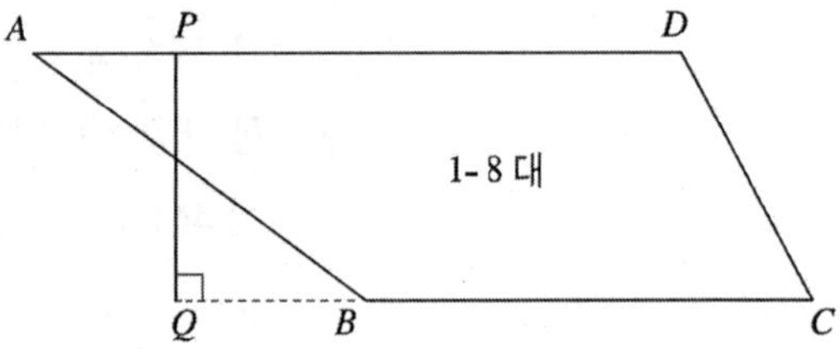

풀이 및 정답

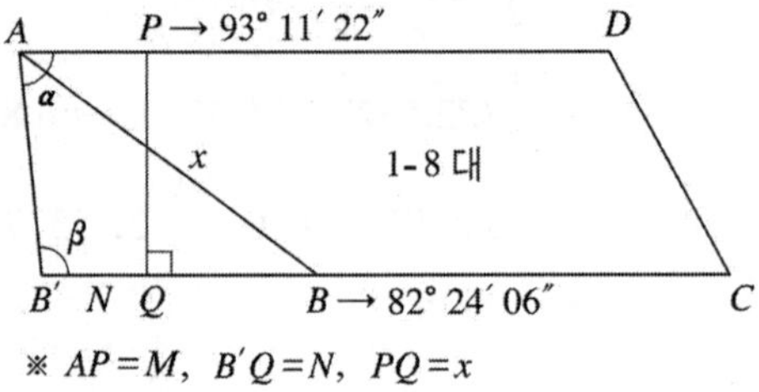

※ $AP=M$, $B'Q=N$, $PQ=x$

임의의 점 *B*′의 가상좌표계산

$$B'x = Bx + \Delta x = 1{,}899.67 + 30 \times \cos 262°\ 24'\ 06'' = 1{,}895.70$$

$$B'y = By + \Delta y = 1{,}497.19 + 30 \times \sin 262°\ 24'\ 06'' = 1{,}467.45$$

면적계산 면적 $ABCD = 1{,}722.8$

면적 $AB'CD = 2{,}262.7$

$$\therefore F = 1{,}722.8 - 2{,}262.7 = 539.9$$

$$\alpha = V_A^{B'} - V_A^D = 190°\ 27'\ 28'' - 93°\ 11'\ 22'' = 97°\ 16'\ 06''$$

$$\beta = V_{B'}^C - V_{B'}^A = 82°\ 24'\ 06'' - 10°\ 27'\ 28'' = 71°\ 56'\ 38''$$

$$\therefore \alpha + \beta = 169°\ 12'\ 44''$$

$L(=AB') = 37.8487$

$$x = \sqrt{(2F - \frac{L^2}{\cot\alpha + \cot\beta})\tan(\alpha+\beta)} = 34.1993$$

$M = (L \times \sin\beta - x)\mathrm{cosec}(\alpha+\beta) = 9.5393$

$N = \{(L \times \sin\alpha + x \times \cos(\alpha+\beta)\}\mathrm{cosec}(\alpha+\beta) = 21.1018$

$Px = Ax + M \times \cos V_A^D$

$= 1{,}932.92 + 9.5393 \times \cos 93°\ 11'\ 22'' = 1{,}932.39$ m

$Py = Ay + M \times \sin V_A^D$

$= 1{,}474.32 + 9.5393 \times \sin 93°\ 11'\ 22'' = 1{,}483.84$ m

$Qx = B'x + N \times \cos V_B^C$

$= 1{,}895.70 + 21.1018 \times \cos 82°\ 24'\ 06'' = 1{,}898.49$ m

$Qy = B'y + N \times \sin V_B^C$

$= 1{,}467.45 + 21.1018 \times \sin 82°\ 24'\ 06'' = 1{,}488.37$ m

※ [예제 4－30]에서는 거리를 30m로 하였으나 B'의 좌표는 임의로 거리를 주어 가상좌표를 구하여도 무방함. 따라서 면적 및 α, β, L, x, M, N의 값이 다를 수는 있으나 P와 Q점의 좌표계산 결과는 같아야 함

MEMO

예제 4-31 **그림에서 A, B, C, D의 좌표가 다음과 같을 때 경계선 AB를 면적 증감이 없이 CD에 평행한 PQ로 정정하려고 한다. PQ, AP 및 BQ의 거리를 소수 4째자리까지 구하시오.** (단, 계산과정에서 각도는 0.1초, 거리는 소수점 이하 4자리 이상을 사용하여 계산하시오.)

(1) 경계점 좌표

점 명	종선좌표(m)	횡선좌표(m)
A	638.73	431.28
B	627.21	446.39
C	644.20	469.27
D	655.57	454.52

(2) 약 도

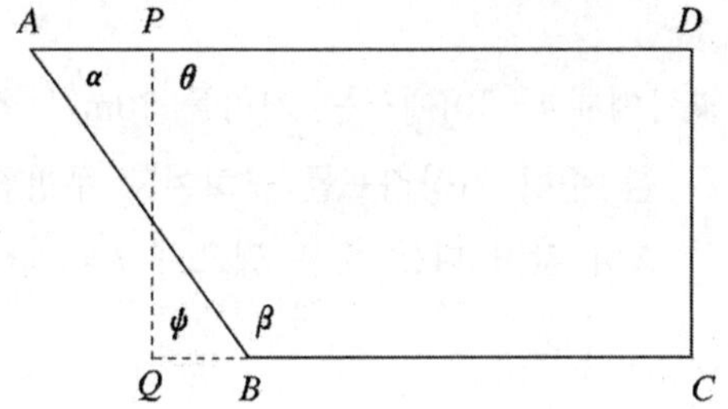

[계산공식]

$$X = L \times \sqrt{\frac{\sin\alpha \times \sin\beta}{\sin\theta \times \sin\psi}} \qquad AB = L, \qquad PQ = X$$

$$M = \frac{(L\sin\beta - X\sin\psi)}{\sin(\alpha+\beta)} \qquad AP = M, \qquad BQ = N$$

$$N = \frac{(X\sin\theta - L\sin\alpha)}{\sin(\alpha+\beta)}$$

풀이 및 정답

$$V_A^B = \tan^{-1}\frac{\Delta y}{\Delta x} = \tan^{-1}\frac{+15.11}{-11.52} = 127° \ 19' \ 20.0''$$

$$V_A^D = \tan^{-1}\frac{\Delta y}{\Delta x} = \tan^{-1}\frac{+23.24}{+16.84} = 54° \ 04' \ 20.8''$$

$$V_B^C = \tan^{-1}\frac{\Delta y}{\Delta x} = \tan^{-1}\frac{+22.88}{+16.99} = 53° \ 24' \ 12.7''$$

$$V_C^D = \tan^{-1}\frac{\Delta y}{\Delta x} = \tan^{-1}\frac{-14.75}{+11.37} = 307° \ 37' \ 36.3''$$

$$\alpha = V_A^B - V_A^D$$

$$= 127° \ 19' \ 20.0'' - 54° \ 04' \ 20.8'' = 73° \ 14' \ 59.2''$$

$$\beta = V_B^C - V_B^A$$

$$= 53° \ 24' \ 12.7'' - 307° \ 19' \ 20.0'' = 106° \ 04' \ 52.7''$$

$$\theta = V_D^C - V_A^D$$

$$= 127° \ 37' \ 36.3'' - 54° \ 04' \ 20.8'' = 73° \ 33' \ 15.5''$$

$$\psi = V_B^C - V_C^D$$

$$= 53° \ 24' \ 12.7'' - 307° \ 37' \ 36.3'' = 105° \ 46' \ 36.4''$$

$$AB(L) = \sqrt{(-11.52)^2 + (+15.11)^2} = 19.0006$$

$$PQ(X) = L \times \sqrt{\frac{\sin 73° \ 14' \ 59.2'' \times \sin 106° \ 04' \ 52.7''}{\sin 73° \ 33' \ 15.5'' \times \sin 105° \ 46' \ 36.4''}}$$

$$= 18.9712 \text{ m}$$

$$AP(M) = \frac{(19.0006 \times \sin 106° \ 04' \ 52.7'' - 18.9712 \times \sin 105° \ 46' \ 36.4'')}{\sin 179° \ 19' \ 51.9''}$$

$$= 0.0494 \text{ m}$$

$$BQ(N) = \frac{(18.9712 \times \sin 73° \ 33' \ 15.5'' - 19.0006 \times \sin 73° \ 14' \ 59.2'')}{\sin 179° \ 19' \ 51.9''}$$

$$= 0.0557 \text{ m}$$

제5장 도해지적측량

1. 관련 규정

(1) 면적측정의 대상

① 세부측량을 하는 경우 다음 각 호의 어느 하나에 해당하면 필지마다 면적을 측정하여야 한다.

1. 지적공부의 복구·신규등록·등록전환·분할 및 축척변경을 하는 경우
2. 법 제84조에 따라 면적 또는 경계를 정정하는 경우
3. 법 제86조에 따른 도시개발사업 등으로 인한 토지의 이동에 따라 토지의 표시를 새로이 결정하는 경우
4. 경계복원측량 및 지적현황측량에 면적측정이 수반되는 경우

② 제11항에도 불구하고 법 제23조제11항제4호의 "경계복원측량과 법 제18조의 지적현황측량을 하는 경우에는 필자마다 면적을 측정하지 아니한다.

(2) 면적측정의 방법

① 좌표면적계산법에 따른 면적측정은 다음 각호의 기준에 따른다.

1. 경위의측량방법으로 세부측량을 한 지역의 필지별 면적측정은 경계점 좌표에 따를 것
2. 산출면적은 1천분의 1제곱미터까지 계산하여 10분의 1 제곱미터 단위로 정할 것

② 전자면적측정기에 따른 면적측정은 다음 각호의 기준에 따른다.

1. 도상에서 2회 측정하여 그 교차가 다음 계산식에 따른 허용면적 이하

일 때에는 그 평균치를 측정면적으로 할 것

$$A = 0.023^2 M\sqrt{F}$$

여기서, A : 허용면적, M : 축척분모

F : 2회 측정한 면적의 합계를 2로 나눈 수

2. 측정면적은 1천분의 1제곱미터까지 계산하여 10분의 1제곱미터 단위로 정할 것

③ 면적을 측정하는 경우 도곽선의 길이에 0.5밀리미터 이상의 신축이 있을 때에는 이를 보정하여야 한다. 이 경우 도곽선의 신축량 및 보정계수의 계산은 다음 각호의 계산식에 따른다.

1. 도곽선의 신축량계산

$$S = \frac{\Delta X_1 + \Delta X_2 + \Delta Y_1 + \Delta Y_2}{4}$$

여기서, S : 신축량, $\triangle X_1$: 왼쪽 종선의 신축된 차

$\triangle X_2$: 오른쪽 종선의 신축된 차

$\triangle Y_1$: 윗쪽 횡선의 신축된 차

$\triangle Y_2$: 아래쪽 횡선의 신축된 차

이 경우 신축된 차(mm) $= \frac{1,000(L - Lo)}{M}$

여기서, L : 신축된 도곽선지상길이, Lo : 도곽선지상길이

M : 축척분모

2. 도곽선의 보정계수계산

$$Z = \frac{X \cdot Y}{\Delta X \cdot \Delta Y}$$

여기서, Z : 보정계수, X : 도곽선종선길이, Y : 도곽선횡선길이

$\triangle X$: 신축된 도곽선종선길이의 합/2

$\triangle Y$: 신축된 도곽선횡선길이의 합/2

④ 면적이 5천 제곱미터 이상인 필지를 분할하는 경우 분할후의 면적이 분할전 면적의 8할 이상이 되는 필지의 면적을 측정하는 때에는 분할 전

면적에서 면적의 20% 미만이 되는 필지의 면적을 먼저 측정한 후, 분할 전 면적에 그 측정된 면적을 빼는 방법으로 할 수 있다. 다만, 동일한 측량결과도에서 측정할 수 있는 경우와 좌표면적계산법에 따라 면적을 측정하는 경우에는 그러하지 아니하다.

(3) 면적오차의 허용범위 및 배분

① 등록전환을 하는 경우 임야대장의 면적과 등록전환을 하고자 하는 면적의 오차허용범위는 다음의 계산식에 의한다. 이 경우 오차의 허용범위를 계산함에 있어서 축척이 3천분의 1인 지역의 축척분모는 6천으로 한다.

$$A = 0.026^2 M\sqrt{F}$$

여기서, A : 오차허용면적, M : 임야도의 축척분모
F : 등록전환될 면적

② 등록전환을 하고자 하는 면적이 제1항의 계산식에 의한 오차의 허용범위 이내인 경우에는 그 면적을 등록전환면적으로 결정하여야 한다.

③ 토지를 분할하는 경우 분할후의 각 필지의 면적의 합계와 분할전 면적과의 오차의 허용범위는 제1항의 계산식(A는 오차허용면적, M은 축척분모, F는 원면적)에 의한다. 이 경우 오차의 허용범위를 계산함에 있어서 축척이 3천 분의 1인 지역의 축척분모는 6천으로 한다.

④ 제3항의 계산식에 의한 신구면적의 오차가 허용범위를 초과하는 경우에는 지적공부의 등록사항을 정정하여야 한다.

⑤ 제3항의 계산식에 의한 신구면적의 오차를 배분한 산출면적은 다음의 계산식에 따라 필요한 자리까지 계산하고, 결정면적은 그 합계가 원면적에 일치하도록 산출면적의 소요자리수 미만의 수가 큰 것부터 차례로 올려야 한다. 다만, 소요자리수 미만의 수가 서로 같은 때에는 산출면적이 큰 것을 올린다.

$$r = \frac{F}{A} \times a$$

여기서, r : 각 필지의 산출면적, F : 원면적
A : 측정면적 합계 또는 보정면적 합계
a : 각 필지의 측정면적 또는 보정면적

2. 도해지역의 면적계산

예제 5-1 **축척 1,200분의 1 지역에서 원면적이 1,150 m^2인 50번지의 토지를 3필지로 분할하기 위하여 면적을 측정한 결과 50번지는 211 m^2, 50-1은 522 m^2, 50-2는 421 m^2일 때 다음사항을 계산하시오.** (단, 지적법의 규정에 의하되 면적보정계수는 소수점 이하 4자리까지 구하고, 지적도의 도곽신축량은 -0.8 mm이다.)

가. 면적보정계수　　　　나. 신구면적허용오차

다. 보정면적　　　　　　라. 결정면적

풀이 및 정답 (1) 면적보정계수의 계산(지적법시행규칙 제52조 ③)

$$Z=\frac{X\cdot Y}{\Delta X\cdot\Delta Y}$$

여기서, ΔX : 신 · 축된 도곽선의 종선길이의 합 ÷ 2

ΔY : 신 · 축된 도곽선의 횡선길이의 합 ÷ 2

도곽신축량을 지상길이로 환산하여 계산하면,
도곽신축량이 -0.8 mm이므로

$$\text{지상길이}=\frac{\text{도곽신축량}\times\text{축척}}{1000}=\frac{-0.8\times1200}{1000}=-0.96\text{ m}$$

1,200지역의 지적도 지상길이는 400 m × 500 m이므로

$$Z=\frac{400\times500}{(400-0.96)(500-0.96)}=1.0043$$

(2) 신구면적허용오차의 계산

신구면적허용오차 $=\pm0.026^2M\sqrt{F}$

$=\pm0.026^2\times1{,}200\times\sqrt{1{,}150}=\pm27.5091\ ...=\pm27\text{ m}^2$

여기서, M: 축척분모, F: 원면적

※ 지적도 축척 1/1,200의 최소 결정면적 단위는 1 m^2이므로 공차의 결정시 일반적으로 소수점 이하는 모두 버린다.

(3) 보정면적의 계산

$$\begin{aligned} 50 \quad &: 211 \times 1.0043 = 211.9 \\ 50-1 &: 522 \times 1.0043 = 524.2 \\ 50-2 &: 421 \times 1.0043 = 422.8 \\ \hline \text{계} \quad &: \qquad\qquad 1{,}158.9 \end{aligned}$$

(4) 결정면적의 계산

$$r = \frac{F}{A} \times a$$

여기서, r : 각 필지의 산출면적, F : 원면적

A : 측정면적 또는 보정면적합계

a : 각 필지의 측정면적 또는 보정면적

$$\begin{aligned} 50 \quad &: \frac{1150}{1158.9} \times 211.9 = 210.3 = 210\,\text{m}^2 \\ 50-1 &: \frac{1150}{1158.9} \times 524.2 = 520.2 = 520\,\text{m}^2 \\ 50-2 &: \frac{1150}{1158.9} \times 422.8 = 419.6 = 420\,\text{m}^2 \\ \hline \text{계} \quad &: \qquad\qquad\qquad 1{,}150\,\text{m}^2 \end{aligned}$$

예제 5-2 **축척 1,200분의 1 지역에서 원면적이 898 ㎡인 7번지의 토지를 3필지로 분할하기 위하여 면적을 측정한 결과 7번지는 194㎡, 7-1은 296 ㎡, 7-2는 398 ㎡이고, 지적도 도곽선의 길이를 1200으로 측정한 결과 ΔX_1 = 398.2 m ΔX_2 = 399.0 m, ΔY_1 = 498.8 m, ΔY_2 = 499.2 m 일 때 다음 사항을 계산하시오.** (단, 계산은 지적법의 규정에 의하고 면적보정계수는 소수점 이하 4자리까지 구하시오.)

가. 면적보정계수　　　　나. 신구면적허용오차

다. 보정면적　　　　　　라. 결정면적

풀이 및 정답 (1) 면적보정계수의 계산

$$면적보정계수 = Z = \frac{X \cdot Y}{\Delta X \cdot \Delta Y}$$

1,200분의 1지역의 지적도 크기는 400 m × 500 m이므로

$$Z = \frac{400 \times 500}{(\frac{398.2 + 399.0}{2}) \times (\frac{498.8 + 499.2}{2})} = 1.0055$$

(2) 신구면적허용오차의 계산

신구면적허용오차 $= \pm 0.026^2 M\sqrt{F}$

$= \pm 0.026^2 \times 1,200 \times \sqrt{898} = 24.2683 = \pm 24\ m^2$

여기서, M: 축척분모, F: 원면적

※ 지적도 축척 1/1,200 지역의 최소 면적 단위는 $1m^2$이므로 공차의 결정시 소요자릿수 이하는 모두 버린다.

(3) 보정면적의 계산

7　: 194 × 1.0055 = 195.1

7 - 1 : 296 × 1.0055 = 297.6

7 - 2 : 398 × 1.0055 = 400.2

계 : 892.9

※ 계산결과 898 - 892.9 = $5.1m^2$는 허용면적오차($\pm 24m^2$) 이내이므로 배분하여 면적을 결정한다.

(4) 결정면적의 계산

$$r = \frac{F}{A} \times a$$

7　: $\frac{898}{892.9} \times 195.1 = 196.2 = 196\ m^2$

7 - 1 : $\frac{898}{892.9} \times 297.6 = 299.3 = 299\ m^2$

7 - 2 : $\frac{898}{892.9} \times 400.2 = 402.5 = 403\ m^2$

계 : $898\ m^2$

예제 5-3 **축척 1,000분의 1 지역에서 원면적이 1368 m²인 주천리 41번지의 토지를 3필지로 분할하기 위하여 전자면적계로 면적을 측정하여 다음과 같은 결과를 얻었다. 지적법의 규정에 의하여 면적측정부를 작성하시오.** (단, 도곽신축량은 + 0.6 mm임)

지 번	측 정 면 적(m^2)	
	제1회	제2회
41	324.6	327.9
41-1	620.9	617.5
41-2	408.8	409.2

풀이 및 정답 도곽신축량 +0.6 mm를 지상길이로 환산하면

상길이 = (+0.6 × 1000) ÷ 1000 = +0.6 m

1,000분의 1지역의 지적도 크기는 300 m × 400 m이므로

$$도곽신축보정계수 = \frac{300 \times 400}{(300+0.6) \times (400+0.6)}$$

$$= \frac{300 \times 400}{300.6 \times 400.6} = 0.9965$$

$$신구면적허용오차 = \pm 0.026^2 M \sqrt{F}$$

$$= \pm 0.026^2 \times 1{,}000 \times \sqrt{1{,}368} = 25.0029 = \pm 25\ m^2$$

여기서, M: 축척분모, F: 원면적

면 적 측 정 부 축척 : 1,000분의 1												
동리명	지번	측정 방법	회수 또는 산출수			측정면적 (m^2)	도곽신축 보정계수	보정면적 (m^2)	원면적 (m^2)	산출면적 (m^2)	결정면적 (m^2)
			제1회	제2회	제3회						
주천	41	전	324.6	327.9	.	326.2	0.9965	325.1		329.5	330
	-1	〃	620.9	617.5	.	619.2	〃	617.0		625.4	625
	-2	〃	408.8	409.2	.	409.0	〃	407.6		413.1	413
	41		.	.	.	1,354.4		1,349.7	1,368	1,368.0	1,368
			.	.	(이	하	공	란)		.	.
			.	.	.	.		.		.	.

예제 5-4 **축척 1,000분의 1 지역에서 원면적이 2,033 ㎡인 123번지의 토지를 분할하기 위하여 전자면적계로 면적을 측정하여 123번지는 1,257.2 ㎡, 123-1번지는 795.4 ㎡를 얻었다. 이 도면의 신축량이 -0.6 mm일 때 지적법의 규정에 의거, 다음 사항들을 계산하시오.**

가. 면적보정계수　　나. 보정면적　　다. 신구면적허용오차

라. 산출면적　　마. 결정면적

풀이 및 정답 (1) 면적보정계수

도곽신축량(-0.6 mm)을 지상길이로 환산하면,

$$지상길이 = \frac{도곽신축량 \times 축척}{1,000} = \frac{-0.6 \times 1,000}{1,000} = -0.6\ \text{m}$$

1,000분의 1지역의 지적도 크기는 300 m × 400 m이므로

$$Z = \frac{X \times Y}{\Delta X \times \Delta Y} = \frac{300 \times 400}{(300-0.6) \times (400-0.6)} = 1.0035$$

(2) 보정면적

123	:	1,257.2 × 1.0035 = 1,261.6
123 - 1	:	795.4 × 1.0035 = 798.2
계	:	2,059.8

(3) 신구면적허용오차

$$\pm 0.026^2 M\sqrt{F} = \pm 0.026^2 \times 1000 \times \sqrt{2033} = \pm 30.5 = \pm 30\ \text{m}^2$$

(4) 산출면적

123	:	(2,033 ÷ 2,059.8) × 1,261.6 = 1,245.2
123 - 1	:	(2,033 ÷ 2,059.8) × 798.2 = 787.8
계	:	2,033.0

(5) 결정면적

123	:	1,245.2 = 1,245 m^2
123 - 1	:	787.8 = 788 m^2
계	:	2,033 m^2

예제 5-5 축척 1,200분의 1 지역에서 원면적이 1,546 m2인 운학리 35번지의 토지를 2필지로 분할하기 위하여 전자면적계로 면적을 측정하여 다음과 같은 결과를 얻었다. 지적도의 신축량이 Δx1 = −1.3 mm, Δx2 = −1.7 mm, ΔY1 = −2.1, ΔY2 = −2.4 mm일 때 지적법의 규정에 의하여 분할 필지의 면적을 계산하시오

지 번	측 정 면 적(m^2)		측정면적
	제1회	제2회	
35	824.7	828.5	826.6
35-1	698.8	700.4	699.6
계			1,526.2

풀이 및 정답 (1) 신축량계산

$$\text{신축량} = \frac{\Delta x_1 + \Delta x_2 + \Delta y_1 + \Delta y_2}{4} = \frac{-1.3 - 1.7 - 2.1 - 2.4}{4}$$
$$= -1.9 \quad \text{mm}$$

(2) 면적보정계수(소수 4위)

$$Z = \frac{X \times Y}{\Delta X \times \Delta Y} = \frac{400 \times 500}{(400 - 1.8) \times (500 - 2.7)} = 1.0100$$

(3) 신구면적허용오차

$$\pm 0.026^2 M\sqrt{F} = \pm 0.026^2 \times 1,200 \times \sqrt{1,546} = \pm 31.9 = \pm 31 \text{ m}^2$$

(4) 보정면적

35 : 826.6 × 1.0100 = 834.9
35 − 1 : 699.6 × 1.0100 = 706.6
계 : 1,541.5

(5) 산출면적 및 결정면적

35 : (1,546 ÷ 1,541.5) × 834.9 = 837.3 = 837 m^2
35 − 1 : (1,546 ÷ 1,541.5) × 706.6 = 708.7 = 709 m^2
계 : 1,546 m^2

예제 5-6 **축척 600분의 1 지역에서 원면적이 795.5㎡인 230번지의 토지를 분할하기 위하여 전자면적계로 면적을 측정하여 230번지는 223.52㎡, 230-1번지는 347.64㎡, 230-2번지는 216.72㎡를 얻었다. 이 도면의 신축량이 -0.7㎜일 경우 지적법의 규정에 의거, 다음 사항들을 계산하시오.**

가. 면적보정계수　　나. 보정면적　　다. 신구면적허용오차
라. 산출면적　　마. 결정면적

풀이 및 정답 (1) 면적보정계수(소수 4위)

도곽신축량(−0.7 mm)을 지상거리로 환산하면,

$$\text{지상거리} = \frac{\text{도곽신축량} \times \text{축척}}{1{,}000} = \frac{-0.7 \times 600}{1{,}000} = -0.42\ \text{m}$$

$$Z = \frac{X \times Y}{\Delta X \times \Delta Y} = \frac{200 \times 250}{(200-0.42) \times (250-0.42)} = 1.0038$$

(2) 보정면적

230　: 223.52 × 1.0038 = 224.37
230 − 1 : 347.64 × 1.0038 = 348.96
230 − 2 : 216.72 × 1.0038 = 217.54
계　:　790.87

(3) 신구면적허용오차

$$\pm 0.026^2 M\sqrt{F} = \pm 0.026^2 \times 600 \times \sqrt{795.5} = \pm 11.44 = \pm 11.4$$

(4) 산출면적 및 결정면적

230　: $\frac{795.5}{790.87} \times 224.37 = 225.68 = 225.7\ \text{m}^2$

230 − 1 : $\frac{795.5}{790.87} \times 348.96 = 351.00 = 351.0\ \text{m}^2$

230 − 2 : $\frac{795.5}{790.87} \times 217.54 = 218.81 = 218.8\ \text{m}^2$

계　:　$795.5\ \text{m}^2$

3. 면적, 거리 및 좌표계산

예제 5-7 **세 변의 길이가 다음과 같을 때 삼각형의 면적(S)과 $\angle A$, $\angle B$, $\angle C$를 계산하시오.** (단, 면적은 1 m², 각은 1초 단위까지 구하시오.)

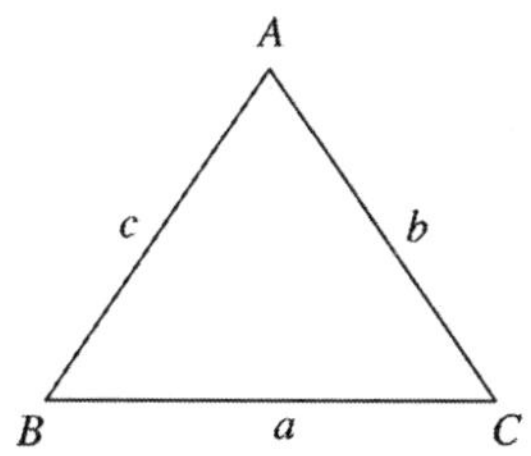

$a = 695.08$ m

$b = 941.15$ m

$c = 810.65$ m

풀이 및 정답 (1) 면적계산

$$s = \frac{a+b+c}{2} = 1{,}223.44$$

$$S = \sqrt{s(s-a)(s-b)(s-c)} = 274{,}453 \text{ m}^2$$

(2) 내각계산

$$\angle A = \cos^{-1}\frac{b^2+c^2-a^2}{2bc} = 46° \ 00' \ 36''$$

$$\angle B = \cos^{-1}\frac{a^2+c^2-b^2}{2ac} = 76° \ 56' \ 48''$$

$$\angle C = \cos^{-1}\frac{a^2+b^2-c^2}{2ab} = 57° \ 02' \ 36''$$

예제 5-8 **다음 도형에서 AC와 CD의 거리를 구하시오.** (단, 거리는 0.01 m까지 구하시오.)

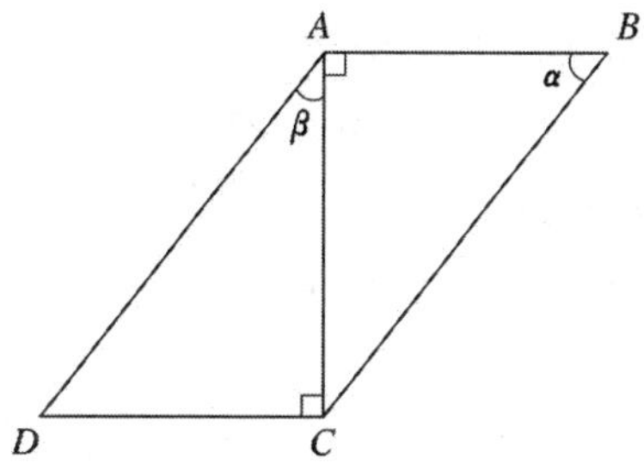

$AB = 2{,}001.71$ m

$\alpha = 56° \ 57' \ 48''$

$\beta = 65° \ 23' \ 37''$

풀이 및 정답

$\angle C(\angle ACB) = 180 - (90° + 56° 57' 48'') = 33° 02' 12''$

$$AC = AB \times \frac{\sin\alpha}{\sin C}$$

$$= 2{,}001.71 \times \frac{\sin 56° 57' 48''}{\sin 33° 02' 12''}$$

$$= 3{,}078.05 \text{ m}$$

$\angle D(\angle ADC) = 180 - (90° + 65° 23' 37'') = 24° 36' 23''$

$$CD = AC \times \frac{\sin\beta}{\sin D}$$

$$= 3{,}078.05 \times \frac{\sin 65° 23' 37''}{\sin 24° 36' 23''}$$

$$= 6{,}721.06 \text{ m}$$

예제 5-9 **아래의 도형에서 $AD = 76.63$ m, $BC = 54.24$ m, $\alpha = 71° 31' 21''$일 때, 사각형 $ABCD$의 면적을 계산하시오.** (단, 면적은 0.1 m^2까지 구하시오.)

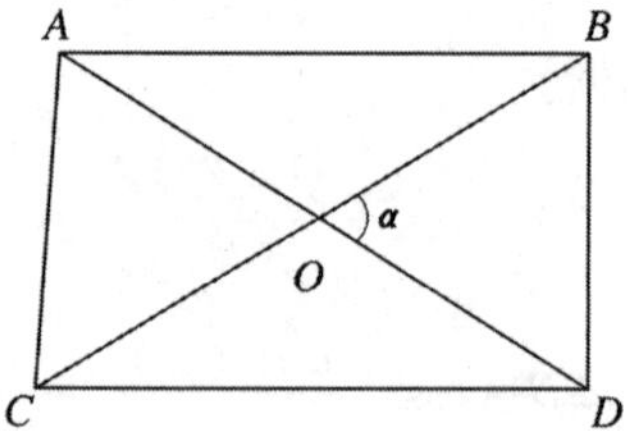

풀이 및 정답

$\triangle ABC = (BC \times OA \times \sin\alpha) \div 2$

$\triangle BCD = (BC \times OD \times \sin\alpha) \div 2$

$\square ABCD = \triangle ABC + \triangle BCD$

$= (BC \times OA \times \sin\alpha) \div 2 + (BC \times OD \times \sin\alpha) \div 2$

$= \{(BC \times \sin\alpha(OA + OD)\} \div 2$

여기서 $OA + OD = AD$이므로

$= (BC \times AD \times \sin\alpha) \div 2$

$= (54.24 \times 76.63 \times \sin 71° 31' 21'') \div 2$

$= 1{,}971.070$

$\square ABCD = 1{,}971.1 \text{ m}^2$

예제 5-10 **다음의 결과에 의하여 AB의 거리와 방위각($V_a^{\,b}$)을 계산하고, BC와 AC의 거리를 계산하여 C점의 좌표를 구하시오. (단, 거리와 좌표는 cm 단위까지 계산하시오.)**

$\angle A = 65°\ 52'\ 28''$ $\angle B = 59°\ 44'\ 51''$ $\angle C = 54°\ 22'\ 41''$

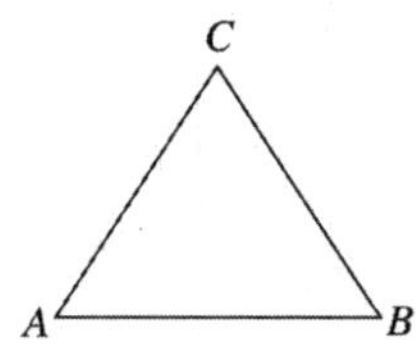

A : $X = 6412.49$ m, $Y = 4328.24$ m

B : $X = 8651.75$ m, $Y = 6631.45$ m

풀이 및 정답 (1) AB거리와 방위각(V_a^b)계산

$$\Delta x = 8651.75 - 6412.49 = +2{,}239.26$$

$$\Delta y = 6631.45 - 4328.24 = +2{,}303.21$$

$$AB = \sqrt{(+2{,}239.26)^2 + (+2{,}303.21)^2} = 3{,}212.33 \text{ m}$$

$$V_a^b = \tan^{-1}\frac{+2{,}303.21}{+2{,}239.26} = 45°\ 48'\ 24''(1\text{상한})$$

(2) BC와 AC의 거리계산

$$\frac{BC}{\sin A} = \frac{AC}{\sin B} = \frac{AB}{\sin C}\text{에 의하여}$$

$$AC = AB \times \frac{\sin B}{\sin C} = 3{,}212.33 \times \frac{\sin 59°\ 44'\ 51''}{\sin 54°\ 22'\ 41''} = 3413.62$$

$$BC = AB \times \frac{\sin A}{\sin C} = 3{,}212.33 \times \frac{\sin 65°\ 52'\ 28''}{\sin 54°\ 22'\ 41''} = 3606.62$$

(3) C점의 좌표계산

$$Cx = Ax + \Delta x \text{ (또는 } Bx + \Delta x), \ \Delta x = AC \times \cos V_a^c$$

$$= 3{,}413.62 \times \cos 339°\ 55'\ 56'' = +3{,}206.37$$

$$= 6412.49 + 3{,}206.37 = 9618.86 \text{ m}$$

$$Cy = Ay + \Delta y \text{ (또는 Bx + } \Delta y), \ \Delta y = AC \times \sin V_a^c$$

$$= 3{,}413.62 \times \sin 339°\ 55'\ 56'' = -1{,}171.32$$

$$= 4328.24 - 1{,}171.32 = 3156.92 \text{ m}$$

예제 5-11 **30 m의 줄자를 사용하여 사각형의 거리를 측정하였다. 측정한 줄자가 7 cm 늘었을 경우 이 사각형의 실제 보정면적을 계산하시오.** (단, 면적은 0.01 m^2까지 구하시오.)

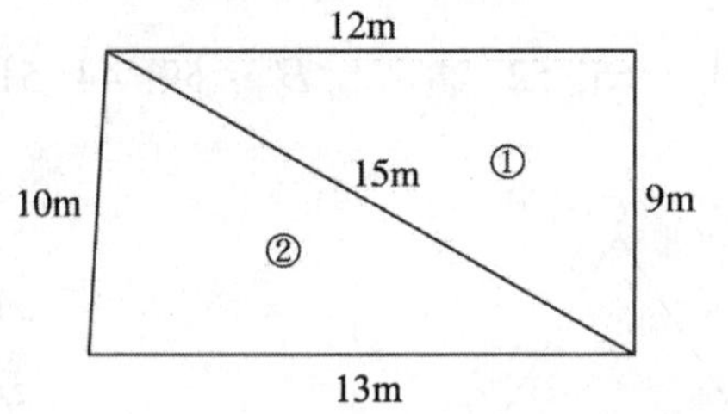

풀이 및 정답 (1) 보정 전 면적계산

가. 삼각형의 면적계산

$$(12 \times 9) \div 2 = 54.00\ m^2$$

나. 삼각형의 면적계산

$$s = \frac{a+b+c}{2} = \frac{15+13+10}{2} = 19$$

$$S = \sqrt{s(s-a)(s-b)(s-c)}$$

$$= \sqrt{19(19-15)(19-13)(19-10)} = 64.06 m^2$$

사각형의 면적 = $54.00 + 64.06 = 118.06\ m^2$

(2) 보정 후 면적계산

줄자의 보정값 $= \frac{30.07}{30} = 1.002$

보정면적 = $118.06 \times (1.002)^2 = 118.53\ m^2$

예제 5-12 **기지점 A, B, C로부터 $\overline{AP}$와 $\overline{CP}$의 거리를 구하여 P점의 좌표를 구하시오.** (거리와 좌표는 소수 2자리까지, 각은 초 단위까지 산정하시오)

기지점	종선좌표(X)	횡선좌표(Y)
A	6,825.49	4,630.85
B	6,632.86	4,465.53
C	6,329.70	4,889.95

$V_B^P = 85° \ 37' \ 50''$

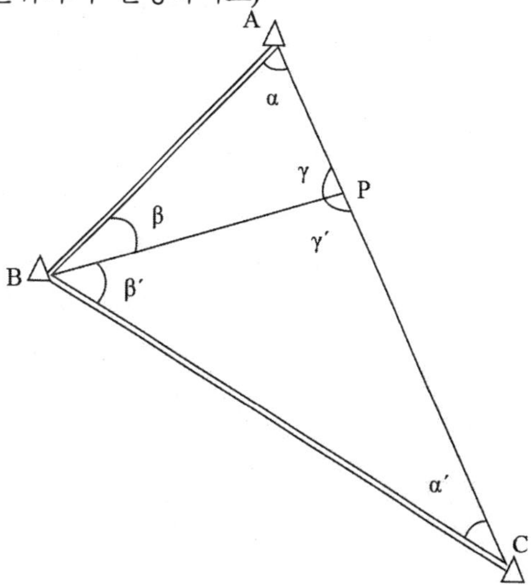

풀이 및 정답 (1) △ABP의 내각 α, β, γ 계산

$$\alpha = V_A^B - V_A^C$$
$$= 220° \ 38' \ 13'' - 152° \ 24' \ 30'' = 68° \ 13' \ 43''$$
$$\beta = V_B^P - V_B^A$$
$$= 85° \ 37' \ 50'' - (220° \ 38' \ 13'' - 180°) = 44° \ 59' \ 37''$$
$$\gamma = 180 - (\alpha + \beta)$$
$$= 66° \ 46' \ 40''$$

(2) $\overline{AP}$ 거리 계산

$$\frac{\overline{AB}}{\sin\gamma} = \frac{\overline{AP}}{\sin\beta}$$
$$\overline{AP} = \frac{\sin\beta}{\sin\gamma} \times \overline{AB} = \frac{\sin 44° \ 59' \ 37''}{\sin 66° \ 46' \ 40''} \times 253.84 = 195.29\text{m}$$

(3) P점의 좌표(X_{P1}, Y_{P1}) 계산

$$X_{P1} = X_A + \overline{AP}\cos V_A^C$$
$$= 6{,}825.49 + 195.29 \times \cos 152° \ 24' \ 30'' = 6{,}652.41\text{m}$$
$$Y_{P1} = Y_A + \overline{AP}\sin V_A^C$$
$$= 4{,}630.85 + 195.29 \times \sin 152° \ 24' \ 30'' = 4{,}721.30\text{m}$$

(4) △BCP의 내각 α', β', γ' 계산

$$\alpha' = V_C^A - V_C^B$$
$$= 332°\ 24'\ 30'' - 305°\ 32'\ 17'' = 26°\ 52'\ 13''$$
$$\beta' = V_B^C - V_B^P$$
$$= (V_C^B - 180°) - 85°\ 37'\ 50'' = 125°\ 32'\ 17'' - 85°\ 37'\ 50''$$
$$= 39°\ 54'\ 27''$$
$$\gamma' = 180 - (\alpha' + \beta')$$
$$= 113°\ 13'\ 20''$$

(5) $\overline{CP}$ 거리 계산

$$\frac{\overline{BC}}{\sin\gamma'} = \frac{\overline{CP}}{\sin\beta'}$$
$$\overline{CP} = \frac{\sin\beta'}{\sin\gamma'} \times \overline{BC} = \frac{\sin 39°\ 54'\ 27''}{\sin 113°\ 13'\ 20''} \times 521.57$$
$$= 364.11\text{m}$$

(6) P점의 좌표(X_{P2}, Y_{P2}) 계산

$$X_{P2} = X_C + \overline{CP}\cos V_C^A$$
$$= 6{,}329.70 + 364.11 \times \cos 332°\ 24'\ 30'' = 6{,}652.40\text{m}$$
$$Y_{P2} = Y_C + \overline{CP}\sin V_C^A$$
$$= 4{,}889.95 + 364.11 \times \sin 332°\ 24'\ 30'' = 4{,}721.31\text{m}$$

따라서 P점의 좌표(X_P, Y_P)는 평균하여 결정

$$X_P = (X_{P1} + X_{P2})/2 = (6{,}652.41 + 6{,}652.40)/2$$
$$= 6{,}652.405 = 6{,}652.40\text{m}$$
$$Y_P = (Y_{P1} + Y_{P2})/2 = (4{,}721.30 + 4{,}721.31)/2$$
$$= 4{,}721.305 = 4{,}721.30\text{m}$$

예제 5-13 **아래 그림의 기지점 A, B의 좌표와 측선 $\overline{BC}(a)$와 $\overline{AC}(b)$의 관측거리가 표와 같을 때, C점의 좌표를 구하시오.** (거리와 좌표는 cm단위까지, 각은 초 단위까지 구하시오)

기지점	종선좌표(X)(m)	횡선좌표(Y)(m)
A	5,693.22	8,737.45
B	5,125.10	6,312.37

측선	관측거리(m)
$\overline{BC}(a)$	1,153.79
$\overline{AC}(b)$	2,170.65

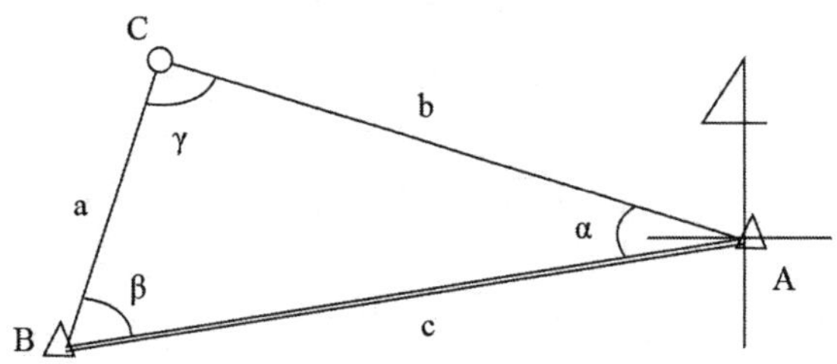

풀이 및 정답 (1) $\overline{AB}$의 거리(c) 계산

$$\overline{AB} = \sqrt{(X_B - X_A)^2 + (Y_B - Y_A)^2}$$
$$= \sqrt{(5{,}125.10 - 5{,}693.22)^2 + (6{,}312.37 - 8{,}737.45)^2}$$
$$= 2{,}490.74\text{m}$$

(2) △ABC의 내각 α, β, γ 계산

$$\alpha = \cos^{-1}\left(\frac{b^2 + c^2 - a^2}{2bc}\right)$$
$$= \cos^{-1}\left(\frac{2{,}170.65^2 + 2{,}490.74^2 - 1{,}153.79^2}{2 \times 2{,}170.65 \times 2{,}490.74}\right)$$
$$= 27° \, 34' \, 49''$$

$$\beta = \cos^{-1}\left(\frac{a^2 + c^2 - b^2}{2ac}\right)$$
$$= \cos^{-1}\left(\frac{1{,}153.79^2 + 2{,}490.74^2 - 2{,}170.65^2}{2 \times 1{,}153.79 \times 2{,}490.74}\right)$$
$$= 60° \, 34' \, 46''$$

$$\gamma = 180 - (\alpha + \beta) = 91° \, 50' \, 25''$$

(3) $\overline{AC}$의 방위각(V_A^C) 계산

① $\overline{AB}$의 방위각(V_A^B) 계산

$$\theta = \tan^{-1}\left|\frac{\Delta y}{\Delta x}\right| = \tan^{-1}\left|\frac{-2,425.08}{-568.12}\right| = 76°\ 48'\ 55''$$

3상한의 각이므로 $\overline{AB}$의 방위각(V_A^B)은 $180+\theta$로 구한다.

따라서 $V_A^B = 256°\ 48'\ 55''$

② $\overline{AC}$의 방위각(V_A^C) 계산

$$V_A^C = V_A^B + \alpha = 284°\ 23'\ 44''$$

(4) $\overline{BC}$의 방위각(V_B^C) 계산

$$V_B^C = V_B^A - \beta = (V_A^B - 180) - \beta$$
$$= (76°\ 48'\ 55'' - 60°\ 34'\ 46'') = 16°\ 14'\ 09''$$

(5) C점의 좌표 계산

① 기지점 A로부터 C점 좌표(X_{C1}, Y_{C1})계산

$$X_{C1} = X_A + \overline{AC}\cos V_A^C$$
$$= 5,693.22 + 2,170.65 \times \cos 284°\ 23'\ 44'' = 6,232.88\text{m}$$
$$Y_{C1} = Y_A + \overline{AC}\sin V_A^C$$
$$= 8,737.45 + 2,170.65 \times \sin 284°\ 23'\ 44'' = 6,634.95\text{m}$$

② 기지점 B로부터 C점 좌표(X_{C2}, Y_{C2})계산

$$X_{C2} = X_B + \overline{BC}\cos V_B^C$$
$$= 5,125.10 + 1,153.79 \times \cos 16°\ 14'\ 09'' = 6,232.88\text{m}$$
$$Y_{C2} = Y_B + \overline{BC}\sin V_B^C$$
$$= 6,312.37 + 1,153.79 \times \sin 16°\ 14'\ 09'' = 6,634.96\text{m}$$

따라서 기지점 A, B로부터 구한 종·횡선좌표를 평균하여 C점의 좌표(X_C, Y_C)를 구하면 다음과 같다.

$$X_C = (X_{C1} + X_{C2})/2 = 6{,}232.88\text{m}$$

$$Y_C = (Y_{C1} + Y_{C2})/2 = (6{,}634.95 + 6{,}634.96)/2$$

$$= 6{,}634.955 = 6.634.96\text{m}$$

예제 5 - 14 **축척 1/1,200지역에서 교회법에 의한 측판측량 결과, 그림과 같이 도상에서 시오삼각형이 발생하였다. 각 변의 길이가 5.8mm, 6.1mm, 3.9mm일 때 내접원의 반경은 몇 mm인가?** (반경은 소수 3자리에서 반올림하여 2자리까지 구하시오.)

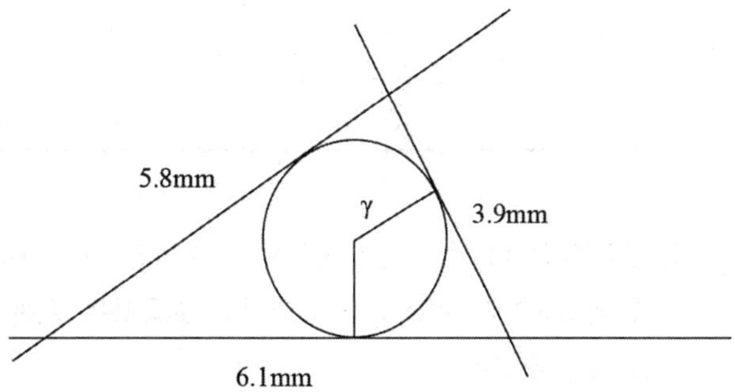

풀이 및 정답 삼각형의 면적

① 헤론의 공식에 의한 방법

$$S = \sqrt{s(s-a)(s-b)(s-c)} \quad \left(s = \frac{a+b+c}{2}\right)$$

② 삼사법에 의한 방법

$$A = \left(\frac{1}{2} \times r \times a\right) + \left(\frac{1}{2} \times r \times b\right) + \left(\frac{1}{2} \times r \times c\right)$$

$$= \frac{r}{2}(a+b+c) = r \times s$$

여기서 $S = A$에 의해

$$r \times s = \sqrt{s(s-a)(s-b)s-c)}$$

$$r = \sqrt{\frac{(s-a)(s-b)(s-c)}{s}}$$

$$= \sqrt{\frac{(7.9-5.8)(7.9-6.1)(7.9-3.9)}{7.9}} = 1.38\text{mm}$$

4. 도곽선의 좌표계산

표 5-1 축척별 도곽선의 길이

축척	도상규격	지상거리	포용면적
1/500	30 × 40 cm	150 × 200 m	30,000 m^2
1/600	33.3 × 41.7 cm	200 × 250 m	50,000 m^2
1/1,000	30 × 40 cm	300 × 400 m	120,000 m^2
1/1,200	33.3 × 41.7 cm	400 × 500 m	200,000 m^2
1/2,400	33.3 × 41.7 cm	800 × 1,000 m	800,000 m^2
1/3,000	40 × 50 cm	1,200 × 1,500 m	1,800,000 m^2
1/6,000	40 × 50 cm	2,400 × 3,000 m	7,200,000 m^2

예제 5-15 **일반원점지역의 삼각점성과표상의 좌표가 $X = -4{,}172.37$ m, $Y = +2{,}645.39$ m이다. 이를 지적좌표로 환산하여 삼각점을 포용하는 축척 600분의 1 지역의 지적도 도곽선의 좌표를 계산하시오.**

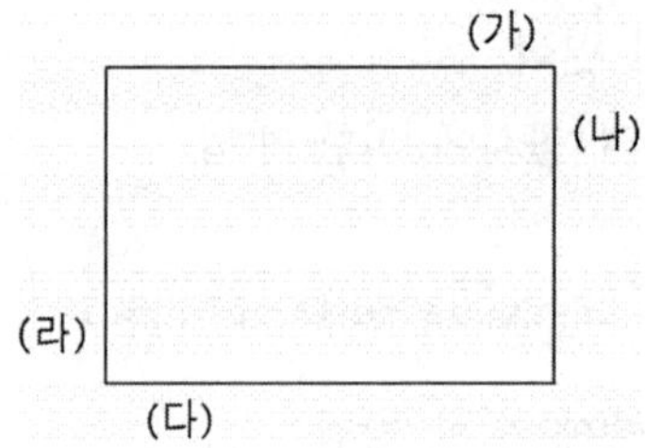

풀이 및 정답

$X = -4{,}172.37 \div 200 = -20.9$

$-20 \times 200 = -4{,}000$

$-4{,}000 + 500{,}000 = 496{,}000$ ·················· 상단종선좌표 (가)

$496{,}000 - 200 = 495{,}800$ ····················· 하단종선좌표 (다)

$Y = 2{,}645.39 \div 250 = 10.6$

$10 \times 250 = 2{,}500$

$2{,}500 + 200{,}000 = 202{,}500$ ····················· 좌측횡선좌표 (라)

$202{,}500 + 250 = 202{,}750$ ····················· 우측횡선좌표 (나)

(가) : 496,000 m　　　　(나) : 202,750 m

(다) : 495,800 m　　　　(라) : 202,500 m

예제 5-16 **일반원점지역에 있는 지적도근점의 좌표가 X= 445,816.86 m이고 Y= 203,747.93 m 일 때 이를 포용하는 축척 1,000분의 1 지역의 지적도 도곽선의 좌표를 계산하시오.**

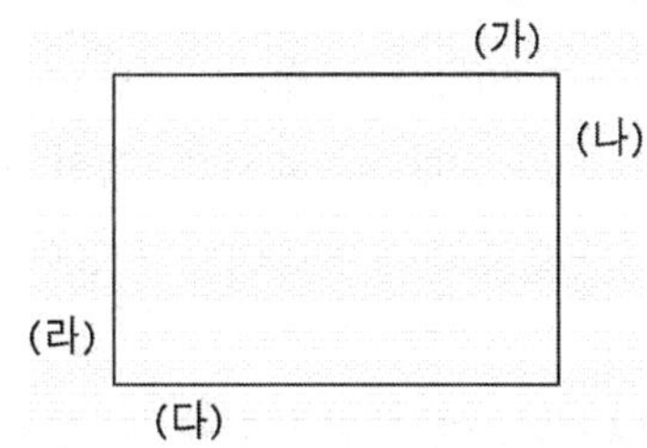

풀이 및 정답

X= 445,816.86 − 500,000 = −54,183.14 ÷ 300 = −180.6

−180 × 300 = −54,000 + 500,000 = 446,000 ··· 상단종선좌표 (가)

446,000 − 300 = 445,700 ························· 하단종선좌표 (다)

Y= 203,747.93 − 200,000 = 3,747.93 ÷ 400 = 9.4

9 × 400 = 3,600 + 200,000 = 203,600 ········ 좌측횡선좌표 (라)

203,600 + 400 = 204,000 ························· 우측횡선좌표 (나)

(가) : 446,000 m　　　　(나) : 204,000 m

(다) : 445,700 m　　　　(라) : 203,600 m

예제 5-17 **기타원점지역에 있는 지적삼각점의 좌표가 X= −3,785.44 m이고 Y= −4,767.36 m 일 때 축척 1,200분의 1 지역에서 지적삼각점의 좌표가 전개될 지적도 도곽선의 좌표 (가), (나), (다), (라)를 계산하시오.**

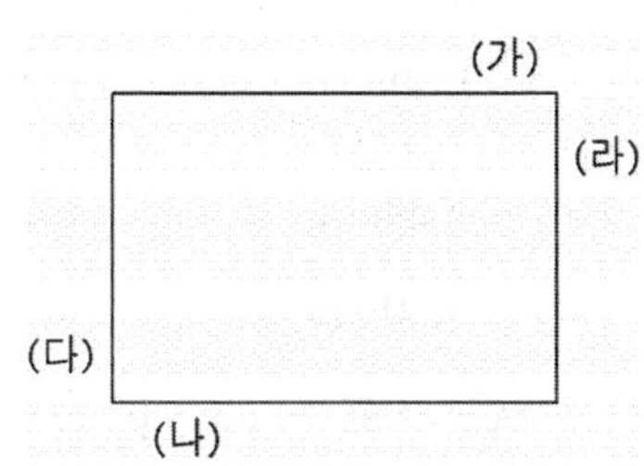

풀이 및 정답 (1) 종선좌표의 계산

축척 1,200분의 1 지역에서 도곽선의 크기는 400 m × 500 m이므로,

$-3{,}785.44 \div 400 = -9.46$

$-9 \times 400 = -3{,}600$ (종선상부좌표) ································ (가)

$-3{,}600 + (-400) = -4{,}000$ (종선하부좌표) ······················ (나)

(2) 횡선좌표의 계산

$-4{,}767.36 \div 500 = -9.53$

$-9 \times 500 = -4{,}500$ (횡선우측좌표) ································ (라)

$-4{,}500 + (-500) = -5{,}000$ (횡선좌측좌표) ······················ (다)

예제 5-18 **구소삼각원점지역에서 지적도근점을 설치하고 축척 500분의 1로 도곽선을 구획하여 지적도근점을 전개하려 할 때 이를 포용하는 지적도 도곽선의 좌표를 계산하시오.**

지적도근점 : $X = 3{,}412.50$ m, $Y = -1{,}531.42$ m

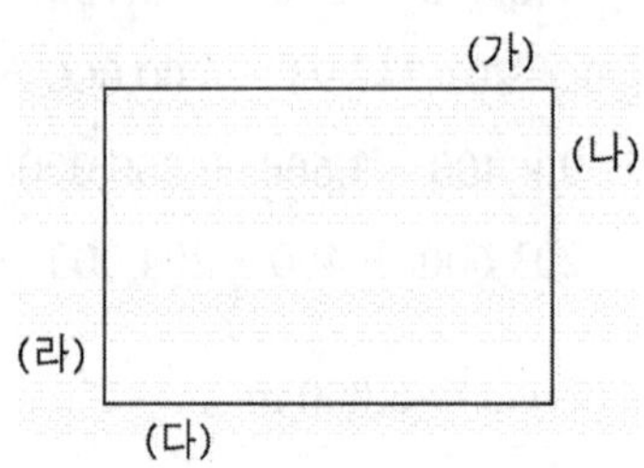

풀이 및 정답

$X = 3{,}412.50 \div 150 = 22.8$

$23 \times 150 = 3{,}450$ ································ 상단종선좌표 (가)

$3{,}450 - 150 = 3{,}300$ ···························· 하단종선좌표 (다)

$Y = -1{,}531.42 \div 200 = -7.7$

$-8 \times 200 = -1{,}600$ ···························· 좌측횡선좌표 (라)

$-1{,}600 + 200 = -1{,}400$ ······················ 우측횡선좌표 (나)

(가) : 3,450 m (나) : −1,400 m

(다) : 3,300 m (라) : −1,600 m

※ 구소삼각원점좌표는 $(X=0,\ Y=0)$이므로 지적도근점좌표 전개시 유의하여야 한다.

제6장 실기 출제범위 및 출제유형

1. 실기시험 출제범위

(1) 지적기사

가. 작업형(1시간 45분)

㉠ 지적삼각보조점측량(35분)

- (관측) 2대회(0°, 90°) 또는 3대회(0°, 60°, 120°)방향관측법
- (계산) 수평각관측부 및 수평각개정계산부

㉡ 지적도근점측량(35분)

- (관측) 배각법에 의한 도선의 내각관측
- (계산) 거리와 방위각에 의한 측점의 좌표계산

㉢ 세부측량(35분)

- (관측) 토털스테이션을 이용한 측점의 방위각과 거리관측
- (계산) 거리 및 방위각에 의한 측점의 좌표계산

나. 필답형(3시간)

㉠ 지적삼각점측량

- 삼각망조정계산(사각망, 삽입망, 유심망, 삼각쇄)
- 편심보정계산(수평각측점귀심 및 수평각점표귀심계산)
- 표고계산, 평면거리계산
- 좌표에 의한 거리 및 방위각계산, 삼각형의 내각계산

㉡ 지적삼각보조점측량

- 교회법계산
- 교점다각망계산(X · Y 망, H · A망)

㉢ 지적도근점측량

- 지적도근점계산(방위각법, 배각법)
- 교회법계산
- 교점다각망계산(X·Y망, H·A망, 복합망)

㉣ 지적확정측량

- 교차점계산 및 원과 직선의 교점좌표계산
- 가구점의 좌표계산
- 좌표면적계산 및 면적지정분할
- 거리와 방위각에 의한 좌표계산
- 좌표에 의한 방위각 및 거리계산

(2) 지적산업기사

가. 작업형(1시간 10분)

㉠ 지적도근측량(35분)

- (관측) 방위각법에 의한 각 측선의 방위각관측

㉡ 세부측량(35분)

- (관측) 토털스테이션을 이용한 측점의 방위각과 거리관측
- (계산) 거리 및 방위각에 의한 측점의 좌표계산

나. 필답형기(3시간)

㉠ 지적삼각보조점측량

- 교회법계산
- 교점다각망계산(X·Y망, H·A망)

㉡ 지적도근점측량

- 지적도근점계산(방위각법, 배각법)
- 교회법계산
- 교점다각망계산(X·Y망, H·A망, 복합망)

㉢ 도해세부측량

- 도곽선의 좌표계산
- 도해지역의 면적계산
- 좌표에 의한 방위각 및 거리계산
- 도선별 각오차의 배부수 계산
- sin법칙 이용한 삼각형의 거리계산
- cos법칙을 이용한 삼각형의 내각계산

2. 실기시험(작업형) 출제유형

(1) 지적기사

가. 지적삼각보조점측량

시험장에 설치된 측점 O에서 측점 P를 기준으로 2대회 방향관측법으로 수평각관측부 및 수평각개정계산부를 작성하시오. (단, OP의 기지방위각은 0° 00′ 00″이다.)

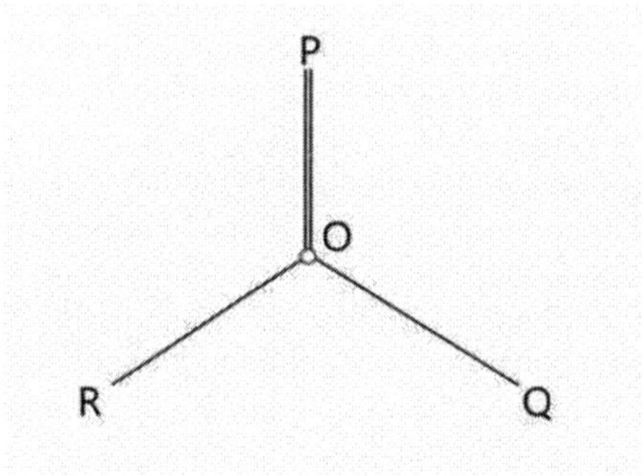

나. 지적도근점측량

시험장에 설치된 측점 A와 B에서 배각법으로 내각을 관측하고 측점 B와 C의 좌표를 구하시오. (단, A점의 좌표는 X=200.00m, Y=300.00m이고, 기지방위각(VAP) = 150° 35′ 20″, AB의 거리는 30m, BC의 거리는 50m이다.)

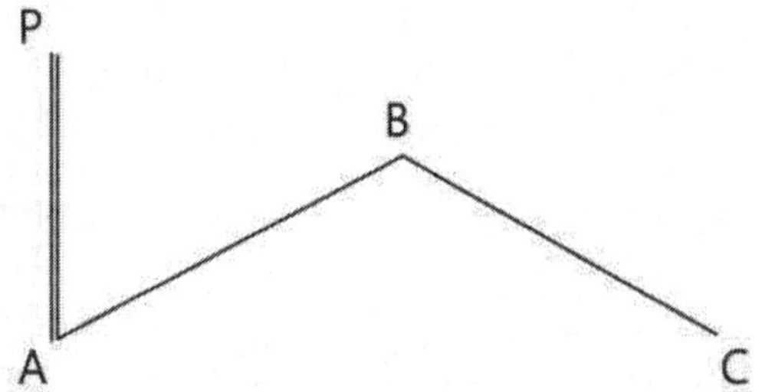

다. 세부측량

시험장에 설치된 측점 A에서 측점 B의 방위각을 관측하고, 측점 B에서 P, Q에 대한 거리와 방위각 및 측점 C의 방위각을 관측한 후 측점 C에서 R, S에 대한 거리와 방위각을 관측하여 B, C, P, Q, R, S점의 좌표와 PS의 거리를 구하시오. (단, A점의 좌표는 X=200.00 m, Y=300.00m 이고, 기지방위각(VAT) = 70° 25′ 30″, AB거리는 20m, BC거리는 30m이며, 각은 초단위까지, 거리 및 좌표는 소수 둘째 자리까지 구하시오.)

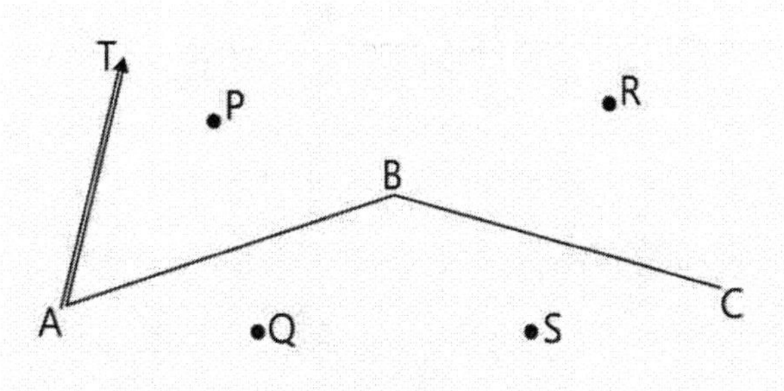

(2) 지적산업기사

가. 지적도근점측량

시험장에 설치된 측점 A에서 P를 기지로하여 방위각법으로 A→B, B→C, C→D, D→Q 측선의 방위각을 구하시오. (단, 출발기지 방위각은 150° 45′ 30″ 이고, 관측값은 초단위까지 구하시오.)

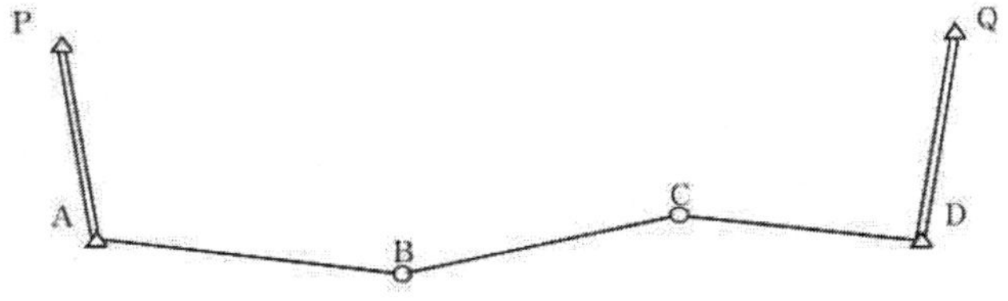

나. 세부측량

시험장에 설치된 측점 A에서 측점 B의 방위각과 측점 P, Q에 대한 거리와 방위각을 관측하고, 측점 B에서 R, S에 대한 거리와 방위각을 관측하여 B, P, Q, R, S에 대한 좌표와 PS의 거리를 구하시오. (단, A점의 좌표는 X=200.00m, Y=300.00m이고, 기지방위각(VAT) = 250° 35′ 40″, AB거리는 30m, 각은 초단위까지, 거리 및 좌표는 소수 둘째 자리까지 구하시오.)

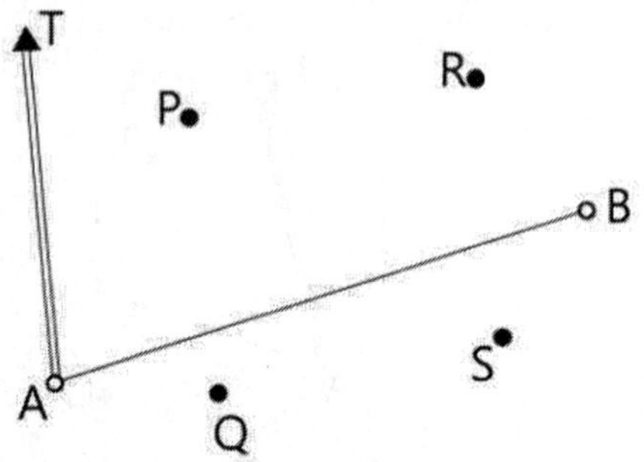

3. 실기시험(필답형) 예상문제

(1) 지적기사 예상문제 (5-1)

문제 1 **경계점의 좌표가 A(404.05, 195.27), B(398.52, 211.70), C(409.49, 221.93), D(420.10, 211.32)인 그림과 같은 토지에서 경계선 AB를 면적의 증감이 없어 CD에 평행한 PQ로 정정하려면 PQ, AP 및 BQ의 거리를 각각 얼마로 하여야 하는지 아래 공식을 사용하여 소수 다섯째 자리까지 계산하시오.** (단, 계산과정에서 필요한 각도와 거리의 소수점 이하 자릿수는 계산기의 용량 전부를 사용할 것) [9점]

- 공 식

$$X = L\sqrt{\left(\frac{\sin\alpha\ \sin\beta}{\sin\theta\ \sin\psi}\right)}$$

$$M = \frac{(\mathrm{L}\sin\beta - \mathrm{X}\sin\psi)}{\sin(\alpha+\beta)}$$

$$N = \frac{(\mathrm{X}\sin\theta - \mathrm{L}\sin\alpha)}{\sin(\alpha+\beta)}$$

$AB = L,\ PQ = X,\ AP = M,\ BQ = N$

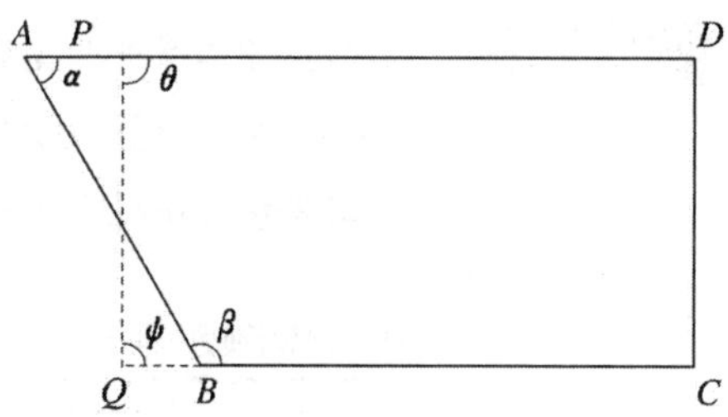

문제 2 **그림과 같은 시각망에서 기지점 좌표와 관측내각이 다음과 같을 경우 서식에 의하여 관측내각을 조정하고 소구점(기성7 및 기성8)의 좌표를 계산하시오.** (단, 각도는 0.1초 단위 거리 및 좌표는 0.01 m 단위까지 계산할 것) [14점]

가. 기지점 좌표

점명	X	Y
양3	453,278.75 m	192,562.46 m
여8	454,263.52 m	194,459.26 m

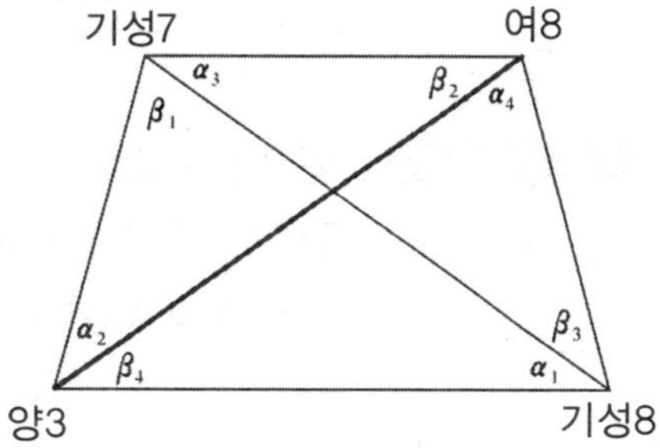

나. 관측내각

$\alpha_1 = 37°\ 08'\ 20.2''$ $\beta_1 = 35°\ 24'\ 36.4''$

$\alpha_2 = 59°\ 53'\ 15.4''$ $\beta_2 = 49°\ 47'\ 59.4''$

$\alpha_3 = 34°\ 53'\ 47.4''$ $\beta_3 = 44°\ 51'\ 35.8''$

$\alpha_4 = 50°\ 26'\ 12.8''$ $\beta_4 = 47°\ 33'\ 50.2''$

문제 3 **그림과 같은 삼각형의 거리를 측정하여 AP = 2,750.45 m, BP = 3,045.60 m를 얻었다. 기지점 A, B의 좌표를 이용하여 AP 및 BP의 방위각과 P점의 좌표를 계산하시오.** (단, 방위각은 0.1″, 좌표는 0.01 m 단위까지 계산하시오.) [10점]

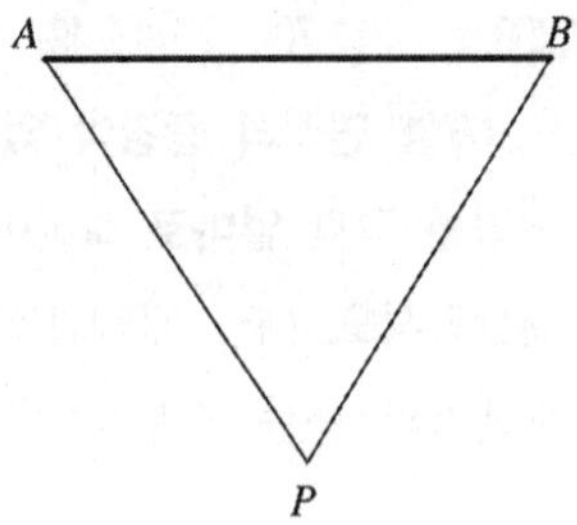

점명	X	Y
A	484,325.76 m	182,372.42 m
B	481,227.34 m	181,140.85 m

문제 4 **경계점좌표등록부에 등록된 그림과 같은 필지의 면적을 좌표면적계산법으로 계산하고, 선분 EF를 기준으로 같은 면적이 되도록 두필지를 분할하고자 할 때 F점의 좌표를 구하시오.** (단, 좌표는 0.01 m 단위까지 계산하시오.) [12점]

가. 필지경계점 좌표

점 명	X(m)	Y(m)
A	817.00	350.00
B	787.00	346.00
C	784.00	428.00
D	809.00	424.00
E	814.00	380.00

나. 약 도

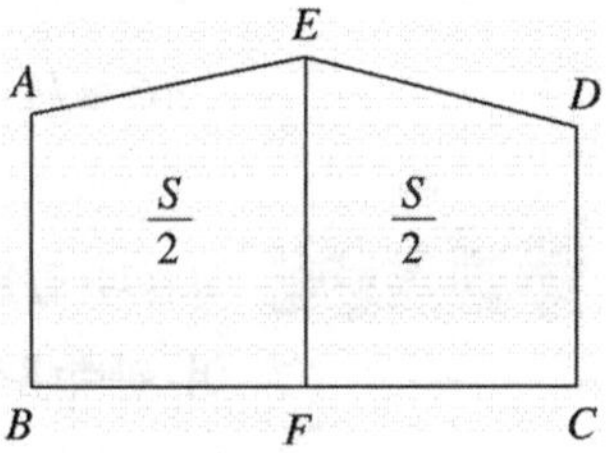

문제 5 **지적삼각측량을 실시하기 위하여 광파측거기로 측점 <예진>에서 <기용2>까지의 경사거리를 측정한 결과 2,800.01 m이었다. 다음 조건에 의하여 주어진 서식으로 평면거리를 계산하시오.** [10점]

가. 조 건

α_1 = + 3° 15′ 42″ $\quad$ α_2 = − 3° 15′ 25″

H_1 = 275.43 m $\quad$ H_2 = 434.03 m

i_1 = 1.56 m $\quad$ i_2 = 2.50 m

Y_1 = 23.5 km $\quad$ Y_2 = 25.4 km

(2) 지적기사 예상문제 (5-1) 풀이 및 정답

문제 1

$V_a^b = \tan^{-1}\dfrac{211.70-195.27}{398.52-404.05} = 108°\ 36'\ 07.83''$

$V_a^d = \tan^{-1}\dfrac{211.32-195.27}{420.10-404.05} = 45°\ 00'\ 00''$

$V_b^c = \tan^{-1}\dfrac{221.93-211.70}{409.49-398.52} = 43°\ 00'\ 03.11''$

$V_c^d = \tan^{-1}\dfrac{211.32-221.93}{420.10-409.49} = 315°\ 00'\ 00''$

$\alpha = 108°\ 36'\ 07.83'' - 45° = 63°\ 36'\ 07.83''$

$\beta = 43°\ 00'\ 03.11'' - 288°\ 36'\ 07.83'' = 114°\ 23'\ 55.28''$

$\theta = 315° - 225° = 90°$

$\psi = 43°\ 00'\ 03.11'' - 315° = 88°\ 00'\ 03.11''$

$\alpha + \beta = 178°\ 00'\ 03.11''$

$\theta + \psi = 178°\ 00'\ 03.11''$

$AB = \sqrt{(398.52-404.05)^2 + (211.70-195.27)^2} = 17.33567997$

$PQ = AB\ \left(\dfrac{\sin\alpha \cdot \sin\beta}{\sin\theta \cdot \sin\psi}\right)$

$= 17.33567997\ \left(\dfrac{\sin 63°\ 36'\ 07.83'' \times \sin 114°\ 23'\ 55.28''}{\sin 90° \times \sin 88°\ 00'\ 03.11''}\right)$

$= 15.66200446 = 15.66200 = (15.661 \sim 15.663)$

$AP = \dfrac{17.33567997 \times \sin 114°\ 23'\ 55.28'' - 15.66200446 \times \sin 88°\ 00'\ 03.11''}{\sin 178°\ 00'\ 03.11''}$

$= 3.870281033 = 3.87028 = (3.869 \sim 3.871)$

$BQ = \dfrac{15.66200446 \times \sin 90° - 17.33567997 \times \sin 63°\ 36'\ 07.83''}{\sin 178°\ 00'\ 03.11''}$

$= 3.839519592 = 3.83952 = (3.838 \sim 3.840)$

문제 2

※ 계산부 생략

(1) 변규약조정각

$\alpha_1 = 37°\ 08'\ 22.3''$ $\beta_1 = 35°\ 24'\ 33.2''$

$\alpha_2 = 59°\ 53'\ 22.6''$ $\beta_2 = 49°\ 48'\ 02.9''$

$\alpha_3 = 34°\ 54'\ 01.3''$ $\beta_3 = 44°\ 51'\ 34.2''$

$\alpha_4 = 50°\ 26'\ 21.6''$ $\beta_4 = 47°\ 33'\ 41.9''$

(2) 소구점의 좌표

기성7 : X = 455,010.64, Y = 192,643.32

기성8 : X = 452,706.27, Y = 194,124.75

문제 3 (1) AB 방위각 및 거리

$$\theta = \tan^{-1}\frac{181,140.85 - 182,372.42}{481,227.34 - 484,325.76} = 21°\ 40'\ 37.2''$$

$$V_a^b = 180 + 21°\ 40'\ 37.2'' = 201°\ 40'\ 37.2''$$

$$AB = \sqrt{(481,227.34 - 484,325.76)^2 + (181,140.85 - 182,372.42)^2}$$

$$= 3,334.21\text{m}$$

(2) 삼각형 내각

$$\angle A = \cos^{-1}\left(\frac{2750.45^2 + 3334.21^2 - 3045.60^2}{2 \times 2750.45 \times 3334.21}\right) = 59°\ 08'\ 46.2''$$

$$\angle B = \cos^{-1}\left(\frac{3045.60^2 + 3334.21^2 - 2750.45^2}{2 \times 3045.60 \times 3334.21}\right) = 50°\ 49'\ 50.6''$$

$$\angle P = \cos^{-1}\left(\frac{2750.45^2 + 3045.60^2 - 3334.21^2}{2 \times 2750.45 \times 3045.60}\right) = 70°\ 01'\ 23.2''$$

$180°\ 00'\ 00.0''$

(3) 소구방위각

$$V_a^p = 201°\ 40'\ 37.2'' + 59°\ 08'\ 46.2'' = 260°\ 49'\ 23.4''$$

$$V_b^p = 21°\ 40'\ 37.2'' - 50°\ 49'\ 50.6'' = 330°\ 50'\ 46.6''$$

(4) 소구점 좌표

$$Px = Ax + \Delta x$$

$$= 484,325.76 + 2,750.45 \times \cos 260°\ 49'\ 23.4'' = 483,887.11\ \text{m}$$

$$Px = Ay + \Delta y$$

$$= 182,372.42 + 2,750.45 \times \sin 260°\ 49'\ 23.4'' = 179,657.17\ \text{m}$$

$$Px = Bx + \Delta x$$

$$= 481,227.34 + 30,45.60 \times \cos 330°\ 50'\ 46.6'' = 483,887.11\ \text{m}$$

$$Py = By + \Delta y$$

$$= 181{,}140.85 + 3{,}045.60 \times \sin 330° \ 50' \ 46.6'' = 179{,}657.17 \text{ m}$$

$$\therefore Px = (483{,}887.11 + 483{,}887.11) \div 2 = 483{,}887.11 \text{ m}$$

$$Py = (179{,}657.17 + 179{,}657.17) \div 2 = 179{,}657.17 \text{ m}$$

문제 4 (1) $ABCDE$의 면적계산

$$S = \frac{1}{2}[(380-346)817 + (424-350)814 + (428-380)809$$

$$+ (346-424)784 + (350-428)787] = 2{,}154 \text{ m}^2$$

(2) F점(x, y)의 좌표계산

$2{,}154 = (380-346)817 + (y-350)814 + (346-380)x + (350-y)787$에서

$$34x - 27y = 19174 \quad \cdots\cdots (1)$$

$2{,}154 = (424-y)814 + (428-380)809 + (y-424)784 + (380-428)x$에서

$$24x + 15y = 24{,}699 \quad \cdots\cdots (2)$$

(1), (2) 식을 연립방정식으로 풀면

$$510x - 405y = 242{,}610 \ \cdots \ (1) \times 15$$

$$+) \ 648x + 405y = 666{,}873 \ \cdots \ (2) \times 27$$

$$1{,}158x = 909{,}483$$

$$\therefore \ x = 785.3912 = 785.39 \text{ m}$$

$$\therefore \ y = \frac{24{,}699 - (24 \times 785.3912)}{15} = 389.9741 = 389.97 \text{ m}$$

문제 5 ※ 계산부 생략

<연직각에 의한 계산>	<표고에 의한 계산>
$S = 2{,}795.323$	$S = 2{,}795.308$
$K = 1.0000074$	$K = 1.0000074$
$S \times K = 2{,}795.3437$	$S \times K = 2{,}795.3287$

평균(Do) $= (2{,}795.3437 + 2{,}795.3287) \div 2 = 2{,}795.3362 = 2{,}795.34$ m

(3) 지적기사 예상문제 (5-2)

문제 1 **다음 사각망의 관측성과에 의하여 주어진 양식으로 경기3과 경기4의 좌표를 계산하시오.** (단, 초는 0.1초, 거리와 좌표는 0.01 m까지만 구하시오.) [16점]

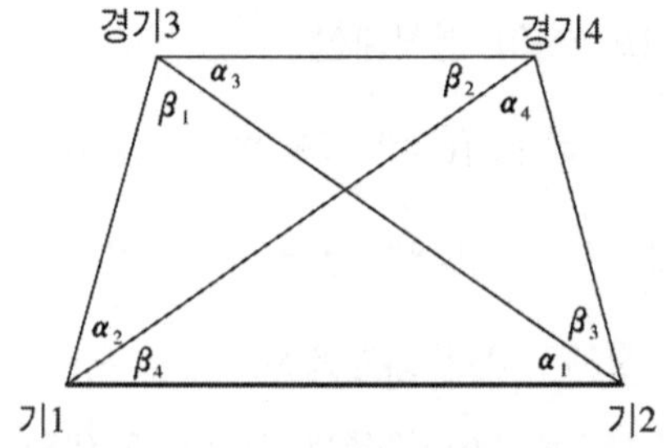

측점	좌 표 (m)	
	X	Y
기1	422,591.36	169,289.45
기2	424,748.38	169,097.49

각명	관 측 각	각명	관 측 각
α_1	39° 43′ 42.9″	β_1	37° 28′ 49.8″
α_2	52° 09′ 22.6″	β_2	54° 13′ 10.2″
α_3	36° 08′ 38.9″	β_3	37° 49′ 11.5″
α_4	51° 49′ 09.8″	β_4	50° 37′ 57.8″

문제 2 **지적도근측량을 X형의 교점다각망으로 구성하여 다음과 같이 교점에서 방향표 Q에 대한 관측방위각과 교점에 대한 계산좌표를 산출하였다. 평균방위각과 평균좌표를 구하시오.** [8점]

가. 경중률

	ΣN	ΣS
(1)	18	1.488
(2)	7	0.950
(3)	20	1.522
(4)	13	1.080

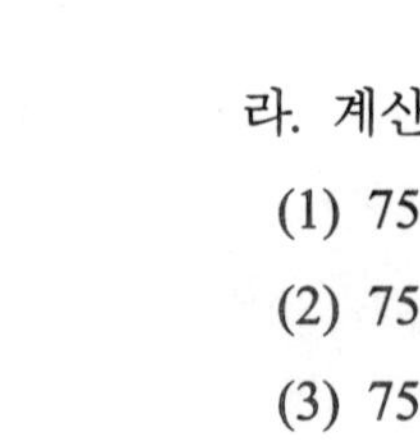

나. 관측방위각	다. 계산종선좌표	라. 계산횡선좌표
(1) 116° 50′ 10″	(1) 4138.55 m	(1) 7593.69 m
(2) 116 49 48	(2) 4138.61	(2) 7593.74
(3) 116 49 50	(3) 4138.57	(3) 7593.68
(4) 116 49 50	(4) 4138.63	(4) 7593.71

문제 3 **세 변의 길이가 다음과 같을 때 α, β, r 각을 구하고 면적을 계산하시오.** (단, 각은 1초 단위, 면적은 1 m^2까지 구하시오.) [10점]

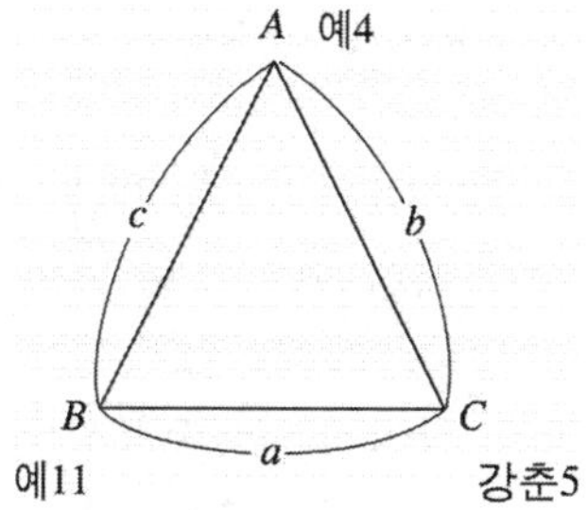

a = 2485.26 m

b = 3412.69 m

c = 3211.87 m

문제 4 **광파측거기에 의하여 두 점 간(보1 - 보2)의 거리를 측정하여 다음과 같은 결과를 얻었다. 주어진 서식에 의하여 두 점 간의 평면거리를 계산하시오.** [10점]

측정거리 = 4,712.68 m

연직각(α_1) = +2° 16′ 53″

연직각(α_2) = −2° 17′ 04″

기지점표고($H1$) = 459.78 m

시준점표고($H2$) = 648.35 m

기계고(i) = 1.45 m

시준고(f) = 2.48 m

원점에서의 거리(Y_1) = 13.5 km

원점에서의 거리(Y_2) = 15.3 km

문제 5 **원과 직선이 그림과 같이 교차할 때 교차점 A의 좌표를 구하시오.** (단, R=200 m, α=313° 10′ 54″이다.) [11점]

점 명	X(m)	Y(m)
O	447.203	773.103
P	571.583	792.404

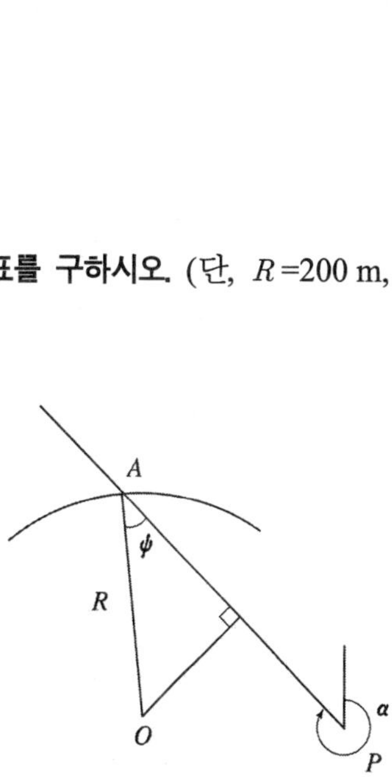

(4) 지적기사 예상문제 (5-3)

문제 1 **다음 삽입망의 관측성과에 의하여 주어진 양식으로 경기1과 경기2의 좌표를 계산하시오.** (단, 초는 0.1초, 거리와 좌표는 0.01m 까지만 구하시오.) [14점]

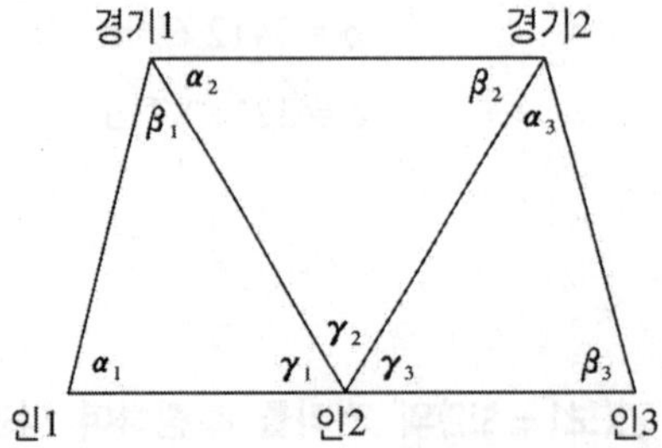

측점	좌 표 (m)	
	X	Y
인1	253,737.10	115,571.11
인2	255,987.39	113,861.51
인3	258,693.68	112,821.10

각명	관 측 각	각명	관 측 각	각명	관 측 각
α_1	50° 57′ 37″	α_2	65° 36′ 16″	α_3	57° 17′ 51″
β_1	58° 26′ 20″	β_2	52° 55′ 18″	β_3	58° 35′ 13″
γ_1	70° 36′ 20″	γ_2	61° 28′ 30″	γ_3	64° 06′ 47″

문제 2 **다음 가구에서 *AB*의 거리를 3m라고 할 때 가구점 *P*, *A*, *B*의 좌표를 구하시오.** (단, 각도는 초위, 거리는 소수점 4자리, 좌표는 0.01 m까지 구하시오.) [11점]

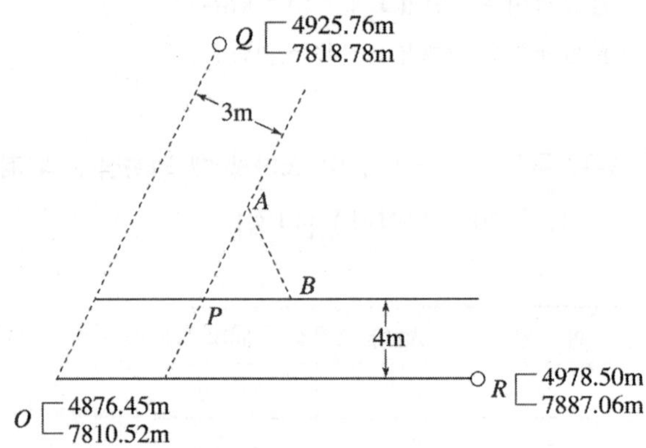

문제 3 **다음 그림과 같이 4점이 교차할 때 P점의 좌표를 구하시오.** [10점]

점 명	X(m)	Y(m)
A	5,026.10	6,278.61
B	5,016.31	6,301.78
C	5,030.42	6,301.78
D	5,045.07	6,298.49

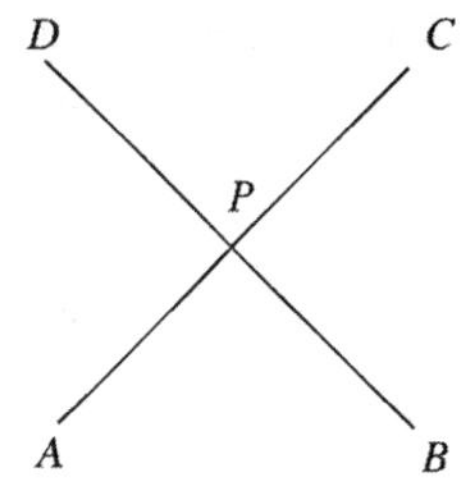

문제 4 $AD /\!/ BC$**일 경우** $PQ \perp BC(\psi = 90°)$**인 사각형** $ABQP$**의 면적이 500㎡가 되도록** P, Q **점의 좌표를 구하시오.** [10점]

점 명	X(m)	Y(m)
A	571.58	792.40
B	502.47	754.70
C	433.30	899.24
D		

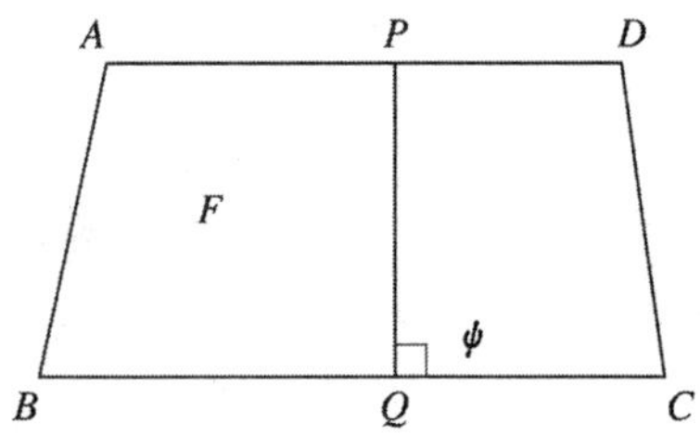

문제 5 **지적도근점에서 관측한 가구점의 관측 결과가 다음과 같다. 가구점의 좌표를 구하고 면적을 산출하시오.** (단, 좌표는 0.01 m, 면적은 1 m^2까지 구하시오.) [10점]

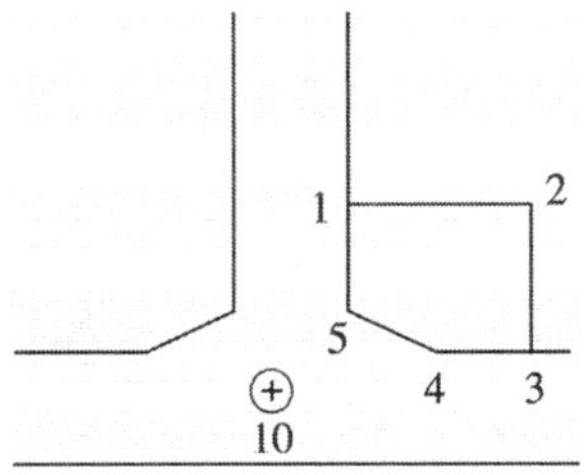

측점	시준점	방위각	거리	X(m)	Y(m)
◎10	◎11			4,891.94	7,546.06
"	1	24° 16′ 40″	25.35		
"	2	61° 55′ 22″	40.20		
"	3	80° 25′ 36″	32.64		
"	4	59° 25′ 33″	8.40		
"	5	27° 11′ 21″	9.29		

(5) 지적기사 예상문제 (5-4)

문제 1 **지적삼각측량을 유심다각망으로 실시하여 다음의 결과를 얻었다. 주어진 서식에 의하여 소구점의 좌표를 계산하시오.** [16점]

가. 약 도

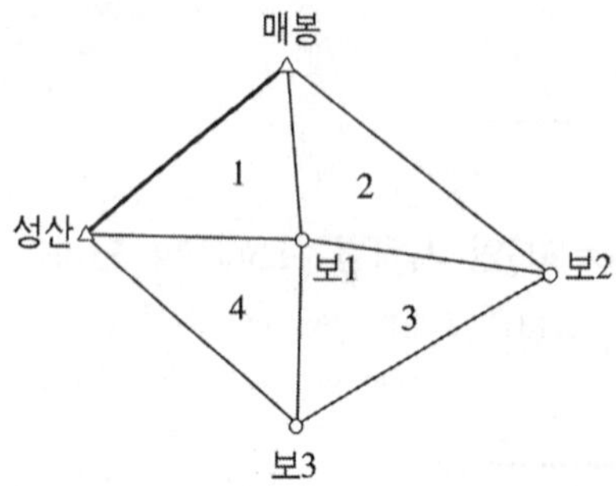

나. 기지좌표

점명	X좌표(m)	Y좌표(m)
성산	525,356.35	259,002.26
매봉	524,462.36	257,882.33

다. 관측내각

점명	각명	관 측 각	점명	각명	관 측 각
성산	α_1	30° 05′ 13.8″	보2	α_3	56° 18′ 33.0″
매봉	β_1	58 47 18.8	보3	β_3	32 34 06.0
보1	γ_1	91 07 21.8	보1	γ_3	91 07 25.8
매봉	α_2	39 56 57.5	보3	α_4	53 58 26.2
보2	β_2	51 10 30.8	성산	β_4	37 08 58.2
보1	γ_2	88 52 38.9	보1	γ_4	88 52 28.0

문제 2 **다음 그림과 같이 3점이 교차할 때 P점의 좌표를 구하시오.** (단, α각은 64° 17′ 08″이다) [10점]

점 명	X(m)	Y(m)
A	4,880.72	7,740.62
B	4,876.45	7,810.52
C		
D	4,933.98	7,751.10

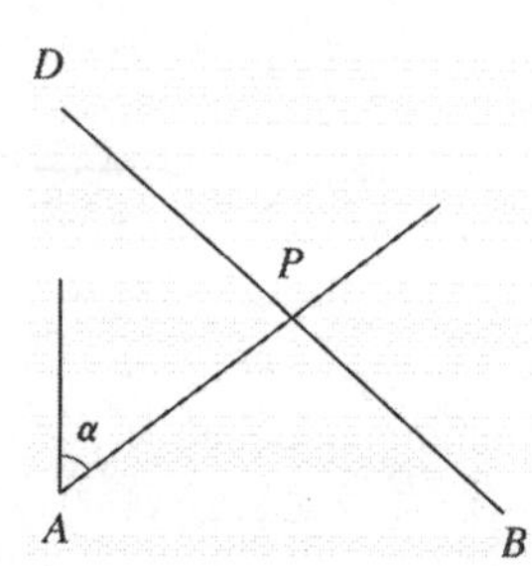

문제 3 **지적삼각보조점 보1에서 $\angle PAQ$ 각을 측정하려 하였으나 시통이 안 되어 그림과 같이 C점에서 편심측정을 하였다. $\angle PAQ$를 계산하시오.** (단, 편심거리(K) = 2.52 m, θ = 310° 25′ 31″, $\angle PCQ$=54° 47′ 30″, A → P거리 = 3,254.36 m, A → Q 거리 = 2,899.12 m이다.) [9점]

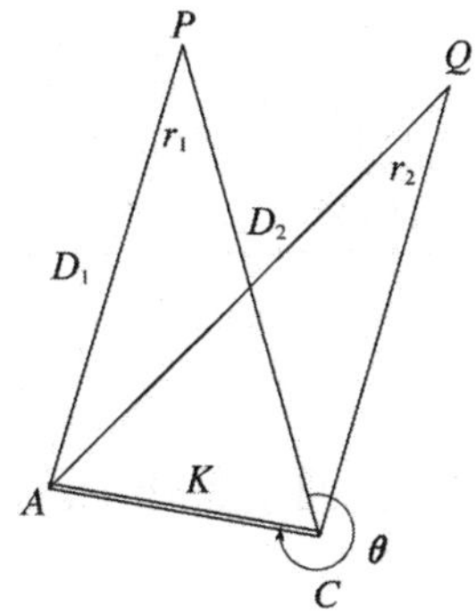

문제 4 **기지점 예8과 예10에서부터 소구점 보3에 대한 표고를 구하기 위하여 연직각을 측정하였다. 주어진 서식에 의하여 표고를 계산하시오.** [10점]

(1) 예8에서 보3	(2) 예10에서 보3
수평거리(L)=4,712. 68 m	수평거리(L)=3,976. 93 m
연직각(α_1)= +2° 16′ 53″	연직각(α_1)= +1° 53′ 46″
연직각(α_2)= −2° 17′ 15″	연직각(α_2)= −1° 53′ 38″
기계고(i_1)= +1. 65 m	기계고(i_1)= +1. 68 m
기계고(i_2)=1. 63 m	기계고(i_2)=1. 64 m
시준고(f_1)=3. 21 m	시준고(f_1)=3. 42 m
시준고(f_2)=3 .14 m	시준고(f_2)=3. 25 m
예8표고(H_1)=459. 58 m	예10표고(H_1)=515. 75 m

문제 5 $AD \not\parallel BC$일 경우 ψ각이 85° 30′이 되고 사각형 $ABQP$의 면적이 900㎡가 되도록 P, Q점의 좌표를 구하시오. [10점]

점 명	X(m)	Y(m)
A	817.58	350.92
B	787.01	350.64
C	784.96	424.42
D	809.00	425.12

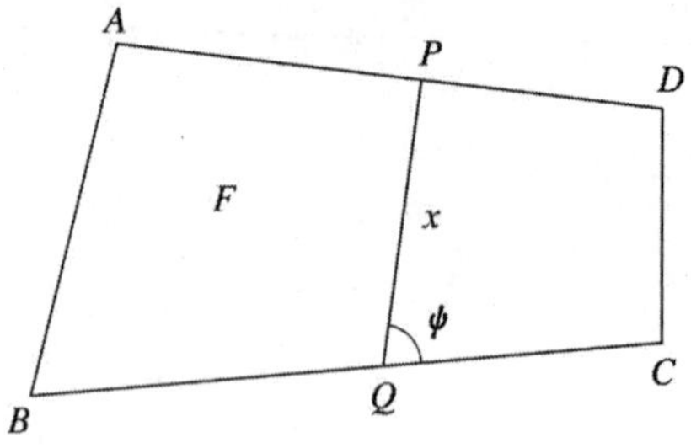

(6) 지적기사 예상문제 (5-5)

문제 1 **지적삼각측량을 삼각쇄로 구성하여 관측한 성과가 다음과 같을 때 주어진 서식에 의하여 지적삼각점의 좌표를 계산하시오.** (단, 초는 0.1초, 거리와 좌표는 0.01m까지 구하시오.) [14점]

가. 약 도

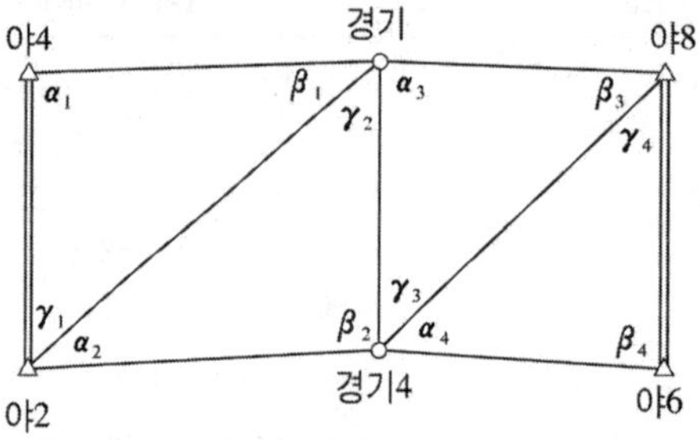

나. 기지점

점 명	종선좌표	횡선좌표
야2	463,519.46 m	195,425.73 m
야4	467,341.13	193,900.88
야6	464,715.47	202,290.49
야8	469,390.96	199,769.07

다. 관측내각

점 명	각명	관 측 각	점 명	각명	관 측 각
야4	α_1	85° 17′ 29.6″	경기3	α_3	82° 06′ 28.7″
경기3	β_1	57 06 29.4	야8	β_3	59 57 23.9
야2	γ_1	37 35 52.8	경기4	γ_3	37 56 17.0
야2	α_2	62° 32′ 05.3″	경기4	α_4	73° 12′ 07.7″
경기4	β_2	72 22 27.5	야6	β_4	69 43 00.5
경기3	γ_2	45 02 21.5	야8	γ_4	37 04 51.1

문제 2 **다음 그림과 같이 두 점이 교차할 때 교차점 P의 좌표를 구하시오.** (단, α각은 7° 50′ 01″이고 β각은 268° 43′ 41″이다.) [10점]

점 명	X(m)	Y(m)
A	4,899.82	7,546.21
B	4,942.84	7,724.55

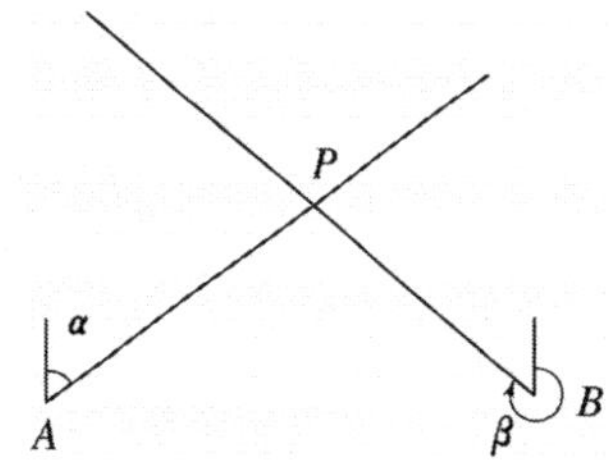

문제 3 **다음 측점의 편심측정 결과를 측점귀심계산부에 의하여 중심각을 계산하시오.** [10점]

측점명 강춘1점					
$r'' = \dfrac{K \cdot \sin\alpha}{D \cdot \sin 1''}$ α : 관측방향각+(360° − Θ) K : 편심거리(5 m이내) D : 삼각점 간 거리(약치도 가능함)		K = 4.455 m		360° 00′ 00″ 0 Θ = 265° 11′ 45″ 3 360° − β = 94° 48′ 14″ 7	
시 준 점	O=예5	P=예6	Q=예7	R=예8	S=
관측방향각	0° 00′ 00″ 0	79° 54′ 34″ 6	199° 22′ 15″ 7	255° 35′ 46″ 1	
360° − Θ					
α					
D	(4,411.87)	(3,623.54)	(3,907.21)	(4,029.69)	

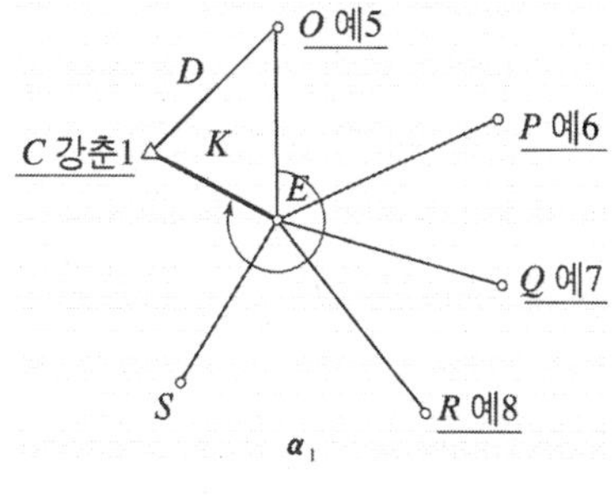

문제 4 **지적도근측량을 H형의 교점다각망으로 구성하여 다음과 같이 교점에서 방향표 Q에 대한 관측방위각과 교점에 대한 계산좌표를 산출하였다. 주어진 서식에 의하여 평균방위각과 평균좌표를 구하시오.** [12점]

도선	ΣN	ΣS	관측방위각	계산종선좌표	계산횡선좌표
(1)	1.9	1.280	32° 55′ 45″	5,641.82	7,154.26
(2)	1.1	0.790	32 56 06	5,641.89	7,154.31
(3)	0.7	0.381	218 05 09	5,716.56	7,423.69
(4)	2.0	1.592	218 05 43	5,716.59	7,423.65
(5)	1.5	1.187	218 04 58	5,716.59	7,423.86

(7) 지적산업기사 예상문제 (5 - 1)

문제 1 **다음 교회점의 좌표를 계산하시오.** [14점]

가. 약 도

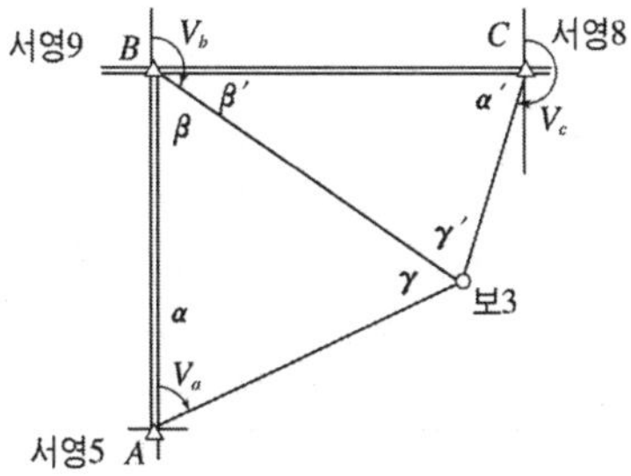

나. 기지점

점 명	X좌표(m)	Y좌표(m)
(A)서영5	452,900.78	189,183.25
(B)서영9	455,691.83	189,183.25
(C)서영8	455,691.83	192,028.51

다. 소구방위각

V_a = 71° 52′ 12″

V_b = 134° 11′ 45″

V_c = 198° 28′ 59″

문제 2 **배각법에 의한 지적도근측량의 관측성과를 이용하여 지적도근점의 좌표를 계산하시오.** (단, 도선명은 라이고 축척은 1,200분의 1 지역임) [16점]

측점	시준점	관측각	수평거리	방위각	X좌표(m)	Y좌표(m)
예1	예2			277° 08′ 17″	−6,416.74	−1,559.38
예1	1	304° 08′ 23″	40.33 m			
1	2	232° 19′ 16″	153.49			
2	3	122° 13′ 38″	85.39			
3	4	210° 29′ 36″	82.92			
4	5	245° 25′ 59″	68.73			
5	6	138° 20′ 49″	75.70			
6	예3	140° 04′ 02″	41.07		−6,520.25	−2,023.64
예3	예4	326° 50′ 17″		16° 59′ 57″		

문제 3 **구소삼각원점지역에 있는 지적도근점의 좌표가 다음과 같을 때 이를 전개할 500분의 1 지적도 도곽선의 좌표를 계산하시오.** [8점]

종선(X)좌표 = 3,213.64 m
횡선(Y)좌표 = −1,528.27 m

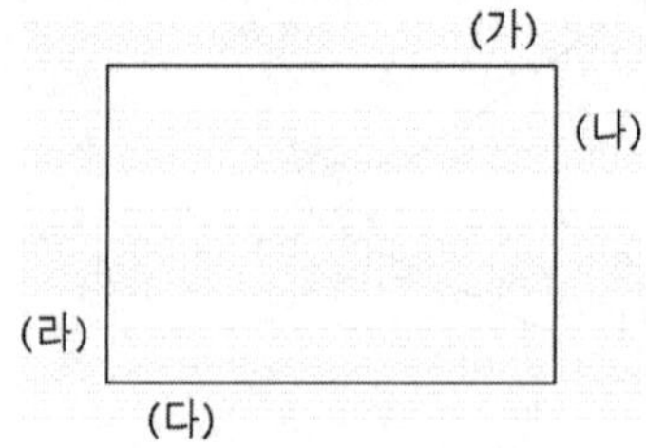

문제 4 **세 변의 길이가 다음과 같을 때 삼각형의 면적(S)과 $\angle A$, $\angle B$, $\angle C$를 계산하시오.** (단, 면적은 1 m^2, 각은 1초 단위까지 구하시오.) [7점]

a =668.34 m, b =904.94 m, c =779.48 m

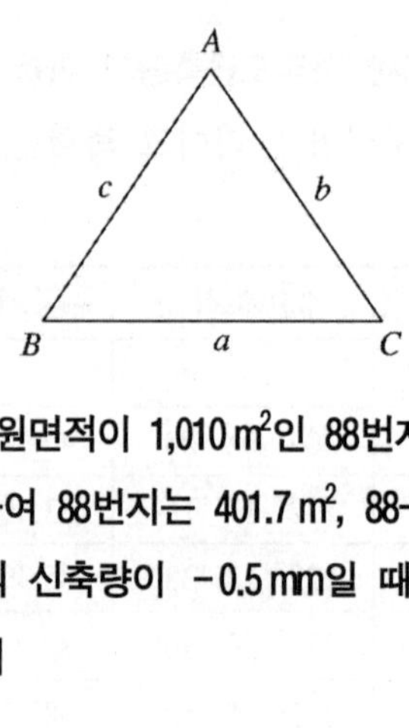

문제 5 **축척 1,000분의 1 지역에서 원면적이 1,010 m^{2}인 88번지의 토지를 분할하기 위하여 전자면적계로 면적을 측정하여 88번지는 401.7 m^2, 88-1번지는 336.5 m^2, 88-2번지는 284.3 m^{2}를 얻었다. 이 도면의 신축량이 −0.5 mm일 때 지적법의 규정에 의거 다음 사항들을 계산하시오.** [10점]

(1) 면적보정계수
(2) 보정면적
(3) 신구면적허용오차
(4) 산출면적
(5) 결정면적

(8) 지적산업기사 예상문제 (5-1) 풀이 및 정답

문제 1

교 회 점 계 산 부

약 도

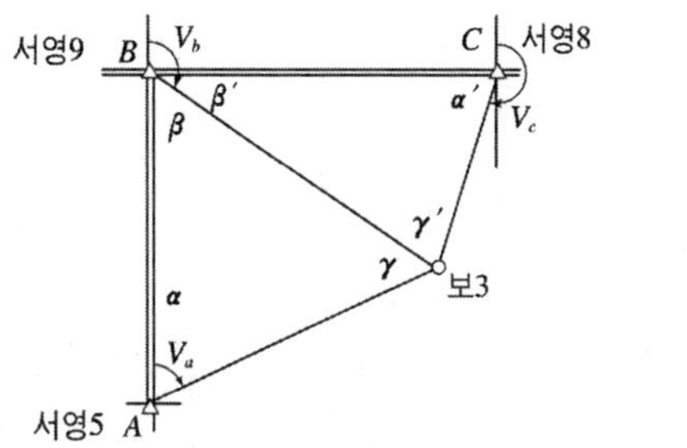

공 식

1. 방위(Θ)계산

$\tan\theta = \frac{\Delta y}{\Delta x}$

2. 방위각(V)계산

Ⅰ상한 : Θ　　Ⅱ상한 : 180°-Θ

Ⅲ상한 : 180°+Θ　　Ⅳ상한 : 360°-Θ

3. 거리(a 또는 b)계산

$\sqrt{\Delta x^2 + \Delta y^2}$

4. 삼각형내각계산

α = $V_a^b - V_a$　　α′= $V_c - (V_b^c \pm 180)$

β = $V_b - (V_a^b \pm 180)$　　β′= $V_b^c - V_b$

γ = $V_a - V_b$　　γ′= $V_b - V_c$

Va	Vb	Vc
71° 52′ 12″	134° 11′ 45″	198° 28′ 59″

점 명		X (m)	Y (m)	방 향	Δx	Δy
A	4	452,900.78	189,183.25	A → B	+2,791.05	0
B	5	455,691.83	189,183.25	B → C	0	+2,845.26
C	6	455,691.83	192,028.51	A → C	+2,791.05	+2,845.26

방 위 각 계 산

방 향	A → B	방 향	B → C
$\theta = \tan^{-1}\frac{\Delta y_a^b}{\Delta x_a^b}$	0° 00′ 00″	$\theta = \tan^{-1}\frac{\Delta y_b^c}{\Delta x_b^c}$	90° 00′ 00″
V_a^b	0 00 00	V_b^c	90 00 00

거 리 계 산

$a = \sqrt{\Delta x^2 + \Delta y^2}$	2,791.05 m	$b = \sqrt{\Delta x^2 + \Delta y^2}$	2,845.26 m

삼 각 형 내 각 계 산

각		내 각	각		내 각
①	α	71° 52′ 12″	②	α′	71° 31′ 01″
	β	45 48 15		β′	44 11 45
	γ	62 19 33		γ′	64 17 14
	합 계	180 00 00		합 계	180 00 00

소 구 점 종 횡 선 계 산

①	Xa	452,900.78 m	①	Ya	189,183.25 m
	$\Delta x_1 = \frac{a\sin\beta}{\sin\gamma}\cos Va$	+703.12		$\Delta y_1 = \frac{a\sin\beta}{\sin\gamma}\sin Va$	+2,147.38
	Xp1	453,603.90		Yp1	191,330.63
②	Xc	455,691.83	②	Yc	192,028.51
	$\Delta x_2 = \frac{b\sin\beta'}{\sin\gamma'}\cos Vc$	-2,087.90		$\Delta y_2 = \frac{b\sin\beta'}{\sin\gamma'}\sin Vc$	-697.91
	Xp2	453,603.93		Yp2	191,330.60
소 구 점 X		453,603.92	소 구 점 Y		191,330.62

종선교차 =- 0.03 m, 횡선교차 =+0.03 m, 연결교차 =0.04 m, 공차 = 0.30 m

계산자 : 지적기사 ○○○　　검사자 : 지적기사 ○○○

문제 2

도근측량계산부(배각법)

도선명 : 가 　　　　　　　　　　　　　　　　　　　　　　　축척 : 1,200분의 1

측 점	시준점	보정치 관 측 각	반 수 수평거리	방 위 각	종선차(ΔX) 보정치 종선좌표	횡선차(ΔY) 보정치 횡선좌표
예1	예2	—	—	277° 08′ 17″	— — -6,416.74	— — -1,559.38
예1	1	-5 304 08 23	24.8 40.33	221 16 35	-30.31 +0.02 -6,447.03	-26.61 0 -1,586.00
1	2	-1 232 19 16	6.5 153.49	273 35 50	+9.63 0 -6,437.40	-153.19 -0.01 -1,739.19
2	3	-2 122 13 38	11.7 85.39	215 49 26	-69.24 +0.04 -6,506.60	-49.98 0 -1,789.18
3	4	-2 210 29 36	12.1 82.92	246 19 00	-33.31 +0.02 -6,539.89	-75.94 -0.01 -1,865.12
4	5	-3 245 25 59	14.5 68.73	311 44 56	+45.77 +0.03 -6,494.09	-51.28 0 -1,916.40
5	6	-2 138 20 49	13.2 75.70	270 05 43	+0.13 0 -6,493.96	-75.70 0 -1,992.10
6	예3	-5 140 04 02	24.3 41.07	230 09 40	-26.31 +0.02 -6,520.25	-31.54 0 -2,023.64
예3	예4	— 326 50 17	(107.1) (547.63)	16 59 57	— — Σ |Δx|=214.70	— — Σ |Δy|= 464.24
  +	n = 8 Σα = T1 =	 1,719 52 00 277 08 17	—		ΣΔx = -103.64 기지 = -103.51	ΣΔy = -464.24 기지 = -464.26
-180 -	(n-1) = T2′ = T2 =	1,260 00 00 17 00 17 16 59 57	—		fx = -0.13	fy = +0.02
		오차 = +20″ 공차 = ±56″	—		연결오차 = 공 차 =	0.13 m 0.28 m
		—	—		— —	— —

문제 3

$X = 3{,}213.64 \div 150 = 21.4$

$21 \times 150 = 3{,}150$ ································ 하단종선좌표 (다)

$3{,}150 + 150 = 3{,}300$ ························· 상단종선좌표 (가)

$Y = -1{,}528.27 \div 200 = -7.6$

$-7 \times 200 = -1{,}400$ ························· 우측횡선좌표 (나)

$-1{,}400 - 200 = -1{,}600$ ······················· 좌측횡선좌표 (라)

문제 4

$$s = \frac{a+b+c}{2} = 1{,}176.38$$

$$S = \sqrt{s(s-a)(s-b)(s-c)} = 253{,}747 \text{ m}^2$$

$$\angle A = \cos^{-1}\frac{b^2+c^2-a^2}{2bc} = 46^\circ\ 00'\ 35''$$

$$\angle B = \cos^{-1}\frac{a^2+c^2-b^2}{2ac} = 76^\circ\ 56'\ 43''$$

$$\angle C = \cos^{-1}\frac{a^2+b^2-c^2}{2ab} = 57^\circ\ 02'\ 42''$$

문제 5

(1) 면적보정계수(소수 4위)

$$Z = \frac{X \times Y}{\Delta x \times \Delta y} = \frac{300 \times 400}{299.5 \times 399.5} = 1.0029$$

(2) 보정면적

88 : $401.7 \times 1.0029 = 402.9$

88 − 1 : $336.5 \times 1.0029 = 337.5$

88 − 2 : $284.3 \times 1.0029 = 285.1$ 계 : 1,025.5

(3) 신구면적허용오차

$$\pm 0.026^2 M\sqrt{F} = \pm 0.026^2 \times 1{,}000 \times \sqrt{1{,}010} = \pm 21$$

(4) 산출면적

88 : $(1010 \div 1025.5) \times 402.9 = 396.8$

88 − 1 : $(1010 \div 1025.5) \times 337.5 = 332.4$

88 − 2 : $(1010 \div 1025.5) \times 285.1 = 280.8$ 계 : 1,010.0

(5) 결정면적

88 : 397 m^2, 88 − 1 : 332 m^2, 88 − 2 : 281 m^2 계 : 1,010 m^2

(9) 지적산업기사 예상문제 (5-2)

문제 1 **다음 교회점의 좌표를 계산하시오.** [14점]

가. 약 도

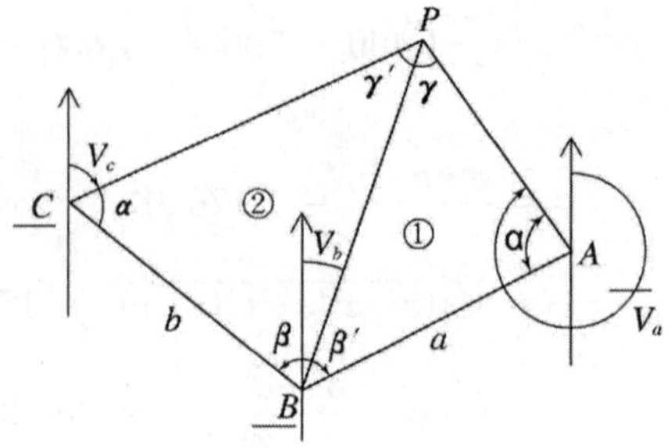

나. 기지점

점명	종선좌표	횡선좌표
(A)기용4	425,073.20 m	196,442.81 m
(B)기용7	427,511.49 m	195,429.32
(C)기용5	429,751.84 m	196,731.45

다. 소구방위각

V_a = 38° 34′ 19″

V_b = 93° 54′ 48″

V_c = 148° 17′ 29″

문제 2 **배각법에 의한 지적도근측량의 관측성과를 이용하여 지적도근점의 좌표를 계산하시오.** (단, 도선명은 가이고 축척은 1,200분의 1 지역임) [16점]

측점	시준점	관측각	수평거리	방위각	X좌표(m)	Y좌표(m)
덕1	덕2			181° 24′ 32″	467,048.50	193,748.00
덕1	1	49° 30′ 22″	74.14 m			
1	2	163° 11′ 09″	90.29			
2	3	173° 13′ 00″	73.30			

3	4	193° 10′ 57″	64.38			
4	5	213° 53′ 11″	43.26			
5	6	166° 25′ 35″	43.26			
6	7	101° 52′ 25″	39.12			
7	8	185° 23′ 00″	76.34			
8	9	194° 21′ 52″	77.88			
9	10	131° 10′ 38″	65.64			
10	덕3	240° 22′ 03″	67.42		466,479.70	193,540.15
덕3	덕4	25° 17′ 41″		39° 17′ 19″		

문제 3 **일반원점지역에서 다음 지적도근점의 성과를 포용하는 지적도의 도곽을 축척 600분의 1로 작성하시오.** [8점]

종선좌표 = 445,416.86 m
횡선좌표 = 203,247.93 m

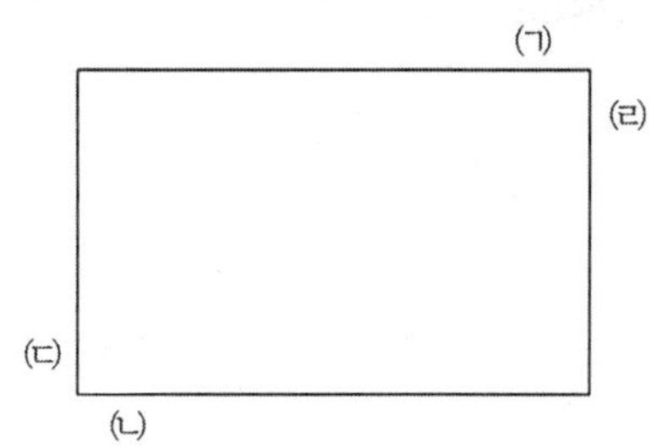

문제 4 **축척 1200분의 1 지역에서 2,345㎡인 운학동 24번지의 토지를 분할하여 면적을 측정한바 24번지가 363.4㎡, 24－1번지가 1361.6㎡, 24－2번지가 636.3㎡이었다. 이 도면의 도곽신축량이 －0.5㎜일 때 지적법의 규정에 의거 다음 사항들을 계산하시오.** [10점]

(1) 면적보정계수
(2) 보정면적
(3) 신구면적허용오차
(4) 산출면적
(5) 결정면적

문제 5 **다각형 A, B, C, D, E의 좌표가 다음과 같을 때 삼각형 $A\ B\ E$의 면적을 구하시오.** [7점]

점 명	X(m)	Y(m)
A	4050	3020
B	4030	2980
C	4000	2970
D	4010	3040
E	4020	3040

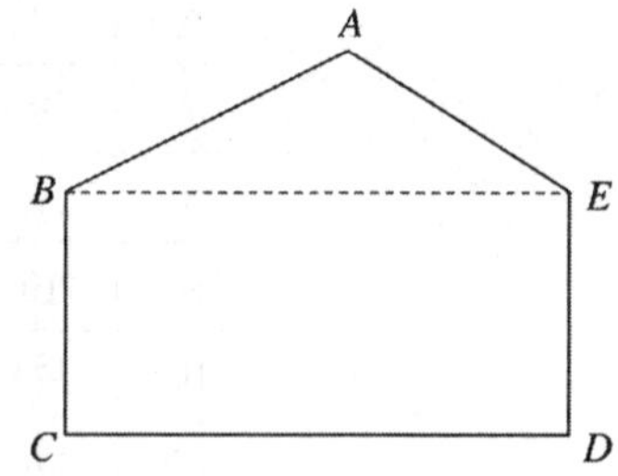

(10) 지적산업기사 예상문제 (5-3)

문제 1 **다음 교회점의 좌표를 계산하시오.** [14점]

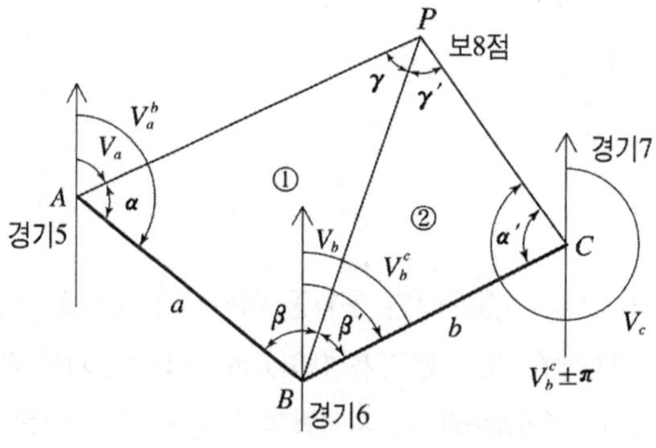

점명		X(m)	Y(m)
A	경기5	4,363.00	5,973.04
B	경기6	5,419.34	8,302.58
C	경기7	7,829.02	8,164.38

각	내 각	각	내 각
α	60° 11′ 58″	α'	70° 19′ 17″
β	61° 44′ 47″	β'	49° 21′ 48″
γ	58° 03′ 15″	γ'	60° 18′ 55″

문제 2 **다음의 배각법에 의한 도근측량의 관측성과를 이용하여 도근점의 좌표를 계산하시오.** (단, 도선명은 나이고 축척은 1,000분의 1 지역임) [16점]

측점	시준점	관측각	수평거리	방위각	X좌표(m)	Y좌표(m)
강1	강2			16° 58′ 08″	466,621.25	278,314.90
강1	1	14° 30′ 07″	63.58 m			
1	2	60° 20′ 58″	83.30			
2	3	179° 35′ 48″	73.18			
3	4	93° 20′ 01″	45.64			
4	5	272° 00′ 08″	51.98			
5	6	176° 00′ 53″	63.89			
6	7	109° 50′ 20″	35.50			
7	원3	183° 46′ 42″	49.91		466,566.25	278,036.55
원3	원4	158° 31′ 42″		184° 54′ 28″		

문제 3 **일반원점지역의 삼각점성과표상의 좌표가 $X = -3,552.73$ m, $Y = +2,425.93$ m이다. 이를 지적좌표계로 환산하여 삼각점을 포용하는 축척 1,200분의 1 지역의 지적도 도곽선의 좌표를 계산하시오.** [8점]

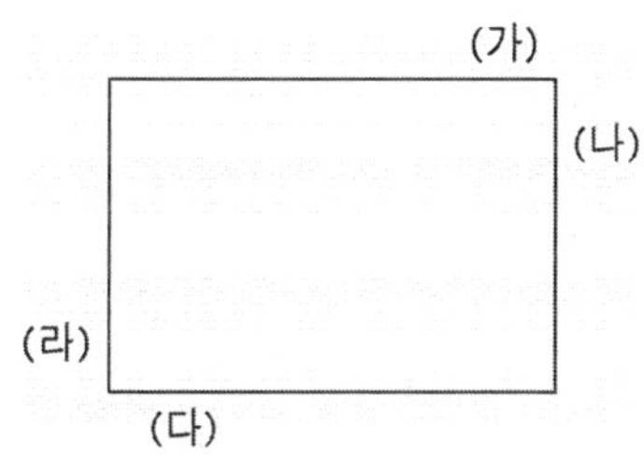

문제 4 **지적도근측량을 Y형의 교점다각망으로 실시하여 교점에서 방향 Q에 대한 관측방위각과 교점에 대한 계산종횡선좌표를 산출하였다. 주어진 서식에 의하여 평균방위각과 평균종횡선좌표를 구하시오.** [9점]

도선	ΣN	ΣS	관측방위각	계산종선좌표	계산횡선좌표
(1)	9	1,254.34	203° 29′ 16″	2,152.77	1,714.99
(2)	6	789.43	203° 29′ 36″	2,152.61	1,715.05
(3)	7	824.34	203° 29′ 48″	2,152.69	1,715.06

문제 5 **다음 도형에서 AC와 CD의 거리를 구하시오.** (단, 거리는 0.01 m까지 구하시오.) [8점]

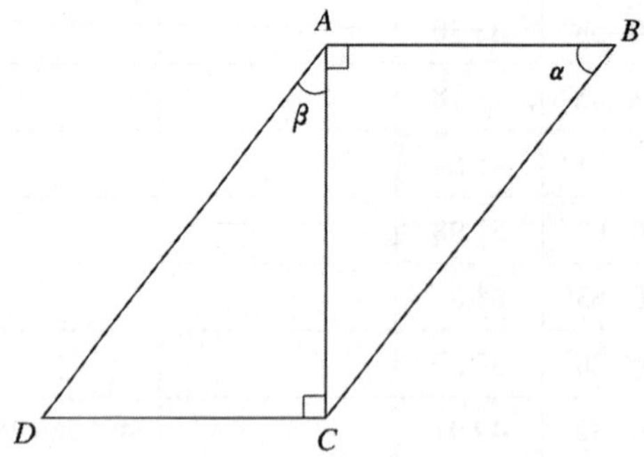

AB = 1357.32 m

α = 55° 26′ 42″

β = 64° 53′ 12″

(11) 지적산업기사 예상문제 (5-4)

문제 1 **다음 교회점의 좌표를 계산하시오.** [16점]

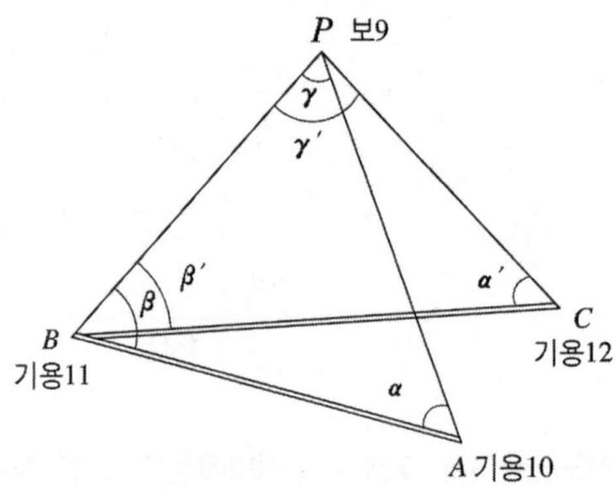

가. 기지점

점 명	종선좌표	횡선좌표
기용10	485,847.19 m	251,583.93 m
기용11	487,129.48	250,436.73
기용12	487,129.48	252,584.21

나. 관측내각

각명	내 각
γ	35° 18′ 19″
β'	43° 30′ 31″
γ'	60° 58′ 51″

문제 2 **다음의 방위각법에 의한 지적도근측량의 관측성과를 이용하여 지적도근점의 좌표를 계산하시오.** (단, 도선은 1등도선이고, 축척은 1,200분의 1임) [14점]

측점	시준점	방위각	수평거리	개정방위각	종선좌표(m)	횡선좌표(m)
보1	보2			321° 12′	441,234.12	114,321.43
보1	1	175° 31′	37.73m			
1	2	272° 08′	46.64			
2	3	284° 42′	95.59			
3	4	245° 27′	76.67			
4	5	181° 33′	87.78			
5	6	179° 45′	57.75			
6	7	176° 17′	49.94			
7	8	316° 56′	73.37			
8	보3	327° 42′	84.48		441,120.36	114,021.53
보3	보4	165° 05′		165° 07′		

문제 3 **일반원점지역의 지적도근점 좌표가 X= 445,416.86 m, Y= 203,247.93 m일 때 이를 포용하는 1,000분의 1 지적도의 도곽선좌표를 계산하시오.** [8점]

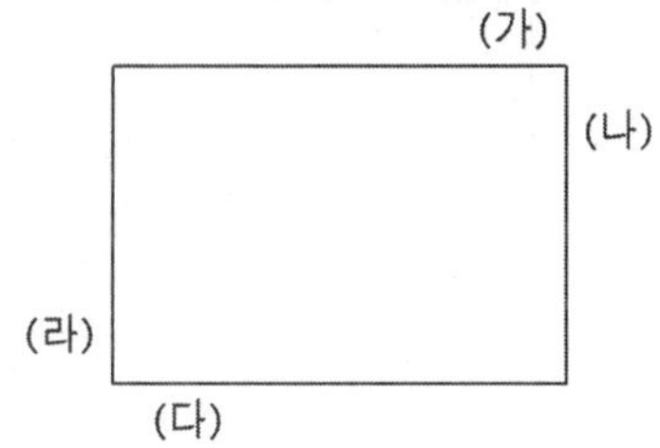

문제 4 **다음 도형에서 AD= 76.56 m, BC= 85.12 m, α = 75° 23′ 25″일 때, 사각형 $ABCD$의 면적을 계산하시오.** (단, 면적은 0.1 m^2까지 구하시오.) [7점]

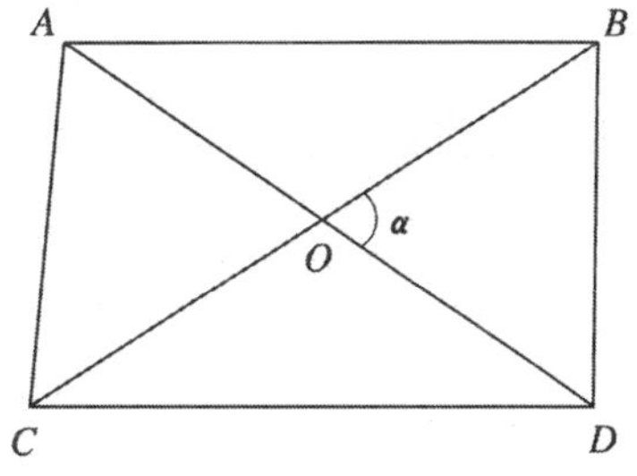

문제 5 **축척 2,400분의 1 지역에서 원면적이 2,365 m²인 41번지의 토지를 분할하기 위하여 전자면적계로 면적을 측정하여 41번지는 1,136.8 m², 41-1번지는 1,200.6 m²를 얻었다. 이 도면의 신축량이 +0.6 mm일 때 지적법의 규정에 의거 다음 사항들을 계산하시오.** [10점]

(1) 면적보정계수(소수 4위)
(2) 보정면적
(3) 신구면적허용오차
(4) 산출면적
(5) 결정면적

(12) 지적산업기사 예상문제 (5-5)

문제 1 **지적도근측량의 배각관측성과에 의하여 주어진 서식으로 지적도근점의 좌표를 계산하시오.** (단, 도선명은 나이고 축척은 600분의 1 지역임) [16점]

측점	시준점	관측각	수평거리	방위각	X좌표	Y좌표
보5	보6			78° 13′ 57″	457,751.93	221,643.85
보5	1	86° 50′ 27″	178.90			
1	2	212° 12′ 27″	63.51			
2	3	260° 27′ 41″	49.27			
3	4	92° 34′ 03″	56.34			
4	5	266° 35′ 01″	122.68			
5	6	171° 45′ 28″	85.63			
6	7	221° 31′ 51″	112.84			
7	보7	228° 37′ 31″	237.53		457,792.49	221,313.65
보7	보8	122° 28′ 18″		301° 16′ 18″		

문제 2 **지적도근측량을 X형의 교점다각망으로 구성하여 다음과 같이 교점에서 방향 Q에 대한 관측방위각과 교점에 대한 계산종횡선좌표를 산출하였다. 평균방위각과 평균 종횡선좌표를 계산하시오.** [12점]

도선	ΣN	ΣS	관측방위각	계산종선좌표	계산횡선좌표
(1)	8	980.34	343° 32′ 51″	4,152.12	1,714.99
(2)	7	789.43	343° 32′ 55″	4,151.89	1,715.04
(3)	10	1,224.34	343° 33′ 06″	4,151.96	1,714.91
(4)	12	1,454.34	343° 32′ 48″	4,152.09	1,715.03

문제 3 **다음 기지점 A, B에 의하여 AB의 거리와 방위각(V_a^b)을 계산하고, BC와 AC의 거리를 계산하여 C점의 좌표를 구하시오.** (단, 거리와 좌표는 cm단위까지 계산하시오.) [10점]

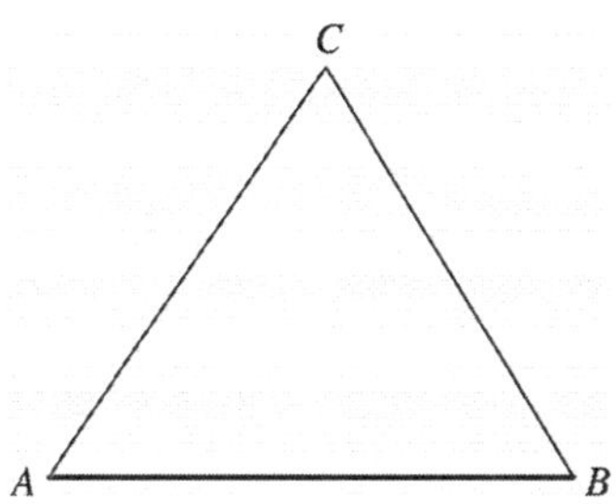

A : X= 9,640.73 m, Y= 620.34 m
B : X= 7,400.38 m, Y= 5,318.21 m

$\angle A$ = 56° 52′ 18″
$\angle B$ = 58° 44′ 41″
$\angle C$ = 64° 23′ 01″

문제 4 **축척 600분의 1 지역에서 원면적이 1,247.5 m²인 운학리 624번지의 토지를 3필지로 분할하기 위하여 전자면적계로 면적을 측정하여 다음의 결과를 얻었다. 주어진 양식과 지적법의 규정에 의하여 면적측정부를 작성하시오.** (단, 도곽신축량은 − 0.7 mm임) [9점]

지번	1회 측정값	2회 측정값
624	285.67	289.97
624 − 1	581.65	589.35
624 − 2	367.83	361.58

문제 5 일반원점지역내에 있는 지적도근점의 좌표가 X = 453,415.67 m, Y = 198,344.48 m일 때 이를 포용하는 1,000분의 1 지적도의 도곽선좌표를 계산하시오. [8점]

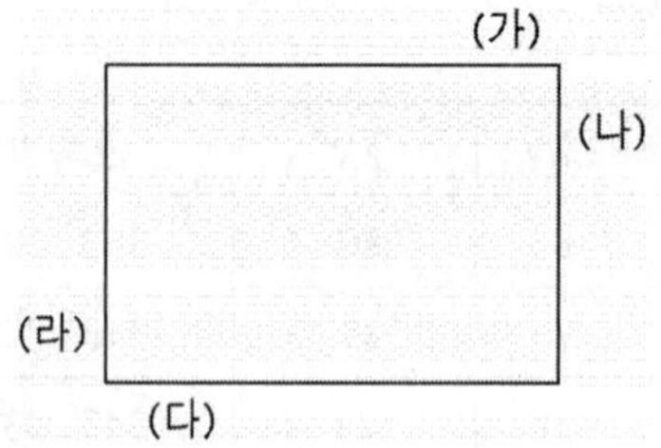

부 록 계산서식

1. 지적삼각측량

- 수평각관측부
- 수평각측점귀심계산부
- 연직각관측부
- 평면거리계산부
- 기지점방위각 및 거리계산부
- 사각망조정계산부
- 수평각개정계산부
- 수평각점표귀심계산부
- 표고계산부
- 삼각형내각계산부
- 유심 · 삽입망조정계산부
- 삼각쇄조정계산부

2. 지적삼각보조측량

- 교회점계산부
- 교점다각망계산부($H \cdot A$형)
- 교점다각망계산부($X \cdot Y$형)
- 다각점좌표계산부

3. 지적도근측량

- 방위각관측 및 거리측정부
- 배각관측 및 거리측정부
- 도근측량계산부(방위각법)
- 도근측량계산부(배각법)

4. 수치지적측량

- 교차점계산부
- 면적지정분할계산부
- 원과 직선의 교점좌표계산부
- 좌표면적 및 경계점 간 거리계산부

5. 도해지적측량

- 면적측정부

수 평 각 관 측 부

측점명 : 점								
시 간	윤곽도	경위	순번	시준점	방 향 각	조 정		
						출발차	폐색차	결 과
:	°				° ′ ″			° ′ ″
. . 관측	관측자 :		사용기계 :			날씨 :	풍력 :	

수 평 각 개 정 계 산 부

측점명	시준점	방향각							중심각
		0°		60°		120°		평 균	
		정	반	정	반	정	반		
		° ′ ″	′ ″	′ ″	′ ″	′ ″	′ ″	° ′ ″	° ′ ″

수평각측점귀심계산부(진수)

측 점 명 : 점

$$\gamma'' = \frac{K \cdot \sin\alpha}{D \cdot \sin 1''}$$

α : 관측방향각+(360°-θ) K= . m 360° 00′00.0″

K : 편심거리(5m이내) θ =

D : 삼삭점 간 거리(약치도 가능함) 360° - θ =

시준점	O =	P =	Q =	R =	S =
관측방향각	° ′ ″	° ′ ″	° ′ ″	° ′ ″	° ′ ″
360°-θ					
α					
$\frac{1}{D}$					
$\frac{1}{\sin 1''}$					
K					
sinα					
γ″					
γ					
중심방향각					
C점에서 O점을 0°로한 중심방향각					
중 심 각	° ′ ″	° ′ ″	° ′ ″	° ′ ″	

비 고

D : 중심삼각점과 시준점 간 거리

γ″ : 초를 단위로한 귀심화수(부호는 sinα의 부호에 따라 붙임)

γ : 분을 초로 환산한 귀심화수

약 도

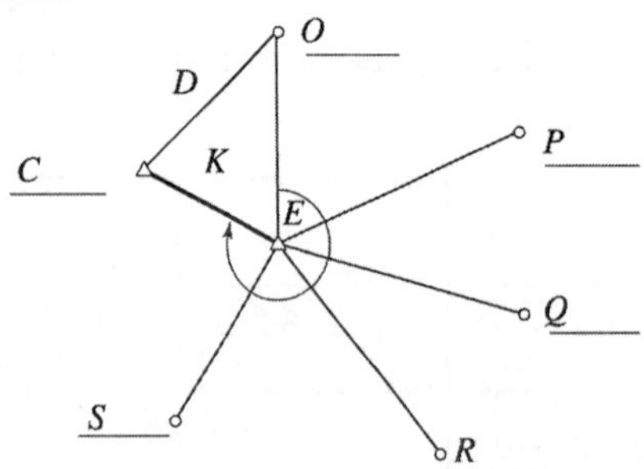

C : 중심삼각점

E : 편심측점

K : 편심거리

수평각점표귀심계산부(진수)

측 점 명 : ________

$\gamma'' = \frac{K}{D \cdot \sin 1''}$

K : 편심거리(5m 이내)　　　K = .　m　　D = .　m

= .　　= .

D : 삼삭점 간 거리(약치도 가능함)　　= .　　= .

편심시준점	O' =	P' =	Q' =
관측방향각	° ′ . ″	° ′ . ″	° ′ . ″
K			
$\frac{1}{D}$			
$\frac{1}{\sin 1''}$	206264.8	206264.8	206264.8
γ''	×) ″	×) ″	×) ″
γ	′ ″	′ ″	′ ″
중심방향각	° ′ . ″	° ′ . ″	° ′ . ″

비 고	γ : γ''를 분초로 환산 기입하고 편심관측방향이 중심방향선의 좌측에 있는 때에는(+), 우측에 있는 때에는(-)부호를 붙인다. K : 5m 이내일 것 D : 중심삼각점과 시준점 간 거리(약치라도 가능함)

약 도

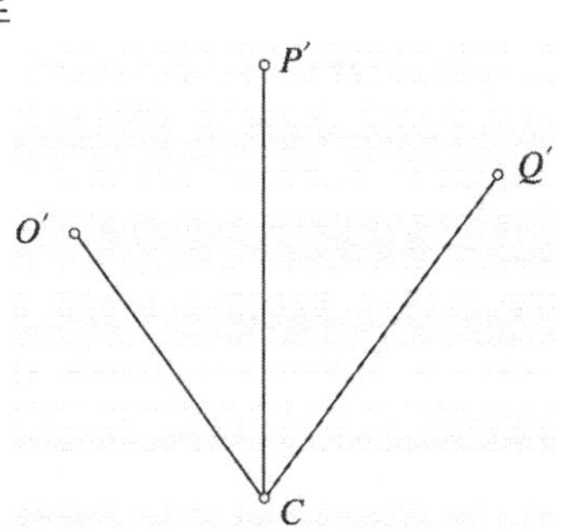

※ 중심방향선은 실지와 부합하도록 기입할 것

C = 측점

O', P', Q' = 편심시준점

연 직 각 관 측 부

측점명 :

시 분	시준점	윤곽도	경위	관측각	연직각	평균
			정	° ′ ″	° ′ ″	
			반			
			정			
			반			° ′ ″

기계고 i = . m
시준고 f = .

측점명 :

시 분	시준점	윤곽도	경위	관측각	연직각	평균
			정	° ′ ″	° ′ ″	
			반			
			정			
			반			° ′ ″

기계고 i = . m
시준고 f = .

약 도

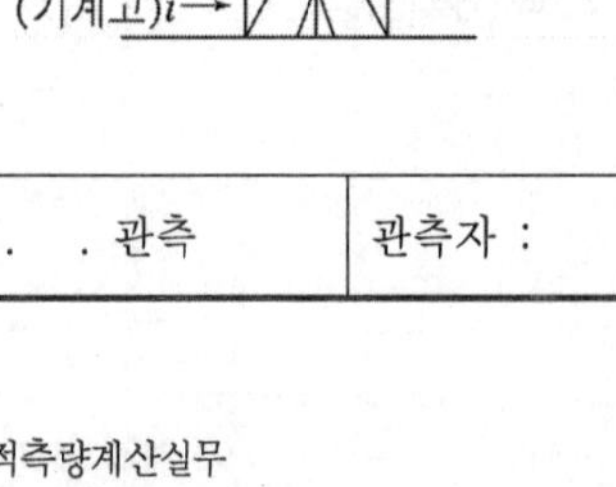

기재상의 주의

1. 관측시간은 시작과 끝시간을 기입한다.
2. 윤곽은 정측회 또는 반측회에서 수평에 해당하는 각도를 기입한다.
3. 천저를 0°로한 기계를 사용하는 때에는 측정한 그대로의 각치를 기입하고 연직각은 다음식에 의하여 산출한다.
   정측회 = 관측치 - 90°
   반측회 = 270°- 관측치
4. 올려본 각 또는 내려본 각의 부호는 최종평균란에만 기입한다.

. . . 관측	관측자 :	사용기계 :	날씨 :	풍력 :

표 고 계 산 부

[약 도]

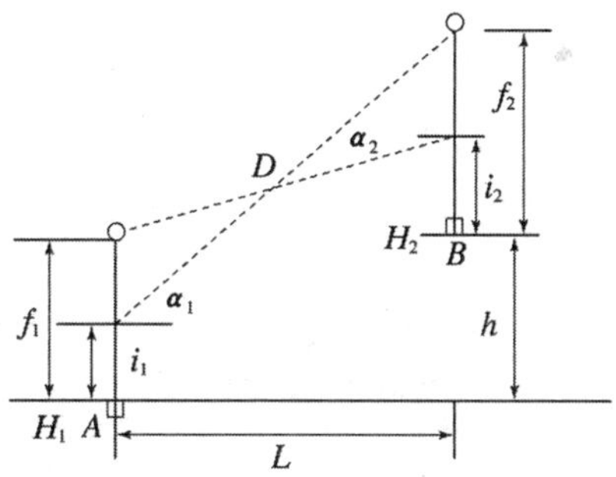

[공 식]

$H_2 = H_1 + h$

$h = L \times \tan\frac{1}{2}(\alpha_1 - \alpha_2) + \frac{1}{2}(i_1 - i_2 + f_1 + f_2)$

L = D×cosα_1 또는 α_2

H_1 : 기지점표고 α_1, α_2 : 연직각

H_2 : 소구점표고 i_1, i_2 : 기계고

h : 고저차 f_1, f_2 : 시준고

L : 수평거리 D : 경사거리

기지점명		
소구점명		
수평거리(L)	. m	. m
연직각(α_1)	° ′ ″	° ′ ″
연직각(α_2)		
(α_1-α_2)		
$\tan\frac{(\alpha_1-\alpha_2)}{2}$	.	.
$L\times\tan\frac{(\alpha_1-\alpha_2)}{2}$	. m	. m
기계고(i_1)	. m	. m
기계고(i_2)	. m	. m
시준고(f_1)	. m	. m
시준고(f_2)	. m	. m
$\frac{(i_1-i_2+f_1-f_2)}{2}$	. m	. m
h	. m	. m
기지점표고(H_1)	. m	. m
소구점표고(H_2)	. m	. m
평 균	. m	
교 차	. m	
공 차	. m	
계 산 자		검 사 자

평 면 거 리 계 산 부

[약 도]

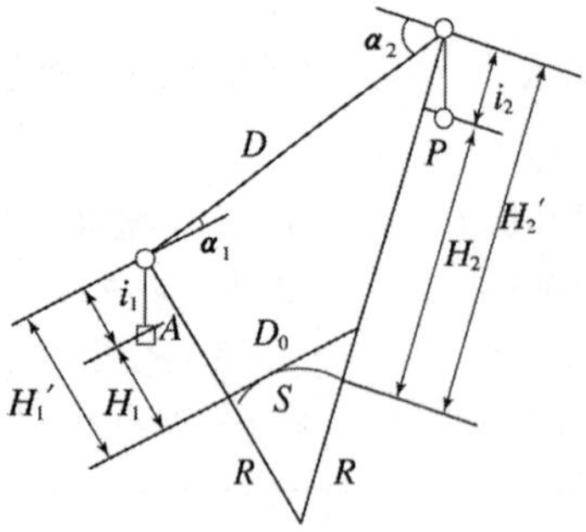

[공 식]

○ 연직각에 의한 계산

$$S = D\times\cos\frac{1}{2}(\alpha_1+\alpha_2) - \frac{D(H_1'+H_2')}{2R}$$

○ 표고에 의한 계산

$$S = D - \frac{(H_1'-H_2')^2}{2D} - \frac{D(H_1'+H_2')}{2R)}$$

○ 평면거리

$$D_o = S\times K \ (K = 1+\frac{(Y_1+Y_2)^2}{8R^2})$$

R = 곡률반경(6,372,199.7m)

D = 경사거리　　　　S = 기준면거리

H_1, H_2 = 표고　　　　i_1 = 기계고

K = 축척계수　　　　i_2 = 기계고

α_1, α_2 = 연직각(절대치)

Y_1, Y_2 = 원점에서 삼각점까지 횡선거리(km)

연직각에 의한 계산		표고에 의한 계산	
방 향	→		
D	. m	D	. m
α_1	° ′ ″	$2D$	.
α_2		H_1'	.
$\frac{1}{2}(\alpha_1+\alpha_2)$		H_2'	.
$\cos\frac{1}{2}(\alpha_1+\alpha_2)$	.	$(H_1'-H_2')$	.
$D\times\cos\frac{1}{2}(\alpha_1+\alpha_2)$	. m	$(H_1'-H_2')^2$	.
$H_1' = H_1+i_1$	.	$\frac{(H_1'-H_2')^2}{2D}$	.
$H_2' = H_2+i_2$	.	$D-\frac{(H_1'-H_2')^2}{2D}$	.
R	6,372,199.7	R	6,372,199.7
$2R$	12,744,399.3	2R	12,744,399.3
$\frac{D(H_1'+H_2')}{2R}$	.	$\frac{D(H_1'+H_2')}{2R}$	.
S	.	S	.
Y_1	. km	Y_1	. km
Y_2	.	Y_2	.
$(Y_1+Y_2)^2$	.	$(Y_1+Y_2)^2$	.
$8R^2$	324,839,427.7 km	$8R^2$	324,839,427.7 km
$K=1+\frac{(Y_1+Y_2)^2}{8R^2}$	.	$K=1+\frac{(Y_1+Y_2)^2}{8R^2}$	.
$S\times K$	. m	$S\times K$	. m
평 균(D_o)	. m		
계 산 자		검 사 자	

삼 각 형 내 각 계 산 부

[공 식]

$$A = \cos^{-1}\frac{b^2 + c^2 - a^2}{2bc}$$

$$B = \cos^{-1}\frac{a^2 + c^2 - b^2}{2ac}$$

$$C = \cos^{-1}\frac{a^2 + b^2 - c^2}{2ab}$$

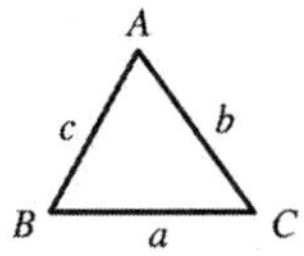

a		a^2		$2bc$	
b		b^2		$2ac$	
c		c^2		$2ab$	
$\frac{b^2+c^2-a^2}{2bc}$		$\frac{a^2+c^2-b^2}{2ac}$		$\frac{a^2+b^2-c^2}{2ab}$	
A		B		C	
$A+B+C=$ 180° 00′00″ 차 =					

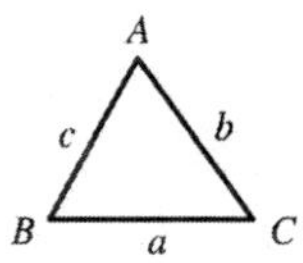

a		a^2		$2bc$	
b		b^2		$2ac$	
c		c^2		$2ab$	
$\frac{b^2+c^2-a^2}{2bc}$		$\frac{a^2+c^2-b^2}{2ac}$		$\frac{a^2+b^2-c^2}{2ab}$	
A		B		C	
$A+B+C=$ 180° 00′00″ 차 =					

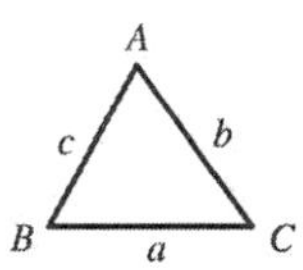

a		a^2		$2bc$	
b		b^2		$2ac$	
c		c^2		$2ab$	
$\frac{b^2+c^2-a^2}{2bc}$		$\frac{a^2+c^2-b^2}{2ac}$		$\frac{a^2+b^2-c^2}{2ab}$	
A		B		C	
$A+B+C=$ 180° 00′00″ 차 =					

기지점방위각 및 거리계산부

[약 도]

[공 식]

1. 방위(Θ)계산

$$\tan\theta = \frac{\Delta y}{\Delta x}$$

2. 방위각 계산

Ⅰ상한 : V=Θ
Ⅱ상한 : V=180°−Θ
Ⅲ상한 : V=Θ+180°
Ⅳ상한 : V=360°−Θ

3. 거리(a 또는 b)계산

$\frac{\Delta y}{\sin V}$ 또는 $\frac{\Delta x}{\cos V}$

4. 거리검산

$\sqrt{\Delta x^2 + \Delta y^2}$

점 명	X(m)	Y(m)	방 향	Δx(m)	Δy(m)
	.	.	→	.	.
	.	.	→	.	.
	.	.	→	.	.
	.	.	→	.	.

<u>방 위 각 계 산</u>

방향	→	방향	→
$\tan\theta = \frac{\Delta y}{\Delta x}$	.	$\tan\theta = \frac{\Delta y}{\Delta x}$	.
Θ	° ′ ″	Θ	° ′ ″
V	° ′ ″	V	° ′ ″

<u>거 리 계 산</u>

a	$\frac{\Delta y}{\sin V}$ 또는 $\frac{\Delta x}{\cos V}$	. m	b	$\frac{\Delta y}{\sin V}$ 또는 $\frac{\Delta x}{\cos V}$	. m
	$\sqrt{\Delta x^2 + \Delta y^2}$	. m		$\sqrt{\Delta x^2 + \Delta y^2}$	. m

유심다각망 (삽입망) 조정계산부 (진수)

삼각형	점 명	각명	관측각	각규약 I	각규약 II	각규약 조정각	sinα / sinβ	Δα / Δβ	sinα′ / sinβ′	α−x_1'' / β+x_2''	변규약 조정각	변장(m) $a\times\frac{\sin\alpha(\gamma)}{\sin\beta}$	방위각	종횡선좌표 X(m)	종횡선좌표 Y(m)	점 명
												→	→	.	.	
												.	° ′ . ″	.	.	
1		α1	° ′ . ″	.		° ′ . ″	.		.	.	° ′ . ″	→	→	.	.	
		β1	.	.		.	.		.	.	.	.	.			
		γ1	.	.	.	.				γ1	.	→	→	.	.	
		+	.			180 00 00.0						.	.			
		−	180 00 00.0									평균		.	.	
			ε1 =													
2		α2	.	.		.	.		.	.	.	→	→	.	.	
		β2	.	.		.	.		.	.	.	.	.			
		γ2	.	.	.	.				γ2	.	→	→	.	.	
		+	.			180 00 00.0						.	.			
		−	180 00 00.0									평균		.	.	
			ε2 =													
3		α3	.	.		.	.		.	.	.	→	→	.	.	
		β3	.	.		.	.		.	.	.	.	.			
		γ3	.	.	.	.				γ3	.	→	→	.	.	
		+	.			180 00 00.0						.	.			
		−	180 00 00.0									평균		.	.	
			ε3 =													
4		α4	.	.		.	.		.	.	.	→	→	.	.	
		β4	.	.		.	.		.	.	.	.	.			
		γ4	.	.	.	.				γ4	.	→	→	.	.	
		+	.			180 00 00.0						.	.			
		−	180 00 00.0									평균		.	.	
			ε4 =													
Σγ			.	제1기선 l1		. m	Π sinα · l1	E1	E2	Π sinα′ · l1		→	→	.	.	
360° 또는 기지내각			.	제2기선 l2		. m	.			.						
			e =				Π sinβ · l2			Π sinβ′ · l2		.	.			
							.			.						

$\Sigma\epsilon =$

$(\mathrm{II}) = \frac{\Sigma\epsilon - 3e}{2n} =$

$(\mathrm{I}) = \frac{-\epsilon - (\mathrm{II})}{3} =$

n : 삼각형수

$E_1 = \frac{\Pi \sin\alpha l_1}{\Pi \sin\beta l_2} - 1 =$

$E_2 = \frac{\Pi \sin\alpha' l_1}{\Pi \sin\beta' l_2} - 1 =$

$| E_1 - E_2 | =$

Δα, Δβ = 10″차임

$x_1'' = \frac{10''\cdot E_1}{| E_1 - E_2 |} =$

$x_2'' = \frac{10''\cdot E_2}{| E_1 - E_2 |} =$

검 산 = $| x_1'' - x_2'' | = 10''$

약 도

사 각 망 조 정 계 산 부

점 명	각명	관측각	각규약 ε/8	각규약 e	각규약 조정각	sinα sinβ	Δα Δβ	sinα′ sinβ′	α−x₁″ β+x₁″	변규약 조정각	변장(m) $a\times\frac{\sin\alpha(\gamma)}{\sin\beta}$	방위각	종횡선좌표 X(m)	종횡선좌표 Y(m)	점 명
											→	→	.	.	
											.	° ′ . ″	.	.	
	α1	° ′ . ″	.	.	° ′ . ″	.		.	.	° ′ . ″	→	→	.	.	
	β1	.	.	.	.	.		.	.		.	.			
									γ1		→	→	.	.	
											.	.			
											평 균		.	.	
	α2	.	.	.	.	.		.	.		→	→	.	.	
	β2	.	.	.	.	.		.	.		.	.			
									γ2		→	→	.	.	
											.	.			
											평 균		.	.	
	α3	.	.	.	.	.		.	.		→	→	.	.	
	β3	.	.	.	.	.		.	.		.	.			
									γ3		→	→	.	.	
											.	.			
											평 균		.	.	
	α4	.	.	.	.	.		.	.		→	→	.	.	
	β4	.	.	.	.	.		.	.		.	.			
									γ4		→	→	.	.	
											.	.			
											평 균		.	.	
Σα+β		.			.	Π sinα	E₂	Π sinα′			→	→	.	.	
−		360 00 00.0			E₁	.		.							
		ε =				Π sinβ		Π sinβ′			.	.			
		ε/8 =				.		.							

$-)\frac{\alpha_1+\beta_4=}{\alpha_3+\beta_2=}$

$e_1=$ $\frac{e_1}{4}=$ $E_1=\frac{\Pi\sin\alpha}{\Pi\sin\beta}-1=$

$-)\frac{\alpha_2+\beta_1=}{\alpha_4+\beta_3=}$

$E_2=\frac{\Pi\sin\alpha'}{\Pi\sin\beta'}-1=$

$e_2=$ $\frac{e_2}{4}=$ $|E_1-E_2|=$

Δα, Δβ = 10″차임

$x_1''=\frac{10''\cdot E_1}{|E_1-E_2|}=$

$x_2''=\frac{10''\cdot E_2}{|E_1-E_2|}=$

검산 = $|x_1''-x_2''|=10''$

약 도

삼 각 쇄 조 정 계 산 부 (진수)

삼각형	점 명	각명	관 측 각	ε/3	각 규 약 조 정 각	각 규 약 경정수	각 규 약 조 정 각	sinα sinβ	Δα Δβ	sinα' sinβ'	α−x₁″ β+x₁″	변 규 약 조 정 각	변장(m) $a\times\frac{\sin\alpha(\gamma)}{\sin\beta}$	방 위 각	종횡선좌표 X(m)	종횡선좌표 Y(m)	점 명
			° ′ ″		° ′ ″		° ′ ″					° ′ ″	→	→	.	.	
													.	° ′ ″	.	.	
1		α₁	.	.	.	.	.	.		.	.	.	→	→	.	.	
		β₁	.	.	.	.	.	.		.	.	.	.	.			
		γ₁	.	.	.	.	.	γ₁				.	→	→	.	.	
		+ −	. 180 00 00.0										.	.			
			ε₁ =										평 균		.	.	
2		α₂	.	.	.	.	.	.		.	.	.	→	→	.	.	
		β₂	.	.	.	.	.	.		.	.	.	.	.			
		γ₂	.	.	.	.	.	γ₂				.	→	→	.	.	
		+ −	. 180 00 00.0										.	.			
			ε₂ =										평 균		.	.	
3		α₃	.	.	.	.	.	.		.	.	.	→	→	.	.	
		β₃	.	.	.	.	.	.		.	.	.	.	.			
		γ₃	.	.	.	.	.	γ₃				.	→	→	.	.	
		+ −	. 180 00 00.0										.	.			
			ε₃ =										평 균		.	.	
4		α₄	.	.	.	.	.	.		.	.	.	→	→	.	.	
		β₄	.	.	.	.	.	.		.	.	.	.	.			
		γ₄	.	.	.	.	.	γ₃				.	→	→	.	.	
		+ −	. 180 00 00.0										.	.			
			ε₃ =										평 균		.	.	
5		α₅	.	.	.	.	.	.		.	.	.	→	→	.	.	
		β₅	.	.	.	.	.	.		.	.	.	.	.			
		γ₅	.	.	.	.	.	γ₄				.	→	→	.	.	
		+ −	. 180 00 00.0										.	.			
			ε₄ =										평 균		.	.	

산출방위각	.	제1기선 l_1	. m	E_1	Π sinα · l_1	E_2	Π sinα′ · l_1	→	→	.	.
기지방위각	.	제2기선 l_2	. m		.		.				
q	.				Π sinβ · l_2		Π sinβ′ · l_2	. m	.		
					.		.				

각 규 약 경 정 수 계 산

[γ각이 좌측에 있을 때]

$\alpha=-\frac{q}{2n}=$

$\beta=-\frac{q}{2n}=$

$\gamma=+\frac{q}{n}=$

[γ각이 우측에 있을 때]

$\alpha=+\frac{q}{2n}=$

$\beta=+\frac{q}{2n}=$

$\gamma=-\frac{q}{n}=$

n : 삼각형수

$E_1=\frac{\Pi\sin\alpha l_1}{\Pi\sin\beta l_2}-1=$

$E_2=\frac{\Pi\sin\alpha' l_1}{\Pi\sin\beta' l_2}-1=$

$|E_1-E_2|=$

Δα, Δβ = 10″차임

$x_1''=\frac{10''\cdot E_1}{|E_1-E_2|}=$

$x_2''=\frac{10''\cdot E_2}{|E_1-E_2|}=$

검산 $=|x_1''-x_2''|=10''$

약 도

교 회 점 계 산 부

약 도

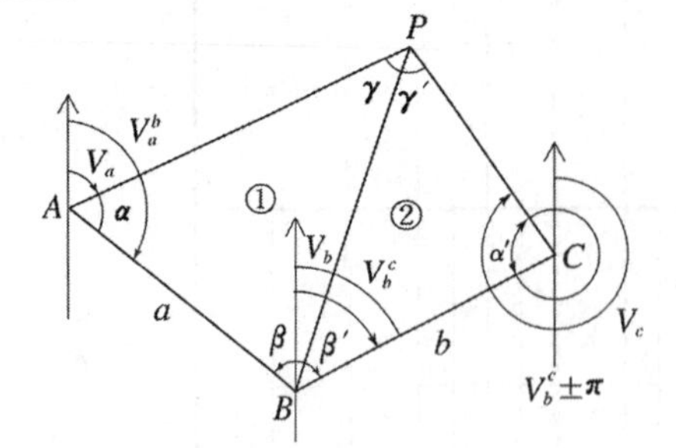

Va	Vb	Vc
° ′ ″	° ′ ″	° ′ ″

공 식

1. 방위(Θ)계산
   $\tan\theta = \dfrac{\Delta y}{\Delta x}$
2. 방위각(V)계산
   Ⅰ상한 : Θ　　Ⅱ상한 : 180°−Θ
   Ⅲ상한 : 180°+Θ　　Ⅳ상한 : 360°−Θ
3. 거리(a 또는 b)계산
   $\sqrt{\Delta x^2 + \Delta y^2}$
4. 삼각형내각계산
   $\alpha = V_a^b - V_a$　　$\alpha' = V_c - (V_b^c \pm 180)$
   $\beta = V_b - (V_a^b \pm 180)$　　$\beta' = V_b^c - V_b$
   $\gamma = V_a - V_b$　　$\gamma' = V_b - V_c$

점 명	X (m)	Y (m)	방 향	Δx	Δy
A	.	.	A → B	.	.
B	.	.	B → C	.	.
C	.	.	A → C	.	.

방 위 각 계 산			
방 향	→	방 향	→
$\theta = \tan^{-1}\dfrac{\Delta y_a^b}{\Delta x_a^b}$	° ′ ″	$\theta = \tan^{-1}\dfrac{\Delta y_b^c}{\Delta x_b^c}$	° ′ ″
V_a^b		V_b^c	

거 리 계 산			
$a = \sqrt{\Delta x^2 + \Delta y^2}$	. m	$b = \sqrt{\Delta x^2 + \Delta y^2}$	. m

삼 각 형 내 각 계 산					
각		내 각	각		내 각
①	α	° ′ ″	②	α′	° ′ ″
	β			β′	
	γ			γ′	
	합 계	180 00 00		합 계	180 00 00

소 구 점 종 횡 선 계 산					
①	Xa	m	①	Ya	m
	$\Delta x_1 = \dfrac{a\sin\beta}{\sin\gamma}\cos Va$	.		$\Delta y_1 = \dfrac{a\sin\beta}{\sin\gamma}\sin Va$	.
	Xp1	.		Yp1	.
②	Xc	.	②	Yc	.
	$\Delta x_2 = \dfrac{b\sin\beta'}{\sin\gamma'}\cos Vc$	.		$\Delta y_2 = \dfrac{b\sin\beta'}{\sin\gamma'}\sin Vc$	.
	Xp2	.		Yp2	.
소 구 점 X		.	소 구 점 Y		.

종선교차 = m,　횡선교차 = m,　연결교차 = m,　공차 = 0.30 m

계 산 자 :	검 사 자 :

교점다각망계산부(*X* · *Y*형)

약 도

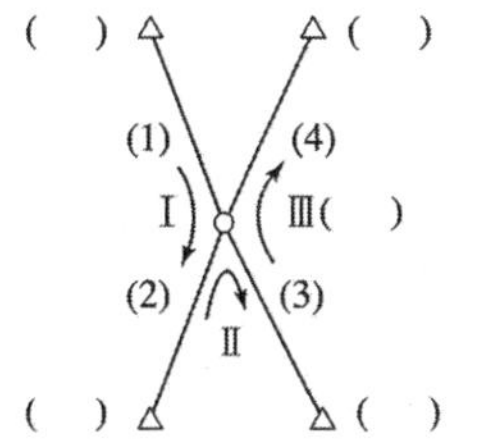

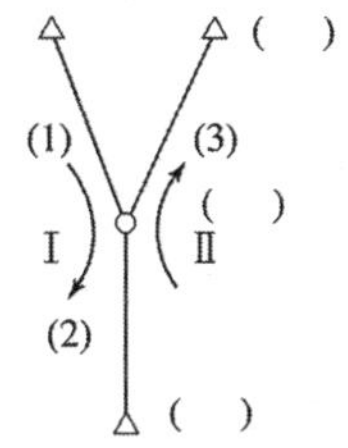

조건식		
	Ⅰ	(1)-(2)+W_1=0
	Ⅱ	(2)-(3)+W_2=0
	Ⅲ	(3)-(4)+W_3=0

경중률		ΣN	ΣS
	(1)		
	(2)		
	(3)		
	(4)		

조건식		
	Ⅰ	(1)-(2)+W_1=0
	Ⅱ	(2)-(3)+W_2=0

경중률		ΣN	ΣS
	(1)		
	(2)		
	(3)		

1\. 방위각

순서	도선	관 측	보정	평 균
Ⅰ	(1)	° ′ ″		° ′ ″
	(2)			
	W_1			
Ⅱ	(2)			
	(3)			
	W_2			
Ⅲ	(3)			
	(4)			
	W_3			

2\. 종선좌표

순서	도선	관 측	보정	평 균
Ⅰ	(1)	.		.
	(2)	.		.
	W_1	.		.
Ⅱ	(2)	.		.
	(3)	.		.
	W_2	.		.
Ⅲ	(3)	.		.
	(4)	.		.
	W_3	.		.

3\. 횡선좌표

순서	도선	관 측	보정	평 균
Ⅰ	(1)	.		.
	(2)	.		.
	W_1	.		.
Ⅱ	(2)	.		.
	(3)	.		.
	W_2	.		.
Ⅲ	(3)	.		.
	(4)	.		.
	W_3	.		.

4\. 계 산

1) 방위각 $= \dfrac{[\frac{\Sigma \alpha}{\Sigma N}]}{[\frac{1}{\Sigma N}]} =$

2) 종선좌표 $= \dfrac{[\frac{\Sigma X}{\Sigma S}]}{[\frac{1}{\Sigma S}]} =$

3) 횡선좌표 $= \dfrac{[\frac{\Sigma Y}{\Sigma S}]}{[\frac{1}{\Sigma S}]} =$

W=오차, *N*=도선별점수, *S*=측점 간 거리, α=관측방위각

교점다각망계산부(H·A형)

약 도

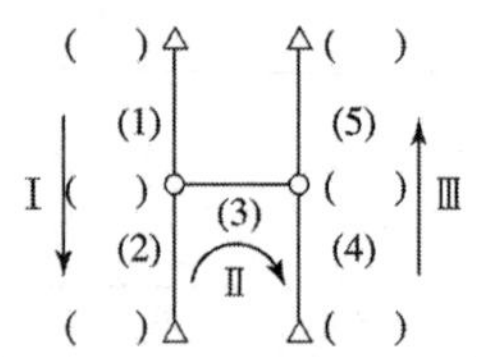

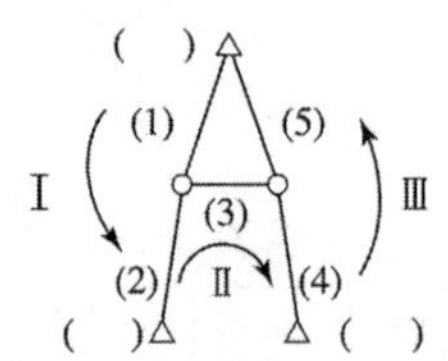

조건식		
	I	(1)−(2)+W_1=0
	II	(2)+(3)−(4)+W_2=0
	III	(4)−(5)+W_3=0

경중률		ΣN	ΣS
	(1)		
	(2)		
	(3)		
	(4)		
	(5)		

1. 방위각

순서	도선	관 측	보정	평 균
I	(1)	° ′ ″		° ′ ″
	(2)			
	W_1			
II	(2)+(3)			
	(4)			
	W_2			
III	(4)			
	(5)			
	W_3			

2. 종선좌표

순서	도선	관 측	보정	평 균
I	(1)	.		.
	(2)	.		.
	W_1	.		.
II	(2)+(3)	.		.
	(4)	.		.
	W_2	.		.
III	(4)	.		.
	(5)	.		.
	W_3	.		.

3. 횡선좌표

순서	도선	관 측	보정	평 균
I	(1)	.		.
	(2)	.		.
	W_1	.		.
II	(2)+(3)	.		.
	(4)	.		.
	W_2	.		.
III	(4)	.		.
	(5)	.		.
	W_3	.		.

4. 계 산

1) 상관방정식

순서	ΣN	ΣS	I	II	III
(1)					
(2)					
(3)					
(4)					
(5)					

2) 표준방정식(방위각)

I	II	III	$W\alpha$	Σ

3) 표준방정식(종·횡선좌표)

I	II	III	Wx	Σ	Wy	Σ

4) 정 해(방위각)

I	II	III	W_a	Σ

5) 정 해(종횡선좌표)

I	II	III	W_x	Σ	W_y	Σ

6) 상관수(방위각)

C_1	C_2	C_3

7) 상관수(종선좌표)

C_1	C_2	C_3

8) 상관수(횡선좌표)

C_1	C_2	C_3

9) 보정수(방위각)

	C_1	C_2	C_3	Σ
1				
2				
3				
4				
5				

10) 보정수(종선좌표)

	C_1	C_2	C_3	Σ
1				
2				
3				
4				
5				

11) 보정수(횡선좌표)

	C_1	C_2	C_3	Σ
1				
2				
3				
4				
5				

다각점좌표계산부

측 점	시준점	보정치 관 측 각	반 수 평면거리	방 위 각	종선차(ΔX) 보정치 종선좌표	횡선차(ΔY) 보정치 횡선좌표

방위각관측 및 거리측정부

측 점	시준점	방 위 각	고 도		측 정 거 리		수평거리
			정 / 반	평 균	1회 / 2회	평 균	
		° ′ ″	° ′ ″	° ′ ″	.	m	m
					.	.	.
					.	.	.
					.		
					.	.	.
					.		
					.	.	.
					.		
					.	.	.
					.		
					.	.	.
					.		
					.	.	.
					.		
					.	.	.
					.		
					.	.	.
					.		
					.	.	.
					.		
					.	.	.
					.		
					.	.	.
					.		
					.	.	.
					.		
					.	.	.
					.		

. . . 관측	관측자 :	사용기계 :	날씨 :	풍력 :

도근측량계산부(방위각법)

측 점	시준점	보정치 방 위 각	수평거리	개정방위각	종선차(ΔX) 보정치 종선좌표	횡선차(ΔY) 보정치 횡선좌표
		° ′	m .	° ′		
			.			
			.			
			.			
			.			
			.			
			.			
			.			
			.			
			.			
			.			
			.			
			.			

배각관측 및 거리측정부

측점	시준점	배수	관측각	평균각	고도		측정거리	수평거리
					정	평 균		
					반			
			° ′ ″		° ′ ″		m	m
	---			° ′ ″		° ′ ″		

. . . 관 측	관 측 자:	사용기계:	날씨:	풍력:

도근측량계산부(배각법)

측 점	시준점	보정치 관 측 각	반 수 수평거리	방 위 각	종선차(ΔX) 보정치 종선좌표	횡선차(ΔY) 보정치 횡선좌표

교 차 점 계 산 부

공 식

$$S_1 = \frac{\Delta y_a^b \cos\beta - \Delta x_a^b \sin\beta}{\sin(\alpha-\beta)}$$

$$S_2 = \frac{\Delta y_a^b \cos\alpha - \Delta x_a^b \sin\alpha}{\sin(\alpha-\beta)}$$

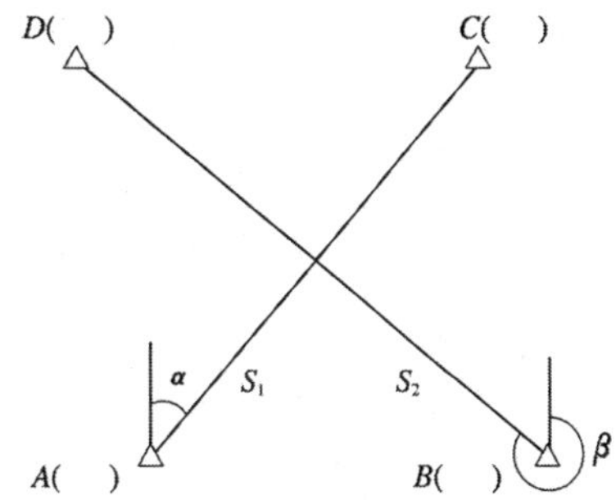

소구점

점	x	y	종횡선차	
D (　)			Δy_b^d	
B (　)			Δx_b^d	
C (　)			Δy_a^c	
A (　)			Δx_a^c	
Δx_a^b		Δy_a^b	V_a^b	° ′ ″
α	° ′ ″	V_a^c	° ′ ″	
β	° ′ ″	V_b^d	° ′ ″	
α−β	° ′ ″			

$(\Delta y_a^b \cdot \cos\beta - \Delta x_a^b \cdot \sin\beta)/\sin(\alpha-\beta) = S_1$			
$S_1 \cdot \cos\alpha$		$S_1 \cdot \sin\alpha$	
x_a	+)	y_a	+)
x		y	
$(\Delta y_a^b \cdot \cos\alpha - \Delta x_a^b \cdot \sin\alpha)/\sin(\alpha-\beta) = S_2$			
$S_2 \cdot \cos\beta$		$S_2 \cdot \sin\beta$	
x_b	+)	y_b	+)
x		y	
X		Y	

원과 직선의 교점좌표계산부

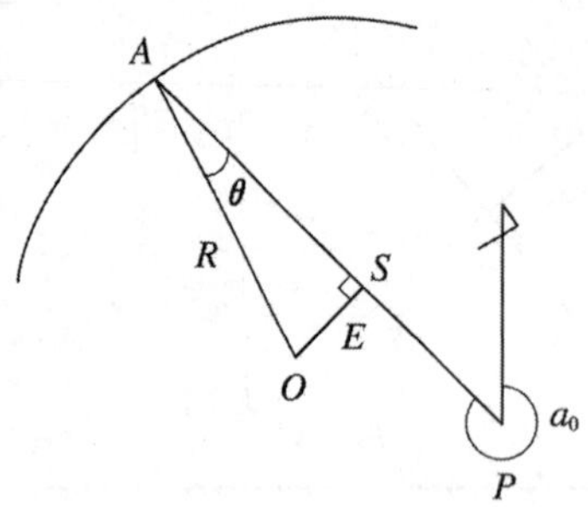

공 식

$E = \Delta y_o^p \cos\alpha_o - \Delta x_o^p \sin\alpha_o$

$\sin\theta = E/R$

검산공식

$\tan\alpha_o = \Delta y_p^a / \Delta x_p^a$

$S = \Delta x_p^a / \cos\alpha_o$

$= \Delta y_p^a / \sin\alpha_o$

점 명	x	y	R	
P				
O				
$\Delta x_o^p, \Delta y_o^p$				

$\Delta y_o^p \cdot \cos\alpha_o$		α_o	
$\Delta x_o^p \cdot \sin\alpha_o$		$\psi = \sin^{-1}\dfrac{E}{R}$	
E		$V_O^A = \alpha_o + \psi$	
$R\cos V_O^A$		$R\sin V_O^A$	
x_o		y_o	
x_a		y_a	

검산	x_p		y_p	
	Δx_p^a		Δy_p^a	
	$\Delta x_p^a \ / \cos\alpha_o$		$\Delta y_p^a \ / \sin\alpha_o$	
	$\tan^{-1}\dfrac{\Delta y_p^a}{\Delta x_p^a}$			

면적지정분할계산부

점 명	부호	X	Y
	A	. m	. m
	B	.	.
	C	.	.
	D	.	.
	P	.	.
	Q	.	.

부호도

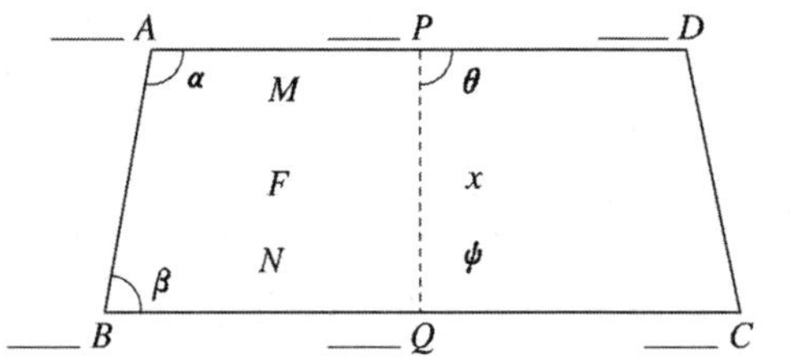

방 향	방 위 각	방 향	방 위 각	F	
V_a^b	° ′ ″	α+β	° ′ ″	$2F$	
V_a^d		ψ		L	
α		θ		L^2	
V_b^c				M	
V_b^a				N	
β		ψ		F	
α+β		θ+ψ		좌표면적 (검산)	

공식 x :

M :

N :

좌 표 계 산			
P		Q	
Xa	. m	Xb	. m
$M \cdot \cos V_a^d$	.	$N \cdot \cos V_b^c$	.
X	.	X	.
Ya	.	Yb	.
$M \cdot \cos V_a^d$	.	$N \cdot \sin V_b^c$	.
Y	.	Y	.

좌표면적 및 경계점간 거리계산부

동 명	지 번	지목	면 적	약 도	측점번호	부호	Xn(m)	Yn(m)	면 적 계 산(㎡)				거 리 계 산(m)			비 고
									$X_{n+1}-X_{n-1}$	$Y_{n+1}-Y_{n-1}$	$X_n(Y_{n+1}-Y_{n-1})$	$Y_n(X_{n+1}-X_{n-1})$	Δx	Δy	거 리	
							.	.	.	.	.	.	.	.	.	
							.	.	.	.	.	.	.	.	.	
							.	.	.	.	.	.	.	.	.	
							.	.	.	.	.	.	.	.	.	
							.	.	.	.	.	.	.	.	.	
							.	.	.	.	.	.	.	.	.	
							.	.	.	.	.	.	.	.	.	
							.	.	.	.	.	.	.	.	.	
							.	.	.	.	.	.	.	.	.	
							.	.	.	.	.	.	.	.	.	
							.	.	.	.	.	.	.	.	.	
							.	.	.	.	.	.	.	.	.	
							.	.	.	.	.	.	.	.	.	
							.	.	.	.	.	.	.	.	.	
							.	.	.	.	.	.	.	.	.	
							.	.	.	.	.	.	.	.	.	
							.	.	.	.	.	.	.	.	.	
							.	.	.	.	.	.	.	.	.	
							.	.	.	.	.	.	.	.	.	

면 적 측 정 부

축척 : 분의 1

동리명	지 번	측정 방법	회수 또는 산출수			측정면적(m^2)	도곽신축 보정계수	보정면적(m^2)	원면적(m^2)	산출면적(m^2)	결정면적(m^2)	비고
			제1회	제2회	제3회							
			.	.	.	.		.		.	.	
			.	.	.	.		.		.	.	
			.	.	.	.		.		.	.	
			.	.	.	.		.		.	.	
			.	.	.	.		.		.	.	
			.	.	.	.		.		.	.	
			.	.	.	.		.		.	.	
			.	.	.	.		.		.	.	
			.	.	.	.		.		.	.	
			.	.	.	.		.		.	.	
			.	.	.	.		.		.	.	
			.	.	.	.		.		.	.	
			.	.	.	.		.		.	.	
			.	.	.	.		.		.	.	
			.	.	.	.		.		.	.	
			.	.	.	.		.		.	.	
			.	.	.	.		.		.	.	

저자약력

오이균
공학박사, 기술사
신한대학교 공법행정학과 토지행정트랙 교수

심우섭
공학박사, 기술사
(전) LX 국토정보교육원 교수

김홍진
공학박사, 기술사
충남도립청양대학교 토지행정학과 교수

심정민
공학박사, 기술사
전주비전대학교 지적부동산학과 교수

곽인선
공학박사, 기술사
서울시립대학교 공간정보공학과 겸임교수

지적측량계산실무

초　　판 1쇄 발행 / 2007년 8월 25일
개 정 판 1쇄 발행 / 2014년 1월 20일
개정 2판 1쇄 발행 / 2019년 7월 12일
개정 3판 1쇄 발행 / 2024년 3월 29일

공저　오이균 · 심우섭 · 김홍진 · 심정민 · 곽인선
발행처　형설출판사
경기도 파주시 회동길 37-23 · 전화 (031) 955-2361～4 · 팩시밀리 (031) 955-2341
발행인　장진혁
등록　라-제9호 · 1962년 5월 1일
홈페이지　http://www.hyungseul.co.kr
e-mail　hs@hyungseul.co.kr

정가 33,000원

ISBN 978-89-472-8674-9 93530

개정판

지적측량 계산실무

Memo

Memo